水处理工程常用设备与工艺

蒋克彬　彭　松　陈秀珍
杨文斌　赵　挺　张秀敏　杨国艳　编

中国石化出版社

内 容 提 要

污水治理工程由工艺与设备两个要素构成，两个要素相辅相成，不可偏废。然而实际中却总能见到不能有效运转的工程案例，虽然原因很多，但至少有三个方面值得工艺人员思考：一是工艺不合适；二是设备选型不符合要求，工艺无法得到实施；三是工程的运转费用高，企业无法承受。因此，对于一个工程，工艺技术人员不仅需要会选用合适的工艺，同时也要会对设备进行选型，选择合适、合理的设备来实现工艺，降低运行成本，本书是鉴于这一目的而编的。

全书分为两篇。第一篇为设备篇，共分十章，包括阀门、流量计、筛滤设备、吸泥机与刮泥机、水处理用填料与滤料、污水处理用风机、曝气设备、潜水搅拌器、消毒设备、泵，主要阐述了以上设备的分类、原理、结构、参数、适用范围与应用等。第二篇为工艺技术篇，共十章，从应用角度系统地介绍了沉砂池、混凝沉淀、气浮、过滤、厌氧消化器、生化脱氮除磷、生物膜法、氧化沟、膜、高级氧化技术。

本书可供水处理工艺设计人员、各类污水处理厂的技术人员、管理人员参考，可作为高等院校环境工程及相关专业的师生参考用书。

图书在版编目(CIP)数据

水处理工程常用设备与工艺 / 蒋克彬等编 .
—北京：中国石化出版社，2010. 10(2021. 11 重印)
ISBN 978-7-5114-0600-2

Ⅰ. ①水… Ⅱ. ①蒋… Ⅲ. ①污水处理设备②污水处理
Ⅳ. ①X703

中国版本图书馆 CIP 数据核字(2010)第 187177 号

中国石化出版社出版发行

地址：北京市东城区安定门外大街 58 号
邮编：100011 电话：(010)57512500
发行部电话：(010)57512575
http://www.sinopec-press.com
E-mail:press@sinopec.com
北京科信印刷有限公司印刷
全国各地新华书店经销

*

787×1092 毫米 16 开本 31 印张 774 千字
2021 年 11 月第 1 版第 6 次印刷
定价：78.00 元

前言

不管采用什么样的水处理工艺，工艺的实现与工艺的稳定运行都需要有良好的设备作为支撑。污水处理设备是污水处理工程的核心部分，也是工程投资的主要部分之一。污水处理设备的优劣关系到污水处理工艺能否正常运转、运转的效率高低、运转的费用等各个环节。实践表明，工艺中关键设备的升级能使得设施工作效率和处理效果得到明显的提高，运行成本得到有效的降低，设备的改进可以促进处理工艺的发展与完善。

随着我国环境保护事业的发展，我国的废水处理工程所采用的设备正在从单一、非标准、小型化向系列化、成套化、标准化、通用化迈进。本书以目前国内城市污水处理厂及企业污水处理设施主要使用的污水处理设备、有关污水处理设备的标准为前提，对污水处理工程中经常使用的阀门、流量计、筛滤设备、吸泥机与刮泥机、水处理用填料与滤料、污水处理用风机、曝气设备、潜水搅拌器、消毒设备、泵等十种有关设备进行了比较全面的介绍。有关设备选用的资料力求系统、实用，数据选择客观真实，对工程设计有针对性和参考意义。

由于社会的发展和经济的进步，特别是近年来一些城市污水处理厂的提标与改造的需要，加上新的难处理的工业废水的出现，一些新的污水处理工艺得到了应用与发展。本书中的工艺内容主要参考了近年来一些实际工程的设计参数与工程运行中的数据、废水处理有关行业标准，使这些内容比较全面系统地呈现在第二篇各章中，使内容具有一定新颖性的同时，也具有可参考性。本书从有关的文献和资料中筛选了一些图片，以增加内容的直观性，从而能够使未接触过工艺的读者较好地理解工艺。

本书的编写者有宿迁市清源环境科学研究有限公司蒋克彬、彭松、赵挺，宿迁市环保局张秀敏、杨国艳，宿迁市宿豫区环科所陈秀珍，武汉森泰环保工程有限公司杨文斌。其中蒋克彬编写第四章、第六章、第九章、第十一章、第十七章、第十八章以及其他章节的部分内容，彭松编写第一章、第二章、第三章，陈秀珍编写第八章、第十章、第十二章，杨文斌编写第七章、第十五章、第十六章，赵挺编写第十三章、第十七章，张秀敏编写第五章、第二十章，杨国艳编写第十九章。全书由蒋克彬统稿。本书的编写得到宿迁市清源环境科学研究有限公司、宿豫区环科所、武汉森泰环保工程有限公司的支持，在此表示感谢；编写过程中，参照、归纳和采用了近年来同行业技术人员公开发表的有关文献与技术资料，在此向其作者表示衷心的感谢！

由于水平和条件有限，书中不当之处敬请读者以及行业专家给予指正！

编　者

目　　录

第一篇　设　　备

第一章　阀门 …… (3)
第一节　阀门的基本参数与分类 …… (3)
一、阀门基本参数 …… (3)
二、阀门分类 …… (4)
第二节　污水处理用阀门 …… (6)
一、闸阀 …… (6)
二、球阀 …… (9)
三、蝶阀 …… (11)
四、截止阀 …… (12)
五、止回阀 …… (13)
第二章　筛滤设备 …… (17)
第一节　平面格栅机 …… (17)
一、链传动式格栅机 …… (17)
二、回转式格栅机 …… (20)
三、步进式格栅机 …… (22)
四、移动式格栅除污机 …… (24)
第二节　曲面格栅机 …… (26)
一、弧形格栅机 …… (26)
二、卧式筒形格栅机 …… (27)
三、螺旋式格栅机 …… (29)
第三节　筛网 …… (30)
一、筛网的作用 …… (30)
二、筛网的分类 …… (30)
第四节　格栅破碎机 …… (32)
一、转鼓式格栅破碎机结构 …… (32)
二、格栅破碎机的应用 …… (33)
第五节　其他筛滤设备 …… (34)
一、滤布转盘过滤器 …… (34)
二、精细过滤器 …… (36)
三、纤维球过滤器 …… (36)
四、叠片式过滤器 …… (38)
五、叠片螺旋式固液分离机 …… (39)

第三章　流量计 …………………………………………………………（42）
第一节　流量计的分类 ……………………………………………………（42）
一、测量方法 ………………………………………………………………（42）
二、结构分类 ………………………………………………………………（42）
第二节　污水处理工程采用的流量计 ……………………………………（44）
一、转子流量计 ……………………………………………………………（44）
二、涡街流量计 ……………………………………………………………（46）
三、节流式流量计 …………………………………………………………（50）
四、电磁流量计 ……………………………………………………………（51）
五、超声波流量计 …………………………………………………………（55）
六、超声波明渠流量计 ……………………………………………………（58）
第四章　吸泥机与刮泥机 ………………………………………………（61）
第一节　吸泥机与刮泥机具体设备 ………………………………………（61）
一、中心传动刮泥机 ………………………………………………………（61）
二、周边传动刮泥(浓缩)机 ………………………………………………（64）
三、链板式刮泥机 …………………………………………………………（66）
四、行车式吸泥机 …………………………………………………………（67）
五、行车式提板刮泥机 ……………………………………………………（70）
六、螺旋输泥机 ……………………………………………………………（71）
第二节　设备安装 …………………………………………………………（72）
一、吸泥机安装 ……………………………………………………………（72）
二、刮泥机安装施工技术措施 ……………………………………………（73）
三、螺旋输泥机安装 ………………………………………………………（74）
第五章　污水处理用填料与滤料 ………………………………………（76）
第一节　填料 ………………………………………………………………（76）
一、悬挂式填料 ……………………………………………………………（76）
二、悬浮填料 ………………………………………………………………（79）
三、蜂窝填料 ………………………………………………………………（81）
四、生物填料的发展方向 …………………………………………………（84）
第二节　滤料 ………………………………………………………………（85）
一、纤维球滤料 ……………………………………………………………（85）
二、水处理用陶粒 …………………………………………………………（85）
三、无烟煤滤料 ……………………………………………………………（88）
四、石英砂 …………………………………………………………………（89）
五、沸石滤料 ………………………………………………………………（89）
六、磁铁矿滤料 ……………………………………………………………（90）
七、锰砂滤料 ………………………………………………………………（91）
八、果壳滤料 ………………………………………………………………（91）
九、活性炭 …………………………………………………………………（92）
第六章　污水处理用鼓风机 ……………………………………………（96）

第一节　污水处理用风机基本情况 …………………………………………（96）
一、国内外发展趋势 …………………………………………（96）
二、水处理对曝气鼓风机的要求 …………………………………………（97）
第二节　污水处理用风机的主要类型与应用 …………………………………………（97）
一、轴流压缩风机 …………………………………………（97）
二、离心风机 …………………………………………（98）
三、三叶罗茨风机 …………………………………………（105）
第三节　水处理用风机比较 …………………………………………（106）
一、单级和多级离心风机的比较 …………………………………………（106）
二、单级和多级离心风机、罗茨鼓风机的比较 …………………………………………（107）
第四节　水处理用风机的选型 …………………………………………（108）
一、风机选型中必须考虑的因素 …………………………………………（108）
二、风机的选型 …………………………………………（111）
第七章　曝气设备 …………………………………………（113）
第一节　曝气设备性能指标与曝气类型 …………………………………………（113）
第二节　鼓风曝气扩散器 …………………………………………（113）
一、微小气泡扩散器 …………………………………………（113）
二、中气泡扩散器 …………………………………………（118）
三、大气泡扩散器 …………………………………………（119）
四、扩散器的布置 …………………………………………（125）
第三节　机械曝气 …………………………………………（125）
一、竖式曝气机 …………………………………………（126）
二、卧式曝气机 …………………………………………（129）
第四节　其他形式的鼓风曝气装置 …………………………………………（132）
一、可提升管式微孔曝气器 …………………………………………（132）
二、下垂式曝气装置 …………………………………………（133）
三、上浮式曝气装置 …………………………………………（133）
四、柔性曝气装置 …………………………………………（133）
第八章　潜水搅拌器 …………………………………………（135）
一、分类 …………………………………………（135）
二、作用与要求 …………………………………………（135）
三、结构 …………………………………………（137）
四、潜水搅拌机的技术参数 …………………………………………（138）
五、潜水搅拌机选型需要考虑的因素 …………………………………………（140）
六、潜水搅拌机安装 …………………………………………（140）
七、应用 …………………………………………（142）
第九章　消毒设备与消毒 …………………………………………（144）
第一节　臭氧发生器与臭氧消毒 …………………………………………（144）
一、臭氧发生器组成 …………………………………………（144）
二、臭氧的发生技术 …………………………………………（146）

三、国产大型臭氧发生器的历史与现状 …………………………………………（147）
四、国产大型臭氧放生器的发展方向 …………………………………………（148）
五、臭氧消毒 …………………………………………（149）
第二节　紫外消毒设备 …………………………………………（151）
第三节　氯系列消毒 …………………………………………（159）
一、二氧化氯 …………………………………………（159）
二、次氯酸钠消毒 …………………………………………（162）
三、氯消毒 …………………………………………（163）
四、常用消毒技术 …………………………………………（165）
第十章　污水提升系统 …………………………………………（167）
第一节　污水提升泵 …………………………………………（167）
一、泵的主要工作参数 …………………………………………（167）
二、污水提升泵叶轮结构型式 …………………………………………（168）
三、污水泵类型 …………………………………………（170）
四、泵选型原则与方法 …………………………………………（174）
第二节　污水提升系统主要组成部分以及设计规范一般规定 ……………（178）
一、污水收集管网以及配套设施 …………………………………………（178）
二、集水池 …………………………………………（178）
三、格栅设计参数的规定 …………………………………………（179）
四、泵房与水泵机组 …………………………………………（179）
五、污水泵站中的其他辅助设备 …………………………………………（181）
第三节　污水提升泵站基本类型 …………………………………………（182）
第四节　泵站的设计及运行管理实例 …………………………………………（183）
一、泵站设计案例 …………………………………………（183）
二、运行管理 …………………………………………（184）

第二篇　污水处理工艺

第十一章　沉砂池 …………………………………………（187）
第一节　沉砂池概述 …………………………………………（187）
一、沉砂池的作用 …………………………………………（187）
二、沉砂池的类型 …………………………………………（187）
三、集砂与排砂 …………………………………………（188）
第二节　沉砂池的设计 …………………………………………（188）
一、需要考虑的因素 …………………………………………（188）
二、沉砂池设计的一般规定 …………………………………………（190）
三、沉砂池的设计参数 …………………………………………（190）
第三节　沉砂池设计建议 …………………………………………（198）
第十二章　混凝沉淀 …………………………………………（200）

第一节　混凝药剂与混凝药剂的投配 …………………………（200）
一、混凝药剂 ……………………………………………（200）
二、混凝工艺的投配系统 …………………………………（202）
三、混合 …………………………………………………（203）
第二节　絮凝反应池的类型与设计 ……………………………（206）
一、基本要求 ……………………………………………（206）
二、絮凝反应池的设计 ……………………………………（206）
第三节　沉淀池 ……………………………………………（215）
一、沉淀池的分类 …………………………………………（215）
二、沉淀池的类型和结构 …………………………………（216）
第十三章　气浮 ……………………………………………（229）
第一节　气浮工艺的应用 ……………………………………（229）
第二节　气浮工艺 …………………………………………（229）
一、分散空气气浮法 ………………………………………（230）
二、电解气浮法 ……………………………………………（236）
三、加压溶气气浮法 ………………………………………（239）
四、加压溶气气浮池工艺设计 ……………………………（247）
第三节　其他气浮装置 ………………………………………（250）
一、溶气泵气浮 ……………………………………………（250）
二、超效浅层气浮（Krofta 气浮设备） ……………………（254）
第四节　气浮工艺的影响因素 ………………………………（257）
一、混凝预处理对气浮净水效果的影响 ……………………（257）
二、化学药剂的投加对气浮效果的影响 ……………………（257）
三、微气泡特性对气浮净水效果的影响 ……………………（258）
四、气浮池水力学特征对净水效果的影响 …………………（259）
五、工艺技术经济的影响 …………………………………（259）
第十四章　过滤 ……………………………………………（261）
第一节　滤池工艺组成及主要设计参数 ……………………（261）
一、滤池设计的一般规定 …………………………………（261）
二、滤料 …………………………………………………（261）
三、承托层 ………………………………………………（263）
四、配水系统 ……………………………………………（263）
五、冲洗系统 ……………………………………………（267）
第二节　滤池与滤池的设计 …………………………………（270）
一、普通快滤池 ……………………………………………（270）
二、双层滤料滤池 …………………………………………（272）
三、翻板滤池 ……………………………………………（273）
四、V 型滤池 ……………………………………………（277）
第十五章　厌氧消化器 ……………………………………（284）
第一节　厌氧生物处理工艺的发展概况及特征 ……………（284）

一、厌氧生物处理工艺的发展历程 …………………………………………………………（284）
二、厌氧生物处理的主要特征 ……………………………………………………………（284）
第二节　高速厌氧生物反应器 ……………………………………………………………（285）
一、折流式厌氧反应器(ABR，Anaerobic baffledreactor)……………………………（286）
二、完全混合式厌氧消化器(CSTR) ……………………………………………………（289）
三、厌氧接触法(AC) ……………………………………………………………………（296）
四、厌氧生物滤池(AF) …………………………………………………………………（298）
五、升流式厌氧固体反应器 ………………………………………………………………（301）
六、升流式厌氧污泥床（UASB)反应器 …………………………………………………（302）
七、其他厌氧生物处理工艺 ………………………………………………………………（311）
第五节　厌氧生物处理工艺的新进展 ……………………………………………………（312）
一、厌氧内循环(IC)反应器 ………………………………………………………………（312）
二、厌氧膨胀颗粒污泥床(EGSB)反应器 …………………………………………………（315）
三、二段厌氧处理法 ………………………………………………………………………（317）
第十六章　生物脱氮除磷 …………………………………………………………………（320）
第一节　生物脱氮与除磷工艺 ……………………………………………………………（320）
一、生物脱氮除磷工艺的选择 ……………………………………………………………（320）
二、A/O 工艺生物脱氮工艺 ………………………………………………………………（321）
三、生物除磷 ………………………………………………………………………………（325）
四、厌氧/缺氧/好氧活性污泥法脱氮除磷工艺 …………………………………………（327）
第二节　其他脱氮除磷工艺与应用 ………………………………………………………（331）
一、改良厌氧/缺氧/好氧活性污泥法(UCT) ……………………………………………（331）
二、厌氧/缺氧/缺氧/好氧活性污泥法(MUCT) …………………………………………（334）
三、缺氧/厌氧/缺氧/好氧活性污泥法(JHB) ……………………………………………（337）
四、缺氧/厌氧/好氧活性污泥法(RA/A/O) ………………………………………………（339）
五、多级缺氧/好氧活性污泥法(MA/O) …………………………………………………（339）
六、OWASA 工艺 …………………………………………………………………………（340）
七、Bardenpho 工艺 ………………………………………………………………………（340）
八、Phoredox 工艺 …………………………………………………………………………（341）
九、SBR 工艺 ………………………………………………………………………………（341）
十、MSBR 工艺 ……………………………………………………………………………（349）
十一、UNITANK 工艺 ……………………………………………………………………（353）
十二、百乐卡(BIOLAK)处理技术 ………………………………………………………（355）
第十七章　生物膜法 ………………………………………………………………………（358）
第一节　生物接触氧化池 …………………………………………………………………（358）
一、概述 ……………………………………………………………………………………（358）
二、生物接触氧化池的构造 ………………………………………………………………（358）
三、生物接触氧化池的形式 ………………………………………………………………（361）
四、生物接触氧化法的工艺流程 …………………………………………………………（362）
五、生物接触氧化法的主要特点 …………………………………………………………（363）

六、生物接触氧化池的设计 …………………………………………………………(364)
第二节　曝气生物滤池 ……………………………………………………………………(365)
一、曝气生物滤池的构造 …………………………………………………………(365)
二、滤池容积负荷 ……………………………………………………………………(367)
三、曝气生物滤池的特点 …………………………………………………………(368)
四、应用 ……………………………………………………………………………………(368)
第三节　生物流化床 ………………………………………………………………………(372)
一、两相流化床 …………………………………………………………………………(372)
二、三相生物流化床 ……………………………………………………………………(373)
第四节　生物转盘 …………………………………………………………………………(375)
一、生物转盘的组成 ……………………………………………………………………(375)
二、生物转盘系统的特征 …………………………………………………………(376)
三、生物转盘设计 ………………………………………………………………………(377)
四、生物转盘工程实例 ………………………………………………………………(378)
五、生物转盘的进展和应用 …………………………………………………………(378)
第五节　生物滤池 …………………………………………………………………………(380)
一、生物滤池的分类 ……………………………………………………………………(380)
二、生物滤池的机理 ……………………………………………………………………(381)
三、生物滤池系统的功能设计 ……………………………………………………(384)
四、生物滤池的运行及其经验 ……………………………………………………(384)
五、高负荷生物滤池与塔式生物滤池 …………………………………………(385)
第十八章　氧化沟 ………………………………………………………………………(391)
第一节　氧化沟工艺概述 ………………………………………………………………(391)
一、氧化沟工艺的技术特点 ………………………………………………………(391)
二、氧化沟技术的发展 ………………………………………………………………(392)
第二节　氧化沟系列 ………………………………………………………………………(396)
一、奥贝尔氧化沟 ………………………………………………………………………(396)
二、卡鲁塞尔氧化沟 ……………………………………………………………………(402)
三、交替式氧化沟 ………………………………………………………………………(413)
第十九章　膜 ……………………………………………………………………………(420)
第一节　膜分离法工程技术要求 ……………………………………………………(420)
一、预处理一般规定 ……………………………………………………………………(420)
二、设计水质要求 ………………………………………………………………………(420)
三、膜的适宜性 …………………………………………………………………………(421)
四、膜分离浓缩水的处理与处置 …………………………………………………(422)
五、膜系统安装与调试 ………………………………………………………………(422)
六、运行管理与维护 ……………………………………………………………………(424)
七、膜元件的保存方法 ………………………………………………………………(425)
第二节　应用 …………………………………………………………………………………(425)
一、反渗透 ……………………………………………………………………………………(425)

二、超滤膜 …… (441)
三、纳滤膜 …… (449)
四、膜生物反应器(MBR)技术 …… (452)
五、连续膜过滤(CMF)技术 …… (457)
第二十章 常用高级氧化技术介绍 …… (462)
第一节 电化学处理技术 …… (462)
一、基本原理与特点 …… (462)
二、电化学反应器与电极 …… (462)
三、技术在废水处理中的应用 …… (463)
第二节 试剂氧化法 …… (472)
一、Fenton 试剂法 …… (472)
二、超临界水氧化技术 …… (474)
第三节 湿式催化氧化技术 …… (478)
一、原理 …… (478)
二、工艺 …… (478)
三、催化剂 …… (479)
四、催化剂载体 …… (480)
五、应用领域 …… (480)
六、条件要求 …… (481)

第一篇 设 备

设备是污水处理工程和处理工艺的最核心部分，也是工程投资的主要部分之一。工艺的稳定运行依靠装备良好的设备。污水处理设备的优劣关系到污水处理工艺能否正常运转、运转的效率高低、运转的费用等各个环节。设备的改进可以使处理工艺得到发展与完善，实践表明，关键设备的升级能使得设施的工作效率和处理效果明显提高。

与污水处理工程配套的设备很多，包括控制类设备，如阀门、流量控制设备、自动化控制设备、在线监控设备等；污水、污泥提升与回流设备，如各类泵等；污水中的泥渣处理设备，如格栅、沉砂与刮泥与排泥设备；与工艺直接关联的设备，如沉淀、过滤、萃取、吸附、微滤、电渗析、气浮机、膜等；厌氧处理需要布水设备、推流搅拌设备、填料等；好氧系统有曝气器、供氧动力设备；污泥处理设备、尾水消毒设备、药剂投加设备等。

发达国家污水处理设备目前已达到高度现代化水平，具有以下特点：一是城市污水和工业废水处理设备已实现标准化、定型化、系列化和成套化，已构成门类齐全、商品化程度高的水处理设备工业。二是水处理单元设备已形成专业化规模生产，品种、规格、质量相对稳定，性能参数可靠，用户选择十分方便。三是城市污水成套设备向大型化发展，工业废水处理设备随着工艺的成熟而趋于专门化、成套化、通用化。四是与水处理相配套的风机、水泵、阀门等通用设备已逐步实现专门化设计，并组织生产，以满足特殊需要。五是水资源紧张、水体富营养化、饮水安全导致废水深度处理设备和消毒设备有相当程度的发展。六是厌氧处理技术重新引起重视，促进了厌氧处理设备在高浓度有机废水处理上的应用。

根据有关资料，目前，国内现有水治理设备的生产能力还远不能满足市场要求，需要进口。与国外先进的同类设备相比，我国现有的水污染处理设备在标准化程度、质量、成本，乃至配套方面都有较大差距，这是污水处理设备进口增长的主要成因之一。有关数据表明：1991 年至 2000 年期间兴建的大批污水处理厂中，90%用的是进口设备。近年来，国产设备在污水处理厂中的使用率有所提高，但性能可靠性与质量亟待进一步提高。为提高城市污水处理水平，改变污水处理设备较为落后的现状，引进国外标准化、定型化、系列化和成套化较高且门类齐全的污水处理先进设备，并向大型化模式发展，是必须走的一个过程。

对于环保设备的标准，指导我国城市污水处理设备生产与检测标准的有：城镇建设行业标准 CJ、机械行业标准 JB、环境保护行业标准 HJ、国家标准 GB、中国标准目录 HCRJ 等。其中 HJ 标准中已经有了 37 类设备的标准。表 0-1 给出了现有污水处理设备 HJ 系列标准。

本设备篇章的内容包括：控制设备阀门以及流量计、筛滤设备、吸泥机与刮泥、水处理用填料与滤料、污水处理用风机、曝气设备、潜水搅拌器、消毒设备与消毒、泵。以目前国内城市污水处理厂及企业污水处理设施主要使用的污水处理设备、相关污水处理设备的标准为前提，对污水处理工程中经常使用的以上十个方面的相关设备进行了比较全面的介绍。

表 0-1 我国城市污水处理设备 HJ 标准

序号	产品类别	标准编号	序号	产品类别	标准编号
1	污泥脱水用带式压榨过滤机	HJ/T242—2006	20	压力溶气气浮装置	HJ/T261—2006
2	油水分离装置	HJ/T243—2006	21	格栅除污机	HJ/T262 —2006
3	斜管(板)隔油装置	HJ/T244—2006	22	射流曝气器	HJ/T263—2006
4	悬挂式填料	HJ/T245—2006	23	臭氧发生器	HJ/T264—2006
5	悬浮填料	HJ/T246—2006	24	刮泥机	HJ/T265—2006
6	竖轴式机械表面曝气装置	HJ/T247—2006	25	吸泥机	HJ/T266—2006
7	多层滤料过滤器	HJ/T248—2006	26	电凝聚处理设备	HJ/T267—2006
8	水力旋流分离器	HJ/T249—2006	27	中和装置	HJ/T268—2006
9	旋转式细格栅	HJ/T250—2006	28	自动清洗过滤器	HJ/T269—2006
10	罗茨鼓风机	HJ/T251—2006	29	反渗透水处理装置	HJ/T270—2006
11	微孔曝气器	HJ/T252—2006	30	超滤装置	HJ/T271—2006
12	微孔过滤装置	HJ/T253—2006	31	化学法二氧化氯发生器	HJ/T272—2006
13	电解法二氧化氯发生器	HJ/T257—2006	32	旋转滗水器	HJ/T277—2007
14	电解法次氯酸钠发生器	HJ/T258—2006	33	推流式潜水搅拌器	HJ/T279—2006
15	转刷曝气装置	HJ/T259—2006	34	转盘曝气装置	HJ/T280—2006
16	电渗析装置	HJ/T334—2006	35	散流式曝气器	HJ/T281—2006
17	污泥浓缩带式脱水一体机	HJ/T335—2006	36	浅池气浮装置	HJ/T282—2006
18	生物接触氧化成套装置	HJ/T337—2006	37	箱式压滤机和板框压滤机	HJ/T283—2006
19	鼓风式潜水曝气机	HJ/T260—2006			

第一章　阀　　门

阀门是管道的附件，用来控制流体流量、压力、流向。被控制的流体可以是液体、气体、气液混合体或固液混合体。

第一节　阀门的基本参数与分类

一、阀门基本参数

阀门的基本参数包括工作压力(*PN*)、工作温度(*T*)和公称通径(*DN*)。对于配备于管道上的各类阀门，常用公称压力和公称通径作为基本参数。公称压力是指某种材料的阀门在规定的温度下，所允许承受的最大工作压力。公称通径是指阀体与管道联接端部的名义内径，同一公称直径的阀门与管路以及管路附件均能相互连接，具有互换性。

（一）公称压力（*PN*）

依据《管道元件 *PN*(公称压力)的定义和选用》(GB/T 1048—2005)，公称压力为与管道系统元件的力学性能和尺寸特性相关、用于参考的字母和数字组合的标识，由字母 *PN* 和后跟无因次的数字组成。*PN* 数值应从表 1-1 所提供的两个标准系列中选择。

表 1-1　公称压力(*PN*)数值

德国标准系列	美国国家标准系列	德国标准系列	美国国家标准系列
*PN*2. 5	*PN*20	*PN*25	*PN*260
*PN*6	*PN*50	*PN*40	*PN*420
*PN*10	*PN*110	*PN*63	
*PN*16	*PN*150	*PN*100	

（二）公称通径（*DN*）

根据标准《管道元件 *DN*(公称尺寸)的定义和选用》(GB/T 1047—2005)，公称通径用于管道系统元件的字母和数字组合的尺寸标识，由字母 *DN* 和后跟无因次的整数数字组成。数字与端部连接件的孔径或外径(单位：mm)等特征尺寸直接相关。优先选用的 *DN* 数值如表 1-2所示。

表 1-2　优先选用的 *DN* 数值

*DN*6	*DN*100	*DN*700	*DN*2200
*DN*8	*DN*125	*DN*800	*DN*2400
*DN*10	*DN*150	*DN*900	*DN*2600
*DN*15	*DN*200	*DN*1000	*DN*2800
*DN*20	*DN*250	*DN*1100	*DN*3000
*DN*25	*DN*300	*DN*1200	*DN*3200
*DN*32	*DN*350	*DN*1400	*DN*3400
*DN*40	*DN*400	*DN*1500	*DN*3600
*DN*50	*DN*450	*DN*1600	*DN*3800
*DN*65	*DN*500	*DN*1800	*DN*4000
*DN*80	*DN*600	*DN*2000	

二、阀门分类

1. 按作用和用途

根据阀门的作用不同，可分为以下五种：

1）截断阀

截断阀又称闭路阀，其作用是接通或截断管路中的介质。截断阀包括闸阀、截止阀、旋塞阀、球阀、蝶阀和隔膜阀等。

2）止回阀

止回阀又称单向阀或逆止阀，其作用是防止管路中介质的倒流。如水泵吸水底阀属于止回阀类。

3）安全阀

安全阀类的作用是防止管路或装置中介质压力超过规定数值，以保护后续设备的安全运行。

4）调节阀

调节阀的作用是调节介质的压力、流量等参数，调节阀有不同的分类方法。调节阀按用途和作用可分为：

（1）两位阀。两位阀主要用于关闭或接通介质。

（2）调节阀。调节阀主要用于调节系统，选阀时，需要确定调节阀的流量特性；调节阀按结构又可分为以下几种形式：①单座调节阀；②双座调节阀；③套筒调节阀；④角形调节阀；⑤三通调节阀；⑥隔膜阀；⑦蝶阀；⑧球阀；⑨偏心旋转阀。

（3）切断阀。通常指泄漏率小于十万分之一的阀。

5）分流阀

分流阀包括各种分配阀和疏水阀等，其作用是分配、分离或混合管路中的介质。

污水处理工程常用阀门的类型与代号如表 1-3 所示。

表 1-3 阀门的类型与代号

阀门类型	代号	阀门类型	代号
闸阀	D	止回阀	Q
蝶阀	H	截止阀	Z
球阀	J		

2. 按阀门驱动方式

按阀门驱动方式，可分为以下三种：

1）自动阀

指不需要外力驱动，而是依靠介质自身的能量来使阀门动作的阀门，如安全阀、减压阀、疏水阀、止回阀、自动调节阀等。

2）动力驱动阀

动力驱动阀可以利用各种动力源进行驱动。包括借助电力驱动的电动阀、借助压缩空气驱动的气动阀、借助油等液体压力驱动的液动阀，还有各种驱动方式的组合，如气-电动阀等。

3）手动阀

手动阀借助手轮、手柄、杠杆、链轮等部件，由人力来操纵阀门动作。当阀门启闭力矩较大时，可在手轮和阀杆之间设置齿轮或蜗轮减速器。必要时，也可以用万向接头及传动轴进行远距离操作。

阀门驱动方式与代号如表 1–4 所示。

表 1–4　阀门的驱动方式与代号

驱动方式	代号	驱动方式	代号
电磁	0	锥齿轮	5
电磁–液动	1	气动	6
电–液动	2	液动	7
涡轮	3	气–液动	8
正齿轮	4	电动	9

注：代号 1、代号 2 及代号 8 用在阀门启闭时，需有两种动力源同时对阀门进行操作。

3. 按连接方法

按连接方法，可分为以下六种：

(1) 螺纹连接阀门：阀体带有内螺纹或外螺纹来与管道螺纹连接；

(2) 法兰连接阀门：阀体带有法兰与管道法兰连接；

(3) 焊接连接阀门：阀体带有焊接坡口与管道焊接连接；

(4) 卡箍连接阀门：阀体带有夹口与管道夹箍连接；

(5) 卡套连接阀门：与管道采用卡套连接；

(6) 对夹连接阀门：用螺栓直接将阀门及两头管道穿夹在一起的连接形式。

阀门连接形式与代号如表 1–5 所示。

表 1–5　阀门连接形式与代号

连接形式	代号	连接形式	代号
内螺纹	1	对焊接	6b
外螺纹	2	对夹	7
法兰	4	卡箍	8
承插焊	6s	卡套	9

4. 按阀体材料

1）金属材料阀门

阀体等零件由金属材料制成，如铸铁阀、碳钢阀、合金钢阀、铜合金阀、铝合金阀、铅合金阀、钛合金阀、蒙乃尔合金阀等。

2）非金属材料阀门

阀体等零件由非金属材料制成，如塑料阀、陶阀、搪阀、玻璃钢阀等。

3）金属阀体衬里阀门

阀体外形为金属，内部凡与介质接触的主要表面均为衬里，如衬胶阀、衬塑料阀、衬陶阀等。

依据标准《工业用阀门材料选用导则》(JB/T 5300—2008)，阀门材料与性能如表 1–6 所示，阀门密封面或衬里材料与代号如表 1–7 所示。

表 1-6　阀门材料与性能

阀体材料	适用公称压力/MPa	适用温度/℃	适用介质
灰铸铁	≤10	-10~200	水、蒸汽、空气、煤气、氨气等介质
	≤16	-10~100	油类、一般性质的液体介质
可锻铸铁	≤25	-10~300	一般性质的蒸汽、气体、液体及油类等介质
球墨铸铁	≤25	-10~300	一般性质的蒸汽、气体及油类等介质
铜合金		-40~180	氧气、蒸汽、一般性质气体及油类等介质
钛合金		-30~316	海水、氯化物、氧化性酸、有机酸、碱介质
碳素钢		-29~425	水、蒸汽、空气、氢气、氨、氮及石油产品等介质
高温钢		≥425	蒸汽及石油产品
低温钢		≤-46	乙烯、丙烯、液态天然气及液氮等介质
不锈耐酸钢		-30~200	硝酸、醋酸等介质

表 1-7　阀门的密封面或衬里材料与代号

密封面或衬里材料	代号	密封面或衬里材料	代号
锡基轴承合金(巴氏合金)	B	尼龙塑料	N
搪瓷	C	渗硼钢	P
渗氮钢	D	衬铅	Q
氟塑料	F	奥氏体不锈钢	R
陶瓷	G	塑料	S
Cr13 系不锈钢	H	铜合金	T
衬胶	J	橡胶	X
蒙乃尔合金	M	硬质合金	Y

第二节　污水处理用阀门

污水处理管道上主要使用的是通用阀门，一般公称压力在 2.5MPa 以下，类型主要包括闸阀、球阀、蝶阀、截止阀和止回阀。

一、闸阀

（一）闸阀工作特征

闸阀是指关闭件(闸板)在阀杆的带动下，沿通路中心线的垂直方向上下移动而达到启闭目的的阀门。闸阀是使用范围很广的一种阀门，一般 *DN*≥50 的切断装置都选用，有时口径很小的切断装置也选用。闸阀作为截止介质使用，在全开时整个管路系统直通，此时介质运行的压力损失最小。闸阀通常适用于闸板全开或全闭且不需要经常启闭的工况。闸阀在管路中不适用于作为调节或节流使用，对于高速流动的介质，闸板在局部开启状况下可能引起闸门的振动，振动可能损伤闸板和阀座的密封面，而节流会使闸板受到介质的冲蚀。

如果一个阀体内的通道直径不一样(往往都是阀座处的通径小于法兰连接处的通径)，则称为通径收缩。通径收缩能使零件尺寸缩小，开、闭所需力相应减小，同时可扩大零部件的应用范围，但通径收缩后，流体阻力损失增大。

（二）闸阀主要结构

闸阀主要由阀体、阀盖或支架、阀杆、阀杆螺母、闸板、阀座、填料函、密封填料、填料压盖及传动装置组成。对于大口径或高压闸阀，为了减少启闭力矩，可在阀门邻近的进出口管道上并联旁通阀(截止阀)，使用时，先开启旁通阀，使闸板两侧的压力差减少，再开启闸阀。旁通阀公称直径不小于 *DN*32。

（三） 分类

1. 按闸板的结构

闸阀按闸板的结构不同分为平行式和楔式两类。

1）平行式闸板

为密封面与垂直中心线平行，即两个密封面互相平行的闸阀。在平行式闸阀中，以带推力楔块的结构最常为常见，即在两闸板中间有双面推力楔块，也有在两闸板间带有弹簧的，弹簧能产生张紧力，有利于闸板密封。平行式闸板闸阀适合于低压、中小口径(*DN*40～*DN*300)管路，平行式闸板闸阀结构示意图见图 1-1。

2）楔式闸板

密封面与垂直中心线成一定角度，即两个密封面成楔形的闸阀。密封面的倾斜角度一般有 2°52′，3°30′，5°，8°，10°等，角度的大小主要取决于介质温度高低。一般工作温度愈高，所取角度应愈大，以减小温度变化时产生楔住的可能性。楔式闸阀一般分为单闸板、双闸板和弹性闸板三种。

(1) 单闸板

单闸板楔式闸阀结构简单，使用可靠，但对密封面角度的精度要求较高，加工和维修较困难，易发生卡紧、擦伤现象。图 1-2 为单闸板明杆闸阀结构示意图。

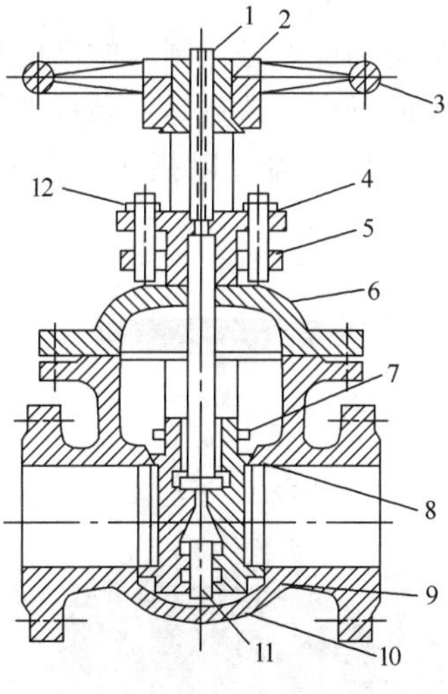

图 1-1 明杆平行式双闸板闸阀结构示意图

1—阀杆；2—轴套；3—手轮；4—填料压盖；5—填料；6—上盖；7—卡环；8—密封圈；9—闸板；10—阀体；11—顶楔；12—螺栓螺母

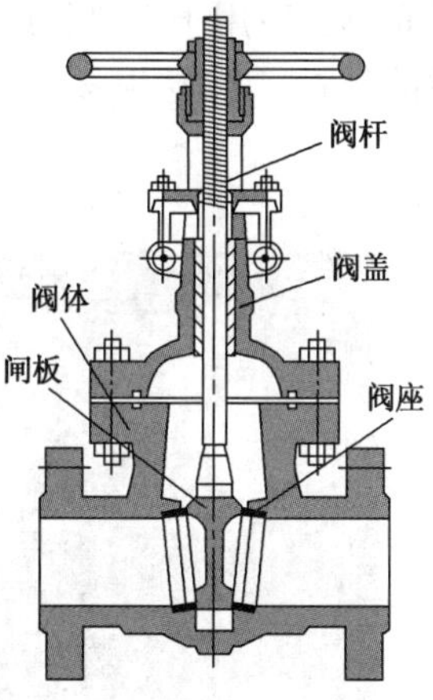

图 1-2 单闸板明杆闸阀结构示意图

(2) 双闸板

双闸板楔式闸阀在水和蒸汽介质管路中使用较多，优点是对密封面角度的精度要求较低，温度变化不易引起楔住的现象，密封面磨损时，可以加垫片补偿。但这种结构零件较多，在黏性介质中易粘结，影响密封，而且上、下挡板长期使用易产生锈蚀，闸板容易脱落。图 1-3 为楔式双闸板示意图。

(3) 弹性闸板

兼有单闸板和双闸板的优点，避免了它们的缺点。它的结构特点是在闸板的周边上有一道环形槽，使闸板具有适当的弹性，能产生微量的弹性变形，以弥补密封面角度加工过程中产生的偏差，改善工艺性，现已被大量采用。图 1-4 为楔式弹性闸板示意图。

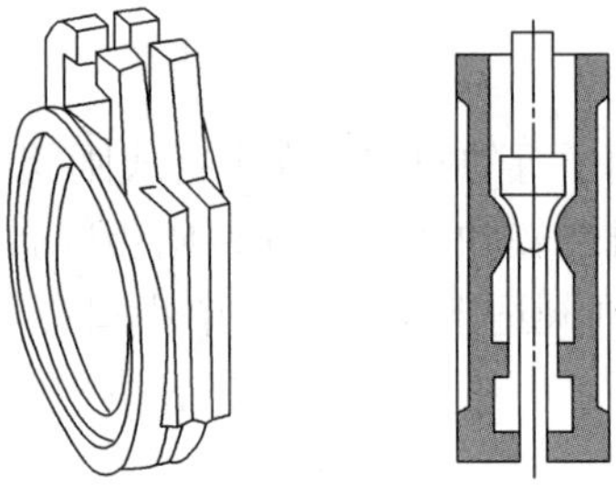

图 1-3 楔式双闸板示意图

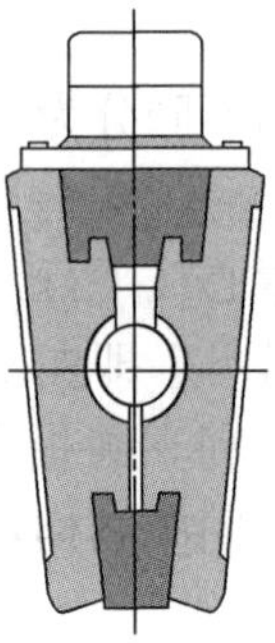

图 1-4 楔式弹性闸板示意图

2. 按阀杆的构造

按阀杆构造，闸阀又可分为明杆闸阀和暗杆闸阀。

1) 明杆闸阀

阀杆螺母在阀盖或支架上，开闭闸板时，用旋转阀杆螺母来实现阀杆的升降。这种结构对阀杆的润滑有利，开闭程度明显，因此被广泛采用。明杆闸阀见图 1-5。

2) 暗杆闸阀

阀杆螺母在阀体内，与介质直接接触。这种结构的优点是：闸阀的高度总保持不变，因此安装空间小，适用于大口径或对安装空间受限制的场合。缺点是：阀杆螺纹无法润滑，直接受介质的侵蚀，容易损坏。此种结构要装有开闭指示器，以指示开闭程度。暗杆闸阀见图 1-6。

图 1-5 明杆闸阀

图 1-6 暗杆闸阀

(四) 闸阀特点

1. 优点

(1) 流体阻力小。闸阀阀体内部介质通道是直通的，介质流经闸阀时不改变其流动方向；

(2) 启闭力矩小，启闭较省力。闸阀启闭时闸板运动方向与介质流动方向相垂直，与截止阀相比，闸阀的启闭较省力；

(3) 介质流动方向不受限制，不扰流、不降低压力；介质从闸阀两侧任意方向流过时，均能达到使用的目的，适用于介质流动方向可能改变的管路中；

(4) 结构长度较短。闸阀的闸板是垂直置于阀体内的，而截止阀阀瓣是水平置于阀体内的，因而结构长度比截止阀短；

(5) 密封性能好，全开时密封面受冲蚀较小；

(6) 体形比较简单，铸造工艺性较好，适用范围广。

2. **闸阀缺点**

(1) 密封面易损伤。启闭时，闸板与阀座相接触的两密封之间有相对摩擦，易损伤，影响密封件能与使用寿命，维修比较困难；

(2) 启闭时间一般较长。由于闸阀启闭时须全开或全关，闸板行程大，开启用要一定的时间；

(3) 外形尺寸高，安装所需空间较大；

(4) 结构复杂。闸阀一般都有两个密封面，给加工、研磨和维修增加困难；零件较多，制造较困难，成本比截止阀高。

（五）闸阀的安装与维护

闸阀的安装与维护应注意以下事项：

(1) 手轮、手柄及传动机构不允许作起吊用，并严禁碰撞；

(2) 双闸板闸阀应垂直安装，即阀杆处于垂直位置，手轮在顶部；

(3) 带有旁通阀的闸阀，在开启前应先打开旁通阀；

(4) 带传动机构的闸阀，按产品使用说明书规定安装；

(5) 如果阀门经常开关使用，润滑次数为每月至少一次。

二、球阀

（一）球阀工作原理

球阀由旋塞阀演变而来，靠旋转阀芯来使阀门畅通或闭塞。当球旋转 90°时，在进、出口处应全部呈现球面，从而截断流动。球阀只需要用旋转 90°的操作和很小的转动力矩就能关闭严密。完全平等的阀体内腔为介质提供了阻力很小、直通的流道。通常认为球阀最适宜直接做开闭使用；近来的发展已将球阀设计成使它具有节流和控制流量的用途，球阀的结构示意图见图 1-7。

（二）球阀的分类

1. **按功能**

可分为二通球、三通球、四通球、弯通球、浮动球、固定球、V 型球、偏心半球体、带柄球体、软密封球体、硬密封球体、实心球、空心球等。各种球体形式见图 1-8。

2. **按结构形式**

可分为浮动球球阀、固定球球阀、弹性球球阀三种。

1) 浮动球球阀

球阀的球体是浮动的，在介质压力作用下，球体能产

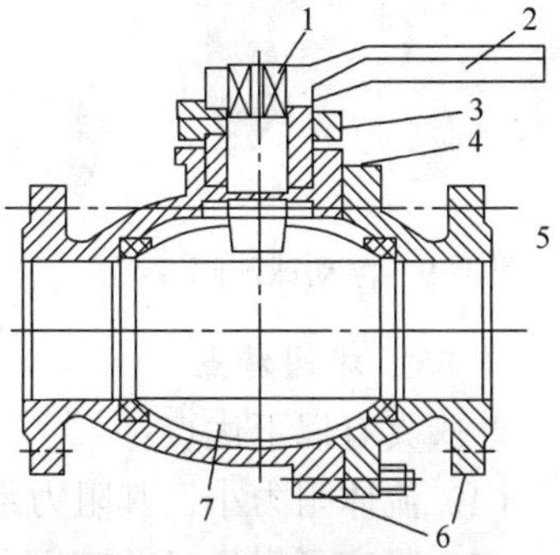

图 1-7　球阀的结构示意图

1—阀；2—手柄；3—填料压盖；4—填料；5—密封圈；6—阀体；7—球

生一定的位移并紧压在出口端的密封面上，保证出口端密封。浮动球球阀的结构简单，密封性好，但球体承受工作介质的载荷全部传给了出口密封圈，因此要考虑密封圈材料能否经受得住球体介质的工作载荷。此结构广泛用于中低压球阀，浮动球球阀见图 1–9。

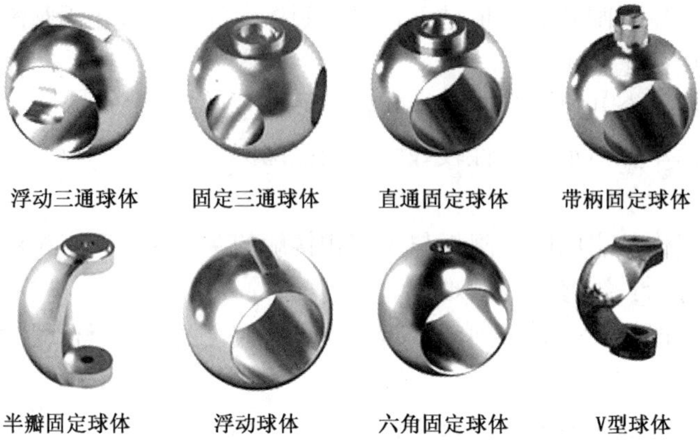

图 1–8　球阀球体的主要形式

2）固定球球阀

球阀的球体是固定的而阀座能移动。受压后球体不产生移动，阀座产生移动，使密封圈紧压在球体上，以保证密封。固定球球阀通常在球体的上、下轴上装有轴承，操作扭距小，适用于高压和大口径的场合。为了减少球阀的操作扭矩和增加密封的可靠程度，近年来出现了油封球阀，即在密封面间压注特制的润滑油，以形成一层油膜，既增强了密封性，又减少了操作扭矩，更适用于高压大口径场合。固定球球阀见图 1–10。

3）弹性球球阀

球阀的球体是弹性的，弹性球体是在球体内壁的下端开一条弹性槽而获得弹性。弹性球球阀的球体和阀座密封圈都采用金属材料制造，密封比压很大，依靠介质本身的压力已达不到密封的要求，因此必须施加外力。这种阀门适用于高温高压介质。当关闭通道时，用阀杆的楔形头使球体张开与阀座压紧达到密封。弹性球球阀见图 1–11。

图 1–9　浮动球球阀

图 1–10　固定球球阀

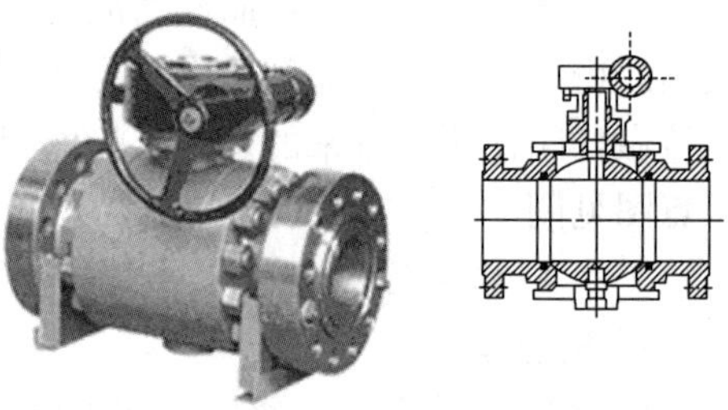

图 1–11　弹性球球阀

（三）球阀特点

球阀具有以下优点：

（1）流体阻力小，其阻力系数与同长度的管段相等；结构简单、体积小、重量轻；

（2）紧密可靠，目前球阀的密封面材料广泛使用塑料，密封性好，在真空系统中广泛使用；

（3）操作方便，开闭迅速，从全开到全关只要旋转 90°，便于远距离的控制；在全开或全闭时，球体和阀座的密封面与介质隔离，介质通过时，不会引起阀门密封面的侵蚀；

(4) 维修方便，球阀结构简单，密封圈一般都是活动的，拆卸更换都比较方便；

(5) 适用范围广，通径从几毫米到几米，从高真空至高压力都可应用，既适用于水、溶剂、酸、天然气等一般工作介质，又适用于工作条件恶劣的介质，如氧气、过氧化氢、甲烷和乙烯等。

三、蝶阀

（一）蝶阀工作原理

蝶阀是用圆形蝶板作启闭件并随阀杆转动来开启、关闭和调节流体通道的一种阀门。蝶阀的蝶板安装于管道的直径方向。在蝶阀阀体圆柱形通道内，圆形蝶板绕着轴线旋转，旋转角度为0°~90°之间，旋转到90°时，阀门则呈全开状态。蝶阀的结构示意图见图1-12。

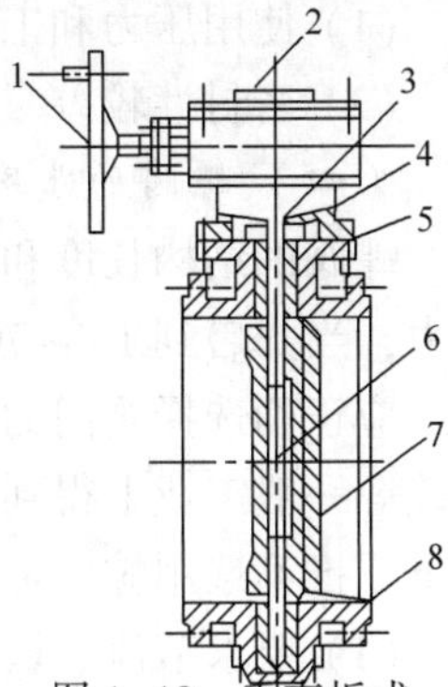

图1-12　垂直板式蝶阀结构示意图

1—手轮；2—传动装置；3—阀杆；4—填料压盖；5—填料；6—转动阀瓣；7—密封面；8—阀体

（二）蝶阀分类

1）按阀板形式

按阀板形式蝶阀可分为中心对称板、偏置板、斜置板，见图1-13。

图1-13　蝶阀阀板形式

2）按密封形式

可分为软密封型和硬密封型两种。软密封型一般采用橡胶环密封，硬密封型通常采用金属环密封。

3）按连接形式

有对夹式蝶阀、法兰式蝶阀、对焊式蝶阀三种。对夹式蝶阀是用双头螺栓将阀门连接在两管道法兰之间；法兰式蝶阀是阀门上带有法兰，用螺栓将阀门上两端法兰连接在管道法兰上；对焊式蝶阀的两端面与管道焊接连接。

（三）结构特点

蝶阀具有结构简单、体积小、重量轻、材料耗用省，安装尺寸小，开关迅速、90°往复回转，驱动力矩小等特点。用于截断、接通、调节管路中的介质，具有良好的流体控制特性和关闭密封性能。蝶阀处于完全开启位置时，蝶板厚度是介质流经阀体时唯一的阻力，因此通过阀门所产生的压力降小，具有较好的流量控制特性。

蝶阀的优点如下：

(1) 启闭方便迅速、省力、流体阻力小；

(2) 结构简单，体积小，重量轻；

(3) 调节性能好，低压下可以实现良好的密封。

蝶阀的缺点如下：

（1）使用压力和工作温度范围小；

（2）密封性较差。

（四）蝶阀的选用

蝶阀的结构长度和总体高度较小，开启和关闭速度快，在完全开启时，具有较小的流体阻力，当开启到15°~70°之间时，又能进行灵敏的流量控制，如果要求蝶阀作为流量控制使用，应正确选择阀门的尺寸和类型。蝶阀不仅在石油、煤气、化工、水处理、热电站冷却水系统等一般工业上得到广泛应用，蝶阀的结构原理也适合于制造大口径阀门。在下列工况条件下，推荐选用蝶阀：

（1）要求节流、调节控制流量；

（2）泥浆介质及含固体颗粒介质；

（3）要求阀门结构长度短的场合；

（4）要求启闭速度快的场合；

（5）压差较小的场合。

（五）蝶阀安装与维护

（1）在安装时，阀瓣要停在关闭的位置上；

（2）开启位置按蝶板旋转角度来确定；

（3）带有旁通阀的蝶阀，开启前应先打开旁通阀；

（4）应按制造厂的安装说明书进行安装，重量大的蝶阀，应设置牢固的基础。

四、截止阀

（一）截止阀的工作原理

截止阀启闭件是塞形的阀瓣，密封面呈平面或锥面，阀瓣沿流体的中心线作直线运动。控制阀瓣的阀杆运动形式有升降杆式（阀杆升降，手轮不升降），也有升降旋转杆式（手轮与阀杆一起旋转升降，螺母设在阀体上）。截止阀只适用于全开和全关，不允许作调节和节流之用。截止阀的结构示意图见图1-14。

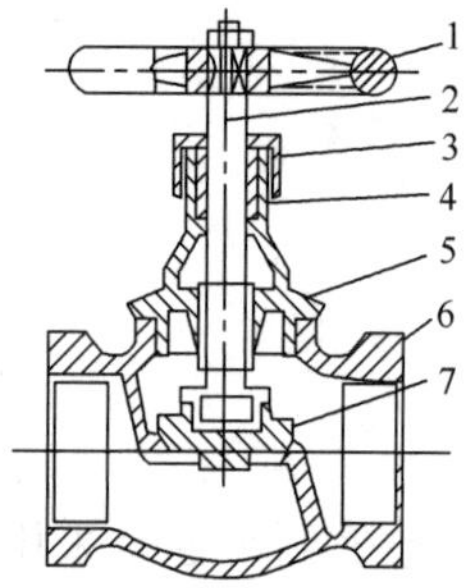

图1-14　截止阀构示意图

1—手轮；2—阀杆；3—填料压盖；4—填料；5—上盖；6—阀体；7—阀瓣

截止阀属于强制密封式阀门。在阀门关闭时，必须向阀瓣施加压力，以强制密封面不泄漏。当介质由阀瓣下方进入阀门时，操作所需要克服的阻力包括了阀杆与填料之间的摩擦力、介质压力所产生的推力。因为关阀门的力比开阀门的力大，所以阀杆的直径要大。近年来，自动密封阀门出现后，截止阀的介质流向就改由阀瓣上方进入阀腔，在介质压力作用下，关阀门的力小，而开阀门的力大，阀杆的直径可以相应地减少；同时，在介质作用下，阀门封闭也较严密。

截止阀开启时，阀瓣的开启高度为公称直径的25%~30%时，流量已达到最大，阀门已达全开位置，所以截止阀的全开位置，应由阀瓣的行程来决定。

（二）截止阀的分类

1）按阀杆螺纹位置

截止阀的种类按阀杆螺纹的位置分有外螺纹式、内螺纹式。

2）按介质流向

按介质流向，分直通式、直流式和直角式，如图1-15所示。

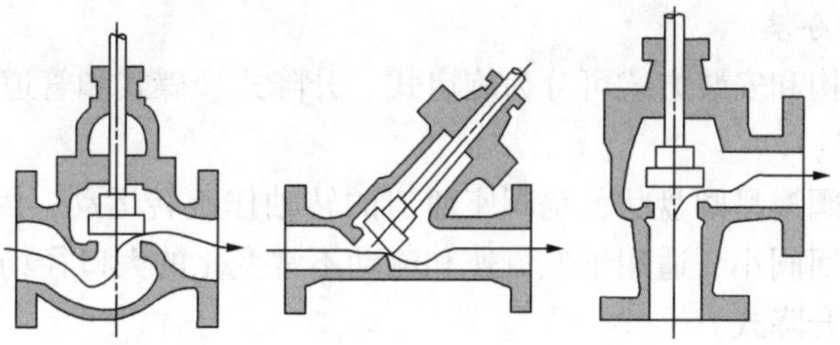

图 1-15　截止阀的三种介质流向形式

在直通式或直流式截止阀中，阀体流道与主流道成一斜线，这样的流动状态对阀体的破坏程度比常规截止阀要小。在角式截止阀中，流体只需改变一次方向，通过此阀门的压力降比常规结构的截止阀小。

3）按密封形式

截止阀按密封形式分有填料密封截止阀和波纹管密封截止阀。

（三）截止阀特点

截止阀主要起到切断管路中介质的作用，与闸阀相比，截止阀调节性能较好，开启高度小，关闭时间短，制造与维修方便，密封面不易磨损、擦伤，密封性能较好、使用寿命长，但调节性能较差。截止阀的阀体结构设计较曲折，因此流阻大，能量消耗大。截止阀适用于蒸汽、油品等介质，不宜用于黏度较大、带颗粒、易结焦、易沉淀的介质。

（四）截止阀的安装与维护

截止阀的安装与维护应注意以下事项：

（1）手轮、手柄操作的截止阀可安装在管道的任何位置上；

（2）手轮、手柄及传动机构不允许作起吊用；

（3）介质的流向应与阀体所示箭头方向一致。

（五）截止阀使用范围与选用原则

截止阀适用于导热油、有毒、易燃、渗透性强、污染环境、带放射性的流体介质管路上作切断阀。

（1）高温、高压介质的管路或装置上宜选用截止阀，如火电厂、核电站，石油化工系统的高温、高压管路上；

（2）对流阻要求不严的管路，即对压力损失考虑不大的场合；

（3）有流量调节或压力调节，但对调节精度要求不高，而且管路直径比较小，如公称通径小于 DN50 的管路；

（4）供水、供热工程。

五、止回阀

（一）工作原理

止回阀又称为逆流阀、逆止阀、背压阀、单向阀。这类阀门靠管路中介质本身的流动产生的力而自动开启和关闭，属于自动阀门的一种。止回阀在管路系统中的主要作用是防止介质倒流而造成泵及其驱动电机机反转，防止容器内介质的泄放。止回阀还可用于压力可能超过主系统压力的辅助系统管路上。

（二）止回阀的分类

止回阀根据其结构和安装方式可分为旋启式、升降式、碟式和管道式四种形式。

1. **旋启式止回阀**

旋启式止回阀的阀瓣呈圆盘状，绕阀座通道的转轴作旋转运动，因阀内通道成流线型，流动阻力比升降式止回阀小，适用于低流速和流动不常变化的大口径场合，但不宜用于脉动流，其密封性能不及升降式。

旋启式止回阀分单瓣式、双瓣式和多瓣式三种。单瓣旋启式止回阀一般适用于中等口径的场合，大口径管路选用单瓣旋启式止回阀时，为减少水锤压力，最好采用能减小水锤压力的缓闭止回阀；双瓣旋启式止回阀适用于大中口径管路；多瓣旋启式止回阀适用于大口径管路。旋启式止回阀及其结构示意图见图 1-16。

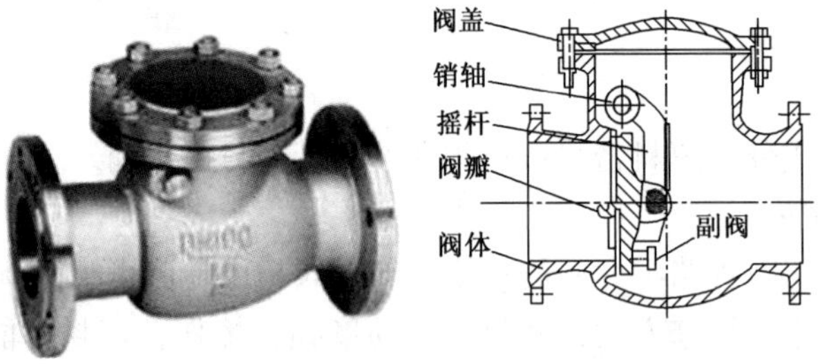

图 1-16　旋启式止回阀及其结构示意图

2. **升降式止回阀**

为阀瓣沿着阀体垂直中心线滑动的止回阀。升降式止回阀的阀体形状与截止阀一样（可与截止阀通用），其结构与截止阀相似，阀体和阀瓣与截止阀相同。

升降式止回阀阀瓣上部和阀盖下部有导向套筒，阀瓣导向筒可在阀盖导向筒内自由升降。当介质顺流时，阀瓣靠介质推力开启；当介质停流时，介质作用在阀瓣的压力加上自身重力大于阀前的压力时，阀瓣降落在阀座上，起阻止介质逆流作用。直通式升降止回阀介质进出口通道方向与阀座通道方向垂直；对于立式升降式止回阀，其介质进出口通道方向与阀座通道方向相同，其流动阻力较直通式小，升降式止回阀及其结构示意图见图 1-17。升降式止回阀只能安装在水平管道上。

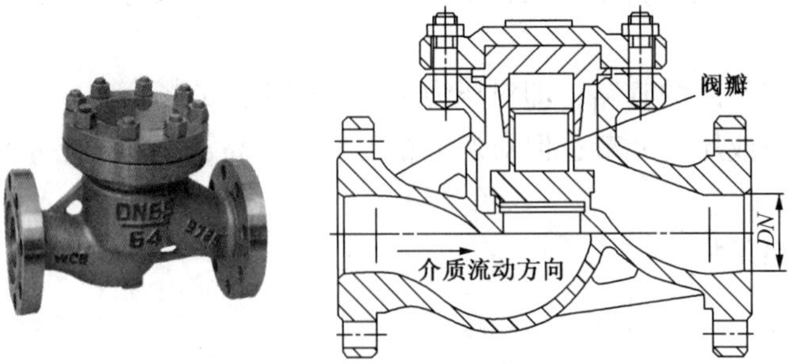

图 1-17　升降式止回阀及其结构示意图

3. **碟式止回阀**

为阀瓣围绕阀座内的销轴旋转的止回阀。碟式止回阀结构简单，流阻较小，水锤压力亦较小。但只能安装在水平管道上，密封性较差。碟式止回阀见图 1-18。

4. **管道式止回阀**

管道式止回阀为阀瓣沿阀体中心线滑动的阀门。管道式止回阀是一种新型阀门，具有体积小，重量较轻，加工工艺性好的特点，是止回阀的发展方向之一。但其流体阻力系数比旋启式止回阀略大，管道式止回阀见图 1-19。

图 1-18　碟式止回阀

图 1-19　管道式止回阀

（三）止回阀的工作特点

止回阀的工作特点是载荷变化大，启闭频率小，只有关闭或开启两种状态，不要求运动部件运动。

止回阀在大多数实际使用中，定性地用于快速关闭。而在止回阀关闭的瞬间，介质是反方向流动的，随着阀瓣的关闭，介质从最大倒流速度迅速降至零，压力则迅速升高，会产生对管路系统可能有破坏作用的“水锤”现象。对于多台泵并联使用的高压管路系统，止回阀的水锤问题更加突出。为了防止管道中的水锤隐患，近年来，人们在止回阀的设计中，采用了一些新结构、新材料，在保证止回阀适用性能的同时，将水锤的冲击力减至最小。

（四）止回阀安装与维护

止回阀的安装应注意以下事项：

（1）在管线中不要使止回阀承受重量，大型的止回阀应独立支撑，使之不受管系统产生的压力的影响；

（2）安装时，注意介质流动的方向应与阀体所标箭头方向一致；

（3）升降式垂直瓣止回阀应安装在垂直管道上；

（4）水平阀瓣止回阀应安装在水平管道上。

参 考 文 献

1　上海耐腐阀门集团．阀门的结构型式与用途之闸阀．[EB/OL]. http：//www. sn-v. com/vallve%20theory/valve_ knowledge054. html.

2　阀门网．蝶阀．[EB/OL]. http：//www. gatevalve. cn/ButterflyValve/ButterflyValve. html.

3　中华人民共和国国家质量监督检验检疫总局，中国国家标准化管理委员会．管道元件 *DN*(公称尺寸)的定义和选用(GB/T 1047—2005)[S]. 北京：中国标准出版社，2005.

4 中华人民共和国国家发展和改革委员会．工业用阀门材料选用导则(JB/T 5300—2008)［S］．北京：中国标准出版社，2008.
5 阀门网．截止阀．［EB/OL］. http：//www. gatevalve. cn/GlobeValve/globe-valve-class. html.
6 止回阀．阀门网．［EB/OL］. http：//www. gatevalve. cn/CheckValve/CheckValve. html.
7 中国止回阀网．止回阀定义、作用及分类．［EB/OL］. http：//zhihuifa. org/zhihuifadingyizuoyongjifenlei. html.
8 陆培文，孙晓霞等．阀门选用手册［M］．北京：机械工业出版社，2009.

第二章　筛滤设备

筛滤设备根据具体的用途可分为格栅机、筛网、过滤设备三大类。

格栅机、筛网在污水的预处理方面得到了广泛应用。不论何种废水，在提升泵和主体构筑物之前，均需设置格栅等设施以拦截较大杂物，或者设置筛网以截留较细悬浮物。按格栅形状分，格栅机可分为平面格栅和曲面格栅两种。根据清渣的方式可以分为人工清渣与机械清渣两种，目前基本上采用机械清渣的方式。筛滤设备的效率取决于栅条的间距，其中格栅栅条间距在 50～100mm 之间的称为粗格栅；间距在 10～40mm 之间的称为中格栅；小于 10mm 的称为细格栅。

筛滤设施在应用中也在不断地得到改进，现在不仅仅用于污水的预处理以及物料的回收、浓缩，也应用到了污水的深度处理方面。

第一节　平面格栅机

平面格栅除污机定义为利用平面格栅和齿耙清除流体中污渣的设备，包括链传动式格栅机、回转式格栅机、步进式格栅机等。

一、链传动式格栅机

链传动式格栅机为齿耙插入静止的栅条，通过链的带动将污物与水分离的格栅一种除污机。

（一）基本参数与设计要求

链传动式格栅机的基本参数见表 2-1。

表 2-1　基本参数

项　　目	数据系列
设备宽/mm	800、1000、1200、1400、1600、1800、2000、2200、2400、2600、2800、3000、3200、3400、3600、3800、4000
栅条间距/mm	10、20、30、40、50、60、70、80、90、100
安装倾角/(°)	60～85
齿耙运行速度/(m/min)	2～5

齿耙上耙齿与两侧栅条的间距要求见表 2-2。

表 2-2　耙齿与两侧栅条的间距要求

项　　目	数据系列							
设备宽/mm	≤1000		1000～2000		2000～3000		>3000	
栅条间距/mm	≤50	>50	≤50	>50	≤50	>50	≤50	>50
耙齿与栅条的间距/mm	≤4	≤5	≤5	≤6	≤6	≤7	≤7	≤8

齿耙顶端与托渣板之间的间距要求见表 2-3。

表 2-3　齿耙顶端与托渣板之间的间距要求

项　目	数 据 系 列			
设备宽/mm	≤1000	1000~2000	2000~3000	>3000
齿耙顶端与托渣板间距/mm	≤4	≤5	≤7	≤8

同时，对于载荷的要求如下：

(1) 单个齿耙的额定载荷不小于 1000N/m。

(2) 除污机工作平面的额定载荷不小于 $400N/m^2$。

(二) 设备情况

污水处理中经常使用的链传动设备有反捞式格栅机、高链式格栅除污机等。

1. 反捞式格栅机

反捞式格栅主要由架梯、牵引链、传动系统、齿耙组合、主栅、副栅、水下组合导轮等组成，齿耙固定于链条上，链条沿导轨运行，从底部运行至栅条前部，齿耙栅前上行为捞渣阶段，从下向上将被栅条拦住的漂浮物顺着挡板捞至卸渣口处。反捞式格栅一般作为中、粗格栅使用，主要用于电厂、雨水泵站、污水处理厂等设施进水口处，拦截、清除水中的杂物，也适合于泥沙沉积量较大的场合，反捞式格栅机见图 2-1。

图 2-1　反捞式格栅机

2. 高链式格栅除污机

1) 组成与应用

由传动装置、框架、除污耙、撇渣机构、同步链条、栅条等组成，其结构示意图见图2-2。

高链式格栅除污机主要用于泵站进水渠(井)，拦截并捞取水中的漂浮物，保证后续设备正常运行，一般作中、粗格栅用，适用水深不超过 2m 的场合。高链式格栅除污机与一般链条式格栅除污机相比，主要优点是：传动链及链轮等主要部件在水面上，不易腐蚀，易于观察，维护保养方便。

2) 设备运行

(1) 下行

三角形齿耙架的主滚轮处于环形链条的外侧，齿耙张开下行，如图 2-3(a)所示。至下行终端，主滚轮回转到链轮内侧，齿耙插入格栅栅隙内，见图 2-3(b)。

(2) 上行

耙齿把截留于格栅上的栅渣扒集至卸污料口，由卸污装置将污物推入滑板，排至集污槽

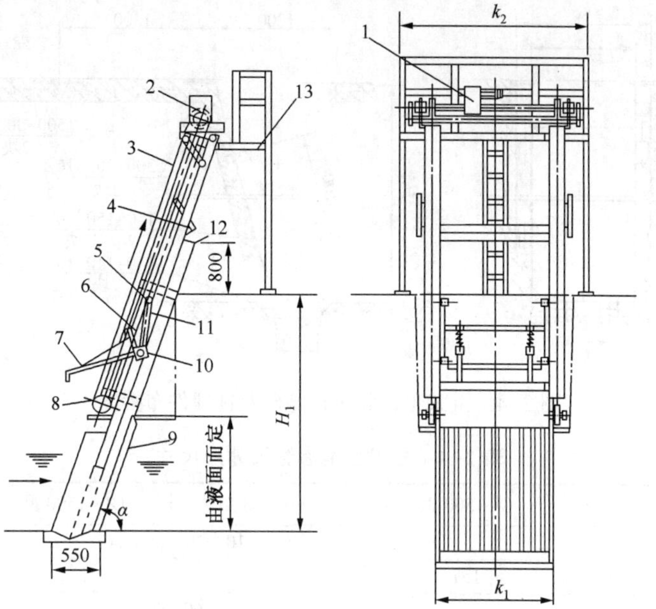

图 2-2 高链式格栅除污机结构示意图

1—三合一减速机；2—驱动链轮；3—主体链条；4—刮渣板；5—主滚轮；6—齿耙缓冲装置；7—齿耙；8—从动链轮；9—格栅；10—导轮；11—导轮轨道；12—底板；13—平台

内，见图 2-3(c)。此时耙架的主滚轮已上行至环链上端，并回转至环链的外侧，齿耙张开，完成一个工作程序。

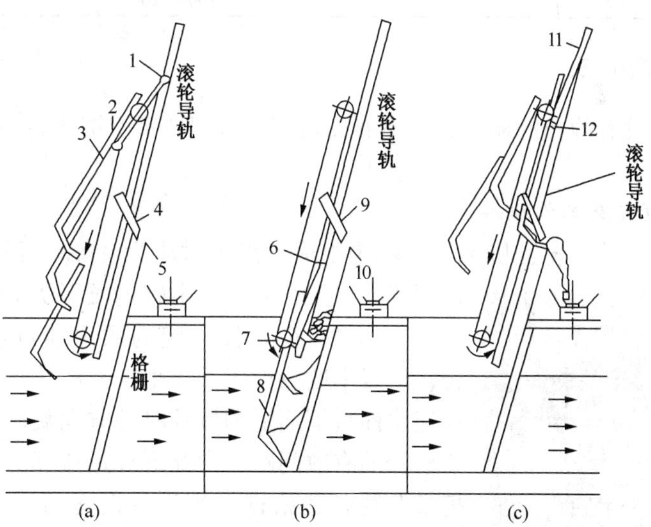

图 2-3 高链式格栅除污机运行示意图

1，6，11—滚轮；2，7，12—主滚轮；3，8—齿耙；4，9—小耙；5，10—滑板

3）基础及预埋件布置

高链式格栅除污机基础及预埋件布置见图 2-4。

4）技术性能参数及外形尺寸

根据图 2-2 和图 2-4，有关类型的设备技术性能参数及外形尺寸见表 2-4。

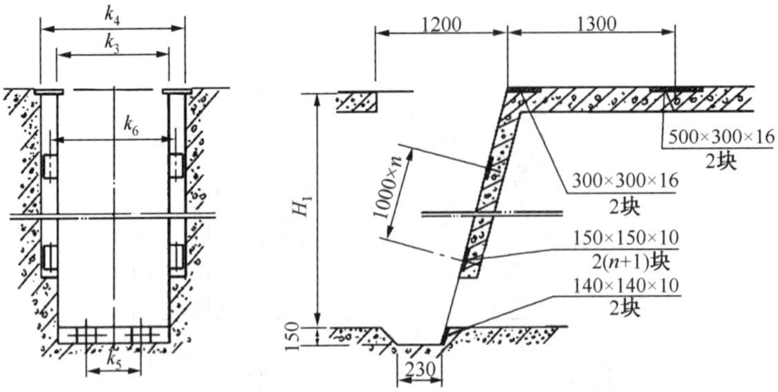

图 2-4　链式格栅除污机基础及预埋件布置图

表 2-4　技术性能参数及外形尺寸

参数	GL-500 型	GL-1000 型	GL-1500 型	GL-2000 型
栅条间距/mm	10、20、30、50			
电机功率/kW	1.1	1.5	2.2	3
安装角度/(°)	60~80			
格栅有效宽度 k_1/mm	470	970	1470	1970
格栅机最大宽度 k_2/mm	1200	1700	2200	2700
沟宽 k_3/mm	500	100	1500	2000
格栅机基础宽度 k_4/mm	900	1400	1900	2400
沟底埋件宽度 k_5/mm	—	500	900	1200
沟槽预埋件宽度 k_6/mm	700	1200	1700	2200
沟深 H_1/mm	1000~2000			

二、回转式格栅机

回转式格栅机没有静止的栅条，由密布的齿耙随着回转牵引链的运动将污水中悬浮物打捞出来的格栅机。

（一）基本组成及工作程序

设备由传动装置、链轮、机架、齿耙等组成。齿耙材质为 ABS 工程塑料、尼龙或不锈钢制成，机架材质一般由碳钢或不锈钢制成。

图 2-5　回转式格栅机

工作时，齿耙按一定的顺序通过齿耙轴与链轮的组合，形成串联的封闭式齿耙链，由传动装置带动两边链轮在迎水面自下而上的按顺时针方向旋转，齿耙的间距相当于格栅的有效间距，由此形成过流和分离的空间。当齿耙携带杂物到达格栅上端后反向运行时，杂物依靠自重脱落，同时有板刷对经过的每排齿耙做清扫。回转式格栅机见图 2-5。

（二）结构特点

（1）除污动作连续，分离效率高；

（2）结构紧凑，电气控制简单，自动化程度高；

（3）耐腐蚀性好，能耗低，噪音低。

（三） 基本参数

基本参数与单个齿耙的额定载荷分别见表2-5、表2-6。

表2-5 基本参数

项　　目	数　　据
设备宽/mm	300、400、500、600、700、800、900、1000、1200、1500
栅条间距/mm	1、3、5、10、20、30、40、50
安装倾角/(°)	60~85
齿耙运行速度/(m/min)	1.5~3.5

表2-6 单个齿耙的额定载荷

项　　目	数　　据							
栅条间距/mm	1	3	5	10	20	30	40	50
齿耙载荷/(N/m)	360	510	700	900	1000	1100	1200	1300

同时，除污机工作平面的额定载荷不小于400N/m^2。

（四） 设备技术参数

有关生产企业给出的回转式格栅机技术参数见表2-7，供参考。

表2-7 回转式格栅机基本技术参数

型　　号			GF300	GF400	GF500	GF600	GF700	GF800	GF900	GF1000	GF1100	GF1200	GF1500
栅前水深/m			1.0										
过栅流速/(m/s)			0.5~1.0										
耙齿栅隙/mm	1	过水流量/(m^3/d)	1850~3700	2080~4160	2900~5800	3700~7400	4500~9000	5300~10600	6000~12000	7000~14000	7800~15600	8600~17200	11000~22000
	3		3700~7400	4100~8200	5700~11400	7500~15000	9000~18000	10600~21200	12300~24600	14000~28000	15600~31200	17200~34400	22000~44000
	5		4500~9000	5200~10400	7100~14200	9200~18400	11200~18400	13000~26000	15000~30000	17400~34800	19400~38800	21000~42000	24000~48000
	10		5300~10600	6200~12400	8800~17600	11000~22000	13500~27000	16000~32000	17400~34800	21100~42200	24000~48000	25000~50000	27000~54000
	20		5500~11000	6650~13000	9000~18000	11500~23000	14000~28000	17000~34000	19000~38000	22000~44000	25000~50000	27000~54000	29000~58000
	30		7100~14200	8600~17200	11700~23400	14900~29800	18200~36400	22100~44200	24700~49400	28600~57200	32500~65000	35100~70200	37700~75400
	40		7800~15600	10200~20400	14500~29000	18800~37600	23000~46000	27000~54000	31500~63000	36000~72000	40400~80800	44500~89000	57500~115000
	50		10200~20400	13250~26500	18850~37700	24450~48900	29900~59800	35100~70200	40950~81900	46800~93600	52000~104000	57200~114400	74100~148200

（五） 回转式格栅除污机安装

回转式格栅除污机安装见图2-6，安装尺寸以及要求见表2-8。

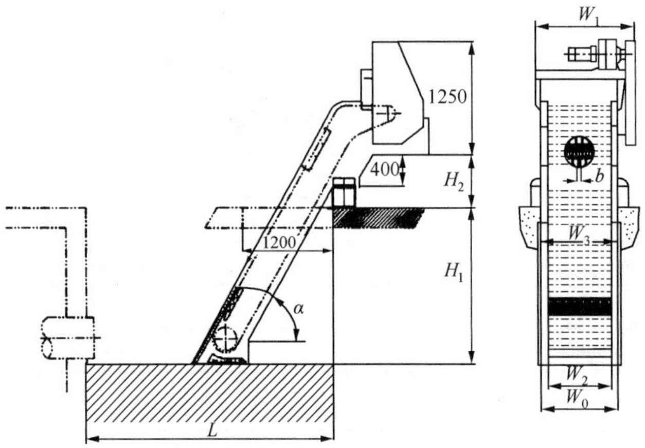

图 2-6　回转式格栅除污机安装示意图(单位：mm)

表 2-8　转式格栅除污机安装尺寸以及要求

符号	含　义	数　据
α	安装角度/(°)	60～85
h_1	集水渠深/mm	800～10000
L	导流槽长/mm	$L=h_1\text{ctg}\alpha+1500$
W_0	设备宽度/mm	根据设计要求定
W_1	设备外形总宽/mm	$W_1=W_0+350$
W_2	有效总栅宽/mm	$W_2=W_0-160$
W_3	集水渠宽/mm	$W_3\geqslant W_0+70$
b	有效栅隙/mm	1、3、5、10、20、30、40、50
h_2	排渣高度/mm	400～1200

三、步进式格栅机

（一）格栅的组成、工作原理

格栅由驱动装置、传动机构、机架、动栅片、静栅片等部分组成。

工作原理是通过设置于格栅上部的驱动装置，带动两组分布于格栅机架两边的偏心轮和连杆机构，使一组阶梯形栅片相对于另一组固定阶梯形栅片作小圆周运动，将水中的漂浮渣物截留在栅面上，并将渣物从水中逐步上推至栅片顶端排出，实现拦污、清渣的目的。其结构示意图见图 2-7。步进式格栅机改变了以往机械格栅的直形或弧形栅条拦渣、移动齿耙作单向直线或曲线运动除渣的模式，而是通过两组阶梯形薄栅片的相对运动来实现拦渣清污过程。一般动栅条和静栅条的厚度为 2～3mm，栅条间距一般为 3～6mm，所以在过水断面相同的情况下，阶梯式细格栅要比一般的细格栅窄得多。由于栅条间距小(可达到 1～2mm)，它可以截留更细小的漂浮物，图 2-8 为格栅机的运行动作示意图。

（二）特点

(1) 阶梯式格栅除污机在处理过程中，利用截留后稀疏地附在格栅上、已形成一道滤网的固体颗粒层，逐步向上运动，因此比单一依靠格栅间距具有更高的过滤效率，既可防止堵塞又使格栅更可靠地运行。

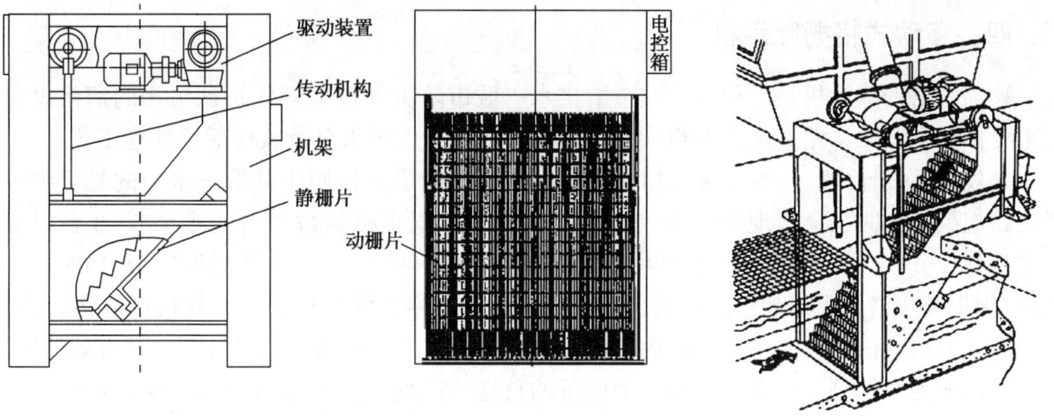

图 2-7　步进式格栅机结构示意图

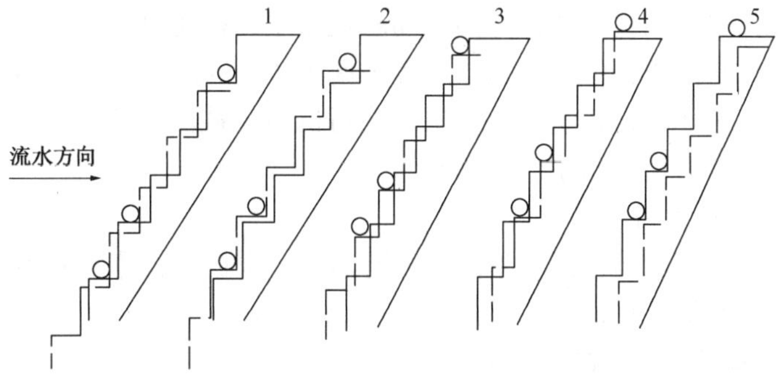

图 2-8　格栅机的运行示意图(虚线为动栅条组，实线为静栅条组)

(2) 栅片为阶梯形，由静栅片和动栅片间隔组合，静栅片固定在机架上，动栅片则以机架作支点，由电机经减速机和偏心机构等运动机构与连杆机构直联(不用链条传动的形式)，使动栅片作循环往复运动，将拦截在栅面上的污物由下至上逐级提升至排渣口卸料。

(3) 采用背部插入式运动栅片，限位可靠，能确保栅渣收集和提升的最佳状态。静栅片和动栅片间有足够的过水通道，能保证过水面积和流量满足设计要求。

(4) 格栅可由时间或液位传感器进行自动控制开停，易实现远程控制。

(三) 产品的主要技术性能指标

有关生产企业给出的阶梯格栅主要技术性能参数见表 2-9，供参考。

表 2-9　阶梯格栅主要技术性能参数

规格型号	格栅名义宽度/mm	格栅有效宽度/mm	配套电机功率/kW	格栅间距/mm	设备总高/mm	允许流速/(m/s)	适用渠深/mm	排渣高度/mm
500	500	310	0. 75~3	3~10	1700~2350	0. 5~1	850~1500	400~500
600	600	410						
800	800	610						
1000	1000	810						
1200	1200	1010						
1500	1500	1310						
1800	1800	1610						
2000	2000	1810						

四、移动式格栅除污机

移动式格栅除污机是一种用于城市给排水、城市防洪等设施处作拦截污物的清污设备，其主要作用是截取泵站进水口的粗大垃圾等杂物，用于保护水泵及减轻后续处理工艺。

常规泵站设计中，一般在进水口均设置固定式格栅除污机用于截取进水中的悬浮物等，当泵站规模较大时，会出现多台并列布置的情况，如固定格栅数量有的多至6~8台以上，造成工程投资大、设备利用率不高的弊端，《上海城市排水泵站设计规程》(DGJ 08-22—2003)中提及当格栅数量超过三组时，建议使用移动式格栅除污机。移动式格栅除污机作为一种高效简约的清污设备，正在国内环保工程项目中被推广应用，其设计理念和有效的清污能力，已成为节能型、环保型、效益型设备的首选。因此，随着今后泵站规模的不断增大，移动式格栅除污机将更多地应用到各种给排水工程中。

（一）分类

移动式格栅除污机按结构形式区分为移动悬挂抓斗式和地面轨道行走移动式。移动悬挂抓斗式格栅除污机结构简单，但由于移动过程中栅渣产生的污水易造成环境污染，一般常用在水厂的取水口。而地面轨道行走移动式格栅除污机由于截渣后栅渣直接卸至输送设备上，对周边环境影响较小，常用于雨水、污水泵站。

（二）主要机型与应用

目前国内移动式格栅除污机的规格品种已有多种，根据其具体的使用特性，机型主要形式有耙斗格栅除污机与抓斗格栅除污机。

1. 移动式钢丝绳牵引耙斗格栅除污机

由卷扬机构、钢丝绳、耙斗、钢丝绳滑轮、耙斗张合装置、机械过力矩保护、移动行车、地面固定式轨道及移动行车定位装置组成。整机定位、耙斗升降、耙斗张合、耙斗污物刮除等动作，与固定安装的钢丝绳牵引耙斗式格栅除污机相同，不同的是上机架与下机架分体，上机架全部设在移动行车上。

图 2-9　移动式钢丝绳牵引耙斗粗格栅清污机

其工作原理为：除污时，通过行程开关控制，使机架移动到需清污的格栅位置，当上下机架对位准确后，耙斗顺利下放除污。对于宽幅格栅，除污机除污完毕后，移动一个齿耙有效宽度，继续除污，直至格栅栅面污物全部清除完毕。对于多沟渠分布格栅，除污机除污完一个沟渠的格栅后，移动至另一沟渠，继续除污，直至所有沟渠格栅栅面污物清除完毕。上海市剑河路污水泵站采用移动式钢丝绳牵引耙斗粗格栅清污机，投产已多年。图2-9为工程中使用的移动式钢丝绳牵引耙斗粗格栅清污机。

2. 移动式钢丝绳牵引抓斗格栅除污机

报道较多的移动式抓斗清污机有Bosker™系列，其适合安装在第一道格栅前，并适用于各种大小和各种形式的进水口，可有效地清除各类垃圾杂物。Bosker™抓斗清污机的特点：

1）单轨系统靠近格栅平台运行，可优化格栅平台上的工作区域；一台清污机可以处理多个进水口的垃圾，可进行全自动控制；

2）无水下活动部件，使用时可靠，维修量少；在较宽格栅上使用时，可缩短除污周期；

3）栅条间距 12~200mm；工作负荷范围可达 250~3000kg（垃圾重量）；

4）适用于垂直格栅；能清除超过 50m 深的进水口处栅渣；

5）噪音低。

移动式钢丝绳牵引抓斗格栅除污机在我国各地都有采用，如上海白龙港污水厂 4 台抓斗清污机分别独立处理 4 个污水进口，抓斗采用网孔及齿条组合，见图 2-10。

图 2-10　抓斗清污机

（三）移动格栅除污机存在问题与不足

1. 耙斗问题

目前使用移动式格栅除污机的耙斗（栅耙）绝大多数为重力式除渣耙斗，其开闭采用钢丝绳或链牵引，依靠耙斗的自重来实现清污过程，即在重力作用下，使耙斗端部耙齿插入沉积在格栅根部渣物和栅条间距中，对附着在格栅上的污渣进行清除。由此可见，在一定结构尺寸和清渣容量情况下，势必需加大耙斗的结构重量，增加耙斗提升机构的动力消耗。由于耙斗对沉积在格栅根部的渣物的插入力与耙斗的重量成正比，耙斗自重越大，则插入渣物的作用力则越大，而实际情况是耙斗自重不可能过大，由此导致栅耙的齿端对格栅根部沉积的大块渣物的插入力不够，清污效果不够理想。

已有的增力式除渣耙斗（铲抓式移动格栅除污机的除渣耙斗）采用水下电机驱动，通过连杆机构来实现耙斗的增力闭合。但存在如下问题：其一，采用水下电机，使用中缺乏安全性；其二，耙斗的执行机构结构较复杂，在水下容易被渣物缠绕。

2. 移动定位准确度低

移动格栅除污机在多渠道格栅清渣过程中的关键之处是移动位置的控制准确性。国内目前使用中的移动格栅除污机多数采用简单的行程开关控制来实现除污机除渣位置定位，为了克服行走装置的惯性作用，往往采用结构较为复杂的电气和机械制动装置，造成设备结构复杂，且定位精度和使用效果均不够理想。

移动格栅清污机能否正确定位是困扰清污设备发展的技术关键。多年来，由于不能解决上述问题而形成了普遍选用多台固定式布置的局面，国内许多工程曾先后引进德国、英国的地面移动式清污机，但由于移动定位精度差而最终改为人工插销进行定位，既增加了操作人员的劳动强度，又易由于定位的偏差而造成设备运行故障。

3. 功耗高

目前使用的移动格栅除污机均在进水沟渠或取水泵站地面上安装轨道操作运行。使用过程中，除污机为满足工艺及结构的要求（如除渣宽度、清渣量、捞渣深度等），考虑除污机构的稳定性，往往将其机架制作得体积庞大，自重较大，以增强设备在运行过程中的抗倾覆性。如此，既增加金属材料用量，又加大了格栅除污机的运行功耗。

4. **操作环境差**

由于目前使用中的大多数移动格栅除污机为地面式运行，捞渣、卸渣过程中，势必会造成对操作环境的二次污染，使得工作环境恶劣；同时也会对除污机的行走机构、机架及运行轨道等部件具有较强的腐蚀破坏作用。因此无形中增加设备的运行维护管理费用，也缩短了格栅除污机的使用寿命；再者，地面式运行方式对操作人员的运行管理带来不便，会减小操作场地和空间，并给操作带来安全隐患。

（四）移动式格栅除污机使用功能特性的开发

与原先移动式格栅除污机普遍存在准确度低、功耗高、操作条件差等问题相比，目前国内工程中所使用的移动式格栅除污机在性能上已得到改善和提高。工程技术人员在引进、消化、吸收国外机型的基础上，提高了除污效率及自动化程度，解决了行走对位准确性差、功耗大、投资大、操作环境差等症结问题，有些方面已接近国外先进产品的质量水平。国际上率先研制和推广的新型上悬移动式格栅除污机，在我国也有了较大的发展，适用于均布在同一直线或具有一定曲率半径工作轨迹上的给水、排水泵站以及多进水渠道或宽栅面处的清污。

国内生产企业和科研单位在引进、消化、吸收的基础上，对除渣耙斗作了大量的改进和完善。特别是涉及城市给水、排水泵站等多进水渠道或宽渠道栅面处的移动式自动格栅除污机，其终端执行机构采用了液压增力式除渣耙斗。液压增力式除渣耙斗由直齿架、直齿与耙斗支架焊合后，与弧形齿架、弧形齿铰接后形成一个较大的污物储存空间，通过两端分别固定在直齿架、弧形齿架上液压缸的伸缩完成除渣耙斗的闭合与张开动作，通过调节平衡杆确保除渣耙斗工作时的稳定性，防止耙斗倾覆。采用液压增力式除渣耙斗与重力式除渣耙斗和潜水电机增力式除渣耙斗相比，具有功耗低、清污量大、运行平稳、故障维修率低的特点。

国内水处理工程需要选用移动式格栅除污机的趋势日渐增多，移动式格栅除污机技术性能方面的独特优越性，将成为今后格栅机设备的主导产品。

第二节　曲面格栅机

曲面格栅机有弧形格栅、筒形格栅、螺旋式格栅等形式。

一、弧形格栅机

弧形格栅除污机由弧形栅条、齿耙臂及其支座、机架、带过扭保护机构的驱动装置、具有缓冲作用的撇渣耙和导渣板以及控制柜等组成。

耙臂在驱动装置带动下绕弧形栅条中心回转，当齿耙进入栅条间距后，即开始除污动作，被栅条拦截的渣沿栅条上移，当齿耙触及撇渣耙后，渣在齿耙和撇渣板相对运动的作用下，把渣撇出并经导渣板卸至输送器，完成一个除污动作，而齿耙在越过撇渣后，撇渣耙在缓冲器的作用下缓慢复位。这种格栅除污机适用于细格栅或较细的中格栅，其结构紧凑，动作简单规范，但是对栅渣的提升高度有限，不适于在较深的格栅井中使用。

弧形格栅除污机主要用于较浅的沟渠，栅条间距 5~40mm，分为旋臂式和摇臂式。旋臂式弧形格栅除污机结构示意图见图 2-11，摇臂式格栅除污机及其结构示意图见图 2-12。

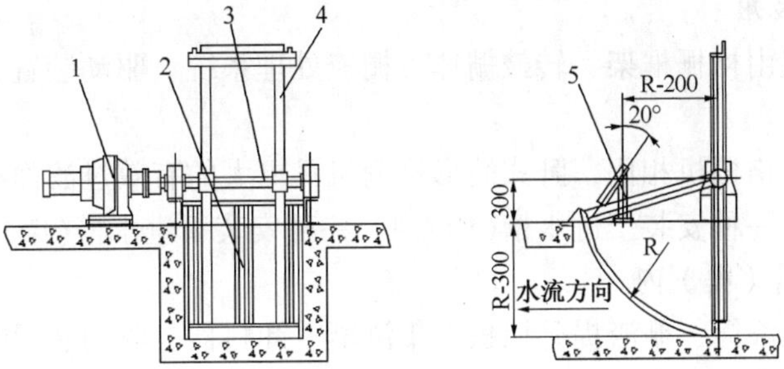

图 2-11　旋臂式弧型格栅除污机及其结构示意图

1—驱动装置；2—弧形栅条；3—主轴；4—齿耙装置；5—卸料机构

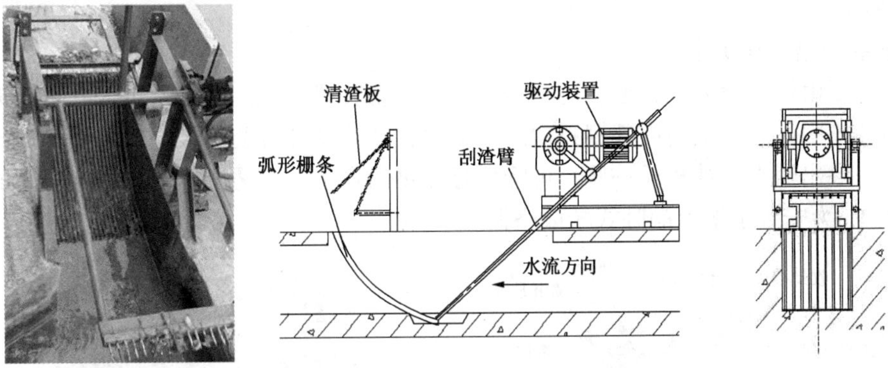

图 2-12　摇臂式弧型格栅除污机及其结构示意图

二、卧式筒形格栅机

卧式筒形格栅机用于废水的预处理，如小型市政污水处理厂或工业废水处理中，可拦截水中的各种形状的颗粒杂质及纤维物，可在造纸、制革、屠宰、食品、啤酒、养殖场等污水处理中去除大量的悬浮物及沉淀物。

（一）原理

筛筒采用不锈钢 V 形条缝焊接，利用反切旋转的原理进行固液分离。待处理的液体通过溢流堰均匀分布到反向旋转的筛筒内表面，水流与筛筒内表面产生相对剪切运动，固态物料被截留并由螺旋导向板自动排出，过滤后的液体从筛筒缝隙中流出，从而达到分离目的。从栅缝中流出的滤液在保护罩的导向作用下，汇集到栅网正下方，从出水槽中流走，筒形格栅机原理示意图如图 2-13 所示。筛筒运转一段时间后需要经过压力水冲洗疏通。反冲洗系统由内外喷淋管组成，高压水或压缩空气经喷嘴呈扇形高速喷射，疏通栅缝，清除栅网内壁附着的固态物。一般冲洗压力不小于 0. 3MPa，反冲洗定期操作（自控设定或人工手动）。

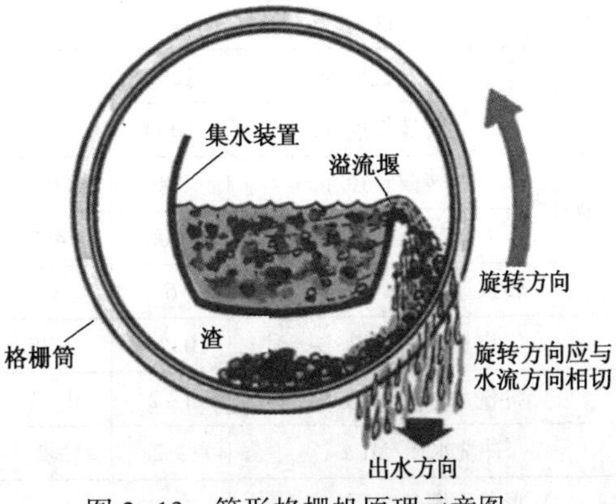

图 2-13　筒形格栅机原理示意图

（二） 组成与应用

筒形格栅机一般由格栅框架、转鼓栅体、栅渣处理系统、驱动装置、冲洗装置组成。

（三） 分类

与同规格的螺旋格栅机相比，卧式筒形格栅机具更大的有效过滤面积。根据安装的方式可以分为两种形式：一种安装于进水槽(渠)内，一种安装于进水槽(渠)上。

1. 安装于进水槽（渠）内

设备主要由格栅滚筒、栅渣提升挡板、集渣槽、卸料器、驱动装置组成。栅鼓浸没在污水中，正常浸没深度为栅鼓直径的一半。污水进入格栅入口后，由于栅鼓后端是封闭的，污水流会作 90°转向，经 V 形栅条流出栅鼓。焊接在栅鼓上的栅渣提升挡板将被拦截的栅渣提升至栅鼓的上部，栅渣在重力及冲洗水作用下跌入栅鼓内的集渣槽中，并进入螺旋输送压榨一体机。栅渣在提升过程中，完成输送及压榨脱水功能，最后进入排渣斗。其工作原理图如图 2-14 所示。

2. 安装于槽（渠）上

设备主要由格栅滚筒、管道、进水缓冲槽、驱动装置组成。废水通过提升系统进入格栅机内的缓冲槽中，通过滚筒内部栅条向外部流出，杂质及纤维类等被格栅挡住并被转动的滚筒带出。一般出渣端设计较长一些，可降低悬浮物的含水率，适合于含渣浓度较高的固液分离。图 2-15 为安装于槽上的卧式转鼓格栅。

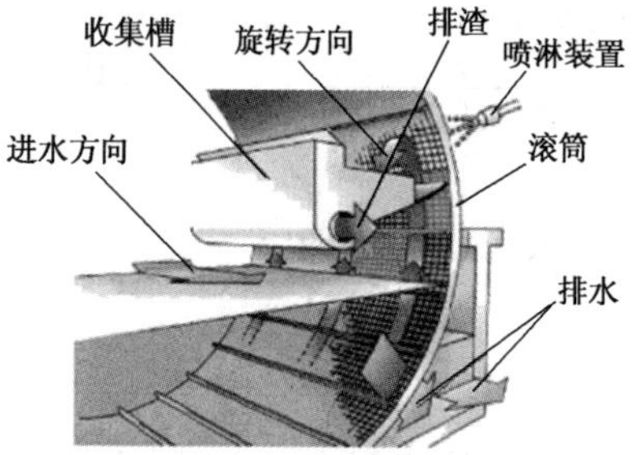

图 2-14　安装于槽内的卧式筒形格栅机工作原理图

图 2-15　安装于槽上的卧式筒形格栅机

表 2-10 是有关生产企业给出的产品技术参数，供参考。

表 2-10　卧式筒形格栅机产品技术参数

项　目		数　据							
型号 1	转鼓直径/mm	1200	1400	1600	1800	2000	2200	2400	2600
	转鼓长度/mm	1000	1200	1300	1500	1600	1800	2000	2200
型号 2	转鼓直径/mm	800	800	800	1200	1200	1200	1500	1500
	转鼓长度/mm	1000	1400	800	1700	2200	2700	2500	3000
转鼓速率/(r/min)		6	6	6	6	5	5	5	5
电机功率/kW		0.75	0.75	1.1	1.1	1.5	1.5	2.2	2.2
冲洗水量/(m^3/h)		1~2	1~2	2~3	2~3	3~4	3~5	5~6	5~6
冲洗水压/MPa		≥2	≥2	≥3	≥3	≥4	≥4	≥4	≥4
V 形截面栅条间距/mm		0.2~6							

三、螺旋式格栅机

螺旋式格栅机集传统机械格栅、输送和螺旋压榨机三者功能为一体。污水从转鼓的端头进入鼓中，通过转鼓侧面的栅缝流出，格栅将水中的悬浮物、漂浮物等留在转鼓中，转鼓以4~6r/min的速度旋转，鼓的上方有尼龙刷和冲洗水喷嘴，将栅渣清除，并通过螺旋输送机挤压、脱水后，送至上端料斗，经输送带运走。螺旋式转鼓格栅机一般作为细格栅机用，被较广泛地应用于城市生活污水的预处理，其设备见图2-16。

安装时，一般与水平面成35°安装在水渠中，其安装示意图见图2-17。

图2-16　螺旋式格栅机

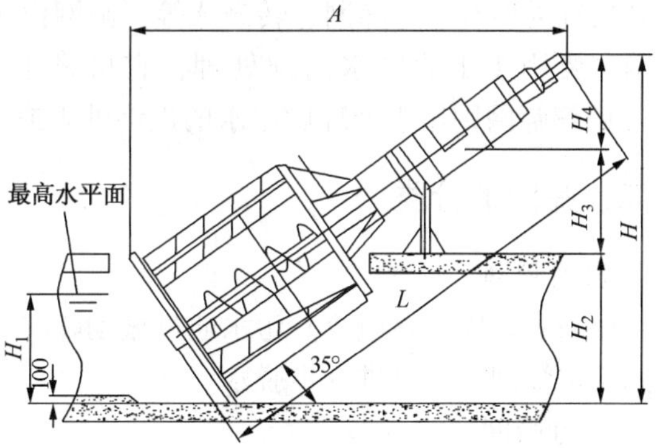

图2-17　螺旋式格栅机安装示意图

根据图2-17，有关生产企业给出的设备主要技术参数见表2-11，供参考。

表2-11　螺旋式格栅机技术参数

SRD 系列	600	800	1000	1200	1400	1600	1800	2000	2200	2400
转鼓直径 Φ/mm	600	800	1000	1200	1400	1600	1800	2000	2200	2400
渠宽 W/mm	640	840	1040	1240	1440	1640	1840	2040	2240	2440
H_1/mm	410	530	680	810	930	1120	1240	1310	1510	1690
H_2/mm	推荐渠深值 $H_2 \geqslant H_1+500$									
H_3/mm	$H_3=1200$ 推荐排渣高度									
H_4/mm	891	891	891	1034	1034	1034	1034	1120	1120	1120
H/mm	$H=H_2+H_3+H_4$									
最小 L/mm	3600	3800	4000	4200	4800	5000	5200	5800	6200	6600
使用长度/mm	$L=1.74H-0.75D$									
A/mm	$A=1.43H-0.48D$									
电机功率/kW	1.5			1.5		2.2				
栅隙/mm	过水流量/(m^3/h)									
0.5	70	130	220	290	420	560	700	880	1050	1280
1	120	220	370	500	720	950	1200	1500	1800	2100
2	190	330	550	760	1100	1400	1800	2250	2700	3250
3	230	400	680	930	1300	1760	2200	2700	3300	3900
4	240	430	720	1000	1400	2050	2700	3300	4000	4600
5	252	460	800	1100	1580	2200	2900	3600	4300	5200

第三节 筛 网

一、筛网的作用

一些工业废水含有较细小的悬浮物，它们不能被格栅截留，也难以用普通沉淀法去除。为了去除这类污染物，工艺上常用筛网。

选择不同尺寸的筛网，能去除和回收不同类型和大小的悬浮物，如纤维、纸浆、藻类等。其装置类型有水力筛网、转鼓式等。筛网由金属丝织物或穿孔板构成。孔径小于 10mm 的筛网主要用于工业废水的预处理，它可将小于 3mm 的漂浮物截留在网上。孔径小于 0.1mm 的细筛网则用于处理后尾水的最终处理或用于回用前。

二、筛网的分类

1. 振动筛网

由振动筛和固定筛组成。污水通过振动筛时，悬浮物等杂质被留在振动筛上，并通过振动卸到固定筛网上，以进一步脱水。

2. 水力筛网

水力筛网示意图见图 2-18，由锥筒回转筛和固定筛组成。水力筛网回转筛的小头端用不透水的材料制成，内壁装设固定的导水叶片。当进水射向导水叶片时，推动锥筒旋转，悬浮物被筛网截留，并沿斜面卸到固定筛上进一步脱水；水穿过筛孔，流入集水槽。水力筛网的动力来自进水水流的冲击力和重力作用。因此水力筛网的进水端要保持一定水压，且一般采用不透水的材料制成。水力筛网在工业废水中已有很多的应用实例，如废水中废纸纤维的回收。

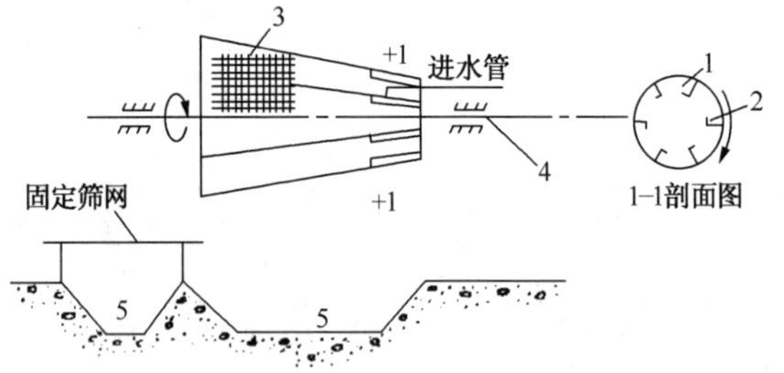

图 2-18 水力筛网示意图

1—进水方向；2—导水叶片；3—筛网；4—转动轴；5—水沟

3. 转鼓式筛网

转鼓式筛网由传动装置、溢流堰式布水器、冲洗水装置等主要部件组成，滤网一般采用不锈钢丝或者尼龙材料。工作时，废水从水管口进入溢流堰布水器，经短暂稳流后，溢出并均匀分布在反方向旋转的滤筒滤网上，水流与滤筒内壁产生相对剪切运动，固形物被截留分离，顺着筒内螺旋导向板翻滚，由滤筒另一端排出，废水在滤筒两侧的防护罩导流下，从正下方出水槽流走。转鼓式筛网设备有微滤机、转鼓滤网。

1）微滤机

一般把采用 15~20μm 孔隙过滤工艺称为微滤。微滤是机械过滤方法的一种。微滤机占地面积小，操作管理方便，已成功地应用于给水及废水处理，如造纸、纺织印染、化工、食品等污水的过滤，尤其适用于造纸白水的处理，图 2-19 为有关企业生产的微滤机。

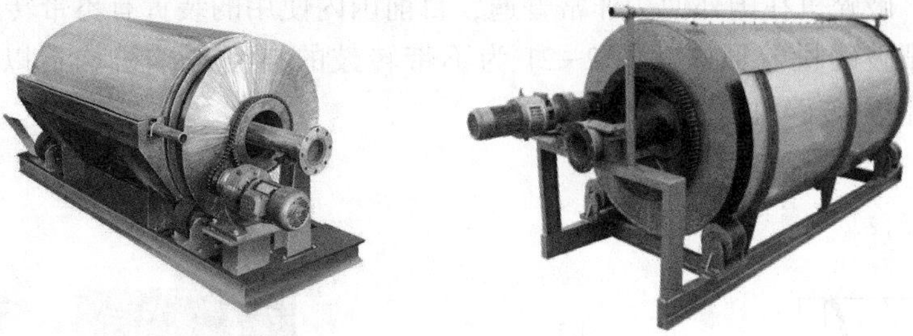

图 2-19　微滤机

有关企业生产的微滤机的技术参数见表 2-12，供参考。

表 2-12　微滤机技术参数

项　目	参　数					
处理水量/(m^3/h)	50~100	80~150	100~200	120~240	150~300	170~380
过滤面积/m^2	5	7	9	11	14	18
滚筒转速/(r/min)	4~8					
冲洗水压/MPa	1.5~2.5					
滚筒直径/mm	1000	1250	1250	1500	1500	1500
滚筒长度/m	1.5	2	2.5	3	3.5	4
网孔/目	60~250					
配备动力/kW	1.1	1.5	1.5	2.2	3	4

2）转鼓滤网

目前有报道的转鼓滤网为英国百莱凯格林污水转鼓滤网，设备是由给水工程转鼓滤网发展起来的，其维护要求低，适用于大流量污水或雨水的入水口处，也适用于一般的污水处理厂。

目前大多数的污水滤网直径在 3~7m 范围内，最大直径超过 20m，宽度达 5m，这种污水滤网广泛安装于世界的许多城市，在污水的全面处理和入海口排放等方面持续高效地发挥作用。广东岭澳核电站二期冷却水进水口采用转鼓滤网，如图 2-20 所示。

图 2-20　转鼓滤网与工程应用

第四节　格栅破碎机

破碎机能将污水中较大的悬浮固体破碎成较小、均匀的碎块，留在污水中随水流进入后续构筑物处理。破碎机在国外使用非常普遍，目前国内使用的装置有不带转鼓的格栅破碎机和带转鼓的格栅破碎机等形式，图 2-21 为不带转鼓的格栅破碎机构造以及安装示意图，图 2-22为转鼓格栅破碎机。

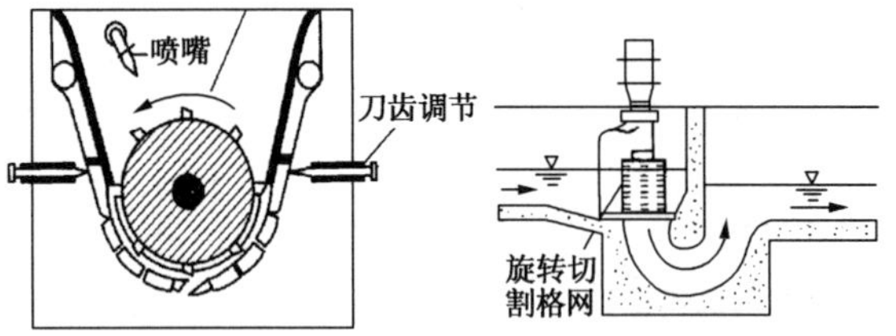

刀齿构造　　安装示意图

图 2-21　不带转鼓的格栅破碎机构造以及安装示意图

双转鼓粉碎型格栅　　单转鼓粉碎型格栅

图 2-22　转鼓破碎机构造图

一、转鼓式格栅破碎机结构

转鼓式格栅破碎机主要包括：切割刀片、轴、轴承、转鼓栅网、密封圈、机体、减速器和电机。污水中的固体颗粒随着污水进入格栅区，固体颗粒被转鼓形格栅截留并输送到切割处，被切割刀片粉碎成小颗粒，与污水一起直接通过转鼓区。转鼓式格栅破碎机外形示意图见图 2-23，主要技术参数见表 2-13、表 2-14，供参考。

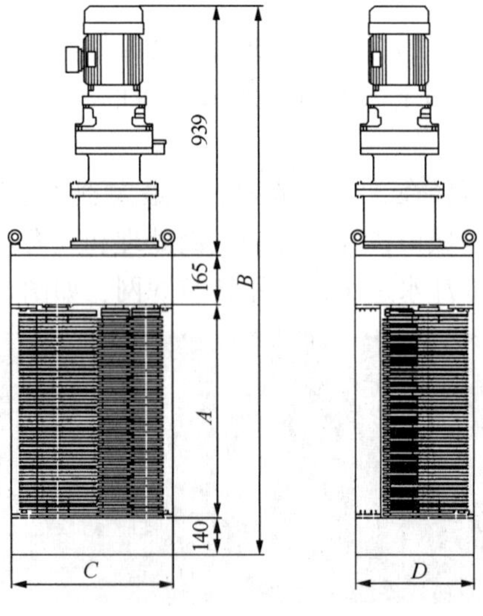

图 2-23　转鼓式格栅破碎机外形示意图(单位：mm)

表 2-13　单鼓式格栅破碎机主要技术参数

型号	处理量/(m^3/h)	A/mm	B/mm	C/mm	D/mm	电机总功率/kW	
						破碎	转鼓
PPGD1-6×8	750	600	1970	800	500	2.2	0.37
PPGD1-8×8	1000	800	2170	800	500	2.2	0.37
PPGD1-10×8	1250	1000	2450	800	500	3.7	0.37
PPGD1-8×9	1100	800	2250	900	540	3.7	0.55
PPGD1-10×9	1400	1000	2450	900	540	3.7	0.55
PPGD1-12×9	1700	1200	2650	900	540	3.7	0.55
PPGD1-10×10	1600	1000	2450	1000	580	3.7	0.55
PPGD1-12×10	1900	1200	2730	1000	580	5.5	0.55
PPGD1-15×10	2400	1500	2930	1000	580	5.5	0.55

表 2-14　双鼓式格栅破碎机主要技术参数

型号	处理量/(m^3/h)	A/mm	B/mm	C/mm	D/mm	电机总功率/kW	
						破碎	转鼓
PPGD2-6×12	1100	600	1970	1200	500	2.2	2×0.37
PPGD2-8×12	1500	800	2170	1200	500	2.2	2×0.37
PPGD2-10×12	1900	1000	2450	1200	500	3.7	2×0.37
PPGD2-8×14	1750	800	2250	1400	540	3.7	2×0.55
PPGD2-10×14	2200	1000	2450	1400	540	3.7	2×0.55
PPGD2-12×14	2650	1200	2650	1400	540	3.7	2×0.55
PPGD2-10×16	2500	1000	2450	1600	580	3.7	2×0.55
PPGD2-12×16	3000	1200	2730	1600	580	5.5	2×0.55
PPGD2-15×16	3600	1500	2930	1600	580	5.5	2×0.55

二、格栅破碎机的应用

破碎机可以安装在格栅后污水泵前，作为格栅的补充，防止污水泵堵塞；为避免无机颗粒损坏破碎机，也可安装在沉砂池之后。该设备在国外已有多年应用历史，2000 年在杭州市成功应用。近年来，许多污水泵站采用了此种粉碎型格栅除污机，并将泵站建设成地埋式污水泵站。在这些泵站中，有小型的完全无人值守地埋式泵站($Q=4000\sim8000m^3/d$)，也有大中型地埋式有人值守污水泵站($Q=16.3\times10^4m^3/d$)。

1. 小型污水泵站

小型污水泵站($Q\leq8000m^3/d$)一般服务区域较小，流量也较小，从节约工程造价的角度出发，可设置 1 台破碎机。为避免破碎机故障时影响泵站运行，在破碎机后可再设置一道人工格栅，当破碎机故障修理时临时阻挡杂物。

小型地埋式污水泵站选用破碎机时，必须调查管道接入情况。若部分管道为合流式管道，则在雨季时会出现流量突然增大的情况，由于小型破碎机一般不带能过水的转鼓，若不采取相应措施，会发生污水溢流的现象。可采取的措施有采用带转鼓的破碎机，或者设置旁通闸门至泵室，闸后需要设置人工格栅，在雨季时以便开闸过水。

2. 大中型污水泵站

由于大中型污水泵站服务区域相对较大且流量较大，一旦发生事故造成的影响也较大，一般设置为 2 个单元，即必须安装 2 台破碎机，确保 1 台破碎机在检修的情况下另 1 台破碎机能够通水运行。

3. 设计中的注意事项

（1）根据潜污泵的流量合理选择设备栅条间距

当污水提升用的水泵主要为无堵塞潜污泵时，其流道对可通过颗粒物的粒径有一定要求，小型潜污泵能通过的杂质粒径较小，大型潜污泵能通过的杂质粒径较大，因此对于格栅机栅条间距的选择很重要。对于不同的破碎机形式，栅距要求也不一样，对于过水格栅为转动式的破碎机，小型泵前可选择 6mm 的间距，中型泵前可选择 8~10mm 的间距，可以保证粉碎后的杂质能顺利提升；但对于过水格栅为固定式而在其内设有回转耙拨动固体物至绞刀处的破碎机而言，格栅间距可适当放大。

（2）采用潜水型电机

污水处理站一般水位变化较大，有可能水会漫过除污机的顶部，如果采用常规电机，电机会浸水导电甚至烧毁，所以宜采用潜水型电机。

（3）水头差不能过大

粉碎型格栅除污机的栅前、栅后水位较普通的格栅除污机大，由于杂质的处理需要一定时间，杂质会在栅前聚集，影响过水，栅前、栅后水位落差一般较大。但水头差不能过大，一般控制在 2~3kPa 左右，过大的水头差不仅会加大泵房深度，也会降低粉碎型格栅除污机抗冲击流量的能力。

（4）增加人工格栅

目前粉碎型格栅除污机的应用技术还不完全成熟，考虑到检修时需要吊装，增加人工格栅可起到临时拦污的作用。

（5）根据污水的性质选择产品

对于含油量高的污水，必须采用有回转耙的粉碎型格栅，圆筒状的格栅一般没有防堵塞功能。

第五节　其他筛滤设备

一、滤布转盘过滤器

纤维转盘过滤属于一种深度过滤技术，能够有效截留小至几个微米的颗粒物。滤布转盘过滤器主要用于冷却循环水处理、废水的深度处理，适合于城市污水处理厂工程提标改造和污水回用领域。当处理冷却循环水时，一般当进水 SS≤80mg/L 时，出水水质 SS≤10mg/L，过滤后可循环使用；用于污水的深度处理时，可设置于常规活性污泥法、延时曝气法、SBR 系统、氧化沟系统、滴滤池系统、氧化塘系统之后，主要功能有：①去除总悬浮固体；②结合投加药剂除磷；③结合投加药剂去除重金属等。滤布转盘过滤器用于过滤活性污泥终沉池出水，当设计进水 SS 不大于 30mg/L（最高可承受 80~100mg/L）时，出水 SS 可小于 5mg/L，浊度≤2NTU。

1. 结构

滤布转盘过滤器主要由过滤转盘、抽吸装置、排泥系统组成，图 2-24 为滤布转盘过滤器设备图。

图 2-24 纤维转盘过滤器

(1) 过滤转盘

纤维转盘过滤系统由用于支撑滤布并垂直安装于中央集水管中的平行过滤转盘串联组成，一套装置的过滤转盘数量一般为 2~20 个，每个过滤转盘由 6 小块扇形组合而成，材料为防腐材料。

每片过滤转盘外包有纤维毛滤布。滤布以聚酯纤维作为绒毛支撑体，其孔径为 10μm，纤维毛滤布有 3~5mm 的有效过滤厚度，可使固体颗粒在有效过滤厚度中与过滤介质充分接触并实现截获。

(2) 抽吸装置

由抽吸泵、吸盘及阀门组成。

(3) 排泥系统

排泥装置由排泥管、排泥泵及阀门组成，排泥泵与抽吸泵为同一泵。

2. 运行过程

纤维转盘过滤系统运行周期包括过滤、反冲洗和排泥三个阶段。

(1) 过滤

污水重力流进入滤池，滤池中设有挡板消能设施。污水通过滤布过滤后，过滤液通过管道收集，以重力流形式通过溢流槽排出滤池，整个过程连续进行。过滤期间，过滤转盘以 1r/min的速度旋转，以利于污泥在池底沉积。

(2) 清洗

过滤中会有部分污泥吸附于滤布外侧，逐渐形成污泥层。随着滤布上污泥的聚集，滤布过滤阻力增加，滤池水位逐渐升高，当池内液位到达清洗设定值(高水位)时，PLC 即可启动抽吸泵，开始抽吸清洗过程。清洗时通过自动切换抽吸泵管道上的电动阀，实现滤盘交替清洗；吸盘与滤布接触面积小，只有单盘面积的 1%，因而使得反洗效率高，清洗时也不影响其他滤布的过滤，进而实现整套装置的连续过滤。

(3) 排泥

微滤布过滤机的过滤转盘下设有斗形池底，收集污泥。经过一设定的时间段，PLC 启动排泥泵，通过池底排泥管将污泥回流至污水预处理构筑物，排泥间隔时间及排泥历时可灵活调整。

3. 特点

(1) 实现连续过滤，出水水质好，水量稳定；且耐冲击负荷，适应性强，可适应进水

SS = 80mg/L 的瞬时峰值。

(2) 过滤滤速可达 $15m^3/(m^2 \cdot h)$。

(3) 有效过滤面垂直摆放且附属设施少，减少了占地面积。以水量 5 万 t/d 为例，总占地 $148m^2$，仅为 V 形滤池的 1/8。

(4) 反抽吸强度达 $333L/(m^2 \cdot s)$，反洗效率高，清洗彻底，不易结垢。

(5) 反洗水量小。反洗水量与处理水量之比 ≤1%，实际工况下反冲洗间隔时间一般为 2h，每个滤盘的冲洗时间为 1~2min。

(6) 系统运行自动化，维护简便；过滤形式为外进内出，纤维滤布的内侧不被污染，外侧污染的清除和恢复快。实际运行中，滤前处理系统即使有较大的漂浮物或跑出的填料，对滤池的影响也较小。

(7) 设备简单紧凑，一套设备过滤转盘数量一般为 1~16 片，单台设备中的机械设备较少，故障率低，滤布磨损小；即使有异常损坏，滤盘更换时间短。

(8) 整个系统采用模块化设计，与外部的接口较少，设计周期和施工周期短，安装快捷。

(9) 投资低，设备闲置率低，总装机功率低，因而运行费用低。

4. 工程应用实例

在实际工程中，纤维转盘过滤器一般作成矩形池，设备内净尺寸为：长 1.5~5.8m，宽 2.6~2.8m，高 3.5~3.6m。以无锡梅村污水处理厂提标改造 3 万 m^3/d 污水过滤处理工程为例，设 2 座型号 NTHA-16 型纤维转盘滤池，占地面积 $76m^2$。主要设计参数为：进水 SS≤20mg/L，出水 SS≤5mg/L，浊度≤3NTU，滤速≤$15m^3/(m^2 \cdot h)$，单盘有效过滤面积为 $5.2m^2$，水头损失内部为 0.3m；反冲洗泵 $Q = 30m^3/h$，$H = 9m$，$N = 2.2kW$；旋转驱动电机 0.75kW。运行期间，当进水 SS 平均浓度在 14mg/L 左右时，出水 SS 平均浓度在 4mg/L 左右。

二、精细过滤器

精细过滤器一般用于特定行业的液体过滤处理，也可以用于处理污水。目前市场上精细过滤器有很多类型的设备，如线缠绕式精细过滤器、聚丙烯纤维毡折叠式精细过滤器、微孔塑料滤芯精细过滤器等。

(1) 线缠绕式精细过滤器

其滤件是由纺织纤维纱精密缠绕在多孔骨架上，控制滤层缠绕密度及滤孔形状而制成不同过滤精度的滤芯，具有优良的深层过滤效果和良好的化学相溶性，过滤精度为 0.5~100μm。

(2) 聚丙烯纤维毡折叠式精细过滤器

其滤件是由聚丙烯超细纤维毡经折叠而制成的滤芯，具有处理大、过滤效率高、阻力小、无纤维脱落等特点，过滤精度 0.1~100μm。

(3) 微孔塑料滤芯精细过滤器

其滤件是由高分子量聚乙烯烧结成型，具有刚性好、重量轻、空隙率高、可反冲洗再生、无毒、耐腐蚀的优点，过滤精度 0.5~100μm。

三、纤维球过滤器

纤维球过滤器是清华大学 20 世纪 90 年代初开发的水过滤器，可广泛应用于电力、石油、化工、冶金、造纸、纺织、食品、饮料、自来水、游泳池等各种工业用水和生活用水及其废水的过滤处理。纤维球过滤器的主要优点是原水通过滤层的滤速高，最佳滤速为 25~30m/h，当滤速为 30m/h 时仍可保证稳定的出水水质。

原水由过滤器上部进入设备，经过过滤层将水中颗粒、胶状物等悬浮物质截留于过滤层中的上部，经过滤层由下部流出，在进水 SS 不大于 80mg/L 时，可保证出水 SS 小于 5mg/L，以确保后续处理装置如离子交换器的稳定运行。根据具体情况，纤维球过滤器可并联使用，也可串联使用。纤维球过滤器的工作步骤分为正常产水和反冲洗。

滤料一般采用涤纶纤维球滤料，如直径为 3m 的纤维球过滤器体内一般填充 1.2m 高涤纶纤维球作为过滤层，涤纶纤维球滤料具有柔性好、密度小、可压缩和空隙率大的特点，过滤时受工作压力、上层截泥和滤料自重的影响，形成上松下密的理想滤层分布状态，纤维球的特点有：比表面积和孔隙率较大，反冲洗容易，耐磨损，化学稳定性好，且当滤料污染严重时易于再生。纤维球过滤器结构示意图见图 2-25，表 2-15 为有关企业生产的纤维球过滤器技术参数。

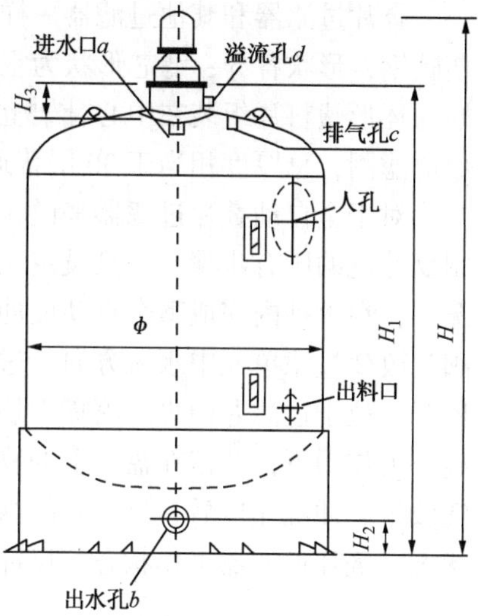

图 2-25 纤维球过滤器结构示意图

表 2-15 纤维球过滤器技术参数

型号	处理量/(m^3/h)	功率/kW	进水口管径 a	出水孔管径 b	排气孔口管径 c	溢流孔管径 d	直径 Φ/mm	H/mm	H_1/mm	H_2/mm	H_3/mm
QXL-800	15	4	DN50	DN50	DN32	DN15	800	3597	2866	250	420
QXL-1000	20	4	DN65	DN65	DN32	DN15	1000	3764	3000	220	450
QXL-1200	30	4	DN80	DN80	DN32	DN15	1200	4098	3280	220	480
QXL-1600	60	7.5	DN100	DN100	DN32	DN15	1600	4364	3480	200	480
QXL-2000	90	15	DN125	DN125	DN32	DN15	2000	4629	3645	210	450
QXL-2400	130	18.5	DN150	DN150	DN40	DN15	2400	5137	3970	210	500
QXL-2600	160	22	DN150	DN150	DN40	DN15	2600	5282	4070	200	520
QXL-2800	180	22	DN200	DN200	DN40	DN15	2800	5407	4170	200	530
QXL-3000	210	22	DN200	DN200	DN40	DN15	3000	5507	4270	200	550

表 2-16 为有关企业生产的纤维球过滤器运行参数，供参考。

表 2-16 纤维球过滤器运行参数

项目	指标	项目	指标
单台处理能力/(m^3/h)	15~210	悬浮物去除率/%	85~96
过滤速度/(m/h)	30	反洗强度/[m^3/(m^2·min)]	0.5
设计压力/MPa	0.6	反洗历时/min	20~30
阻力系数/MPa	≤0.3(串联) ≤0.15(并联)	周期反洗水量比/%	1~3
工作周期/h	8~48	截泥污量/(kg/m^2)	6~20
粗滤(并联)	进水 SS≤100mg/L，出水 SS≤10mg/L，10μm 粒径的 SS 去除率≥95%		
二级串联	进水 SS≤100mg/L，出水 SS≤2mg/L，5μm 粒径的 SS 去除率≥96%		

四、叠片式过滤器

1. 组成

叠片过滤器和其他过滤器一样，由滤壳和滤芯组成。滤壳材料一般为塑料、不锈钢与涂塑碳钢，形状各异；滤芯形状为空心圆柱体，空心圆柱体由很多两面注有微米级正三角形沟槽的环形塑料片组装在中心骨架上组成。每个过滤单元中，被弹簧和水压压紧的叠片形成无数道滤网，总厚度相当于 30 层普通滤网，不同等级的叠片式过滤芯见图 2-26。

对于全自动叠片过滤器来说，反冲洗由电子控制装置控制，可使用时间间隔和压力差控制反冲洗的所有步骤。一旦设定完毕，即可长期使用。自动反冲洗过滤器在不中断工作的情况下，在数秒内完成整个自动反冲洗过程。由设定的时间或压差信号自动启动反洗时，反洗阀门改变过滤单元中水流方向，过滤芯上弹簧被水压顶开，所有盘片及盘片之间的小孔隙被松开，位于过滤芯中央的喷嘴沿切线方向喷水，使盘片旋转，在水流的冲刷与盘片高速旋转离心力作用下，截留在盘片上的物体被冲洗出去，因此用很少的冲洗水量即可达到很好的清洗效果。冲洗完成后，反洗阀门恢复过滤位置，过滤芯上弹簧再次将盘片压紧，回复到过滤状态。叠片过滤器工作状态与反冲洗状态示意图见 2-27。

图 2-26　不同过滤等级的叠片式过滤芯

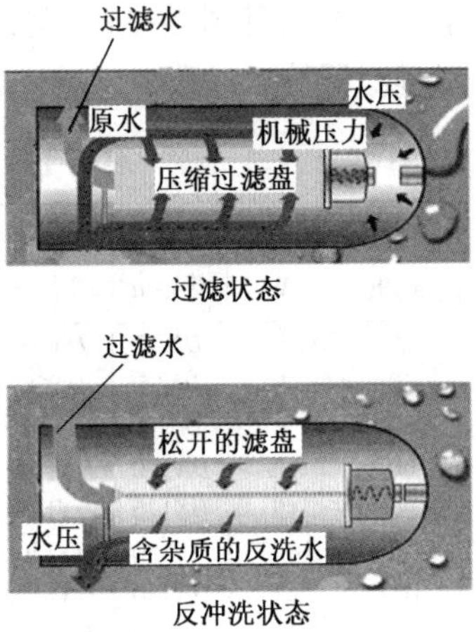

图 2-27　叠片过滤器工作状态与反冲洗状态示意图

2. 应用

全自动叠片过滤器在发达国家的应用已相当普遍，因其能够在相当苛刻的使用条件下精确稳定地工作并很少需要维护，而被广泛用于灌溉、废水处理与再生、市政供水、自来水厂、大型发电厂、化工企业以及应急过滤处理情况等领域。全自动叠片过滤器采用模块化设计，可按过滤单元进行多种组合使用，一个反冲洗控制器可控制一个或多个站，以满足不同应用场合的需要。反冲洗控制器操作简单，可根据压差、时间或两者组合对过滤器或工作站进行全面控制。叠片过滤器模块化工作站见图 2-28。

3. 过滤精度的选择

选择合理的过滤精度，对保证过滤器在工作中发挥应有的作用意义重大，只有选择合理合理的过滤精度才能满足后序的水质要求，表 2-17 为常见的几种过滤用途所采用的过滤精度，供参考。

图 2-28　全自动叠片过滤器模块化工作站

表 2-17　常见的几种过滤用途所采用的过滤精度

过滤的应用	过滤精度/μm
优质供水预处理	20、50
生活饮用水预处理、各种生产工艺用水、喷嘴保护	50、80、100、130
循环水过滤、给水处理预过滤	80、100、130
各种灌溉用水	100、130、200、400
中水处理、废水处理	130、200、400

五、叠片螺旋式固液分离机

叠片螺旋式固液分离机主要用于污泥的处理。

1. 结构

叠片螺旋式固液分离机是一种既没有滤网装置、又不依靠高速离心力实现固液分离新一代过滤设备，脱水机主体部分由螺旋推动轴、多重固定叠片和多重游动叠片组成，固定叠片与游动叠片间有调节垫片。设备由两个功能区域组成，在污水入口处段称浓缩腔，进入过滤机的污泥经浓缩后，产生的滤液由浓缩腔流出；在污泥出口处段称脱水腔，经浓缩后污泥进入脱水腔，受到螺旋推动轴进一步压缩而脱水成滤饼排出机外。图 2-29 为叠片螺式污泥脱水机。

2. 脱水原理

叠片螺旋式污泥脱水机的核心部分是由螺旋推动轴、多重固定叠片和多重游动叠片构成的一组或几组过滤单元，其单体结构示意图如图 2-30 所示。

叠片螺旋式污泥脱水机的每一组过滤单元都分浓缩段和脱水段两部分，其示意图见图2-31。

污泥的浓缩和压榨脱水工作在一筒内完成，从浓缩段的污水进口到脱水段的泥饼出口，螺旋轴的螺距逐渐变小(由 0.5mm 缩小至 0.15mm)，固定环与游动环之间的间隙也逐渐变小，污泥出口处设有背压板，以调节螺旋腔内的压力。

3. **工作流程**

1）浓缩

当螺旋推动轴转动时，设在推动轴外围的多重固定、活动的叠片相对移动，在重力作用下，水从相对移动的叠片中滤出，实现快速浓缩。

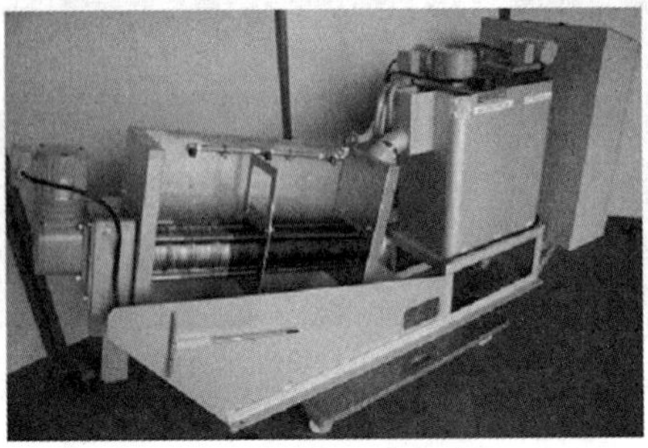

图 2-29　叠片螺式污泥脱水机

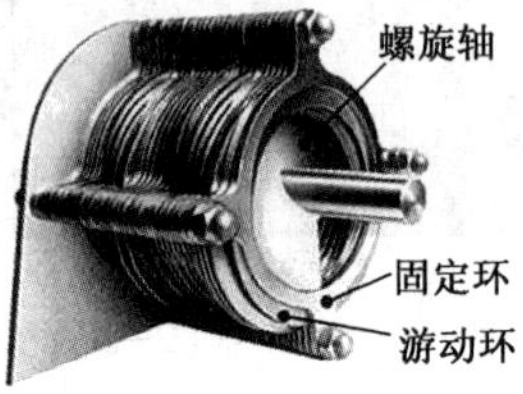

图 2-30　叠片螺式污泥脱水机单体结构示意图

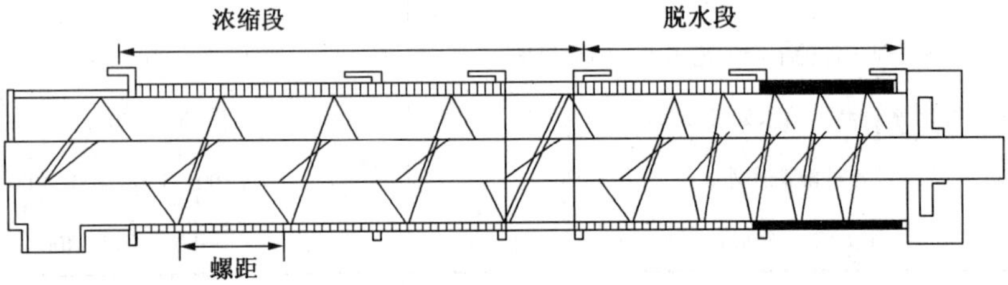

图 2-31　叠片螺旋式污泥脱水机浓缩段和脱水段示意图

2）脱水

经过浓缩的污泥随着螺旋轴的转动不断往前移动；沿泥饼出口方向，螺旋轴的螺距逐渐变小，环与环之间的间距也逐渐变小，螺旋腔的体积不断收缩；在出口处背压板的作用下，内压逐渐增强，在螺旋推动轴依次连续运转推动下，污泥中的水分受挤压排出，滤饼含固量不断升高，最终实现污泥的脱水。

3）自清洗

螺旋轴的旋转推动游动环不断转动，设备依靠固定环和游动环之间的移动实现连续的自清洗过程，从而避免了传统脱水机存在的堵塞问题。

4. **设备特点**

1）污泥脱水效率高，滤饼含水率 75%~85%，污泥回收率>90%；

2）可处理污泥浓度范围广，不但适用于高浓度污泥的处理，还可适用于低浓度污泥的处理，如可直接从沉淀池进泥处理，可不用污泥匀质池和浓缩池，节约投资费用；

3）结构简单，低速运行，磨损少，噪声小；

4）维护简单，运行和维修成本低。

5. **技术参数**

有关企业给出的技术参数如表 2-18 所示。

表 2-18　叠片螺式污泥脱水机技术参数

设备型号	标准量/(kgDS/h)		叠片参数/mm	总功率/kW	外形尺寸			清洗系统	
	曝气池污泥(2000~4000mg/L)	浓缩池污泥(6000~35000mg/L)			长/mm	宽/mm	高/mm	冲洗水压/kPa	冲洗水量/(L/min)
ES-101	≤3	≤5	Φ100×1 组	0. 65	1745	700	1540		25
ES-102	≤6	≤10	Φ100×2 组	0. 70	1745	900	1540		50
ES-103	≤9	~15	Φ100×3 组	0. 75	1830	1100	1540		75
ES-104	≤12	≤20	Φ100×4 组	0. 80	1830	1300	1540		100
ES-105	≤15	≤25	Φ100×5 组	0. 85	1830	1500	1540		125
ES-202	≤18	≤30	Φ200×2 组	1. 45	2490	1170	1730	0. 1~0. 2	64
ES-203	≤27	≤45	Φ200×3 组	1. 80	2590	1470	1730		90
ES-204	≤36	≤60	Φ200×4 组	2. 70	2670	1770	1730		110
ES-205	≤45	≤75	Φ200×5 组	2. 90	2740	2070	1730		40
ES-302	≤54	≤90	Φ300×2 组	1. 23	3500	1460	1970		80
ES-303	≤108	≤120	Φ300×3 组	1. 63	3500	1860	1970		120

参 考 文 献

1 杜朝丹. 细格栅除污机在城市污水处理厂的应用实例[J]. 福建建筑，2008(11)：103~104.

2 陈英杰，链条式刮泥机的特点及施工要点[J]. 市政技术，2003，21(4)：255~256.

3 汪铁英，李东培. 粗细分级合体格栅除污机[J]. 中国环保产业，2004(12)：23.

4 李彦春，蒋培志，冯明谦. 步进式阶梯格栅[J]. 中国给水排水，2000，(16)7：59~60.

5 蒋培志，边惠葵. 上悬移动式自动格栅除污机[J]. 中国给水排水，2005，21(8)：104~106.

6 赵海金. 移动式格栅除污机的应用与设计[J]. 城市道桥与防洪，2006(1)：154~155.

7 王毅，章海瑛. 采用粉碎型格栅除污机的地埋式污水泵站设计[J]. 中国给水排水，2006，22(12). 37~39.

8 向继雄，黎增兰. 粉碎型格栅除污机在污水泵站中的应用[J]. 工业安全与环保，2007，33(5)：9~10.

9 任福生，刘艳平. PTI-500 精细过滤器的技术特点及应用效果[J]. 石油机械，2003，31(2)：45~46.

10 丁建成. 高效快速纤维球过滤器的应用[J]. 化工机械，2002，29(5)：293~295.

11 自动叠片式过滤器在工农业领域的应用[EB/OL]. http：//www. enpro168. com/application%20of%20disc%20filter. htm. 2009-04.

第三章　流　量　计

第一节　流量计的分类

测量流体流量的仪表统称为流量计或流量表。流量计有不同的分类方法，常用的分类方法有两种：测量方法和流量计结构。

一、测量方法

按照测量方法，一般有七个方面的内容。

(1) 力学方法

属于力学方法的仪表有利用伯努利定理的差压式、转子式；利用动量定理的冲量式、可动管式；利用牛顿第二定律的直接质量式；利用流体动量原理的靶式；利用角动量定理的涡轮式；利用流体振荡原理的旋涡式、涡街式；利用总静压力差的皮托管式以及容积式堰、槽等。

(2) 电学方法

利用电学方法的仪表有电磁式、差动电容式、电感式、应变电阻式流量计等。

(3) 声学原理

利用声学方法进行流量测量的有超声波式流量计等。一般有三种类型：一是利用流动方向与反方向的声速差来测量流量的；二是利用流动可使声波波束偏移，通过声场强度改变来测量流量的；三是利用声波的多普勒效应，通过测定流体中粒子的速度来测量流量。由于此方法可实现无接触测量，因而压力损失极微，应用范围很广，是目前较有发展前途的一种流量计。

(4) 热学方法

利用置于流体中某一加热体的温度与流速间的关系来测量流体的流量。常用的有薄膜式热流量计与热敏电阻型流量计两种形式，适用于测定血液流量等特殊场合。

(5) 光学方法

激光式、光电式等流量计是属于此类方法的仪表。

(6) 原子物理方法

核磁共振式、核辐射式流量计等是属于此类方法的仪表。核磁共振式流量计利用在有极化液体流动的变送器中核磁共振信号振幅和流量的关系来测量流量。另一种则是利用核子的磁标记法进行液体速度的绝对测量。适用于含有大量氢、氟、锂核或任何具有大回磁比的其他核子的液体，如水、酒精、汽油和石油等。

(7) 其他方法，如示踪方法等。

二、结构分类

根据流量计的结构，按当前流量计产品的实际情况，可归纳为以下几种类型。

(1) 容积式流量计

容积式流量计又称排量流量计，在流量仪表中是精度最高的一类。它利用机械测量元件把流体连续不断地分割成单个已知的体积部分，根据计量室逐次、重复地充满和排放该体积部分流体的次数来测量流量体积总量。容积式流量一般不具有时间基准，为得到瞬时流量值需要另外附加测量时间的装置。

容积式流量计的原理比较简单，适于测量高黏度、低雷诺数的流体。根据回转体形状不同，目前有椭圆齿轮流量计、罗茨流量计、旋转活塞和刮板式流量计。

(2) 差压式流量计(变压降式流量计)

差压式流量计由一次装置和二次装置组成. 一次装置称流量测量元件，它安装在被测流体的管道中，产生与流量(流速)成比例的压力差，供二次装置进行流量显示，差压流量计的一次装置常为节流装置或动压测定装置(皮托管、均速管等)；二次装置称显示仪表，它接收测量元件产生的差压信号，并将其转换为相应的流量进行显示。二次装置为各种机械式、电子式、组合式差压计配以流量显示仪表。由于差压和流量呈平方根关系，故流量显示仪表都配有开平方装置，以使流量刻度线性化。多数仪表还设有流量计算装置，以显示累积流量，以便经济核算。

利用差压测量流量的方法比较成熟，一般都用在比较重要的场合，如发电厂主蒸汽、给水、凝结水等的流量测量。

(3) 转子式流量计

放在上大下小的锥形流道中的浮子受到自下而上流动流体的作用力而移动。当此作用力与浮子的“显示重量”(浮子本身的重量减去它所受流体的浮力)相平衡时，浮子即静止。浮子静止的高度可作为流量大小的量度。由于流量计的通流截面积随浮子高度不同而异，而浮子稳定不动时上下部分的压力差相等，因此该型流量计称变面积式流量计或等压降式流量计。该式流量计的典型仪表是转子(浮子)流量计。

(4) 流体振荡式流量计

流体在流动过程中遇到某种阻碍后在它的下游会产生一系列自激振荡的旋涡，测量流量旋涡的振动频率就可推算出流量值。按照管道内设置阻碍和产生旋涡形式的不同，可分为旋进式旋涡流量计和卡曼旋涡流量计。这类流量计一般以频率输出，以数字显示，它们的转换过程没有可动元件，压力损失小，流量测量范围大，工作可靠，寿命长，由于它兼有无转动部件和脉冲数字输出的优点，很有发展前途。目前典型的产品有涡街流量计、旋进旋涡流量计。

(5) 质量流量计

由于流体的容积受温度、压力等参数的影响，用容积流量表示流量大小时需给出介质的参数，而在介质参数不断变化的情况下，往往难以达到这一要求，而造成仪表显示值失真。因此，质量流量计就得到广泛的应用和重视。质量流量计分直接式和间接式两种。直接式质量流量计利用与质量流量直接有关的原理进行测量，目前常用的有量热式、角动量式、振动陀螺式、马格努斯效应式和科里奥利力式等质量流量计；间接式质量流量计是用密度计与容积流量直接相乘求得质量流量的。

(6) 电磁流量计

电磁流量计是应用导电体在磁场中运动产生感应电动势，而感应电动势又和流量大小成正比，通过测电动势来反映管道流量的原理而制成的。其测量精度和灵敏度都较高，工业上多用以测量水、矿浆等介质的流量。可测最大管径达 2m，而且压损极小。导电率低的介质如气体、蒸汽等则不适用。

电磁流量计造价较高，且信号易受外磁场干扰，影响了在工业管流测量中的广泛应用，为此，产品在不断改进创新，并向微机化发展。

(7) 超声波流量计

超声波流量计基于超声波在流动介质中传播的速度等于被测介质的平均流速和声波本身速度的几何原理而设计，通过测流速来反映流量大小。由于它可以制成非接触形式，并可与超声波水位计联动进行开口流量测量，对流体又不产生扰动和阻力，所以很受欢迎，是一种很有发展前途的流量计。

利用多普勒效应制造的超声多普勒流量计近年来得到广泛的关注，被认为是非接触测量双相流的理想仪表。

第二节　污水处理工程采用的流量计

流量计被广泛应用在污水流量的计量与控制、药剂的剂量控制、风量控制等，常用于污水治理工程的流量计主要有转子流量计、涡轮流量计、电磁流量计、超声波流量计以及堰槽等。

一、转子流量计

转子流量计又称浮子流量计，浮子流量计作为直观流动指示或测量精确度要求不高的现场指示仪表，它可测量液体、气体和蒸汽的流量，被广泛地用在电力、石化、化工、冶金、医药等流程工业和污水处理等方面。其特点有：压力损失小且恒定，测量范围比较宽，量程比 1∶10，工作可靠且刻度线性，使用维修方便，对仪表前后直管段长度要求不高；但受被测液体的密度、黏度、纯净度以及温度、压力的影响，也受安装垂直度的影响，其测量精确度为±2%左右。

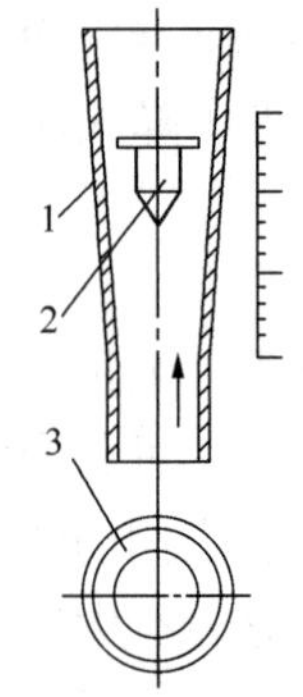

图 3-1　转子流量计工作原理图
1—锥形管；2—浮子；3—流通环隙

1. 转子流量计工作原理

浮子流量计的流量检测元件是由一根自下向上扩大的垂直锥形管和一个沿着锥管轴上下移动的浮子组所组成。工作原理如图 3-1 所示。

被测流体从下向上经过锥管 1 和浮子 2 形成的环隙 3 时，浮子上下端产生差压形成浮子上升的力，当浮子所受上升力大于浸在流体中浮子重量时，浮子便上升，环隙面积随之增大，环隙处流体流速立即下降，浮子上下端差压降低，作用于浮子的上升力亦随着减少，直到上升力等于浸在流体中浮子重量时，浮子便稳定在某一高度。浮子在锥管中高度和通过的流量有对应关系。体积流量 Q(m^3/s)的基本方程式为：

$$Q = \alpha \in \Delta F \sqrt{\frac{2gV_f(\rho_f - \rho)}{\rho F_f}} \qquad (3-1)$$

当浮子为非实芯中空结构时，则基本方程式为：

$$Q = \alpha \in \Delta F \sqrt{\frac{2gV_f(G_f - V_f\rho)}{\rho F_f}} \qquad (3-2)$$

式中　α——仪表的流量系数，因浮子形状而异；

ΔF——流通环形面积，m^2；

g——重力加速度，m/s^2；

V_f——浮子体积，如有延伸体亦应包括，m^3；

ρ_f——浮子材料密度，kg/m^3；

ρ——被测流体密度，如为气体是在浮子上游横截面上的密度，kg/m^3；

F_f——浮子工作直径（最大直径）处的横截面积，m^2；

G_f——浮子质量，kg。

流通环形面积与浮子高度之间的关系如式(3-3)所示，当结构设计已定，则 d、β 为常量。式中有 h 的二次项，一般不能忽略此非线性关系，只有在圆锥角很小时，才可视为近似线性。

$$\Delta F = \pi\left[dh\mathrm{tg}\frac{\beta}{2} + h^2\mathrm{tg}^2\frac{\beta}{2}\right] = ah + bh^2 \tag{3-3}$$

式中 d——浮子最大直径（即工作直径），m；

h——浮子从锥管内径等于浮子最大直径处上升高度，m；

β——锥管的圆锥角；

a，b——常数。

2. 转子流量计的类型

（1）玻璃管转子流量计

透明锥形管浮子流量计如图 3-2 所示。透明锥形管用得最普遍的由硼硅玻璃制成，习惯简称玻璃管转子流量计。流量分度直接刻在锥管外壁上，也有在锥管旁另装分度标尺。锥管内腔有圆锥体平滑面和带导向棱筋（或平面）两种。浮子在锥管内自由移动，或在锥管棱筋导向下移动，较大口平滑面内壁仪表采用导杆导向。

图 3-2　玻璃转子流量计结构与常用的玻璃转子流量计

（2）金属管转子流量计

金属管转子流量计与玻璃转子流量计具有相同的测量原理，不同的是其锥管由金属制成，这样不仅耐高温、高压，而且能选择适当的材质以适合各种腐蚀性介质的流量。流量计主要由传感器（测量管及浮子）和信号变送器（指示器）两大基本部分组成：浮子的位移量与流量的大小成比例，通过磁耦合系统，以不同接触方式，将浮子位移量传给指示器指示出流量的大小，并通过转换器，将流量值转换成标准的电远传信号，从而实现远距离显示、记录、积算和控制功能。金属管转子流量计在指示器的设计上可以为各种应用场合提供可靠适用的功能组合，如现场指针显示、LCD 显示瞬时和累计流量等。在指示器供电选择方面有电池供电、24VDC 供电、220VAC 供电，方式根据现场情况选择。金属转子流量计如图 3-3 所示。

图 3-3　金属转子流量计

3. **转子流量计的特点**

转子流量计是污水处理厂最常用的一种流量计。通过刻有流量标度尺的锥形玻璃管和管内浮子的位置高度，直接观察管道内流体流量，它具有结构简单、直观、压力损失小、维修方便等特点，转子流量计适用于测量通过中小管径（$DN4\sim250$）的流量，也可以测量腐蚀性介质的流量。其中玻璃管浮子流量计结构简单，成本低，易制成防腐蚀性仪表，但其强度低；而金属管浮子流量计可输出标准信号，耐高压，能实现流量的指示、积算、记录、控制和报警等多种功能。

4. **转子流量计安装与使用**

（1）仪表安装方向

绝大部分浮子流量计必须垂直安装在无振动的管道上，不应有明显的倾斜，流体自下而上流过仪表。浮子流量计中心线与铅垂线间夹角一般不超过5°，高精度（1.5级以上）仪表 $\theta \leq 20°$。仪表无严格上游直管段长度要求，但也有制造厂要求 $2\sim5D$（D 为连接管管径）长度。

（2）用于污脏流体的安装

应在仪表进水方向的上游装过滤器。带有磁性耦合的金属管浮子流量计用于可能含铁磁性杂质流体时，应在仪表前装磁过滤器。浮子的洁净程度明显影响测量值，要保持浮子和锥管的清洁，特别是小口径仪表。

（3）扩大范围度的安装

如果测量要求的流量范围度宽，范围度超过10时，经常采用2台以上不同流量范围的玻璃管浮子流量计并联；也可按所测量择其一台或多台仪表串联，小流量时读取下流量范围仪表示值，大流量时读取大流量仪表示值，串联法比并联法操作简便，不需频繁启闭阀门，但压力损失大。也可以在一台仪表内放两只不同形状和重量的浮子，小流量时取轻浮子读数，浮子到顶部后取重浮子读数，范围度可扩大到50～100。

（4）要排尽液体用仪表内气体

对于进出口不在直线的角型金属浮子流量计，用于液体时注意外传浮子位移的引申套管内是否残留空气；若液体含有微小气泡流动时极易积聚在套管内，应定时排气，否则影响流量示值明显。

二、涡街流量计

1. **涡街流量计的原理**

涡街流量计可用来测量液体、气体的流量。应力式涡街流量传感器是基于“卡曼涡街”原理研制而成的，其原理见图3-4。

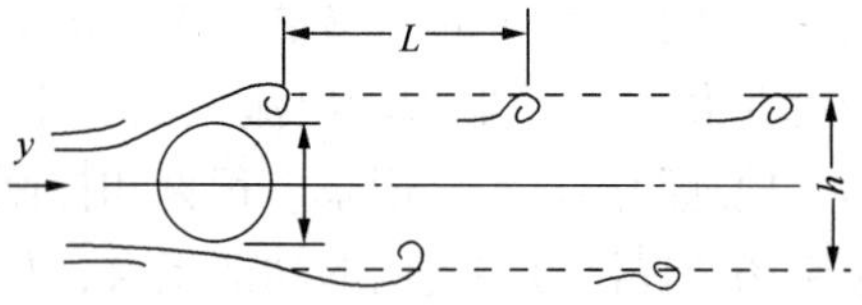

图3-4 卡曼涡街原理图

在流量计管道中，设置一滞流件，当流体流经滞流件时，由于滞流件表面的滞流作用等原因，在其下游会产生两列不对称的旋涡，这些旋涡在滞流件的侧后方分开，形成所谓的卡曼（Karman）旋涡列，两列旋涡的旋转方向相反。卡曼从理论上证明了当 $h/L=0.281$（h 为两旋涡列之间的宽度，L 为两个相邻旋涡间的距离）时，旋涡列是稳定的，在此情况下，产生旋涡的频率 f 与流量计管道中流体流速 V 的关系为：

$$f=\frac{sV}{d} \tag{3-4}$$

$$V = \frac{df}{s} \tag{3-5}$$

式中 d——圆柱形滞流件的直径，mm；

s——无量纲常数，称为 Strouhal 数，与流体流动状态的雷诺数 Re 有关。

流量计圆截面管道的雷诺数 Re 如式(3-6)所示。

$$Re = \frac{dV\rho}{\mu} \tag{3-6}$$

式中 V——流体的流速，m/s；

ρ——流体的密度，kg/m^3；

μ——流体的动力黏度，Pa·s。

而流体的流量为：

$$Q = AV \tag{3-7}$$

从所列公式可见，流量 Q 不仅与 f 有关，而且与雷诺数 Re 也有关。雷诺数 Re 是表征黏性流体流动特性的一个无量纲数，其物理意义是流体流动的惯性力与黏滞力的比值。因此，流体的流动状态对涡街流量计的使用也有一定的影响。如果环境参数对流体流动状态有影响，也会影响到涡街流量计的使用性能。

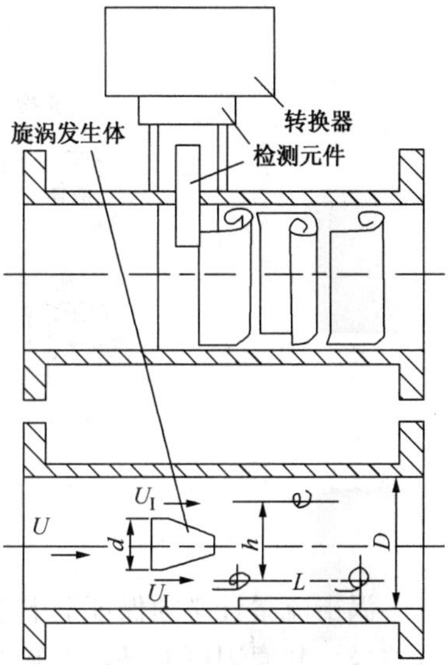

图 3-5 涡街流量计运行示意图

2. **结构**

涡街流量计由传感器和转换器两部分组成，如图 3-5 所示。传感器包括旋涡发生体(阻流体)、检测元件、仪表表体等；转换器包括前置放大器、滤波整形电路、D/A 转换电路、输出接口电路、端子、支架和防护罩等。近年来智能式流量计还把微处理器、显示通讯及其他功能模块亦装在转换器内。

3. **影响涡街流量计的因素**

经过实践，如下几个方面对涡街流量计的使用有影响。

(1) 流体的状态

涡街流量计的测量范围较大，一般 10∶1，但测量下限受许多因素限制：Re>10000 是涡街流量计工作的最基本条件；除此以外，它还受旋涡能量的限制，介质流速较低，则旋涡的强度、旋转速度也低，难以引起传感元件产生响应信号，旋涡频率小，会使信号处理发生困难；测量上限则受传感器的频率响应(如磁敏式一般不超过 400Hz)和电路的频率限制，因此设计时一定要对流速范围进行计算、核算，根据流体的流速进行选择。

(2) 现场的环境因素

使用现场环境条件复杂，选型时除注意环境温度、湿度等条件外，还要考虑电磁干扰。在强干扰如高压输电电站、大型整流所等场合，磁敏式、压电应力式等仪表不能正常工作或不能准确测量。

(3) 振动

在使用涡街流量计时注意避免机械振动，尤其是管道的横向振动(垂直于管道轴线又垂直旋涡发生体轴线的振动)，这种影响在流量计结构设计上是无法抑制和消除的。由于涡街信号对流场影响同样敏感，故直管段长度不能保证稳定涡街所必要的流动条件时，不宜选用。即使是抗震性较强的电容式、超声波式，保证流体为充分发展的单向流，也不可忽略。

（4）介质温度

对涡街流量计的使用性能也有很大的影响。

4. 安装与使用需要注意的问题

涡街流量计属于对管道流速分布畸变、旋转流和流动脉动等敏感的流量计，因此，对现场管道安装条件应充分重视，按照生产厂使用说明书的要求执行。

涡街流量计可安装在室内或室外。如果安装在地井里，有水淹的可能，要选用淹水型传感器。传感器在管道上可以水平、垂直或倾斜安装，但测量液体和气体时为防止气泡和液滴的干扰，安装位置要注意，安装要求如图 3-6 所示。

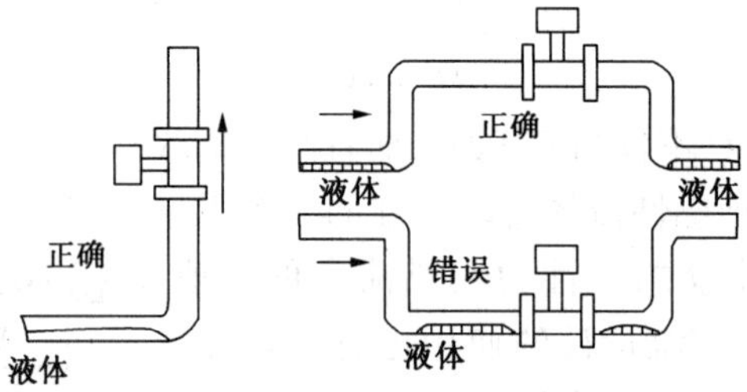

(a) 测量含液气体流量仪表安装

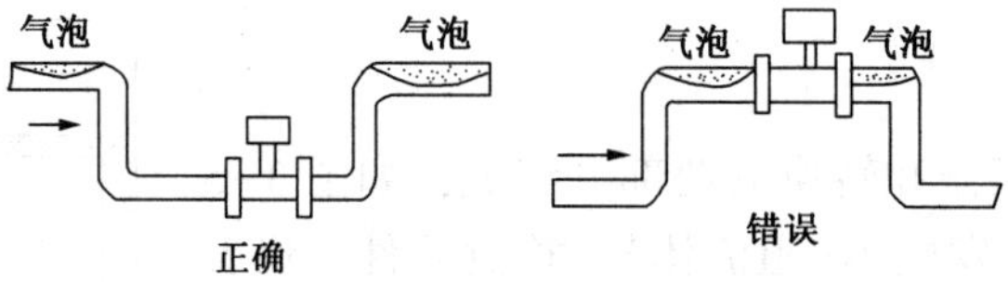

(b) 测量含气液体流量仪表安装

图 3-6　混相流体的安装要求示意图

涡街流量计必须保证上下游直管段有必要的长度，如图 3-7 所示。在各种资料中数据有差异，其原因可能是：①旋涡发生体尚未标准化，形状尺寸的差异有多少影响尚待验证；②对各类阻流件必要的直管段长度试验研究尚不够，即还不成熟。

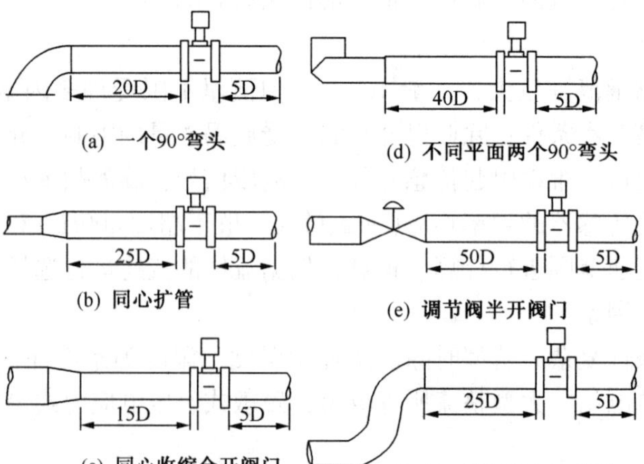

(a) 一个90°弯头

(d) 不同平面两个90°弯头

(b) 同心扩管

(e) 调节阀半开阀门

(c) 同心收缩全开阀门

(f) 同一平面两个90°弯头

图 3-7　涡街流量计对上下游直管段长度要求示意图

传感器与管道的连接如图 3-8 所示。

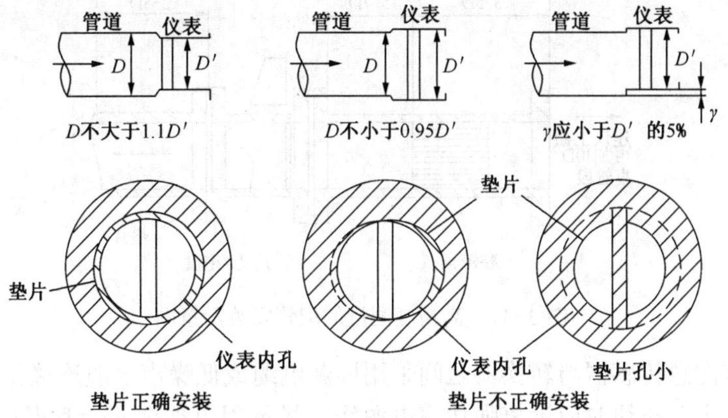

图 3-8　传感器与管道的连接示意图

在与管道连接时要注意以下问题：

（1）上、下游配管内径 D 与传感器内径 D' 相同，其差异满足下述条件：$0.95D \leqslant D' \leqslant 1.1D$。

（2）配管应与传感器同心，同轴度 r 应小于 $0.05D$。

（3）密封垫不能凸入管道内，其内径可比传感器内径大 1～2mm。

（4）如需断流检查与清洗传感器，应设置旁通管道，如图 3-9 所示。

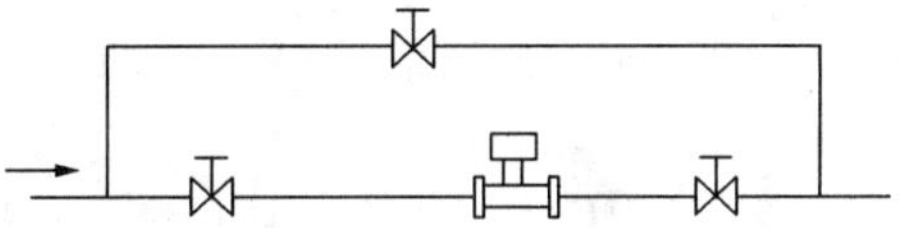

图 3-9　旁通管道示意图

（5）减小振动对流量计的影响应作为现场安装的一个突出问题来关注。首先在选择传感器安装场所时，尽量注意避开振动源；其次采用弹性软管连接在小口径中可以考虑；第三，加装管道支撑物是有效的减振方法，管道支撑方法如图 3-10 所示。

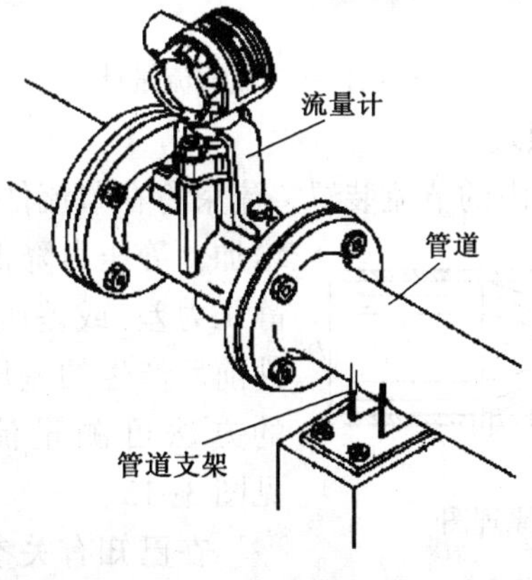

图 3-10　安装管道支撑示意图

成套安装，包括前后直管段、整流器等是保证获得高精确度测量的一个措施，特别是配件在制造厂进行组装更能保证安装的质量，图 3-11 为安装示意图。

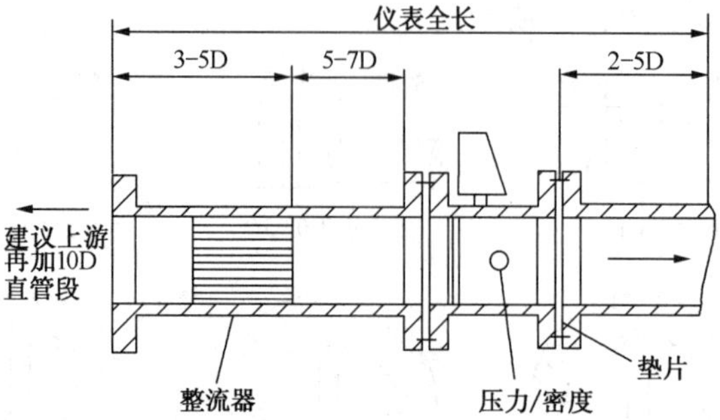

图 3-11　高精度测量的配管安装示意图

电气安装应注意传感器与转换器之间采用屏蔽电缆或低噪声电缆连接，其距离不应超过使用说明书的规定。布线时应远离强功率电源线，尽量用单独金属套管保护。应遵循"一点接地"原则，接地电阻应小于 10Ω。整体型和分离型都应在传感器侧接地，转换器外壳接地点应与传感器"同地"。

涡街流量计是一种比较新型的流量计，处于发展阶段，还不成熟，如果选择不当，性能也不能很好发挥。只有经过合理选型、正确安装后，还需要在使用过程中认真定期维护，不断积累经验，提高对系统故障的预见性以及判断、处理问题的能力，从而达到令人满意的使用效果。

三、节流式流量计

节流式流量计见图 3-12。

图 3-12　节流式流量计

1. 一体化流量测量装置原理

充满管道的流体流经管道内的节流装置，流束将在节流件处形成局部收缩，从而使流速增加，静压力降低，于是在节流件前后产生了静压力差(或差压)。流体的流速愈大，在节流件前后产生的差压也愈大。因此通过测量差压的方法可测量流量。节流式流量计原理图见图 3-13。

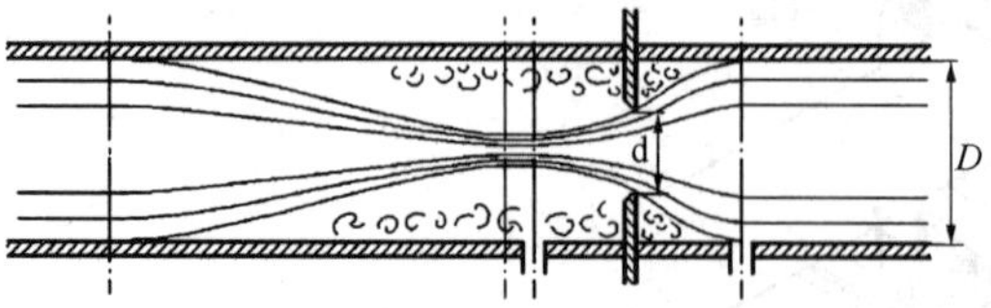

图 3-13　节流式流量计原理图

在已知有关参数的条件下，根据流动连续性原理和伯努利方程可以推导出差压与流量之间的关系而求得流量。其基本公式如下：

$$q_m = \frac{C}{\sqrt{1-\beta^4}}\varepsilon \frac{\pi}{4}d^2\sqrt{2\Delta P \times \rho_1} \qquad (3-8)$$

$$q_v = \frac{q_m}{\rho} \tag{3-9}$$

式中 q_m——质量流量，kg/s；

C——流出系数，无量纲；

β——孔径比 d/D，无量纲；

d——工作条件下节流件的节流孔或喉部直径，m；

D——工作条件下上游管道内径，m；

ρ——流体的密度，kg/m^3；

ε——可膨胀性系数，无量纲；

ΔP——节流前后静压差，N/m^2；

q_v——体积流量，m^3/s。

2. 使用要求与条件

使用标准节流装置时，流体的性质和状态必须满足下列条件：

(1) 流体必须充满管道和节流装置，并连续地流经管道；

(2) 流体必须是牛顿流体，即在物理上和热力学上是均匀的、单相的，或者可以认为是单相的；

(3) 流体流经节流件时不发生相交；

(4) 流体流量不随时间变化或变化非常缓慢；

(5) 流体在流经节流件以前，流束是平行于管道轴线的无旋流；

(6) 测量较脏的污水时，孔板需经常清洗。

四、电磁流量计

电磁流量计是利用电磁感应原理造成的流量测量仪表，可用来测量导电液体体积流量(流速)变送器几乎没有压力损失，内部无活动部件，用涂层或衬里易解决腐蚀性介质流量的测量。检测过程中不受被测量介质的温度、压力、密度、黏度及流动状态等变化的影响，没有测量滞后的现象。

1. 测量原理

根据法拉第电磁感应定律，当一导体在磁场中运动切割磁力线时，在导体的两端即产生感生电势 U_e，其方向由右手定则确定，其大小与磁场的磁感应强度 B，导体在磁场内的长度 L 及导体的运动速度 V 成正比，如果 B，L，V 三者互相垂直，则

$$U_e = BLV \tag{3-10}$$

与此相仿，在磁感应强度为 B 的均匀磁场中，垂直于磁场方向放一个内径为 D 的不导磁管道，当导电液体在管道中以流速 V 流动时，导电流体就切割磁力线。如果在管道截面上垂直于磁场的直径两端安装一对电极(见图 3-14)则可以证明，只要管道内流速分布为轴对称分布，两电极之间也会产生感生电动势，如式(3-11)所示。

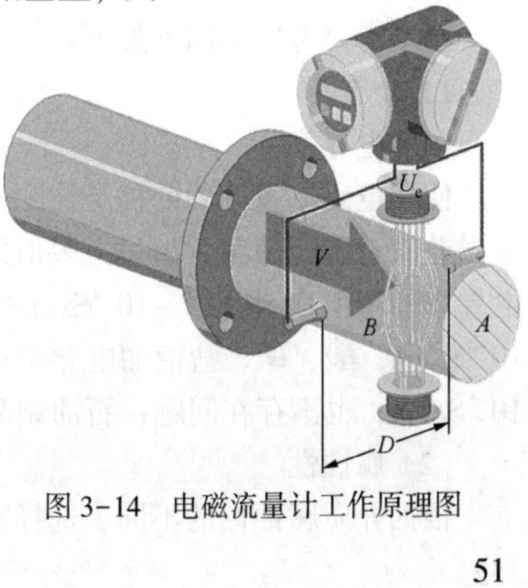

图 3-14 电磁流量计工作原理图

$$U_e = BDV \tag{3-11}$$

式中，V 为管道截面上的平均流速，由此可得管道的体

积流量如式(3-12)所示。

$$q_{\rm v}=\frac{\pi DUe}{4B} \tag{3-12}$$

由上式可见，体积流量 $q_{\rm v}$ 与感应电动势 $U_{\rm e}$ 和测量管内径 D 成线性关系，与磁场的磁感应强度 B 成反比，与其他物理参数无关。这就是电磁流量计的测量原理。需要说明的是，要使式(3-9)严格成立，必须使测量条件满足下列假定：①磁场是均匀分布的恒定磁场；②被测流体的流速轴对称分布；③被测液体是非磁性的；④被测液体的电导率均匀且各向同性。

2. 电磁流量计结构

电磁流量计一般由四部分组成：测量管、励磁系统、检测部分、变送部分。考虑到防腐蚀的要求，测量管内部一般都加衬里材料。电磁流量计的励磁方式主要有高频励磁、低频励磁、脉冲 DC 励磁。由于工业的不断发展，有的厂家已经采用了双频励磁方式，它克服了高频、低频励磁的缺点，具有不受流量噪声影响、响应速度快、零点稳定性高、精度高等优点。检测部分主要包括电极和干扰调整部分，由于电极要和被测介质直接接触，要具有较强的抗腐蚀性。变送器的主要作用是将传感器信号转换成与介质体积流量成正比的标准信号输出(0~20mA、4~20mA、0~10kHz)。并且要有较高的稳定性、精度和较强的抗干扰能力。

市场上电磁流量计的功能差别也很大，简单的就只是测量单向流量，只输出模拟信号带动后位仪表；多功能仪表有测双向流、量程切换、上下限流量报警、空管和电源切断报警、小信号切除、流量显示和总量计算、自动核对和故障自诊断、与上位机通信和运动组态等。有些型号仪表的串行数字通信功能可选多种通信接口和专用芯片 ASIC，以连接 HART 协议系统、PROFTBUS、MODBUS、FF 现场总线等。

3. 电磁流量计特点

(1) 测量导管内没有可动部件和阻流体，因而无压损，无机械惯性，反应灵敏。

(2) 测量范围宽，量程比一般为 10∶1，最高可为 100∶1；流速 0.3~10m/s；流量范围可测几十 mL/h 到十几万 m^3/h；测量管径为 2~2000mm。

(3) 可测含有固体颗粒、悬浮物或酸、碱、盐溶液等具有一定电导率的液体体积流量，也可进行双向测量。

(4) 仪表具有均匀刻度，且流体的体积流量与介质的物性(温度、压力、密度、黏度等)、流动状态无关，所以电磁流量计只需用水标定后，即可用来测量其他导电介质的体积流量而不用修正。

4. 选型

选型需要考虑的因素如下：

1) 介质

(1) 电导率

使用电磁流量计的前提是被测介质电导率不能低于规定的下限值，低于下限值会产生测量误差直至不能使用，超过上限值即使变化也可以测量，示值误差变化不大，通用型流量计电导率的阈值在 $5\times10^{-6}\sim10^{-4}$S/cm 之间，视型号而异。工业用水及其水溶液的电导率大于 10^{-4}S/cm，酸、碱、盐液的电导率在 $10^{-4}\sim10^{-1}$S/cm 之间，使用不存在问题，低度蒸馏水为 10^{-5}S/cm，也不存在问题；石油制品和有机溶剂电导率过低就不能使用。

(2) 腐蚀性

根据介质腐蚀性的不同，选择不同内衬和电极材料。

(3) 压力

介质运行的压力不得超过流量计的耐压要求。

(4) 温度

根据介质的不同温度，相应地选择不同内衬的流量计。

(5) 介质中的混入物

介质中混入微小气泡成泡状流态时，仍可正常工作，但测得的是含气泡体积的混合体积流量；如气体含量增加到形成弹(块)状流，因电极可能被气体盖住而使电路瞬时断开，出现输出晃动甚至不能正常工作的情况。含有非铁磁性颗粒或纤维的固液双相流体同样可测得二相的体积流量。虽然还未见到其应用于固液双相流体中固形物影响的系统实验报告，但国外有报告称固形物含量有14%时，误差在3%范围以内；我国黄河水利委员会水利科学研究所的实验报告称，测量高沙含量水的流量，含沙量体积比在17%～40%(粒径0.35mm)时，仪表测量误差小于3%。

(6) 易附着和沉淀的介质

测量易在管壁附着和沉淀物质的介质时，若附着的是比液体电导率高的导电物质，信号电势将被短路而不能工作；若是非导电层，则首先应注意电极的污染，譬如选用不易附着尖形或半球形突出电极、可更换式电极、刮刀式清垢电极等。刮刀式电极可在传感器外定期手动刮出沉垢。对易产生附着的场所可提高流速以达到自清扫的目的，还可以采取便于清洗的管道连接方式，可不拆卸清洗传感器。

2) 口径、流速、量程比的选择

(1) 口径

根据计算公式或者经验可以首先确定选定流量计的口径。选定仪表口径不一定与管径相同，应视流量而定。对于新建工程，运行初期流量可能偏低，若仪表口径小于管径，则应以异径管连接。目前国内外可提供的定型产品口径为*DN*6～*DN*3000，虽然实际应用还是以中小口径居多，但与大部分其他原理流量仪表(如容积式、涡轮式、涡街式或科里奥利质量式等)相比，大口径仪表还是占较大比重。

(2) 流速

① 如果过程是工业输送水等液体，管道流速为1.5～3m/s时，一般电磁流量计用在这样的管道上，传感器口径与管径相同即可；

② 电磁流量计满度流量时，液体流速可在1～10m/s范围内选用。上限流速在原理上是不受限制的，通常建议不超过5m/s，除非衬里材料能承受液流冲刷。满度流量的流速下限一般为1m/s，有些型号仪表则为0.5m/s；

③ 用于有易黏附、沉积、结垢等物质的流体，选用流速不低于2m/s，最好提高到3～4m/s或以上，起到自清扫、防止水中物质黏附沉积的作用；

④ 用于矿浆等磨耗性强的流体时，常用流速应低于2～3m/s，以降低对衬里和电极的磨损。在测量接近阈值的低电导液体时，尽可能选定较低流速(小于0.5～1m/s)。

(3) 量程比

电磁流量计的量程比通常不低于20，带有量程自动切换功能的仪表，可超过50～100。

5. 安装

1) 安装场所的选择

为了使电磁流量计工作稳定可靠，在选择安装地点时应注意以下几方面的要求：

(1) 尽量避开铁磁性物体及具有强电磁场的设备(大电机、大变压器等)，以免磁场影响传感器的工作磁场和流量信号；

(2) 应尽量安装在干燥通风之处，避免日晒雨淋，环境温度应在-20~60℃，相对湿度小于85%；

(3) 流量计周围应有充裕的空间，便于安装和维护。

2) 与管道的连接要求

传感器安装方向水平、垂直或倾斜均可，不受限制，但应确保避免沉积物和气泡对测量电极的影响，电极轴向以保持水平为好。垂直安装时，流体应自下而上流动。传感器不能安装在管道的最高位置，否则容易聚集气泡。水平和垂直安装的方式与要求示意图见图3-15。

同时应注意确保管道中充满被测介质，如管道存在非满管或是出口有放空状态，传感器应安装在一根虹吸管上，确保满管安装的方式见图3-16。

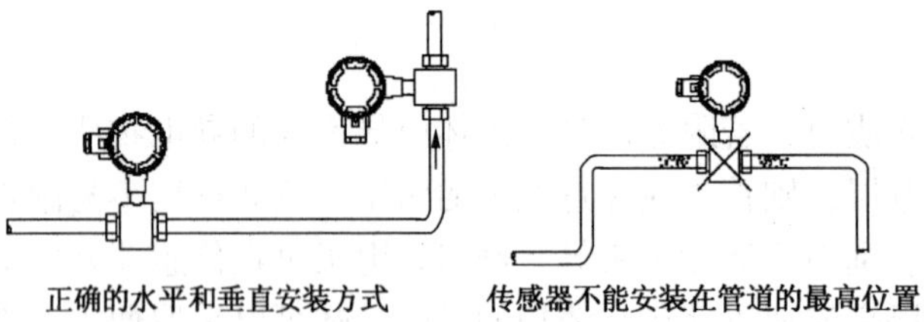

图3-15　水平和垂直安装的方式与要求示意图

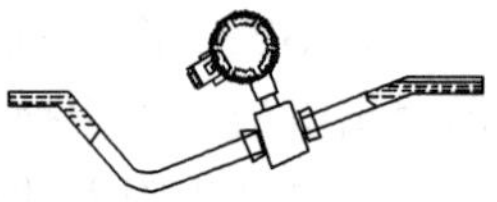

图3-16　确保满管安装的方式

3) 与弯管、阀门和泵连接的要求

为获得正常测量精确度，与弯管、阀门和泵连接时，应在传感器的前后设置直管段，其长度根据连接件的不同有不同的要求，如图3-17所示。

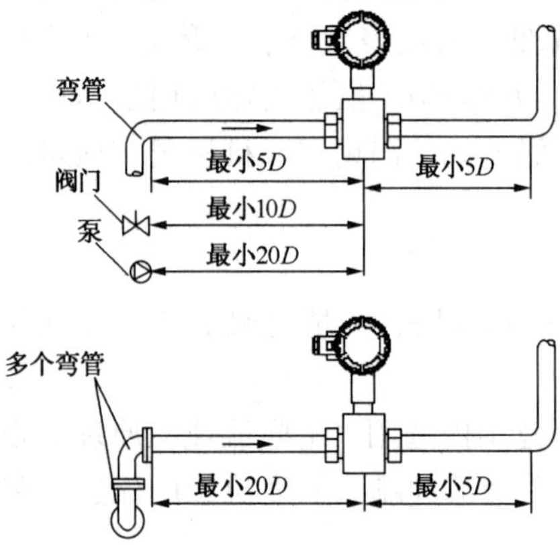

图3-17　弯管、阀门和泵之间的长度安装要求

一般电磁流量计规定上游至少有5倍管径长度的直管段，流量计的下游至少有5倍管径长度的直管段。在条件允许的情况下，前面有调节阀时，在流量计前置直管道长度在10倍管径以上；当前面有泵时，根据经验最好在流量计前置直管道长度在20倍管径以上；也可以在直管内安装整流器或减小测量点的截面积，以达到稳定液流流态，提高计量准确度的目的。

有些型号仪表尽管精确度能达到(±0.2%~±0.3%)R，但却有严格的安装条件，对环境温度及前后直管段长度都有很高要求。因此在安装前要详细阅读制造厂样本或说明书并按规定安装，否则就不能保证其测量精度。

4) 接地

流量计外壳要求接地，使被测量液体与地连接，处于零电位，因而在传感器两电极上感应出大小相同、但极性相反的对称电势信号；同时流量计外壳接地，可起到屏蔽效果，以抑制外界和励磁系统的电磁干扰。接地电阻要小于10Ω，否则可能造成无指示或者报警。

5) 其他

当管道中附有强杂散电流时，应阻断杂散电流流过流量计。安装时先在管道与流量计之间加装绝缘短管，然后用面积不低于 16mm 的铜导线将管道两端连接起来。这样管道中的电流从铜导线上分流，不再通过流量计，从而干扰减少。

五、超声波流量计

1. 工作原理

超声波流量计是一种非接触式流量计。超声波流量计的工作原理是：超声波在流体中传播时传播速度要受到介质流速的影响，通过测量超声波在流体中传播速度可以检测出流体的流速而换算出流量来。

封闭管道用超声波流量计按测量原理分类有：①传播时间法；②多普勒效应法；③波束偏移法；④相关法；⑤噪声法。最多的传播时间法和多普勒效应法的仪表。

1）传播时间法

声波在流体中传播，顺流方向声波传播速度会增大，逆流方向则减小，同一传播距离就有不同的传播时间。利用传播速度之差与被测流体流速之关系求取流速，称之传播时间法。按测量具体参数不同，分为时差法、相位差法和频差法。时差法原理见图 3-18。

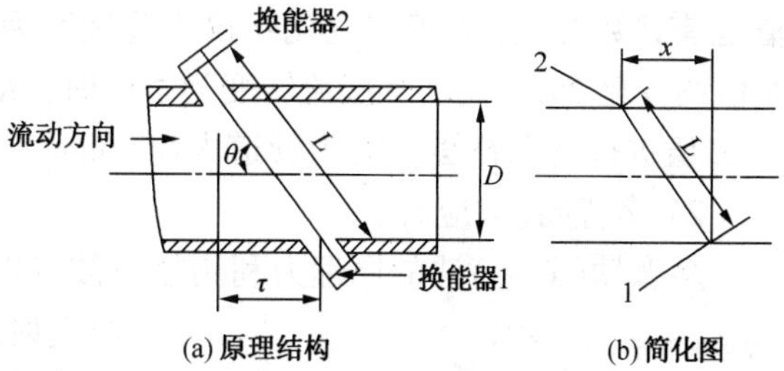

图 3-18　传播时间法原理

（1）流速

如图 3-18 所示，超声波逆流从换能器 1 送到换能器 2 的传播速度 c 被流体流速 V_m 所减慢，其流速方程式如式(3-13)。

$$\frac{L}{t_{12}} = c - V_m\left(\frac{X}{L}\right) \qquad (3-13)$$

反之，超声波顺流从换能器 2 传送到换能器 1 的传播速度则被流体流速加快，如式(3-14)。

$$\frac{L}{t_{12}} = c + V_m\left(\frac{X}{L}\right) \qquad (3-14)$$

式(3-14)减式(3-13)，并变换之，得式(3-15)。

$$V_m = -\frac{L^2}{2X}\left(\frac{1}{t_{12}} - \frac{1}{t_{21}}\right) \qquad (3-15)$$

式中　L——超声波在换能器之间传播路径的长度，m；

X——传播路径的轴向分量，m；

t_{12}，t_{21}——从换能器 1 到换能器 2 和从换能器 2 到换能器 1 的传播时间，s；

c——声波在静止流体中的传播速度，m/s；

V_m——流体通过换能器 1、2 之间声道上平均流速，m/s。

时(间)差法与频(率)差法和相差法间原理方程式的基本关系为：

$$\Delta f = f_{21} - f_{12} = \frac{1}{t_{21}} - \frac{1}{t_{12}} \qquad (3-16)$$

$$\Delta\phi = 2\pi f(t_{12} - t_{21}) \qquad (3-17)$$

式中　Δf——频率差；

$\Delta\phi$——相位差；

f_{21}，f_{12}——超声波在流体中的顺流和逆流的传播频率；

f——超声波的频率。

从中可以看出，相位差法本质上和时差法是相同的，而频率与时间有时互为倒数关系，三种方法没有本质上的差别。目前相位差法已不采用，频差法的仪表也不多。

（2）流量

传播时间法所测量和计算的流速是声道上的线平均流速，而计算流量所需是流通横截面的面平均流速，二者的数值是不同的，其差异取决于流速分布状况。因此，必须用一定的方法对流速分布进行补偿。此外，对于夹装式换能器仪表，还必须对折射角受温度变化进行补偿，才能精确的测得流量。体积流量 q_v 可按式(3-18)计算。

$$q_v = \frac{V_m}{K} \times \frac{\pi D_N^2}{4} \tag{3-18}$$

式中，K 为流速分布修正系数，即声道上线平均流速 V_m 和平面平均流速 v 之比，$K=V_m/v$；管道雷诺数变化，K 值将变化；仪表范围度为 10 时，K 值变化约为 1%；范围度为 100 时，K 值约变化 2%。流动从层流转变为紊流时，K 值要变化约 30%。所以要精确测量时，必须对 K 值进行动态补偿。D_N 为管道内径，mm。

2）多普勒(效应)法

多普勒(效应)法的原理为利用超声波发射声源被一个相对运动的介质反射时，反射信号与发射信号的频率出现频移，而与介质的流速存在一定的关系，从而可以利用频移与介质的流速的关系求取流量。

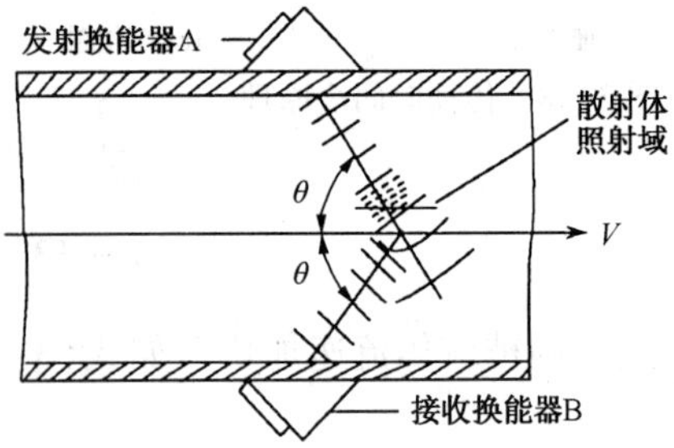

图 3-19　多普勒法超声波流量计原理图

（1）流速

多普勒法超声波流量计原理如图 3-19 所示。

超声换能器 A 向流体发出频率为 f_A 的连续超声波，经照射域内液体中散射体悬浮颗粒或气泡散射，散射的超声波产生多普勒频移 f_d，接收换能器 B 收到频率为 f_B 的超声波，其值如式(3-19)所示。

$$f_B = f_A\left(1 - \frac{V\cos\theta}{c}\right) \tag{3-19}$$

式中　V——散射体运动速度。

多普勒频移 f_d 正比于散射体流动速度，如式(3-20)。

$$f_d = f_A - f_B = f_A \frac{2V\cos\theta}{c} \tag{3-20}$$

测量对象确定后，式(3-20)右边除 V 外均为常量，移行后得式(3-21)。

$$V = \frac{c}{2\cos\theta} \times \frac{f_d}{f_A} \tag{3-21}$$

（2）流量

多普勒法超声波流量计的流量方程式形式上与式(3-18)相同，只是式中所测得的流速是各散射体的速度 V，与载体管道平均流速数值并不一致，如式(3-22)所示。

$$q_v = \frac{V}{K_d} \times \frac{\pi D_N^2}{4} \tag{3-22}$$

式中 K_d——散射体的“照射域”在管中心附近的系数，其值不适用于大管径或含较多散射体达不到管中心附近就获得散射波的系数；

D_N——管道内径，mm。

2. **特点**

1）优点

（1）可作非接触测量

夹装式换能器超声波流量计可无须停流、截管安装，只要在已设管道外部安装换能器即可。这是超声波流量计在工业用流量仪表中具有的独特优点，因此可作移动性(即非定点固定安装)测量，适用于管网流动状况评估测定；流量计可无流动阻挠测量，无额外压力损失。

（2）流量计的仪表系数是可从实际测量管道及声道等几何尺寸计算求得的，即可采用干法标定，除带测量管段式外，一般不需作实流校验。

（3）超声波流量计适用于大型圆形管道和矩形管道，且原理上不受管径限制，其造价基本上与管径无关。对于大型管道不仅带来方便，在无法实现实流校验的情况下，可认为是优先考虑的选择方案。

（4）多普勒超声波流量计可测量固相含量较多或含有气泡的液体。

（5）超声波流量计可测量非导电性液体，在无阻挠流量测量方面是对电磁流量计的一种补充。

（6）因易于实行与测试方法(如流速计的速度-面积法，示踪法等)相结合，可解决一些特殊测量问题，如速度分布严重畸变测量、非圆截面管道测量等。

2）缺点和局限性

（1）传播时间法超声波流量计只能用于清洁液体和气体，不能测量悬浮颗粒和气泡超过某一范围的液体；而多普勒法超声波流量计只能用于测量含有一定异相的液体。

（2）外夹装换能器的超声波流量计不能用于衬里或结垢太厚的管道，以及不能用于衬里(或锈层)与内管壁剥离(若夹层夹有气体会严重衰减超声信号)或锈蚀严重(改变超声传播路径)的管道。

（3）多普勒法超声波流量计多数情况下测量精度不高。

3. **超声波流量计的应用**

1）多普勒式超声波流量计

多普勒法超声波流量计依靠水中杂质的反射来测量水的流速，因此适用于杂质含量较多的脏水和浆体，如城市污水、污泥、工厂排放液、杂质含量稳定的工厂过程液等，而且可以测量连续混入气泡的液体；但根据测量原理，被测介质中必须含有一定数量的散射体(颗粒或气泡)，否则仪表就不能正常工作。

2）时差式超声波流量计

目前生产最多、应用范围最广泛的是时差式超声波流量计，它主要用来测量洁净的流体流量，在自来水公司和工业用水及江河水、回用水领域得到广泛应用。此外可以测量杂质含量小于 10g/L、粒径小于 1mm 的均匀流体，如污水等介质的流量，但不能测量含有影响超声波传播的连续混入气泡或体积较大固体物的液体。如果在这种情况下应用，应在换能器的上游进行消气、沉淀或过滤。在悬浮颗粒含量过多或因管道条件致使超声信号严重衰减而不能测量时，有时可以试降低换能器频率来予以解决。实际应用表明，选用时差式超声波流量计，对相应流体的测量都可以达到满意的效果。

多普勒式超声波流量计与时差式超声波流量计的比较如表 3-1 所示。

表 3-1　多普勒式与时差式超声波流量计的比较

条　件	时　差　式		多普勒式
适用液体	水类（江河水，海水农业用水等），油类（纯净燃油，润滑油，食用油等），化学试剂，药液等		含杂质多的水（下水，污水，农业用水等），浆类（泥浆，矿浆，纸浆化工料浆等），油类（非净燃油，重油，原油等）
适用悬浮颗粒含量	体积含量<1%（包括气泡）时不影响测量准确度		浊度大于 50～100mg/L
仪表基本误差	带测量管段式	±(0.5～1)%R	±(3～10)%FS 固体粒子含量基本不变时±(0.5～3)%
	湿式大口径多声道		
	湿式小口径单声道	±(1.5～3)%R	
	夹装式（范围度 20∶1）		
重复性误差	0.1%～0.3%		1%
信号传输电缆长度	100～300m，在能保证信号质量的前提下，可以小于 100m		小于 30m
价格	较高		一般较低

六、超声波明渠流量计

超声波明渠流量计与量水堰槽配用，用来测量具有自由流条件的渠道内的污水流量。仪表工作时，传感器不与被测流体接触，避免了渠道内污水的沾污和腐蚀。用于测量污水流量，可以比其他形式的仪表具有更高的可靠性。图 3-20 为一种超声波明渠流量计的应用示意图。

1. 超声波测液位原理

采用超声波回声测距法测液位，图 3-21 为超声波流量计用于测污水流量的原理图。

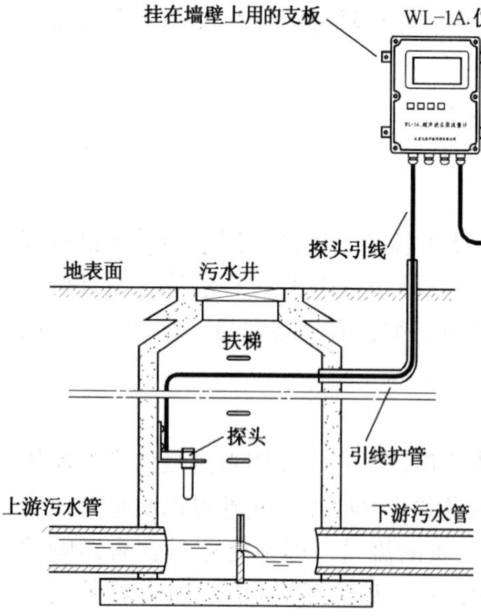

图 3-20　超声波明渠流量计用于测污水流量示意图

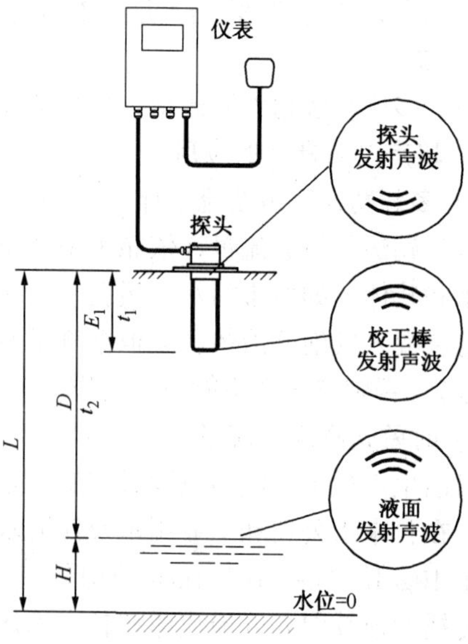

图 3-21　超声波流量计用于测污水流量的原理图

超声波明渠流量计探头需要固定安装在量水堰槽水位观测点上方，探头对准水面。探头向水面发射超声波，超声波经过一段时间后，走过 E_1 距离，碰到校正棒，一部分超声波能量被校正棒反射，并被探头接收，仪表记下这段时间的长度 t_1；超声波的另一部分能量绕过校正棒，经过一段时间到达水面，这部分能量被水面反射后，被探头接收，仪表记下这段时间的长度 t_2。而校正棒已经固定在探头上。校正棒的长度 E_1 不会变化，仪表根据 t_1 与 t_2 的比例，再乘以 E_1，就可以求出水面到探头的距离 D，即 $D=E_1\times t_2/t_1$。

2. 应用的限定条件

（1）明渠内水流要有自由流条件；

（2）使用堰板时，堰板下游的水位要低于上游；

（3）使用巴歇尔槽，水的流态要自由流；巴歇尔槽的淹没度要小于规定的临界淹没度；巴歇尔槽的中心线要与渠道的中心线重合，使水流进入巴歇尔槽不出现偏流；巴歇尔槽的上游应有大于5倍渠道宽的平直段，使水流能平稳进入巴歇尔槽，即没有左右偏流，也没有渠道坡降形成的冲力。

3. 量水堰槽

1）量水堰槽种类

量水堰槽包括三角堰、矩形堰、巴歇尔槽，三种量水堰槽示意图见图3-22。

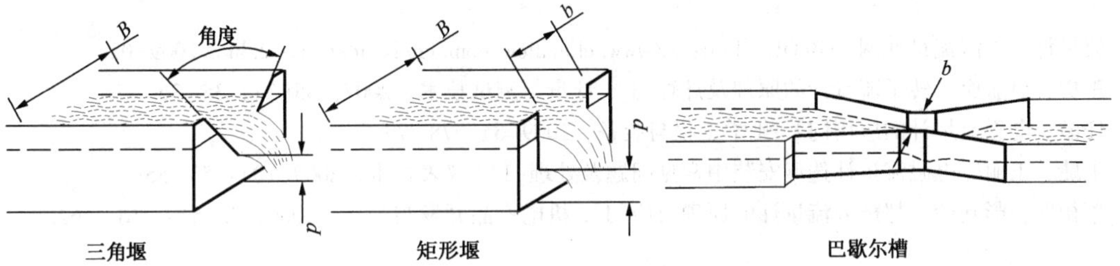

图3-22 常用的三种量水堰示意图

其中巴歇尔量水槽由上游收缩段、短直喉道和下游扩散段三部分组成。收缩段的槽底向下游倾斜，扩散段槽底的倾斜方向与喉道槽底相反。巴歇尔槽形状复杂，比三角堰、矩形堰的价格高，为了提高精度要求，量水槽的各部分尺寸准确。其优点是：水位损失小(约为堰的四分之一)、水中即使有固态物质也几乎不沉淀、对下流侧的水位影响比较小等。巴歇尔槽被广泛用来测量农业用水、工业用水等其他液体的流量。

不同类型的量水堰槽，都有自己的固定水位-流量对应关系。确定水位-流量关系时，三角堰要求要有渠道宽 B、开口角度、渠底面到缺口下缘的高度 p 的参数；矩形堰要有渠道宽 B、开口宽 b、渠底面到缺口下缘的高度 p 的参数；巴歇尔槽只要求有喉道宽度的参数 b。量水堰槽的水位-流量关系可以从国家计量检定规程《明渠堰槽流量计》JJG711-90 中查到。

2）测流量原理

明渠内的流量越大，液位越高；流量越小，液位越低，测流量原理见图3-23。

在渠道内安装量水堰槽，由于堰的缺口或槽的缩口比渠道的横截面积小，因此，渠道上游水位与流量的对应关系主要取决于堰槽的几何尺寸。同样的量水堰槽放在不同的渠道上，相同的液位对应相同的流量，量水堰槽把流量转成了液位，通过测量流经量水堰槽内水流的液位，可以根据相应量水堰槽的水位-流量关系，求出流量。

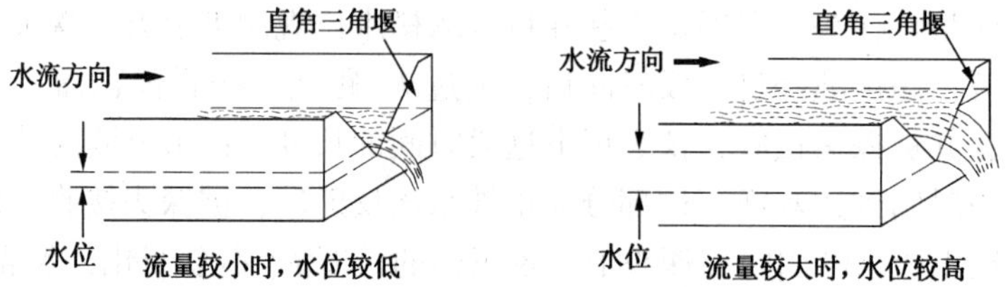

图 3-23　量水堰槽把流量转成液位的示意图

3）堰式流量计的特点

（1）结构简单，一般情况下价格便宜，测量精度和可靠性好；

（2）因水头损失大，不能用于接近平坦地面的渠道；

（3）堰上游易堆积固形物，要定期清理。

4）量水堰槽的选择

选择量水堰槽，要考虑渠道内流量的大小与渠道内水的流态是否能形成自由流。流量小于 40L/s 时，一般应使用直角三角堰；大于 40L/s，一般应使用巴歇尔槽；流量大于 40L/s，渠道内水位落差又较大，可以使用矩形堰。

参 考 文 献

1　流量计．中国流量计网[EB/OL]. http：//www. chinaflow. com. cn/basic/fuzi1-2. htm. 2009-02.

2　王勇，申航旗．转子流量计的原理及计算[J]. 计量与测试技术，2007，35(3)：35~36.

3　任溢．电磁流量计的应用[J]. 化学工程与装备，2009(6)：78~79.

4　王婕，王丽．电磁流量计选型安装中常见问题及处理[J]. 仪表技术，2009(10)：53~55.

5　董德明，彭新荣．超声波流量计的原理及应[J]. 机电产品开发与创新，2009，22(5)：161~162.

第四章 吸泥机与刮泥机

吸泥机是利用压力差收集底泥的专用排泥机械，刮泥机是利用机械传动收集底泥的专用排泥机械。吸、刮泥机主要用于污水处理过程初沉池、二沉池、浓缩池中排泥。表 4-1 为常用排泥机械的适用范围与特点，可视具体情况选择应用。

表 4-1 常用吸刮泥机的适用范围与特点

序号	吸、刮泥机种类	池形	池直径或池宽/m	适用范围	池底坡度要求/%	行走速度	优点	缺点
1	行车式虹吸、泵吸泥机	矩形	8~30	平流沉淀池，斜管沉淀池	平底	0.6~1m/min	边行进边吸泥，效果较好。根据污泥量多少灵活调节排泥次数，往返工作，排泥效率高	除采用液下泵外，吸泥前须先引水，操作不方便
2	行车式提板刮泥机	矩形	4~30	平流沉淀池	1~2	0.6 m/min	排泥次数可由污泥量确定；传动部件可脱离水面，检修方便；回程收起刮板，不扰动沉泥	电器原件如设在户外易损坏
3	链板式刮泥机	矩形	≤6	沉砂池	1	3 m/min	机构简单；排泥效率高；在循环的牵引链上，每隔2m左右装有一块刮板，因此整个链上的刮板较多，使刮泥保持连续	池宽受到刮板的限制；链条易磨损，对材质要求较高
4	螺旋输送式刮泥机	矩形	≤5	沉砂池（最大安装倾角≤30°，最大输送水平距离为20m，倾斜时为10m）	长槽	10~40r/min	排泥彻底，污泥可直接输出池外，输送过程中起到浓缩的效果，连续排泥	螺旋槽精度要求较高，输送长度受限制
		圆形	ϕ≤4					
5	悬挂式中心传动刮泥机	圆形	ϕ6~12	初沉池 二次沉淀池 污泥浓缩池	1~2	最外缘刮板端1~3 r/min	结构简单 运转连续	刮泥速度受刮板外缘的速度控制，管理不方便
6	垂架式中心传动吸泥机、刮泥机		ϕ14~60					
7	周边传动吸泥、刮泥机		ϕ14~100					

第一节 吸泥机与刮泥机具体设备

一、中心传动刮泥机

中心传动式刮泥机是把所有的传动机构设置于池心支墩上或工作桥中心，即电机、减速机及所有传动部件都作用于中心支墩上或工作桥中心，只需一套传动机构即可完成完整的传动动作。中心传动式刮泥机对电机没有同步的要求，无须设置电刷。因为没有轮子，所以也没有打滑的问题存在；不设轨道，对池边的土建施工的精度要求也不严格。中心传动式刮泥机包括悬挂式和垂架式两种形式。

（一） **悬挂式**

用于给水、污水处理工程中的沉淀池排泥，中心传动悬挂式整机载荷都作用于工作桥中心，不需中心支墩，简化了土建结构，一般用于直径不大于 16m 的池体。

中心传动悬挂式刮泥机整机主要由桥架、驱动装置、立轴、水下轴承、双刮臂和刮泥板组成。其工作流程为：沉淀池污水经工作桥下的进水管流入导流筒，在导流筒伞形罩的均匀分配下呈扩散状流向池周，污泥依靠自重沉降于池底，刮板在刮臂的带动下缓慢旋转，经分离后的上清液通过出水堰板排出池外，沉淀后的污泥由刮板沿池周刮向中心集泥坑，依靠液体静压作用经排泥管排至池外。中心传动刮泥机的运转方式分半桥和全桥方式。

对于中心传动浓缩刮泥机，其刮臂上带有浓缩栅条，一般用于污水处理厂中、小型辐流式浓缩池中，将进一步分离的浓缩污泥排出浓缩池。其设备图见图 4-1，结构示意见图4-2。

图 4-1　中心传动浓缩刮泥机（全桥、悬挂式）

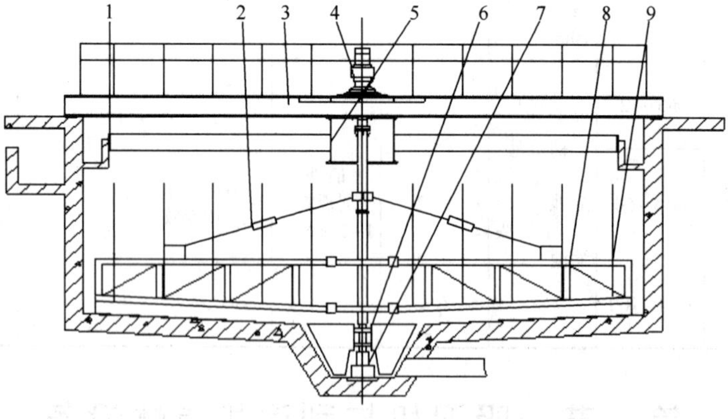

图 4-2　中心传动浓缩刮泥机（全桥、悬挂式）结构示意图

1—出水堰板；2—拉紧调整系统；3—工作桥；4—驱动装置；5—稳流筒；
6—小刮泥板；7—水下轴承总成；8—刮集装置；9—浓缩栅条

有关企业给出的中心传动悬挂式浓缩刮泥机规格与性能参数见表 4-2，供参考。

表 4-2　中心传动刮泥机（悬挂式）技术参数

型号	池径（φ）/m	池深（H）/m	周边线速度/（m/min）	驱动功率/kW
STC6	6	3.0~4.0	1.0	0.37
STC8	8	3.5~4.5	1.5	0.55
STC10	10	3.5~4.5	1.5	0.55
STC12	12	4.0~5.0	1.5	0.5
STC14	14	4.0~5.0	2.0	1.1
STC16	16	4.0~5.0	2.0	1.1

（二）垂架式

垂架式中心传动刮泥机适用于有中心支墩的圆形沉淀池的排泥除渣。设备固定在旋转竖架上，刮臂在驱动装置带动下绕池中心轴线旋转，将沉积在池底的污泥由刮泥板刮集至池中心集泥池坑，同时液面上的浮渣向随导流筒旋转的撇渣板和池周边挡渣堰形成的渐缩区域内集中，当摆臂抵达集渣斗时，由摆臂上的刮渣板将渣至集泥斗排出池外。中心传动刮泥机（半桥、垂架式）结构示意见图 4-3。

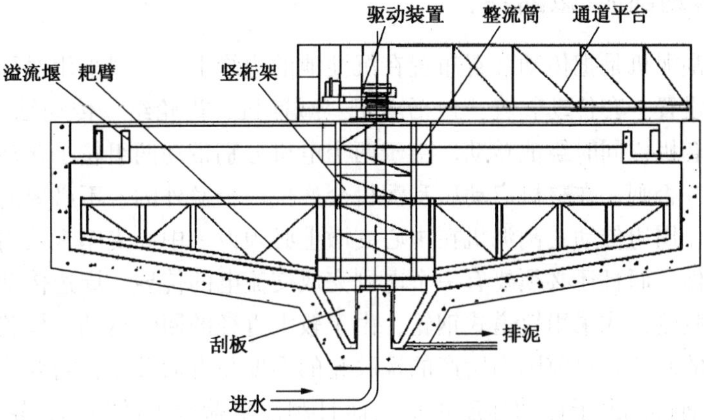

图 4-3　垂架式中心传动刮泥机结构示意图

垂架式中心传动刮泥机主要特点有：

（1）采用中心传动，平台固定支墩式，比传统机构简单、重量减轻；

（2）节约运行费用，维护管理方便；

（3）可根据特定的要求配备过扭保护机构，当扭矩值到达设定值时自动报警停机，安全可靠。

同样，用于污泥浓缩与排泥的垂架式中心传动浓缩刮泥机的刮臂上带有浓缩栅条，其结构示意见图 4-4。

有关企业给出的中心传动浓缩刮泥机（垂架式）规格与性能参数见表 4-3，供参考。

表 4-3　中心传动浓缩刮泥机（垂架式）技术参数

型号	池径（φ）/m	池深（H）/m	周边线速度/（m/min）	驱动功率/kW
STC-Ⅰ14	14	2.5~3.5	1.3	1.1
STC-Ⅰ16	16	2.5~3.5	1.4	1.1
STC-Ⅰ18	18	2.5~3.5	1.5	1.5
STC-Ⅰ20	20	2.5~3.5	1.6	1.5
STC-Ⅰ22	22	2.5~3.5	1.6	1.5
STC-Ⅰ25	25	2.5~3.5	1.8	2.2
STC-Ⅰ30	30	2.5~3.5	2	2.2

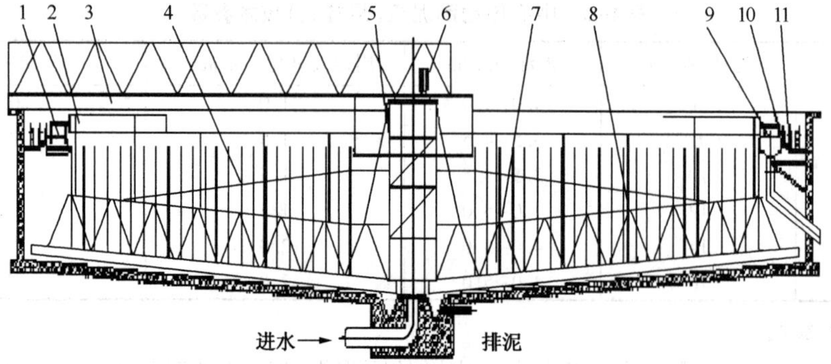

图 4-4　中心传动浓缩刮泥机(半桥、垂架式)结构示意图

1—浮渣耙板；2—浮渣刮板；3—工作桥；4—刮臂提拉杆；5—刮泥架；6—中心驱动装置；7—浓缩栅条；8—刮臂；9—浮渣漏斗；10—浮渣挡板；11—溢流装置

二、周边传动刮泥(浓缩)机

周边传动式刮泥机是把传动装置布置在沉淀池的边缘上，一般采用对称布置。所以需要在池子的两边各设置一套传动装置，包括电机、减速机、齿轮组、传动轴、轴承及轮子等。对称布置时，两套机构同时绕池转动。由于两个电机分别带动两组轮子转动，所以，必须保证两部电机同步，否则，在整机启动后刮泥机会产生一个额外的、不必要的扭矩，从而影响整机的受力情况。周边传动式刮泥机在中心支墩上必须设一中心支座，其内部不仅需要有完成机械支持的机件，而且还必须要有一个电刷完成交流电的传导。周边传动式刮泥机一般两组轮子或采用橡胶轮，或采用轨道式钢轮，由于较大直径的回转运动，橡胶轮应设计有一符合回转运动要求的倾角。目前国内所产的橡胶轮的强度与寿命较差，需要经常更换；轨道式要求在池边铺设钢轨，由于运动速度很低，而且刮泥负荷较大的原因，轮子打滑成为一大难题。

周边传动刮泥机包括全桥式周边传动刮泥机、半桥式周边传动刮泥机和周边传动浓缩机三种形式。

(一) 全桥式周边传动刮泥机

1. 结构及适用范围

全桥式周边传动刮泥机主要由工作桥、中心支座，刮板桁架、驱动装置、稳流筒、撇渣板、浮渣斗、刮泥板、集电装置等部件组成。此设备适用于大型(一般指水量大于 600m³/h，池径大于 20m)污水厂的初沉及二沉池中，刮、集池底沉泥，一般上部设浮渣(或浮沫)刮集系统，工艺一般为中心进水，周边出水，中心排泥。全桥式周边传动刮泥机及结构示意图见图 4-5、图 4-6。

2. 工作原理

全桥式周边传动刮泥机在动力装置的驱动下，刮板桁架和刮泥板装置围绕中心支座缓慢旋转，将沉淀于池底的污泥向中心集泥坑刮集，通过池内的水位压力差将泥斗内的污泥排出池外，同时撇渣板将浮渣撇至浮渣斗内，经浮渣斗自动冲水或自流将浮渣排出池外。

3. 规格与性能参数

有关企业给出的全桥式周边传动刮泥机规格与性能参数见表 4-4，供参考。

图 4-5　全桥式周边传动刮泥机

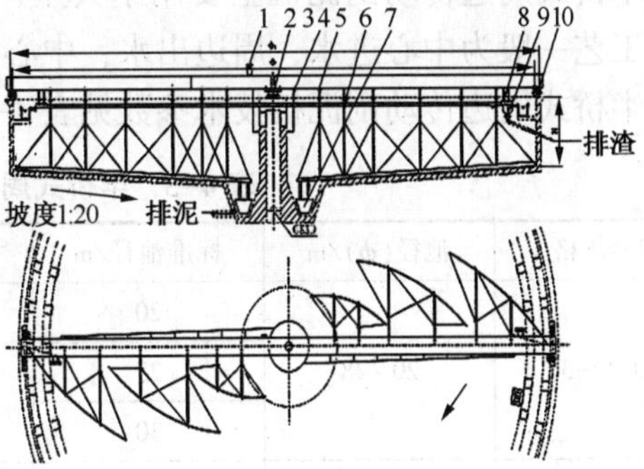

图 4-6　全桥式周边传动刮泥机结构示意图

1—电控箱；2—中心支座；3—集电装置；4—稳流筒；5—支架；6—刮臂与刮板；7—泥坑小刮板；8—撇渣板；9—渣斗；10—驱动机构

表 4-4　全桥式周边传动刮泥机技术参数

型号	池径(ϕ)/m	池深(H)/m	周边线速度/(m/min)	功率/kW
SZG-20	20	2.5~3.5	2~3	0.75
SZG-25	25	2.5~3.5	2~3	0.75
SZG-30	30	2.5~4.0	2~3	1.1
SZG-35	35	2.5~4.0	2~3	1.1
SZG-40	40	2.5~4.5	2~3	1.5
SZG-45	45	2.5~4.5	2~3	1.5
SZG-50	50	2.5~4.5	2~3	2.2
SZG-55	55	2.5~5.0	2~3	2.2
SZG-60	60	2.5~5.0	2~3	3
SZG-80	80	2.5~5.5	2~3	4
SZG-100	100	2.5~5.5	2~3	4

（二）半桥式周边传动刮泥机

整机主要由桥架、驱动装置、立轴、水下轴承、双刮臂和刮泥板组成，沉淀池污水经工作桥下的进水管流入导流筒，在导流筒伞形罩的均匀分配下，呈扩散状流向池周，污泥依靠自重沉降于池底，刮板在刮臂的带动下缓慢旋转，经分离后的上清液通过出水堰板排出池外，沉淀后的污泥由刮板沿池周刮向中心集泥坑，依靠液体静压作用经排泥管排至池外。半桥式周边传动刮泥机结构如图 4-7 所示。

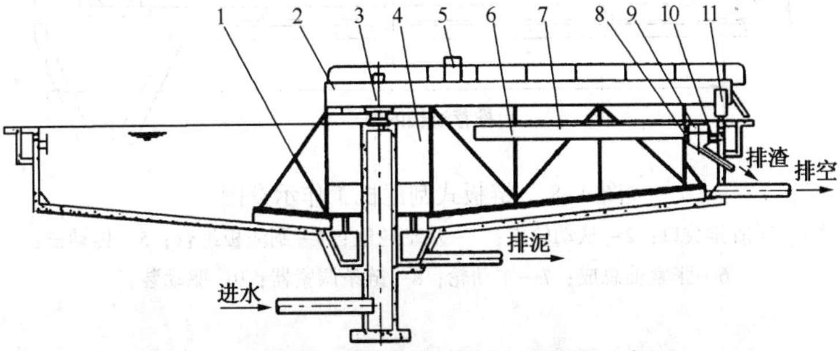

图 4-7　半桥式周边传动刮泥机结构示意图

1—小刮板；2—主梁；3—中心支座；4—稳流筒；5—电控柜；6—刮泥桁架；7—浮渣刮板；8—浮渣漏斗；9—浮渣耙板；10—溢流装置；11—驱动装置

半桥式周边传动刮泥机主要用于大型(一般指水量大于 600m³/h，池径大于 20m)污水厂。工艺一般为中心进水，周边出水，中心排泥。

半桥式周边传动刮泥机技术参数见表 4-5，供参考。

表 4-5　半桥式周边传动刮泥机技术参数

型号规格	池径(φ)/m	标准池径/m	池深(H)/m	周边线速度/(m/min)	驱动功率/kW
BZG20-30	20~28	20	3.0~4.0	≤2.0	0.37
		25			
		30			0.55
BZG30-40	30~40	35	3.0~4.0	≤3.0	0.55
		40			0.75
BZG45-55	45~55	45	3.0~4.4	≤3.0	0.75

（三）NG 型周边传动浓缩机

主要用于钢厂、采矿、煤炭等尾水分离，一般池径大于 20m，污泥密度大，沉降快且易板结的场合，刮泥负荷相对较大，传动机构一般需增加齿轮齿条，以保证足够的传递力矩，中心部位排泥一般需配套高压水使用，防止堵塞，一般不设浮渣刮集装置。

三、链板式刮泥机

1. 结构与使用范围

由驱动装置、传动链条与链轮、牵引链与链轮、刮板、导向轮、张紧装置、导轨支架等组成。通过驱动装置带动链条运动，从而牵引链条上刮板移动，将沉于底部的泥砂刮集到集泥槽，浮渣刮集到除渣管。链板式刮泥机工作示意图见图 4-8。链板式刮泥机适用于平流沉淀池、隔油池的集泥、排泥、除砂、除渣、除油，可安装在带顶盖的池内。

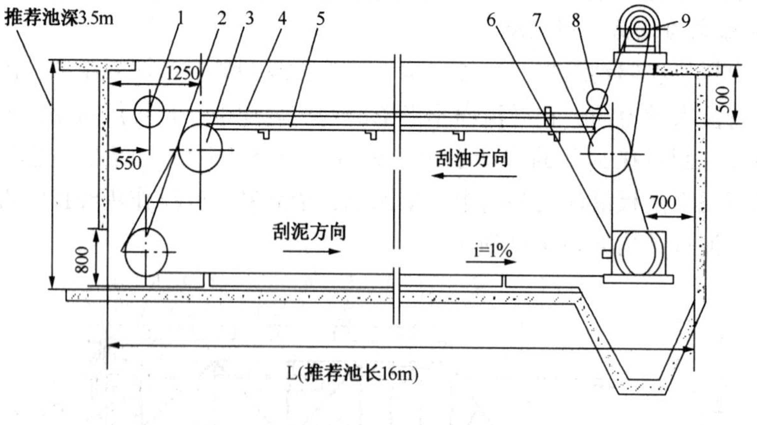

图 4-8　链板式刮泥机工作示意图

1—浮渣排放口；2—从动轮组；3—从动轮组；4—刮渣板组合；5—传动链；6—张紧轴总成；7—主动轮；8—链条调紧器；9—驱动装置

2. 特点

(1) 刮板的移动速度对污水扰动小，有利于悬浮物沉淀；

（2）刮板在池中作连续的回转运动，不需往返换向，且驱动装置设在池顶的平台上，配电和维修都很简单；

（3）刮板可兼作撇渣板使用。

3. **技术参数**

（1）适合的池宽 2~6m；

（2）适合的池长 10~30m；

（3）刮泥速度小于 16mm/s；

（4）池底要求：池底沿刮泥方向浇筑成 1%的坡度，池内两端与两侧墙脚有大于泥砂安息的坡度，处理污水前须先经过格栅。

四、行车式吸泥机

行车式吸泥机适用于给水工程中的平流式沉淀池、排水二次沉淀池等平底矩形池的吸泥和排泥，排泥的方式有虹吸、泵吸和空气提升等三种，主要采用虹吸与泵吸两种形式。行车式吸泥机可边行走边吸泥，可依据泥量的多少来确定排泥次数，具有排泥效率高、操作方便的特点。

（一）虹吸排泥机

1. 主要结构及工作原理

吸泥机主要由电控系统、输配电装置、主梁、端梁、桁架、吸泥系统、传动装置、真空系统、撇渣装置（刮渣板、刮渣支架）等部件组成。

1）主梁、端梁

采用钢板焊接成箱形梁结构，其钢材抗拉强度不低于 410MPa。主梁在各方面载荷的作用下（包括活动载荷 1500N/m），有足够的强度和刚度，安全系数为 5，主梁两侧上部设置不锈钢栏杆。

端梁采用型钢焊接结构件，端梁与主梁采用螺栓联接，端梁下部装有主动轮、从动轮及驱动装置。工作桥应具有足够的强度和刚度，主梁、桁架等型材焊接件的设计、制造、拼装、焊接等应符合有关国家标准的要求。

桥架两侧面直线度、平面度和平行度均在制造时应得到控制，桥架预置上拱度，除能承受最大的刮吸泥扭矩外，还可承受悬挂的全部设备及每米长度的均布载荷，桥架挠度应控制值在 1/750 之内。

2）驱动装置（电机、减速机）

采用的摆线针轮减速机应具有运行平稳、能源消耗少、检修方便简单等特点，能在各种工况下传递所需要功率和扭矩，在最不利的条件下能连续工作。

3）真空系统

真空系统由潜水泵、水射器、电极点真空表、破坏虹吸电磁阀、水封箱等组成，设置在出泥端的工作桥端部，以便操作和观察。

4）吸泥系统

排泥管均匀排列在主梁下部，由螺栓固定在钢结构件上，一端伸入池底与扁嘴吸口相联，并设有型钢支撑，另一端伸向桥一端的排泥槽内的水封箱中。桥端吸泥管上部有管与虹吸系统相连，虹吸排泥机吸泥系统与组成见图 4-9。

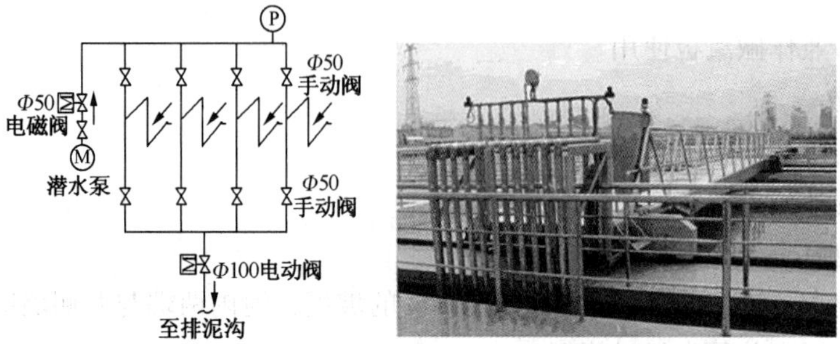

图 4-9　虹吸排泥机吸泥系统与组成

开启虹吸引水时，只要开启潜水泵，打开电磁阀即可向吸泥管注水，排除空气生成虹吸。潜水泵一般安装在沉淀池水面下 1m 处，真空表安装在管路系统顶端，由真空表发出电信号，通过 PLC 控制启动潜水泵、打开电磁阀自动引水，虹吸管在池外一般并成一根管径大的排泥管。

5）刮泥板

刮泥板采用菱形刮板，与吸泥管轴线成 30°~45°布置，各吸口之间的间距约 1. 0m。

2. 虹吸排泥运行方式

运转前，水位以上的排泥管内的空气可用真空泵或水射器抽吸或用压力水倒灌等方法排除，从而在大气压的作用下，使泥水充满管道，开启排泥阀后形成虹吸式连续排泥。

虹吸式排泥机一般停驻在沉淀池的进水端，首先向水封箱内注水，浸没住管口上方约 100mm，同时启动潜水泵为水射器提供压力水，水射器中形成负压，水射器的抽气口与吸泥管道上部抽气管相连，抽取管内空气。管道内形成一定真空后，泥水则会通过吸泥管源源不断地抽向池外排出。此时电极点压力表的触点信号关闭潜水泵，同时启动驱动电机使排泥机沿钢轨前进时，吸泥管不断吸泥排泥，到达沉淀池另一端部，碰触返程行程开关时，驱动电机先停止然后反向运转，排泥机开始返程运行排泥，当运行到初始位置时，碰触行程开关，吸泥机停止，电磁阀自动打开，使空气进入虹吸系统，将真空破坏，停止排泥。以上为一个排泥循环，等待设定的时间后(0~24h)排泥机自动进行第二个排泥循环，每个循环之间的等待时间由工艺需要确定。

吸泥机的运行方式设定为先半个行程排泥，然后接一个全程排泥，再进入时间等待，以满足沉淀池进水端沉泥量多的需要。

3. 主要技术性能

虹吸排泥机的主要技术性能见表 4-6，供参考。

（二）泵吸排泥机

1. 主要结构及工作原理

主要由泵和吸泥管组成。各根吸泥管在水下(或水上)相互联通后，再由总管接入水泵，吸入管内的污泥经水泵出水管输出池外，如图 4-10 所示。行车泵吸式吸泥机适用于给水平流沉淀池、污水处理二次沉淀池等。

表 4-6　虹吸排泥机的主要技术性能

沉淀池宽度/m	吸泥机轮距/m	工作桥宽度/m	行车速度/(m/min)	驱动方法	驱动功率/kW	虹吸收泥管数量/根×直径/mm	泵吸式排泥量/(m^3/h)	泵吸式吸泥泵功率/kW	虹吸式真空泵功率/kW	配用轻轨/(kg/m)
4	1.2	0.80	1.005	集中驱动	0.37	3×50	20~35	3	1.5	15
6	1.6	0.80		二边同步	2×0.37	5×50	2×(15~30)	2×1.5		
8	1.8	1.00				6×50	2×(20~35)	2×3.0		
10	2.0	1.20				8×32	2×(50~70)	2×3.0		18
12	2.2	1.20				8×50				
14	2.2	1.25			2×0.55	10×50				
16	2.4	1.50				10×50	3×(50~70)	3×3.0		
18	2.4	1.50			2×0.75	10×63.5				
20	2.6	1.80				10×63.5	4×(50~70)	4×3.0		24
22	2.6	2.00				12×50				

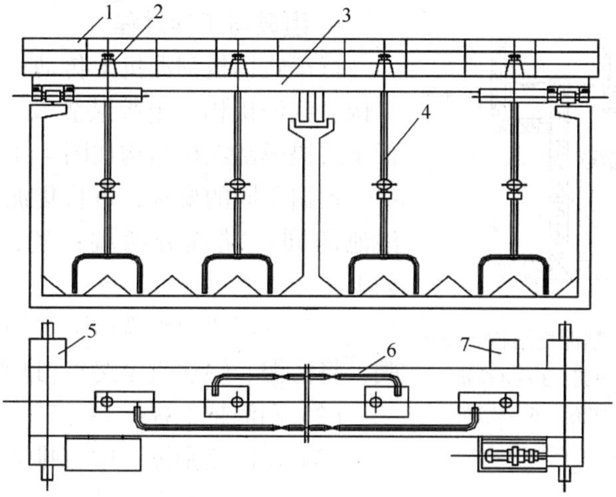

图 4-10　泵吸式吸泥结构示意图

1—栏杆；2—液下污水泵；3—主梁；4—吸泥管路；5—端梁；6—排泥管路；7—电缆卷筒

2. 特点

(1) 可以克服污泥比重小、含砂量大、其他设备难以刮集的缺点，能将沉淀于池底的污泥经吸泥管及泵排出池外，对于有浮渣的沉淀池可同时在水面进行撇渣；

(2) 采用液下排污泵排泥，污泥通过能力强，无堵塞、无泄漏；往返工作，边行进边排泥，排泥效率高，并可调节排泥量；

(3) 根据需要既可间歇运行，又可连续运行；

(4) 吸口有扁嘴吸口和圆吸口，并可根据需要在两吸口之间安装集泥刮板；

(5) 集电方式可选用电缆卷筒、悬挂式移动电缆和滑触线三种方式；

(6) 机械电器双重过载保护，运行安全可靠；操作简单，可实现远程控制。

(7) 采用桁架结构，比传统机构重量减轻；维护简单方便，运行费用低。

3. **性能参数**

泵吸排泥机的主要技术性能见表 4-7，供参考。

表 4-7　泵吸排泥机的主要技术性能

池宽/m	轨距/m	轮距/m	行驶速度/(m/min)	驱动装置		钢轨型号	排泥泵			轮压/t
				电机功率/kW	车轮直径 ϕ/mm		流量/(m^3/h)	扬程/m	台数	
8	根据池宽池形确定	1.5	1.12	1.5	270	P18	15~30	8	2	2.5
10										
12		2.0	1.12 或 1.27		270 或 400	P18 或 P24	20~40	12	3	
14										
16		2.5	1.27		400	P24			4	3
18		3.0								
20										

五、行车式提板刮泥机

1. 组成与工作过程

行车式提板刮泥机由传动机构、卷扬机构、撇渣机构、刮泥机构、电控装置及限位装置等部件组成。行车式提板刮泥机结构如图 4-11 所示。

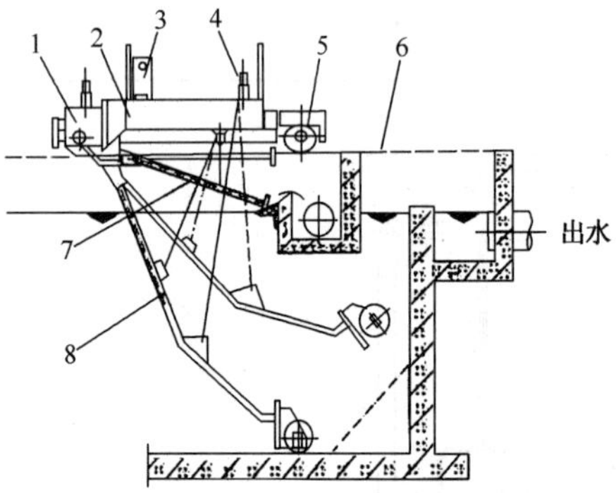

图 4-11　行车式提板式刮泥机结构示意图
1—传动机构；2—平台机架；3—电控箱；
4—卷扬机构；5—从动轮组；6—轨道；
7—撇渣机构；8—刮泥机构

根据不同的要求，可将集泥槽、集渣槽设置在沉淀池的同一端或分两端设置，刮泥机的工作过程如下：

(1) 刮泥机由池端(出水端)始点向泥、渣槽端行驶，将污泥、输送直至终点(进水端)；

(2) 刮泥耙上提；

(3) 逆向流刮泥、顺流排渣，刮泥机终端向始端换向行驶，抵达始端后进行另一循环。刮泥机构在回程时刮泥耙全部抬起。当回到刮泥的起始位置时，刮泥耙落下。

2. **适用范围**

该机适用于逆向流平流式沉淀池及沉砂池中污泥、砂及浮渣的排除，多用于初次沉淀池，

3. **技术参数**

有关企业给出的参数如表 4-8 所示，供参考。

表 4-8　主要技术参数

池长/mm	池宽/mm	池深/mm	轨距/mm	行车机构电机型号	电机功率/kW	行走速度/(m/min)	提耙机构减速机型号	电机功率/kW	卷扬速度/(m/min)	制动器型号
16000	5000	2580	5400	YDS90-3.5-0.25	0.25	1	YDS112-2.8-0.55	0.55	1.9	TJ2-100

六、螺旋输泥机

1. 形式及组成

常用的形式为有轴式螺旋输泥机和无轴式螺旋输泥机两类。

(1) 有轴螺旋输泥机

通常由螺旋轴、首轴承座、尾轴承座、悬挂轴承、穿墙密封装置、导槽、驱动装置等部件组成。

(2) 无轴螺旋输泥机

通常主要由电动机、减速机、机械密封、柔性无轴螺旋体、U 形槽及保护衬套等组成，其他附件还有支腿、盖板、端盖及法兰等，结构见图 4-12。

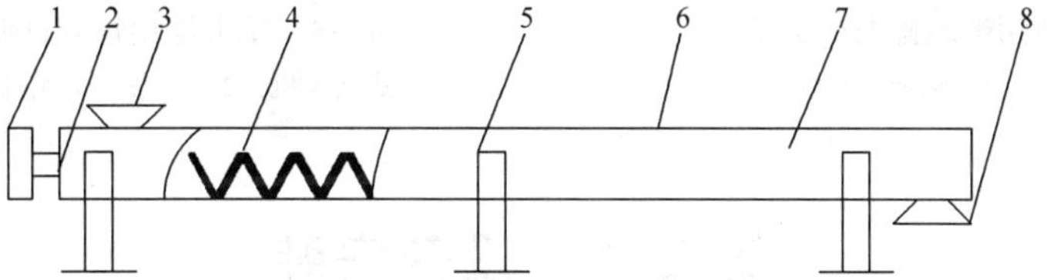

图 4-12　无轴螺旋输泥机结构示意图

1—电动机及减速机；2—机械密封；3—进料口；4—无轴螺旋体；5—支腿；6—盖板；
7—U 形槽及保护衬套；8—出料口

同常见的有轴螺旋输泥机比较，无轴螺旋输泥机具有以下特点：质量仅为有轴螺旋输泥机的二分之一，甚至更小，因此运行功耗低；无轴螺旋输泥机仅一端有回转支承，整体结构相对简单。此外，无轴螺旋输泥机在输送通道内不设支承，可分段制造，现场组对安装；由于没有中心轴，除可输送黏度较大的污泥外，还适用于输送纤维材料等物料，不会产生缠绕、堵塞等现象。

有关企业给出的无轴螺旋输泥机技术参数如表 4-9 所示，供参考。

表 4-9　无轴螺旋输泥机技术参考参数

项　　目	WLS150 型	WLS200 型	WLS250 型	HDWLS300 型	HDWLS400 型	HDWLS500 型
螺旋体直径/mm	150	184	237	284	365	470
外壳管直径/mm	180	219	273	351	402	500
允许工作角度(α) /(°)	0~30	0~30	0~30	0~30	0~30	0~30
最大输送长度/m	12	13	16	18	22	25
最大输送能力/(t/h)	2.4	7	9	13	18	28
电机						
型号	L≤7　Y90L-4	Y100L1-4	Y100L2-4	Y132S-4	Y160M-4	Y160M-4
功率/kW	1.5	2.2	3	5.5	11	11
型号	L>7　Y100L1-4	Y100L2-4	Y112M-4	Y132M-4	Y160L-4	Y160L-4
功率/kW	2.2	3	4	7.5	15	15

2. 工程应用

螺旋输泥机是一种无挠性牵引的排泥设备，在输送过程中可对泥沙起搅拌和浓缩作用。螺旋排泥机适用于中小型沉淀池、沉砂池(矩形和圆形)的排泥除砂，如各种斜管(板)沉淀池、沉砂池。螺旋排泥机可单独使用，也可与行车式刮泥机、链条刮泥机、钢丝绳水下牵引刮泥机配合使用。其示意图如图 4-13 和图 4-14 所示。

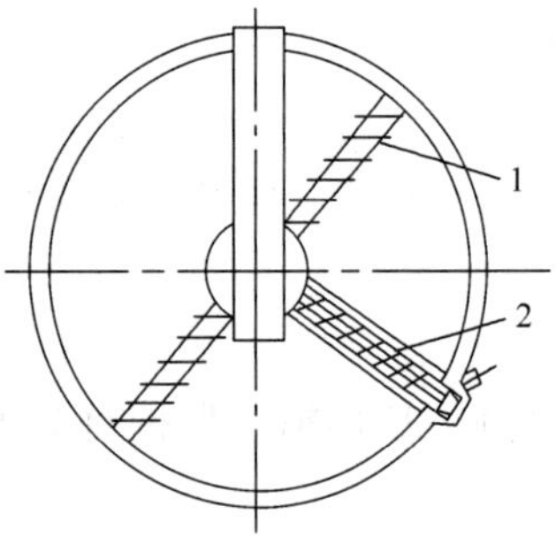

图 4-13　圆池用螺旋排泥机示意图

1—刮泥机；2—螺旋排泥机

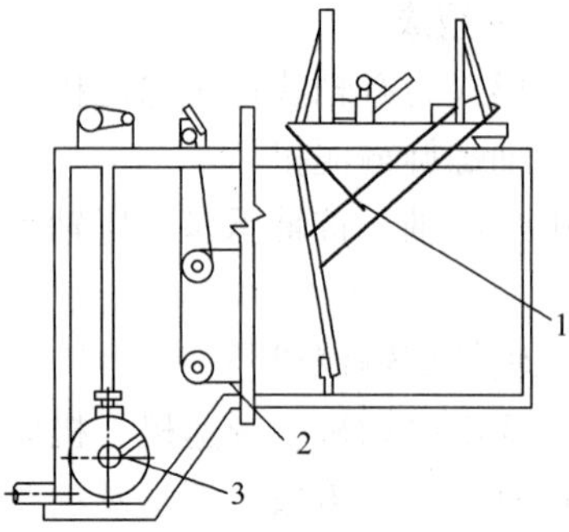

图 4-14　矩形池用螺旋排泥机示意图

1—行车式刮泥机；2—链条式刮泥机；3—螺旋排泥机

第二节　设备安装

一、吸泥机安装

1. 设备基础的确定

(1) 确定沉淀池中心点。可按点移动法找出二沉池中心，即找出最大弦长，最大弦长交点即为池中心；

(2) 以二沉池中心点作为中立柱基础中心点，确定中立柱底座基础标高；

(3) 以二沉池中心点为圆心，基准圆所要求的尺寸为半径画弧，作为中立柱安装的基准圆。

(4) 在池底打出工作桥中心线，并以此检查各地脚螺栓孔的方位分布及孔的大小、深度、孔壁垂直度等。

2. 设备基础要求

(1) 土建基础外观不得有裂纹、蜂窝、空洞、露筋等缺陷；

(2) 基础的尺寸及位置要复测检查，其允许偏差应符合设计要求；

(3) 二次灌浆的基础表面应铲出麻面，麻点深度一般不小于 10mm。密度以每平方分米内 3~5 个为宜，且不允许有油污及疏松层，放置垫铁处的基础表面应铲平，其水平度允许偏差为 2mm/m。

3. 安装

吸泥机安装可按以下顺序进行：集泥筒→转笼→中心驱动→中立柱→桁架→吸泥管→刮刀→其他。可供参考的具体步骤为：

(1) 先在池边合适的位置放置多根直径 50mm 以上、长度合适的管道作为滚杠备用；

(2) 将集泥筒平稳地吊放在滚杠上；

(3) 将转笼垂直吊放在集泥筒上，对应好联接记号后，用螺栓将转笼与集泥筒联接起来；

(4) 将中立柱垂直吊放进转笼里并穿过集泥筒，让中立柱底盘放在滚杠上；

(5) 将中心驱动平衡地吊放在转笼上，并用螺栓与转笼联接固定；

(6) 将工作平台平衡地吊放在中心驱动上，并用螺栓与中心驱动联接；

(7) 将中心柱提离滚杠，用螺栓与中心驱动底盘联接；

(8) 用葫芦将组装好的集泥筒、中立柱、中心驱动、工作桥、吸泥管牵引至池中心，抽去滚杠，将葫芦架在中心驱动上吊住中立柱，拆下中立柱顶部与中心驱动底盘的联接螺栓，然后用葫芦将中立柱放至合适的标高位置，拨动中立柱底盘，使中立柱中心与池中心点重合，同时兼顾中立柱底盘上的十字线与池底的工作桥中心线重合。稳住不动后垫上垫铁，拉下葫芦使中立柱完全落定在垫铁上，装好地脚螺栓；

(9) 调整好中立柱垂直度，垫铁点焊后进行地脚螺栓孔及底盘二次灌浆；

(10) 二次灌浆养护期间可以联接桁架、吸泥管、工作桥等其他工作；

(11) 待二次灌浆养护期满后，将中立柱顶部与中心驱动底盘联接好后，抽掉滚杠调整好标高后再依次调整好中心驱动、转笼、集泥筒的水平与垂直度。调整后，记录下中立柱裙板与集泥筒配合部位的数据，以便配重时作为依据，然后吊装工作桥；

(12) 中心设备调整好后，对称安装桁架、吸泥管，并调整成5%~7%的斜度；

(13) 安装支架、浮渣刮臂、撇渣、撇沫装置；

(14) 配重。测量中立柱裙板与集泥筒配合部位的间隙值，并与原记录相比较，如果需要配重，则在配重箱内加适量石块或混凝土，使数据复原，确保运行平稳、可靠；

(15) 调整旋转轨迹高差。

二、刮泥机安装施工技术措施

1. 安装前的准备

按照土建施工要求对池周轨道面标高、中心基准面标高、池底的坡度、预埋螺栓和预埋件位置等尺寸进行全面的验收，池周轨道水平面允差 2/1000mm，全周累计小于 15mm，池周壁顶面与中心基准面标高差≤15mm，预埋件位置偏差≤10mm。

2. 安装

1) 中心部件安装

(1) 中心部件包括中心柱、进水装置、中心配水井、中心驱动装置及过载保护装置等两部分。应先找正池中心位置，将中心驱动装置起吊就位，对准各基准孔位后安放。

(2) 进水装置、中心配水井及驱动架的安装。按厂方提供的安装使用说明书分步安装并检验，使其符合图纸要求。

2) 走桥安装

(1) 对于小直径刮泥机且走桥未分段时，直接将走桥起吊就位，一端与中心柱连接，一端与池壁顶面连接。

(2) 对于池径较大刮泥机，其走桥分成数段，现场用螺栓连接固定。安装时可在池外地坪上连接(保证主梁的起拱度)，然后起吊就位，分别搁置于中心柱与池壁顶面上。

也可分段在池上安装。分段安装时，先在池内走桥连接处竖起脚手架与组装走桥垂直，两端分别与中心柱及池壁顶面连接，在脚手架上调整走桥的起供度、侧弯度合格后紧固连接螺栓，在走桥的分段接头处用螺栓连接后还需施焊，焊缝高度不小于 6mm。

(3) 中心柱、驱动装置、驱动架、进水装置、耙架等，按供货商提供的安装使用说明书分布进行安装，并按技术控制参数检验。安装固定后，用人力推动耙架，中心支撑应转动灵活，推动耙架检查其运行轨迹，应形成规范的圆周与土建结构无不良接触。

3）耙架与刮板组合安装

（1）刮板安装。刮板安装在耙架的相应位置，使刮板位置正确，底部与池底保持在10mm 以内。

（2）池底抹面。池底抹面时，应选准旋转面最低点的位置，并以此点为基准，在保证刮刀及吸泥管与池底二次抹面层的间距符合设计要求的情况下，进行抹面。

4）附件安装

（1）走道板安放在工作桥上，栏杆用螺栓紧固或焊接在工作桥上。

（2）出水堰板及挡渣板。按图纸要求将其与池壁预埋螺栓或膨胀螺栓连接，将堰口调到同一设计标高上，挡板的安装圆弧应平滑无明显凸凹。

（3）浮渣刮刀。将浮渣刮刀支架安装在耙架的上部，按要求标高调节好浮渣刮刀高度并给以固定。

（4）渣斗。渣斗的底部与预埋出渣管宜现场焊接或法兰联接，支架与池壁预埋螺栓（或膨胀螺栓）联接，渣斗应水平放置并保证其标高尺度（高出渣面 50mm），渣斗与挡板连接面应紧紧吻合，渣斗带冲洗阀安装时，应注意其上的冲洗阀开关能够在拨杆触动下准确动作。

（5）撇渣耙。撇渣耙与耙架联接，绕支架销轴旋转时应自如、无卡阻，调节其角度使其紧贴集渣斗运行。

（6）初沉池和浓缩池刮泥机的安装要求是相同的，只要在初沉池刮泥机的刮臂上装设栅条便成为浓缩池刮泥机。

三、螺旋输泥机安装

螺旋排泥机一般采用水平布置形式，当倾斜布置时，输送能力随倾角增大而降低。一般安装倾角<10°；最大安装倾角≤30°。

1. 水平布置

有轴螺旋和无轴螺旋均可水平安装。有轴螺旋通过穿墙管与驱动装置连接，螺旋叶片全长均接受泥沙，输送至排泥口排出。水下设中间悬挂轴承的螺旋排泥机如图 4-15 所示，其输送距离长，但水下轴承维修不方便，中间轴承处较易堵塞。

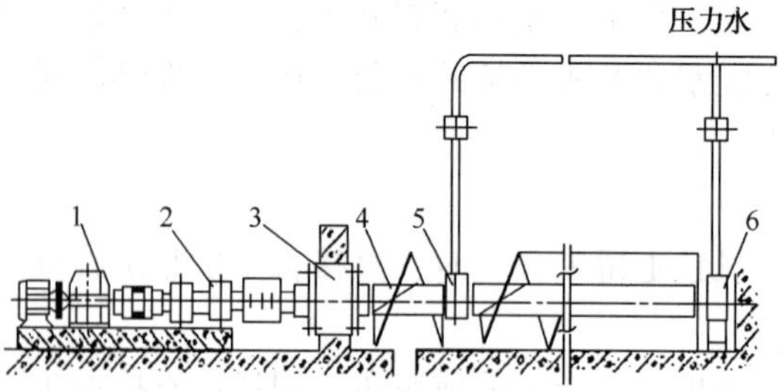

图 4-15　螺旋排泥机水平布置示意图

1—驱动装置；2—首轴承座；3—穿墙管密封；4—螺旋轴；5—中间悬挂轴承；6—尾轴承座

水下无轴螺旋输泥机布置示意图如图 4-16 所示，轴承均在池外维修方便，但其输送距离较短。

2. 倾斜布置

有轴螺旋和无轴螺旋均可倾斜安装，砂水混合液从分离器一端顶部输入水箱，混合液中

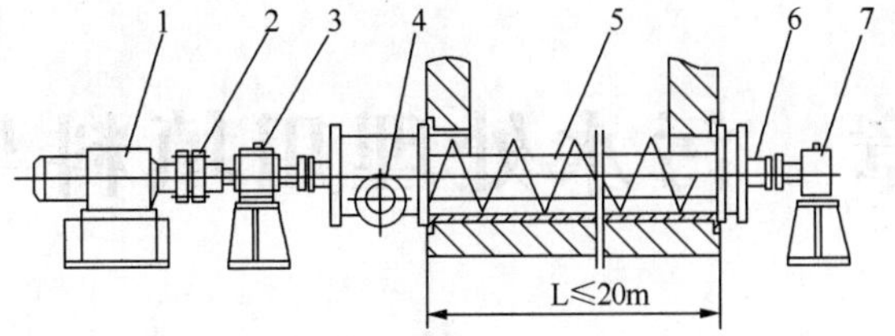

图 4-16 水下无轴承螺旋排泥机布置示意图

1—驱动装置；2—联轴器；3—首轴承座；4—排泥口；5—螺旋轴；6—穿墙管密封；7—尾轴承座

密度较大的如砂粒等到将沉积于槽形底部，在螺旋叶片的推动下，砂粒沿斜置的 U 型槽底提升，离开液面后继续推移一段距离，在砂粒充分脱水后经排砂口卸至盛砂桶，而与砂分离的水则从溢流口排出，达到分离目的。如图 4-17 所示。

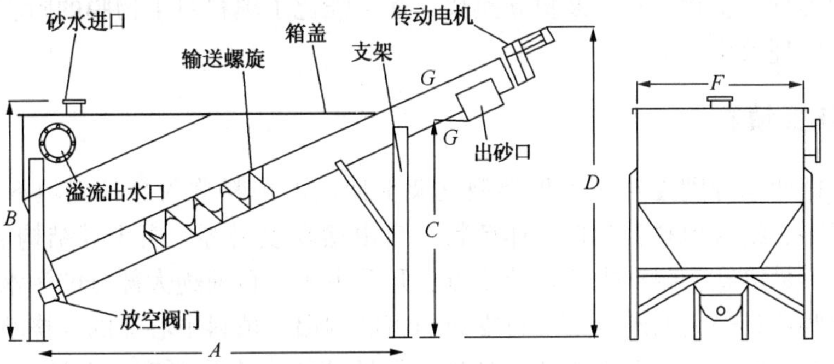

各距离参考数据如下，单位:mm

A	2700	2800	3900
B	1700	1800	2200
C	1600	1750	2150
D	2100	2400	3000
E	260	320	360
F	1200	1300	1400

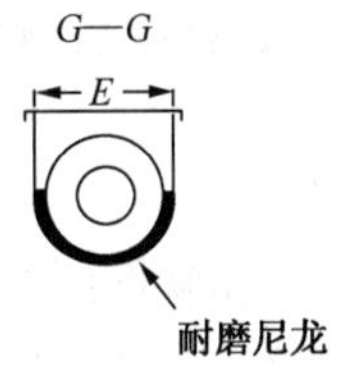

图 4-17 螺旋式砂水分离器安装示意图

参 考 文 献

1 韩志强，原培胜，李勇华．中心传动刮泥机驱动功率的计算方法[J]．舰船防化，2008(1)：48~51.

2 从安生，姜春波，邓威等．大型中心传动浓缩(刮泥)机的应用与发展[J]．中国环保产业，2009(5)：41~45.

3 桂威．行车式虹吸排泥机技术改造[J]．净水技术，2005，24(3)：69~70.

4 郑国华．半桥中心驱动刮吸泥机安装与调试[J]．广东水利水电，2005，(增刊)：53~54.

5 梁永生，王桂森，胡万枝．天津污水处理厂吸泥机、刮泥机安装技术措施[J]．河北建筑工程学院学报，2006，24(1)：29~31.

6 张宗棠．新型污泥输送工具-无轴螺旋输送机[J]．化工设备与防腐蚀，2004，7(3)：37~38.

第五章　污水处理用填料与滤料

第一节　填　　料

生物填料是接触氧化法的关键设施之一，生物填料作为微生物的载体影响着生物生长、繁殖和脱落，其效能与污水处理的效率、能耗、基建投资、稳定性及可靠性均有直接关系。随着合成塑料等相关科技的发展和国内外专家对生物膜结构、机理、生长动力学原理等方面的研究，各种类型的生物填料不断更新换代，逐渐强化了填料对生物膜的附着能力，提高了接触氧化法的处理效率。

一、悬挂式填料

安装时，把两端分别拴扎在各种类型支架上使用的填料称为悬挂式填料，例如软性填料、半软性填料、组合填料、弹性立体填料、自由摆动填料等。由于其结构简单、造价低、比表面积大，不易堵塞，耐冲击负荷等优点，几乎占领了目前绝大部分的污水生物处理填料市场。但是这些填料最大的问题是填料支架的腐蚀倒塌、填料中心绳的互挠断裂以及无法入池维修造成填料报废。市场上出售的产品如半软性填料的模片厚度，由最初的2mm改为现在的0.34mm，强度弱，挂膜后弯曲下垂，中心绳在挂膜后弹性伸长，使得串片在鼓风吹动下摆动且缠绕在一起。

（一）软性填料

软性填料由中心绳和软性纤维组合而成，以软性纤维作为挂膜(微生物附着)主体的填料采用高醛化度维纶丝。软性填料之间的空隙可以随着水和气的流动而变化，避免了堵塞现象；组成软性填料的纤维丝具有很大的比表面积，相对容易挂膜。

图5-1　软性填料

软性填料具有加工方便、造价低、空隙可变不易堵塞、适应性强、耐酸、耐碱、抗生物侵蚀、成膜快，重量轻、比表面积大、组装简易、管理方便等优点，广泛用于废水厌氧、兼氧、好氧各类生物处理。上海石化总厂涤纶厂采用装有这种软性填料的接触氧化工艺处理污水，容积负荷达到3.28kgCOD/m^3，COD去除率80%。软性填料问世最早，在当时看来具有很高的推广价值，并得到了广泛应用。软性填料见图5-1。

软性填料在长时间使用之后易出现结团现象，降低了填料的实际使用面积，并且在结团区的中心易形成较大的厌氧区，影响处理效果。这类填料的使用寿命较短，一般为两年左右。其技术规格如表5-1所示。

表5-1　软性填料技术参数规格

材　质	密度/(g/cm^3)	抗拉强度/(g/单丝)	伸长率/%	耐酸碱性(pH为2~12)	失重率(100℃)/%
合成纤维	1.02	6.8~7.1	4	无变化	≤1

（二）半软性填料

半软性填料是由北京纺织科学研究院在20世纪80年代开发的，它由填料单片、塑料套管和中心绳三部分组成，所有组成部分均采用耐酸、耐碱、耐老化性能较好的低密度聚乙烯为原料，经熔融注塑成由中心孔向外放射的形状，针刺状的圆形单片是半软性填料的主体，由中心绳依次穿过各单片的中心孔，单片间嵌套塑料管以固定片距串连成所需长度。半软性填料见图5-2。

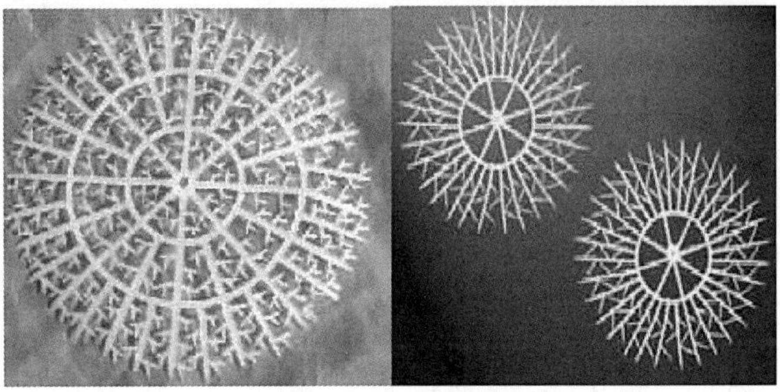

图5-2　半软性填料

半软性填料具有特殊的结构和水力性能，孔隙率大（大于96%），流阻小，并且当水流通过填料层时可产生明显的湍流流态，提高水与生物膜的接触效率，增大了去除污染物的能力。该填料有一定的刚性及柔性，具有较强的重新布水、布气能力。对于鼓风曝气中的大气泡供气而言，它具有多层次、反复切割气泡的作用，从而提高了氧的转移率。比表面积大（可达到130m^2/m^3），为微生物的生长提供了充足的空间。具有传质效率高、节能、不易堵塞、耐腐蚀，耐老化等特点，使用寿命可达5~10年，但造价偏高。

（三）组合填料

组合填料集中了软性及半软性填料的结构特点，填料单元中间是一个尺寸较小的半软性填料，周边连接软化纤维束。这类填料大多是在中心环的结构和纤维束的数量上有所不同，其结构是将塑料圆片压扣改成双圈大塑料环，将醛化纤维或涤纶丝压在环圈上，使纤维束均匀分布；内圈是雪花状塑料枝条，既能挂膜，又能有效切割气泡，提高氧的转移速率和利用率。组合填料综合了软性填料易挂膜和半软性填料不易缠结、堵塞的优点，克服了半软性填料难挂膜的缺点，因而广泛应用于接触氧化法和厌氧法，处理各种废水。组合填料分为组合式双环填料和组合式多孔环填料，组合填料见图5-3。

图5-3　组合填料

1）组合式双环填料

以塑料环作为骨架，中间是一个尺寸比较小的半软性填料，外围连接软化的纤维束，维纶丝紧绷在塑料环上。在污水中丝束分散均匀，易挂膜、脱膜，对污水浓度变化适应性好。

2）组合式多孔环填料

塑料环片四周均置40个方孔，方孔有8束维纶醛化丝均布在四周，呈放射状。纤维束丝串通8个方型孔，组合填料规格参数见表5-2。

表5-2 组合填料规格参数

型号	单位串数/（串/m^3）	单位质量/（kg/m^3）	成膜质量/（kg/m^3）	比表面积/（m^2/m^3）
ϕ120	77	3.6	84	380
ϕ150	44	3.2	69	310
ϕ150	44	3.4	65	296
ϕ180	30.8	2.8	62	265
ϕ180	30.8	3.1	57	250
ϕ200	25	2.8	55	260

（四）弹性填料

弹性填料筛选用聚烯烃类和聚酰胺中几种耐腐、耐温、耐老化的品种，混合以亲水、吸附、抗热氧等助剂，采用特殊的拉丝、丝条制毛工艺，将丝条穿插固着在耐腐、高强度的中心绳上，由于选材和工艺配方精良，刚柔适度，使丝条呈立体均匀排列辐射状态，制成了悬挂式立体弹性填料的单体。填料在有效区域内能立体全方位均匀舒展满布，使气、水、生物膜得到充分混渗接触交换，生物膜不仅能均匀地着床在每一根丝条上，保持良好的活性和空隙可变性，而且能在运行过程中获得大的比表面积。

立体弹性填料与硬性类蜂窝填料相比，孔隙可变性大，不堵塞；与软性类填料相比，材质寿命长，不粘连结团；与半软性填料相比，表面积大、挂膜迅速、造价低廉。因此，该填料被认为是继各种硬性类填料、软性类填料和半软性填料后的第四代高效节能新颖填料。目前较多应用在难降解有机物处理过程中的水解酸化段，提高废水的可生化性。弹性填料及应用见图5-4。

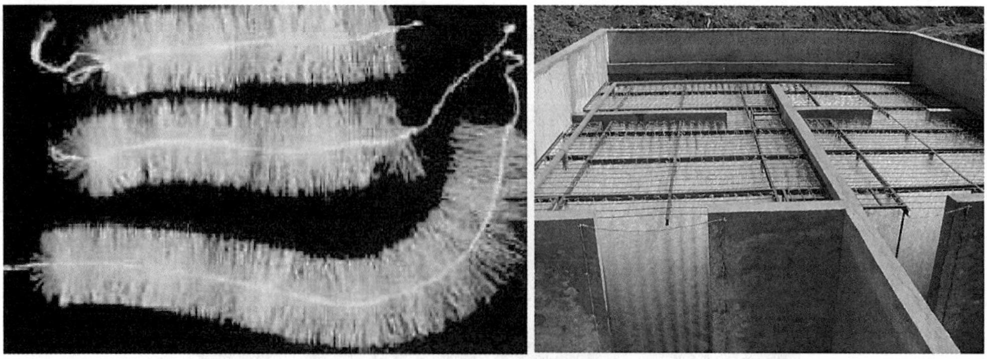

图5-4 弹性填料及应用

立体弹性填料技术参数见表5-3。

表 5-3 立体弹性填料技术参数

型号	直/mm	丝条直径/mm	丝条密度/(根/m)	成品质量/(kg/m^3)	比表面积/(m^2/m^3)	容积负荷/[$kgCOD/(m^3 \cdot d)$]
120	120	0.4~0.5	3200~3400	4.3~4.9	116.5~133.2	2~2.5
150	150	0.4~0.5	3200~3400	3.5~4.0	93.2~107.6	1.6~2.0
180	180	0.4~0.5	3200~3400	3.0~3.3	85.5~90.0	1.5~1.9
200	200	0.4~0.5	3200~3400	2.7~3.1	69.9~80.9	1.4~1.7

二、悬浮填料

为了使载体的堆积密度小、比表面积大、易于清理，开发出了在被处理的水体中处于悬浮、流化状态的填料，悬浮填料以球形和短柱形居多。

悬浮填料的共同优点是：结构简单，比表面积大，填充率一般为70%左右；悬浮球在水中上下左右滚动，不易堵塞，能使气、水和生物膜得到充分的接触交换，不粘连、不结团。悬浮填料在运行中最大的缺点是：悬浮球被空气吹浮的过程中往往挤成一堆，很难做到填料在池中均匀地悬浮，这样池内形成了许多死角，造成厌氧状态，生物膜变黑，不利于污水的硝化反应。设计中采用绳网将池分成小格，限制悬浮球乱跑，但实际应用中绳网安装制作均有困难。

（一）球形悬浮填料

球形悬浮填料，又称多孔旋转球形悬浮填料，是国内污水处理技术采用的多种填料中开发的最新系列产品。在污水的生化处理中具有全立体结构、比表面积大、直接投放、无须固定、易挂膜、不堵塞的优点。悬浮型填料挂膜后密度接近于水，在曝气池中以悬浮形式存在，其用量(以体积计)约为曝气池体积的20%~70%。工程中应用较多的悬浮填料主要有以下几种。

1. 多面空心球形填料

在球中部沿整个周长有一道加固环，环的上、下各有十二片球瓣，球瓣开孔成网片状或不开孔，沿中心轴呈放射状布置，见图 5-5。

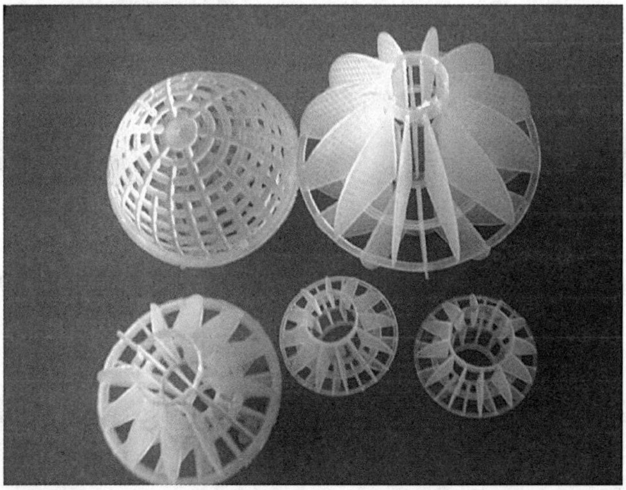

图 5-5 多面空心球形填料

1）性能

（1）气速高、叶片多、阻力小、操作弹性大；

（2）比表面积大，可以充分解决气液交换；

2）用途

广泛用于除氯气、除氧气、除二氧化碳等环保设备中。

3）技术参数

多面空心球填料技术参数见表 5-4。

表 5-4　多面空心球填料技术参数

直径/mm	比表面积/(m^2/m^3)	空隙率/%	堆积质量/(kg/m^3)	堆积密度/(个/m^3)	耐温/℃
75	206	0.90	80	3000	最高 150
50	236	0.90	81	11500	
38	320	0.88	114	28500	
25	500	0.84	145	85000	

2. 内置式悬浮球填料

1）组成

填料由网格球形壳体与内置载体两部分组成。壳体由高分子聚合物注塑而成，球面呈网格状。内置载体材料有醛化维纶丝及扣乙烯扁丝等，前者是在壳体内设一轴杆，轴杆上有两个塑料扣，每个扣上固定有 1 束醛化维纶丝，纤维丝在水体中能随水流自由摆动；后者是以聚乙烯为原料拉成薄扁丝后呈刨花状成团填入壳体，见图 5-6。网格孔大小适中，既有一定的机械强度，又不致被脱落生物膜堵塞。

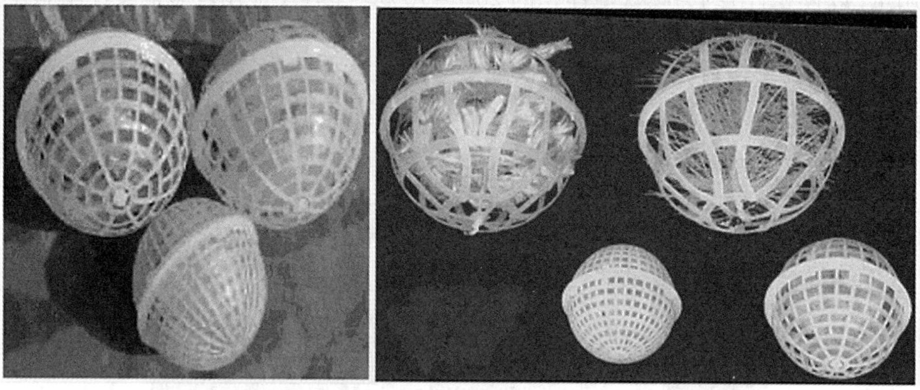

图 5-6　内置式悬浮球填料

内置式悬浮球填料具有投资小、适应性强、易挂膜、比表面积大、无须再生处理、运转管理方便等优点。

2）适用范围

可广泛应用于接触氧化工艺处理化工、纺织、印染、制药、造纸、食品加工等行业的废水及生活污水。

3）产品技术指标

内置式悬浮球填料技术参数见表 5-5。

表 5-5　内置式悬浮球填料技术参数

规格/mm	耐酸碱性	连续耐热/℃	脆化温度/℃	比表面积/(m^2/m^3)	孔隙率/%	材料密度/(g/cm^3)	堆积密度/(个/m^3)
ϕ100	稳定	80~90	≥-10	680	98	0.91	1000
ϕ80	稳定	80~90	≥-10	680	98	0.91	2000

（二）短柱形悬浮填料

1. Kaldnes 悬浮填料

Kaldnes 悬浮填料由挪威 KaldnesMijecptek-nogi 公司与 SINTEF 研究所联合开发，其中 KMT 型系列填料应用最多和最广。填料由聚乙烯材料制成，大小不超过 11mm，呈外棘轮状，内壁由十字筋连接，在水中能自由漂动。在悬浮填料长有生物膜的情况下，其密度接近于水。Kaldnes 悬浮填料目前主要用于流动床生物膜工艺(MBBR)作填料，悬浮填料反应器内最大填充率可达 67%，其有效生物膜面积可达 $350m^2/m^3$。Kaldnes 悬浮填料见图 5-7。

图 5-7　Kaldnes 悬浮填料

2. Natrix 悬浮填料

Natrix 填料由锥型件和聚乙烯片组装而成，锥型件采用高密度聚乙烯和碳酸钙为原料通过灌注、压制而成，并将较小或较大的聚乙烯片(通常为 6 大 6 小)组装在一起，在每个端部用箍固定。其直径一般为 31mm 或者 35mm，长 31mm，其密度大于水，Natrix 悬浮填料见图 5-8。

图 5-8　Natrix 悬浮填料

1998 年瑞典的 U. WELANDER 等专家采用悬浮载体生物膜工艺，取得了理想的实验室规模的渗沥液生物脱氮效果。实验装置是容积为 $5m^3$ 的塑料池，内装填料(Natrix6/6C)，其容积占池容积的 60%。渗沥液温度范围为 10~26℃时，硝化效果良好，硝化容积负荷率为 $24gNH_3$-N/(m^3·h)，反硝化容积负荷率为 $55gNO_x$/(m^3·h)。当工艺运行稳定后，无机氮几乎全部去除，总氮去除率达到 90%。

三、蜂窝填料

蜂窝填料指填料已加工成足够大的棱柱体，安装和检修时只需整体放入或取出的填料。蜂窝填料包括蜂窝斜管、蜂窝直管、波纹板、立体网状填料等。其共同的优点是：比表面积大、安装检修方便、不易堵塞、使用寿命长等。对于斜管、斜板等，由于其表面光滑，生物膜易脱落，不易坐床，因此很少在接触氧化工艺使用，多作为给水沉淀或循环水冷却降温用。而立体网状填料由于其特殊的结构，使得生物膜附着量大，且无短路区，为接触氧化工艺极佳的整体型填料。

蜂窝填料的材质一般有聚氯乙烯、聚丙烯、乙丙共聚物三种。特别是乙丙共聚斜管，韧性强、组装刚度好、不变形、不脆裂、抗老化、使用寿命长。是目前在给水排水工程中采用最广泛而且成熟的水处理装置。但是由于固定式填料比表面积小、生物膜量少，且表面光滑，生物膜易脱落，致使这些填料在使用中常会遇到堵塞、结团、布气布水不均匀、充氧性能差等问题。此外，上述填料均需安装在辅助支架上，造成安装更换诸多不便，使工程投资和运转费用相对提高。

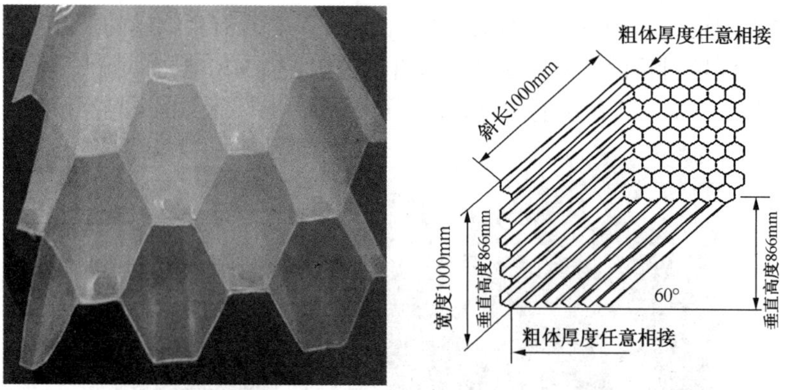

图 5-9　蜂窝斜管填料及其外形尺寸示意图

（一）蜂窝斜管填料

斜管主要用于给排水工程中进水口处的除砂、工业和生活用水沉淀、污水沉淀、隔油及尾矿浓缩处理，主要特点有：湿周大，水力半径小，层流状态好，颗粒沉淀不受絮流干扰。图 5-9 为蜂窝斜管填料及其外形尺寸示意图。安装时倾角为 60°，长 1m 的斜管垂直高度为 866mm。

斜管填料规格见表 5-6。

表 5-6　斜管填料规格

品名	规格/mm	原片厚度/mm	片数/（片/m^3）	单位质量体积/（m^3/t）	密度/（kg/m^3）
聚氯乙烯	φ25	0.45	80	17.2	58
	φ30	0.45	68	20.8	48
	φ35	0.50	56	22.2	45
	φ40	0.50	50	25.0	40
	φ50	0.60	40	25.0	40
	φ80	0.80	25	28.6	35
聚丙烯 乙丙共聚	φ25	0.50	80	22.2	45
	φ30	0.50	68	27.8	36
	φ35	0.50	56	31.3	32
	φ40	0.50	50	37.0	27
	φ50	0.60	40	35.7	28
	φ80	0.80	25	40.0	25

一般污水处理工程中需要选用口径规格较大的斜管，如 80mm，有利于设施的运行与维护。

（二） 蜂窝直管填料

直管用于塔式生物滤池，高负荷生物滤池和接触氧化池以及生物转盘，作为微生物载体。

（三） 立体网状填料

1. **结构特征**

立体网状填料材质以聚丙烯高分子聚合物为主，并添加疏水性、亲水性、阻燃性、耐热性、抗冻性、抗老化性等不同助剂，以适应各种性质的污水和不同处理工艺的要求。填料的结构是将合成树脂加热熔融后，由喷丝头喷出，使丝条在不规则的旋转运动中重叠堆积，并将其相互交接点在冷却时融接成整体型立体网状结构。由于聚丙烯类合成树脂质量轻，且具有较高的机械强度，在水中不会变形；又因其不含可塑剂，故在水中不会分解或溶出有害物质。填料的形状可为棱柱体、圆柱体或扁平体，视不同需求而定。

2. **物理特征**

根据纤维密度不同，填料孔隙率为95%~98%，纤维丝径0.8~1.5mm，纤维密度0.9~0.92g/cm^3。填料容重随形状和空隙率不同而异，一般为9~20kg/m^3；填料抗压强度较高，一般不会变形，最大载荷400kg/m^2条件下压缩变形不超过8%，且为弹性变形；适应温度范围为5~40℃，若温度在0℃以下时，填料硬度较大变脆，抗冲击性能差，必须加入特殊的添加剂，因此一般不用于冷冻水处理中。

3. **生物处理特征**

1）填料挂膜量

立体网状填料的结构为一种丝条多重交叉的螺旋结构，污水在填料中呈三维流动状态，因此立体网状填料是最适宜微生物附着繁衍的填料之一。根据有关实测数据，填料的挂膜量为：好氧生物膜190~316kg/m^3，厌氧生物膜80.4~133.1kg/m^3。

2）填料的容积负荷及处理效果

（1）在内循环接触氧化条件下，填料容积负荷4.43kgCOD/(m^3·d)时，COD去除率31.5%~43.2%；

（2）在折流板厌氧反应器中，在进水COD为300~900mg/L、污泥负荷为0.06~0.18kgCOD/(kgMLSS·d)的条件下，厌氧COD去除率为60%~75%，产甲烷率可达250~300mLCH_4/(gVSS·d)。

4. **产品规格**

有关填料产品规格见表5-7。

表5-7 立体网状填料的产品规格

型 号	外形尺寸/mm	中心孔数/个	填料比表面积/(m^2/m^3)	断面形状	主要用途	备注
RC-4020	400×200，长任意	10	60		污水处理	
RC-4020J	400×200，长任意	27	82		微污染源给水处理	给水
RC-5025	500×250，长任意	10	68		污水处理	
RC-5025J	500×250，长任意	27	93		微污染源给水处理	给水
RC-203B	200×30，长任意		85	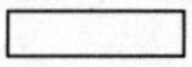	过滤	

续表

型　号	外形尺寸/mm	中心孔数/个	填料比表面积/(m^2/m^3)	断面形状	主要用途	备注
RC-305B	300×50，长任意		100		过滤	
RC-505B	500×50，长任意		175		过滤	
RC-1518G	ϕ150×180	3	60	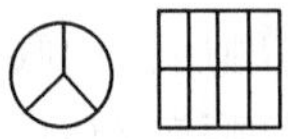	悬浮填料	管状
RC-1015G	ϕ100×150	3	82	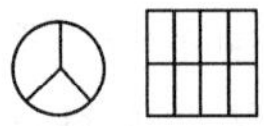	悬浮填料	管状
RC-710G	ϕ70×100	3	90	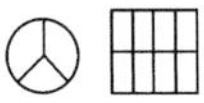	悬浮填料	管状

5. 应用

(1) 用于各种污水的接触氧化二级处理或三级处理，容积负荷在 0.15~4.0kgBOD_5/(m^3·d)时可获得良好且稳定的出水水质；

(2) 用于污水处理的水解池、厌氧生物滤池和复合厌氧反应器中，作为兼氧菌或厌氧菌的固定生物床；

(3) 用于微污染给水生物处理中的固定生物床，去除有机物，利于后续的常规处理工艺；

(4) 用于污水的深度处理，容积负荷 0.15kgBOD_5/(m^3·d)，进水 BOD_5<15mg/L，处理后出水 BOD_5<3mg/L，可作为回用水；

(5) 用于流动床生物滤池。

四、生物填料的发展方向

用于污水处理的生物填料门类齐全，产品繁多。随着污水处理工艺的不断推陈出新，必将会有性能更为优越、运行更加可靠的生物填料出现。综合各种填料的性能可以看出，以下几种类型的填料将会成为生物填料的发展方向。

1. 悬浮填料

悬浮填料易挂膜，比表面积大，挂膜后的密度接近于水，在水中自由漂浮，使微生物与水中的有机物有更多的接触机会，可以使溶解氧分布更加均匀，并且可省去固定填料用的支架，节约工程造价。

2. 微生物密集型填料

此类填料可使微生物膜密集、均匀地占满整个池体，并能够进行良好的新陈代谢，如酶促填料因此可使接触氧化池中的微生物总量提高，最大限度地提高生化池容积负荷，减少接触氧化池的占地，节省工程基建投资。

3. 固定化微生物型填料

用化学或物理的手段，将游离细胞或酶定位于限定的区域，使其保持活性并可反复利用。固定化微生物型填料的应用，能克服因生物细胞太小与水分离较难易而造成二次污染的缺点，具有效率高、稳定性强、能纯化和保持高效菌种的优点，在废水处理领域有着广阔的应用前景。

第二节 滤 料

一、纤维球滤料

纤维球滤料是由纤维丝扎结而成的，它与传统的钢质颗粒滤料相比，具有弹性效果好、不上浮水面、孔隙大、水头损失小、耐酸碱、可再生等优点；在过滤过程中，滤层空隙沿水流方向逐渐变小，滤速快，截污能力大。适用于直接过滤的过滤设备，用于电力、油田、化工、冶金、电子等行业的高标准用水以及循环水、旁滤水、废水的回收与利用。其物理、化学性能数据见表5-8，纤维球滤料见图5-10。

表5-8 纤维球滤物理、化学性能数据

项 目	数 据	项 目	数 据
密度/(kg/m^3)	1.38	滤速/(m/h)	20~85
充填密度/(kg/m^3)	60~80	载污量/(kg/m^3)	6~10
比表面积/(m^2/m^3)	3000	球径/mm	15~25、25~30
孔隙率/%	96	球体外观	白色球状椭圆状
常用规格/mm	0.5~1.0、0.5~0.8、0.6~1.2、0.8~1.6 1.0~2.0、2.0~4.0		

二、水处理用陶粒

（一）水处理用陶粒滤料的定义与要求

1. 定义

根据《水处理用人工陶粒滤料》(CJ/T—2008)，水处理陶粒滤料是指用黏土、粉煤灰、页岩等材料为主要原料，经破碎、配方，成形后经高温烧成陶质的颗粒产品。陶粒表面坚硬、呈球形颗粒状，具有发达的微孔和大比表面积、孔隙率高，从而截污能力强、滤速高。根据用途的不同，水处理用陶粒可分为给水处理滤料和污水处理滤料两种。

图5-10 纤维球滤料

2. 要求

(1) 人工陶粒滤料不应使滤后水产生有毒、有害成分。

(2) 人工陶粒滤料的粒径范围一般为0.5~9.0mm，确定的陶粒滤料粒径范围中，小于最小粒径和大于最大粒径的量均不应大于5%。

① 给水用陶粒粒径：给水用陶粒粒径为1~2.5 mm，其中大于2.5mm粒径的筛余量≤5%，小于1.0mm粒径的筛余量≤5%；

② 污水处理陶粒粒径：污水处理陶粒粒径为2~4mm、3~6mm、5~8mm、6~9mm，同时应满足标准的有关要求。

(3) 其他技术指标：陶粒滤料破碎率与磨损率之和、含泥量、盐酸可溶率、空隙率与比表面积的指标，应符合表5-9的规定。

表5-9 人工陶粒滤料有关技术指标

项 目	指标	项 目	指标
破碎率与磨损率之和/%	≤6	空隙率/%	≥40
含泥量/%	≤1	比表面积/(cm^2/g)	≥0.5×10^4
盐酸可溶率/%	≤2		

（二）水处理用陶粒滤料的种类

1. 黏土陶粒

以黏土、亚黏土等为主要原料，经加工制粒，烧胀而成的。如采用红黏土粉煤灰，页岩为主要原料，加入适量的化工原料，可生产出多孔球形轻质陶粒滤料。多孔陶粒滤料具有强度好、孔隙率大、比表面积大、化学稳定性好的优点，可以作为滤料用于污水和自来水的处理工艺中。

2. 粉煤灰陶粒与粉煤灰陶砂

粉煤灰陶粒与粉煤灰陶砂是以工业废料粉煤为主要原料，加入一定量胶结料和水，加工成球形后烧结而成的。其粒径为5mm以上的轻粗骨料称为烧结粉煤灰陶粒；料径小于5mm的轻细骨料称为粉煤灰陶砂。

粉煤灰陶粒一般呈球状，堆积密度不大于1100kg/m^3，粒径5～20mm，表皮粗糙坚硬，内部有许多细微气孔，具有体轻、高强等优点。煤灰陶粒规格要求如下：

（1）粉煤灰陶粒的吸水率不应于22%，软化系数不应小于0.80；

（2）粉煤灰陶粒的抗冻性要求如下：经15次冻融循环后的重量损失不应大于5%；也可用硫酸钠溶液法测定其坚固性，经5次特环试验后的重量损失不应大于5%；

（3）重量损失要求如下：用煮沸法检验时，其重量损失不应大于2%；

（4）粉煤灰陶粒的烧失量不应大于4%；

（5）粉煤灰陶粒中有害物质应符合表5-10的规定。

表5-10　粉煤灰陶粒中有害物质规定指标

项　　目	指标	项　　目	指标
硫酸盐（按 SO_3 计）/%	<0.5	含泥量/%	<2
氯盐（按 Cl^- 计）/%	<0.02	有机杂质（用比色法检验）	不深于标准色，应在30%～70%范围内

粉煤灰陶粒具有比表面积大、表面能高、内部存在着铝、硅氧化物等活性点，具有良好的吸附性能，易于再生便于重复利用，因此是一种廉价的吸附剂。在废水处理中具有广阔的应用前景。

3. 页岩陶粒

页岩陶粒又称膨胀页岩，采用黏土质页岩、板岩等为原料，经破碎、筛分，或粉磨成球，烧胀而成。陶粒滤料具有孔隙率高、比表面积大、化学性能稳定、机械强度高、过滤水质好、不含有害物质、渗透能力强、滤速高、产水量高等特点，可作为水厂滤池和污水处理过滤的滤料。有关企业给出的技术指标如表5-11所示，供参考。

表5-11　页岩陶粒主要技术指标

项　　目	数值	项　　目	数值
容重/（t/m^3）	0.65～1.1	浊度去除率/%	>85
密度/（t/m^3）	2.4～2.6	截污量/（kg/m^3）	13
孔隙率/%	65～78	耐压强度/MPa	40
磨损破碎率/%	<5	形状系数	1.5～2.5
渗透系数/（cm/s）	1.0～4.5	比表面积/（cm^2/g）	>1000

4. 河底泥陶粒

大量的江河湖水经过多年的沉积形成了很多泥沙。利用河底泥替代黏土，经挖泥、自然干燥、生料成球、预热、焙烧、冷却制成陶粒。河底泥陶粒可以作为填料用于生物滤池处理污水。

5. **硅藻土陶粒**

硅藻土是由较细的硅藻壳聚集、经生物化学沉积作用形成的沉积岩，硅藻土呈疏松状，吸水和吸附能力强，熔点高，具有多孔结构。目前生产硅藻土陶粒有两种方法：焙烧法和免烧法。如果硅藻土成岩程度较高，已呈块状，可以采用直接焙烧，然后破碎至所需粒度。免烧法是将粉碎好的硅藻土，配入 CaO 含量大于 80%的石灰和模数为 2.8 的硅酸钠混合拌匀，在成球盘中加水滚动成球，经一定时间养护即成硅藻土陶粒。有人应用硅藻土陶粒作为滤池的填料，对城市污水处理厂尾水进行末端脱氮除磷深度处理的研究，结果表明处理后出水水质可稳定达到《城镇污水处理厂污染物排放标准》(GB 18918—2002)一级 A 标准。

6. **煤矸石陶粒**

煤矸石含有较高的碳及硫，烧失量较大。李国昌等以煤石为原料，分别采用破碎法和成球法制成滤料生料，经快升温或慢升温焙烧获得陶粒滤料，均能得到性能优良的陶粒制品，而成球法制品的气孔率普遍高于破碎法。实际生产时，可根据煤矸石特性、产品的性能要求、生产成本等确定煤矸石陶粒滤料的制备工艺。有人利用煤矸石作为主要原料，制备了生物滤池用陶粒滤料，将滤料用于曝气生物滤池反应器的实验，结果表明煤矸石陶粒滤料挂膜快、易于反冲洗，对水中有机物和 NH_3-N 的去除效果良好。

7. **生物污泥陶粒**

以生物污泥为主要原材料，经过烘干、磨碎、成球后，烧结成型。与石英砂相比，生物污泥陶粒的比表面积为同体积石英砂的 2~3 倍，孔隙率为石英砂的 1.3~2 倍。生物污泥陶粒滤料可作为工业废水高负荷生物滤料池的生物膜载体、自来水微污染水源预处理用生物滤池的滤料。生物污泥陶粒可以用来铺设于景观水底，用以吸收水中的氨氮和磷等污染物。

8. **纳米改性陶粒**

合成新型的纳米陶粒是水处理填料用陶粒的一个新尝试，它对传统陶粒比表面积小，难挂膜，生物亲和力低、易堵塞等缺点有一定的改善。通过对陶粒生产原料配比、比表面积、孔隙尺寸及内部结构的综合考虑，不断优化制备工艺，并添加纳米材料和适当的膨胀剂进行改性，使陶粒朝增大空隙率、减少压降、增大比表面积、改善润湿性能和功能多样化的方向发展，不断提高填料的性能，以促进水处理工艺特别是生物膜法处理工艺的发展。

（三）陶粒特点

(1) 采用无机惰性材料高温烧成，长期浸泡不会向水体释放任何物质，无二次污染；

(2) 比表面积大，作为填料适合各类微生物的生长，在其表面能形成稳定的、高活性的生物膜，处理出水水质好；

(3) 表面微孔多，生物亲和性好，微生物在其多孔的表面繁殖速度快，处理效率高；

(4) 具有很好的表面吸附性能，如在生物滤池系统中，陶粒表面不仅存在着生物氧化作用，还具有截留悬浮物和生物膜的作用；

(5) 形状规则，滤料层孔隙分布均匀，反洗效果好；能有效克服不规则滤料因滤料层孔隙分布不均匀而引起的水头损失、易堵塞、板结等缺陷；

(6) 采用一定的粒径级配，能提高纳污能力和滤料利用率，减少水头损失；

(7) 强度大、耐摩擦，物理、化学稳定性高，寿命长；

(8) 可规模化生产，价格便宜。目前，已开发出多种档次、不同价格的陶粒滤料，可根据水处理具体工程情况，满足用户的不同需求。

（四）具体应用

陶粒采用无机惰性材料经烧胀或烧结而成，长期浸泡不会向水体释放任何物质，无二次污染，内部具有大量空隙，当水从陶粒层穿过时，可以吸收和拦截水中大量的杂质，因此，陶粒可以作为一种优质过滤材料用于过滤工艺中；同时其又具有质轻、比表面积大的特点，适用于作为微生物的载体用于污水的处理以及深度处理。陶粒在水处理方面的应用主要有以下几个方面：

(1) 自来水的过滤

因为陶粒无毒、无味，过滤效果好，可用来作为滤料生产自来水。

(2) 作为生物填料用于给水预处理工艺

在给水处理预工艺中，目前一般采用生物膜法，主要包括生物接触氧化、生物滤池、生物转盘、生物流化床等。利用附着生长在填料表面的生物膜吸收水中的有机物、氮磷等营养物质进行新陈代谢，达到净化水质的目的。在山西大同册田水库、滏阳河、官厅水库、绍兴青甸湖等地，对受污染的水源进行生物预处理试验研究结果表明，采用生物污泥陶粒预处理可有效去除浊度、细菌、大量溶解性有机物、氨氮、色度等污染物质，能改善后续处理工艺对污染物的去除效果。

(3) 作为生物填料用于污水处理

作为生物接触氧化、生物滤池、生物转盘、生物流化床等微生物载体处理污水，如可以作为填料用于曝气生物滤池，处理城市生活污水。

(4) 污水深度处理

因其有多孔、比表面积大，因此吸附性能好，加上对酸碱的化学和热稳定性好等优点，可以作为吸附材料用于污水的深度处理。有资料表明，陶粒滤料对铬、镍、锌和磷具有较强的去除作用，在一些场合可替代活性炭作廉价的吸附剂。

三、无烟煤滤料

（一）无烟煤滤料的加工与使用

无烟煤滤料采用优质无烟煤为原料，经精选、破碎、筛分等工艺加工而成。无烟煤滤料具有以下特点：化学性能稳定，不含有毒物质，耐磨损，在酸性、中性、碱性水中均不溶解；颗粒表面粗糙，有良好的吸附能力；孔隙率大(>50%)，有较高的纳污能力；质轻，所需反冲洗强度较低，可节省反冲洗用水及电能。

无烟煤滤料同石英砂滤料配合使用，是我国目前推广的双层快速滤池和三层滤池、滤罐过滤的最佳材料；是提高滤速、增加单位面积出水量、提高截污能力、降低工程造价和减少占地面积最有效的途径。已广泛用于化工、冶金、热电、制药、造纸、印染、食品等生产前后的水处理过程中。

（二）选择无烟煤滤料滤料的要求

无烟煤滤料在过滤过程中所起作用直接影响着过滤的水质，故选择必须达到以下几点要求：

(1) 机械强度高，破碎率和磨损率之和不应大于3%(按质量计)；

（2）化学性能稳定，不含有毒物质，在一般酸性、中性、碱性水中均不溶解；

（3）粒径级配合理，比表面积大；

（4）粒径范围：小于指定的下限粒径不大于3%（按质量计），大于指定的上限粒径不大于2%（按质量计）。

（三）产品规格与技术指标

常用规格：0.8～1.2mm，0.8～1.8mm，1～2mm，2～4mm等。无烟煤滤料技术参数见表5-12。

表5-12　无烟煤滤料技术参数

项　　目	数据	项　　目	数据
含碳量/%	≥80	盐酸可溶率/%	≤3.5
密度/(g/cm^3)	1.4～1.6	磨损率/%	≤1.4
容重/(g/cm^3)	0.95	破碎率/%	≤1.6
含泥量/%	≤4	空隙率/%	47～53

四、石英砂

石英砂是一种坚硬、耐磨、化学性能稳定的硅酸盐矿物，其主要矿物成分是SiO_2，可高达99%。石英砂的颜色为乳白色带红色或无色半透明状，莫氏硬度7，性脆无解理，贝壳状断口，油脂光泽，相对密度为2.65，其化学、热学和机械性能具有明显的异向性，不溶于酸，微溶于碱溶液，熔点1750℃。目前，生产石英砂采用的原料有两种：

（1）利用天然的河砂、海砂、分筛而成。优点是就地取材、造价低；缺点是：因受水的侵蚀时间过长，强度降低、磨损率与破损率高、使用周期短、机械强度差。这些缺点是影响滤速的首要因素。

（2）利用天然石英矿床，经破碎、分筛、精选而成，具有密度大、机械强度高、颜色纯正的优点，适用于生活饮用水过滤、循环水处理以及污水的回收利用。

石英砂常用的规格有：0.5～1.0mm、0.6～1.2mm、1～2mm、2～4mm、4～8mm、8～16mm、16～32mm。

五、沸石滤料

（一）天然沸石

天然沸石大部分由火山凝灰岩和凝灰质沉积岩在海相或湖相环境中发生反应而形成，为铝硅酸盐类矿物，外观呈白色或砖红色，属弱酸性阳离子交换剂。如经人工导入活性组分，使其具有新的离子交换或吸附能力，吸附容量可相应增大。天然沸石主要用于中小型锅炉用水的软化处理，以去除水中的硬度，从而减少锅炉内水垢的生成。在废水处理中，可用于去除水中的磷以及铅、六价铬等重金属，失效后的沸石可用于浓盐水逆流再生后重复使用。

（二）活化沸石特性

活化沸石是天然沸石经过多种特殊工艺活化而成，其吸附性能强，离子交换性能好，有利于去除水中的各种污染物。活化沸石是工业给水、废水处理及自来水过滤的新型理想滤料。沸石滤料技术参数见表5-13。

表 5-13　沸石滤料技术参数

项　　目	数据	项　　目	数据
密度/(g/cm³)	1.8~2.18	全交换工作容量/(mg/g)	2.2~2.5
堆密度/(g/cm³)	1.4	滤速/(m/h)	4~12
空隙率/%	≥50	粒径/mm	视工程要求而定，一般为 0.5~20
比表面积/(m²/g)	300~500	磨损率/%	0.04
含泥量/%	0.02	破损率/%	0.5
盐酸可溶率/%	小于 0.10	水浸出液	不含有毒物质
粒径规格/mm	1~2、2~4、4~8、8~16、16~32、32~64、64~128、128~256		

（三）合成沸石

1. **分子筛**

分子筛按骨架元素组成可分为硅铝类分子筛、磷铝类分子筛和骨架杂原子分子筛；按孔道大小划分，孔道尺寸小于 2nm、2~50nm 和大于 50nm 的分子筛，分别称为微孔、介孔和大孔分子筛。大孔分子筛由于具有较大的孔径，成为较大尺寸分子反应的良好载体。分子筛具有很高的脱水能力，可应用于石油化学、制冷剂脱水、医药品保存剂等。同时，也可用作工业制气吸附剂(制氧 PSA、制氢 PSA、深冷分离)及半导体工业废气处理剂等。

2. **高硅沸石**

高硅沸石主要为斜发沸石和丝光沸石，它们分散在白垩纪和第三纪的正常海相条件下形成的沉积岩中，如细粒砂、硅质黏土、蛋白土、碳酸盐类岩石和磷块岩等，这些岩石中通常富含生物化学成因的氧化硅，其硬度一般在 4~5，性脆质软且轻，易碎易磨，高硅沸石具有优异的疏水性、耐热性，主要用于石油精制、石油化学用催化剂载体。另外，对烃类、有机溶剂等也有优异的吸附能力，被应用于汽车尾气处理系统催化剂及各类工厂废气去除装置。

六、磁铁矿滤料

磁铁矿滤料是三层滤料滤池的必备材料，具有过滤速长快、截污能力强、使用周期长等特点。磁铁矿滤料见图 5-11，其规格参数表 5-14。

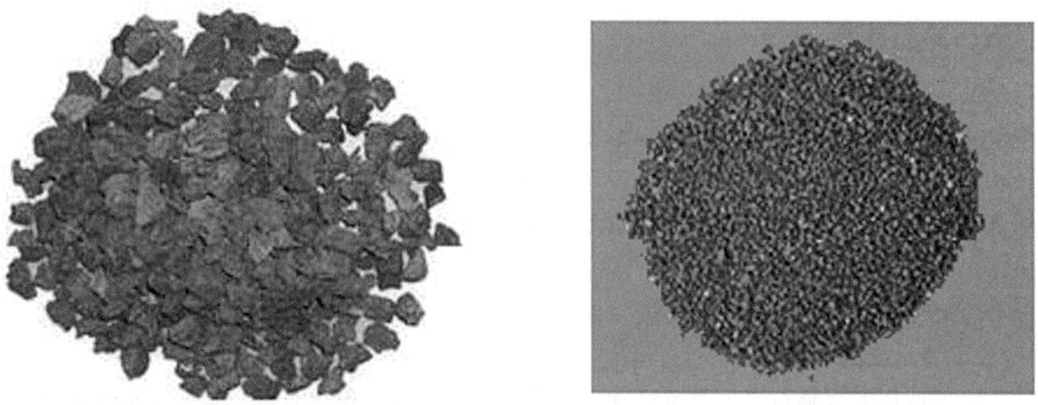

图 5-11　磁铁矿滤料

表 5-14 磁铁矿滤料技术参数

项目	参数	项目	参数
密度/(t/m^3)	4.5	英氏硬度/度	6
含硫率/%	0.26	含泥量/%	<2.5
磨损率/%	0.04	破碎率/%	≤0.05
Fe_2O_3 含量/%	70	堆密度/(g/cm^3)	2.95
铁含量/%	20~40	不均匀系数	≤1.8

七、锰砂滤料

采用天然锰矿石经机械破碎、水洗、多次筛分加工而成。外观呈褐色，表面粗糙。锰砂密度大、硬度高、不易磨损与破碎、化学性能稳定、不含有毒物质，是一种很强的氧化剂。锰砂滤料见图 5-12。

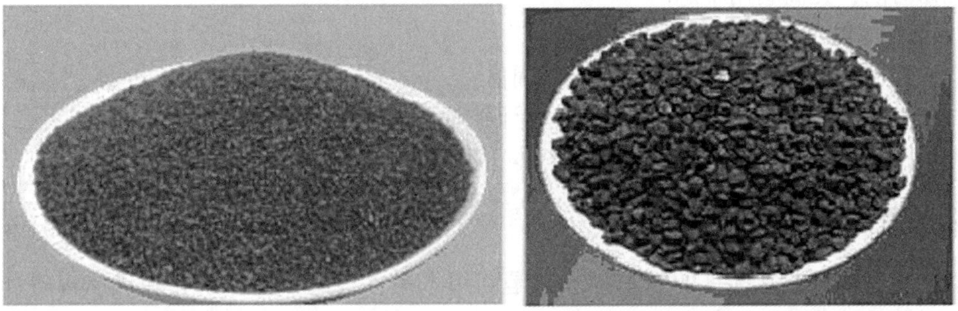

图 5-12　锰砂滤料

天然锰砂中含有 MnO_2，是 Fe^{2+} 氧化成 Fe^{3+} 的良好催化剂，对于生活饮用水、地下水除铁、除锰有独特的效果，常用于除铁除锰的过滤装置。

含锰量(以 MnO_2 计)不小于 35%的天然锰砂滤料，既可用于地下水除铁，又可用于地下水除锰；含锰量为 20%~30%的天然锰砂滤料，只宜用于地下水除铁；含锰量低于 20%的则不宜采用。

锰砂滤料的技术参数见表 5-15。

表 5-15 锰砂滤料的技术参数

MnO_2 含量/%	密度/(g/cm^3)	堆密度/(g/cm^3)	磨损率/%	破碎率/%	含泥量/%
25~45	3.6	2	<1.2	<1.0	<2

常用规格：0.5~1.0mm，1~2mm，2~4mm。

八、果壳滤料

果壳滤料采用植物果壳为原料，经破碎、抛光、蒸洗、药物处理和多次筛选加工而成。可采用的植物果壳有核桃壳、椰子壳等。果壳滤料具有耐磨、抗压、不在酸碱性水中溶解、不腐烂、不结块、易再生，较强的除油性能等优点，被广泛运用在各种废水处理(特别是含油废水)中。果壳滤料是取代石英砂滤料来提高水质、大幅度降低水处理成本的新一代滤料。果壳滤料的有关技术参数见表 5-16。

表 5-16 果壳滤料的有关技术参数

项　　目	参数	项　　目	参数
油去除率/%	90~95	反洗强度/[m^3/(m^2·h)]	25
悬浮物去除率/%	95~98	水冲洗压力/MPa	0.32
滤速/(m/h)	20~25	每年补充比例/%	5~10
密度/(g/cm^3)	1.5	堆密度/(g/cm^3)	0.8
常用规格/mm	10~1、0.8~1.2、1.2~1.6、1.6~2.0		

1. **果壳滤料的特点**

(1) 具有多孔和多面特性，截污力强，油和悬浮物去除率高；

(2) 具有多棱性和不同粒径，形成深床过滤，增强了除油能力和滤速；

(3) 具有亲水不亲油和适宜的密度，易反洗，再生力强；

(4) 硬度大，且经特殊处理不易腐蚀，不用更换滤料，每年只补充少量，可节省维修费用和维修时间，提高利用率。

2. **果壳滤料用途**

(1) 油田含油污水处理：去油和悬浮固体；

(2) 其他工业含油污处理：去油和悬浮固体；

(3) 工业用水处理：去除水中悬浮固体，提高水质。

九、活性炭

活性炭是一种非常优良的吸附剂，它是利用木炭、竹炭、各种果壳和优质煤等作为原料，通过物理和化学方法对原料进行破碎、过筛、催化剂活化、漂洗、烘干和筛选等一系列工序加工制造而成。活性炭具有物理吸附和化学吸附的双重特性，可以有选择地吸附气相、液相中的各种物质，以达到脱色精制、消毒除臭和去污提纯等目的。

（一）活性炭吸附性

吸附性质是活性炭的首要性质。活性炭具有像石墨晶粒却无规则地排列的微晶，在活化过程中微晶间产生了形状不同、大小不一的孔隙。按 IUPAC 方法分：微孔小于 1.0nm、中孔 1~25nm、大孔大于 25nm。活性炭微孔的孔隙容积一般只有 0.25~0.9mL/g，孔隙数量约为 1020 个/g，全部微孔比表面积约为 500~1500m^2/g，也有称高达 3500~5000m^2/g 的。这些孔隙特别是微孔提供了巨大的表面积。

活性炭几乎 95%以上的表面积都在微孔中，因此微孔是决定活性炭吸附性能高低的重要因素。中孔的孔隙容积一般约为 0.02 ~1.0mL/g，比表面积最高可达几百平方米，能为吸附物提供进入微孔的通道，又能直接吸附较大的分子。大孔的孔隙容积一般约为 0.2~0.5mL/g，比表面积约 0.5~2m^2/g，其作用一是使吸附质分子快速深入活性炭内部较小的孔隙中去；二是作为催化剂载体，作为催化剂载体时，催化剂只有少量沉淀在微孔内，大都沉淀在大孔和中孔之中。

（二）影响活性炭吸附的主要因素

由于活性炭水处理所涉及的吸附过程和作用原理较为复杂，因此影响因素也较多，主要有活性炭的性质、水中污染物的性质、活性炭处理的过程原理以及选择的运转参数与操作条件等有关。

1. **活性炭的性质**

用于水处理的活性炭应有三项要求：吸附容量大、吸附速度快、机械强度好。活性炭的吸附容量除其他外界条件外，主要与活性炭比表面积有关，比表面积大，微孔数量多，可吸附在细孔壁上的吸附质就多。吸附速度主要与粒度及细孔分布有关，水处理用的活性炭，要求过渡孔(半径2.0~100nm)较为发达，有利于吸附质向微细孔中扩散。活性炭的粒度越小吸附速度越快，但水头损失要增大，一般在8~30目范围较宜。活性炭的机械耐磨强度，直接影响活性炭的使用寿命。

2. 吸附质（溶质或污染物）性质

同一种活性炭对于不同污染物的吸附能力有很大差别。

(1) 溶解度

对同一族物质的溶解度随链的加长而降低，而吸附容量随同系物的系列上升或分子量的增大而增加。溶解度越小，越易吸附，如活性炭从水中吸附有机酸的次序是按甲酸→乙酸→丙酸→丁酸而增加。

(2) 分子大小与化学结构

吸附质分子的大小和化学结构对吸附也有较大的影响。因为吸附速度受内扩散速度的影响，吸附质(溶质)分子的大小与活性炭孔径大小成一定比例，最利于吸附。在同系物中，分子大的较分子小的易吸附。不饱和键的有机物较饱和的易吸附。芳香族的有机物较脂肪族的有机物易于吸附。

(3) 极性

活性炭基本可以看成是一种非极性的吸附剂，对水中非极性物质的吸附能力大于极性物质。

(4) 吸附质浓度

吸附质的浓度在一定范围时，随着浓度增高，吸附容量增大。因此吸附质(溶质)的浓度变化，活性炭对该种吸附质(溶质)的吸附容量也变化。

3. 溶液 pH

溶液pH值对吸附的影响，要与活性炭和吸附质(溶质)的影响综合考虑。溶液pH值控制了酸性或碱性化合物的离解度，当pH值达到某个范围时，这些化合物就要离解，影响对这些化合物的吸附。溶液的pH值还会影响吸附质(溶质)的溶解度，以及影响胶体物质吸附质(溶质)的带电情况。由于活性炭能吸附水中氢、氧离子，因此影响对其他离子的吸附。活性炭从水中吸附有机污染物质的效果，一般随溶液pH值的增加而降低，pH值高于9.0时，不易吸附，pH值越低时效果越好。在实际应用中，应通过试验确定最佳pH值范围。

4. 溶液温度

因为液相吸附时，吸附热较小，所以溶液温度的影响较小。吸附是放热反应。吸附热越大，温度对吸附的影响越大。另一方面，温度对物质的溶解度有影响，因此对吸附也有影响。用活性炭处理水时，温度对吸附的影响不显著。

5. 多组分吸附质共存

应用吸附法处理水时，通常水中不是单一的污染物质，而是多组分污染物的混合物。在吸附时，它们之间可以共吸附，互相促进或互相干扰。一般情况下，多组分吸附时分别的吸附容量比单组分吸附时低。

6. 吸附操作条件

因为活性炭液相吸附时，外扩散(液膜扩散)速度对吸附有影响，所以吸附装置的型式、接触时间(通水速度)等对吸附效果都有影响。

(三) 生物活性炭工艺在废水处理中的应用

1. 粉末活性炭活性污泥法在印染废水处理中的应用

肖利等采用缺氧-好氧-混凝沉淀-亚滤-富氧生物炭工艺处理漂染厂印染废水处理。废水的进水 COD600~1200mg/L、色度 300~600 倍、pH11~13，混凝沉淀的药剂采用 $FeCl_3$ 与 NaOH，亚滤利用陶粒微孔分离细小大分子的机理去除难处理的有机物，富氧生物炭工艺利用生物炭对低浓度的有机物进行吸附。工程运行结果表明，其中的缺氧-好氧对 COD 的去除率达到 50%，亚滤-富氧生物炭工艺对 COD 的整的去除率达到 65%，对色度的去除率达到 75%，活性炭更换周期长，文献中的处理成本 0.7 元/ m^3废水，但没有提供具体的工艺参数与运行情况。

郑广宏也采用水解-接触氧化-气浮+生物炭工艺处理 COD 浓度为 2550mg/L 的印染废水。水解设计水力停留时间为 9h。为提高水解的处理效果，池中配备有穿孔管进行布水，同时设置有填料挂膜。接触氧化设计水力停留时间为 6.7h，气水比为 25：1。气浮使用的药剂为聚铝，设计停留时间为 60min，其中反应段时间为 10min。沉淀段水力停留时间为 1h，生物炭池内进行曝气，气水比为 5 : 1。总排放口水质能稳定达到《废水综合排放标准》(GB 8978—96)一级排放标准，工程投资费用为 960 元/m^3废水，当时的运行费用为 2.04 元/ m^3废水。其处理工艺流程如图 5-13 所示。文献中提出了由于气浮水中存在的气泡导致后段沉淀效果不佳，影响生物炭池。可以在沉淀段加一个管道器，投加少量的高效混凝药剂加强沉淀效果，减轻对生物炭池的影响。改造后可以形成了一个生化+二级物化+其他深度处理的工程措施，适应高浓度的印染废水的处理。

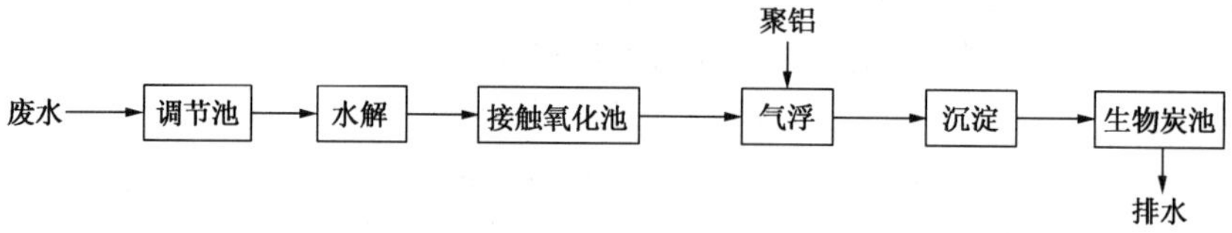

图 5-13 水解-接触氧化-气浮-生物炭工艺处理印染废水流程

2. 颗粒状活性炭在玻璃纤维废水深度处理中的应用

某玻璃纤维生产企业主生产污水主要来自玻璃纤维表面处理工序，水中的污染物质主要是“浸润剂”组分(环氧乳液、PVAC 乳液、聚氨酯乳液、润滑剂及抗静电剂、各种偶联剂等)以及微细玻璃纤维等悬浮物。除溶剂外，大部分是热稳定性高、难溶于水的高分子有机物，具有密度轻、颗粒细、可生化性差等特点。日排放废水量 800t，设计采用的工艺为气浮+接触氧化+炭砂过滤工艺，出水排放执行国家《污水综合排放标准》(GB 8978—1996)的一级排放标准。工艺流程如图 5-14 所示。

由于废水表面活性物质较多，悬浮物疏水性较强且质量轻，预处理采用气浮工艺。气浮工艺采用进口气液混合泵；炭砂过滤器承托层采用石英砂，内装 $\phi 2\sim3$mm、$h=6$mm 规格的柱状活性炭粒，反冲洗根据过滤器内压力控制(正常运行为 0.02~0.06MPa)，一般周期为 3~5d。当原水浓度较低时，终沉后已能达标，可跨越生物炭床直接排放。其工程主要构筑物设计见表 5-17。

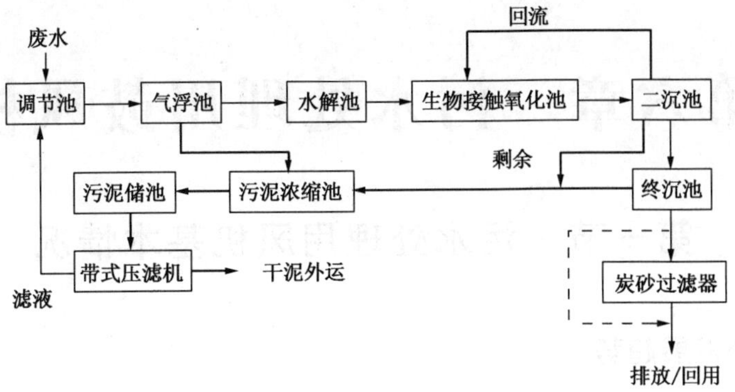

图 5-14　颗粒状活性炭深度处理玻璃纤维废水工艺流程

表 5-17　主要构筑物设计

编号	构筑物	说　明
1	调节池	半地上式钢混凝土结构；8.0m×7.5m×3.5m，容积 210m^3，停留时间约 6h；环状穿孔管曝气
2	气浮池	地上钢制成套设备；2.5m×4.5m×2.5m，停留时间 0.8h；表面负荷 3.1m^3/(m^2·h)；不锈钢链轮刮泥机
3	生物接触氧化池	半地上式钢混凝土结构；15m×13m×3.5m，有效容积约 600m^3，停留时间 18h；内置立体填料
4	二沉池	半地上式钢混凝土；ϕ8m×4.1m；中间进水周边出水；表面负荷 0.7m^3/(m^2·h)
5	炭砂过滤器	钢制，数量两个；ϕ3m×3.5m，炭层有效高度 1.2m，石英砂高度 0.3m；滤速 2.5m/h，气水比为 3∶1，连续供气；采用气水联合反冲洗方式(反冲气强度为 10L/m^2·s，反冲水强度为 3.2L/m^2·s)；每年需要补充反洗损失活性炭

参 考 文 献

1 徐竟成，何文源，金兆丰等．丝绸印染废水深度处理技术及工程应用[J]．印染，2009，35(3)：34~36.

2 艾恒雨，汪群慧，谢维等．接触氧化工艺中生物填料的发展及应用[J]．给水排水，2005，31(2)：88~92.

3 邬象牟．介绍一种新型的废水处理接触氧化充填材料－网状蜂窝填料[J]．煤矿设计，1997(11)：44~48.

4 填料．环保技术联合网[EB/OD]. http：//www.epteks.com/SpecialNews/435，2009.

5 冯敏，刘永德，赵继红．污水处理用生物陶粒滤料的研究进展[J]．河北化工，2009，32(1)：64~66.

6 GB2838-81，粉煤灰陶粒和陶砂 [S]．中国建筑科学研究院．

7 陆亦恺，吴德意，何圣兵等．造粒合成沸石滤料对污水中磷的净化与回收[J]．环境科学与研究，2007，20(6)：115~119.

8 张小璇，叶李艺，沙勇等．活性炭吸附法处理染料废水[J]．厦门大学学报(自然科学版)，2005，44(4)：542~545.

9 肖利，刘振鸿等．缺氧-好氧-混凝沉淀-亚滤-富氧生物炭工艺处理印染废水[J]．环境工程，2002：20(4)：33~34.

10 郑广宏，乔俊莲等．采用水解-接触氧化-气浮-生物碳工艺处理高浓度印染废水工程实例[J]．环境工程，2003：21(5)：21~23.

第六章　污水处理用鼓风机

第一节　污水处理用风机基本情况

一、国内外发展趋势

在二级污水处理工艺系统中，鼓风机是曝气流程系统的重要设备，鼓风机的效率是最重要的技术经济指标，其电耗占污水处理厂全部电耗的50%～70%，也是最大的噪声源，因此，在曝气系统中，鼓风机的运行要根据污水处理量、溶解氧浓度、压力变化条件下，自动调节所需的风量，而且要求风量调节范围广、效率高，以保证系统经济运行。

（一）制造技术的发展

在国外早期的污水处理系统中，一般使用罗茨鼓风机。由于罗茨鼓风机存在容量小、效率低、噪声大、供气不均匀、运行维护费用高等问题，已逐步低速多级离心鼓风机取代。低速多级离心鼓风机具有噪声低、运行平稳、供气均匀、效率较高等优点，但依然存在体积大、质量重、流量调节性能差、效率不高、能耗大、维护不方便等缺陷。

20世纪90年代，随着“三元流动理论”在鼓风机设计上的应用，有关生产企业设计制造了曝气用的单级、高速离心式鼓风机，它们具有体积小、重量轻、效率高、节约能源、性能调节范围广泛，自动化水平高等特点，已取代了多级、低速离心式鼓风机，并得到广泛应用。同时随着科技进步的飞速发展，将航天领域的磁力轴承技术已经应用到鼓风机产品上，并通过电子控制系统对磁力装置进行监控，提高了机组运行可靠性，转速可高达80000r/min，功率高达3000～4000kW。如齿轮增速组装型曝气离心鼓风机是20世纪90年代发展起来的产品，当今，日本等国家制造了具有磁力轴承的高速电机驱动的曝气单级离心式鼓风机，这种鼓风机无齿轮增速机，叶轮直接安装在电机轴上，转速高达50000r/min，无润滑油和冷却水系统，低噪声，已经投入市场。

（二）大容量和高风压发展趋势

在国外，随着污水处理厂的大型化，作为污水处理用的曝气鼓风机有向大容量发展的趋势。如瑞士苏尔寿公司制造的双级离心式鼓风机，每级都设有进口可调导叶，调节范围为额定流量的35%～107%；为适应欧美国家需要，该公司的轴流式鼓风机流量范围1800～6000m^3/min、压缩比可达2、级数5～15，多级效率达82%。美国英格索兰公司的混流式鼓风机流量范围为20～1600m^3/min、压力范围为0.04～0.27MPa，设备采用整体齿轮增速结构，进口处安装可调导叶，高效率机壳，采用混流式叶轮使得整机效率高，根据需要，叶轮也可选用离心式以适应高压力需要；日本川崎重工株式会社的单级、高速离心式鼓风机为齿轮增速单级结构，叶轮为混流式，进口安装可调导叶，可以在低负荷条件下保持较高效率运行，流量范围为30～1600m^3/min，最高压力范围为0.11～0.15MPa，效率高达83%～85%。对于深池曝气、高浓度氧曝气鼓风机有MGM型齿轮增速组装离心压缩机，流量范围：62～920m^3/min，压力范围为0.2～1MPa；德国德马克公司的单级、高速离心式鼓风机，流量范围为10～2500m^3/min，最高压力为0.29MPa。

在我国，目前用于污水处理的鼓风机，多数还是罗茨鼓风机和低速多级离心鼓风机。根据目前的调查资料，单级、高速离心式鼓风机生产企业只有10家，如沈阳鼓风机厂、杭州制氧机厂和陕西鼓风机厂制造等。沈阳鼓风机厂与日本川崎重工作为合作伙伴，合作生产齿轮增速组装GM型单级、高速曝气离心式鼓风机流量范围为50～1400m^3/min、最高压力0.196MPa、效率可达82%，风机进口安装自动调节导叶，流量调节范围广，为高效节能产品，已应用到5～50万t/d的污水处理厂中。

二、水处理对曝气鼓风机的要求

当污水处理工艺采用活性污泥法工艺时，鼓风机是流程中的核心设备之一，在城市污水处理中，鼓风机风量与污水处理量之比为气水比，一般生活污水气水比为3～10，在我国通常为6.7～7；而在工业污水处理中，由于废水污染物浓度大，气水比有的可高达35。在污水处理过程中，由于地理位置不同、季节的变化、昼夜污水量的变化，污水处理量(负荷)和溶解氧浓度也变化，因此，要求鼓风机在恒定压力下具有较广的流量调节性能和范围，以确保污水处理厂合理、经济的运行。曝气鼓风机应具有良好的调节性能和在低负荷时较高的运行效率，这是污水处理厂对曝气鼓风机最重要的要求。

国内二级生化处理污水厂大多采用鼓风曝气工艺，而鼓风机是此工艺中最为关键的设备，鼓风机的电耗有时占污水厂总电耗的50%～70%左右，因此选用何种形式的风机是污水处理厂设计时应考虑的一个重要的因素，风机选择正确与否与投资大小和运行管理费用密切相关，涉及投资是否合理、长期效益高低问题。

第二节　污水处理用风机的主要类型与应用

有关资料表明，城市污水处理厂使用的鼓风机经历了往复式风机、罗茨风机、多级离心风机等过程，随着污水处理规模的日益扩大，近年又出现了单级离心风机、轴流压缩机、单级高速涡轮鼓风机的报道。下面主要针对目前污水厂应用得较多的轴流压缩机、罗茨风机、多级离心风机和单级离心风机等进行阐述。

一、轴流压缩风机

陕鼓是设计制造全静叶可调轴流压缩机的企业，其研制的轴流压缩机分为A和AV系列，A系列为静叶不可调，AV系列为全静叶可调，均引进原瑞士苏尔寿公司设计制造技术。

（一）轴流压缩机的结构与原理

轴流压缩机动叶列与后面的导流器组成级，压缩机通常由若干个级构成级组。

轴流压缩机的进气管、收敛器、进口导流器、级组、出口导流器、扩压器和排气管等元件合称为通流部分。导流器固定在机壳内，组成定子；动叶均匀地安置在轮盘或转轴上组成转子。转子两端密封，整个转子支承在两端的径向轴承上，其中一端装推力轴承，以承受由于压缩气体作用在转子上的轴向推力。

气体由进气管均匀地引至收敛器和进口导流器，以一定的速度进入第一级。气体在级中受到叶片的动力作用，因获得能量而提高压力。气体沿各级依次压缩，逐步提高压力，经出口导流器、扩压器和排气管送出，轴流压缩机与轴流压缩机结构示意图见图6-1。

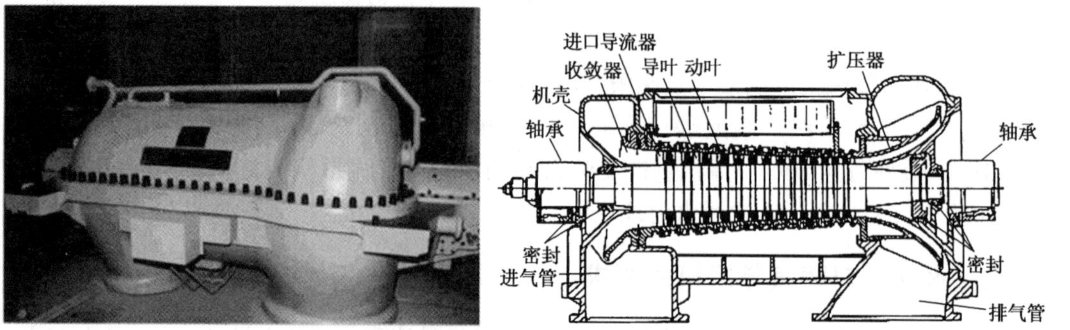

图 6-1　轴流压缩机与轴流压缩机结构示意图

（二） 特点

轴流压缩机具有 5 大技术特点：

（1）轴流压缩机气体动力学设计采用最先进的三元流理论和优化设计方法。采用效率高、压头大的新型叶栅。在同样参数的条件下，产品一般比国外原进口产品级数少 1～2 级，效率平均提高 5%以上，比一般离心压缩机效率高出 10%。

（2）将产品安放基础和轴承转子作为一个系统进行各种计算与分析，提高了产品运转的平稳性、安全性和可靠性；采用了便于用户安装调试的公共底座整体结构；定子组件采用三层缸结构，改善了产品内部零部件的热应力分布，提高了产品的抗震性，降低了机组的噪音。

（3）采用全静叶可调机构，将原静叶调节角度从 37°～79°拓展到 22°～79°，扩大了工况调节范围；全静叶可调加变转速调节技术拓宽工况范围 15%以上，能有效地避免能耗损失。

（4）调节机构和滑动支撑部件大量运用 DU 型合金和石墨轴承，具有良好的无油自润滑功能。

（三） 应用

发达国家已率先采用轴流风机用于鼓风曝气。根据有关文献报道，瑞士苏尔寿（SULZER）公司生产的轴流式曝气鼓风机，流量范围为 1800～6000m^3/min，压比可达 2，采用 5～15 级叶片适应不同压比的需要。美国德莱赛兰（DRESSER-RAND）公司的轴流式曝气鼓风机也有用于污水处理厂的记录。目前世界先进国家大型污水处理厂采用轴流曝气鼓机的有：美国芝加哥市西部南区 $454\times10^4 m^3/d$ 特大型污水处理厂，法国巴黎阿谢尔 $210\times10^4 m^3/d$ 污水处理厂，莫斯科新库里杨诺夫 $200\times10^4 m^3/d$ 污水处理厂，日本东京森崎 $128\times10^4 m^3/d$ 污水处理厂。

二、离心风机

（一） 离心风机工作原理与特性

离心风机为依靠输入的机械能、提高气体压力并排送气体的机械，是一种从动的流体机械。由于风机的作用，气体从叶轮进口流向出口的过程中，其速度能（动能）和压力能都得到增加，被叶轮排出的气体经过压出室，大部分动能转换成静能，然后沿排出管路输送出去。而叶轮进口处因气体的排出而形成真空或低压，气体在大气压的作用下被压入叶轮的进口，被旋转着的叶轮连续不断地吸入进而排出气体。

离心风机一般由叶轮、机壳、集流器、电机和传动件(如主轴、带轮、轴承、三角带等)组成；叶轮由轮盘、叶片、轮盖、轴盘组成；机壳由蜗板、侧板和支腿组成。大型离心风机通过联轴器或皮带轮与电动机联接。

（二） 离心风机的性能参数

主要有流量、压力、功率，效率和转速。另外，噪声和振动的大小也是离心风机的主要技术指标。流量也称风量，以单位时间内流经离心风机的气体体积表示；压力也称风压，是指气体在离心风机内压力升高值，有静压、动压和全压之分；功率指的是离心风机的输入功率，即轴功率，风机有效功率与轴功率之比称为效率，离心风机全压效率可达 90%。

（三） 多级离心风机

1. 多级离心风机结构

多级低速风机是气体通过多级串联的叶轮经过几级连续压缩，获得所需要的压力和风量。当气体通过进气室均匀地进入叶轮后，在旋转的叶片中受离必力作用以及在叶轮中的扩压作用，使气体获得压力能和速度能，由叶轮高速流出的气体经扩压器的扩压作用，使一部分速度能转变成压力能，气体经过如此几级连续压缩，获得所要求的压力而排出。多级离心风机及其结构示意图见图 6-2。

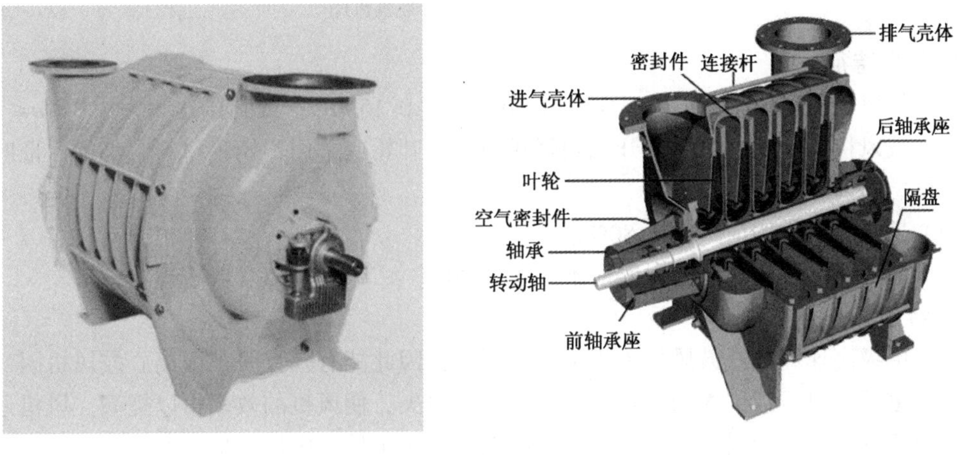

图 6-2　多级离心风机以及结构示意图

2. 特点

（1）低转速机械，可靠性高，使用寿命长；

（2）成本较低；备件为标准件，费用低，不需要复杂的润滑系统；

（3）易于采用全风冷式设计，无冷却水相关故障和维保费用；操作维护简单，不需要特别训练的操作维修人员；

（4）满载效率高于罗茨风机，略低于单级离心风机；电机功率小于 400kW 的机型可选用变频调速和直连驱动方式，可大大提高部分负载的工作效率。在大部分工况下，变频调速的多级离心机效率会高于单级离心机，由于部分负载是污水处理厂最典型的工况，因此多级离心风机对于中小型污水处理厂来说具有更好的性价比和良好的长短期效益；

（5）噪声低于罗茨风机和单级离心风机；

（6）单机流量在 $100\sim400m^3/min$ 时性价比最好。

（四）单级高速离心风机

1. 单级离心风机工作原理

原动机通过轴驱动叶轮高速旋转，气流由进口轴向进入高速旋转的叶轮后变成径向流动被加速，然后进入扩压腔，改变流动方向而减速，这种减速作用将高速旋转的气流中具有的动能转化为压能(势能)，使风机出口保持稳定压力。单级高速离心风机图见图 6-3。

图 6-3　单级高速离心风机图

2. 技术特征

(1) 鼓风机出口压力(表压)为：$0.03MPa \leqslant p \leqslant 0.15MPa$；或其压比 ε 为 $1.3 \leqslant \varepsilon \leqslant 2.5$。

(2) 鼓风机的叶轮一般为半开式和闭式两种。叶轮应采用不锈钢材料，必须保证叶轮足够的强度。

(3) 鼓风机的效率应不低于 80%。

(4) 鼓风机连续正常运转时间应不小于 8400h。

3. 特点

(1) 单级高速离心式鼓风机采用了单级叶轮，因此能有效克服多级离心鼓风机因叶轮级数多、流道长、风压损失大的缺点，减少了泄漏损失，使风机的效率得以提高。风机还具有风量调节范围宽、外形尺寸小、重量轻等特点，是污水处理中较为理想的产品。

(2) 单级高速风机具有调节进风口导叶角度或变频调速达到 45%～100%的风量调整范围。在出口压力变化不大的情况下，单级高速风机在设计工况点上运行时，其鼓风机效率比多级风机高约 3%～5%，比罗茨风机效率高约 15%～20%。单级风机由于其采用高速风机，不需多级传动，在需风量较大的情况下，具有明显的体积和重量优势，但噪音较大。

(3) 单级高速风机的压力和流量性能曲线相对较陡，若鼓风机在偏离设计工况点运行时，效率变化比较大。虽然进口导叶调节比进口节流方式节省功率，但其齿轮变速系统直接影响了鼓风机的整机效率；磁悬浮、空气悬浮技术配合变频调速控制方式有效地提高了鼓风机的运行效率，但磁悬浮和空气悬浮均需要通过电能转化为磁场能，在提高效率的同时，直接受消耗电能以维持所需磁场的制约。另外磁场供电安全需附加 UPS 不间断电源实施保证，因此造成了配套功率偏高。从有关使用企业的污水风机选型分析，其配套电机功率不占明显优势，反而偏高。

(4) 风机出口压力受管网背压的影响，在管网压力波动的情况下，高速旋转的叶轮轴向力将发生很大的波动，对于在 15000～32000r/min 的转数下高速旋转的鼓风机，容易造成叶轮和轴承损坏，不利于安全运行。

(5) 设备投资大；单机流量大于400m^3/min 的性价比高。单级高速风机其价格在各类风机中属于最高的类别，因风机结构复杂，技术含量较高，备品备件的更新更换费用也居于较高水平，并且备品备件为非标产品，对供货商依赖性较强，不利于降低维修成本。

4. 适用范围

该类风机需要油冷、水冷等辅助设施，当压力条件、气体相对密度变化时，对送风量及动力影响较大，设计时应考虑风压和空气温度变动带来的影响。单级高速离心式风机适用于水深相对稳定不变的生物反应池。

5. 设备介绍

1) GM 型齿轮组装式离心鼓风机

GM 型齿轮组装式离心鼓风机是日本川崎重工株式会社开发的单级高速离心鼓风机。风机采用三元半开式混流叶轮，轴向进气、径向排气结构。设有进口导叶调节器，设置于叶轮前，以保证机组在设计压力下，工作流量可在设计流量的 65%～100%内实现调节并高效稳定运行。采用了最佳形状的叶片扩压器，可使气流的动能有效的转变为静压，进一步提高了设备的整体效率。鼓风机高速轴承采用可倾轴瓦滑动轴承，以防止油膜振荡。鼓风机内设有独立润滑油系统，为齿轮和轴承提供干净的润滑油，所有润滑油系统部件均与鼓风机底座组装成一体。高速转子间为精密动平衡，确保稳定运行。多头螺旋密封与拉比令密封的组合，可实现机组中无油，避免二次污染。主要特点有：

① 采用三元流动理论设计，节省能耗。通过对单级半开式叶轮进行子午面切割，可覆盖的工作区域为：体积流量为 60～1500m^3/min、压力 0.13～0.25MPa。三元流动叶轮比普通的二元流动叶轮相比，直径小 30%～40%，鼓风机转速可达 10000～30000r/min，风机效率大于 82%。转子的转动惯量小，机组的启动以及停车时间短，同时无须高位油箱和蓄能器。普通的二元流动叶轮与三元流动叶轮比较见图 6-4。

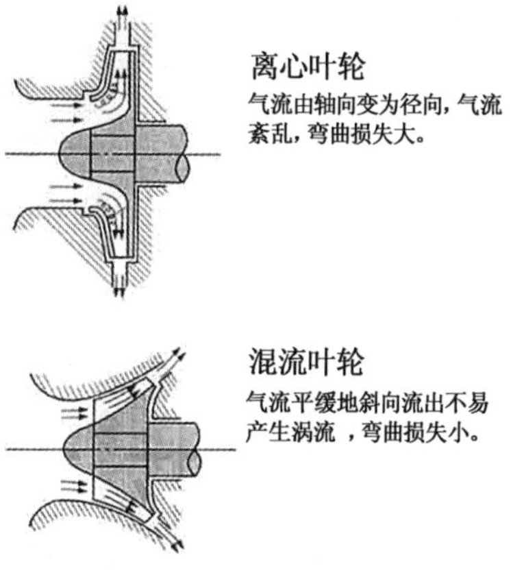

图 6-4　普通的二元流动叶轮与三元流动叶轮比较图

② 采用组装式整体结构。鼓风机本体组装在齿轮增速机的壳体上，润滑油系统安装在机组的底座内，只要底座油箱油位符合要求，电机转动时，大齿轮就能带动轴头泵工作，从而保证了各润滑点的润滑，以避免因错误动作或其他故障而造成的关键部件损坏。与相同流量和压力的多级离心鼓风机比较，GM 系列鼓风机质量可减少 70%左右，占地面积小 50%左右，并且节约能耗。

③ 自动化水平高。根据需要可配置 PIC 仪表控制系统，监控系统具有自动校验、开车、停车、报警、保护、运行参数显示与设定等功能，并且与污水处理厂中央控制室的 DCS 上位机控制系统实现了通信，可满足集散控制系统要求。

2) HV-TURBO 单级离心鼓风机

HV-TURBO 单级离心鼓风机广泛应用于污水处理厂的鼓风作业(市政和工业污水处理)、酵母发酵以及类似的生物过程、热电厂烟尘的脱硫处理、原油及天然气的脱硫出硫处理、气动传输等方面。其生产企业宣传 HV-TURBO 鼓风机能比同流量的罗茨风机节能约 30%～40%，比同流量多级鼓风机节能 25%～30%。HV-TURBO 单级离心鼓风机以及在工程中的应用分别见图 6-5、图 6-6。

图 6-5　HV-TURBO 单级离心鼓风机图

图 6-6　HV-TURBO 单级离心鼓风机在工程中应用

从 1990 年开始到现在，在国内污水处理项目中已引进了近 900 台左右 HV-TURBO 公司的产品，其中 2005 年引进 71 台，2006 年 1~7 月引进 34 台，HV-TURBO 单级离心鼓风机已在国内多家大型污水处理厂得到应用，已占到单级离心风机市场份额的 70%以上。北京清河污水处理厂采用的型号为 HV-TURBOKA22S-GL225，设计 5 台，4 用 1 备，总的进风量为 12000m^3/h，压力为 7.6m 水柱，总功率为 3150kW。

(1) HV-TURBO 鼓风机特性

① 在恒速运转下，空气流量能连续向下调节至 45%；

② 由于在整个工作范围效率高，使得该机具有较低的运行成本；

③ 由于没有压力脉冲，鼓风机具有很低的运转噪音；

④ 设计紧凑、重量轻，降低了对厂房空间的要求和安装成本；

⑤ 鼓风机可长期运行而维护成本低。

(2) 常用的 HV-TURBO 鼓风机类型

常用的 HV-TURBO 鼓风机类型、结构性能见表 6-1。

表 6-1 常用的 HV-TURBO 鼓风机类型、结构性能

设备类型	型号	结构、性能	备注
单级高速离心式鼓风机	KA2S-GK190 KA2SV-GK190 KA5S-GK200 KA5SV-GK200	(1) 叶轮采用锻造铝合金材质，效率可达 90%，叶轮转子部分可拆卸； (2) 齿轮箱的齿轮服务系数≥1.8； (3) 排气方位：KA2 型沿径向每 30°可调，KA5 型每 15°可调； (4) 迷宫式气封和油封；轴封采用多段、非接触型迷宫密封，干式运行	中小型污水处理单位
	KA2S/SV-GL180 KA5S/V/SV-GL210 KA5S/V/SV-GL285 KA10S/V/SV-GL210 KA10S/V/SV-GL285 KA22S/V/SV-GL225 KA22S/V/SV-GL315 KA44S/V/SV-GL225 KA44S/V/SV-GL315 KA66S/V/SV-GL315	(1) 叶轮采用锻造铝合金材质，效率可达 90%，叶轮转子部分可拆卸； (2) 齿轮箱的齿轮服务系数≥1.8； (3) 排气方位：沿径向每 15°可调； (4) 迷宫式气封和油封；轴封采用多段、非接触型迷宫密封，干式运行； (5) 高速齿轮采用特殊加硬处理，且加工精度达到 AGMA、12 级(或 ISO6 级)； (6) 高速齿轮径向轴承是多瓦块滑动轴承，驱动轴的径向轴承是滑动轴承； (7) 高速轴和径向轴的止推轴承都采用多瓦块轴承，所有轴承设计中，只有一个是可剖分结构； (8) 齿轮和轴承通过电动油泵润滑，也可根据用户需求配备机械油泵	适用性广，节能效果显著，节省占地，安装操作维护简便
	KA80S/V/SV-GL500 KA100S/V/SV-GL500	(1) 为非悬挂设计，避免在启动中发生共振； (2) 可以采用任何驱动方式，包括电动机驱动和沼气机驱动	大中型污水处理单位
	KA2S-GB255 KA2V-GB255 KA2SV-GB255 KA5S-GB400 KA5V-GB400 KA5SV-GB400	(1) 叶轮采用锻造铝合金材质，效率可达 90%，叶轮转子部分可拆卸； (2) 排气方位：沿径向每 30°可调； (3) 迷宫式气封和油封；轴封采用多段、非接触型迷宫密封，干式运行； (4)高速齿轮径向轴承是多瓦块滑动轴承，驱动轴的径向轴承是滑动轴承； (5) 高速轴和径向轴的止推轴承都采用多瓦块轴承，所有轴承设计中，只有一个是可剖分结构	中小型污水处理单位小流量、高水头(大于 8m)的鼓风曝气
	KA5S/V/SV-GC150 KA10S/V/SV-GC150 KA22S/V/SV-GC150 KA22S/V/SV-GC215 KA44S/V/SV-GC215 KA66S/V/SV-GC215	(1) 叶轮采用锻造铝合金材质，效率可达 90%，叶轮转子部分可拆卸； (2) 排气方位：沿径向每 30°可调； (3) 齿轮服务系数≥1.8；加工精度达到 AGMA12 级； (4) 驱动轴由 2 个高品质滚柱轴承支撑，并消除来自联轴器的轴向和径向载荷；6 个滑动轴承和止推轴承支撑 3 个行星分布的侧轴； (5) 叶轮转子由置于压缩机入口蜗壳处的高速多块瓦止推轴承进行轴向支撑	针对低速驱动装置设计，结构紧凑，抗冲击，对启动力矩无特殊要求

(3) HV-TURBO 公司生产的 KA2-KA100 系列鼓风机选型

HV-TURBO 公司生产的 KA2-KA100 系列鼓风机选型分别见图 6-7、图 6-8。

(五) 离心风机的使用注意事项

1. 选型

离心鼓风机是污水处理中常用的充氧设备。实际使用中，鼓风机的环境工况如温度、压力、气体成分以及海拔高度等与标准状态不同时，性能将发生很大变化，在设计选型时必须充分考虑，如果选型不当，将导致整个生产工艺无法达到预期的设计效果。因此，在鼓风机的选型时，必须对离心鼓风机在其使用工况下的性能进行详细计算，以期达到最佳运行状态。

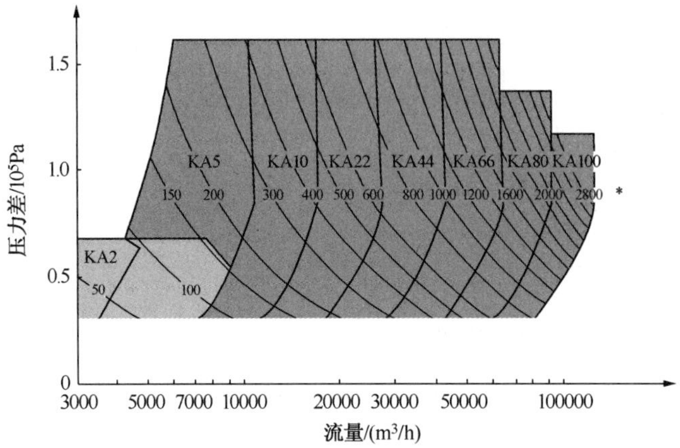

图 6-7　KA2-KA100 选型图

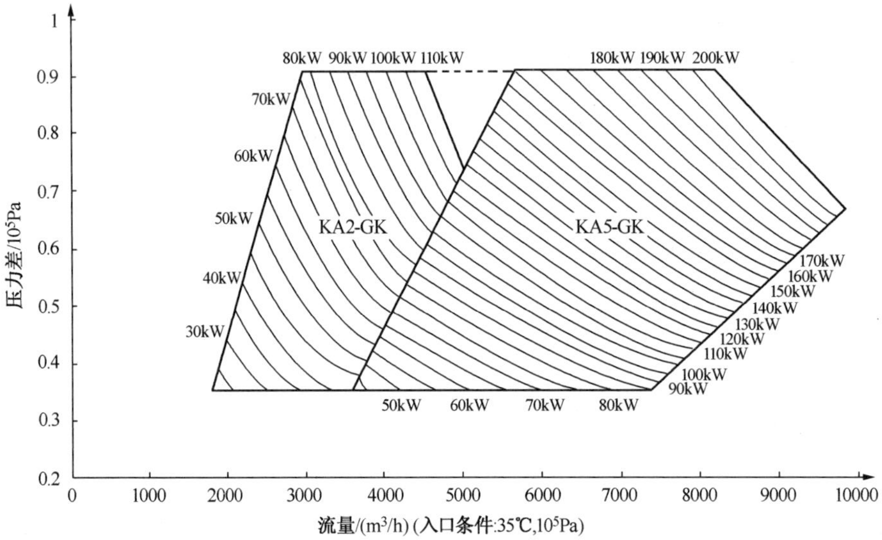

图 6-8　HV-TURBO 公司生产的 KA2-GK 与 KA5-GK 系列鼓风机选型图

在污水处理厂的鼓风机选型时，风机厂家产品样本上给出的均是在标准进气状态下的性能参数。我国规定的风机标准进气状态为：压力 98.07kPa，温度 20℃，相对湿度 50%，空气密度 1.2kg/m^3。但风机在实际使用中并非标准状态，在风机进口温度、大气压力发生变化的情况下，风机的流量、出口压力等性能也将发生很大变化，设计选型时不能直接使用产品样本上的性能参数，而是需要根据实际使用状态对风机的性能要求，换算成标准进气状态下的风机参数来选型。

2. 辅助设施要求

在风管系统的阻力损失中，管道的局部阻力损失要比沿程阻力损失大许多倍，因此在设计中要力求管路敷设简单化，减少管道局部阻力的损失，选用管道配件时，尽量选用低阻力的球阀，止回阀应选用轻型风道止回阀，计量装置宜选用涡街式流量计代替孔板流量计，以减少阻力损失，提高效率。为防止风机启动时启动电流过大，风机宜设置独立的旁通空气管道系统，当风机启动时，旁通风管阀门打开，主风管阀门关闭，使风机处于无负荷状态下启动，降低启动的电流负荷。

3. **冷却水选用**

优先选用中水作为水源，以节约水耗、降低处理成本。

（六）离心风机的应用实例

1. **造纸厂**

某造纸厂污水处理工程设计处理规模5.5万m^3/d，曝气采用了C150-1.5型单级高速离心式鼓风机3台，2用1备，单台性能参数为$Q=150m^3/min$，$P=98.07kPa$，$W=185kW$；高速离心式鼓风机3台，2用1备，单台性能参数为$Q=250m^3/min$，$P=98.07kPa$，$N=350kW$，气水比为21∶1。

2. **化工厂**

根据某化工企业污水处理厂设计方案对鼓风机曝气风量风压的要求，按照采用低速多级鼓风机和高速单级透平鼓风机提出两个方案。

方案一：采用6台D150-51型低速多级鼓风机，四开二备，电动机功率200kW/台；轴功率175kW/台；出口风压5kPa。

方案二：采用3台1TCY-30型高速单级离心鼓风机，二开一备，电动机功率355kW/台；轴功率314kW/台；出口风压5kPa。

最终，工程选择高速单级离心鼓风机作为供气设备，理由如下：

（1）电耗少。按每天运行24h，一年运行300d计，采用高速单级离心鼓风机的电耗为452万kW·h/a，而采用低速多级鼓风机电耗约为500万kW·h/a，可节省48万kW·h/a的电耗。

（2）占地与土建投资省。高速单级离心鼓风机为整体集装式，体积小且设备数量少，因此占地少，土建投入少。

（3）便于日常维护与维修。由于高速单级离心鼓风机无易损件，运行稳定，日常维护与维修工作量相对少，管理方便。

三、三叶罗茨风机

1. **三叶罗茨鼓风机工作原理**

在机体内通过同步齿轮的作用，使转子相对地呈反方向旋转，由于转子之间和转子与机壳之间都有适当的工作间隙，所以构成进气气腔，借助转子旋转，形成无内压缩地将机体内气体由进气腔输送到排气腔后排出机体，达到鼓风作用。三叶罗茨鼓风机为容积式风机，输送的风量与转数成比例，三叶罗茨鼓风机工作原理图见图6-9。

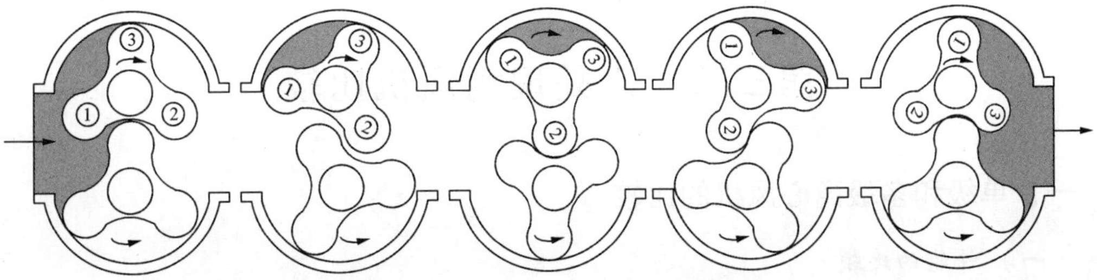

图6-9　三叶罗茨鼓风机工作原理图

2. 三叶罗茨鼓风机结构

三叶罗茨鼓风机以及风机的主要结构件见图6-10。

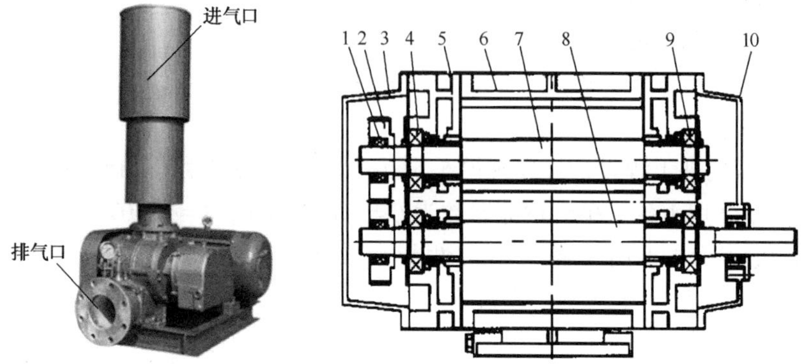

图6-10　三叶罗茨鼓风机以及风机主要结构件

1—胀套；2—齿轮；3—齿轮油箱；4—轴承；5—墙板；6—机壳；7—从动转子部；8—主动转子部；9—轴承；10—副油箱

3. 三叶罗茨风机特点

（1）回转机械简单，易于控制和维护。罗茨鼓风机其价格在城镇中小型污水处理厂应用中综合经济指标较低，但因其单机价格最低，风机结构简单，日常维护量较小；备品备件的更新更换费用较低，易于购买和外委加工，为有效降低维修成本提供了条件，在城镇小型污水处理厂中被广泛应用。

（2）效率低于单级、多级离心风机；罗茨鼓风机可通过变频调速达到65%～100%的风量调整范围，较离心风机调整范围小。如果采用进、出口节流调节，只能调整风量，对提高整机效率和降低能耗不起作用。罗茨鼓风机属于正位移型风机，其风量与转速成正比，而与出口压力无关。当风压一定时，轴功率与流量成正比，因此在改变风量时，可采用变频调速的方法来实现。根据罗茨风机出口压力与流量的性能曲线，随着出口压力较大幅度变化的情况下，罗茨风机流量只作小幅波动，由于其对变压头适应性强，更适合于变液位系统窄幅调整风机风量。在恒压工况状态下效率比离心鼓风机低10%以上。在满足较小风量运行的情况下，具有明显的体积和重量优势；受多级传动结构和定容式排气方式限制，其噪音是风机中最大的一种。

（3）罗茨鼓风机采用皮带传动结合同步齿轮传动来输送介质，造成能量逐级衰减较大，在风机出口流量较大的情况下，风机为满足出口压力和流量，必须具有庞大的体积和重量，流量大于120m^3/min时，占地面积大，噪音也随之急剧增加。因此，风机出口流量较大时，选择罗茨鼓风机一般不具经济与实用性优势。

第三节　水处理用风机比较

一、单级和多级离心风机的比较

（一）性能的比较

按照工作原理，单级和多级离心风机都属于速度式风机的一种，二者的区别是单级离心风机只有一组叶轮，空气的压缩是一次压缩完成的，而多级离心风机在一根主轴上有多组叶轮，空气的压缩是在多组叶轮间逐步完成的。由于离心风机是依靠提高空气的流动速度即空气动能来压缩空气提高压力，所以要获得同样的压力，单级离心风机的叶轮必须要比多级风机的转速高数十倍，通常情况下多级风机的转速只有数千转，而单级风机的转速却高达数万转甚至高达数十万转；由于压力的提供很大程度上依靠转速的提高，而转速的提供受到平衡、润滑及材料性能等多方面的限制，所以单级离心风机更多使用于低压力场合，而高压力工况更多使用多级离心风机。单级离心风机一般是依靠齿轮箱获得极高转速，由于转速特别高，所以风机的控制和维护保养特别重要，必须同时配套单独的润滑油站，同时由于高转速带来诸多部件如叶片等磨损较大，所以单极风机的寿命较多极离心风机低。

（二）部分负载调节的比较

在进行风机选型时，流量和压力会有一定的设计余量，特别是流量一般会有 20%～30% 的余量；同时由于污水量和水质的波动，每时每刻所需的风量也在变化。所以风机总是在部分负载，因而必须对风机的流量进行调节。

1）单级离心风机流量调节

必须采用进口导叶和出口导叶调节，当流量减小时，功耗并不是同比例减小，因此部分负载的效率低，能耗大。

2）多级离心风机流量调节

一般在入口采用蝶阀手动或自动调节，但节能效果与单级一样不理想。对于中小功率（400kW 以下）多级离心风机采用先进的变频调速技术，功耗基本上与流量同步减小，部分负载的效率高。其比较如图 6-11 所示。

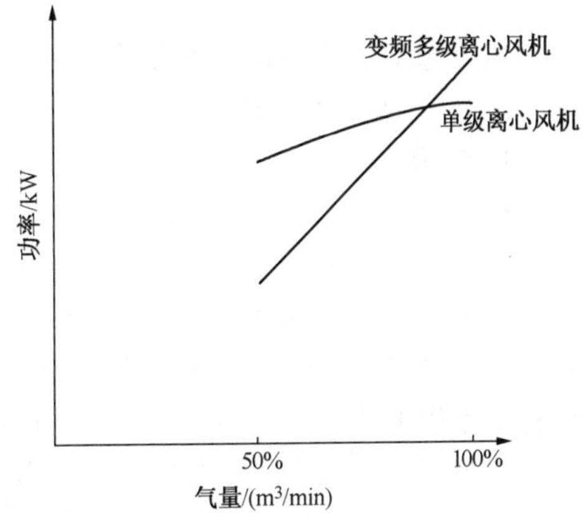

图 6-11　单级离心风机流量与多级离心部分负载调节的比较

二、单级和多级离心风机、罗茨鼓风机的比较

单级和多级离心风机、罗茨鼓风机的流量与功率比较见图 6-12。

三种风机的流量与单位流量成本比较见图 6-13。

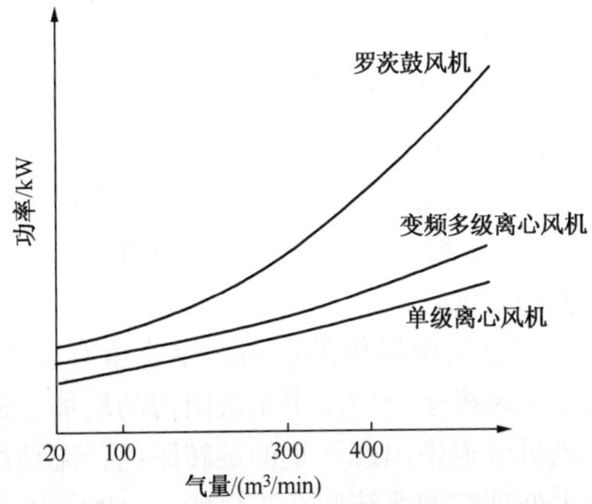

图 6-12　三种风机的流量与功率比较

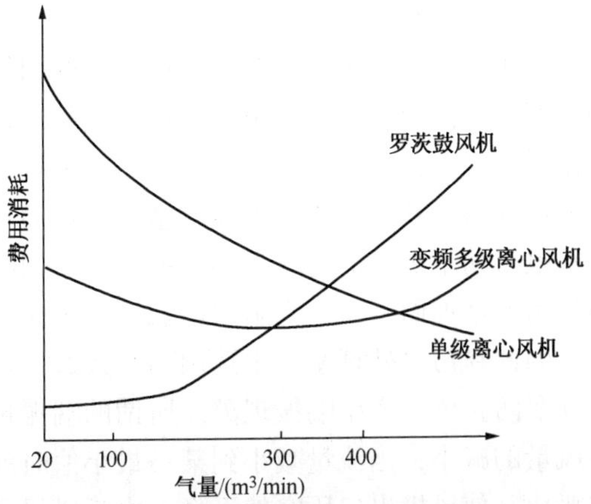

图 6-13　三种风机的流量与单位流量成本比较

从图6-12、图6-13可以看出：

（1）在小流量范围内，三种风机的能耗相差很小，但罗茨鼓机成本最低，性价比最好；

（2）在中流量范围内，多级离心风机成本比罗茨风机稍高，但能耗低、效率高，性价比最好；

（3）大流量范围时，单级离心成本最低，能耗也低，性价比最好。

第四节 水处理用风机的选型

一、风机选型中必须考虑的因素

风机选型中首先必须考虑适用性、能耗、噪声及价格因素。

（一）选型适用性

1. 规模

城镇污水处理厂初期建设规模一般都在日处理10万t以下，从规模上划分属于中小型污水处理厂，城镇污水处理厂中日处理量3万t以下的划分为城镇小型污水处理厂，日处理量3~10万t划分为城镇中型污水处理厂。建设规模直接影响项目投资成本，其中生产成本各项比例都发生相应的变化，比如城镇中型污水处理厂人工成本和管理成本占的比例较小，运行成本中电费、水费、药剂费占的比例较大，因此节能降耗直接影响投资回报期；城镇小型污水处理厂人工成本和管理成本所占比例有所增加，而运行成本中电费、水费、药剂费所占比例相对减小，控制前期设备投资费用直接影响投资回报期。

2. 选型的工艺

鼓风机的应用主要受污水处理厂曝气系统工艺类别影响，其中根据曝气池的运行特点分为恒液位系统和变液位系统，其中具有代表性的有：

（1）恒液位系统，有A/O、A^2/O、A/B、BAF、Uni-TANK、氧化沟工艺等；

（2）变液位系统，有SBR、CASS、ICEAS(间歇式循环延时曝气活性污泥法)工艺等。

恒液位系统和变液位系统直接影响的是鼓风机的压力和流量性能曲线。出口压头的波动以及对出口流量的波动均会导致鼓风机选型的较大差异。

3. 运行中的阻力变化

一般的污水处理系统在新启用时系统压力基本上在设计范围内，但随着使用时间的延长，由于曝气头损坏、曝气孔的堵塞、阀门管道锈蚀等原因，可能会导致大量污泥进入管道并沉积，从而使整个系统阻力增加，这种现象在系统设计风机选型时必须加以考虑。在阻力变化适应性上，罗茨鼓风机优于离心式风机，因为罗茨鼓风机的流量是硬特性，当外界系统阻力增加时，其出口压力也随着增加，从而在流量几乎不变的情况下将气体排出(在风机强度及电机功率满足的情况下)；而离心式风机则不同，由于离心式风机压力是硬特性，风量随阻力的增加而减少，当阻力增加到一定压力时将无法曝气。

因此在污水处理系统中选用离心式鼓风机要特别注意选用风机的压力一定要留有余地，特别要防止风机产生喘振现象。所谓的喘振现象是：在风机运行中由于系统阻力的增加，造成风量的减小，当流量减小到某一最小值时就会在风机流道中出现严重的旋转脱离，流动严重恶化，使风机出口压突然下降，由于风机总是和水处理管网系统联合工作的，这时管网中的压力并不马上降低，于是管网的气体压力反大于风机出口处的压力，从而气体发生倒流，一直至管网中的压力下降至风机的出口压力为止，这时倒流停止，风机又开始向管网供气，经过风机的流量重新增大，风机恢复正常工作，当网管中的压力又恢复原来压力时，风机的流量又减少，系统中的气流又减小，系统中又产生倒流，如此周而复始就在系统中产生周期性的气流震荡现象，这就是风机的喘振现象，喘振现象往往造成风机的重大事故。喘振现象是否发生与系统管网有关，管网的容量越大，则喘振的振幅越大，频率越低；管网的容量越小，则喘振的振幅越小，频率越高。当几台风机并网使用时，有时还会出现单台机出现喘振的现象，因为一个系统当设计施工完毕后其系统的阻力将随着系统内所流通的风量增加而增加，当系统阻力增加至某台风机的喘振点时，就会产生风机的喘振现象。因此设计时除对风机的压力保留一定的余地外，还必须对管网系统作一定的设计计算。

对于罗茨鼓风机，在管网中必须安装止回阀，以防止突然断电时管路中高压气体突然倒流入风机中，造成叶轮突然反转，损坏叶轮。

（二）能耗

1. 三叶罗茨鼓风机与多级离心风机的比较

三叶罗茨鼓风机与多级离心风机能耗比较见表 6-2。

表 6-2　三叶罗茨鼓风机与多级离心风机能耗比较

型　号	类　型	转速/(r/min)	升压/kPa	流量/(m^3/min)	轴功率/kW	比功率/[kW/(m^3/min)]	节能效果/%
C125-1.5	多级离心风机	2950	49	125	140	1.12	参照样本
3L73WC	罗茨风机	1050	49	124.3	132.3	1.0644	5
GC120-61-686	多级离心风机	2980	68.6	120	220	1.8333	参照样本
3L73WC	罗茨风机	1050	68.6	122.8	179.5	1.4617	20

国内罗茨鼓风机设计制造水平近年来有了长足的进步，中小型罗茨鼓风机由二叶型发展成三叶型，各项指标特别是噪音和能耗大幅度下降。由表 6-2 可看出，3L 型三叶罗茨鼓风机的能耗已比多级离心鼓风机要低。

2. 三叶罗茨鼓风机与单级高速离心风机的比较

图 6-14 为 HV-TURBO 鼓风机与罗茨鼓风机节能的比较图。其中三叶罗茨鼓风机选用的是南通市 3L 型罗茨鼓风机，与 3L 型风机对比的数据来源于丹麦 HV-TURBO 公司提供的 KA2-GK、KA5-GK 型鼓风机曲线样本图（见图 6-8）。

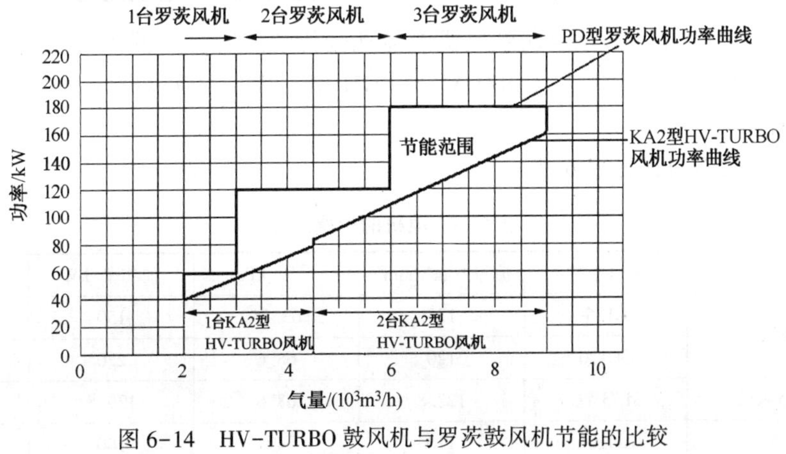

图 6-14　HV-TURBO 鼓风机与罗茨鼓风机节能的比较

图示曲线表示了两台 HV-TURBO 鼓风机（每台流量 4500m³/h）与三台罗茨鼓风机（每台流量 3000m³/h）的功率消耗比较，并得到 HV-TURBO 鼓风机比罗茨鼓风机节能 30%~40% 的结论。

在实际应用中，单级高速离心风机确实具有很好的节能效果，但并不像 HV-TURBO 公司样本所宣传的那样节能达 30%~40%。有行业人士对不同厂家生产的风机作了比较，其具体参数和结果见表 6-3。

表 6-3 三叶罗茨鼓风机与单级高速离心风机能耗比较

型号	类型	产地	升压/kPa	流量/(m^3/min)	轴功率/kW	比功率/[kW/(m^3/min)]	节能效果/%
3L63WC	罗茨风机	南通	50.96	73.7	82.7	1.1221	参照样本
KA5-GK	高速离心风机	丹麦	50.96	75	80	1.0667	5
3L63WC	罗茨鼓风机	南通	68.6	72.1	108	1.4979	参照样本
GM20L	离心风机	沈阳	68.6	75	100	1.3333	11
BCD80	高速离心风机	重庆通用工业	68.6	80	132	1.65	-10.1

3. 三叶罗茨鼓风机与二叶型罗茨鼓风机及国外三叶型罗茨鼓风机的能耗比较

三叶罗茨鼓风机选用 3L 型三叶罗茨鼓风机，其与二叶罗茨鼓风机及国外三叶罗茨鼓风机的能耗比较，具体参数如表 6-4。

表 6-4 三叶罗茨鼓风机与二叶罗茨鼓风机及国外三叶罗茨鼓风机的能耗比较

型号	类型	转速/(r/min)	升压/kPa	流量/(m^3/min)	轴功率/kW	比功率/[kW/(m^3/min)]	节能效率/%	噪声/dB(A)
L32LD	二叶	1450	49	5.99	9.2	1.5358	参照样本	>80
3L32WD	三叶	1450	49	7.65	9.28	1.2131	21	76.2
L74WD	二叶	980	49	112	121	1.0804	参照样本	≥100
3L73WD	三叶	980	49	115	122.7	1.0670	1.2	90
L73WD	二叶	980	49	92.7	101	1.0895	参照样本	≥98
3L73WD	三叶	980	49	115	122.7	1.0670	2	90
GM200L	二叶	1040	49	114	123	1.0789	参照样本	96
3L73WD	三叶	980	49	115	122.7	1.0670	1.1	90
GM130L	二叶	2120	49	113	122	1.0796	参照样本	104
3L73WD	三叶	980	49	115	122.7	1.0670	1.2	90

从表 6-4 中可看出，3L 型罗茨鼓风机的能耗较传统二叶型要低 1%~21%，3L73WD 三叶型罗茨鼓风机的能耗要较德国 AERZEN 公司 GM 型三叶罗茨鼓风机低 1%以上。

4. 价格对比

各种风机的价格对比见表 6-5。

表 6-5 风机的价格对比

类型	风机型号	流量/(m^3/min)	风压/kPa	轴功率/kW	价格/(万元/台)
多级离心鼓风机	C125	125	63.75	150	24.3
	GC120	120	68.6	220	22.3
3L 型罗茨鼓风机	3L73WC	122.8	68.6	179.5	12
单级高速	GM20L	110	49	100	65

续表

类　型	风机型号	流量/(m^3/min)	风压/kPa	轴功率/kW	价格/(万元/台)
离心鼓风机	BCD125	125	68.6	185	64
3L 型罗茨鼓风机	3L73WC	122.8	68.6	179.5	12
丹麦进口高速离心鼓风机	KA5-GK	75	50.96	80	100
3L 型罗茨鼓风机	3L63WC	74.3	50.1	80.7	7.41

从表 6-5 可看出，3L 系列的风机价格是多级离心鼓风机的一半左右，是国产单级高速离心鼓风机的 1/5 左右，是进口单级高速离心鼓风机的 1/12 左右，因而在价格上罗茨鼓风机有一定的优势。

二、风机的选型

1. 小型污水处理厂风机选用

在日处理量低于 3 万 t 的小型污水处理厂的选型中，风机一般选用罗茨风机。主要原因如下：

(1) 降低前期设备投资费用可能成为主要影响因素，而罗茨风机在各类风机中具有较高的性价比优势，因此选用罗茨风机可以有效降低初期投资费用；

(2) 罗茨风机结构简单，技术含量低，日常维护量小，能为运行维护降低成本提供条件；

(3) 罗茨风机设备投资回收期较短，整机更新更换周期较短，对于污水厂扩建及改造鼓风系统提供了方便条件；

(4) 不论是恒液位系统还是变液位系统，罗茨风机均能满足设计和运行要求。较离心风机运行安全可靠，同时采用变频控制方式调整转速可以达到提高过程效率、节约能耗的目的。

因此罗茨风机是城镇小型污水处理厂首选鼓风曝气设备。

2. 中型污水处理厂风机选用

对于日处理量 3~10 万 t 的城镇中型污水处理厂，随着污水处理厂设计规模的增加，价格因素可能不再是首要因素，需综合考虑风机性能、效率以及调控方式的选择，一般选用多级低速离心鼓风机，主要原因如下：

(1) 多级低速离心鼓风机在各类风机中具有较高的性价比优势。选用多级低速离心风机在初期投资费用上虽较罗茨风机稍高，但较单级高速风机节省很多，在流量变化的情况下相比其他类别风机可以维持较高效率。

(2) 结构简单，技术含量适中，操作简便，日常维护量小，能够有效降低运行维护成本。

(3) 整机使用寿命长，运行成本低，缩短了设备投资回收期。

(4) 对恒液位系统，多级低速离心鼓风机能够充分满足设计和运行要求，在出口压头变化不大的情况下，运行安全可靠，可以提高整机运行效率，达到节约能耗的目的，运行过程中噪音很小，不用采取其他辅助降噪措施。

(5) 对变液位曝气系统，为避免变压头过程中多级低速离心鼓风机风量产生较大变化甚至因选型不当造成鼓风机发生喘振，在鼓风机选型时，必须仔细审核生产厂家提供的鼓风机性能曲线，以保证鼓风机在高液位和低液位时都能在正常的工作区域运行。一般通过变频调速，随着压头变化而平滑的调整出口流量，可有效避免喘振的发生。

由于城镇中型污水处理厂采用变液位曝气系统的工程实例不多，而采用恒液位系统的工程占主要地位，因此多级低速离心鼓风机仍旧是城镇中型污水处理厂首选鼓风曝气设备。

对于大型污水处理厂，单级高速离心风机可能是最佳选择。

参 考 文 献

1 母瑞林，唐也平，姜国栋．污水处理用曝气鼓风机的发展趋势[J]．风机技术，2002(4)：47～50.

2 贾亚妮，宋选利．大型污水处理厂曝气风机的全新产品－全静叶可调轴流风机[J]．中国给水排水，1999，15(8)：58～60.

3 黄君来．青州造纸厂污水处理工程鼓风机房设备与工艺的设计优化[J]．煤炭工程，2009(10)：24～25.

4 何相之．污水处理工程中高速单级透平鼓风机的应用[J]．通用机械，2006(1)：51～52.

5 党彬，姚殳，万维光．GM55L 型鼓风机在污水处理中的应用[J]．石油化工设备，2006，35(3)：58～59.

6 段立文，黄志雄．浅析污水处理厂风机选型[J]．环境技术，2005(1)：46～48.

7 HJ/T278－2006，环境保护产品技术要求－单级高速曝气离心鼓风机[S]．国家环保总局．

8 袁泉．污水厂离心鼓风机选型中风量和风压的计算[J]．工业用水与废水，2005，36(6)：58～60.

9 张禹．城镇中小型污水处理厂的风机选型[J]．西南给排水，2005，27(5)：35～37.

10 曹彭年，曹旦．水处理用风机的选型及能耗分析[J]．通用机械，2009(2)：25～28.

第七章 曝气设备

第一节 曝气设备性能指标与曝气类型

曝气设备性能的主要指标有：一是氧转移率，单位为 $mgO_2/(L \cdot h)$ 或 $kgO_2/(m^3 \cdot h)$；二是充氧能力(或动力效率)，即每消耗 1kW·h 动力能传递到水中的氧量(或氧传递速率)，单位为 $kgO_2/(kW \cdot h)$；三是氧利用率，通过鼓风曝气系统转移到混合液中的氧量占总供氧的百分比。机械曝气无法计量总供氧量，因而不能计算氧利用率。

曝气类型大体分为两类：一类是鼓风曝气，另一类是机械曝气。鼓风曝气是采用曝气器在水中引入气泡的曝气方式。机械曝气是指利用叶轮等器械引入气泡的曝气方式。所有的曝气设备，都应该满足下列 3 种功能：

① 产生并维持有效的气-水接触，并且在生物氧化作用不断消耗氧气的情况下保持水中一定的溶解氧浓度；

② 在曝气区内产生足够的搅拌和混合能力，使活性污泥、废水、溶解氧充分接触；

③ 使水中的生物固体处于悬浮状态，防止污泥沉淀。

第二节 鼓风曝气扩散器

鼓风曝气系统由鼓风机、空气输配管系统、空气净化器、浸没于混合液中的扩散器组成。鼓风机供应一定的风量，风量要满足生化反应所需的氧量和能保持混合液悬浮固体呈悬浮状态；风压则要满足克服管道系统和扩散器的摩阻损耗以及扩散器上部的静水压；空气净化器的目的是改善整个曝气系统的运行状态和防止扩散器阻塞。

扩散器是整个鼓风曝气系统的关键部件，它的作用是将空气分散成气泡，增大空气和混合液之间的接触界面，把空气中的氧溶解于水中。根据分散气泡直径的大小，分为小气泡(气泡直径在 2mm 以下)、中气泡(气泡直径为 2~6mm)、大气泡三种。不同大小的气泡则需要不同类型的扩散器来产生，相应的把空气扩散器也分为微小气泡扩散器、中气泡扩散器、大气泡扩散器。

一、微小气泡扩散器

常用的微孔曝气器按膜的材料可分为：陶瓷(刚玉)、橡胶膜、聚乙烯；按照结构形式可分为：板式、钟罩式、膜片式、软管式。其具体的类型与性能参数如表 7-1 所示，供参考。

表 7-1 微小气泡扩散器具体的类型与性能参数

扩散器类型	氧的利用率(E_A)/%	供氧动力效率/[$kgO_2/(kW \cdot h)$]
平板型微孔扩散器	20~25	4~6
钟罩型微孔扩散器	20~25	4~6

扩散器类型		氧的利用率(E_A)/%	供氧动力效率/[kgO_2/(kW·h)]
膜片式	盘式微孔扩散器	27~38	5.1~9.2
	管式微孔扩散器	18~36	4.8~5.7
软管式	曝气软管	25.3~35.2	4.5~8.6

1. **板式扩散器**

平板型微孔扩散器多采用刚玉制作，平板型微孔扩散器及其结构示意图如图 7-1 所示。

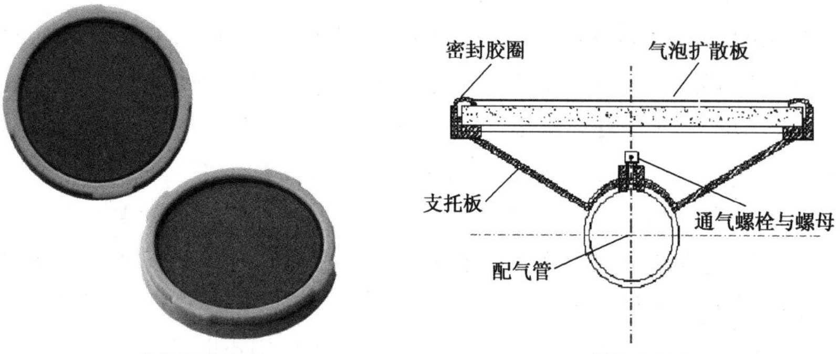

平板型(半刚玉)　　结构示意图

图 7-1　平板型微孔扩散器及其结构示意图

2. **钟罩型扩散器**

钟罩型微孔空气扩散器及其结构示意图如图 7-2 所示。

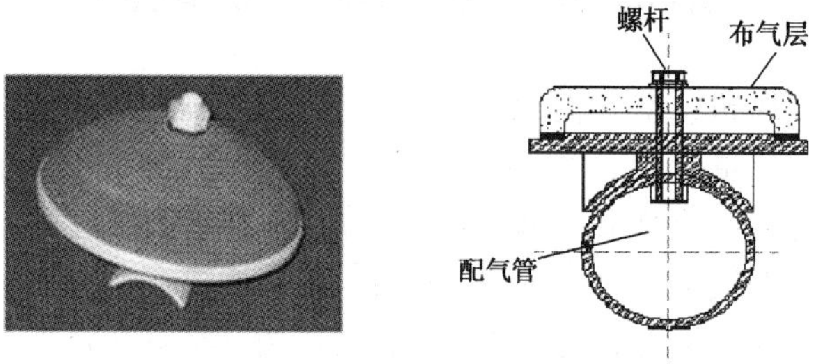

钟罩型(刚玉)　　结构示意图

图 7-2　钟罩型微孔空气扩散器及其结构示意图

平板型微孔扩散器和钟罩型扩散器一般采用刚玉、半刚玉布气层。刚玉是由氧化硅、氧化铝高温烧结制成，布气层较脆，表面较为粗糙，同时，布气层较厚，空气通道较长，且多为尖锐和粗糙的孔道，因此，其表面容易滋生微生物，内部容易被空气中杂质颗粒所堵塞，所以刚玉曝气器对空气洁净度的要求很高。一般需对进入鼓风机的空气进行专门的除尘处理，所用的净化设备主要是静电除尘器，投资大。

3. **膜片式**

膜片式微孔曝气器有盘式与管式之分，常用的膜片式微孔曝气器的技术参数见表 7-2，供参考。它们的技术性能差异大，主要是材料和结构形式的不同决定的。不同材质曝气器的适用范围见表 7-3。

表 7-2 常用膜片式微孔曝气器技术参数

结构形式	材料	规格/mm	水深/m	单位通气量	单位服务面积	气泡直径/mm	氧利用率/%	阻力损失/Pa
盘式	橡胶膜	ϕ215	4	2~3m³/(个·h)	0.5m²/个	2	21.7~23.5	3800~4700
盘式	陶瓷(刚玉)		4~5	2~3m³/(个·h)	0.3~0.6m²/个	2	20~28.6	3840~4050
管式	聚乙烯	ϕ120	4	5~25m³/(m·h)	3m²/m	2.8~3.1	22~28	1500~2500

表 7-3 不同材质膜片式曝气器适用范围

膜片材质	适用范围	膜片材质	适用范围
三元乙丙合成聚合物	生活污水	刚玉	生活污水或工业废水
硅腈合成聚合物	含油废水	高密度聚乙烯	生活污水
氨基甲酸聚合物	工业废水		

1）盘式膜片微孔曝气器

盘式膜片微孔曝气器根据形状有平板和球冠等形式，见图 7-3。

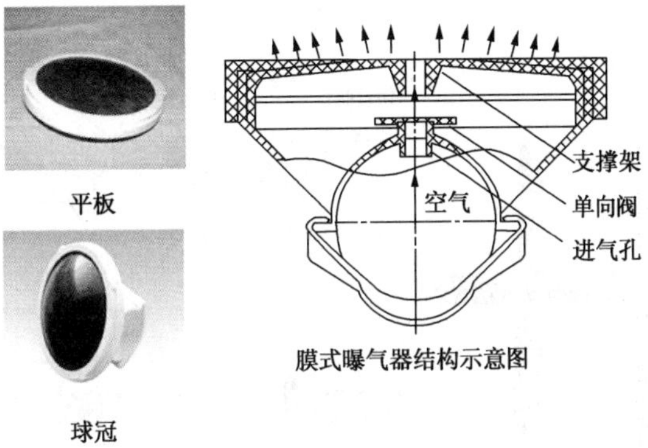

图 7-3 膜片式微孔曝气器

其中球冠型曝气器是膜片式微孔曝气器的改进形式。其特征是将平面结构的圆盘式曝气膜片及膜片支承座改为球冠形结构，其特点有：可以克服平面曝气膜片因长期使用疲劳松弛不能紧贴于支承座、易产生漏水倒灌的缺陷，使得停气后水体中污泥不容易沉淀积聚在曝气器表面，从而减轻了曝气器启动时的阻力；同时球冠形曝气器还增加了有效曝气服务面积，降低了膜片开孔密度，延长了使用寿命。

不管采用何种形式，目前膜片式曝气器主要存在以下几方面问题：

(1) 橡胶膜易撕裂

橡胶膜的撕裂使曝气器使用寿命降低，造成污水处理厂为更换曝气器或者橡胶膜而必须停止曝气池运行并清除污水，直接导致污水处理厂减少处理量，同时加大检修工作量和经济损失。

(2) 曝气阻力损失大

曝气器阻力损失直接影响到污水处理厂的运行成本费用。曝气器阻力损失越大，需要鼓风机的功率就越大或者鼓风机台数越多，所以尽量减小曝气阻力损失是曝气器技术设计的关键之一。

(3) 曝气器自闭性能差

曝气器自闭性能不好，在曝气系统停止曝气时，导致污水回流至曝气器内并进入系统管道，造成系统气流不畅通甚至管道堵塞。

（4）曝气器安装和拆卸繁琐

通常污水处理厂少则需要安装 3000～4000 个曝气器，多则上万个。这么多的曝气器，在施工安装或更换曝气器时需要投入大量人力和时间，直接影响施工和运行效率，增加成本。

（5）存在曝气死区。

2）管式微孔扩散器

管式微孔曝气器主要由微孔曝气管、支撑母管、布气层和连接附件组成。这种结构特点实现了将输气和布气合二为一的功能。支撑母管中间设定通气孔，输气时由通气孔轻松进入曝气缓冲带布气，缓冲带布满气，微孔曝气器上部整体均匀曝气。支撑母管设定通气孔较小，中间又相隔布气缓冲带。风机停机时，微孔曝气管回流慢，不会出现回流倒灌现象。当风机重新启动时，曝气器内部的水可通过下面布气层被空气挤出。因此管式微孔曝气器不需设置专门泄水管、泄水阀。其设备与结构示意图见图 7-4。

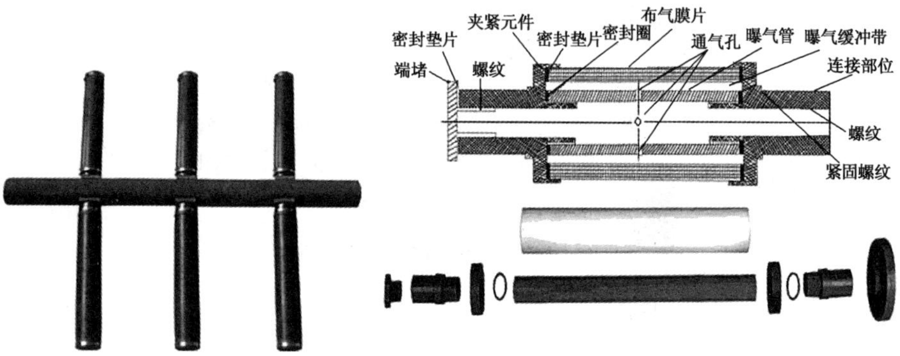

图 7-4　管式微孔扩散器及其结构示意图

由于管式曝气器在材料、构造、技术性能等一系列方面的优越性能，所以其应用范围广泛，可应用于各种好氧生化反应池，其中包括：传统活性污泥法曝气池、MBR 反应池、生物接触氧化池、稳定塘、间歇式活性污泥法及其变形、天然河道、水体的长期或短期曝气复氧等。管式曝气器的安装即可采用传统的安装方式，也可采用提升式安装方式。

其特点有：

（1）管式微孔扩散器相对一般传统曝气器，具有氧利用率高、单个扩散器服务面积大的优点。

（2）曝气管安装方法灵活，可以采用固定式、悬挂式、可提升式等，安装与维修方便。

（3）采用聚乙烯材料的管式曝气器，具有良好的化学稳定性，耐酸碱，机械强度高，抗冲击能力强，能够承受风机频繁启用产生的水击。

（4）布气层表面经过专门的静电处理，较为光滑，不易被微孔生物附着，曝气器表面不易被堵塞，使用寿命长。

表 7-4 为有关管式微孔扩散器生产企业给出的技术参数，供参考。

表 7-4 管式微孔扩散器技术参数

规格			67-500	67-750	67-1000
外形尺寸 $\phi \times L$/mm			67×500	67×750	67×1000
水深/m	1.5	氧的转移率/%	14~17		
	3.0		15~23		
	5.0		23~32		
	6.0		34~39.5		
	7.0		31~45		
通气量/(m^3/h)			1.7~6.8	3.4~13.6	3.4~17.0
服务面积/m^2			0.82~1.26	0.98~2.11	0.98~2.35
开孔数/个			8080	10300	13880
气泡直径/mm			0.8~2.0	0.8~2.0	0.8~2.0
压力损失/cm			17~42	17~41.5	17~40
充氧能力/[kgO_2/(kW·h)]			微孔：7.5(在5m水深下)、细孔：3.5~4.8(在5m水深下)		
延伸能力/%			>600		
张力强度/kPa			>13.8×10^3		

4. 曝气软管

(1) 构造及规格

曝气软管的管材料由加强聚氯乙烯和橡胶合成，内衬化学纤维网线，具有较强的耐酸、耐碱、耐腐蚀性能。管壁上的曝气孔为可变孔，可变孔设计为狭缝形状。狭缝的布局为棱形，狭缝的纵向间距为8mm，横向间距为5mm，不曝气时，狭缝长度为2mm。曝气软管及其应用见图7-5。

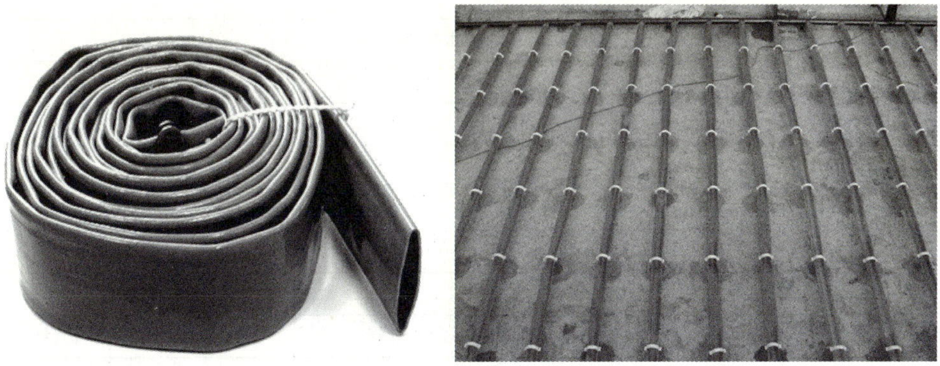

图 7-5 曝气软管及其应用

(2) 特点

① 薄壁、直通道，因此能降低曝气阻力损失；

② 软管为线状曝气，使布气更均匀，并形成竖向环流，搅拌混合更均匀；

③ 气泡小，氧的利用率和动力效率较高。

(3) 主要技术指标

曝气软管主要技术指标见表7-5，供参考。

表 7-5 曝气软管主要技术指标

项　目	参　数	项　目	参　数
气孔密度/(个/m)	≥3600	充氧能力(气量 1~3m^3/h)/(kgO_2/h)	0.140~0.385
服务面积/(m^2/m 管)	0.5~1	氧利用率(气量 1~3m^3/h)/%	19.50~21.70
软管耐压强度/(kg/cm^2)	2	阻力损失(气量 1~3m^3/h)/Pa	1985~3865
曝气量/[m^3/(h·m)]	小于 5	理论动力效率(气量 1~3m^3/h)/[(kgO_2/kW·h)]	4.336~4.929

(4) 使用范围

① 各种工业废水及城市生活污水生化处理工程；

② 用于污水调节池的预曝气；

③ 在已运行的曝气器的效率低或堵塞频繁时，可用其进行改造；

④ 用于水产养殖业，为高密度养鱼系统和普通鱼池提供增氧。

可变孔曝气软管与可变孔曝气盘性能比较见表 7-6。

表 7-6 可变孔曝气软管与可变孔曝气盘性能比较

序号	项　目	可变孔曝气软管	可变孔曝气盘
设备的安全性			
1	是否易撕裂	内衬网线，不易撕裂	曝气不均匀时，容易撕裂
2	管线是否易漏气	管接头处的喉箍卡紧就不会漏气	曝气盘与管线的安装连接处易漏气
3	抗堵塞性	(1) 曝气时膨胀，不曝气时被压扁污水不易进入管内； (2) 表面光滑不易生长生物膜； (3) 圆形管线不易沉积污物	(1) 曝气时膨胀，不曝气时被压扁污水不易进入管内； (2)表面光滑不易生长生物膜
4	排污性能	排污性能优良：曝气软管兼输气管线，并且软管内壁光滑，渗入软管内的污水很容易通过排污阀排出	排污性能较差：曝气膜片与支撑板间的污染物不能通过排污阀排出
设备的技术指标			
1	动力效率/[kgO_2/(kW·h)]	6.58	6.30
2	阻力损失/Pa	1600	1800
3	氧转化率/%	22.48	23
4	充氧能力/(kgO_2/h)	0.147	0.145
其他			
5	设备的寿命	一般为 5 年	一般为 4 年
6	维修	使用不锈钢喉箍，不需要维修	需要更换部分管线
7	安装	不需要装输气管线，安装简单	需要大量输气管线，安装复杂

二、中气泡扩散器

中气泡扩散器常用穿孔管和莎纶管。穿孔管的孔眼直径为 2~3mm，孔口的气体流速不小于 10m/s，以防堵塞。莎纶是一种合成纤维。莎纶管以多孔金属管为骨架，管外缠绕莎纶绳。金属管上开了许多小孔，压缩空气从小孔逸出后，由于莎纶富有弹性，可以从绳缝中以气泡的形式挤入混合液。

三、大气泡扩散器

大气泡扩散器的气泡大，氧的传递速率低。然而它的优点是堵塞的可能性小，空气的净化要求也低，维护、管理比较方便。常用的大气泡扩散器有：水力冲击式空气扩散装置、水力剪切型扩散器，如散流式曝气器、固定螺旋空气扩散器。

（一）水力冲击式空气扩散装置

水力冲击式空气扩散装置为射流空气扩散，射流曝气系统的核心设备是射流器。射流器是利用射流紊动扩散作用来传递能量和质量的流体机械和混合反应设备，由喷嘴、吸气室、喉管及扩散管等部件构成。图 7-6 为射流器结构示意图。

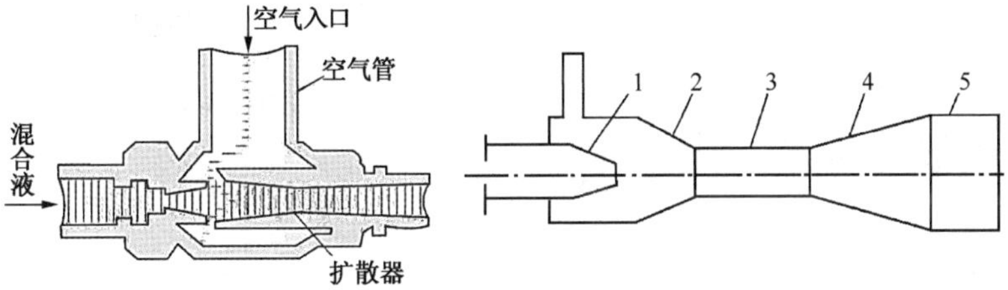

图 7-6 射流扩散装置示意图

1—喷嘴；2—吸气室；3—喉管；4—扩散管；5—尾管

1）射流曝气器的类型

根据供气方式的不同，射流曝气可分为两大类：压力供气与自吸(负压)供气。

(1) 压力供气

即用鼓风机向射流器供给空气。其特点是：空气由鼓风机供给，空气量的控制比较方便；可以根据需要把射流器安装在曝气池的底部位置，射流器数最多，一般淹没在水中，维护不方便。

(2) 自吸(负压)供气

由射流器喷嘴喷出的高速射流使吸气室形成负压，将空气吸入并混合，这种射流器通常称为自吸式射流器，其特点是不需要鼓风设备。

根据工作压力分类，自吸供气可分为高压型与低压型两种。高压射流的工作压力为 0.2MPa，低压为 0.07MPa。高压型射流器喷嘴流速为 20m/s 左右，低压为 12m/s 左右。低压型射流器理论上的能量消耗为高压型的 1/3，而实际上可能还要少一些。根据单级射流器结构分类，又分为单喷嘴和多喷嘴两种形式。

① 单级单喷嘴射流器。

单级单喷嘴射流器包括：喷嘴、吸气室、混合管(又称喉管)、扩散管等部分，自吸供气，动力效率为 14~20kgO_2/(kW·h)。单级单喷嘴射流器为西安污水厂、同济大学、北京市政设计院、北京建工学院等单位所研究和采用的主要类型，也是国内生产和应用较为广泛的形式，如图 7-7 所示。

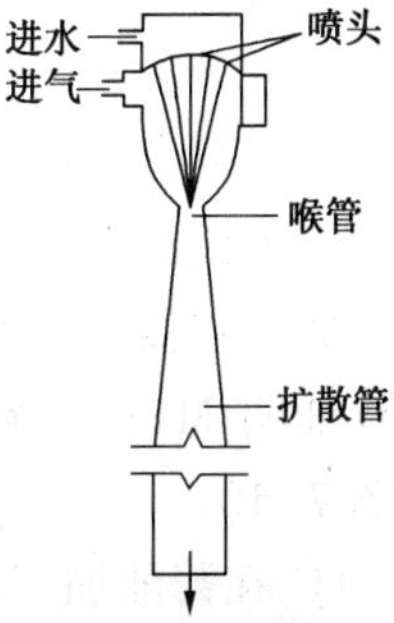

图 7-7 单级多喷嘴射流器示意图

② 单级多喷嘴射流器。

单级多喷嘴射流器为早年联邦德国的 Raver 化学公司采用的射流器，结构如图 7-7 所示。每单体有 4 个喷嘴，设在曝气池底部，一般池深 4.8m，有效淹没深度 4.2m。这种射流器属于压力供气，喷嘴直径为8mm，每立方曝气池体积设一个喷嘴。射流器的氧利用率为7.7%，充氧能力340kgO_2/h，耗能115 kW·h，充氧动力效率2.95 kgO_2/(kW·h)，这种装置的缺点是构造比较复杂，制造、安装、检修比较困难。

(3) 双级射流器

武汉轻工院、武汉水电学院及武汉建材学院等单位研制的双级射流器见图7-8。其特点是采用了两级喷射的形式，即利用第一级混合管作为第二级的喷嘴，使水射流的能量得到充分的利用。当工作压力为1kg/cm^{2}时，喷射系数约为0.8～0.9，动力效率为20kgO_2/(kW·h)，二级与一级进气比约为1：(15～17)，随着工作压力的增加，比例逐渐增加。图7-9为美国1974年的一种射流器。从射流器形式来看，没有混合管与两级喷射。

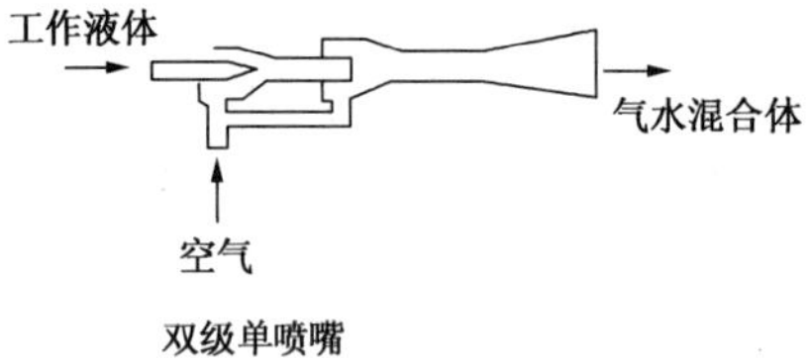

图7-8 双级射流器示意图

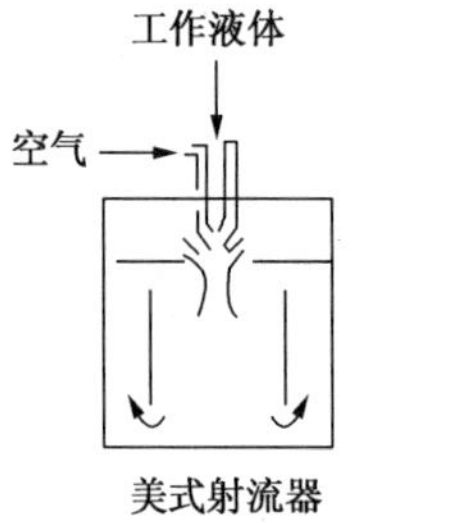

图7-9 美式两级射流器示意图

2)射流曝气技术的主要性能特点

(1) 射流曝气器混合搅拌作用强，具有较高的充氧能力、氧利用率和氧动力转移效率；

(2) 构造简单、工作可靠、运转灵活、便于调节、不易堵塞、易维修管理；

(3) 当采用自吸式射流曝气器时，可取消鼓风机，消除噪声污染；

(4) 在射流曝气器喉管内，由于射流的紊动及能量交换作用，形成了剧烈的混掺现象，不仅能在瞬间(2～10s)完成氧从气相向液相中的转移，而且射流曝气的工作水流是进水和回流污泥的混合液或曝气池混合液，因此在混合液内迅速地进行着泥(微生物)-水(有机物)-气(溶解氧)三者间的传质与生化反应；

(5) 提高了污泥的活性，基质降解常数较其他活性污泥法高；

(6) 所需曝气时间短，土建投资省，运转费用低，占地面积小。

3) 射流曝气器设备的应用

(1) MTS射流曝气器

MTS射流曝气器是由两组喷嘴组成，其原理与双吸式射流器相同。运行时，循环水和低压空气通过外部喷嘴泵入，在外部喷嘴里，流体产生高速的涡流，将吸入的空气充分混合。气液混合流体从内部喷嘴中释放出来，将周围液体卷入，气液混合液具有横向和竖向的能量，因此能在池内形成剧烈的混合。

MTS射流曝气系统可广泛应用于大型的食品加工、纸浆造纸、化工、医药等企业中，实践证明MTS射流曝气系统在降低生物处理成本方面有显著优势。MTS射流曝气器见图7-10。

① 在酱油加工废水处理中的应用。

某调味厂日排放生产废水60m^3，废水主要来自包装车间、生产车间的制曲、发酵回淋等生产工段，废水中主要成分为粮食残留物、各种微生物分泌的酶和代谢产物，还有微量洗

图 7-10　MTS 射流曝气器

涤剂、消毒剂。其采用的废水处理工艺为水解酸化+射流曝气+煤渣吸附。曝气池尺寸为3m×3m×3.5m，有效容积 45m³，池中安装一个射流曝气器，喷嘴直径 20mm，充气能力 30m³/h。

② 在饮料加工废水处理中的应用。

某饮料有限公司废水处理工程处理废水水量为 550m³/d，废水 COD 为 800～1500mg/L，处理系统包括水解酸化池、接触氧化池、氧化沟。其中氧化沟有 2 座，按序批式运行，总有效容积为 457m³，采用的曝气设备是工作液总流量为 320m³/h 的 16 支 MTS 射流曝气器。运行结果表明，MTS 射流曝气器不仅能满足曝气充氧的要求，而且能满足搅拌推流的要求，曝气搅拌阶段沟内混合液平均水平流速大于 0.25m/s，活性污泥呈完全悬浮状态，没有沉淀现象发生。

（2）GW 射流曝气

GW 射流曝气由成都绿水科技有限公司开发，已成功地应用于焦化、生活、垃圾渗滤液、化工、屠宰、皮革、医院、纺织印染污水处理。GWQ/B 射流曝气器主要由水泵、文丘里射流器、增效喷嘴及二次射流导流筒组成。其文丘里射流器见图 7-11，增效喷嘴见图 7-12。

图 7-11　文丘里射流器

图 7-12　增效喷嘴

混合液被水泵吸入后，在文丘里射流器内与空气进行射流混合形成混合液，混合液通过一套增效喷嘴在水池或二次射流导流筒中进行射流，增效喷嘴的二次射流借助水泵提供的能量，在水池或沟中形成相当于水泵 5 倍流量的推动力，使处理水在池中的水力循环中得到充氧，从而能提高氧的传递效率和利用率。企业提供的 GW 射流器吸空气性能技术参数见表 7-7，供参考。

射流曝气器在废水处理中已得到一定的应用，但由于充氧能力和动力效率较低，限制了该技术的推广应用。射流曝气技术的应用与完善，关键在于射流曝气器的研究与发展。因此，针对现有射流器的不足研制开发新型射流器，不断提高其充氧效率，提高氧利用率，改善氧转移动力效率，是推进射流曝气技术发展的关键。

表 7-7　GW 射流器吸空气性能技术参数

序号	型号	动力流量/(m^3/h)	进口压力/(kg/cm^2)	装机功率/kW	最大吸空气能力/(m^3/h)		制造材质
					吸气口压力(1atm)	吸气口压力(1.6atm)	
1	GW200	7.5~33	0.35~7.03	0.11~9	37	94	PVDF/304/316/316L
2	GW300	17~74	0.35~7.03	0.3~20	56	142	PVDF/304/316/316L
3	GW400	30~103	0.35~4.22	0.5~18	111	284	304/316/316L
4	GW800	82~303	0.35~4.92	1.5~58	383	980	304/316/316L
5	GW1200	140~480	0.35~4.92	2~92	608	1556	304/316/316L
6	GW3600	274~1010	0.35~4.57	4~180	1277	3269	304/316/316L

(二) 水力剪切型扩散器

1. 散流式曝气器

1）结构

散流式曝气器由齿形曝气头、齿形带孔散流罩、导流板、进气管及锁紧螺母等部件组成。曝气器采用玻璃钢或 ABS 整体成形，具有良好的耐腐蚀性。带有锯齿的散流罩为倒伞型，伞型中圆处有曝气孔，起到补气再度均匀整个散流罩的作用，可减少能耗，并将水气混合均匀分流，减少曝气器对安装水平度的要求。散流罩周边布有向下微倾的锯齿以求进一步切割气泡。空气由上部进入，经反复切割，氧的利用率得到提高。散流式曝气器及结构示意图见图 7-13。

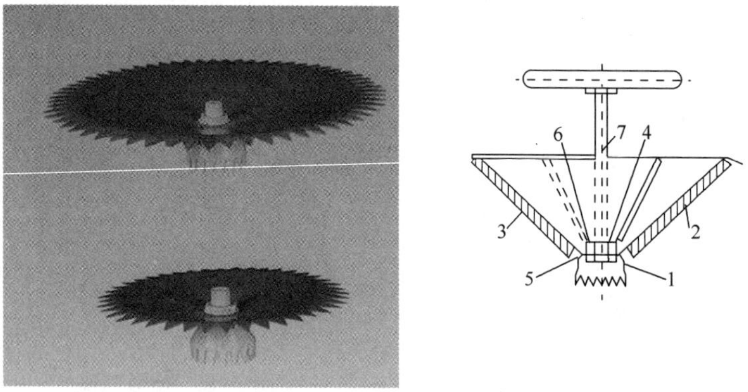

图 7-13　散流式曝气器及结构示意图

1—锯齿形布气头；2—散流罩；3—导流隔板；4—外螺母；5—垫圈；6—内螺母；7—进气管

有关生产企业给出的结构参数如下：

(1) 锯齿形布气头

直径 D=100mm，高度 H=120mm，锯齿 18 个，作用是切割分散空气。

(2) 带有锯齿的散流罩

散流罩设计成倒伞型，伞型中圆处一般有 12 个 ϕ12~25mm 的曝气孔。散流罩直径 D=600mm，周边一般布有 60 个向下微倾的锯齿以进一步切割水泡。

2）布气与充氧的途径

(1) 液体的剧烈混掺作用

气体由管道输送至曝气器，经过内孔后通过锯齿布气头，作为水气第一次切割。然后空气经散流罩并被周边锯齿第二次切割，并带动周围静止水体上升。除此外，由于曝气器分布池底，曝气后上升的气泡与下降的水流发生对流，增加了气液的混掺，加速了气液界面处水膜的更新。

(2) 气泡切割作用

气体经过两次锯齿切割及气液混掺作用，气泡直径变小，从而增加了气液接触面积，有利于氧的转移。

(3) 散流罩的扩散作用

散流罩将供气管中出来的气体扩散成圆柱状，不仅能改变池底部的布气状态，增大布气面积，而且能加剧底部气泡的扩散与底部的气液混掺，利于曝气充氧。

散流曝气器对气流的二次切割与分散，加大了布气范围，改变了池内流态，因此具有较好的充氧性。

3）主要技术参数

散流曝气器主要技术参数见表7-8，供参考。

表7-8　散流曝气器主要技术参数

型号	规格/mm	材质	质量/(g/个)	服务面积/(m^2/个)	充氧效率（水深4m）/%	充氧能力（水深4m）/(kgO_2/h)
PSB-400A	ϕ400	ABS	725	0.8	8	0.3
PSB-600F	ϕ600	FRP(玻璃钢)	897	1.5	9%	0.41

2. 固定螺旋空气扩散器

1）构造和作用原理

固定螺旋空气扩散器分单螺旋、双螺旋和三螺旋。

固定螺旋空气扩散器由直径300mm或400mm，高1500mm的圆筒组成。扩散器由5~6段组成，每段装着按180°扭曲的固定螺旋板，上下相邻段的螺旋方向相反。

双螺旋和三螺旋曝气器一般每台由三节组成。双螺旋曝气器每节有两个圆柱形通道(又称二通道)，三螺旋曝气器则有一个圆柱形通道(又称三通道)。每个通道内均有180°扭曲的固定螺旋叶片。在同一节螺旋中叶片的旋转方向相同，相邻二节中的螺旋叶片旋转方向相反。曝气器节与节之间的圆柱形通道相错60°或90°，双螺旋和三螺旋均有椭圆形过渡室，用以收集、混合和分配流体。固定螺旋空气扩散器结构示意图见图7-14。

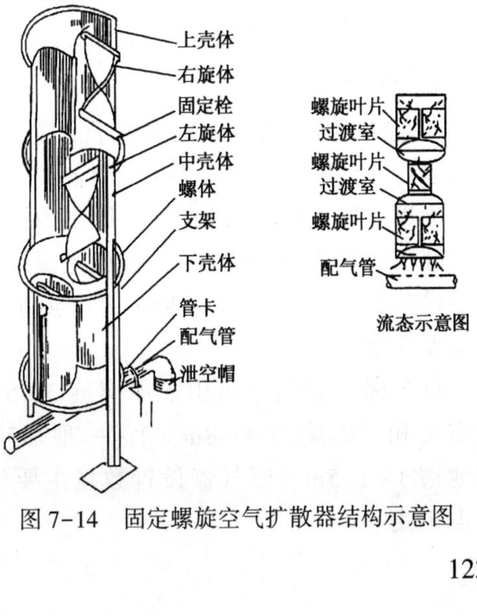

图7-14　固定螺旋空气扩散器结构示意图

空气由底部进入曝气筒，形成气、水混合液在筒内反复与器壁碰撞，迂回上升。由于空气喷出口口径大，故不会堵塞。水气混合剧烈，氧的吸收率高；该型扩散器可均匀布置在池内，污水混合好，不会发生污泥沉积池底的现象。

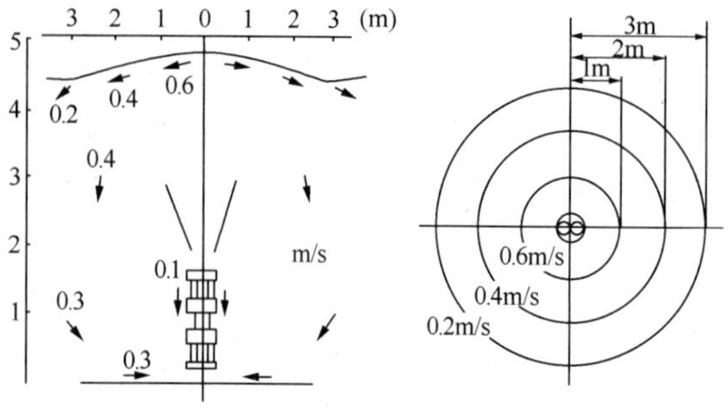

图 7-15　曝气状态和流速分布

曝气器安装在水中，无转动部件。空气从曝气器底部进入，气泡经旋转，径向混合、反向旋转，从而多次被切割，气泡不断变小，气液不断掺混，接触面积不断增加，有利于氧的转移。同时因气水混合液密度变小，可形成较大的上升流速和提升作用，使曝气器周围的水向池底流动，形成水流大循环，曝气状态和流速分布见图 7-15。

2）适用范围

① 城市污水和各种工业废水的活性污泥法曝气处理；

② 可用于污水调节池的预曝器，防止大颗粒泥沙沉积。

3）曝气器规格和设计参数

固定螺旋空气扩散器主要技术参数见表 7-9。

表 7-9　固定螺旋空气扩散器主要技术参数

曝气器型式	规格（直径×高）/mm	材质	适用水深/m	每个曝气器服务面积/m^2	每个曝气器需气量/（m^3/min）	氧转移效率/%	动力效率/［kgO_2/（kW·h）］	阻力/mm 水柱
单螺旋曝气器	ϕ300×1830（共五节）	玻璃钢	3.0~8.0	3~5	0.5~1.0	7.4~1.0	2.0~2.4	<250
双螺旋曝气器	ϕ315×1200（螺旋孔 ϕ150 二个）	玻璃钢	3.0~8.0	3~6	0.5~1.0	9~10.5	2.0~2.5	<250
双螺旋曝气器	ϕ420×1740（螺旋孔 ϕ200 二个）	玻璃钢	3.5~8.0	4~8	0.5~1.3	9.5~11.0	2.0~2.5	<250
三螺旋曝气器	ϕ420×1740（螺旋孔 ϕ185 三个）	玻璃钢	3.5~8.0	4~8	0.5~1.3	10~12	2.2~2.6	<200

4）使用要点

固定螺旋曝气器在国内多用于活性污泥法，适用于推流式和完全混合型曝气池，一般推流式运行效果更好。也可用于调节池的预曝气，防止大颗粒泥沙的沉积。

为提高曝气器的充氧效率，曝气池设计水深最好 4m 以上，为减少动力费用，可在曝气器底部增加导流筒，以加强污泥回流提升作用。导流筒高度可采用 0.5~1m，导流筒吸口离池尽量减少，一般为 250~300mm。当调节池和曝气池水深较浅（2.5~3m），可选用二节双螺旋曝气器。

每个曝气器服务面积：单螺旋 3~5m^2/个，ϕ315 型双螺旋为 3~6 m^2/个，ϕ420 型双螺旋和三螺旋为 4~8m^2/个（一般城市污水为 4~6m^2/个，工业废水为 6~8m^2/个）。离池边 1~1.5m。曝气器设置数量主要根据曝气池水深、有效容积、空气量等因素综合考虑确定。

需气量应根据原水中 BOD_5 含量计算。每个曝气器需气量为 0.5~1.3m^3/min，城市污水一般为每个 0.5~1m^3/min，工业废水为每个 0.7~1.3m^3/min。曝气器阻力随空气量而变化，不大于 250mm 水柱。

空气管设计应考虑联成环网，每根支管设二个曝气器为好，并设阀门，便于调节空气量。空气管设计流速：干管为 10~15m/s，支管为 5m/s。

为防止活性污泥在空气管道内沉积，引起管道堵塞，可在配气管末端加一个 90℃ 弯头，管顶端朝池底方向开一个直径 10mm 的小孔，以便排出沉积物。

四、扩散器的布置

扩散器一般布置在曝气池的一侧和池底，以便形成旋流，增加气泡和混合液的接触时间，有利于氧的传递，同时使混合液中的悬浮固体呈悬浮状态。

扩散器的布置形式多样，一般布置为环状与枝状。空气管设计应考虑压力平衡，最好联成环状网，每组进气管应设置阀门，便于调节空气量。具体有如下的布置与安装要求：

（1）膜片式微孔曝气器一般均匀布置于曝气池底部，根据国外资料介绍，对推流曝气池多采用渐减的曝气方式，一般为 35%、27%、23%、15%的四段布置，这种布置方式能使曝气器系统进一步达到优化运行和节能的效果；

（2）膜片式微孔曝气器竖向布置时，曝气器的表面距池底为 200mm 或空气管的中心距池底 120mm；

（3）空气管设计流速：干管为 10~15m/s；支管为 5m/s；空气管安装时，应保持水平，管道沿池壁和池底敷设时应设支架固定；空气管和气室连接处要用橡胶软管连接。

曝气管道的连接方式见图 7-16。

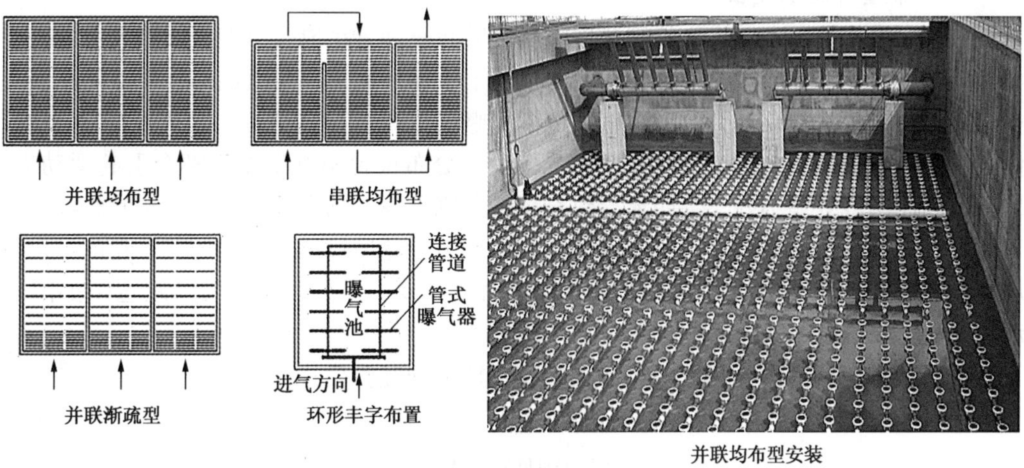

图 7-16　曝气管道的连接方式和安装示意图

第三节　机 械 曝 气

鼓风曝气是水下曝气，机械曝气则是表面曝气。机械曝气是用安装于曝气池表面的表面曝气机来实现的。常用的机械曝气形式与设备列于表 7-10。

表 7-10 机械曝气形式与设备

竖式曝气机	泵型叶轮曝气器	充氧量及动力效率较高，但加工复杂，易堵塞
	倒伞型叶轮曝气器	充氧动力效率高于平板型，但充氧能力稍低，制作较平板型复杂
卧式曝气机	转刷型表面曝气器	不锈钢丝或板条嵌置于横轴上，电动机驱动，转刷转动时将空气中的氧导入水中。转刷浸没深度 10~15cm；转速 40~100r/min；进氧量与转刷线速度的 2.6 次方成正比；平均动力效率 1.5~2.0kgO_2/(kW·h)
	转碟型表面曝气器	转碟是转碟曝气机的核心部件，直接关系到曝气机的曝气效率。转碟型转盘表面有梯形的凸块，圆形凹坑，借此来增大带入混合液中的空气量，增强切割气泡，推动混合液的能力，转盘的安装密度可以调节，便于根据需氧量调整机组上转盘的安装数量，每个转盘可独立拆装，方便维护保养

一、竖式曝气机

竖式曝气机的转动轴与水面垂直，装有叶轮，当叶轮转动时，使曝气池表面产生水跃，把大量的混合液水滴和膜状水抛向空气中，然后挟带空气形成水气混合物回到曝气池中，由于气水接触界面大，从而使空气中的氧很快溶入水中。随着曝气机的不断转动，表面水层不断更新，氧气不断地溶入，同时池底含氧量小的混合液向上环流和表面充氧区发生交换，从而能提高整个曝气池混合液的溶解氧含量。表曝机叶轮的淹没深度一般在 10~100mm，并可以实现吃水深度的调节，淹没深度大时提升水量大，但所需功率也会增大。表曝机叶轮转速一般为 20~100r/min，电机需通过齿轮箱变速，可进行二档、三档调速，以适应进水水量和水质的变化。根据叶轮结构形式，我国目前应用的这类表曝机有泵型、倒伞型、K 型叶轮型。

（一）泵型叶轮曝气器

泵型表面曝气机由电动机、传动装置和曝气叶轮三部分组成。泵型表面曝气机的工作原理和性能与水泵相似，通过叶轮旋转，使水急剧上下循环而形成强大回流，使液面不断更新与空气接触而充氧，具有动力效率较普通倒伞型曝气机高、充氧量高、提升力强和结构简单等优点。但叶轮制造工艺复杂，叶片偏多或偏少，分布位置稍有误差等都会引起运动失衡，如果负压区控制或处理不好，会明显导致充氧量急剧下降，动力消耗陡增。按叶轮浸没度可调与否分为可调式与不可调式。其中可调式为用调节手轮通过调节机构调节叶轮的浸没度或采用螺旋调节器调整整机的高度，从而调整叶轮浸没度。泵型叶轮曝气器示意图如图7-17所示。

对于泵型叶轮曝气器，其充氧量和轴功率可按下列经验公式计算：

$$R_0 = 0.379K_1 \cdot V^{2.8} \cdot D^{1.88} \quad (7-1)$$

$$N_{轴} = 0.0804K_2 \cdot V^3 \cdot D^{2.8} \quad (7-2)$$

式中 R_0——在标准状态下清水的充氧能力，kgO_2/h；

V——叶轮周边线速度，m/s；

D——叶轮公称直径，m；

K_1——池型结构对充氧量的修正系数；

$N_{轴}$——叶轮轴功率，kW；

K_2——池型结构对轴功率的修正系数。

有关企业给出的泵型叶轮曝气器性能参数见表 7-11，供参考。

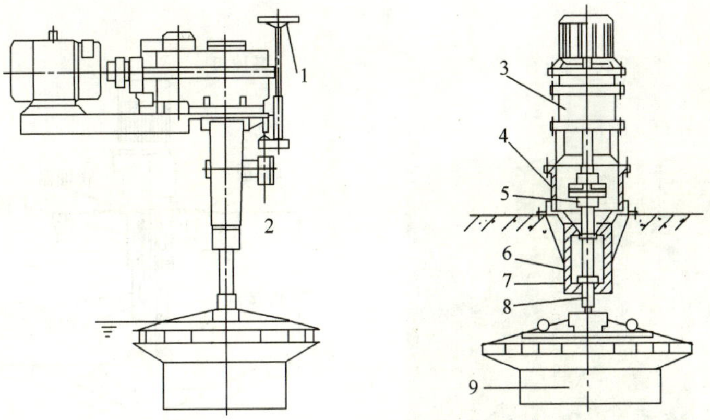

(a) 可调式　　　　(b) 不可调式

图 7-17　泵型叶轮曝气器示意图

1—浸没度调节手轮；2—浸没度调节机构；3—减速机；4—机座；5—浮动联轴器；
6—轴承座；7—轴承；8—传动轴；9—叶轮

表 7-11　泵型叶轮曝气器性能参数

叶轮直径/mm	电机功率/kW	转速/(r/min)	清水充氧/(kgO_2/h)	提升力/N	叶轮升降动程/mm
400	1.5	216	5	680	120(升) 80(降)
	2.2	167~252	2.5~8.0	420~1420	
760	5.5	110	15.7	3010	140(升、降)
	7.5	88~126	8.3~23.4	1530~4530	
1000	11	84.8	27.2	5510	
	15	67~97	13.9~28.2	2690~8250	
1240	18.5	70	43.8	9160	
	22	54~79.5	21~62.9	4180~13470	
1500	22	55	55	11680	
	30	44.5~63.9	30~82.7	6180~18280	
1720	30	49	74.5	16260	180(升) 100(降)
	45	39~57.2	37.6~102.4	8190~26160	
1930	45	44.4	96.3	21900	
	55	34.5~51.6	47.7~131	10370~34380	
2160	55	43	131.5	35130	
	75	31.6~47.4	56~175	13970~47060	

（二）倒伞型叶轮曝气器

曝气机由电动机、立式减速机、机架、连轴器、主轴、倒伞型叶轮和控制柜等组成；倒伞型叶轮由圆锥形壳体及连接在外表面的叶片所组成，转速在 30~60r/min，动力效率为2~2.5kgO_2/(kW·h)。倒伞型叶轮曝气器具有结构简单、运行平稳、无堵塞、维修方便等优点。倒伞型叶轮曝气器与结构图见图 7-18。

有关企业给出的倒伞型叶轮曝气器性能参数见表 7-12，供参考。

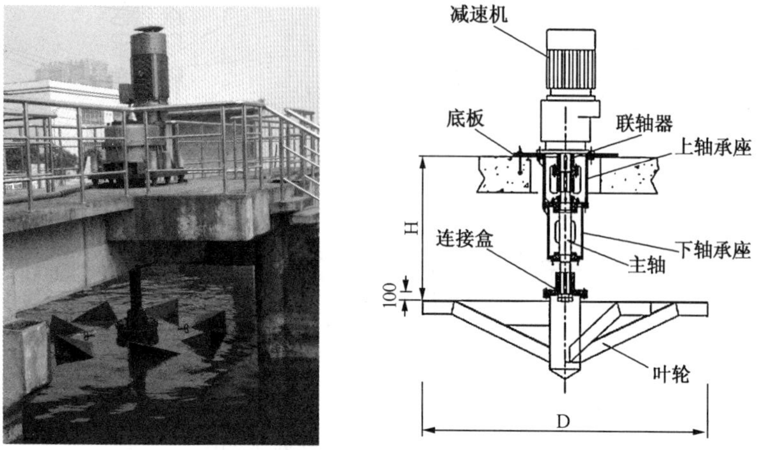

图 7-18　倒伞型叶轮曝气器与结构示意图

表 7-12　倒伞型叶轮曝气机性能参数

型　　号	叶轮直径 D/mm	叶轮高度/mm	功率/kW	充氧量/(kgO_2/h)	最大服务沟宽/m	最大服务水深/m
DSC300	3000	960	75	174	8.0	4.2
			90	210	8.5	4.4
			110	256	9.0	4.6
DSC325	3250	974	90	215	8.8	4.5
			110	259	9.2	4.8
			132	315	9.6	5.0
DSC350	3500	1050	160	377	10.5	5.5
DSC300	3000	960	75	104~174	8.0	4.2
			90	126~210	8.5	4.4
			110	154~256	9.0	4.6

（三）K 型叶轮表面曝气机

K 型曝气叶轮结构如图 7-19 所示，主要由后轮盘、叶片、盖板和法兰组成。后轮盘近似于圆锥体，锥体上的母线呈流线型，与若干双曲率叶片相交成水流通道。通道从始端至末端旋转 90。后轮盘端部外缘与盖板相接，盖板大于后轮盘及叶片，其外伸部分与后轮盘出水端构成压水罩，无前轮盘。

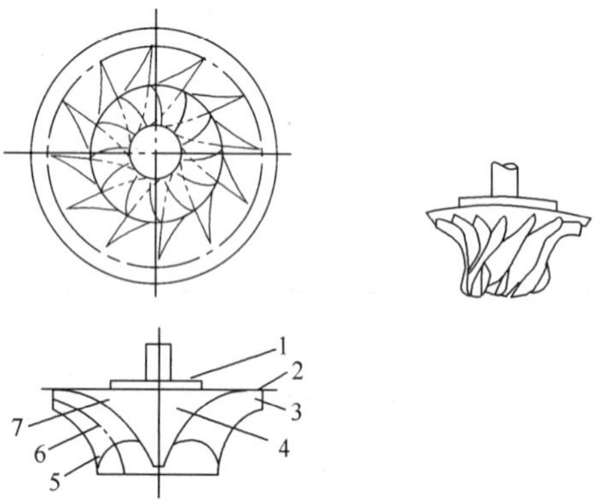

图 7-19　K 型曝气叶轮结构

1—法兰；2—盖板；3—叶片；4—后轮盘；5—后流线；6—中流线；7—前流线

K 型叶轮叶片数随叶轮直径大小不同而不同，叶轮直径越大则叶片数最多。根据高效率离心式泵最佳叶片数目的理论公式，1000mm 叶轮的较佳叶片数为 20～30 片。理论上叶片越多越好，考虑叶轮的阻塞，推荐的叶轮直径与叶片数的关系如表 7-13 所示。

表 7-13 叶轮直径与叶片数的关系

叶轮直径/m	200~300	500	600~1000	1200
叶片数/片	12	14	16	18

二、卧式曝气机

卧式曝气机的转动轴与水面平行，在垂直于转动轴的方向装有不锈钢丝(转刷)或板条，用电机带动，转速在40~100r/min，淹没深度为1/4~1/3转刷直径。转动时，钢丝或板条把大量液滴抛向空中，并使液面剧烈波动，促进氧的溶解；同时在运转时推动混合液在池内回流，促进溶解氧的扩散。卧式曝气机主要用于氧化沟，设备运转时，池中的流体速度应保持在0.3m/s。

（一）转碟

建设部于2008年8月批准发布了《转碟曝气机》(CJ/T 294—2008)城镇建设行业标准，标准对于转碟曝气机在不同浸没深度下的充氧性能要求如表7-14所示。

表 7-14 不同浸没深度下的充氧性能要求

转碟直径/mm	浸没深度/mm	单盘标准氧转移速率/(kg/h)	标准充氧效率/[kgO_2/(kW·h)]
≥1400	400	>0.8	>1
	500	>1	>1.5

转碟主要由驱动装置、碟片以及配套设施组成，图7-20为转碟结构示意与设备图。

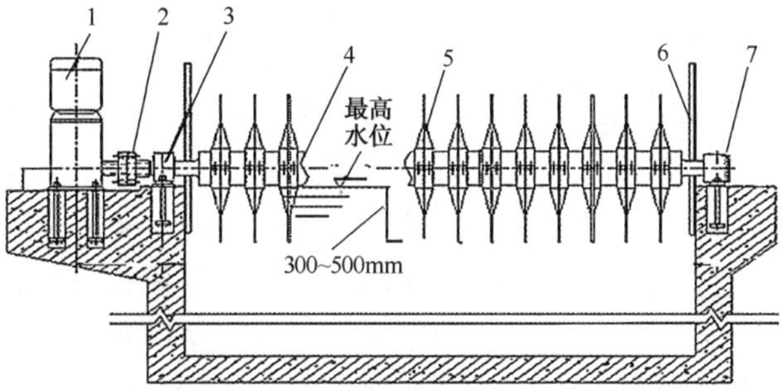

图 7-20 转碟结构与设备图

1—驱动装置；2—弹性联轴器；3—首部轴承座；4—转轴；5—碟片；6—防溅板；7—尾部轴承座

其相关生产企业给出的技术参数如表 7-15 所示，供参考。

表 7-15　转碟技术参数

型号	功率/kW	充氧能力/(kgO_2/h)	碟片数	沟宽/m	转速/(r/min)	动力效率/[$kgO_2/(kW \cdot h)$]	碟片直径/mm	浸没深度/mm
ARD41	11	24.3~25.9	15~16	4				
ARD51	15	30.7~32.4	19~20	5				
ARD61	18.5	35.6~37.3	22~23	6				
ARD71	22	42.1~45.3	26~28	7				
ARD81	22	50.22~51.8	31~32	8				
ARD91	30	58.3~60.3	36~37	9	50~60	2.5	1400	300~500
ARD52	30	64.4	40	52				
ARD62	37	77.3	48	62				
ARD72	45	90.2	56	72				
ARD82	55	103.1	64	82				
ARD92	55	119.2	74	92				

装有转碟曝气设备的氧化沟应有以下配套设施：

1）导流墙

为使水流在氧化沟弯路处保持平衡状态，流速分布均匀，能量损失减少，需在转弯处设置导流墙。

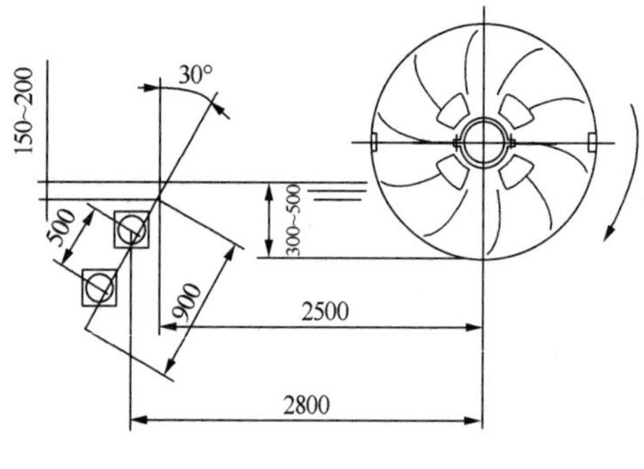

图 7-21　导流板与转碟曝气机安装位置关系

2）导流板

转碟曝气机下游距转轴中心 2.5~3m 安装导流板。导流板上缘距水面 150~200mm，与水平面夹角 45°~60°，多为 60°。板宽度 900mm，长度与氧化沟宽度同。导流板可将经过曝气的混合液引向氧化沟底部，从而加大沟底液体流速，延长气泡在混合液中的停留时间，提高充氧效率。避免底部污泥沉积。导流板与转碟曝气机安装位置关系见图 7-21。

（二）转刷曝气机

曝气机主轴上均匀布置着刷片，转刷在驱动装置的传动下旋转，刷片与水接触，将水抛入空中，形成水跃，充分与空气接触，空气迅速溶入水中，完成充氧过程。同时刷片对水的推动作用确保池底有 0.15~0.3m/s 的流速，使活性污泥处于悬浮迁移状态，与进水混合良好，转刷设备见图 7-22。

1. 结构型式

（1）减速机常用结构型式

立式电动机与减速器采用弹性柱销联轴器直联传动，减速器采用螺旋伞齿轮和圆柱齿轮传动。

（2）双载联轴器常用结构型式

采用球面橡胶与外壳内表面及鼓轮外表面挤压接触，同时传递扭矩、承受弯矩；采用其

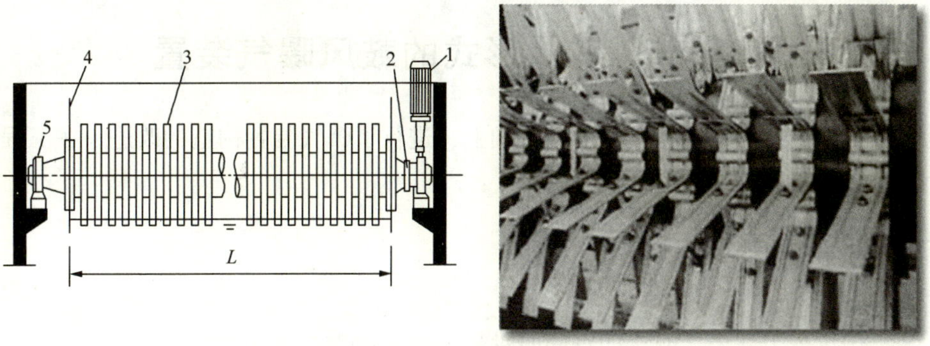

图 7-22　转刷曝气机

1—减速机；2—双载联轴器；3—转刷轴(主轴、轴头、叶片等组成)；4—挡水板；5—尾轴承支座

他型式时，必须具有调心及缓冲功能，调心幅度不得小于 0.5。

(3) 转刷轴尾部支承结构型式

应随转刷轴因热胀冷缩出现长度变化时，能自动调节。

(4) 转刷结构型式

叶片沿主轴呈螺旋状排列，靠箍紧力传递动力。

2. 技术参数

《曝气转刷机》(CJ/T3071—1998)给出的有关曝气转刷机基本参数见表 7-16。

表 7-16　曝气转刷机基本参数

参数型号	转刷直径/mm	转刷有效长度/m	动力效率/[KgO_2/(kW·h)]	电机功率/kW	充氧能力/(kgO_2/h)	最大浸水深度/mm
ZB700/3000	700	3	≥1.6	7.5	12	240
ZB700/4500		4.5		11	17	
ZB700/6000		6		15	23	
ZB71000/3000	1000	3	≥1.65	15	24	300
ZB100/6000		6		22	34	
ZB1000/7500		7.5	≥1.7	30	48	
ZB1000/9000		9		37	60	

其相关生产企业给出的技术参数如表 7-17 所示，供参考。

表 7-17　转刷技术参数

参数型号	转刷直径/mm	沟宽/m	转数/(r/min)		电机功率/kW	充氧能力/(kgO_2/h)	最大浸水深度/mm	动力效率/[kgO_2/(kW·h)]	适用有效水深/m
			单速	双速					
ARB3×1	1000	3	73		15	25	300	1.67	2.5~3.5
ARB4.5×1		4.5	75		18.5	35		1.89	
ARB6×1		6	75	50/75	30	49		1.63	
ARB7.5×1		7.5	73	48/73	37	60		1.62	
ARB9×1		9	73	48/73	45	74.5		1.66	

第四节　其他形式的鼓风曝气装置

为了运行的方便，在原有曝气器的基础上，进行了曝气装置构造的改进，在工程中出现一些新的曝气装置。

一、可提升管式微孔曝气器

1. 产品特性

（1）采用抗浮力技术、两头四点同时进气、悬挂可提升方法安装；

（2）曝气均匀、气泡细小、氧利用率高、动力效率高；

（3）有较好的流速、流态；阻力小、能耗低；

（4）曝气时曝气器会产生左右摆动，可减少池底污泥沉积、减少死区现象，增加了曝气面积，提高了充氧能力；

（5）安装方便，池内有水无水均可安装，池内无须其他配置，长时间曝气如需维修，可自由提升维修，无须放水、无须关停风机，不影响正常运行。

2. 产品规格

可提升管式微孔曝气器外径65mm，长度2000mm；2根/套，每套长为4000mm，通气量20~40m^3/套·h，每套服务面积4~8m^2。可提升管式微孔曝气器与结构见图7-23。

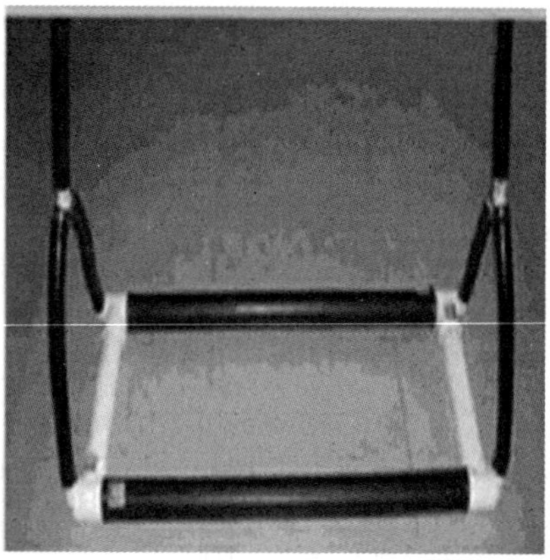

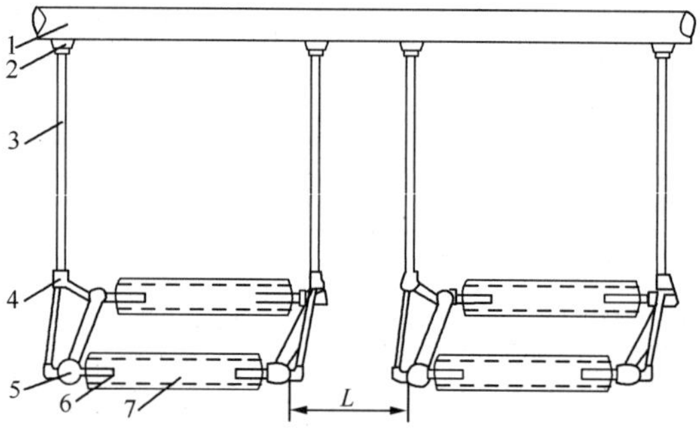

图7-23　可提升管式微孔曝气器与结构示意图

1—进气分管；2—三通；3—进气软支管；4—进气分枝件；5—固定垂重连接管；6—卡箍；7—管式曝气器

3. 技术参数

其相关生产企业给出的技术参数如表7-18所示，供参考。

表7-18　可提升管式微孔曝气器技术参数

水深/m	服务面积/(m^2/m)	通气量/[m^3/(m·h)]	氧利用率/%	动力效率/[kgO_2/(kW·h)]	供氧量/(kgO_2/h)	阻力损失/Pa	气孔密度/(个/m)	气泡行程/m
4.5	2	8	30.36	6.24	0.68	3600	14000~15000	0.5~5

二、下垂式曝气装置

可变微孔下垂式曝气装置是根据水中氧气的转移原理及目前各种充氧曝气装置的特点而开发出来的，曝气装置具有溶氧效率高、检修方便、操作可靠的优点。其空气支管装在池体水面以上，避免与污水接触，不易被腐蚀。曝气器再通过连接管与空气支管相连接。下垂式曝气装置见图7-24。

检修时，先关闭阀门，打开活接头，将要检修的曝气器同连接管从空气支管上取下，把曝气器同连接管从水中提上来即可进行检修、更换，无须排掉池中的污水。目前该曝气装置已有示范工程，使用情况见图7-25。

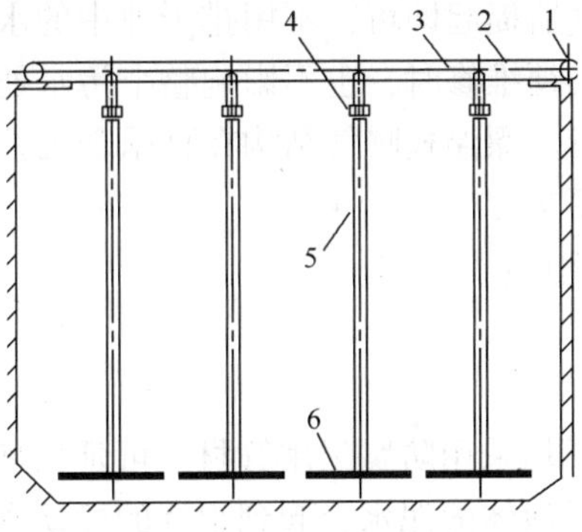

图7-24 下垂式曝气装置结构示意图

1—空气主管；2—阀门；3—水平曝气支管；4—活接头；5—垂直曝气支管；6—微孔曝气器

图7-25 下垂式曝气装置在工程中的应用

三、上浮式曝气装置

可变微孔上浮式曝气平台是根据工程实践及客户需求，在下垂式曝气系统的基础上开发出来的另一种布气装置。它的曝气单元是采用一条空气支管伸入池底，在池底部通过“丰”字型空气支管分别与管式曝气器相连组成。在“丰”字形平台的另一端设一条支管作为辅助支撑，支撑水管上端铰接于池顶面的池体上。空气支管、支撑管的底端在池底部有定位的结构，以保证每个单元的确定位置。在检修时，关闭通往检修单元的气阀，打开连接法兰和铰接销，将空气支管、“丰”字形平台、支撑管等组成的单元部件提出水面进行检修、更换。上浮式曝气装置示意图见图7-26。

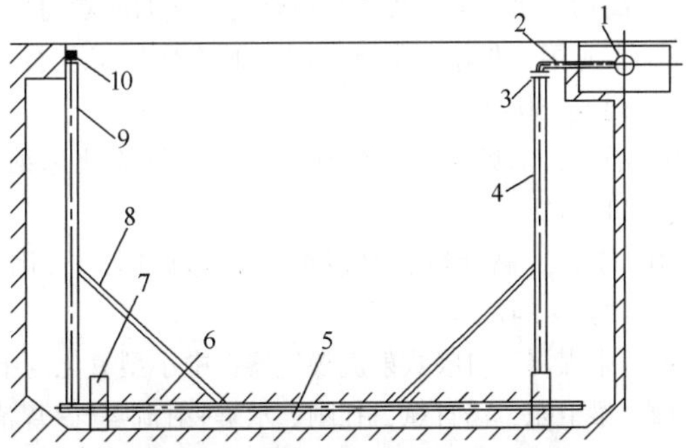

图7-26 上浮式曝气装置示意图

1—风机空气主管道；2—阀门；3—法兰；4—曝气支管；5—曝气平台支撑；6—微孔曝气管；7—定位支墩；8—加强筋；9—支撑管；10—连接销

四、柔性曝气装置

漂浮式曝气悬链技术是对引进的德国百乐克悬链曝气技术加以改进而成。其装置主要有可变微孔曝气管、漂浮链。

装置使用时，将可变微孔曝气管通过空气支管连接在水面的漂浮链(水平漂浮的空气管)上。停留在设计好的水深处；漂浮链用接头铰接在鼓风机送空气的主管路上，浮动链被松弛地固定在曝气池两侧，曝气时，每条漂浮链可在池中的一定区域内作蛇形摆动，气泡从曝气器表面逸出时，在向上运动的过程中，不断受到水流流动，浮链摆动等扰动气泡并不是垂直向上的运动，而是斜向运动，因此可以延长气体在水中的停留时间，提高氧气传递效率。

图 7-27　漂浮式曝气器在百乐卡工艺中的应用

此类曝气系统没有水下固定部件，移动部件和易老化部件都很少。在选择设备和材料时，均采用耐用的材料。系统运行时既不需要任何易损的探测器，也不需要任何复杂的控制系统，运行管理方便。维修时只需将曝气链下的曝气器提起即可，不用排干池中的水。当曝气器必须维修时，也不影响整个污水处理系统的运行。漂浮式曝气结构在百乐卡工艺中的应用见图 7-27。

与其他曝气装置相比，柔性曝气装置具有以下优点：

（1）曝气均匀，节省动力，效果好；

（2）维护简单，检修方便，能实现不停产检修；

（3）不易被腐蚀，使用寿命长等。水下安装材料均采用防腐耐用管材，可延长曝气设备的使用寿命；同时由于可变曝气管布置于池底部，对池体的泥水会起到很好的搅动作用，可使污水和氧气混合更均匀，反应更彻底，从而使系统曝气均匀、效率高，提高好氧系统的运行效率。

参考文献

1　湛蓝，栾兆坤，芦钢等．盘式曝气器的结构优化设计[J]．环境污染防治与设备，2006，7(2)：142～144.

2　吴敏．关于微孔曝气器比较与选择的探讨[J]．环境保护，2002(5)：16～18.

3　毋瑞林，唐也平，姜国栋．污水处理用曝气鼓风机的发展趋势[J]．风机技术，2002(4)：47～50.

4　郝建昌，张安龙．射流曝气技术在工业废水处理中的应用[J]．化工环保，2005，25(6)：451～454.

5　陈福泰，胡德智，栾兆坤．射流曝气器研究进展[J]．环境污染治理技术与设备，2002，3(2)：77～79.

6　瞿永彬，俞庭康，沈燕云．射流曝气器充氧性能研究[J]．同济大学学报，1993，21(1)：129～133.

7　高远，岳晓勤．浅析影响射流曝气的因素[J]．中国市政工程，2002，96(1)：49～50.

8　丁延国，张建，张旭．污水射流曝气工艺技术在聚驱中的应用[J]．大庆石油地质与开发，2003，22(1)：50～51.

9　潘涛，邬扬善，王绍堂．三相生物流化床射流曝气器的研究与设计[J]．给水排水，1997，23(5)：11～12.

10　李天，高廷耀，赵俊英．联邦德国三大化工公司的废水生物处理[J]．化工环保，1988，8(6)：345～347.

11　朱谋溪．自吸式射流曝气器在中小型氧化沟中的应用[J]．给水排水，1999，25(8)：13～14.

12　梁卫东，汤日斌，杜刚．水解+射流曝气+煤渣吸附工艺处理酱油废水[J]．黑龙江环境通报，2003，27(2)：47～48.

13　崔炜，张安龙，贺延龄．水解酸化—氧化沟工艺处理造纸废水[J]．中国给水排水，2004，20(5)：78～79.

14　王建国，章万喜．不停产检修曝气系统在污水处理中的应用[J]．中国环保产业，2007(7)：45～48.

第八章　潜水搅拌器

潜水搅拌器作为一种在全浸没条件下连续工作，兼搅拌混合和推流功能为一体的浸没式设备，在污水处理领域有着广泛的应用，在活性污泥工艺中采用潜水搅拌器可防止污泥沉积在池底部，将污水与回流液和再循环水流混合在一起使悬浮固体均匀分布，从而使微生物与污水之间有充分的接触。在城市污水处理厂污水处理过程中，由于污水处理工艺的需要，污水和污泥的混合液必须以一定的流速在池体内循环流动，如果流速过低，会使混合液中的污泥絮凝沉淀，使池底大量积泥，大大减少池体的有效容积，降低处理效果，影响出水水质。因此，需要借助潜水搅拌器的搅拌、推动，使得混合液保持一定流速，防止污泥沉积在池底部，并将污水与回流和再循环水流混合在一起使悬浮固体均匀分布，从而使微生物与污水之间有充分的接触，达到混合搅拌、推进的作用。

一、分类

潜水搅拌机的转速范围一般为 15～1450r/min，可按转速分为低速型和高速型。潜水搅拌器设备图见图 8-1。

1. 低速型

其中低速型转速在 15～120r/min，叶轮直径大，一般在 1200～2500mm 之间；直径大于 1800mm 的最为常用，其功能则突出地表现在推动水力循环方面。

其特点是：流场分布较为均匀，流速低缓，但作用范围大，适用于对 GT 值没有要求、且池体空间较大、以推动水力循环与保持流速为目的的处理构筑物中。设备的单位池容功率消耗指标主要取决于池体的水力学设计与设备的效率。低速型潜水搅拌机广泛应用于工业和城市污水处理厂厌氧池搅拌、曝气池和氧化沟推流，产生低速切向流，为脱氮和除磷工艺创建水流条件。

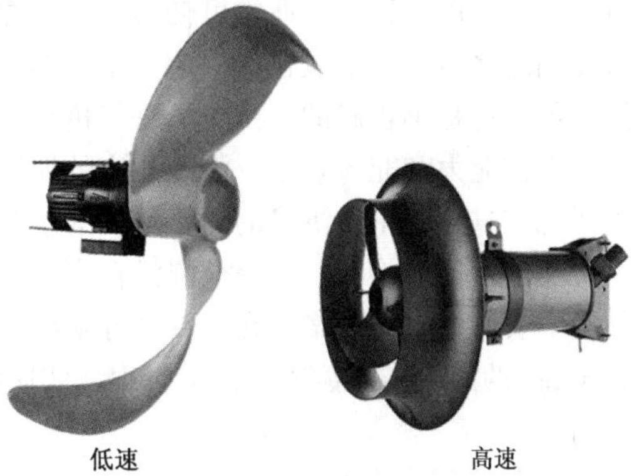

低速　　高速

图 8-1　潜水搅拌器设备

2. 高速型

高速型转速 300～1450r/min，叶轮小，直径通常在 900mm 以下，其作用偏重于混合搅拌。其特点是：流速高、紊流强烈、流场的流速梯度大、作用范围小，适用于池体空间小或对 GT 值有一定要求、以混合主的处理单元，如物化处理工艺中的混合池、反应池，生化处理系统中的选择池、厌氧池等。

二、作用与要求

（一）作用

1. 推动水力循环

用推进器进行水力循环是高效节能的手段，尤其在污水生化处理中的厌氧池、缺氧池和氧化沟中应用广泛。由于在这类池中只需提供必要的循环流速，就可以保持池内的混合液呈悬浮状态，使微生物与其基质充分接触，因此池型多采用氧化沟池型，通过推进器输入的能量，形成连续循环水流。这种设计不仅能有效地保持混合液悬浮，而且由于池内循环水流的流量通常高于进水流量数十倍，甚至上百倍，使池内流产生巨大的稀释匀化能力，因而使得工艺具有耐冲击负荷的特性。同样在氧化沟设计中，表曝设备兼有充氧与水力循环的双重功能。在工程中往往会因水质和水量变化而需要调整充氧能力时，难以兼顾池内的循环流速，造成沟内沉泥积泥的问题，而增设推进器便可以有效解决其积泥问题，而且进行这项技术改造并不复杂，投资又很少。

这种设计不仅可以应用于生化处理系统中，还可以应用到污水预处理系统中。在某污水处理工程的污水泵站建成之前，设置了贮水池以均衡出水流量，保证放流管系统的平稳运行。贮水池池容为8000m^3，分两组，每组水池池长64m，池宽7m，有效水深6m，设计最小循环流速0.3m/s。在贮水池中按廊道分别布置4台搅拌推进器，单台单位池容输入功率1.5~2W/m^3。

2. 提高传氧效率

在污水生化处理系统中，曝气是维持好氧微生物正常代谢的基本手段，水下曝气系统的传氧效率又与水深有着直接的关系。在曝气池中，采用推进器将曝气池设计成上述连续循环流池型，就会在循环流速的作用下，改变由曝气头释放气泡的路径，增大传氧水深，提高传氧效率。采用这种设计通常可使曝气系统的传氧效率提高15%左右，污水处理的能耗与运行费用随之节省。如氧化沟采用倒伞型曝气机，有人认为国外的曝气机推力大，可省去潜水推流器，这是不正确的。倒伞型曝气机在实际运行时，提升力很小，不同的浸没深度直接影响着平推能力和充氧效果，没有相应的搅拌和提升能力，完全依靠平推能力是不可能完全阻止污泥在氧化沟中的沉降的。曝气机的主要功能是曝气充氧、混合；动力效率是考核设备的主要技术指标，将曝气机完全浸没在水中运行时，它的推力可能最大，但充氧效果也最差，最经济实用的设计方案是在1万立方米容量的氧化沟中增加1台功率为7.5kW、叶轮直径为2500mm的潜水推流搅拌器，运行中，实际电耗仅增加10.08kW·h，而运行效果可以得到提高。

3. 促进混合搅拌

随着污水生化处理技术的发展，出现了分格、分段处理的工艺。当单格池容较小时，可将每格设计成正方形平面或圆形平面，并在每格中设置一台搅拌器。这类反应器的布置方式十分灵活，在圆形池中可以任意布置位置，只要产生的推力与水流方向一致即可。在矩形池中则要布置在池壁的夹角处，设计中应注意水流方向的选择。当单池容积较大(如超过800m^3)时，就应当通过对技术方案进行分析比较，来选择确定是采用搅拌型还是推进型设备。一般而论，单池池容越大，池面越大，采用推进型设备越经济。

（二）要求

1. 运行环境要求

推流式潜水搅拌机在下列条件下应能保证正常运行：

（1）搅拌介质温度为0~40℃；

（2）搅拌介质pH值为6~9；

（3）搅拌介质的密度不超过1150kg/m^3；

（4）最大潜入水深不大于20m；

2. 水力学性能要求

(1) 水体推流搅拌的工作有效区内的流速应大于0.3m/s。

(2) 在水体推流搅拌的工作有效区内(保持流速≥0.3m/s的条件下)，低速推流式潜水搅拌机的轴向有效推进距离应符合表8-1的规定。

表8-1 低速型推流式潜水搅拌机水力学性能要求

电机功率/kW	截面有效扰动半径/m	轴向有效推进距离/m	电机功率/kW	截面有效扰动半径/m	轴向有效推进距离/m
1.1	≥4	≥16	5.5	≥4	≥40
1.5	≥5	≥25	7.5	≥4.5	≥55
2.2	≥2.3	≥25	7.5	≥4.5	≥55
3	≥2.5	≥25	18.5	≥5.5	≥60
4	≥3.5	≥35			

(3) 在水体推流搅拌的工作有效区内(保持流速≥0.3m/s的条件下)，高速推流式潜水搅拌机的水体截面有效扰动半径应符合表8-2的规定。

表8-2 高速型推流式潜水搅拌机水力学性能要求

电机功率/kW	截面有效扰动半径/m	轴向有效推进距离/m	电机功率/kW	截面有效扰动半径/m	轴向有效推进距离/m
0.75	≥0.5	≥5	4	≥2.0	≥25
1.1	≥0.8	≥7.5	5.5	≥2.5	≥30
1.5	≥1.0	≥10	7.5	≥2.5	≥35
2.2	≥1.2	≥12	11	≥4.5	≥50
3	≥1.5	≥15	15	≥5.5	≥50

三、结构

1) 壳体

考虑到污水处理厂污水具有酸碱、有机物、热污染、腐蚀性溶液等工作环境因素，潜水搅拌器壳体的主要材质应为不锈钢；而所有的螺母、螺钉和垫圈则应为不锈钢或更好的材质。

2) 电机

电机应根据水深工作的需要，一般选用高绝缘等级(F级)的标准定子和标准转子组件组装到设计紧凑的潜水搅拌机壳体内。电机功率等级和安装尺寸均应符合IEC国际标准，特别对接线端口设计应完全密封，能把电机和外界分隔。

3) 减速传动装置

减速传动装置主要由一对斜齿轮、轴承和油箱组成。驱动齿轮安装在电机输出轴上，被动齿轮安装在搅拌器轴上，材料一般采用优质钢。

4) 搅拌螺旋桨

搅拌螺旋桨的设计根据潜射流理论，采用水力平衡的无堵塞的拽后设计，它能有效传递对应电动机输出的最大搅拌效率，在叶片设计时需考虑到防止异物缠绕桨叶的因素。为了获得远流程的流场要求，设有导管式罩。制造完毕后需进行静平衡校验。

5）密封装置

搅拌器由于长期在水下工作，故其密封性是非常重要的。静压密封均采用“O”型橡胶圈，在搅拌器端轴的动密封采用内装单端面大弹簧非平衡的机械密封动、静环，材料为碳化钨或碳化硅。

6）监控系统

在每相定子绕组线圈中装入热敏开关，当热敏开关断开时，电机停止运行并报警。在潜水电机油室设置油室漏水传感器：当水渗入油室时，传感器将发出报警信息。在潜水电机定子室设置漏水传感器：定子室中渗入水分时，电机停止运行并报警。热敏开关、油室漏水传感器和定子室漏水传感器经导线引至电机接线盒（接线盒内有端子板，而端子板则应使用弹性“O”型环与电机密封）。

7）动力和控制电缆

潜水控制电缆和动力电缆的尺寸应符合 IEC 标准并提供足够的长度以接入接线箱，且不能拼接。电缆外护套应是低吸水性的防泄漏氯丁橡胶，并且其机械柔性应能承受电缆进线处的压力。电缆至少能在水下 20m 处连续使用而不失其防水性能。采用远程的监控工作站则可以利用编程进行远程的实时数据调用、参数修改功能，以达到远程监控的目的。

四、潜水搅拌机的技术参数

1. 技术参数

技术参数是设备选型的主要依据。以 QJB 型号的搅拌器为例，对设备的参数作具体说明。见表 8-3，供参考。

表 8-3　QJB 型号的搅拌器技术数据

搅拌器型号		功率/kW	叶轮直径/mm	叶轮转速/(r/min)
高速系列	QJB0. 85/8-260/3-740	0. 85	260	740
	QJB1. 5/6-260/3-980	1. 5	260	980
	QJB2. 2/8-320/3-740	2. 2	320	740
	QJB4/6-320/3-960	4	320	960
	QJB5. 5/6-640/3-303	5. 5	640	303
	QJB11/6-790/3-303	11	790	303
	QJB15/6-790/3-368	15	790	368
低速系列	QJB1. 5/4-1800/2-42	1. 5	1800	42
	QJB2. 2/4-1800/2-42	2. 2	1800	42
	QJB3/4-1100/2-115	3	1100	115
	QJB3/4-1800/2-56	3	1800	56
	QJB4/4-1800/2-56	4	1800	56
	QJB4/4-1800/2-63	4	1800	63
	QJB4/4-2500/2-42	4	2500	42
	QJB5/4-2500/2-56	5	2500	6

2. 流速与距离的关系

QJB 型号系列潜水搅拌机流速与距离的变化关系见图 8-2。

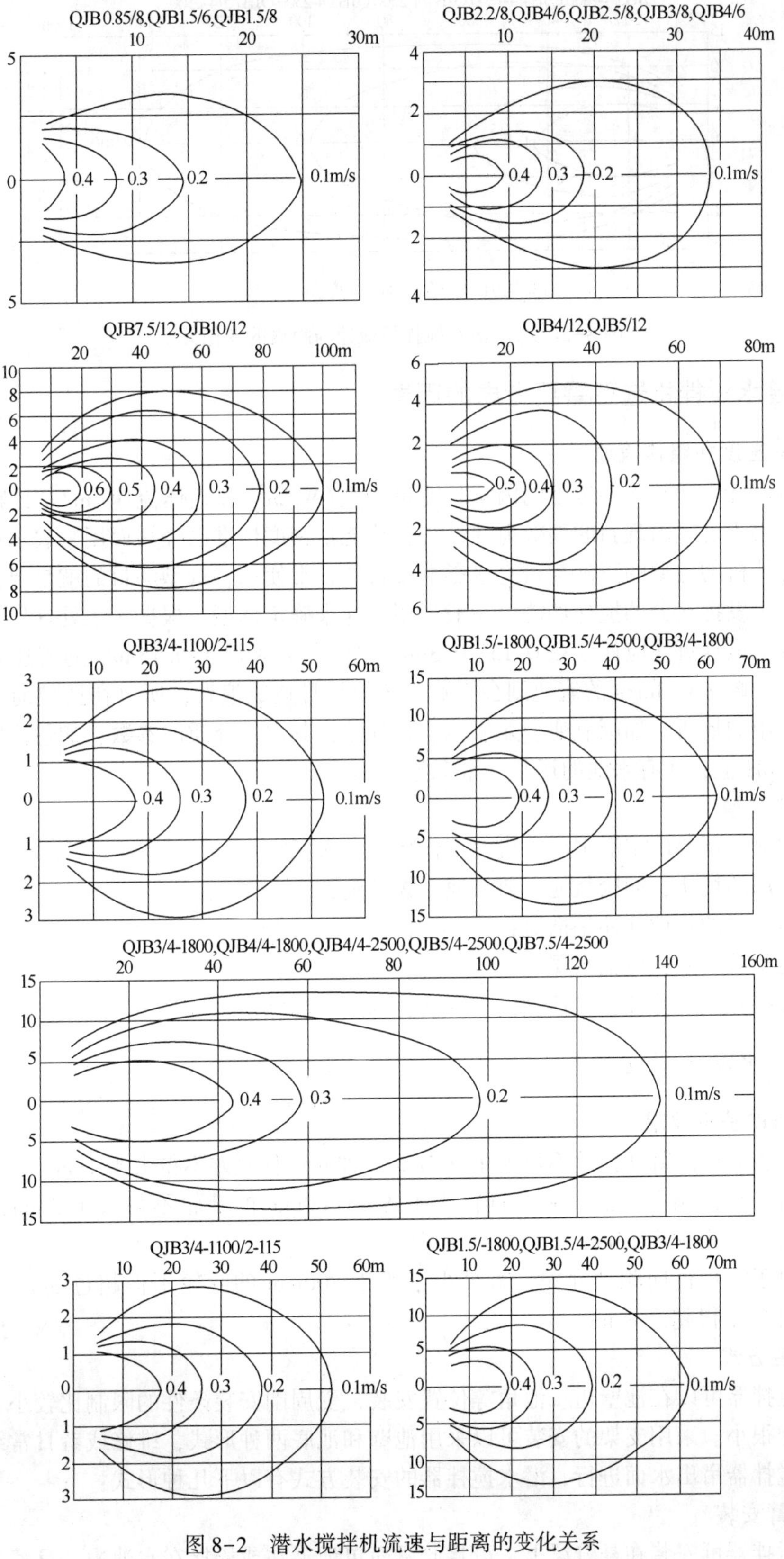

图 8-2 潜水搅拌机流速与距离的变化关系

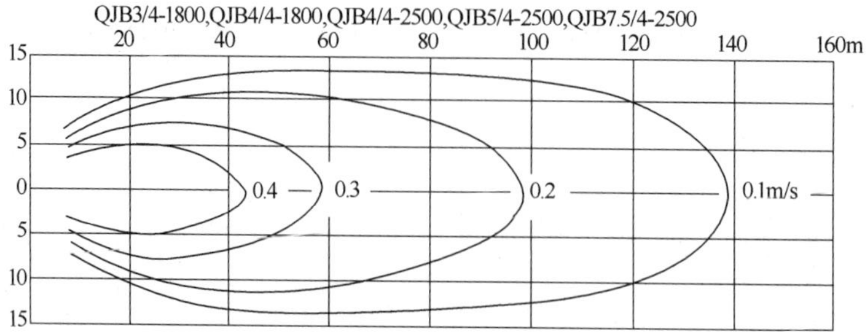

图 8-2(续) 潜水搅拌机流速与距离的变化关系

五、潜水搅拌机选型需要考虑的因素

1. 能量密度和整体流速

搅拌器设计中通常需要考虑的因素是能量密度(W/m^3)和整体流速(m/s)，特别是在污水处理中。由于已经出现新的高效搅拌系统，故能量密度标准已经转而用来表示最大能耗。

潜水搅拌机的选型的正确与否直接影响设备的正常使用，选型的目的就是要让搅拌机在适合的容积里发挥充分的搅拌功能，一般可用流速来确定选型。根据污水处理厂不同的工艺要求，搅拌机最佳流速应保证在 0. 15~0. 3m/s 之间，如果低于 0. 15m/s 的流速则达不到推流搅拌效果，超过 0. 3m/s 的流速则会影响工艺效果且造成浪费，所以在选型前首先确定潜水搅拌机运用的场所，如厌氧池、兼氧池、曝气池；其次是介质的参数，如悬浮物含量、黏度、温度、pH 值；还有水池的形状、水深等。

2. 工作环境

在选型前，还要确定潜水搅拌机的工作环境，包括：

(1) 运用的场所，如厌氧池、兼氧池、曝气池；

(2) 运用目的：搅拌还是推流；

(3) 池型及尺寸，包括水深等；

(4) 搅拌介质的特性，包括黏度、密度、温度、固体物含量等。

六、潜水搅拌机安装

1. 设备的基本要求

(1) 机轴的径向跳动允差不得大于 0. 2mm，轴向位移允差不得大于 1mm。

(2) 对于叶轮端面摇摆允差，直径小于等于 800mm 的叶轮不得大于 3mm，直径大于 800mm 的叶轮不得大于 5mm。

(3) 对于叶轮径向跳动允差，直径小于等于 800mm 的叶轮不得超过 3mm，直径大于 800mm 的叶轮不得超过 8mm。

2. 安装方式

潜水搅拌器可以在池壁边、池角等位置安装，受周围安装条件的限制比较小，影响池壁等土建结构很小。采用支架的安装可以采用池壁和池底两种形式，维修或者日常维护时，可以将潜水搅拌器吊出水面进行，潜水搅拌器的安装方式有以下几种形式：

1) 悬臂安装

小型搅拌器可安装在悬臂梁上，可将此梁简单地夹在或栓接在水池边，悬臂导杆长度不超过 3m，如图 8-3 所示。

2）地面安装

搅拌器固定在地面的一个支架上，常用于浅的水池中，如图 8-4 所示。

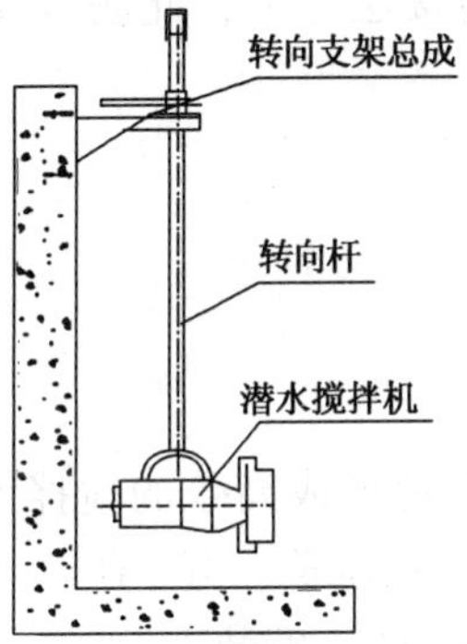

图 8-3　悬臂安装示意图

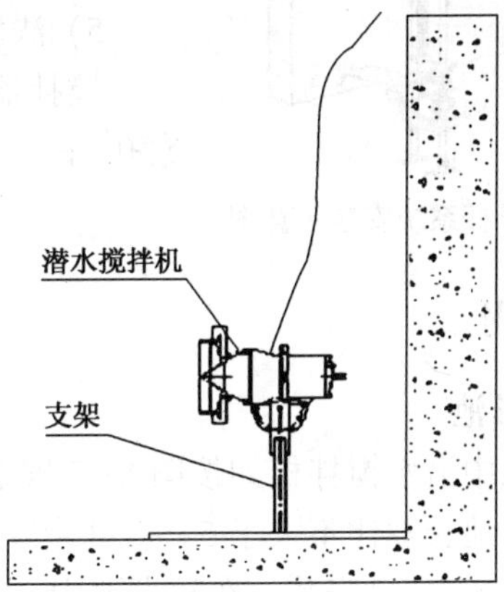

图 8-4　底板安装示意图

3）单导杆安装

最常用的安装方法是搅拌器沿着装于水池壁上的一根导杆下降或提升，见图 8-5。当池深 $H<4m$ 时建议采用安装系统Ⅰ。潜水搅拌机的潜水深度可以根据需要进行垂直方向的调节，而且在水平面内可绕导杆旋转的最大角度为±60°，起吊系统底座、支撑架和下托架与池的有关联接面均采用膨胀螺栓固定，无须预留孔。当池深 $H>4m$ 时建议采用安装系统Ⅱ，需在池底做一混凝土基础(或钢结构底座)。起吊系统底座、钢绳固定架和导向底座与池的有关联接面均采用膨胀螺栓固定，无须预留孔。安装系统Ⅱ用导向钢绳替代导杆，具有运输方便、现场安装简单等特点。该系统可以避免由于运输引起的导杆弯曲、变形而影响正常使用的情况；可有效改善池深过深情况下，由于导杆的安装误差而导致的无法正常起吊等现象的发生，在有悬臂池顶的安装条件下，操作更方便可靠。

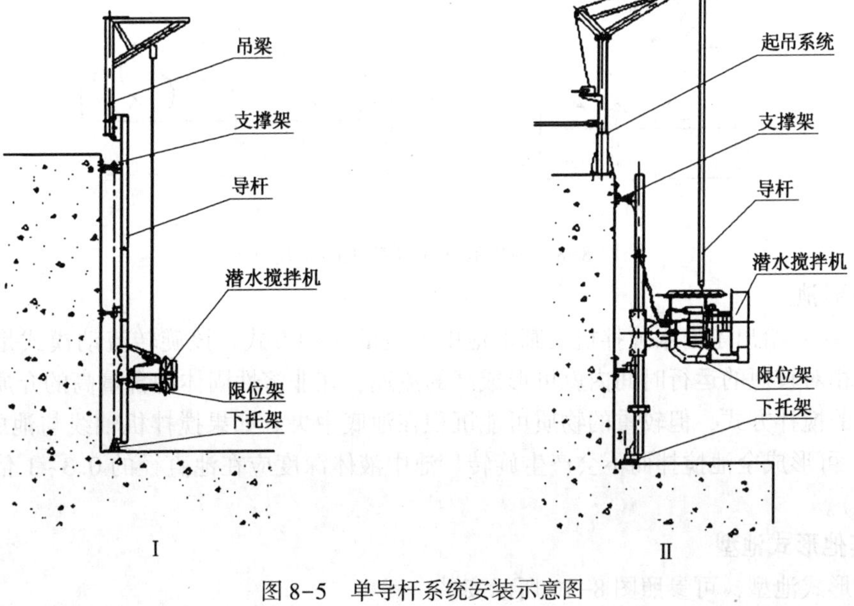

图 8-5　单导杆系统安装示意图

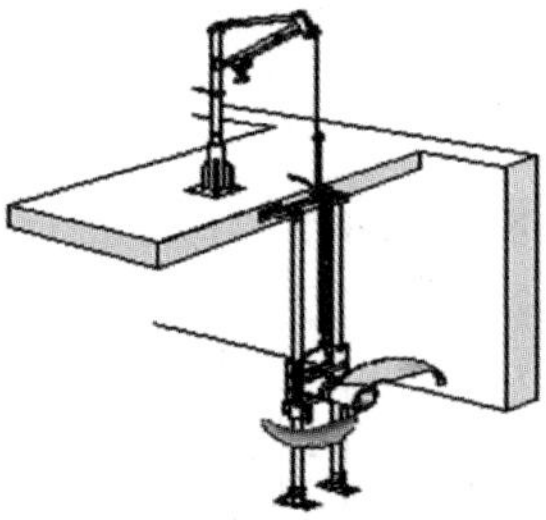

图 8-6　双导杆系统安装示意图

4）双导杆系统

为刚性设计，可实现不同深度的搅拌器安装。安装示意图见图 8-6。

5）法兰安装

搅拌器固定在一个转接法兰上，此法兰安装在水池观察孔内。

七、应用

1. 长方形池

长方形池中潜水搅拌机如按图 8-7 安装时，可在方形池形成高效的搅拌效果。当使用一台搅拌机时池长宽比不大于 5。否则应安装多台搅拌机。在池长、宽小于 5~8 倍叶轮的情况下，可按图 8-7(a)安装。在较大池中，搅拌机可按图 8-7(b)安装。

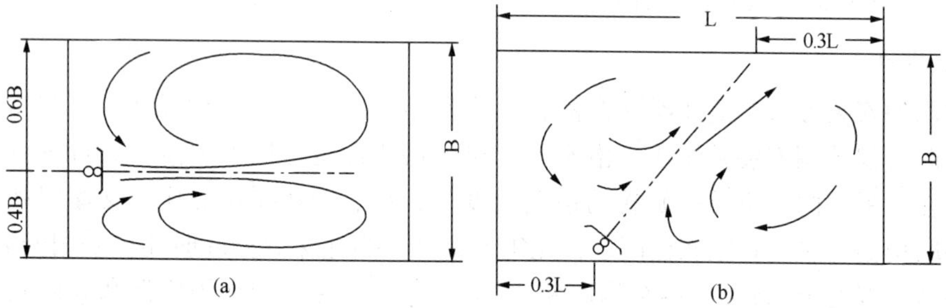

图 8-7　长方形池中潜水搅拌机安装示意图

当使用多个搅拌机时，可以用图 8-8 的两种安装方式。

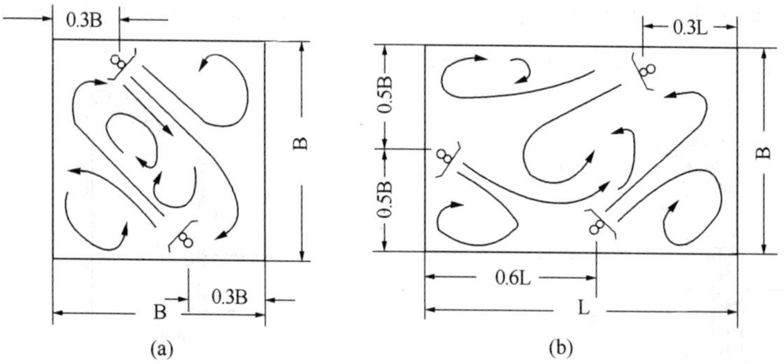

图 8-8　池中有多个搅拌机的安装方式

2. 圆形池

图 8-9(a)给出了潜水搅拌机在圆形池中安装的一种方式。该旋转流动模式是最简单的一种，在相对较短的运行时间内就可形成高的流速，在非溶性固体物含量高的介质中，这是一种高效的搅拌方式，但较重的物质可能沉积在池底中央。如果搅拌机轴线与池中线成7°~10°安装，可形成全池搅拌而不会产生旋转。池中液体深度应在池直径的 0.3~1 倍之间，如图 8-9(b)。

3. 其他形式池型

其他形式池型，可参照图 8-10 所示安装。

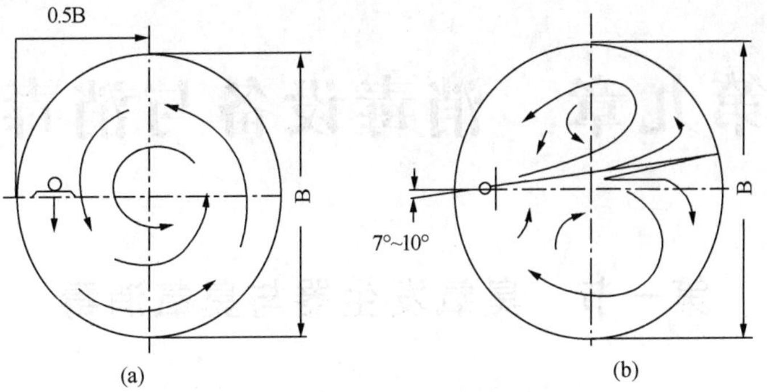

图 8-9　潜水搅拌机在圆形池中的安装方式

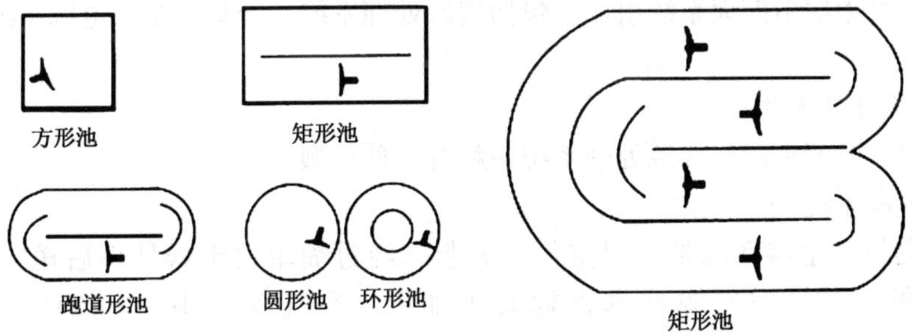

图 8-10　潜水搅拌机在其他形式池型中的安装方式

参　考　文　献

1　LarsUby. 潜水搅拌器的选用[J]. 中国给水排水，2002，18(12)：91~92.

2　易克林，翟红卫. 潜水搅拌器在污水处理领域中的应用[J]. 漯河职业技术学院学报(综合版)，2003，2(2)：17~19.

3　张鑫珩，钱卫霞. 国内外的潜水搅拌机与倒伞曝气机能效比较[J]. 中国环保产业，2006(12)：28~30.

第九章　消毒设备与消毒

第一节　臭氧发生器与臭氧消毒

一、臭氧发生器组成

一般臭氧发生器由四大系统组成，包括气源处理系统、冷却系统、电源系统、臭氧合成系统。

（一）气源处理系统

根据原料气源的不同，气源处理系统一般有三种类型。

（1）空气源系统

空气源臭氧发生器系统是指以空气为原料，经过简单的干燥处理后送入臭氧合成系统产生臭氧的装置。空气源技术指标要求如下：空气露点小于-45℃，粉尘不大于0.01mg/m³。

（2）臭氧发生器富氧源系统

富氧源系统是指空气经过压缩干燥等多道工序处理后，以高纯氧气的形态送入臭氧合成系统的装置。富氧源系统技术指标要求如下：气源露点小于-50℃，氧气纯度60%~90%，粉尘不大于0.01mg/m³。

（3）臭氧发生器纯氧源系统

纯氧源系统是指用制作好的液态氧经汽化器汽化、气源处理系统处理后，送入臭氧合成系统的装置。

生产中选用何种形式的气源作为原料，应根据臭氧系统产量和臭氧浓度指标及系统运行条件来确定。

（二）臭氧发生器冷却系统

臭氧合成过程中，大约90%电功率被转换成热能，因此具有稳定高效的冷却系统是发生器长期运行的根本保障。冷却系统主要对放电单元外电极进行冷却和对进入放电单元的气体进行调节，以保证臭氧产量的稳定。

冷却的形式有水冷型和风冷型。风冷型冷却效果不够理想，臭氧衰减明显，风冷一般只用于臭氧产量较小的中低档臭氧发生器，而总体性能稳定的高性能臭氧发生器通常都是水冷式的。水冷型发生器冷却效果好，工作稳定，臭氧无衰减，并能长时间连续工作，但结构复杂，成本稍高。水冷型系统通用分为开路循环和闭路循环两种，通常情况下大型臭氧系统采用闭路循环冷却，中小型臭氧系统采用开路循环冷却。

（1）开路循环

开路循环是指冷却水经放电室进入交换器直接排放，如图9-1所示。

（2）闭路循环

是指冷却水经循环泵加压后通过放电室交换器闭路循环的系统，如图9-2所示。

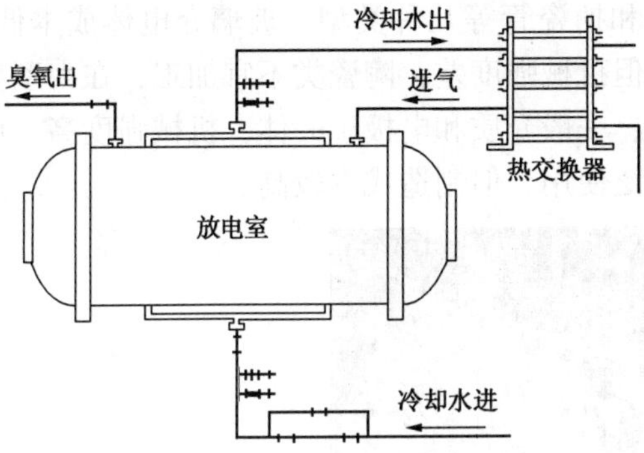

图 9-1　臭氧发生器开路循环冷却系统示意图

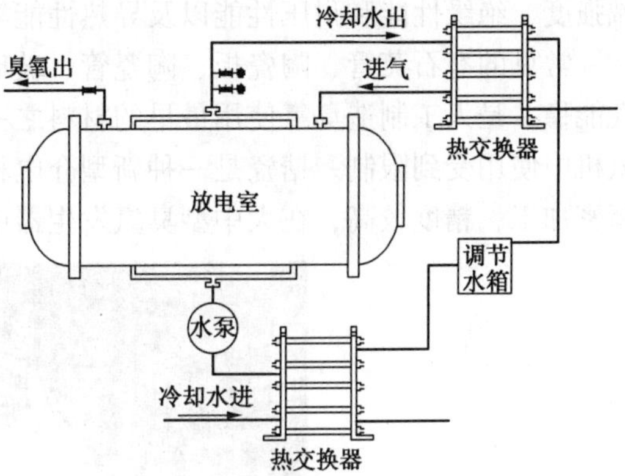

图 9-2　臭氧发生器闭路循环冷却系统示意图

（三）臭氧发生器电源系统

1. 电源系统

电源系统是臭氧合成过程中最关键的部分，电源系统不仅与臭氧系统稳定可靠工作有关，而且与臭氧合成效率运行成本有关。臭氧电源有工频电源、中频电源、高频电源三种。

1）工频电源系统

工频电源系统工作流程为：市电→控制柜→电压调→高压变压器→高压。工频发生器由于体积大、功耗高等缺点，目前已基本退出市场。

2）中频电源系统

中频电源系统工作流程为：市电→控制柜→中频整流器→变频器→电抗器→高压变压器→高压。中频电源频率般在 400～1000Hz 之间，分固定中频和可调中频两种。

3）高频电源系统

高频电源系统工作流程为：市电→控制柜→高频整流器→变频器→电抗器→高压变压器→高压。高频电源一般指频率在 1000Hz 以上，分固定高频和可调高频两种。

中、高频发生器具有体积小、功耗低、臭氧产量大等优点，是现在最常用的产品。

2. 电源控制系统

臭氧电源控制是一项较为复杂、技术含量很高系统，它既要保证电源主电路能够在任何情况下恒流恒压运行，又能实现系列化的在线检测控制。臭氧电源控制具体要求如下：

（1）可实现远近程控制；

（2）可实现臭氧气体浓度的在线检测和控制；

（3）可实现水溶度在线检测和控制；

（4）可实现气体流量压力自动检测和调节；

（5）可实现进气出气进水出水温度在线检测和报警。

（四）臭氧合成发生系统（放电室）

放电室由放电室桶体、进、出水口、进、出气口、视镜、蜂窝端板、外电极、放电体、介质、连接件、高压保险高压接线柱组成，臭氧合成发生系统见图 9-3。

放电室是臭氧产生的关键部分，而介质又是放电室的关键设备。理想的电介质应具有良好的绝缘和导热性能，但导热性和导电性常是兼有的性质，因此，一般按绝缘的要求选择。为了取得较好的散热功能，尽可能减薄电介质。据研究，玻璃管的厚度增加 1mm，臭氧产量将减少一半左右，但过薄的电介质易被高压击穿，因此必须根据使用电压考虑电介质的机械强度、绝缘性能和耐压性能以及导热性能等因素。

常见的有石英管、陶瓷板、陶瓷管、玻璃管和搪瓷管等几种类型。玻璃介电体成本低、性能稳，是人工制造臭氧使用最早的材料之一，但机械强度差；陶瓷类不宜加工，在大型臭氧机中使用受到限制。搪瓷是一种新型介电材料，一般介质和电极于一体，机械强度高、可精密加工，精度较高，在大中型臭氧发生器中广泛使用，但制造成本较高。

图 9-3　臭氧合成发生系统图

二、臭氧的发生技术

臭氧(O_3)是一种强氧化性气体，可用于消毒杀菌、去除氧化物，已被广泛应用于市政供水、造纸和纸浆漂白、水产养殖、药厂纯水、电子工业高纯水、泳池水循环等行业。与其他的传统工艺(如加氯消毒等)相比，臭氧具有更多的优势，如氧化能力更强，它不会产生对人体有害的消毒副产品，如三氯甲烷(THM_S)等。国外大型臭氧发生器应用于工业生产当中已有上百年历史，单机臭氧产量目前已有 300kg/h、460kg/h 的超大型臭氧发生器的出现，广泛应用于水处理、化工氧化、包装、造纸等行业，在国民经济的诸多领域发挥着举足轻重的作用。臭氧发生器在上百年的发展中，技术水平不断进步，在臭氧产生机理、发生器材料、结构、系统、驱动电源、气源处理技术、检测，以及不同领域臭氧的应用等方面都建立了完善的理论与规范。目前，臭氧在欧美日等发达国家的自来水厂应用日益普遍。我国供水行业的应用也日见普遍，尤其是水源遭微污染的区域。

臭氧的利用与人类健康生活密切相关，与人类环境改善息息相关，所以人们将它称之为绿色产业。臭氧的发生技术主要是通过自然界产生臭氧的方法模拟而来，伴随不断的研究和科技发展，臭氧的发生技术已具备相当高的水平，其方法不外乎以下几种。

1. 光化学法

光波中的紫外光会使氧分子分解并聚合为臭氧，大气上空的臭氧层即是由此产生的。人工生产臭氧即采用光电法，产生出波长 $\lambda = 185nm$ 的紫外光谱，这种光最容易被 O_2吸收而达到产生臭氧的效果。光化学法产生臭氧的优点是纯度高，对湿度温度不敏感，具有很好的重复性，这些特点对于臭氧用于人体治疗及作为仪器的臭氧标准源是非常合适的，缺点是能耗较高。

2. 电化学法

利用直流电源电解含氧电解质产生臭氧气体的方法。20 世纪 80 年代以前，电解液多为水内添加酸盐类电解质，电解面积小，臭氧产量低，由于人们在电极材料、电解液与电解机理过程方面大量的研究，生产技术取得了很大进步，现在已经能够利用纯水电解得到高浓度臭氧。电解法产生臭氧具有浓度高，成分纯净、水中溶解度高的优势，将会有较好的应用前景。

3. **电晕放电法**

电晕放电法是模仿自然界雷电产生臭氧的方法，通过人为的交变高压电场在气体中产生电晕，电晕中的自由高能离子离解 O_2分子，经碰撞聚合为 O_3分子。

电晕放电型臭氧发生器是目前应用最广泛、相对能耗较低、单机臭氧产量最大、市场占有率最高的臭氧发生装置。世界上现在单机产量最高的达 300kg/h，就是使用电晕放电原理，这种方法的能耗一般为氧气源 6~7kW·h/kgO_3、空气源 14~16kW·h/kgO_3。

电晕放电法产生臭氧的装置包括高压电极、地电极、介电体与放电间隙四部分，高浓度的臭氧发生装置还要同时配备冷却、气源预处理等技术。

臭氧发生器的气源有：空气、液态氧(LO_x)、气态氧。

(1) 空气制臭氧：设备投资高，臭氧浓度一般在 3%~4%，耗电量为 23~25kW·h/kgO_3。

(2) 液态氧制臭氧：设备投资低，臭氧发生浓度可达 18%甚至更高，耗电量为 10~13kW·h/kgO_3。试验表明，当氧气含量为 97.7%时臭氧产率最高。

(3) 气态氧制臭氧：设备投资比空气制臭氧低，但比液态氧制臭氧要高，臭氧发生浓度可达到 18%甚至更高，耗电量为 11~14kW·h/kgO_3。气态现场制取(VPSA、VSA 和 PSA 法)，氧气纯度为 90%~93%，能耗为 0.3~0.4kW·h/kgO_2。

三、国产大型臭氧发生器的历史与现状

我国臭氧技术起步较晚，20 世纪 70 年代中期才开始进行研究及开发应用，并在 80 年代能生产出单机产量为 1kg/h 的工频臭氧发生器。其后，随着我国瓶装水及桶装水生产中强制使用臭氧消毒政策的出台，以及一些家用臭氧空气消毒产品的推广应用，对整个臭氧行业的发展起到了巨大的推动作用，一些生产臭氧发生器及相关产品的企业如雨后春笋般的出现，中小型臭氧发生器及空气消毒产品在技术和性能上也日趋完善。尽管这段时期臭氧及应用被越来越多的人所认识和了解，应用领域不断拓展，但是，国产大型臭氧发生器在技术上却没有明显的进步，还是以工频放电为主，尤其在单机产量上没有突破。国内目前运行的大型臭氧设备，基本上依赖于进口，如昆明、上海、常州、桐乡等地自来水厂，采用的是瑞士 OZONIA、德国 VEDECO、法国 TRILIGAZ 等国外几个知名厂家的设备，在性能和节能方面具有非常突出的优势，使国产的大型工频臭氧设备比较起来相形见绌。

1. **国产大型工频臭氧发生器所存在的问题**

(1) 工频放电，效率低、耗电大

国产工频臭氧发生器的放电频率为 50Hz，仅靠升高电压来提高臭氧产量，大部分电能转化……斤臭氧的电耗一般都在 20kW 以上，不少运行的设备产生 1kg 臭氧的功率……国家倡导节能政策和企业降低费用显得格格不入。

……低、气体流量大

……生器的臭氧浓度较低，一般为 8~12mg/L(空气源)，在某些应用领域，……应用的需求。氧气源的臭氧浓度也只能在 15~25mg/L 之间，且常因玻……，在使用氧气源过程中会出现着火现象。工频放电发热较大，为冷却玻……出气温度，气体流量一般在 80~140m^3/h 之间，为国外同类产品的 3~4……能耗增加。

(3) 放电介质易损坏，维护周期短

工频臭氧发生器采用玻璃管作为放电介质，以玻璃管内涂石墨层作为高压电极，石墨涂层在放电过程中遇热造成粘接强度下降，易脱落；同时玻璃介质管(击穿电压在16kV左右)在13kV左右(接近其击穿电压)的高压下工作，易被击穿。这样，石墨涂层玻璃介质管在工作一段时间后，便出现玻璃管爆裂、高压击穿及石墨脱落等现象，需经常进行拆卸、更换，维修工作量大，降低了生产效率。

(4) 产品规格小，设备体积大

玻璃介电体材料由于其耐击穿强度、介质常数、介质损耗等性能的限制，臭氧产量、浓度都提高不大；其次，国内缺乏对臭氧专用大功率高压变压器的研制，限制了大型臭氧发生器的产量；由于效率较低，则设备体积相对较大。因此国产工频臭氧发生器的臭氧产量多为1kg/h，使某些领域需要几十公斤甚至上百公斤臭氧的企业在选择和使用上面临极大困难和不便。

(5) 自动化程度低

设备的控制、检测、监测、保护水平低下。

2. 国产大型中频臭氧放生器的研制

国外大型臭氧放生器的放电频率一般采用中频，臭氧产量大，浓度高，耗电省，而我国在过去的20多年中一直沿袭生产工频臭氧放生器，因为各种技术问题，单机臭氧产量只能在1kg/h左右。近几年，一些新兴的臭氧生产企业加大了对中频臭氧放生器的研究，并取得了突破性进展。由青岛市臭氧应用工程技术研究中心与青岛国林臭氧应用研究所、青岛国林实业有限责任公司联合开发，吸取了国内外先进的技术和经验，成功研制了大功率可控硅中频电源、中频高压变压器、可连接式搪瓷涂层高压电极及高压熔断器等一系列产品，解决了生产大型中频臭氧放生器的关键性技术难题。

四、国产大型臭氧放生器的发展方向

(1) 工频设备向中频设备过度

工频臭氧发生器因诸多弊端，已越来越不适应市场的需要，生产企业如不能尽快进行技术革新和产品改进，必将遭受市场的淘汰。国内致力于生产中频臭氧放生器的企业，应尽快从技术、规模上完善和壮大起来，提高与进口产品的竞争力。

(2) 增大单机产量

1kg/h的单机臭氧产量在日益增长的市场需求下已显得微不足道，从近几年国内自来水行业的对臭氧放生器需求情况来看，国内生产企业要想占有一席之地，必须有能力生产氧气源达到10~30kg/h的臭氧放生器。

(3) 提高臭氧浓度

目前国内大型设备的浓度普遍较低，为满足不同领域对臭氧浓度的特殊需要，臭氧浓度有待于进一步提高。

(4) 高效、节能

随着工业的高速发展和市场竞争的不断加剧，效率与节能将成为用户选择设备的重要指标。

(5) 设备自动化、智能化

控制、检测、监测、保护等自动化水平需进一步提高。

五、臭氧消毒

（一）消毒特点

主要靠·OH 的作用，它的氧化作用极强（$E_0 = 3.06V$）。但作为消毒剂，由于臭氧在水中不稳定，易散失，因此在 O_3消毒之后，往往需要投加少量的氯等以维持水中剩余消毒剂。臭氧消毒的副产物比氯消毒时少，但也有可能产生三卤甲烷、溴酸盐等副产物，此外臭氧消毒的生产设备复杂，投资较大，电耗也较高，目前我国很少应用。

（二）臭氧水处理的影响因素

1. 水质影响

主要是水中含 COD、悬浮固体、色度对臭氧消毒的影响。

2. 臭氧投加量和剩余臭氧量

剩余臭氧量像余氯一样在消毒中起着重要的作用，在饮用水消毒时要求剩余臭氧浓度为 0.4mg/L，此时饮用水中大肠菌可满足水质标准要求。在污水消毒时，剩余臭氧只能存在很短时间，如在二级出水臭氧消毒时臭氧存留时间只有 3~5min。所测得的剩余臭氧除少量的游离臭氧外，还包括臭氧化物、过氧化物和其他氧化剂，在水质好时游离的臭氧含量多，消毒效果最好。

3. 接触时间

臭氧消毒所需要的接触时间是很短的，但这一过程也受水质因素的影响。研究发现在臭氧接触以后的停留时间内，消毒作用仍在继续，在最初停留时间 10min 内臭氧有持续消毒作用，30min 以后就不在产生持续消毒作用。

4. 臭氧与污水的接触方式

臭氧与污水的接触方式对消毒效果也会产生影响，如采用鼓泡法，则气泡分散的愈小，臭氧的利用率愈高，消毒效果愈好。气泡大小取决于扩散孔径尺寸，水的压力和表面张力等因素，机械混合器、反向螺旋固定混合器和水射器均有很好的水气混合效果，可用于污水臭氧消毒。

（三）应用

1. 给水

1）设计水源及水质

水量：Q 为 1500m^3/h；处理前主要水质指标：COD_{Mn}4~6mg/L；浊度 3~5NTU。处理后主要水质指标：COD_{Mn}<2.5mg/L；浊度<1NTU。处理后其他指标按建设部颁发的“城市供水2000 年技术发展规划暂行水质目标第一类水质”指标控制。

2）处理工艺

原水在常规生活水处理厂中经过混凝、沉淀、砂滤处理后自流入臭氧接触池，与投加的臭氧气体接触反应后流入中间水池，然后用提升泵加压后送活性炭过滤罐进行生物吸附过滤。臭氧系统采用常规的空气制备臭氧，空压机排出的压缩空气经冷却、除油、过滤、干燥处理后，进入臭氧发生器，在 1×10^4 ~ 1.9×10^4V 的高电压下，将洁净空气电离生成臭氧气体，臭氧气体送到臭氧接触池，通过池底的微孔扩散器分布到水体中与水中有机污染物进行接触反应。臭氧接触池顶部排出的尾气含有少量臭氧，经尾气破坏器加热分解达环境排放标准后排放。

3）设备的选型及设计参数

（1）设备选型

工程所选臭氧系统设备为法国 trailigiz 公司产品，包括空气制备及臭氧发生器。

空压机型号：BS61；

空气流量：345m^3/h；

空气干燥器型号：DA006；

露点：-60℃；

臭氧发生器型号：MZI-52-HD；

臭氧产量(正常)：3kg/h；

臭氧的质量浓度：30g/m^3。

共选用空压机 2 台，空气干燥器 2 台，臭氧发生器 3 台。

（2）臭氧投加设计

臭氧接触氧化池采用钢筋混凝池，臭氧扩散器采用微孔扩散器。有效水深 5.5m，停留时间 15min。分二级反应，一级接触时间 5min，反应时间 1min；二级接触时间 7min，反应时间 2min。臭氧投加量 4~6mg/L，气水比为 1∶15。

（3）臭氧投加自动化控制

臭氧系统控制单元由 1 台主 PLC 和 3 台现场 PLC 及配套仪表组成。主要功能有：①根据来水水量、水质变化自动调节臭氧产量和控制臭氧发生器开停台数；②臭氧泄漏报警联锁停车。控制过程如下：

臭氧产量的调节：在臭氧控制系统的主 PLC 中，首先对设置在臭氧接触氧化池出水口的余臭氧浓度分析仪的测量值进行 PID 控制运算，测量值作为臭氧投加量的控制参数，然后乘以接触池入口水流量，经逻辑计算求出所需的臭氧量。在主 PLC 中，对臭氧总量进行数据处理后，计算出所需启动的臭氧发生器台数及每台的臭氧产量，然后输出信号到相应的各现场 PLC，在现场 PLC 中，对输入信号(所需臭氧量)计算，然后得出功率给定值，对功率测量值进行 PID 控制运算后，输出信号到变压器调节其输出功率，从而达到控制臭氧产量的目的。

报警及联锁：系统将臭氧发生器出口总管中的臭氧浓度和流量、空气的露点、臭氧的泄漏检测、3 台臭氧发生器故障、尾气破坏器故障等信号输入主 PLC，进行监测报警及安全联锁。

2. 医院废水

医院污水臭氧消毒的主要工艺参数如表 9-1 所示。

表 9-1　医院污水臭氧消毒的主要工艺参数

项　　目	一级处理出水	二级处理出水
臭氧投加量/(mg/L)	30~50	10~20
接触时间/min	30	5~15
大肠菌去除率/%	99.99	99.99

1）处理水质

某医院污水处理系统改造工程采用了臭氧消毒工艺，处理水量 15m^3/h。处理前水质为：COD≤250mg/L，BOD_5≤150mg/L，SS≤150mg/L，粪大肠菌群数≤3.5×10^3个/L；污水经沉淀及臭氧消毒后，排放水质为：COD≤150mg/L，BOD_5≤80mg/L，SS≤70mg/L，粪大肠菌群数≤500 个/L。

2）臭氧发生装置设备

（1）普罗名特 BONa3A 臭氧发生器一台。臭氧总发生量为 240g/h；冷却水量：0.32m^3/h。

（2）臭氧氧化塔 1 台。ϕ2600mm×3000mm，用陶瓷鲍尔环为填料，填料容积 4.5m^3；填料塔的有效容积为 5m^3，接触时间为 15min。

3. 游泳池水消毒

1）臭氧发生器产量

臭氧发生器产量(g/h)=循环水流量(m^3/h)×臭氧投加浓度(g/m^3)。例如容积为 380m^3的游泳池，臭氧投加量为 0.4mg/L(g/m^3)，游泳池水循环周期采用 6h，循环水流量为 380/6≈63(m^3/h)，则臭氧发生器的最小产量应为 63×0.4=25.2(g/h)。

2）反应罐

反应罐用来使水中污染物被溶解的臭氧氧化并进行消毒杀菌，因此设计反应罐时应消除水的短路，保证水在罐内有一定的停留时间。为了使臭氧在水中的溶解度高，含臭氧的水应从反应罐上侧进罐，下侧出水。反应罐上部的排气阀应与臭氧破坏装置连接，使未溶解的臭氧在进入大气前除去，反应罐的容积按以下计算方法确定：

反应罐容积(m^3)=循环水流量(m^3/h)×旁流水百分比(%)×反应时间(h)

例如 380m^3游泳池池水循环周期采用 6h，循环水流量为 63m^3/h，旁流水流量为循环水流量的 25%，接触时间 4min，则反应罐最小容积为 63×0.25×0.067=1.05(m^3)。

第二节　紫外消毒设备

紫外消毒法最早应用于美国，1970 年美国环保局完成了第一例污水紫外消毒的示范工程，随后污水的紫外消毒法在美国和加拿大得到了广泛的应用。到目前为止，西方发达国家已在污水处理厂安装了近 4000 套大型紫外线消毒系统，应用该技术的厂家约占污水处理厂总数的 10%。我国研究、应用紫外消毒技术进行污水处理者为数不多。天津大学顾平等用紫外线来消毒纪庄子污水处理厂的深度处理出水，经过静态和动态实验，结果表明，消毒后可满足回用水的要求。福建省连江水产技术推广站用紫外线对水产养殖中的育苗用水进行消毒，效果良好。烟台市套子湾污水厂的深度处理采用了敞开式紫外消毒工艺，每天可向城市提供 4 万 t 工业回用水，目前运行状况良好。欧美等国占自来水厂总数 10%以上的自来水厂采用了紫外消毒技术，紫外线消毒技术改造工程正在进行之中。

（一）紫外线消毒的机理

紫外光(UV)是波长在 100~380nm 的电磁波谱的一部分。紫外光按照波长范围又可以分为 UV-A(315~380nm)、UV-B(280~315nm)、UV-C(200~280nm)和真空紫外线(100~200nm)四部分，其中具有杀菌消毒功能的紫外波段为 200~300nm，即紫外 C 和紫外 B 中的部分。消毒使用的紫外线是 C 波紫外线，其波长范围是 200~275nm，杀菌作用最强的波段是 250~270nm。

紫外线具有杀菌作用主要是因为紫外线对微生物的核酸可以产生光化学危害的结果。微生物细胞核当中的核酸可以分为核糖核酸(RNA)和脱氧核糖核酸(DHA)两大类，其共同点是由磷酸二酯键按嘌呤和嘧啶碱基配对原则而连接起来的多核苷酸链。细胞核中的这两种核酸能够吸收高能量的短波紫外辐射。对紫外光能的这种吸收可以使相邻的核苷酸之间产生新的键，从而形成双分子或二聚物。相邻嘧啶分子，尤其是胸腺嘧啶的二聚作用是紫外线引起的最普遍的光化学损害。细菌和病毒 DNA 中众多的胸腺嘧啶形成二聚物阻止了 DNA 的复制及蛋白质的合成，从而使细胞死亡，细胞损坏的数量取决于微生物吸收紫外光能的剂量以及微生物对紫外光的抵抗能力。大多数细菌和病毒仅需较低的紫外剂量就可失活。杀菌所需紫外光的剂量随着细胞内 DNA 或 RHA 的数量和细胞尺寸的增加而增加，例如，同样条件下原生动物胞囊对紫外光的耐受力要比肠侵袭性大肠杆菌高 10~15 倍。

（二）紫外线消毒的特点

紫外线消毒具有以下有优点：

（1）物理消毒、无二次污染，对环境、生态和人类无害；

（2）运行、维护简单方便；使用安全，无须储存、运输及使用任何有毒、腐蚀性化学物品；

（3）与化学消毒相比，紫外消毒性能稳定不受环境条件（如温度和水中酸碱度变化）的影响，对微生物作用的广谱性，运行成本低；

（4）紫外消毒接触时间短，一般只要 1~15s；

（5）开方式渠道、无须接触池，占地面积少；所有设备均可在室外安装运行、无须房屋建筑；

但紫外消毒应用于自来水厂中尚存在一些不足之处。由于紫外消毒不能像含氯消毒剂那样在管网当中提供持续的消毒作用，因而对于应用紫外线消毒的自来水而言，出厂之前还必须采取一些附加措施，如投加适量的新型消毒剂 ClO_2，来保证管网中水的生物稳定性，防止因滋生细菌而引起二次污染。

（三）影响紫外线消毒的因素

1. 紫外透光率

紫外透光率是反映废水透过紫外光能力的参数，它是设计紫外消毒系统尺寸的重要依据。一般来说，随着消毒器深度的增加紫外透光率降低，另外，当溶液中存在着能够吸收或散射紫外光的化合物或粒子时，紫外透光率值也会降低，这就使得用于消毒的紫外光能量降低，由于紫外剂量是紫外辐射强度与接触时间的乘积（其单位为 $mW \cdot s/cm^2$），因而此时可以通过延长接触时间或增加紫外消毒系统中的紫外灯数目的方式来加以补偿。一般来说，活性污泥处理工艺出水透光率范围为 60%~65%，生物膜工艺为 50%~55%，三级处理出水的紫外透光率值较高，其范围为 65%~85%。一些工艺过程也会影响水的紫外透光率，如纺织、印刷、纸浆造纸、食品工艺以及化学工艺等。当消毒前出水的浊度较高时，一般要在过滤工艺之前加絮凝剂进行混凝沉淀处理。通常采用石灰或铝盐絮凝剂能够增加水的紫外透光率，而铁盐能够吸收紫外光，从而使紫外透光率值降低。

2. 悬浮固体

悬浮固体是由数目、大小、结构、细菌密度和化学成分各异的粒子组成的，这些粒子通过吸收和散射紫外光使废水中的紫外光强度降低。由于悬浮固体浓度的增加同时伴随着粒子数目的增加，另外，有某些细菌还可吸附在粒子上，这种细菌不易受到紫外光的照射和化学消毒剂的影响，因而难以灭活，所以，用于紫外消毒的废水出水的悬浮固体浓度要严格控制，基于 100mL 水中含有 100~200 个粪大肠菌群的消毒要求，有专家推荐 TSS 应不超过 20mg/L。表 9-2 为废水处理工艺对紫外线处理出水水质的影响。

表 9-2 废水处理工艺对紫外线处理出水水质的影响

工艺	紫外线透光率/%	悬浮物含/(mg/L)	粒子尺寸分布/μm
初沉	5~25	50~150	20~30
铝盐强化一级处理	40~50	15~40	25~35
铁盐强化一级处理	25~45	15~40	20~30
氧化塘	30~50	15~50	20~30
SBR	45~65	10~30	25~40
生物膜	30~55	10~30	25~45
二级处理+过滤	65~85	<50	15~25

3. 粒子尺寸分布

溶液中所含粒子的大小不同则杀菌所需的紫外光的剂量也不同，这是因为粒子尺寸对紫外光的穿透能力有影响。尺寸<10μm 的粒子容易被紫外光穿透，因而杀菌所需紫外光的剂量较低。尺寸在 10~40μm 之间的粒子可以被紫外光穿透，紫外需求量增加。而尺寸>40μm 的粒子则很难被紫外光穿透，紫外需求量比较高。在实际生产过程中为了提高紫外光的利用率，应对二级处理出水过滤，去除掉大粒子之后再进行消毒处理。

4. 无机化合物

在废水的处理过程中，为了提高处理效果，有时会在某些池子中投加金属盐，以降低废水中磷的含量并控制气味。比较常用的是铝盐或铁盐絮凝剂。一般来说溶解性铝盐不影响紫外透光率，而且含有铝的悬浮固体对于紫外杀菌也没有阻碍作用；而水中的铁可直接吸收紫外光使消毒套管结垢，另外，铁还可以吸附在悬浮体或细菌凝块上，形成保护膜，妨碍紫外线的穿透，这都不利于紫外光对细菌的灭活。

（四）紫外消毒装置

1. 紫外消毒系统类型

紫外线消毒系统可以有两种方式：敞开重力式和封闭压力式。目前，以封闭压力式使用居多。这种设计是由外筒、紫外线灯管、石英套管及电气设施等部分组成。筒体常用不锈钢或铝合金制造，内壁多作抛光处理以提高对紫外线的反射能力和增强辐射强度，还可根据处理水量的大小调整紫外灯的数量。在这两种系统中，紫外线灯管都可以布置成同水流水平或垂直的方向上。这两种设计都适于装入现有典型的接触箱内。其中平行于水流的消毒系统的压头损失可能更小、水流形式更均匀，而垂直系统则可以使水流紊动，提高消毒效率。

2. 紫外消毒灯

紫外消毒灯有低压低强灯、低压高强灯和中压高强灯三种。低压低强灯和低压高强灯均发出单色光，输出波长为 253. 7nm，灯管的寿命为 8000~12000h，而中压高强灯发出复色光，波长为 230~300nm，灯的寿命为 5000h。低压高强灯单根灯管紫外能输出功率为 90~100W，要比低压低强灯的输出功率 30~60W 高，但比中压高强灯的输出功率 420~25000W 低。在照射到微生物上的紫外剂量相同的条件下，三种类型紫外灯的消毒效果是相同的。但低压低强紫外灯的光强相对较弱，穿透力不高，对总悬浮固体>30mg/L 的二级处理出水消毒效果不好。而中压紫外灯的光强最强、穿透力高，比较适合低浓度污水的处理。处理相同的水量时，若采用中压高强灯系统则需要的灯管数最少，低压高强灯次之。灯管数量少，相应地设备占地也省，基建费用和灯管维护费用少。但中压高强灯的光电转换率低（只有 15%左右）、能耗大、电费高；低压低强灯和低压高强灯的光电转换率为 30%~40%。目前，污水处理厂多采用低压高强灯和中压高强灯系统，设计时需根据实际情况进行技术经济比较。三种紫外消毒灯的比较见表9-3。

表9-3 三种紫外消毒灯的比较

比较项目	低压常规灯	低压高强灯	中压(高强)灯
定义	0.13~1.33Pa的内压下工作，输入电功率约为每0.5W/cm弧长，杀菌紫外能输出水银蒸气灯在约为0.2W/cm弧长，杀菌紫外能在253.7nm波长单频谱输出	0.13~1.33Pa的内压下工作，输入电功率约为1.5W/cm弧长，杀菌紫外能输出水银蒸气灯在功率约为0.6W/cm弧长，杀菌紫外能在253.7nm波长单频谱输出	中压灯的灯管中所有的汞以气体状态存在，一般在10^4~10^6Pa压力下运行，发出复色光。相对来说中压灯的能量转化率比低压灯要低得多，这是因为中压灯发出光的波长范围很宽，在其输入能量中大约有30%~40%可以转化成光，而这部分光中只有25%左右位于具有杀菌作用的UV-C范围内
特点	253.7nm>90%； 灯管运行温度小于40℃； 单根灯管紫外能输出30~50W	253.7nm>90%； 灯管运行温度小于100℃； 单根灯管紫外能输出小于108W	200~300nm消毒波段； 灯管运行温度600~800℃； 单根灯管紫外能输出420W以上
适用水质	SS≤20mg/L、UVT（穿透率）≥50%	SS≤20mg/L、UVT≥50%	SS>20mg/L、UVT<50%
清洗方式	人工清洗/机械清洗	人工清洗/机械加化学清洗	机械加化学清洗
电功率消耗	较低	较低	较高
灯管更换费用比较	较高	较高	较低
水力负荷（m^3/d·根紫外灯）	100~200	250~500	1000~2000
应用	适用于小型污水处理厂	适用于中型污水处理厂	适用于大型或低质污水处理厂

3. 紫外线消毒设备尺寸的设计

紫外线消毒设备尺寸的确定取决于模块组数、紫外灯数量、灯架数量、灯架尺寸、紫外灯间距等，计算内容包括紫外灯数量、有效水深、渠道宽度、渠道长度、过流面积和系统水头损失计算。

4. 紫外消毒装置的维护

对于紫外消毒装置的维护而言，主要有两个问题需要考虑：紫外灯的寿命和石英套管结垢。

1）寿命

紫外灯在使用过程中，随着时间的增加，紫外灯放出紫外线的强度会逐渐降低，因而在设计紫外消毒系统的过程之中，就需要考虑在灯的使用末期能够保证足够的杀菌剂量。在国外的消毒系统之中推荐使用的紫外灯替换时间大约是5000h，但在很多水厂中紫外灯的寿命超过了8000h，而我国国产的紫外灯的寿命比较短，一般为1000~3000h。在运行中当灯管的紫外线强度低于2500μW/cm^2时，就应该更换灯管，但由于测定紫外线强度较困难，实际上灯管的更换都以使用时间为标准，计数时除将连续使用时间累积之外，还需加上每次开关灯管对灯管的损耗，一般开关一次按使用3h计算。

2）结垢

在紫外消毒的过程中，由于水中存在的许多无机杂质会沉淀黏附在石英套管外壁上，引起套管结垢，从而使经过套管进入水中的紫外光的强度降低，不利于消毒过程的进行，所以石英套管结垢也是一个需要特别考虑的问题。处理水的类型不同、处理工艺过程不同，则套管的结垢速率不同。当水中存在有高浓度的铁、钙或锰时，套管结垢非常迅速。因此，一般应每3个月对石英套管清洗一次，清洗时，先用纱布沾酒精擦洗，然后用软布擦净。国外已经成功开发出石英套管自动清洗系统，可以采用化学和机械方法进行清洗，节省了大量的劳动力，而我国在这方面仍需加大开发研制力度。

（五）实际应用

随着对氯消毒缺陷的认识，人们在寻求氯消毒的替代技术。紫外线消毒由于具有杀菌快速高效、安全、易操作及占地小等优点，在美国和加拿大已广泛应用，目前大部分的紫外线污水消毒系统都采用明渠水下照射式。在我国，紫外线消毒在污水处理中的应用刚刚起步，对明渠水下照射式的污水紫外线消毒技术的研究及其系统设计的报道不多。

1. 紫外线消毒技术标准

《城镇给水和污水紫外线消毒设备》(GB/T 19857—2005)规定：城镇生活饮用水不小于40mW·s/cm^2；城镇污水不小于20mW·s/cm^2(一级A)；城镇污水不小于15mW·s/cm^2(一级B)；城镇污水不小于15mW·s/cm^2(二级标准)。《室外排水设计规范》(GB 50014—2006)规定：二级处理的出水为15~22mW·s/cm^2；再生水为24~30mW·s/cm^2。医院污水消毒常用紫外剂量为25~30mW·s/cm^2。

2. 紫外线消毒系统及系统组成

紫外线消毒系统可采用明渠型或封闭型。相对而言，明渠型比封闭型更容易监测和维护，对水流阻力也小。

明渠水下照射式紫外线消毒系统如图9-4所示。紫外灯平行放置于支架上并浸没在水中。各模块之间彼此独立。每个模块可配置2、4、6、8或16支紫外灯管，紫外线消毒系统若采用自动清洗则还要安装有清洗设施。污水重力流经紫外灯，渠道下游设水位控制器。

图9-4 明渠水下照射式紫外线消毒系统

3. 紫外剂量的确定

紫外线消毒系统消毒性能是消毒器所能实现的有效紫外剂量，即由消毒器的生物验定剂量实验实际测得的紫外剂量而不是消毒器的理论计算剂量。

紫外灯数量取决于灭活微生物所需的紫外剂量。微生物的灭活与紫外照射剂量的关系可以用数学模型表达。若大肠杆菌数量在通常的消毒范围内，则灭活速率与紫外剂量的关系表达如式(9-1)。

$$\frac{dN}{dt}=-kN^2I \tag{9-1}$$

经积分，得到式(9-2)：

$$\frac{1}{N}-\frac{1}{N_0}=kIt \tag{9-2}$$

式中 N——某时刻t的大肠杆菌含量，最大可能数量/100mL；

N_0——初始大肠杆菌含量，最大可能数量/100mL；

k——速率常数，大肠杆菌数/s；

I——消毒反应器中紫外平均强度，mW/cm^2；

t——消毒时间，s。

大肠杆菌初始含量常常比消毒后大得多，以致 $1/N_0$ 项可以忽略不计，故式(9-2)可以简化为：

$$\frac{1}{N}=kIt \text{ 或 } N=\frac{1}{kIt}=\frac{1}{kD} \tag{9-3}$$

式中　D——紫外剂量，为紫外平均强度与消毒时间的乘积，$mW\cdot s/cm^2$。

式(9-3)可以用于计算在已知速率常数下不同紫外强度与消毒时间时的大肠杆菌数。另外，Scheible 等的研究表明，紫外剂量和粪大肠菌群含量之间的关系符合经验公式(9-4)：

$$\text{消毒后粪大肠菌群含量}=(1.26\times10^{13})(It)^{-2.27} \tag{9-4}$$

此外，Loge 等研究得到可以用来计算粪大肠菌群在紫外光照下数量变化的经验公式(9-5)：

$$N=A(SS)^a(N_0)^b(UFT)^c(I)^n(t)^n \tag{9-5}$$

式中　N——在紫外辐射后的粪大肠菌群含量，最大可能数量/mL；

I——紫外平均强度，mW/cm^2；

t——消毒时间，s；

SS——水中悬浮固体浓度，mg/L；

N_0——粪大肠菌群的初始含量，最大可能数量/100mL；

UFT——在 253.7nm 处的紫外透射率,%；

A、a、b、c、n——经验系数，分别是 102.919、1.947、0.3233、0、-2.484。

式(9-3)至式(9-5)表达了紫外剂量与消毒后污水中的大肠杆菌或粪大肠菌群浓度的关系。其中式(9-5)考虑了悬浮固体、透射率等因素对紫外线消毒的影响，能较合理地预测达到一定的粪大肠菌群杀灭指标时所需的紫外剂量。例如，美国国家污染物排放系统(NPDES)的消毒标准要求粪大肠菌<200 个/100mL，对于总悬浮固体 TSS<20mg/L、65%透射率的二级处理出水，在通常的消毒范围内，用式(9-5)计算得到的紫外剂量与报道的 20~30$mW\cdot s/cm^2$基本一致。

确定紫外剂量时，应考虑紫外灯管老化和灯管的石英套管表面结垢问题。使用寿命周期终点时的紫外输出与新灯管紫外输出之比为灯管的老化系数，大多数灯管的老化系数在 0.5 左右。另外，污水中的某些成分会使灯管的石英套管表面结垢而影响紫外透射率，结垢系数与灯管的清洗方式有关，如人工清洗为 0.7，纯机械清洗为 0.8，机械加化学清洗为 1.0。因此，在确定紫外剂量时，通过上述方法求得的紫外剂量还应计入灯管老化系数以及结垢系数，才能得到在灯管寿命周期内达到微生物消毒标准所需要的紫外剂量。紫外剂量也可以采用经验计算公式计算，经验计算公式和剂量计算实例如下：

1）参数

（1）总处理流量 $Q=130000m^3/d=90278L/min$（按峰值流量计）；

（2）设备灯管总数 $N=144$；

（3）平均每根灯管处理流量 $q=90278/N=626.93L/min$。

2）计算有效紫外剂量

$$\text{有效紫外剂量 } D=5320.2\times q^{-0.9839}=9.4134mW\cdot s/cm^2\text{。}$$

3）有效剂量修正

$$D_{\text{老化}}=\text{有效紫外剂量}/(C_{\text{老化}}\times C_{\text{结垢}})$$

其中，$C_{\text{老化}}$ 取 0.5，采用机械加化学清洗时，$C_{\text{结垢}}$ 为 1；根据以上参数得到 $D_{\text{老化}}=$

$9.4134(0.5\times1)=18.8m\cdot W\cdot s/cm^2$。

4. 设计流量及光照时间

1）设计流量

紫外消毒系统必须在紫外灯的寿命期内按最大流量设计，否则，当流量增大时将不能保证消毒要求；同时，也必须满足最小流量时的消毒要求。许多较小的污水处理厂在晚上流量接近于零，这期间在石英套管周围的污水会升温而在套管上产生沉积，也有可能使石英套管露出水面而暴露在空气中，留在套管上的物质会被烤干，从而形成沉积物。因而设计时必须确定最大与最小流量。

2）光照时间

光照时间也是个重要的设计参数。在相同的紫外强度下灭活不同种类的微生物需要的光照时间不同，目前的设计是采用高强度的紫外能而取较短的光照时间，如光照时间为6~10s。

5. 消毒明渠的设计

消毒明渠可根据紫外消毒系统的大小用混凝土或不锈钢建成。国外的经验是，16根或更少灯管的紫外消毒系统应采用不锈钢渠道，但也可以采用混凝土渠道。每条渠道模块数不宜太多，比较多时，可将模块组并联或串联。

图9-5为5万t/日城市污水处理紫外线消毒池设计图纸（按照每万吨的生活污水大约需要14根250W的低压高强灯确定）。

当渠道中有多个紫外灯组时，紫外灯组的最佳间距是1.22m。如果渠道流量变化大，则渠道最好不少于1道，这样可根据流量变化开通或关闭某些渠道，以节省电耗和延长灯的寿命。渠道需用水位控制器来控制水位，以防灯管以上的水层厚度太大而影响消毒效果，或避免低于设定的流量范围时紫外灯暴露于空气中。在任何流量时，位置最高的紫外灯石英套管顶以上的水层厚度需维持在1.9~2.54cm，污水不应超出这一高度，否则紫外强度太小，不能使所有的病原体灭活。

水位控制器可以采用锐顶堰或者水力自动控制翻板闸门。锐顶堰既可保持高峰流量时间的最高水位，也可保证在零流量时紫外灯浸没在水中，其缺点是在堰的上游底沉积固体，这可通过安装冲洗阀来解决。水力自动控制翻板闸门是通过重力和污水流过渠道的冲力进行工作的，以翻板闸门上放置的重锤来限制闸门的开启度，合理设计的翻板闸门将使水位保持在一个较宽的流量变化范围内，其缺点是在零流量或接近零流量时会发生渗漏，以致紫外灯露出水面，影响消毒效果，翻板闸门与紫外灯组的最小距离一般为2m。在两种水位控制器中，采用使紫外灯在零流量时仍能保持完全浸没的堰可能更好，一般地，锐顶堰用于小于20根紫外灯的小型消毒系统，而翻板闸门则用于大型的紫外消毒系统。

明渠水下照射式污水紫外线消毒系统的合理设计是紫外线消毒技术在污水处理中应用的关键，选择合适的紫外灯形式有利于节省投资和运行费用，正确确定紫外剂量、最大和最小流量以及合理设计水位控制器是保证消毒效果的重要方面。

（六）工程案例

1）低压灯装置案例

项目规模：3.7万t/d；设备类型：低压灯系统；灯管数目：176根；灯管功率输出：小于40W/根；接触池尺寸：8m×1.2m×0.84m；运行成本：0.012元/m^3废水；投资成本：22元/m^3废水；消毒效果：粪大肠菌群≤10000个/L。因此可以说明小规模污水处理厂使用低压灯系统（带入工清洗系统）在我国现阶段还具有较强的投资经济性。

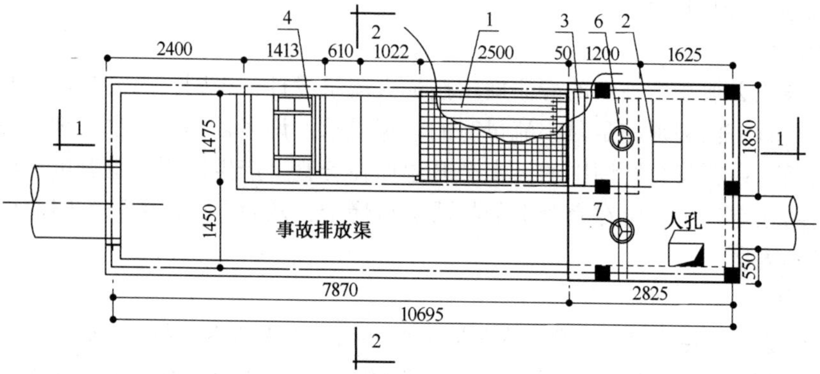

(a)平面图

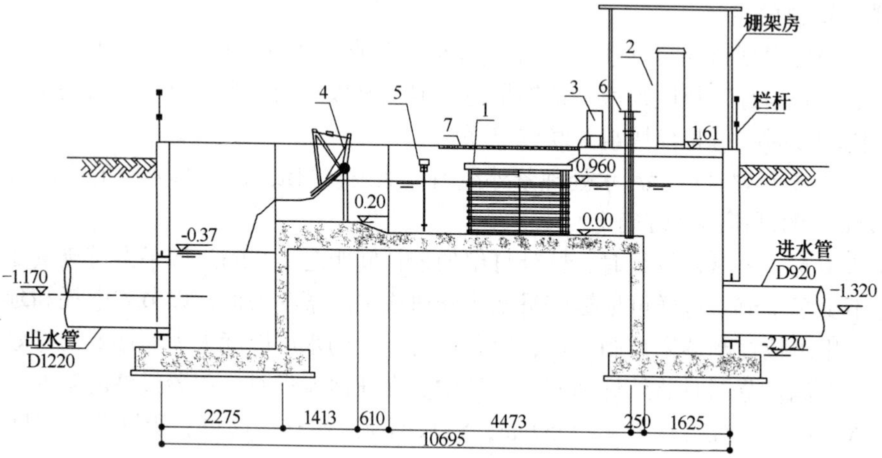

(b) 1—1剖面图

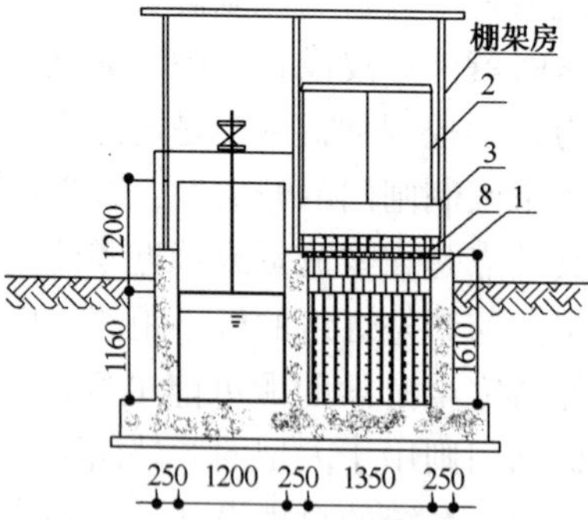

(c) 2—2剖面图

图 9-5　50000t/d 城市污水处理紫外线消毒池平面图以及剖面图

1—紫外线消毒模块(10 组，每组 8 跟)；2—电控及配电系统；

3—接线箱；4—水位控制拍门；5—水位传感器；6，7—阀门；8—网纹钢板

2）低压高强灯装置案例

项目规模：3.1 万 m^3/d；设备类型：低压高强灯系统；灯管数目：88 根；灯管功率输出：112W/根，尺寸：接触池 5m×1.47m×0.98m；运行成本：0.01 元/t；投资成本：26 元/m^3废水；消毒效果：粪大肠菌群≤10000 个/L。

3）低压高强压灯装置案例

其应用情况见表 9-4。

表 9-4　低压高强压灯装置(26 万 m^3/d)应用情况

设计参数	一期平均流量为 20 万 m^3/d；一期峰值流量为 26 万 m^3/d；出水的紫外线透光率为>65%；排放标准/粪大肠菌群数≤10000 个/L	按生物验定剂量设计；排放标准为一级 B 标
设备选型	UV3000PlusTM 系统；低压高强灯系统(机械+化学自动清洗)；紫外线剂量同步系统；总装机容量 108kVA	紫外设备投资 25 元/m^3废水
项目状况	一期 2 条渠道；每渠道各安装 1 个模块组；每模块组 26 个模块，共 52 个模块；每个模块 8 根灯管，合计 416 根灯管	占地面积约为 $45m^2$
运行成本	电费成本：0.0065 元/m^3废水；灯管成本：0.0038 元/m^3废水；合计运行成本：0.0103 元/m^3废水	运行成本由电费和灯管更换费组成

第三节　氯系列消毒

一、二氧化氯

二氧化氯是新一代高效、高速氧化性杀菌灭藻剂，它具有良好的杀菌和消毒性能，在城市饮用水和污水处理中，二氧化氯是一种较为理想的产品。与氯气相比，二氧化氯不会与水中有机物产生三卤甲烷，不会与氨氮反应，也就不会产生氯化铵，却能破坏酚、硫化物、氰化物和其他许多有机物。与臭氧相比，二氧化氯工艺投资少，产率高，在水中的滞留时间长，能够有效杀除和控制各种细菌，同时二氧化氯不会与水中的溴酸物、次溴化物反应生成对人体有害的物质。

二氧化氯用于污水处理，特别是有机物污染严重的水(例如地表水或含腐殖酸的地下水)，更能体现其优越性。除了消毒作用外，二氧化氯还可用来破坏产生异味的化合物，控制水中藻类生长，消除混浊，提高絮凝作用以及去除色度等，因而二氧化氯是一种有前途的可替代氯及次氯酸钠的水消毒剂。

(一) 二氧化氯的应用

1. 水的消毒剂

二氧化氯的杀菌活性在很宽的 pH 范围内比较稳定。当 pH 为 6.5 时，0.25mg/L 的二氧化氯和氯对大肠杆菌 1min 的灭杀率相似。pH 为 8.5 时，二氧化氯保持相同的灭杀效率，而氯气则需要 5 倍的时间，故二氧化氯对于高 pH 值水无疑是合适的消毒剂；二氧化氯同样能有效地杀死其他的传染性细菌，如葡萄球菌和沙门氏菌。在处理脊髓灰质炎病毒和厚生杆菌时，2mg/L 剂量的二氧化氯产生的存活率比 10mg/L 剂量的氯低得多作为消毒剂，二氧化氯具有足够的稳定性。

2. 对 THMs 的控制

THMs(三卤甲烷)被怀疑是致癌物质，它是在用氯气进行饮用水消毒时，水中溶解的有机物的氯化形成的有机衍生物。其原理是氯气与 THMs 前体如腐殖物和灰黄霉素发生氧化反应，同时发生亲电取代反应。产生易挥发的和不易挥发的氯化有机物(THMs)。而氧化氯不会产生氯化反应，二氧化氯对 THMs 控制是其在被氯取代前就被氧化，THMs 的前体被能二氧化氯氧化分解成小的分子，可以防止 THMs 的形成，从而保证水中 THMs 处于最低浓度。

二氧化氯加入原水主要是为了消毒和氧化，然后自由氯或化合氯或二氧化氯作为消毒剂在过滤后加入，经过这样的氯化过程组合，THMs 可减少 50%~70%。

3. **对水中酚类化合物的破坏**

用氯气消毒时，生成氯化酚，导致有异味产生。二氧化氯能经济而有效地破坏水中的酚类，而且不形成副产物。当 pH 小于 10 时，1 份重量的苯酚可被 1.5 份的二氧化氯氧化成对苯醌；当 pH>10 时，3.3 份重量的二氧化氯能将 1 份重量的苯酚氧化成小分子量的二元脂肪酸；二氧化氯能彻底破坏氯酚，完全作用是 1 份氯酚要求 7 份二氧化氯；当 pH 值为 7 时，所有的酚都反应完全。

4. **氧化饮用水中的铁离子和锰离子**

在 pH 大于 7.0 条件下，二氧化氯能迅速氧化水中的铁离子和锰离子，形成不溶解的化合物。

5. **藻类的控制**

二氧化氯对藻类的控制主要是因为它对苯环有一定的亲和性，能使苯环发生变化。叶绿素中的吡咯环与苯环类似，二氧化氯也同样能作用于吡咯环，这样，植物新陈代谢终止，使得蛋白质的合成中断，这个过程不可逆，最终导致藻类死亡。

6. **二氧化氯在其他领域的应用**

二氧化氯的化学性质非常活泼，一般在酸性条件下具有很强的氧化性。可氧化水中多种无机和有机物。

（1）二氧化氯是唯一可以在较弱的碱性 pH 条件下氧化氰化物的氧化剂。二氧化氯可用于含氰废水的破氰处理，将氰化物(游离的氰化物和不稳定的金属-氰化物的络合物)氧化成为二氧化碳和氮气。用氯气来氧化氰化物时，易于形成极毒的易挥发的氯化氰气体(CNCl)，而用二氧化氯对氰化物进行处理时，不会形成氯化氰气体。

（2）二氧化氯可用于对硫化物、有机硫气味的控制。硫化物、硫化氢以及硫醇在许多工业生产中形成，它们都能产生出令人厌恶的气味。这些气体都可以被二氧化氯氧化去除。

（二）二氧化氯消毒的特点

综合现有的研究成果，二氧化氯作为水处理消毒剂，与其他消毒剂相比，主要具有如下五大明显优点：

（1）二氧化氯能直接氧化水中的腐殖酸(HA)或黄腐酸(FA)等天然有机物，不与其形成三卤甲烷等氯化物，能大大降低消毒后水中三卤甲烷(THMs)等氯化消毒副产物的含量。

（2）二氧化氯与氯气不同，在水中不发生水解，不与水中的氨氮反应，因此其杀菌效率不受水落石出 pH 值和水中氨氮浓度的影响。

（3）二氧化氯能有效地氧化去除水中的藻类、酚类及硫化物等有害物质，对这些物质造成的水的色、嗅和味，具有比氯气更佳的处理效果，出水水质更好。

（4）二氧化氯能有效杀灭水中用氯消毒效果较差的病毒和孢子等。

（5）能在水中维持较长时间的持续杀菌能力，具有可检出的残余量。

因此，二氧化氯是被世界卫生组织确认的一种安全、广谱、高效的杀菌剂。目前已广泛用于饮用水消毒、循环冷却水的杀菌灭藻、城镇生活污水及中水回用工程、医院污水消毒、游泳池水消毒、油田注井水处理等应用领域。

二氧化氯作为一种优良的消毒剂，现在美国、法国、瑞士、德国、加拿大等西方国家已广泛使用。在我国，由于经济、技术、观念等条件的制约，对二氧化氯的研究起步较晚，但发展迅速，尤其是化学法二氧化氯发生器发展最快，随着不断的研究实践，二氧化氯的应用领域也将会越来越广泛。

（三）二氧化氯的制取方法

二氧化氯的发生方法主要有化学法和电解法。

1. 化学法

化学法以氯酸盐为原料化学合成法生产 ClO_2 有十几种方法，基本上都是通过在强酸介质存在下还原氯酸盐这一途径制得的。

（1）亚氯酸钠法制备二氧化氯

$NaClO_2$ 具有氧化性，它在弱碱性溶液中是非常稳定的，然而在强碱性中加热，它会分解成 ClO^{3-} 和 Cl^-，酸性条件下，ClO^{2-} 分解成 ClO_2、ClO^{3-} 和 Cl^-。盐酸-亚氯酸钠反应原理如下：

$$5NaClO_2+4HCl=\!=\!=4ClO_2+5NaCl+2H_2O$$

（2）氯酸钠法制备二氧化氯

其氯酸钠-盐酸反应原理如下：

$$2NaClO_3+4HCl=\!=\!=2ClO_2+Cl_2+2NaCl+2H_2O$$

（3）化学法二氧化氯发生器的组成

二氧化氯发生器由反应系统、吸收系统、温控系统、原料供给系统、安全系统及投加系统等组成。将氯酸钠溶液与盐酸按一定比例通过原料投加系统输送到发生系统中，在特定温度条件下，反应生成二氧化氯和氯气的混合气体，经收集系统收集后，通过抽取系统直接进入消毒系统，投加比例可根据水质的不同，调整投加量。

（4）化学法制备二氧化氯应注意的问题

① 二氧化氯消毒系统设计和发生器选型应根据污水的水质水量和处理要求确定，并考虑备用；

② 因原料为强氧化性或强酸化学品，储存间必须考虑分开安全储放；储存量为 10～30d 的用量；

③ 二氧化氯溶液浓度应小于 0.4%，其投加量应与污水定比或用余氯量自动控制；

④ 应设计二氧化氯监测报警和通风设备。

2. 电解法

（1）工作原理

将一定浓度或饱和盐液加入电解槽阳极室，同时将清水加入电解槽阴极室，接通 12V 直流电源开始电解，即可产生 ClO_2、Cl_2、O_3、H_2O_2 等混合消毒剂，气体经水射器负压管路吸入水中消毒。其反应原理如下：

$$4NaCl+8H_2O=\!=\!=2ClO_2+Cl_2+4NaOH+6H_2$$

电解产生的上述混合气体，是一种氧化能力很强的气体。但这种气体中二氧化氯的含量很低，而氯气的含量仍很高，所以仍会导致很多问题，例如产生三卤甲烷，影响饮用水处理的质量问题。

（2）设备组成

由电解槽、直流电源、盐溶解槽及配套管道、阀门、仪表等组成。

（3）电解法制备二氧化氯应注意的问题

① 电解法制备二氧化氯设备的溶盐装置一般与发生器一体化，但因二氧化氯为混合消

毒气体，为了能定比投氯，必须设置溶液箱；

② 二氧化氯是由水射器带出并溶于水的，设备间必须有足够的压力自来水，如水压不够0.2MPa，需加设管道泵；

③ 应注意设计排氢管，及时排除运行过程中产生的可爆炸气体。

二、次氯酸钠消毒

次氯酸钠消毒是利用商品次氯酸钠溶液或现场制备的次氯酸钠溶液作为消毒剂，利用其溶解后产生的次氯酸对水中的病原菌具有良好的杀灭效果，对污水进行消毒。氯酸钠消毒通常用于小型水厂，因其易分解，常用次氯酸钠发生器现场制取，反应如下：

$$NaCl+H_2O \xlongequal{} NaClO+H_2$$

次氯酸钠也是强氧化剂和消毒剂，但消毒效果不如氯。次氯酸钠的消毒仍靠 HClO。反应式为：

$$NaClO+H_2O \xlongequal{} HClO+NaOH$$

（一）次氯酸钠发生器

次氯酸钠发生器利用电解食盐水（或海水）制取次氯酸钠水溶液。这种发生器的优点是结构简单、自动化程度高、电耗低、耗盐量小，生产的次氯酸钠可达 10%～12%（有效氯含量）。其缺点是在电极表面易形成钙镁等沉积物，需要经常清洗电极。

商品次氯酸钠溶液有效氯含量为 10%～12%，次氯酸钠为淡黄色透明液体，具有与氯气相同的特殊气味。

1. 配套建筑物及设备

采用次氯酸钠发生器消毒的污水处理站应根据次氯酸钠发生器的型号及其附属设备要求进行布置。一般要求需要有专用的盐液制备间和次氯酸钠发生器设备间，盐液制备间与次氯酸钠发生器设备间宜分为两个房间。

2. 主要工艺参数

（1）根据污水的水质水量、处理级别计算投氯量，按投氯量选择次氯酸钠发生器型号及台数，然后计算用盐量、贮盐量。

（2）污水量按最高日污水量计算，盐水池按 12～24h 设计。

（3）次氯酸钠溶液贮槽按 8～16h 设计。

3. 次氯酸钠的投配

次氯酸钠发生器所产生的次氯酸钠溶液贮存在贮槽内，可采用虹吸式自动投加或与污水泵连动投加，将溶液通过投加管、电磁阀、流量计将溶液投加到污水池或污水管中。

（二）漂白粉及漂粉精消毒

$Ca(ClO)_2$漂白粉为白色粉末状，具有强烈气味，化学性质不稳定，易分解而失效，能使大部分有机物氧化褪色或漂白。

漂粉精是较纯的次氯酸钙，有效氯含量为 65%～70%，是一种较稳定的氯化剂，密封良好时能长期保存（1 年左右）。漂粉精用于医院污水消毒，可以直接使用粉剂投加到医院污水中，既可用于干式投加法，也可以将漂粉精溶解在水里。

（三）适用范围

（1）次氯酸钠消毒不宜用于人口稠密区内及大规模医院的污水消毒。可用于远离人口聚居区、规模较小的医院污水处理系统。

（2）漂粉精、漂白粉适用于规模小于 300 床的经济欠发达地区医院污水处理消毒系统。

(3) 电解法次氯酸钠发生器适用于管理水平较高的医院污水处理消毒系统。

(四) 运行管理

(1) 次氯酸钠溶液贮槽应防腐蚀，可用聚氯乙烯板或玻璃钢制作。

(2) 在使用次氯酸钠溶液消毒时，必须注意保存条件，经常分析化验其有效氯含量，以便掌握有效氯的衰减情况，确定每次的最佳送货量和送货周期，减少氯的损失。

(3) 商品次氯酸钠应在21℃左右避光贮存。

(4) 漂白粉应贮存于干燥、阴凉通风的仓库中，防止日晒雨淋，应远离火种和热源，不可与有机物、酸类及还原剂共存。

(5) 漂粉精放入溶药槽，加水配制成有效氯含量为1%~5%的溶液，静置澄清，使用上清液投加，每日配制1~2次。

三、氯消毒

氯气是人们最为熟悉的传统的水处理用消毒剂。但氯气消毒具有如下缺点：①氯会与水中腐殖酸类物反应形成致癌的卤代烃(THMs)；②氯会与酚类反应形成具有怪味的氯酚；③氯与水中的氨反应形成消毒效力低的氯胺，排入水体后对鱼类有危害；④氯在pH值较高时消毒效力大幅度下降；⑤长期使用氯会引起某些微生物的抗药性；⑥氯气为受压的液化气体，一般用罐瓶、槽车、罐车、驳船等压力容器装运，存在一定的事故风险。

(一) 氯消毒系统的组成

液氯消毒系统主要是由贮氯钢瓶、加氯机、水射器、电磁阀、加氯管道及加氯间和液氯贮藏室等组成。

1. 氯瓶

(1) 一般情况下，宜采用小容量的氯瓶。氯瓶一次使用周期应不大于3个月。

(2) 单位时间内每个氯瓶的氯气最大排出量应符合下述规定：容积为40L的氯瓶：750g/h；500kg的氯瓶：3000g/h。

2. 加氯机

采用液氯消毒时，必须采用真空加氯机，并将投氯管出口淹没在污水中。

1) 真空式加氯机原理

压力水流经水射器喉管形成一个真空，从而开启水射器中的止回阀。真空通过真空管路到真空调节器，形成压差，使真空调节器上的进气阀打开，促使气体流动，真空调节器中的弹簧膜片调节真空度。气体在真空作用下经流量管、流量控制阀和真空管路到达水射器，在水射器里与水安全混合，形成氯水溶液。

2) 真空加氯机类型

(1) 差压稳压器调节类

水流经水射器喉管形成一个真空，从而开启水射器中的单向阀。真空通过负压管路传至真空调节器，负压使真空调节器上的进气阀打开，压力气源的气体流入。真空调节器中弹簧作用的膜片调节真空度。气体在负压抽吸下经过流量计和调节阀。差压稳压器控制流过调节阀的压差，在一定范围内保持稳定。通过负压管路，气体被送至水射器，与水完全混合后形成氯水溶液。从水射器到真空调节器上的进气阀整个系统完全处于负压状态。不论什么原因水射器的给水停止或负压条件被破坏，真空调节器中弹簧支承的进气阀就会立刻关闭，隔断压力气体供给。差压稳压器调节的真空加氯机原理图见图9-6。

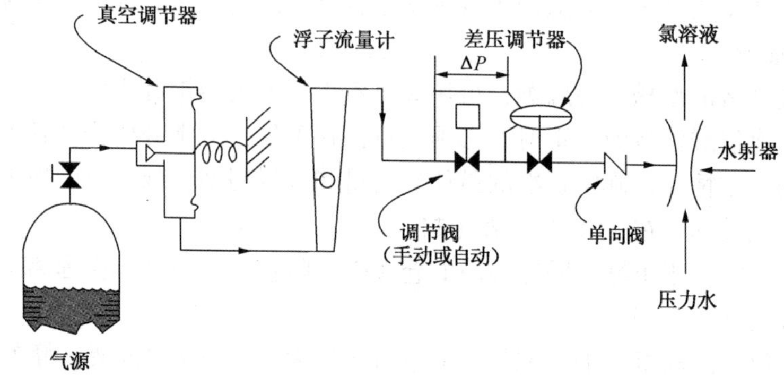

图 9-6 差压稳压器调节的真空加氯机原理图

(2) 音速流原理调节类

当气体流速达到或接近声音的传输速度时，可压缩的气体流体特性变成了不可压缩流体；同时，要使其流速超过音速，也存在一个耗能很大的音障区。因此，一旦加氯机水射器抽吸力将气体流过调节阀口的流速达到音速，则此时流过调节阀口的气体流量等同阀口开度成比例(音速喷嘴原理，可用来测量气体质量流量)，即使水射器抽吸力进一步增大(即系统压力变化)，流经调节阀口的气体流速也不会变化。当调节阀口开度同气体流量完全成比例时，其阀位开度输出信号准确代表气体流量，音速流原理调节的真空加氯机示意图见图 9-7。

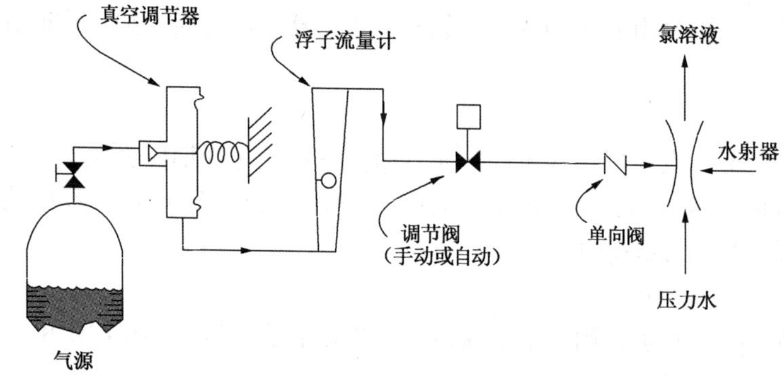

图 9-7 音速流原理调节的真空加氯机示意图

在运行中，从水射器到真空调节器上的进气阀系统完全处于负压状态，不论什么原因导致水射器的给水停止或负压条件被破坏，真空调节器中弹簧支承的进气阀就会立刻关闭，隔断压力气体供给。采用音速流原理的系统机械结构简化，系统可靠性得到提高，目前首都控制加氯机的最大投加量已达到 60kg/h。

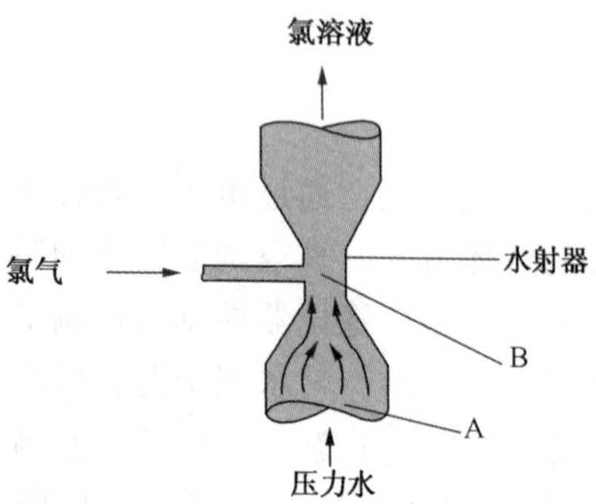

图 9-8 水射器工作原理图

(3) 水射器

水射器是加氯机气体流量调节及测量控制系统的动力部件。水射器基本工作原理是根据能量守恒，采用文丘利喷嘴结构。在 A 位置时，水的状态为低流速、高水压；在喉部 B 位置时，流速增大，动能提高而压能下降，以致压力下降至低于大气压而产生抽吸作用，将气体抽入同水混合，水射器工作原理图见图 9-8。

3）加氯系统管材

（1）输送氯气的管道应使用紫铜管；输送氯溶液的管道宜采用硬聚氯乙烯管，阀门采用塑料隔膜阀。

（2）加氯系统的管路应设耐腐蚀的压力表，水射器的给水管上应设压力表。

（3）加氯系统的管道应明装，埋地管道应设在管沟内，管道应有一定的支撑和坡度。

4）加氯间和液氯贮藏室

使用液氯消毒时应设液氯贮藏室和加氯间。

（1）加氯间

加氯间主要放置加氯机等除氯瓶以外的加氯设备。加氯间内应有必要的计量、安全及报警等装置。加氯间门向外开，使用防爆灯照明和其他防爆电机电器，设排风扇，换气次数按 12 次/h 设计。排风扇设在加氯间低处，并考虑室外环境，要远离人员活动场所。加氯间室内电气、管道、地面等应考虑防止氯气腐蚀。

（2）液氯贮藏室

液氯贮藏室应尽量靠近投加地点。液氯贮藏室必须有吊装设备（使用 40kg 小瓶可不安装吊装设备）和磅秤。

液氯贮藏室应设可容纳氯瓶的水池，水池应保持一定水位。一旦氯瓶泄漏，应迅速将氯瓶推到水池中。

液氯贮藏室直接通向室外的门要向外开，应设排风设备，通风口设在房间离地 400mm 处。照明使用防爆灯具，设置安全和氯气报警装置。

（二）氯消毒设计要点

当污水采用氯消毒工艺时，其设计加氯量可按下列要求来确定：

（1）液氯消毒系统参照《室外排水设计规范》（GB 50014—2006）有关章节进行设计；

（2）只采用一级处理工艺的出水，加氯量（以有效氯计）一般为 30~50mg/L；

（3）二级处理出水的参考加氯量一般为 10~15mg（有效氯）/L；

（4）当污水采用其他方法消毒时，其设计投加量应根据具体水质确定；

（5）加药设备一般为 2 套，1 用 1 备。

四、常用消毒技术

常用消毒技术的比较见表 9-5。

表 9-5 常用消毒技术的比较

消毒方式	优　点	缺　点	适用条件
紫外线消毒	符合环境保护要求，不会产生三卤甲烷等“三致”物质；杀菌迅速，无化学反应接触时间短，土建费用少；运行成本低，占地面积小	杀菌效果受出水水质影响较大，没有持续杀菌能力	大、中、小型污水处理厂二级生化处理后的污水
液氯消毒	效果可靠，成本较低；投配设备简单，投量准确	易产生“三致”物质，氧化形成的余氯及某些含氧化合物对水生物有毒害	大、中、小型污水处理厂二级生化处理后的污水，再生水
二氧化氯消毒	具有较好的消毒效果，不会产生“三致”物质	不能储存，现制现用，制取设备复杂，成本较高	中、小型污水处理厂常南段二级生化处理后的污水、再生水
臭氧消毒	消毒效率高，不产生难处理的或生物积累性余物	投资大，成本高，设备管理复杂	常规二级生化处理后的污水/再生水

参 考 文 献

1 冯霞，黄年龙，廖凤京. 给水厂深度处理工艺中的臭氧系统设计[J]. 中国给水排水，2003，19(9)：76~78.

2 马效民. 水处理中臭氧氧化技术的探讨[J]. 水利技术监督，2009(4)：12~14.

3 程丽华，高会旺，倪福祥. 紫外线消毒技术在污水处理中的应用[J]. 环境污染治理技术与设备，2003：4(12)：69~72.

4 李绍秀，彭勃. 水下照射式紫外线消毒系统设计[J]. 中国给水排水，2005，21(4). 65~67

5 何志刚，周军党，郝志明. 紫外线消毒技术的发展及应用分析[J]. 工业安全与环保，2005，31(1)：42~43.

6 张欣. 污水处理中的紫外线消毒技术[J]. 给水排水，2002，28(11)：29~31.

7 陈亚鹏，霍鹏，黄永茂等. 二氧化氯发生器在二次供水消毒系统中的应用[J]. 工业水处理，2009(1)：84~85.

8 宋鸿，溪旦立. 二氧化氯技术在水处理中的应用[J]. 染防治技术，1998，11(3)：148~150.

9 国家环境保护总局. 医院污水处理技术指南[D]. 2003.

10 李葳. 污水处理厂加氯消毒系统的设计[J]. 机电工程技术，2005，34(10)：35~36.

第十章　污水提升系统

污水提升系统是污水处理工程的一个重要环节，其设备提升泵是污水处理系统的主要耗能设备之一，能耗约占整个设备耗电量的30%~39%。提升泵的高效运行与否，对污水处理厂的运行效率与运行成本有着重要的影响。

第一节　污水提升泵

一、泵的主要工作参数

泵的性能参数主要有流量、扬程、功率，此外还有转速、必需汽蚀余量、吸程、效率等。泵的主要性能指标也用这些主要工作参数来表示。

1. 流量

流量为单位时间通过水泵出口截面的液体量，一般采用体积流量，计量单位 m^3/h 或 m^3/s。泵的流量取决于泵的结构尺寸(主要为叶轮的直径与叶片的宽度)和转速等。操作时，泵实际所能输送的液体量还与管路阻力及所需压力有关。由于能量的转换是在叶轮内进行的，因此只有经叶轮做功的高压液体全部送出去才使水泵充分发挥效益。实际上，水泵的转动部件叶轮和固定部件之间总是有空隙的，在叶轮四周的液体由高压侧沿间隙漏向低压侧面未经泵出口截面流出未产生效益，所以实际产生效益的流量小于通过叶轮输送的理论流量。污水提升泵的流量范围一般为 0.2~10000m^3/h，现在有向两极化方向发展的趋势，瑞典ABS泵公司生产的潜水污水泵最大流量 25000m^3/h，而西班牙博姆巴·埃利阿斯公司的潜水污水泵最小流量 0.02m^3/h。

2. 扬程

单位质量液体通过泵获得的有效能量就是泵的扬程。污水处理泵的扬程一般为 10~100m，扬程向两极方向发展特别明显，美派科泵公司潜污泵扬程最高值 150m，美国迪斯科费洛公司的潜污泵最高扬程可以达到 400m，日本 EIM 电机工业株式社潜污泵最低扬程 1m。

3. 轴功率

泵在一定流量和扬程下，原动机单位时间内给予泵轴的功称为轴功率，即轴将电机功率传给做功部件叶轮的功率。轴功率跟联轴器有很大的关系，电机通过联轴器连接泵内叶轮，当电机转动时，带动联轴器，进而带动叶轮旋转。因为有联轴器这个部件，所以电机功率就不能完全转化为叶轮转动的实际效率，轴功率小于电机功率(额定功率)。

4. 泵的效率

泵的效率不是一个独立性能参数，它可以由其他的性能参数例如流量、扬程和轴功率按公式计算求得。反之，已知流量、扬程和效率，也可求出轴功率。

泵的总效率是反映泵耗能的主要指标，有关资料给出的泵总效率的可按式(10-1)计算。

$$\eta = \eta_h \times \eta_v \times \eta_m \tag{10-1}$$

式中　η——离心泵总效率，%；

η_h——水力效率，%；

η_v——容积效率，%；

η_m——离心泵的机械效率，%。

$$\eta_h = \frac{H}{H_T} \tag{10-2}$$

式中　H——水泵的实际扬程，m；

H_T——水泵的理论扬程，m。

$$\eta_v = \frac{Q}{Q_T} \tag{10-3}$$

式中　Q——水泵的实际流量，m^3/s；

Q_T——水泵的理论扬程，m^3/s。

$$\eta_m = \frac{N_h}{N} \tag{10-4}$$

式中　N_h——叶轮传给水的全部功率，kW；

N——水泵的轴功率，kW。

5. 汽蚀余量

汽蚀余量是指在泵吸入口处单位重量液体所具有的超过汽化压力的富余能量，单位为m，用$(NPSH)_r$表示。

6. 吸程

即泵允许吸上液体的真空度，也就是泵允许的安装高度。

吸程=标准大气压-汽蚀余量-安全量，如某泵必需汽蚀余量为4.0m，安全量为0.5m，则吸程$\Delta h = 10.33-4.0-0.5 = 5.83$m。

7. 转速

泵的转动部分包括叶轮和轴，单位时间叶轮旋转的次数称为转速，以n表示，其单位是r/min。泵由电动机直接带动时，与电动机转速相同；当经过传动装置驱动轴时，可按泵的最优运行工况选定转速。

泵的各个性能参数之间存在着一定的相互依赖变化关系，可以通过对泵进行试验，分别测得和算出参数值，并画成曲线来表示，这些曲线称为泵的特性曲线。每一台泵都有特定的特性曲线，由泵制造厂提供，通常在工厂给出的特性曲线上还标明推荐使用的性能区段，称为该泵的工作范围。

泵的实际工作点由泵的曲线与泵的装置特性曲线的交点来确定。选择和使用泵，应使泵的工作点落在工作范围内，以保证运转经济性和安全性。此外，同一台泵输送黏度不同的液体时，其特性曲线也会改变。通常，泵制造厂所给的特性曲线大多是指输送清洁冷水时的特性曲线，对于动力式泵，随着液体黏度增大，扬程和效率降低，轴功率增大，工业上有时将黏度大的液体加热使黏性变小，以提高输送效率。

二、污水提升泵叶轮结构型式

污水提升泵属于无堵塞泵的一种，具有多种形式，如潜水式和干式。主要用于输送城市污水，粪便或液体中含有纤维、纸屑等固体颗粒的介质，通常被输送介质的温度不大于

80℃。由于被输送的介质中含有易缠绕或聚束的纤维物，故该类泵流道易堵塞，因此抗堵性和可靠性是污水提升泵优劣的重要因素。污水提升泵要提高抗堵性能，关键在于叶轮的结构型式。叶轮的结构分为六大类：叶片式(开式、闭式)、旋流式、流道式(单流道和双流道)、螺旋离心式、轴流式、混流式。

（一）叶片式

1. 开式、半开式叶轮

开式、半开式叶轮见图10-1。开式、半开式叶轮制造方便，当叶轮内造成堵塞时，容易实现清理及维修，但在长期运行中，在颗粒的磨蚀下会使叶片与压水室内侧壁的间隙加大，从而使效率降低；并且间隙的加大会破坏叶片上的压差分布，不仅产生大量的旋涡损失，而且会使泵的轴向力加大，同时，由于间隙加大，流道中液体的流态的稳定性受到破坏，使泵产生振动。

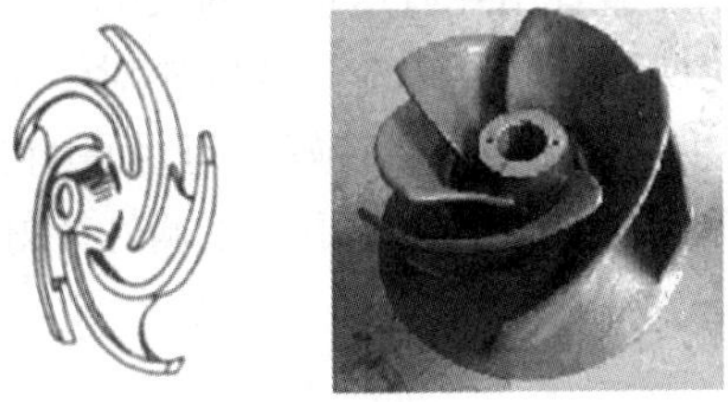

开式

半开式

图10-1　开式、半开式叶轮

该种型式叶轮不适于输送含大颗粒和长纤维的介质。从性能上讲，该型式叶轮效率低，最高效率约相当于普通闭式叶轮的92%左右，扬程曲线比较平坦。

2. 闭式叶轮

闭式叶轮见图10-2。闭式叶轮正常效率较高，且在长期运行中情况比较稳定。采用该型式叶轮的泵轴向力较小，且可以在前后盖板上设置副叶片。前盖板上的副叶片可以减少叶轮进口的旋涡损失和颗粒对密封环的磨损；后盖板上的副叶片不仅起平衡轴向力的作用，而且可以防止悬浮性颗粒进入机械密封腔，对机械密封起保护作用。

图10-2　闭式叶轮

该型式叶轮的抗堵性差，易被缠绕，不宜抽送含大颗粒(长纤维)等未经处理的污水介质。

（二）旋流式叶轮

旋流式叶轮泵的吸入口和出口与泵的轴线均成直角，叶轮采用半开式结构，置于蜗室的一侧，叶轮前的蜗室流道十分宽敞，所以能输送带各种杂质的流体而不致堵塞，具有良好的通过性能；当叶轮旋转时，泵内产生强烈的轴向旋涡作用，使吸入腔内的介质连续不断地流入泵腔，叶轮和泵体无密封间隙，运行中不会因磨损而使泵的效率降低。该泵制造简单，成本低，实用性强。从性能上讲，该叶轮效率较低，仅相当于普通闭式叶轮的70%左右，扬程曲线比较平坦。

常见的旋流泵叶轮叶片有多种结构形式，主要有直叶片、斜叶片和弯曲叶片。不同的叶片对泵的性能有一定的影响。试验研究表明：弯曲叶片效率较高，但无堵塞性差；斜叶片效率较差但通过能力稍好；直叶片通过能力最好但效率比前两种稍差。

（三）流道式叶轮

该型式叶轮属于无叶片的叶轮，叶轮流道是一个从进口到出口的一个弯曲的流道，所以适宜于抽送含有大颗粒和长纤维的介质，抗堵性好。从性能上讲，该型式叶轮效率高和普通闭式叶轮相差不大，但用该型式叶轮泵扬程曲线较为陡降，功率曲线比较平稳，不易产生超功率的问题；该型叶轮的汽蚀性能不如普通闭式叶轮，适宜用在有压进口的泵上。

流道式叶轮可分为单流道式叶轮与双流道式叶轮两种形式。单流道式叶轮对输送物料的无损性好，无堵塞性能好，适于输送大颗粒长纤维物质，且耐磨性较好，但对平衡要求高，运行平衡性差；双流道式叶轮通过能力比单流道稍差，但因是对称流道，平衡性能好，运行平稳，适合于高扬程、大流量泵；

（四）螺旋离心式叶轮

叶轮的叶片为扭曲的螺旋叶片，在锥形轮毂体上从吸入口沿轴向延伸。该型叶轮的泵兼具有容积泵和离心泵的功能，悬浮性颗粒在叶片中流过时，不撞击泵内任何部位，对输送物的破坏性小。由于螺旋的推进作用，悬浮颗粒的通过性强，所以采用该型式叶轮的泵适宜于抽送含有大颗粒、长纤维、高浓度的介质。在对输送介质的破坏有严格要求的场合下具有一定的适用性。

（五）轴流式叶轮

轴流式叶轮属于叶片式。在轴流泵中，水的流动一方面沿轴前进，另一方面还跟着叶轮旋转。轴流式叶轮泵具有大流量、低扬程、高比转数、高效率、占地面积小，性能参数可变性以及适合低水位条件等特点，已成为农业排灌、城市给排水、火电厂输送循环水等工程优先选用的泵型。

（六）混流式叶轮

混流泵的叶轮形状介于离心泵叶轮和轴流泵叶轮之间，因此，混流泵既有离心力又有升力，靠两者的综合作用，水则以与轴组成一定角度流出叶轮，通过蜗壳室和管路把水提向高处。与离心泵相比，其扬程较低、流量较大；与轴流泵相比，其扬程较高、流量较低。

三、污水泵类型

（一）污水提升泵类型

用于污水提升的泵从结构形式上可分为卧式泵、立式泵和潜水泵。

1）卧式泵

要求的安装精度比立式泵低，同时也便于检修，但一般在启动前要进行排气充水，要求泵房有较大的平面尺寸，适用于水源水位变幅不大的场合。

2）立式泵

要求泵房的平面尺寸较小，水泵叶轮浸没于水下，启动方便，电动机安装在上层，有利于散热、采光、防潮、通风，适用于水源水位变幅较大的场合。

3）潜水泵

潜水排污泵是一种泵与电机连体、并同时潜入液下工作的泵类产品，它结构简单，使用方便，与一般卧式泵或立式污水泵相比，潜水排污泵明显具有以下几个方面的优点：

（1）结构紧凑、占地面积小。潜水排污泵由于潜入液面下工作，因此可直接安装于污水池内，无须建造专门的泵房用来安装泵及电机，可以节省大量的土地及基建费用。

（2）安装维修方便。小型的潜水排污泵可以自由安装，大型的潜水排污泵一般都配有自动耦合装置，可以进行自动安装。自动耦合装置是潜污泵的一种常用安装方式，池底固定耦合架，竖直安装两根导杆，可以方便地将泵提起放下，而不用在池底安装泵，泵的出口能和排出管自动锁紧安装，维修相当方便。

（3）连续运转时间长。潜水排污泵由于泵和电机同轴，轴短，转动部件重量轻，因此轴承上承受的载荷相对较小。

目前，国内生产潜水泵的厂家很多，各种流量、扬程范围均有，有的厂家的产品质量已达到国际水平。

（二）具体类型与用途

1. PW、PWF 型离心污水泵

PW、PWF 型污水泵是单级、单吸、悬臂式离心污水泵。泵吸入口为轴向水平方向，泵排出口可根据需要装成水平或垂直方向。主要由泵盖、泵壳、叶轮、轴封、轴、托架等零部件组成。轴封采用新颖的双端面机械密封结构形式，泵与电机安装在共同底盘上，通过弹性联轴器由电机直接驱动。PWF 型离心污水泵见图 10-3。该类泵具有效率高、节能显著、运行平稳、性能可靠、维修方便等优点。

图 10-3 PW 型离心污水泵

PW 普通型污水泵泵体为铸铁材质，可输送含有悬浮固体颗粒、长纤维物质及生活用废水；不适于吸送酸性和碱性以及含有多盐分的其他能引起金属腐蚀的化学混和物液体。其技术参数如下：

流量：36~180m^3/h；

扬程：8.5~48.5m；

电机功率：4~30kW；

转速：960~2950r/min；

口径：65~100mm；

介质温度：≤100℃。

PWF 型耐腐蚀污水泵泵体及过流部件采用 304 不锈钢材质制造，可输送含有酸性、碱性或其他腐蚀性的污水，广泛应用于化工、石油、轻工、食品、制药、酿造及污水处理等行业。

2. GW 型管道排污泵

GW 管道排污泵是采用国内外先进技术开发成功的一种高效节能排污泵，GW 型管道排污泵安装方便，用途广，即可作一般管道泵为高层建筑加压送水之用，又可输送含有颗粒纤

维污水，除适用于输送污水外，还适用于作疏水泵、过滤冲洗冷凝循环泵等。GW 型管道式排污泵见图 10-4。

3. **LW 型立式排污泵**

LW 型直立式无堵塞排污泵具有节能效果显著、防缠绕、无堵塞等特点。在排送固体颗粒和长纤维垃圾方面，具有独特效果。LW 型直立式无堵塞排污泵既可移动，亦可固定安装，除适用输送污水外，还适用于作疏水泵、纸浆泵、灌溉泵之用等。LW 型立式排污泵见图 10-5。

图 10-4　GW 型管道式排污泵

图 10-5　LW 型立式排污泵

其特点有：

（1）大流道抗堵塞水力部件设计，提高了污物通过能力。

（2）设计合理，配套电机合理，效率高，噪音低，节能效果显著。

（3）机械密封采用单端面密封，材质为硬度耐磨耐腐碳化钨，具有耐用、耐磨等特点，可以使泵安全连续运行 8000h 以上。

（4）泵与电机直联同轴，属机电一体化产品，结构紧凑，性能稳定。

（5）占地面积小，无须建泵房，可节省大量基建费用；在电机风叶端加上防护罩，整机可置于室外工作。

其技术参数如下：

流量：8～2600m^3/h；

扬程：5～60m；

功率：0.75～250kW；

转速：580～2900r/min；

口径：25～500mm；

温度范围：≤60℃。

4. **潜水污水泵**

1）WQ/QW 型潜水污水泵

WQ/QW 型潜水污水泵为目前污水处理提升最常用的泵种。该系列潜水式污水提升泵具有节能、防缠绕、无堵塞、自动控制等特点。该系列泵采用独特结构和新型机械密封，能有效地输送含有固体物和长纤维的污水。与传统叶轮相比，该泵叶轮采用单流道或双流道型式，具有非常好的过流性，通过配以合理的蜗室，使得该泵效率高，泵在运行中无明显振动。潜水污水泵见图 10-6。

其特点有：

(1) 污水泵采用单流道或双流道叶轮型式，提高了污物通过能力。

(2) 污水泵整体结构紧凑、体积小、噪声小、检修方便、节能效果显著；无须建泵房因而减少了工程造价。

(3) 污水泵密封油室内设置有高精度抗干扰漏水检测传感器，定子绕组内预埋了热敏元件，对水泵电机自动保护。

图 10-6　潜水污水泵

其技术参数如下：

泵排出水口径：50～600mm；

流量：10～7000m^3/h；

扬程：5～60m；

转速：1450～2900r/min；

功率：1.5～315kW；

通过固体颗粒直径：20～145mm。

2) 飞力潜水泵

Flygt 公司是世界上最大的生产潜水泵的厂家，拥有最齐全的潜水泵系列。其产品设新颖，组件系统标准化，设备现代化，Flygt 公司潜水电泵的种类与工程应用见表 10-1。

表 10-1　Flygt 公司潜水电泵的种类与工程应用

名称	叶轮结构型式	叶轮结构特点	工程应用
B 泵		开式或半开式叶轮，抗磨材料制造，附有可调节的导叶及滤网	用于给排水或水喷射等，可以抽送含磨料如黏土、砂、碎石、钻屑等液体介质等。可满足大流量、高扬程、有限空间或易爆环境等特殊要求
C 泵		无堵塞闭式流道式叶轮，具有好的可靠性和较高的效率	主要用于城市排水泵站和污水处理厂抽送污水和泥浆，工业流程中抽送冷却水、废水、腐蚀性介质等，工地和大型工厂连续排水等，适合抽送含长纤维的物质和大固体颗粒的介质
D 泵	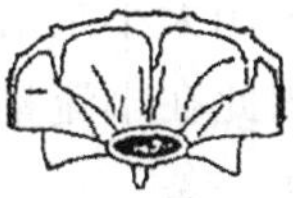	旋流式叶轮	用于工地、矿山、工业上抽送含长纤维、黏土、钻屑、岩石碎片、污泥和腐蚀性介质的废水，并可满足易爆环境排水的要求
F 泵	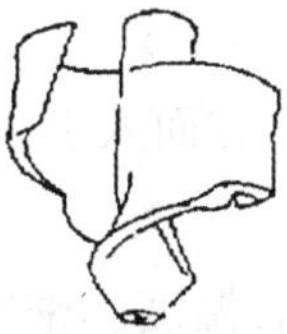	开式叶轮并带有 S 型切断器，具有抽送、切削和混合功能。可靠性好，效率高	主要用于农业上抽送液体粪，可以破碎干的固体、禾秆和其他长纤维物质，螺旋状的叶轮入口可以使吸入的稠厚粪肥送入泵中，共有四种规格
G 泵		开式或闭式叶轮，有多个叶片	主要用于地下室或其他领域地面排水，也可用于灌溉，可满足小流量及适中扬程需要，适合于抽送清水或轻度污染的水
H 泵	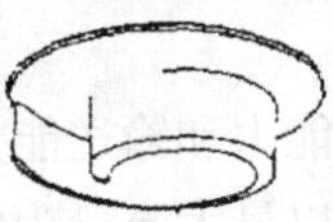	开式或闭式流道式叶轮，抗磨材料制造	主要用于矿山、工地、岩洞、隧道和堤坝等地方抽送含有磨蚀性颗粒如钻屑、砂、碎石等的液体，吸入端采用可调节的橡胶覆层，利于在高效点运行

续表

名称	叶轮结构型式	叶轮结构特点	工程应用
M泵	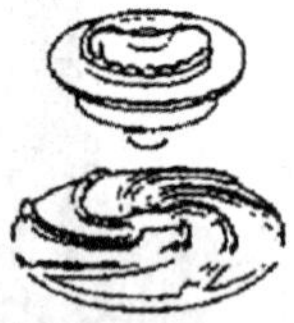	开式叶轮，入口处附有一个切碎装置，由铬合金与不锈钢做成	适用于有压力的污水系统
P泵	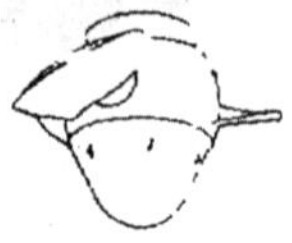	可调叶片轴流式叶轮，具有高效节能的特点	主要用于农业、城市给排水及工业上抽送冷却水等，并可用于控制内河水道系统。可满足低扬程大流量的特殊需要，适合于抽送清水或轻度污染的水
R泵	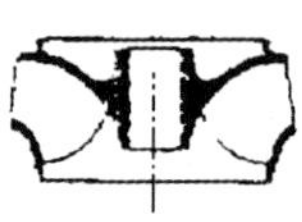	多叶片闭式叶轮，用铸铁或不锈钢铸造，单侧或双侧（双吸）进水	适合于农业喷灌和各种工业应用，如供清水、工艺流程用水、喷射和冷却水等。可满足高扬程大流量需要，流量达 2000m^3/h，扬程达 110m，适合于抽送清水或轻度污染的水

四、泵选型原则与方法

（一）选泵原则

（1）必须满足设计流量和设计扬程的要求。

（2）水泵必须在高效区运行，在长期运行中平均效率最高。

（3）根据选定的水泵型号及台数修建泵站的总投资（其中包括设备投资和土建投资）最小，年运行费用最低。

（4）尽量选择标准化、系列化、规格化的新产品，型号不能过多，也不宜单一。

（5）便于安装、维护、运行和管理，有利于今后的发展。

（6）选泵注意因素：

① 水泵常年运行，应仔细计算，使水泵的工况点落在水泵的最高效率段，采用节能性优越的潜水泵；同时可配套选用变频调速装置，节约电能。

② 水泵可根据近远期结合的方式，预留发展位置或远期增大水泵的提升流量能力。尽量选用同一型号的泵，使检修及维护都比较方便；水量变化较大时可采用大小泵搭配。水泵并联设置情况下，因并联台数过多，会出现机组效率会降低的现象，因此在小流量时台数最好为一用一备；大流量且水量变化较大时，可采用两用一备，最多三用一备。

（二）泵的选型

泵的选型需要合理确定流量（Q）和装置扬程（H_e），可以从以下几个方面入手。

1. 列出基本数据

包括液体介质名称、物理性质、化学性质和其他性质。物理性质有温度、密度、黏度、介质中固体颗粒直径和气体的含量等，这些因素涉及系统的扬程、有效气蚀余量计算和合适泵的类型；而化学性质，主要指液体介质的化学腐蚀性和毒性，是泵材料和轴封型式的重要选择依据。

2. 确定流量

流量是选泵的重要性能数据之一，它直接关系到整个装置的生产能力和输送能力，如设计院在工艺设计中能算出泵正常、最小、最大三种流量。选择泵时，以最大流量为依据，兼顾正常流量，在没有最大流量时，通常可取正常流量的 1.1 倍作为最大流量。

1）固定流量

固定流量情况下，泵运行于某一流量范围，如正常运行水厂的供水泵，日供水量比较恒定，水泵的流量也比较稳定。固定流量场合下，设计人员习惯性地留有一定余量作为选型参数(Q_c)，这样就造成不必要的能量浪费。泵铭牌所注 Q、H 值为设计值，而实际高效的运行范围一般为 $0.7Q \sim 1.3Q$。对于固定流量场合，选用泵铭牌所注流量 Q 能满足用户短时大流量点运行的需要。

2）变化流量

变化流量情况下，要求泵运行于某一流量范围，如在排水高峰时，有一峰值 Q_{max}，按设计规范可能就将 Q_{max} 作为泵选型时所需的流量 Q 值。这一结果可能会造成所选泵大部分时间都运行在小流量工况点，这种不合理的选型会造成以下几方面的浪费：

(1) 由于 Q 选择偏大，造成泵选型偏大，增加设备购置费用；

(2) 泵机组运行偏离高效区，造成运行费用的增加；

(3) 由于 Q 偏大，为了使泵能稳定运行于 Q_c 点，只有减小出口调节阀的开度，人为增加水力损失。

对于变化流量场合，根据实际运行的工程，取 $Q=Q_{max}/1.2$ 即可满足设计要求。

3. 扬程的确定

泵流量 Q 确定后，设计人员就能确定泵进出口管径，完成整个管路系统的布置，装置扬程 H_e 也能确定，H_e 与 Q 的特性曲线通式一般如式(10-5)所示。

$$H_e = H_a + S_k Q^2 \tag{10-5}$$

式中　H_a——流体通过系统的势能提升，即泵吸水口到泵出水口的高度差，m；

S_k——管路阻抗，对特定的管路，S_k 为常数；

Q——泵的流量，m^3/h。

对一特定的管路，$S_k Q^2$ 可以按照管路沿程水头损失计算。管路系统的沿程水头损失大小可以按照以下方法计算。

1）确定管道系统数据

包括管径、长度、管道附件种类及数目、泵吸水口到泵出水口的高度差等。在设计和布置管道时，应注意如下事项：

(1) 合理选择管道直径，管道直径大，在相同流量下、液流速度小，阻力损失小，但价格高；管道直径小，会导致阻力损失增大，使所选泵的扬程增加，配备功率增加，成本和运行费用都增加，因此应从技术和经济的角度综合考虑管径的选取。

(2) 排出管及其管接头应考虑所能承受的最大压力。

(3) 管道布置应尽可能布置成直管，尽量减小管道中的附件和尽量缩小管道长度，必须转弯的时候，弯头的弯曲半径应该是管道直径的 3~5 倍，角度尽可能大于 90°。

(4) 泵的排出侧必须装设阀门(闸阀或截止阀等)和止回阀，闸阀用来调节泵的工况点，止回阀在液体倒流时可防止泵反转，并避免泵遭水锤的冲击。

2）水头损失计算

(1) 选管径

根据流量和经济流速，初选管径，可按式(10-6)计算。

$$d=18.8\sqrt{\frac{Q}{v}} \tag{10-6}$$

式中　d——管道内径，mm；

v——管内经济流速，m/s，压力管道的经济流速一般为4~6m/s，最大不超过7m/s。

（2）水头损失计算

管道沿程水头损失可按式(10-7)计算。

$$h_f=f\frac{Q^m}{d^b}L \tag{10-7}$$

式中　h_f——沿程水头损失，m；

L——管长，m；

Q——流量，m^3/s；

d——管道内径，mm；

f、m、b——与管材有关的参数。

也可以采用式(10-8)计算。

$$H_{沿}=\xi_{沿}\times L\times Q^2 \tag{10-8}$$

式中　$h_{沿}$——沿程水头损失，m；

L——管长，m；

$\xi_{沿}$——与管材有关的参数；

Q——流量，m^3/s。

管路水头损失还可根据表10-2进行估算。

表10-2　管路水头损失估算

实际扬程/m	管径/mm		
	<200	250~350	>350
	管路水头损失占实际扬程的比例/%		
10	30~50	20~40	10~25
10~30	20~40	15~30	5~15
>30	10~30	10~20	3~10

4. 泵稳定运行工况点确定

对于具体的一台泵，稳定运行时的工况点由泵性能曲线(H-Q)与管路特性曲线(H_e-Q_e)决定，如图10-7所示。两曲线的交点(Q_c、H_c)即为运转工况点，H-Q曲线由生产厂家提供；H_e-Q_e曲线由具体的管路系统自形成，具有固定性，可根据$H_e=H_a+S_kQ^2$计算。η-Q为泵的工作效率曲线，其上有一最高点为泵的最佳效率点，泵的工作点应位于泵的最高效率区域内，通常认为在最高效率的92%左右，泵才能高效运行。

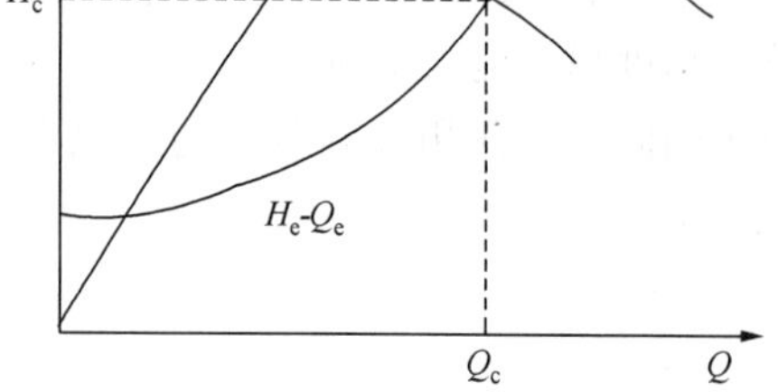

图10-7　泵与管路特性曲线关联示意图

选型参数Q、H_e确定后，用户一般都能据此选用一种泵来满足使用要求。但实际选型时，会碰到这样的问题：样本中没有正好符合所需参数的泵，而有几种相近的规格可供选择。如何选用一个最优规格，单纯就性能而言，原则就是视(H_e-Q_e)曲线与(H-Q)曲线的交点与(Q_c、H_c)点的接近程度。

（三）泵的选取

确定了泵站的设计流量和设计扬程后，就可以利用有关技术图表，确定水泵型号和规格，其方法如下：

1. 选择合理的水泵种类

拿潜水泵来说，潜水泵种类丰富，可以满足不同工况的使用要求，不同的使用场合可以选用不同类型的潜水泵。

① 潜水排污泵属于离心式水泵，适合小流量，高扬程，最高单级扬程低于 60m；

② 潜水轴流泵适合扬程为 110m，大流量的情况；

③ 潜水混流泵的扬程为 8~20m；

④ 潜水贯流泵适合扬程为 0.5~5m，超大流量的情况。

2. 使用泵性能规格表选泵型

泵厂在产品介绍中都提供了泵性能规格表，如表 10-3 所示。

表 10-3　泵性能规格样本

型号	流量 Q/(m^3/h)	扬程/h	功率/kW		效率/%	转速/(r/mim)	必需气蚀余量/m
			轴功率	电机功率			
IH125-100-250	120	90	47.4	75	62	2900	3.7
	200	80	58.1		75		4.5
	240	73	64.5		74		5.5
IH125-100-250	60	22.5	6.23	11	59	1450	2
	100	20	7.56		72		2.3
	120	18.25	8.4		71		3

表中每一个型号的性能都有三行数据，一般设计流量和设计扬程应与性能表列出的中间一行的数值相一致，或是相接近，必须落在上、下两行的范围内，因为这个范围是水泵运转的高效率区域，选取这个型号的泵是符合实际需要的。

3. 使用水泵性能综合型谱图选泵型

将需要选择的泵种的工作区域全部综合画在同一张图上，这就构成了水泵系列综合型谱图，如图 10-8 所示。根据确定的设计流量和设计扬程，在型谱图上，首先在纵坐标上以设计扬程查找出符合扬程要求，而流量不等的几种水泵，然后再在横坐标上以设计流量来确定选用哪一种水泵。如果设计流量较大时，单泵未能符合要求，可考虑多泵作业，但应注意尽量采用相同型号的水泵，以利于施工安装、管理维修。

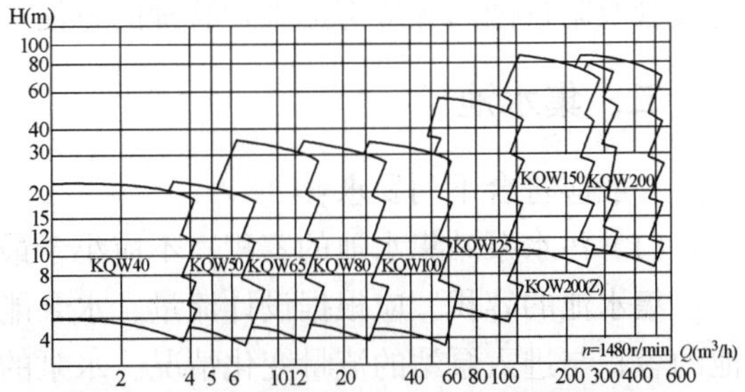

图 10-8　KQW 型水泵系列综合型谱图样本

第二节　污水提升系统主要组成部分以及设计规范一般规定

污水提升系统的主要组成部分包括收集管渠及配套设施、集水池、悬浮物拦截设施、泵房与泵机组、泵机组辅助设施、出水管渠与配套设施。

一、污水收集管网以及配套设施

对于城市污水收集管网与配套设施，设计规范中一般有如下规定：

(1) 排水管渠系统应根据城市规划和建设情况统一布置，分期建设。排水管渠断面尺寸应按远期规划的最大设计流量设计，并考虑城市远景发展的需要。

(2) 管渠平面位置和高程应根据地形、土质、地下水位、道路情况原有的和规划的地下设施以及施工条件等因素综合考虑确定。排水干管应布置在排水区域内地势较低或便于雨污水汇集的地带。排水管宜沿城市道路敷设，并与道路中心线平行，宜设在快车道以外。截流干管宜沿受纳水体岸边布置。管渠高程设计除考虑地形坡度外，还应考虑与其他地下设施的关系以及接户管的连接方便。

(3) 管渠材质、管渠基础形式、管道接口方式，应根据排水水质、水温、冰冻情况、断面尺寸、管内外所受压力、土质、地下水位、地下水侵蚀性和施工条件等因素进行选择。

(4) 输送腐蚀性污水的管渠必须采用耐腐蚀材料，其接口及附属构筑物必须采取相应的防腐蚀措施。

(5) 当输送易造成管渠内沉析的污水时，管渠形式和断面的确定必须考虑维护检修的方便。

(6) 工业区的工业废水应根据其不同的回收、利用和处理方法设置专用的废水管渠。经常受有害物质污染场地的雨水，应经预处理达到相应标准后才能排入城市管渠。

(7) 排水管渠系统的设计，应以重力流为主，不设或少设排水泵站。当无法采用重力流或重力流不经济时，可采用压力流。

(8) 污水管渠系统应保证其密封性。

(9) 为防止排水管渠在出水口的倒灌，应设置闸门或泵站等设施，有潮汐的地方应设置潮门。

(10) 合流管道系统之间可根据需要设置连通管，必要时可在连通管处设闸槽或闸门。连接管及附近闸门井应考虑维护管理的方便。

二、集水池

一般应符合下列要求：

(1) 污水泵站集水池的容积，不应小于最大一台提升泵 5min 的出水量。

集水池的容积，应根据设计流量、水泵能力和水泵工作情况等因素确定。污水泵站集水池的容积与进入泵站的流量变化情况、水泵的型号、台数及其工作制度、泵站操作性质、启动时间等有关，适当放大集水池容积，对管理系统和管路系统都具有一定的安全性。

(2) 泵机组为自动控制时，每小时开动水泵不得超过 6 次。

(3) 合流污水泵站集水池的容积不应小于最大一台提升泵 30s 的出水量。

(4) 大型合流污水输送泵站集水池的面积，应按管网系统中调压塔原理复核。

(5) 流入集水池的污水和雨水均应通过格栅。

(6) 雨水泵站和合流污水泵站集水池的设计最高水位，应采用与进水管管顶相平；设计最低水位应采用一台水泵流量相应的进水管水位；当设计进水管渠为压力管时，集水池的设计最高水位可高于进水管管顶，但不得使管道上游地面冒水。

(7) 污水泵站集水池的设计最高水位，应按进水管充满度计算。设计平均水位应采用设计平均流量时的进水管渠水位。

(8) 集水池的设计最低水位应满足所选水泵吸水头的要求。自灌式泵房应满足提升泵叶轮浸没深度的要求。

(9) 泵站集水池前应设置闸门或闸槽；泵站宜设置事故排出口。进水闸的宽度选用引渠底宽，高度选用引渠深度，当高度较大时，可设胸墙，以减少闸门和启闭设备的高度和造价，门高一般取渠深的1/3~1/2。进水池内至少布置一道闸门，一般设置两道(工作闸门，检修闸门)，检修闸门在前，工作闸门在后，检修闸门可不需全部购置，但闸门槽必须预留，一般用平面闸门。

(10) 集水池池底应设集水坑，倾向坑的坡度不宜小于10%。

(11) 集水池应设冲洗和清泥装置。

三、格栅设计参数的规定

(1) 格栅的栅条间隙：粗格栅大于40mm、中格栅15~25mm、细格栅小于10mm；

(2) 栅前流速为0.4~0.8m/s，过栅流速为0.6~1.0m/s，过栅水头损失为0.2~0.5m；

(3) 栅条的强度要求能够承受在完全被堵塞的情况下栅前后水位差为1m的水压力。栅条的间距一般随水泵类型不同而异。一般拦污栅与水平面成70°~80°的倾角设置，最大倾角不宜超过85°。

四、泵房与水泵机组

(一) 水泵配置要求

水泵的选择应根据设计流量和所需扬程等因素确定，且应符合下列要求：

(1) 提升泵宜选用同一型号，台数不应少于2台，不宜大于8台。当水量变化很大时，可配置不同规格的水泵，但不宜超过两种；可采用变频调速装置，或采用叶片可调式提升泵。

(2) 污水泵房和合流污水泵房应设备用泵，当工作泵台数不大于4台时，备用泵宜为一台。工作泵台数不小于5台时，备用泵宜为2台。

(3) 选用的水泵应满足设计扬程时在高效区运行；在最高扬程与最低扬程的整个工作范围内应能安全稳定运行。2台以上水泵并联运行合用一根出水管时，应根据水泵特性曲线和管路工作特性曲线验算单台水泵工况，使之符合设计要求。

(4) 多级串联的污水泵站和合流污水泵站考虑级间调整的影响。

(5) 水泵出水管为压力管道时，流速宜为4~6m/s。

(6) 非自灌式水泵应设引水设备，小型水泵可设底阀或真空引水设备。

(7) 泵房应采用正向进水应考虑改善水泵吸水管的水力条件，减少滞流或涡流。

实际设计中，对于大型排水泵站，一般根据设计流量设3~6台泵，在确定了集水池容积后，由水位计分别确定各台泵启动的水位。大型水泵的功率很大，甚至可达 250~280kW，电气上一般实行降压启动，启动一台水泵至正常运行一般需用 20~70s。如果各个水位标高过于接近，当发生设计流量时，势必造成在极短时间内连续启动几台水泵，这对系统和安全运行显然是不利的。根据水泵的特点，建议每一水位的容积不小于设计流量 1min 的容积，根据设计流量及泵站内所设泵站的台数可以确定集水池的有效容积，一般为设计流量 5~10min 的容积。

对于企业内部的小型污水泵站，如果夜间的流入量不大，通常在夜间停止运行。在这种情况下，必须使集水池容积能够满足储存夜间流入量的要求。如工业企业在生产淡季时，总进水流量有时不足设计流量的 1/4，甚至断流，此时即使只启动一台泵，也会很快到达停泵水位。一段时间的小流量进水后又须启泵。如此频繁的启动泵，不仅浪费电能，而且造成水锤，对管路系统造成极大的损害。为减少水泵全停的情况，在这种工况下，启泵水位可设在集水池容积一半的水位上，其启泵水位以下的容积应能满足单泵连续运行 30min 左右。

（二）泵房内机组的布置

1. 卧式泵房

对于卧式泵房，水泵布置的方式有单排布置和双排布置两种方式。

（1）单排布置。包括单排纵向布置、单排横向布置、单排竖向布置，单排布置示意图见图 10-9。

（2）双排布置。包括双排交错布置和双排对齐布置，双排布置示意图见图 10-10。

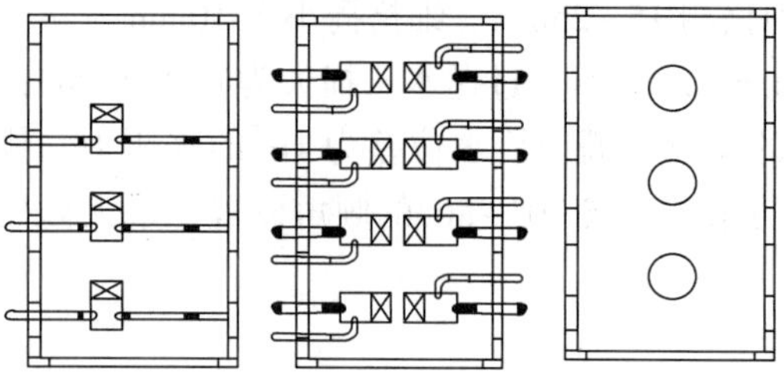

图 10-9 单排布置示意图

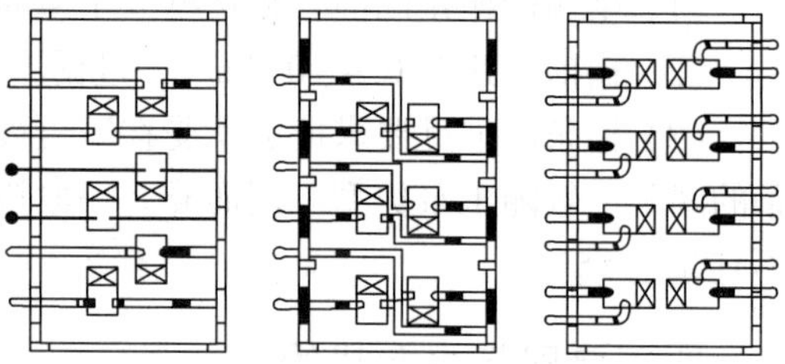

图 10-10 双排布置示意图

单排布置和双排布置的比较见表 10-4。

表 10-4 机组布置比较

布置形式	优 点	缺 点	适用情况
平行单排布置	水泵的吸水管可处于顺直状态布置紧凑；泵房建筑面积小 电动机抽出方便	泵房跨度较大；管道配件较多；水力条件较差；用单轨起吊水泵和电动机较不方便	一般适用于小泵房；IS、IB、XA、BA 型单吸卧式离心泵
直线单排布置	泵房跨度较小；进出水管顺直，水力条件好，可减少水头损失和电耗；泵房上方只需采用单轨葫芦作起重设备	泵房较长；管道配件拆装不便；操作管理线路较长	广泛被中、小型水厂采用；常用于侧向进水和侧向出水的水泵，如 S、Sh 型单级双吸卧式离心泵；水泵台数不宜超过 5~6 台，吸水管阀门也可放在房外
横向双排布置	布置紧凑，泵房面积小；配管件简单；水力条件好	泵房跨度大；水泵倒顺转布置，检查麻烦；泵房内较挤，检修空间少；常需采桥式起重机	适用于大型双吸卧式离心泵的地下室泵房；水泵一般在 6 台以上，施工要求用沉井而不许泵房太长时

2. 潜水泵房

潜水泵房机组的布置和通道宽度，一般应符合下列要求：

（1）水泵机组基础间的净距不宜小于1m；

（2）机组突出部分与墙壁的净距不宜小于1.2m；

（3）主要通道宽度不宜小于1.5m；

（4）配电箱前面通道宽度：低压配电时不宜小于1.5m，高压配电时不宜小于2m。当采用在配电箱后面检修时，后面距墙的净距不宜小于1m；

（5）有电动起重机的泵房内，应有吊运设备的通道；

（6）泵房各层层高，应根据水泵机组、电气设备、起吊装置、安装、运行和检修等因素确定；

（7）泵房起重设备应根据需吊运的最重部件确定。起重量不大于3t时，宜选用手动或电动葫芦；起重量大于3t时，宜选用电动单梁或双梁起重机。

五、污水泵站中的其他辅助设备

（一）水位控制器

通过机械式或电子式的方法来进行高低液位的控制，可以控制电磁阀、水泵等，从而实现半自动化或者全自动化，方法有多种，根据选用不同的产品而不同，主要有以下几种方式：

（1）通过电子式液位开关和搭配的水位控制器来进行控液位控制自动化；

（2）通过浮球开关来控制液位；

（3）液位继电器；

（4）通过非接触式的液位开关来控制。

（二）计量设备

渠中设置计量槽，管道上可采用电磁流量计。

（三）引水装置

对于自吸泵，需要配备相应的引水装置。

（四）反冲洗设备

污水中所含杂质往往会部分地沉积在集水坑内，时间长了，腐化发臭，甚至填塞集水坑，影响水泵的正常吸水，因此泵站需要配备反冲洗设备。如上海市地铁工程一号线车站采用了潜水排水泵，每台均配套一台反冲洗阀(即潜水电动冲洗阀门)进行泵坑自动清理。潜水电动反冲洗阀连接在各类潜水排污泵、排水泵的蜗壳上，其阀门为常开型。当泵启动时，阀门是开启的，泵的压力促使液流通过阀门强力喷射出来，冲向泵坑周边，产生激烈搅动的液流往复冲刷泵坑、淤泥及覆盖层污物被迅速冲散、搅拌成悬浮液流。约1min左右关闭阀门(阀门开、闭时间，可由各泵站按需自行设定)，淤泥、污物即随着液流一起排出泵坑。阀门按规定的时间周而复始的工作，使泵坑达到自动、高效、省力的清理目的，从而大大降低了泵站的维护量和费用。

（五）污水出水管网以及配套设施

（1）当两台或两台以上水泵合用一条出水管时，每台水泵的出水管上均应设置闸阀，并在闸阀和水泵之间设置止回阀。当污水泵出水管与压力管或压力井相连时，出水管上必须安装止回阀和闸阀等防倒流装置；

(2) 出水压力井的盖板必须密封，所受压力由计算确定。水泵出水压力井必须设透气筒，筒高和断面根据计算确定；

(3) 敞开式出水井的井口高度，应满足水体最高水位时开泵形成的高水位，或水泵骤停时水位上升的高度。敞开部分应有安全防护措施。

(六) 控制

目前的大型污水提升泵站都有 PLC 自动控制装置，可以在无人值守的情况下实现自动控制，以确保系统高效、安全的运行。

第三节 污水提升泵站基本类型

污水提升泵站按泵房的平面形状，可以分为圆形泵站和矩形泵站。按集水池与机器间的组合情况，可分为合建式泵站和分建式泵站。排水泵站的类型取决于进水管渠的埋设深度、来水流量、泵机组的型号与台数、水文地质条件以及施工方法等因素。选择排水泵站的类型应从造价、布置、施工、运行条件等方面综合考虑。

(一) 合建式圆形泵站

适用条件：土质好，来水管渠浅；

优点：卧式泵，自灌式工作，用于中小型泵站；

缺点：上下不便，易受潮。

由于这种类型能减少泵房面积，降低工程造价，并使电气设备运行条件和工人操作条件得到改善，故在我国仍广泛采用。

如一污水合建式泵站共装机 13 台，雨、污水泵在同一圆形泵室内。其中污水泵 4 台，为 CP3501/835 型潜水离心泵，其设计工作参数为 $Q=1.2\text{m}^3/\text{s}$，$H=11\text{m}$，$N=170\text{kW}$，$\eta=84.2\%$，污水泵常年运行，依来水量的大小开启不同台数；雨水泵 9 台，为 PL7121/965/500kW 的潜水轴流泵型潜水混流泵，其设计工作参数为 $Q=3.2\text{m}^3/\text{s}$，$H=10.2\text{m}$，$N=550\text{kW}$，$\eta=86\%$，雨水泵只在雨天运行。

满负荷工作时，9 台雨水泵和 4 台污水泵同时运行，泵站进水池为一圆形沉井(有效内径为 39m)，雨、污水泵以中心柱为圆心呈扇形布置，共用进水池。泵站进水管为 2 个尺寸为 3.2m×3.2m 箱涵。雨水污水合流，泵站出水管为 2 个 4.5m×2.2m～1.51m×2.2m 渐扩箱涵。其结构见图 10-11。

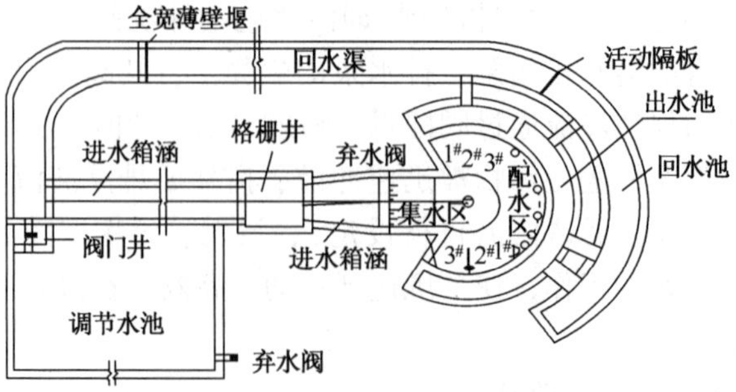

图 10-11 合建式圆形排水泵站结构示意图

(二) 合建式矩形泵站

适用条件：土质好，来水管渠浅；

优点：立式泵，自灌式工作；

缺点：造价高。

（三）分建式泵站

适用条件：土质差，来水管渠深；

优点：施工方便，易受潮；

缺点：需要抽真空启动。

当土质差、地下水位高时，为了减少施工困难和降低工程造价，将集水池与机器间分开修建是合理的。将一定深度的集水池单独修建，施工上相对容易些。为了减小机器间的地下部分深度，应尽量利用泵的吸水能力，以提高机器间标高。但是，应注意泵的允许吸上真空高度不要利用到极限，以免泵站投入运行后吸水发生困难。因为在设计当中，对施工时可能发生的种种与设计不符情况和运行后管道积垢、泵磨损、电源频率降低等情况都无法事先准确估计，所以适当留有余地是必要的。分建式泵站的主要优点是：结构上处理比合建式简单，施工较方便，机器间没有污水渗透和被污水淹没的危险。它的最大缺点是要抽真空启动，为了满足排水泵站来水的不均匀，启动泵较频繁，给运行操作带来困难。

第四节　泵站的设计及运行管理实例

一、泵站设计案例

设计参数：泵站的提升污水能力设计为 $6m^3/s$。

（一）进水闸井

与格栅合建布置。为减少集水池沉泥容积，进水闸井沉底 0.6~1m，并考虑检修安装闸板及清泥工人下井的需要。闸井采用钢筋混凝土结构，闸门一般采用提板式铸铁闸门，配用启闭机。事故排出管闸门可设在进水闸井内，也可在进水闸井前的检查井设置。

（二）格栅间

格栅间的平面尺寸为 8m×18m，地面以下深为 9.3m，操作平台位于地面以下 4.9m 处，属半地下式格栅间。栅条间隙采用 60mm 中格栅，过栅流速一般采用 0.8~1m/s，水头损失 0.15m 左右。进水管底与栅前流道有 0.5m 以上的跌水，以弥补过栅水头损失。需要格栅底部前端距井壁尺寸大于 1.5m，以便于格栅的安装及检修。栅渠三组，采用地下钢筋混凝土直壁式平行渠道，渠长为 8m、宽为 3m。主要装置及设备见表 10-5。

表 10-5　格栅间主要装置及设备

设备名称	运行参数	数量/台	产地
抓耙式格栅	栅距为 60mm，提升能力为 300kg	3	进口
螺旋输送机	功率为 2.2kW，转速为 1430r/min，栅渣输送能力为 $6m^3/h$，直径为 280mm，长为 13000mm	2	进口
栅渣压实机	功率为 5.5kW，转速为 1385r/min，压实能力为 $6m^3/h$，直径为 400mm，长为 3000mm	1	进口
闸板(电动)	宽为 2.0m，高为 1.5m	6	进口
超声波液位仪	显示栅前、后水位	6	

（三）水泵间

水泵间的平面尺寸为 8.8m×18m，泵房深为 10.3m，操作平台在地面以下 4.9m 的位置，为半地下式潜水泵房。集水池为地下钢筋混凝土矩形水池，有效容积为 $310m^3$。配置有 5 台 ABS 潜水泵(4 用 1 备)，技术参数为：$Q=1.2m^3/s$，$P=160kW$，$H=100kPa$，$\eta=91.5\%$，在潜水泵的 *DN*1000 出水管上均设有止回阀和电动蝶阀。在泵坑中配有一台超声波液位仪及两台音叉探头，以自动控制泵的开停及干运转保护。在工艺管理中出现的一些问题如下：

(1) 因设计的总水位差较高(10m)而增加了能耗；

(2) 运行中存在着边台水泵的电流高于中间水泵的现象(约高出 10%~20%)，并不时会发生“喘振”及“气蚀”现象。

（四）出水渠

采用高型敞开式出水池(半地下式钢筋混凝土渠道)，平面尺寸为 18m×2.5m，地面以下深为 4.9m，地面以上高为 1.3m，出水渠中最高水位标高为 5.0m；出水渠设有两个出口，一个出口以 $4m^3/s$ 的流量将污水送往污水处理厂，另一出口在暴雨季节以 $2m^3/s$(事故时为 $6m^3/s$)的流量将污水排河；用 3 台电动闸门转换控制，中间闸板起分流隔离作用。

在运行管理中发现，由于出水池采用侧向出水而造成远离出口的边台水泵出水阻力大，运行电流高，有时发生跳闸的现象。

（五）自动控制系统

泵站监控室控制系统由德国 ABB 公司的 Sattcon35、Sattcon05 可编程逻辑控制器(PLC)及 MCC 等自控设备组成，除自动控制系统运行外，还具有工况参数的采集与处理、修改模拟量设定点、报警及故障复位等功能。

二、运行管理

（一）节能运行

(1) 生产中随时可以调整三道进水闸门，以尽量使进水量与出水量接近，这样每台潜水泵的运行都处于高效区，在节能的同时还延长了水泵的使用寿命；

(2) 尽量使潜水泵在允许的高水位(80%~90%的水位)下运行，这样就降低了泵坑水位与出水池水位的高差，增大了泵的出水量，在节能的同时也消除气蚀影响；

(3) 当发现潜水泵的口环破裂或磨损造成泄漏间隙超过规定值(口环半径间隙应为叶轮口环外径的 2.5%~3.5%)时，应及时更换或修理，这对提高泵效率非常有效。

（二）工艺改进

(1) 在进水涵箱内安装一台超声波液位仪并与 PLC 相连接，这样就可以全天候监控进水方涵中的水位并通知上游泵站开、停泵。

(2) 改进格栅，使栅距由原来的 60mm 变为 30mm，有效地拦截污水中软物(如布条、麻绳等)，从而保证潜水泵的正常运行。

(3) 在生产中，采用均等打开三道进水闸门进水的方法，使三道进水水流的动能相互抵消，消除旋流，同时也使各水泵的工作电流差异变小，从而避免“喘振”现象的发生。

参 考 文 献

1 黄仕元，熊正为，张宇. 离心泵总效率的计算公式[J]. 南华大学学报(理工版)，2002(16)2：70~71.

2 污水泵、污水泵工作原理、污水泵选型. 齿轮泵网.（EB/OL）. http：//www. chilunbeng. org/Information/info_show. asp? id=2195，2009

3 任明达，王伟业，程玫. 泵的优化选型[J]. 机电工程，2004，21(4)：59~60.

4 施卫东. 潜水电泵的典型结构分析与工程应用[J]. 佳木斯大学学报(自然科学版)，1999，17(2)：177~180.

5 GB/T50265—97，泵站设计规范[S]. 国家技术监督局、中华人民共和国建设部.

6 给水排水设计手册(第5册，城镇排水)(第二版)[M]. 北京：中国建筑工业出版社，2004.

7 GB50014—2006，室外排水设计规范[S]. 中华人民共和国建设部.

8 朱良，潘丽君. 压力流进水污水泵站集水池调节容积探讨[J]. 浙江建筑，2005(10)：111~112.

9 李树平，刘遂庆. 城市排水管渠系统[M]. 北京：中国建筑工业出版社，2009.

10 王书丽，王兴荣，周锦宏. 潜水泵站选型中应注意的事项[J]. 排灌机械，2003(23)5：41~422.

11 徐辉，何逢标，陈毓陵等. 大型雨污水合建泵站的进水特性及改善[J]. 中国给水排水，2003，19(3)：82~84.

12 宾士福. 中小型潜水污水泵站的设计[J]. 广西城镇建设，2007(2)：33~34.

13 赖华武. 海甸污水泵站的设计及运行管理[J]. 中国给水排水，2002，18(11)88~89.

第二篇　污水处理工艺

由于社会的发展和经济的进步，特别是近年来一些城市污水处理厂的提标与改造的需要，加上一些难处理的工业废水如化学品制造业废水的出现，一些新的污水处理工艺得到了应用与发展。本篇章的工艺内容主要参考了近年来一些实际工程设计参数、运行中的数据与废水处理有关行业标准，使这些内容比较全面地系统呈现在本篇章中。

第十一章 沉 砂 池

沉砂池是城市污水处理厂必不可少的预处理设施，通常设置在格栅后，以去除进水中的砂粒和大块颗粒物(其密度约为2.65g/cm^3，粒径大于0.2mm)，从而避免对后续机械设备的磨损，并减少砂粒等在管渠和处理构筑物内的沉积，避免排泥困难，防止对生物处理系统和污泥处理系统运行的干扰，保证后续处理构筑物及设备的正常运行。

第一节 沉砂池概述

一、沉砂池的作用

沉砂池在污水处理厂的投资、占地等方面所占的比例很小，但其作用却不可忽视。若取消沉砂池，大量砂粒将进入后续各处理单元，给污水厂的正常运行带来诸多隐患，而实际的运行工程已经出现了以下现象：

(1) 砂粒进入初沉池会加速污泥刮板的磨损，缩短使用寿命。

(2) 排泥管道中砂粒的沉积易导致管道的堵塞，进入污泥泵后会加剧叶轮磨损。

(3) 对于不设初沉池的处理工艺(如氧化沟、CASS等)或实际运行中由于进水负荷过低而越过初沉池运行，由此大量砂粒直接进入生化池沉积，导致生化池有效容积的减少，同时还会对曝气器产生不利影响。

(4) 砂粒进入污泥消化池中，将减少有效容积，缩短清理周期。

(5) 污泥中含砂量的增加会影响污泥脱水设备的运行。砂粒进入带式脱水机会加剧滤布的磨损，缩短更换周期，同时会影响絮凝效果，降低污泥成饼率。近年来卧螺式离心机在城市污水处理厂中的应用日益广泛，由于该设备采用高速离心分离的方式，砂粒会加剧转筒、螺旋等处的磨损。

二、沉砂池的类型

目前国内外普遍采用的沉砂池包括平流式沉砂池、曝气沉砂池、旋流沉砂池(钟式和比式)、多尔沉砂池等，竖流式沉砂池则很少在城市污水处理厂中使用。

1) 平流式沉砂池

平流式沉砂池具有截留无机颗粒效果较好、工作稳定、构造简单、排砂方便等优点，在国内应用较多，但最大缺点是在截留的沉砂中夹杂有约15%的有机物，使沉砂的后续处理难度增加，同时对被少量有机物包覆的砂粒截留效果不好。

2) 曝气沉砂池

曝气沉砂池通过曝气产生的上升流速作用，水流以螺旋状的流态行进，起到洗砂作用，提高了除砂效率和有机物分离效率，一般经过曝气沉砂池沉淀后的沉砂中有机物的质量分数低于10%，称为清洁沉砂。由于水量不断变化，实际运行中曝气量不可能随时调节，存在过量曝气问题。另外，运行时泡沫较多，夏季时对空气污染较大。

3）旋流沉砂池

旋流沉砂池分钟式沉砂池和比式沉砂池两种。钟式沉砂池利用机械力控制水流流态和流速，加速砂粒沉淀并使有机物被水流带走；比式沉砂池采用涡流原理，利用水力涡流使砂粒和有机物分开，达到除砂目的。排砂可通过压缩空气气提或用砂泵从砂斗抽出两种方式。

三、集砂与排砂

排砂设备用于沉砂池，以去除池底截留下来的密度大于水的砂石等无机颗粒。随着处理工艺的发展，除砂设备的型式构造多种多样。

1）集砂方式

集砂方式有两种：即刮砂型和吸砂型。刮砂型是将沉积在池底的砂粒刮集至池心(边)坑(沟)内，再清洗提升，砂水分离后输送至池外盛砂容器内，待外运处置；吸砂型则用砂泵将池底层的砂水混合液抽至池外，经砂水分离后的砂粒输送至盛砂容器内待外运处置。为了进一步提高除砂效果，有的沉砂池还增设了一些如旋流器、旋流叶轮等专用装置。

2）排砂方式

排砂设备按排砂方式分为重力排砂和机械排砂两类。

(1) 重力排砂

重力排砂方式一般见于平流式沉砂池，通过在砂斗上加排砂管和阀门进行排砂，配套使用贮砂池进行砂水分离。

(2) 机械排砂方式

机械排砂方式有泵吸式排砂机、链板除砂机、抓斗除砂机、多尔沉砂池除砂机和螺旋砂水分离器等。泵吸式排砂机、链板除砂机一般用于平流式沉砂池和曝气沉砂池，多尔沉砂池除砂机用于多尔沉砂池，螺旋砂水分离器可以与多种沉砂池配合使用。大、中型污水处理厂多采用机械排砂方式。

第二节　沉砂池的设计

一、需要考虑的因素

对于一座理想的沉砂池，最好在去除所有的无机砂粒的同时，将砂粒表面附着的所有有机组分分离出来，以利于砂粒的最终处置。因此，在进行沉砂池设计时主要需考虑两方面问题：一是如何通过合理的水力设计，使得尽可能多的砂粒得以沉降并以可靠、便捷的方式排出池外；二是采用何种有效的方式，尽可能多地分离附着在砂粒上的有机物，将其送回到污水中。

1. 砂粒的粒径

进水中砂粒粒径 d 的大小差别很大，从 $d<0.6$mm 到 $d>5$mm 不等。对于不同粒径范围的砂粒，不同沉砂池的去除率是不同的。如平流式沉砂池对于粗砂的去除率要高于曝气沉砂池，但对于细砂的截留率则远低于曝气沉砂池。因此，在进行沉砂池设计时，应考虑不同地区砂粒中的粒径级配，但客观上这一点却不太可能实现。

实际工程中，通常以对 $d>0.2$mm 的砂粒去除效率来衡量沉砂池系统的效率。由于不同沉砂池对于这一类砂粒的去除效率并不相同，因此有必要对不同类型沉砂池的实际除砂效率进行测定，但国内目前却几乎看不到此类对比试验，使得对于不同池型去除效率的了解仅能来自有关的推荐数据，这在一定程度上难以反映出真实情况。

2. 沉砂池的表面积

对于采用非曝气的普通沉砂池来说，待去除砂粒的不同粒径会有不同的沉降速度，沉降速度会影响到沉砂池所需的表面积。表 11-1 为贝克工艺公司沉砂池表面积的推荐值。

表 11-1 贝克工艺公司推荐的沉砂池表面积

粒径		沉降速度/(m/s)		推荐表面积/(m^2/m^3 废水)
目数/目	粒径/mm	静水中	动水中	
20	0.833	0.0822	0.0757	1.53×10^{-4}
28	0.595	0.0610	0.0548	2.11×10^{-4}
35	0.417	0.0457	0.0391	2.97×10^{-4}
48	0.295	0.0368	0.0280	4.14×10^{-4}
65	0.208	0.0257	0.0193	5.96×10^{-4}
100	0.147	0.0163	0.0112	10.67×10^{-4}
150	0.104	0.0081	0.00254	22.75×10^{-4}

3. 流速

对于各种不同型式的沉砂池，流速的控制都是非常重要的。流速过快会导致小粒径砂粒的带出，而流速过慢又可能会导致水中有机物的沉降。

4. 油脂类的去除

由于城市污水的成分复杂，其中不可避免会有一些油类或油脂类物质。若不经过恰当的预处理，可能会给后续生化装置的运行带来影响，如水中油脂的存在会加速橡胶膜片式曝气器上的橡胶膜片老化，降低溶解氧的转移效率；油脂附着在管道上会影响电磁流量计的测量精度等。目前各种类型的沉砂池并不是都具备去除该类物质的能力。

5. 有机物的分离

由于砂粒表面通常会附着有机物，如果任其随砂粒一道外排，易产生腐化，影响砂粒的最终处置，因此必须将砂粒与有机物分离。对于不同的沉砂池，有的自身即具备砂洗功能，而另一些则必须采用专门的砂洗装置。脱离后的有机物一般仍回到系统，作为后续生化装置的养分。

6. 是否需要预曝气

采用鼓风曝气的沉砂池，在辅助提高砂粒去除率的同时，还具有预曝气的功能，可降解去除一部分有机污染物。但对于目前国内的很多污水处理厂来说，往往面对的是进水水质指标偏低的情况，生化装置的有机负荷达不到设计能力，甚至存在碳源不足的现象；而对于另外一些采用脱磷工艺的污水厂，除了需要保证足够的碳源外，还要保持厌氧环境。

7. 集水管网的情况

对于不同的城市污水处理厂，其配套集水管网的情况各不相同。如果存在雨水大量进入的可能，则在沉砂池选型、有关设计参数及除砂设备能力配置等方面均需注意。

8. 除砂设备的可靠性

除砂设备的种类很多，从早期的抓斗式除砂机到后来的链条刮板式刮砂机再到目前普遍采用的泵吸式除砂机以及气提装置等。对于一个污水处理厂来说，设备运行的稳定性、可靠性、操作维护是否便捷、使用寿命等问题也都应当是设计人员所关注的。综合以上各点可以看出，在进行沉砂池设计时并不能简单地把它作为一个独立的单体对待，而应当纳入整个处理系统进行综合考虑，以作出恰当的选择。

二、沉砂池设计的一般规定

（1）沉砂池去除对象是密度为 2.65g/cm^3，粒径在 0.2mm 以上的砂粒；

（2）城市污水沉砂量可按 10^{6}m^{3}污水沉砂 15～30m^{3}计算，其含水率为 60%，其密度为 1500kg/m^3；

（3）砂斗容积应按 2 天内沉砂量计算，斗壁与水平倾斜角不小于 55°；

（4）人工排砂管管直径大于 200mm；

（5）沉砂池超高不宜小于 0.3m；

（6）沉砂池个数或分格数不应少于 2。

（7）除砂一般宜采用机械方法。当采用重力排砂时，沉砂池和晒砂厂应尽量靠近，以缩短排砂管的长度。

三、沉砂池的设计参数

（一）平流沉砂池

平流式沉砂池采用分散性颗粒的沉淀理论设计，只有当污水在沉砂池中的运行时间等于或大于设计的砂粒沉降时间，才能够实现砂粒的截留。因此，沉砂池的池长按照水平流速和污水中的停留时间来确定。由于实际运行中进水的水量及含砂量的情况是不断变化的，甚至变化幅度很大。因此当进水波动较大时，平流式沉砂池的去除效果很难保证。平流式沉砂池本身不具备分离砂粒上有机物的能力，对于排出的砂粒必须进行专门的砂洗。根据国外所做的现场测定，平流式沉砂池所沉砂粒的粒径沿沉砂池长度方向变化，且当 $d<0.6$mm 时，砂粒很容易被水流带走。图 11-1 为平流沉淀砂池工艺图。

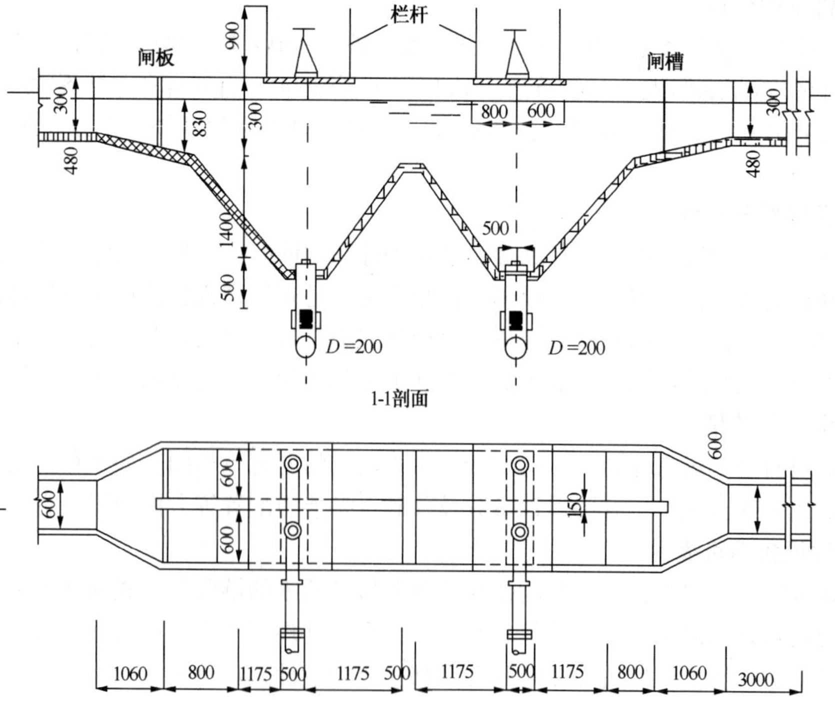

图 11-1　平流沉砂池工艺图

平流式沉砂池设计数据如下：

(1) 最大流速 0.3m/s，最小流速 0.15m/s；

(2) 最大流量时停留时间一般为 30~60s；

(3) 有效水深一般为 0.25~1m；

(4) 每格宽度不小于 0.6m；

(5) 池底坡度 0.01~0.02。

(二) 竖流式沉砂池

设计数据如下：

(1) 最大流速为 0.1m/s，最小流速为 0.02m/s；

(2) 进水中心管最大流速 0.3m/s；

(3) 流量最大时停留时间一般为 30~60s。

(三) 曝气沉砂池

1. 工作原理

废水进入坑砂池后，在水平和回旋的双重推动力作用下，以螺旋形轨迹向前流动。设计合理时，内曝气造成的横向环流有稳定的环流速度，足以保证较重的无机颗粒沉下，而较轻的有机颗粒悬浮于水中，并通过颗粒间的碰撞摩擦和水流剪切力的作用，把附着在砂粒上的有机质陶洗于水中，获得较为清洁的渣(有机物含量低于 10%)，长期搁置不变化。

曝气沉砂池的特点是通过曝气形成水的旋流产生洗砂作用，以提高除砂效率及有机物分离效率。同时，污水中的油脂类物质在空气的气浮作用下能形成浮渣从而得以被去除，还可起到预曝气的效果。

从水流特性来看，曝气沉砂池的流态并非水平流，由于曝气产生的上升流速作用，水流以螺旋状的流态行进。德国海尔布隆污水处理厂曾在椭圆形曝气沉砂池中对不同流量的各种流速进行测定，结果见表 11-2。

表 11-2　椭圆形曝气沉砂池的流速测定

流量/(L/s)	水平流速/(m/s)	上升流速/(m/s)	旋流速度/(m/s)
1800(雨季最大)	0.25	0.25	0.35
600(晴天最高)	0.083	0.25	0.26
450(晴天平均)	0.062	0.25	0.25
300(晴天最低)	0.041	0.25	0.25

由以上数据可看出，只要旋流速度保持在 0.25~0.35m/s 范围内，即可获得良好的除砂效果。尽管水平流速因进水流量的波动差别很大，但只要上升流速保持不变，其旋流速度可维持在合适的范围之内。曝气沉砂池的这一特点，使得其具有良好的耐冲击性，对于流量波动较大的污水厂较为适用。

曝气沉砂池在运行中也存在着一定的问题。由于旋流速度在实际操作中难以测定，只能通过调节曝气量来控制，但气量调节却难以掌握。气量过大虽能将砂粒冲洗干净，却会降低细小砂粒的去除率；过小又无法保证足够的旋流速度，起不到曝气沉砂的作用。考虑到水量是不断变化的，气量却不可能随机调节，实际运行中很难将曝气量始终控制在合适的数值上，往往会存在过度曝气的问题，浪费能量。

从操作环境看，由于曝气沉砂池的操作环境较差，特别是夏季对空气的污染较大。另外，如果不设消泡设施，会有相当多的悬浮物随泡沫带出池体而污染环境。图 11-2 为曝气沉砂池图，图 11-3 为曝气沉砂池结构示意图。

图 11-2　曝气沉砂池

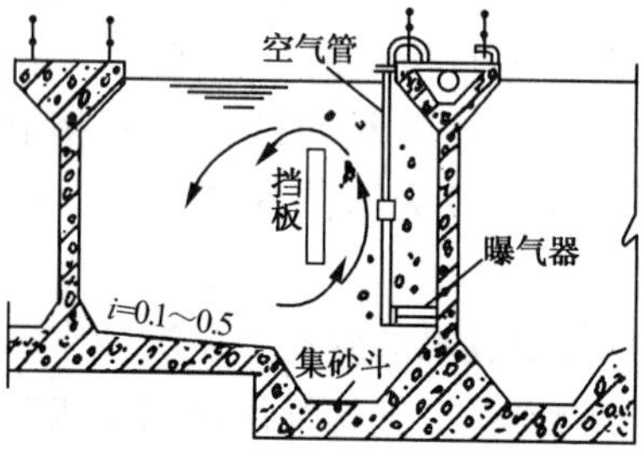

图 11-3　曝气沉砂池结构示意图

2. 特点

曝气沉砂池集曝气与除砂于一身，不但可使沉砂中的有机物降低至 10%以下，而且还有预曝气、脱臭、除油等多种功能。

3. 构造

为一个狭长形渠道，沿渠壁一侧的整个长度上设置曝气装置。为增强曝气推动水流顺旋作用，可在曝气器外测装设导流挡板，池底内倒设有集砂斗，池底以 0.1～0.5 的坡度连接砂斗。

4. 主要设计参数

（1）水平流速可取 0.08～0.12m/s，一般取 0.1m/s；

（2）最大流量时，污水在池内的停留时间为 2～4min，处理雨天合流污水时为 1～3min，如同时作为预曝气池使用，可停留时间为 10～30min；

（3）池的有效水深为 2.0～3.0m。池宽与池深比为 1～1.5，池的长宽比可达 5，当池长宽比达到 5 时，可考虑设置横向挡板；

（4）曝气沉沙池多采取穿空管曝气，穿孔孔径为 2.5～6.0mm，距池底约 0.6～0.9m，每组穿孔曝气管应有调节阀门。

（5）所需曝气量的设计参数：$1m^3$污水所需曝气量宜为 0.1～$0.2m^3$空气；$1m^2$池表面积曝气量 3～$5m^3/h$。

曝气沉沙池供气量可参照表 11-3。

表 11-3　单位池长所需空气量

曝气管水下浸没深度/m	最小空气用量/[m^3/(m·h)]	最大空气用量/[m^3/(m·h)]
1.5	12.5~15	30
2.0	11.0~14.5	29
2.5	10.5~14.0	28
3.0	10.5~14.0	28
4.0	10.0~13.5	25

(6) 曝气沉沙池形状应尽可能不产生死角和偏流，进水方向应与池中旋流方向一致，出水方向与进水方向垂直，并宜设置挡板，防止产生短流。

5. 设计计算

(1) 曝气沉砂池的总有效体积

总有效体积可按式(11-1)计算。

$$V=Q_{max}\times t\times 60 \tag{11-1}$$

式中　V——总有效体积，m^3；

Q_{max}——最大设计流量，m^3/s；

t——最大设计流量时的停留时间，min。

(2) 池过水截面面积

池过水截面面积可按式(11-2)计算。

$$A=\frac{Q_{max}}{V_1} \tag{11-2}$$

式中　A——池过水截面面积，m^2；

Q_{max}——最大设计流量，m^3/s；

V_1——最大设计流量时的水平流速，m/s。

(3) 池宽 B

池宽可按式(11-3)计算。

$$B=\frac{A}{h_2} \tag{11-3}$$

式中　A——池过水截面面积，m^2；

h_2——设计有效水深，m。

(4) 池长 L

池长可按式(11-4)计算。

$$L=\frac{V}{A} \tag{11-4}$$

式中　V——总有效体积，m^3；

A——池过水截面面积，m^2。

(5) 所需气量

每小时所需气量可按式(11-5)计算。

$$q=A\times d \tag{11-5}$$

式中　q——每小时所需气量，m^3/h；

d——每米池长每小时的气量，$m^3/(m\cdot h)$。

6. 国外曝气沉砂池设计参考

国外曝气沉砂池设计参考数据见表 11-4。

表 11-4　国外曝气沉砂池设计参考数据

资料来源	水平流速/(m/s)	停留时间/min	宽深比	曝气量	进水方向	出水方向
美国		1~3		16.7~44.6m^3/(m·h)	在空气作用下直接形成旋流	与进水方向垂直，并在出口处考虑挡板
苏联	0.08~0.12		1~1.5	3~5m^3/(m·h)	与沉砂池中水的旋流方向一致	淹没式出口
日本		1~2	2~3	1~2m^3/m^3(水)		

(四) 多尔沉砂池

多尔沉砂池于 1984 年在美国出现。多尔沉砂池上部为方形，底部为圆形，其沉砂机理与平流式沉砂池类似，通常以表面水力负荷为设计参数，采用的池深很浅，通常池深小于 0.9m。进水经过整流器均匀分配进入沉砂池，然后通过溢流堰出水。砂粒在中心驱动的刮砂机作用下刮入集砂坑，由螺旋洗砂机排出，同时被分离的有机物通过设备回流至出水。多尔沉砂池示意图见图 11-4。

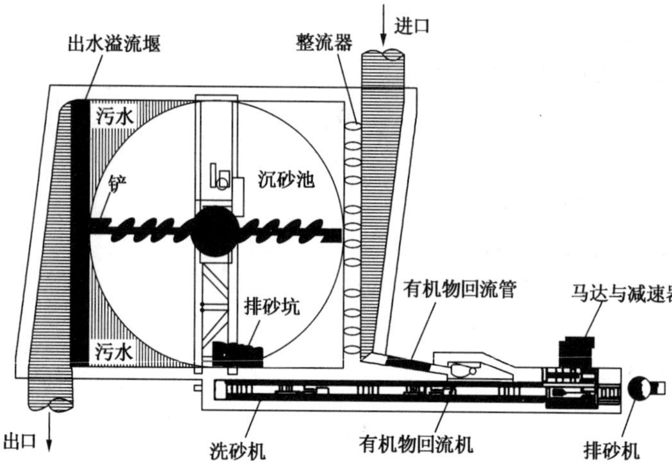

图 11-4　多尔沉砂池示意图

有关多尔沉砂池在国内的资料介绍并不多。主要设计参数见表 11-5。

表 11-5　多尔沉砂池设计参数

项　　目	沉砂池直径/m			
	3.0	6.0	9.0	12.0
最大流量/(m^3/s)				
要求去除砂粒直径为 0.21mm	0.17	0.70	1.58	2.80
要求去除砂粒直径为 0.15mm	0.11	0.45	1.02	1.81
沉砂池深度/m	1.1	1.2	1.4	1.5
最大设计流量时的水深/m	0.5	0.6	0.9	1.1
洗砂机宽度/m	0.4	0.4	0.7	0.7
洗砂机斜面宽度/m	8.0	9.0	10.1	12.0

（五）旋流沉砂池

目前广泛应用的旋流沉砂池主要为钟氏和比氏两大类。这两种沉砂池在池型、除砂机理以及提砂方式上均有着很大的区别，哪种池型在实际应用中效果会更好，目前国内仍无第一手的对比测试资料。近年来，旋流式沉砂池得到了越来越多的应用，这类沉砂池具有占地省、除砂效率高、操作环境好、设备运行可靠等优点。

1. 钟氏沉砂池

1）工艺介绍

钟式沉砂池是利用机械力控制水流流态与流速，加速砂粒的沉淀并使有机物随水流带走的沉砂装置。而调整转速，则可达到最佳沉砂效果。钟氏沉砂池示意图见图 11-5。

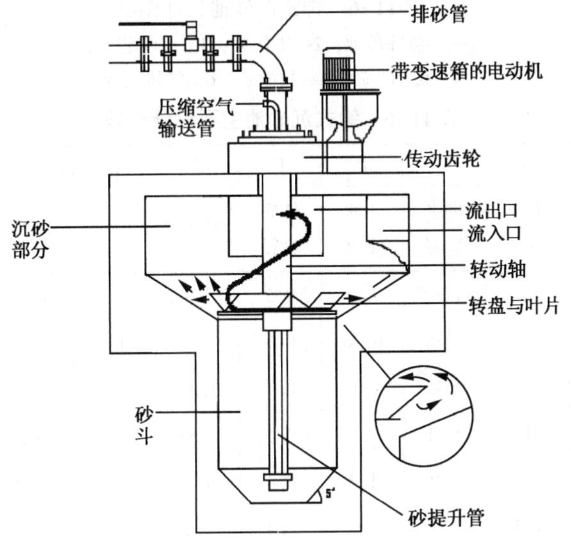

图 11-5　钟氏沉砂池示意图

钟式沉砂池采用 270°的进出水方式，池体主要由分选区和集砂区两部分构成，其构造特点是在两个分区之间采用斜坡连接。虽然不同的国外公司在此典型结构的基础上开发出了多种多样的变形，其变化主要集中在斜坡的倾斜度及搅拌桨的形式上，但砂粒的沉降机理并无多大差别。由于钟氏池的斜坡式设计，使得砂粒的沉降主要依靠重力，砂粒通过斜坡自然滑入集砂坑。在滑入集砂坑之前，在旋转桨片产生的斜向水流作用下将附在砂粒上的有机物分离开。

2）设计参数

（1）水力表面负荷约 $200m^3/(m^2 \cdot h)$；

（2）水力停留时间为 20～30s；

（3）进水渠道流速：①流量最大时的 40%～80%时，为 0.6～0.9m/s；②流量最小时，大于 0.15m/s；③流量最大时，不大于 1.2m/s。

（4）进水渠道直段长度为宽度的 7 倍且不应小于 4.5m；

（5）出水渠道宽度为进水渠道的 2 倍；

（6）出水渠道与进水渠道夹角大于 270°。

3）主要设计参数

钟式沉砂池尺寸图见图 11-6，主要设计参数见表 11-6。

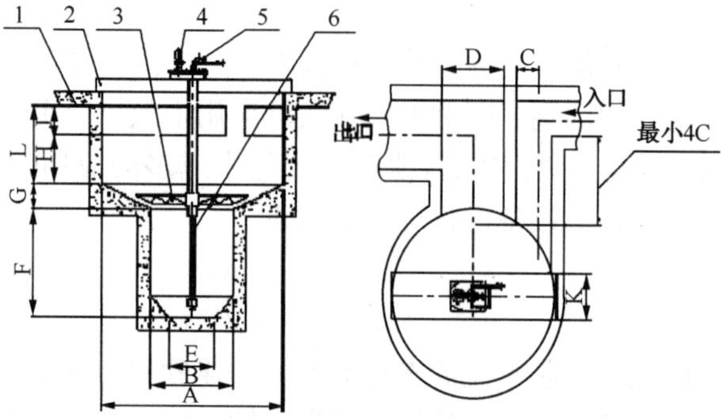

图 11-6　钟式沉砂池尺寸图

1—旋流除砂池；2—工作桥；3—桨叶装置；

4—传动装置；5—排砂管；6—气体装置

表 11-6　钟式沉砂池主要设计参数

m

型号	流量/(L/s)	A	B	C	D	E	F	G	H	J	K	L
		上部内径	下部内径	进水渠宽	出水渠宽	锥底直径	锥高	附属构造物尺寸				
50	50	1. 83	1	0. 305	0. 61	0. 3	1. 4	0. 3	0. 3	0. 2	0. 8	1. 1
100	110	2. 13	1	0. 38	0. 76	0. 3	1. 4	0. 3	0. 3	0. 3	0. 8	1. 1
200	180	2. 43	1	0. 45	0. 9	0. 3	1. 35	0. 4	0. 3	0. 4	0. 8	1. 15
300	310	3. 05	1	0. 61	1. 2	0. 3	1. 55	0. 45	0. 3	0. 45	0. 8	1. 35
550	530	3. 65	1. 5	0. 75	1. 5	0. 4	1. 7	0. 6	0. 51	0. 58	0. 8	1. 45
900	880	4. 87	1. 5	1	2	0. 4	2. 2	1	0. 51	0. 6	0. 8	1. 85
1300	1320	5. 48	1. 5	1. 1	2. 2	0. 4	2. 2	1	0. 61	0. 63	0. 8	1. 85
1750	1750	5. 8	1. 5	1. 2	2. 4	0. 4	2. 5	1. 3	0. 75	0. 7	0. 8	1. 95
2000	2200	6. 1	1. 5	1. 2	2. 4	0. 4	2. 5	1. 3	0. 89	0. 75	0. 8	1. 95

典型钟氏沉砂池的特点是通常推荐采用气提的排砂方式，气提排砂方式的优点是在气提之前可先进行气洗，将砂粒上的有机物分离出来。实际上，洗下来的有机物中大部分估计仍会停留在集砂区，洗砂的效果究竟如何也不知。

气提的一个不可避免的问题是提砂的高度。由于气提依靠的是气水混合液与水之间的密度差，其提砂高度较低，给工程中管道布置带来问题，考虑到实际运行中的水位波动，按最不利情况考虑，设计会受到大的限制。

2. 比氏沉砂池

1）比氏沉砂池的流态

比氏沉砂池是为某一特定的流态而设计。一般而言，流量低不会引起问题，但在流速过低的情况下，砂粒有可能会沉降在进水渠内，因此进水渠内的流速应保证每天有部分时间大于 0. 61m/s，以防止砂粒沉积；流量过高会引起沉砂池的除砂效率降低，此时应另外加设沉砂池，用降低水位的方法来减小高流量的影响。

2）基本结构

典型的比氏沉砂池也是由分选区和集砂区两部分构成，其特点是分区之间没有斜坡过度。传统的比氏池也采用与钟氏池类似的270°进出水方式，新一代的比氏池则采用360°直进直出的方式，其水力条件更为改善，比氏沉砂池结构示意图见图11-7。

(1) 流化叶片

流化叶片驱动部分的速度是恒定的，但流化叶片的位置可升高或降低。可同时有效去除砂粒及有机物的最佳位置为流化叶片距池底75mm处，每个叶片的倾角为45°，若有机物较多则可适当将叶片降低，但这样会降低细砂的去除率；若砂粒及有机物的含量均较高，则可将叶片略为调高。

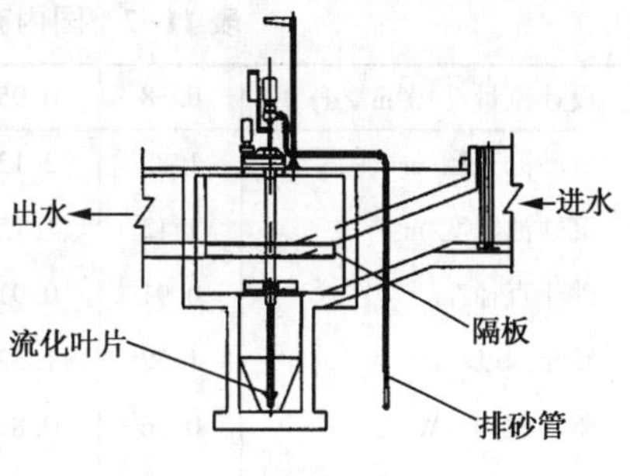

图11-7 比氏沉砂池示意图

(2) 贮砂斗

贮砂斗的容积可存贮在正常流量下24h内的沉砂量，以便维修人员有时间检修砂泵及阀门等设施。正常运行情况下，至少需保证每8h提砂一次，以防止砂粒在贮砂斗内发生板结。在自动控制下，一般每隔34h提砂一次，每次排砂时间为10~15min。

(3) 排砂系统

与钟氏池通常采用的气提方式不同，比氏池采用真空启动的顶置砂泵排砂，这样提升高度可不受限制。考虑到砂粒磨损，比氏强调其砂泵叶轮所用镍硬合金的超强耐磨性能。但这种提砂方式也同样存在一定的问题，由于砂泵采用真空启动的方式，系统真空度的保证就成了关键因素。早期的比氏池在砂泵出口采用蝶阀，由于磨损严重，易造成蝶阀密封不严，影响真空形成。目前改用一种囊阀替代早期的蝶阀，这种囊阀由橡胶制成，通过空压机的加压进行闭合，但从实际运行情况来看，抽真空方面有时仍存在问题。

国内目前采用的比氏池则均为美国Smith&Loveless公司的产品。广州大坦沙污水处理厂、中山污水处理厂采用的是早期的池型；河南平顶山污水处理厂、上海浦东白龙港污水预处理厂采用的则是比氏的新池型。从水力条件看，水流在比氏池中呈涡流状态，这一流态强化了有机物分离效果。由于没有斜坡，砂粒要落入集砂区必须依靠搅拌桨的作用，在带向池心的过程中颗粒的速度逐渐变大，水流形成螺旋流态，在上升力的作用下密度较小的有机物被剥离并带入水流中，砂粒则由环形槽落入集砂区。整个过程中，砂粒在较长时间内处于桨片的作用下，对有机物分离更为有利。与钟氏池相比，比氏池的水力条件更好，而从比氏提供的众多现场测试数据看，50目(0.297mm)以上砂粒的去除率均大于95%，其中绝大多数去除率均大于97%，140目(0.105mm)以上的去除率甚至都能达到70%。

相对于钟氏池来说，由于不存在斜坡，比氏池的总高度得到了降低，但其土建施工的难度却比钟氏大。供货商通常会强调其分选区底部必须做成90°直角，而新一代比氏沉砂池采用的360°进出水方式，虽然改善了水力条件，但其构造却更为复杂。对于分选区底部90°直角的做法，有介绍说国外的一些沉砂池会在该处产生砂粒的堆积甚至腐化，需要定期放空冲洗。

3) 比氏沉砂池技术参数

国内有关厂家给出的比氏沉砂池规格与技术参数见表11-7，供参考。

表 11-7　国内有关厂家给出的比氏沉砂池规格与技术参数

设计流量/($10^4m^3/d$)	0.38	0.95	1.50	2.65	4.5	7.6	11.4	18.9	26.5
沉砂池直径/m	1.83	2.13	2.44	3.05	3.66	4.88	5.49	6.10	7.32
沉砂池深度/m	1.12	1.12	1.22	1.45	1.52	1.68	1.98	2.13	2.13
砂斗直径/m	0.91	0.91	0.91	1.52	1.52	1.52	1.52	1.52	1.83
砂斗深度/m	1.52	1.52	1.52	1.68	2.03	2.08	2.13	2.44	2.44
驱动机构/kW	0.56	0.86	0.86	0.75	0.75	1.5	1.5	1.5	1.5
浆板转速/(r/min)	20	20	20	14	14	13	13	13	13

3. 旋流式沉砂池的问题

对于所有的旋流式沉砂池来说，虽然其池体占地面积很小，但由于其对进出水渠道的长度都有较严格的要求，因此在布置上仍会占用一定的面积。另外其共有的一个特点是对进水流速有一个范围要求，由此可以反映出这类沉砂池对于水量的变化实际上有较严格的适用范围。比氏特别提出如污水厂初期水量达不到设计规模时，其进水流速必须大于 0.61m/s，以保证砂粒不沉积。

采用此类沉砂池时，对细格栅的运行效果要求较其他沉砂池为高。如果格栅运行不正常，带入的布条、树枝等易导致搅拌桨的损坏；同时由于提砂方式为砂泵或气提，以上物体极易造成这类排砂设备及管路的堵塞，导致设备无法正常运行。

在造价方面，由于目前国内采用的旋流沉砂池多为国外产品，往往价格过高，其在土建造价上的节省通常会被抵消。

第三节　沉砂池设计建议

由于沉砂池处理效果好坏带来的影响通常是较为隐性和需要长期积累才会显现出来的，所以人们在沉砂池的设计上往往缺乏足够的重视；有时为了省事，往往做简单的套用。考虑到我国各地区的差异很大，这种简单的做法显然存在问题，提出如下建议：

(1) 曝气沉砂池虽然存在一定问题，但其对水量波动的适应性最好，所以仍然有广泛的应用空间，且工艺上有去除油类、油脂的要求时，该池型是仅有的选择之一，设计时应特别注意曝气强度的控制。

(2) 考虑到流量波动对平流式沉砂池除砂效果的影响很大，建议尽量少采用。

(3) 旋流式沉砂池具有较多的优点，但采用时应注意：

① 细格栅的栅条间距应尽可能小，以防止布条等物体的带入对叶轮及提砂装置造成影响；

② 由于水力停留时间短，对流速又有较严格的要求，对于后续无初沉池的处理工艺及水量波动大的场合需慎重应用；

③ 设计时水力布置尤为重要，并应注意流速的控制。

(4) 从池型来看，比氏沉砂池的处理效果优于钟氏池，且造价上两者差别不大，而对于小型的旋流式沉砂池建议采用钢制池体，可以节省造价。从目前国内已投运的旋流式沉砂池来看，引进设备占大多数，这导致了造价的偏高。近年来已有一些国内厂家仿造出了钟氏池，虽然其造价大幅降低，但由于通常仅为简单仿造，实际效果如何还不确定。

参 考 文 献

1 GB50014-2006，室外排水设计规范[S]. 建设部.
2 李涛. 沉砂池的设计及不同池型的选择[J]. 中国给水排水，2001，17(9)：37~42.
3 刘光辉. 广州某城市城市污水处理厂 CASS 工艺设计[J]，中国环保产业，2005(5)：22~24.
4 陈洁瑢. 环境工程设计手册[M]. 北京：科学出版社，2008.
5 杨卫国. 钟式旋流沉砂池和砂水分离器连接设计的改进[J]. 安徽建筑工业学院学报(自然科学版)，2003：11(4)：69~71.
6 王雪原. Pista 360°涡流沉砂池的特色与设计要点[J]. 中国给水排水，2001，17(8)：36~38.
7 陈璐，陈凡阵，王文. 城市污水处理厂除砂系统设计选型的探讨[J]. 工业用水与废水，2008：39(1)：72~74.
8 张自杰. 排水工程下册(第四版)[M]. 北京：中国建筑工业出版社，2000.
9 聂梅生. 水工业工程设计手册废水处理及再用[M]. 北京：中国建筑工业出版社，2002.
10 王燕红等. 比氏旋流沉砂池的运行控制[J]. 中国给水排水，2004，20(10)：90.

第十二章　混凝沉淀

第一节　混凝药剂与混凝药剂的投配

混凝工艺具有对悬浮颗粒、胶体颗粒、疏水性污染物的良好去除效果；对亲水性溶解性污染物也有相当的絮凝效果。混凝工艺可用于城镇污水深度处理和工业废水的处理。

一、混凝药剂

（一）常用混凝剂

1. **铝盐**

包括硫酸铝、明矾、碱式氯化铝。

（1）当污水以破乳、电中和、脱稳为主要目标时，使用硫酸铝效果优于聚合混凝剂。

（2）碱式氯化铝的混凝效果与盐基度 B 关系密切。衡量聚合氯化铝中 OH 离子的指标叫盐基度，盐基度是聚氯化铝产品的最重要质量指标之一，也是最重要的生产控制参数。盐基度高的碱式氯化铝，其混凝效果好，有关报道表明，提高碱式氯化铝产品的盐基度，可大幅提高生产和使用的经济效益。盐基度从 65%提高到 92%后，生产原料成本可降低 20%，使用过程中的运行成本可降低 40%。

2. **铁盐混凝剂**

铁盐混凝剂包括硫酸亚铁、三氯化铁、聚合铁。

（1）铁盐混凝剂在碱性条件下可与污水中的重金属离子产生共沉淀作用而去除；

（2）铁盐混凝剂使用量应控制投加量及反应条件，否则出水易带残色；

（3）三氯化铁腐蚀性强，不仅对金属有腐蚀，对混凝土也有较强腐蚀，使用中须有防腐措施；

（4）硫酸亚铁在使用中一般须将二价铁氧化成三价铁，根据经验，只有当 pH 大于 8.5，且水中具有足够碱度和氧存在时，应用硫酸亚铁絮凝才有较好效果。当水中溶解氧不足时。硫酸亚铁水解形成氢氧化铁胶体的过程较缓慢，此时可投加强氧化剂氯，直接将亚铁变为三价铁。氯的用量为 $FeSO_4 \cdot 7H_2O$ 的 1/8，加氯量可按式(12-1)计算：

$$c=\frac{a}{8}+\beta \tag{12-1}$$

式中　c——Cl_2投量，mg/L；

a——硫酸亚铁投量，mg/L，以 $FeSO_4 \cdot 7H_2O$ 计；

β——硫酸亚铁过投量，一般为 1.5~2mg/L。

（二）常用助凝剂

助凝剂用于混凝过程完成后，作用为促进絮体混凝长大。常用高分子助凝剂有聚丙烯酰胺(PAM)、活化硅酸、骨胶等。其中最常见的是聚丙烯酰胺(PAM)；活化硅酸用于低温低浊水时有效，在混凝反应完成后投加，要有适宜的酸化度和活化时间，配制较复杂；骨胶一般和三氯化铁混合后使用。常用的无机助凝剂有氯、生石灰、氢氧化钠。

1. 聚丙烯酰胺(PAM)使用技术要求

(1) 贮存应考虑防冻措施，室内温度不低于2℃；

(2) 使用前需先行水解，配制浓度<2%，处理效果与水解度有关，一般水解度宜控制在30%~40%；

(3) 水解步骤与方法：溶解搅拌时间一般为0.75~1h，加速搅拌可以提高溶解速度；水解时间12~24h，适当投加NaOH(控制pH<10)有利于水解；

(4) 与常用混凝剂配合使用时，应视水中悬浮物浓度先投加铝盐、铁盐混凝剂，混凝反应完成后再投加PAM，否则药剂将发生胶体保护作用，影响混凝效果。

2. 加氯适用条件

(1) 当处理高色度水、破坏水中残存有机物结构及去除臭味时，可在投混凝剂前先投氯，以减少凝聚剂用量；

(2) 用硫酸亚铁作混凝剂时，加氯可促进二价铁氧化成三价铁。

3. 石灰适用条件

(1) 用于补充和调整污水碱度；

(2) 用于去除水中的CO_2，调整pH值。

(三) 混凝剂用量与应用选择

混凝剂用量应根据污水混凝沉淀试验结果或参照相似水质条件下的运行经验等，经综合比较确定。常用的混凝剂宜按照表12-1采用。

表12-1 常用的混凝剂及使用条件

<table>
<tr><th colspan="2">混凝剂</th><th>水解产物</th><th>用途与适用条件</th></tr>
<tr><td rowspan="2">铝盐</td><td>硫酸铝
$Al_2(SO_4)_3 \cdot 18H_2O$</td><td>$Al^{3+}$、$[Al(OH)_2]^+$
$[Al_2(OH)_n]^{(6-n)+}$</td><td rowspan="2">(1) 原理为压缩双电层，中和及降低胶体及乳化油、亲水性有机物表面电位；
(2) 混凝效果受pH影响较大：
① 破乳及去除水中有机物时，pH宜在4~7之间；
② 去除水中悬浮物pH值宜控制在6~8；
③ 悬浮物高的水，pH值宜控制在6.5~8，适用水温20~40℃</td></tr>
<tr><td>明矾
$KAl(SO_4)_2 \cdot 12H_2O$</td><td>Al^{3+}、$[Al(OH)_2]^+$、
$[Al_2(OH)_n]^{(6-n)+}$</td></tr>
<tr><td rowspan="2">铁盐</td><td>三氯化铁 $FeCl_3 \cdot 6H_2O$</td><td>$Fe(H_2O)_6^{3+}$
$[Fe_2(OH)_n]^{(6-n)+}$</td><td rowspan="2">(1) 原理同铝盐。使用不受温度影响，絮体密实，沉淀效果好，用量比硫酸铝少；
(2) 对金属、混凝土、塑料均有腐蚀性；
(3) 亚铁离子须先经氧化成三价铁，当pH较低时须使用氯，pH的适用范围宜在7~8.5之间；
(4) Fe^{2+}在pH值为8.1~9.6范围内效果稳定，絮体形成较快，较稳定，沉淀时间短</td></tr>
<tr><td>硫酸亚铁
$FeSO_4 \cdot 7H_2O$</td><td>$Fe(H_2O)_6^{3+}$
$[Fe_2(OH)_n]^{(6-n)+}$</td></tr>
<tr><td rowspan="2">聚合盐类</td><td>碱式氯化铝
$[Al_2(OH)_nCl_n^{6-}]_m$
PAC</td><td>$[Al_2(OH)_n]^{(6-n)+}$</td><td rowspan="2">(1) 无机高分子化合物，粘结架桥作用为主，受pH和温度影响较小，吸附效果稳定；
(2) pH适应范围为5~9，一般不必投加碱剂；
(3) 混凝效果好，耗药量少，出水浊度低，色度小，原水高浊度时尤为显著</td></tr>
<tr><td>聚合硫酸铁
$[Fe_2(OH)_n(SO_4)_n^{6-}]_m$
PFS</td><td>$[Fe_2(OH)_n]^{(6-n)+}$</td></tr>
</table>

二、混凝工艺的投配系统

混凝剂的投配系统包括药剂的储运、调制、提升、储液、计量和投加、混合等单元。

（一）药剂的调制

1. 药剂的调制方式

混凝剂的溶解和稀释应按投加量的大小、混凝剂性质，选用机械、水力或压缩空气等稀释搅拌方式。

（1）机械调制适用于各种药剂和规模，使用较普遍。搅拌叶轮可用电机带动，并根据需要考虑有转速调整装置；搅拌设备须采取防腐措施，尤其在使用铁盐药剂时；

（2）采用水力调制的溶解池，使用的压力水水压为 0.2MPa；

（3）压缩空气调制适用于较大水量的污水厂中各种药剂的调制；具体要求如下：

① 空气供给强度：溶解池为 8~10L/(m^2·s)，溶液池为 3~5L/(m^2·s)；

② 空气管孔眼流速 20~30m/s，孔眼直径 3~4mm；

③ 压缩空气调制方法不宜用作较长时间的石灰乳液连续搅拌。

2. 溶液池与溶解池

溶液池的作用为把浓溶液配成一定浓度的溶液；溶解池把块状或粒状的药剂溶解成溶液。分别按式(12-2)、式(12-3)计算。

$$W_1 = \frac{aQ}{417cn} \tag{12-2}$$

$$W_2 = (0.2 \sim 0.3) W_1 \tag{12-3}$$

式中 W_1——溶液池容积，m^3；

W_2——溶解池容积，m^3；

a——混凝剂最大投加量，按无水产品计，石灰最大用量按 CaO 计，mg/L；

Q——处理的水量，m^3/h；

c——溶液浓度，一般采用 5%~20%（按混凝剂固体质量计算），或采用 5%~7.5%（扣除结晶水计），石灰乳采用 2%~5%（按纯 CaO 计）；

n——每日调制次数，应根据混凝剂投加量和配制条件等因素确定，一般不宜超过 3 次。

（二）调制设备

（1）溶解池及溶液池底坡度不小于 0.02，池底应有排渣管，池壁须设超高，防止搅拌溶液溢出；

（2）溶解池及溶液池内壁需进行防腐处理。一般内壁涂衬环氧玻璃钢、辉绿岩、耐酸胶泥、瓷砖或聚氯乙烯板等，当所用药剂腐蚀性不太强时，亦可采用耐酸水泥砂浆。当采用三氯化铁时，不宜采用聚氯乙烯等遇热会引起软化变形的材料；

（3）投药量较小时，亦可在溶液池上部设置淋溶斗以代替溶药池，使用时将药剂置于淋溶斗中，经水力冲溶后的药剂溶液流入溶液池；

（4）溶液池可高架式设置，以便能重力投加药剂。池周围应有工作台，在池内最高工作水位处宜设溢流装置；

（5）投药量较小的溶液池，可与溶解池合并为一个池子；

（6）聚丙烯酰胺溶液池必须设搅拌装置，搅拌转速一般为 10~15r/min。

（三）药液的提升及投加

1. 计量设备

为实现自动控制，可采用计量泵、转子流量计或电磁流量仪等，其设计要求如下：

(1) 泵及管道应采用耐腐蚀的金属材料。

(2) 投加设备宜采用计量泵，并应设自动控制装置，自动调整加药量。在应用计量泵时应注意以下事项：

① 计量泵一般采用隔膜泵或柱塞泵。目前大多给水处理厂采用柱塞计量泵或隔膜计量泵投加，其优点是运行可靠，并可通过改变计量泵行程或变频调节混凝剂投量，既可人工控制也可自动控制。柱塞泵适用于投加压力特别高的场合，设计中可根据具体条件选；

② 设计中计量泵应有备用，并尽量采用相同型号和规格的计量泵，并配备足够的易损件和备件；

③ 投加特殊药剂（加碱、酸的加注系统）应注意计量泵及系统配件材质的耐腐蚀要求；

④ 某些计量泵具有冲程频率反馈信号，可计算出实际加注流量。为此计量泵应与水质控制指标关联，自动调整加药量；

⑤ 混凝剂或助凝剂宜采用自动控制投加；

⑥ 溶液投配管须配备必要的溶液过滤器，防止计量泵堵塞。

2. 药剂的投加方式

药液投加采用的方式有重力投加和压力投加，无论哪种投加方式，由溶解池到溶液池，到药液投加点，均应设置药液提升设备，常用的药液提升设备是离心泵和水射器。

1）重力投加

利用重力将药剂投加在水泵吸水管内或吸水井中的吸水喇叭口处，利用水泵叶轮混合。取水泵房离水厂加药间较近的中小型水厂采用这种办法较好。如果取水泵房离水厂较远，可建造高位溶液池，利用重力将药剂投入水泵压水管上。

2）压力投加

利用水泵或水射器将药剂投加到原水管中，适用于将药剂投加到压力水管中，或需要投加到标高较高、距离较远的净水构筑物内。

(1) 水泵投加

水泵投加是在溶液池中提升药液送到压力水管中，有直接采用计量泵和采用耐酸泵配以转子流量计两种方式；

(2) 水射器投加

水射器投加是利用高压水（压力>0.25MPa）通过喷嘴和喉管时的负压抽吸作用，吸入药液到压力水管中。水射器投加应设有计量设备，一般水厂内的给水管都有较高压力，故使用方便。

三、混合

混合是反应第一关，也是非常重要的一关，在这个过程中应使混凝剂水解产物迅速地扩散到水体中的每一个细部，使所有胶体颗粒几乎在同一瞬间脱稳并凝聚，这样才能得到好的絮凝效果。因为在混合过程中同时产生胶体颗粒脱稳与凝聚，可以把这个过程称为初级混凝过程，但这个过程的主要作用是混合，因此都称为混合过程。

（一）混合段设计参数

（1）混合时间一般为 10~30s。

（2）搅拌速度梯度 G 一般为 600~1000s^{-1}。

（3）混合设施与后续处理构筑物的距离越近越好，尽可能采用直接连接方式。

（4）混合设施与后续处理构筑物连接管道的流速可采用 0.8~1.0m/s。

（二）混合方式

药剂的混合方式有水泵混合、管式混合器混合和机械混合。不论采用何种混合方式，应根据所采用的混凝剂品种，使药剂与水进行充分的混合，并在很短时间内使药剂均匀地扩散到整个水体，也即采用快速混合方式。

1. 水泵混合

将药剂溶液加于每一水泵的吸水管中，通过水泵叶轮的高速转动以达到混合效果。采用水泵混合方式一般应注意以下几个方面：

（1）防止空气进入水泵吸水管内；

（2）不宜投加腐蚀性强的药剂，防止腐蚀水泵叶轮及管道；

（3）水泵距处理构筑物的距离不宜过长，一般应小于 60m。

2. 管式混合器

管式静态混合器内置多节固定叶片，使水流成对分流，同时还产生涡旋反向旋转及交叉流动，能获得较好的混合效果。但是，管式静态混合器系按特定的水量设计，一旦运行水量发生变化，其水头损失将按二次方关系相应改变。水量大时，水头损失猛增；水量小时，水头损失大幅下降，明显影响混合效果。管式混合器见图 12-1。

图 12-1　管式混合器

采用管式混合器应注意以下几个方面：

（1）混合器的混合效果与管中液体流速及混合器节数有关，管中流速取 1.0~1.5m/s，分节数 2~3 段；

（2）重力投加时，管式混合器投加点应设在文丘里管或孔板的负压点；

（3）投药点后的管内水头损失不小于 0.3~0.4m；

（4）投药点至管道末端絮凝池的距离应小于 60m。

3. 机械混合

机械混合的搅拌装置一般选用桨板式、螺旋桨式和透平式。桨板式搅拌器结构简单，加工容易。适用于中小水量混合，螺旋桨式和透平式可用于大水量混合。

1）混合搅拌强度与混合功率

（1）混合搅拌强度

常采用搅拌速度梯度 G 表示，可按式（12-4）计算，一般混合搅拌池的 G 值取

$500 \sim 1000 s^{-1}$。

$$G=\sqrt{\frac{1000N_Q}{\mu Qt}} \tag{12-4}$$

式中 G——速度梯度，s^{-1}；

N_Q——混合功率，kW；

μ——水的动力黏度，Pa·s；

Q——混合搅拌池流量，m^3/s；

t——混合时间，s。

（2）搅拌器功率

按式(12-5)计算。

$$N=nC_S\frac{\rho w^3 lR^4\sin\theta}{8g} \tag{12-5}$$

式中 N——搅拌器功率，kW；

n——搅拌器桨叶数，片；

C_S——阻力系数，C_S取值为0.2~0.5；

ρ——水的密度，kg/m^3；

ω——搅拌器旋转角速度，rad/s；

l——搅拌器桨叶长度，m；

R——搅拌器半径，m；

g——重力加速度，$9.8m/s^2$；

θ——桨板折角，(°)。

（3）电动机功率

按式(12-6)计算。

$$N_A=\frac{KN}{\eta} \tag{12-6}$$

式中 N_A——电动机功率，kW；

N——搅拌器运行功率，kW；

K——电动机工况系数，连续运行时取1.2；

η——机械传动总效率,%，一般为50%~70%。

2）搅拌池有效容积

搅拌池有效容积 V 按式(12-7)计算。

$$V=Qt \tag{12-7}$$

式中 V——有效容积，m^3；

Q——混合搅拌池流量，m^3/s；

t——混合时间，一般可采用10~30s。

3）搅拌池当量直径与搅拌器

（1）搅拌池当量直径

当搅拌池为矩形时，其当量直径可按式(12-8)计算。

$$D=\sqrt{\frac{4lB}{\pi}} \tag{12-8}$$

式中 D——搅拌池当量直径，m；

l——搅拌池长度，m；

B——搅拌池宽度，m。

（2）搅拌器

搅拌器直径按式(12-9)计算。

$$d=\left(\frac{1}{3}-\frac{2}{3}\right)D \tag{12-9}$$

式中 d——搅拌器直径，m；

D——搅拌池当量直径，m。

（3）搅拌器外缘线速度

搅拌器外缘线速度取 2~3m/s。

第二节 絮凝反应池的类型与设计

絮凝是水处理最重要的工艺环节，滤池出水水质主要由絮凝效果决定的。传统廊道反应、回转孔室反应以及回转组合式隔板反应的絮凝工艺，水在设备中停留 20~30min，水中尚有很多絮凝不完善的小颗粒。近年来，国内出现了网格反应、折板式与波形板反应设备，使絮凝效果有了比较明显地改善。

一、基本要求

（1）反应池型式的选择和反应时间的采用，应根据污水水质情况和相似条件下的运行经验或通过试验确定；

（2）反应池要有足够的反应时间。根据污水特性及反应池型式的不同，反应时间一般宜控制在 15~30min 之间；

（3）反应池的平均速度梯度 G 一般在 20~70s^{-1}之间，GT 值达 10^4~10^5，速度梯度 G 及反应流速应逐渐由大到小，G 按式(12-4)计算，也可按式(12-10)计算；

$$G=\left(\frac{\gamma h}{\mu t}\right)^{0.5} \tag{12-10}$$

式中 G——速度梯度，s^{-1}；

γ——水的密度，kg/m^3；

h——絮凝反应池水头损失，m；

μ——动力黏度，Pa·s；

t——絮凝时间，s。

（4）反应池应尽量与沉淀池或者气浮池合并建造，避免用管渠连接。如确需用管渠连接时，管渠中的流速应小于 0.15m/s，并避免流速突然升高或水头跌落；

（5）为避免已形成絮粒的破碎，反应池出水穿孔墙的过孔流速宜小于 0.1m/s；

（6）反应池应采取相应排泥措施；

（7）反应池可采用水力搅拌和机械搅拌，机械搅拌易于控制反应条件，应优先采用。

二、絮凝反应池的设计

除隔板絮凝池外，目前常用的絮凝反应池还有折板絮凝反应池、网格(栅条)絮凝反应池、机械搅拌絮凝反应池三种型式。

（一）折板反应池

折板反应池是在隔板絮凝池基础上发展起来的，按照格板安装的方式有水平式和竖流式两种，折板安装图见图 12-2。反应池的作用除与隔板絮凝池利用转折过程增加颗粒碰撞相同外，还利用折板间多次转折或缩放水流形成涡流，使水力条件得到改善，沿程能量消耗均匀，使得絮凝效果更好。目前，折板絮凝池已成为国内给水厂常用的絮凝工艺形式，适用于水量变化不大的中、小污水厂。与隔板絮凝池相比，折板反应池存在安装维护困难、折板费用较高的缺点。

图 12-2　折板安装图

1. **竖流式折板絮凝池**

工程中使用的竖流式折板絮凝池为多通道式。多通道是将絮凝池分为若干个分格，在每一个格子内放置若干折板，水流在每一格内折板间的通道上下或水平流动。多通道絮凝池结构示意图见图 12-3。

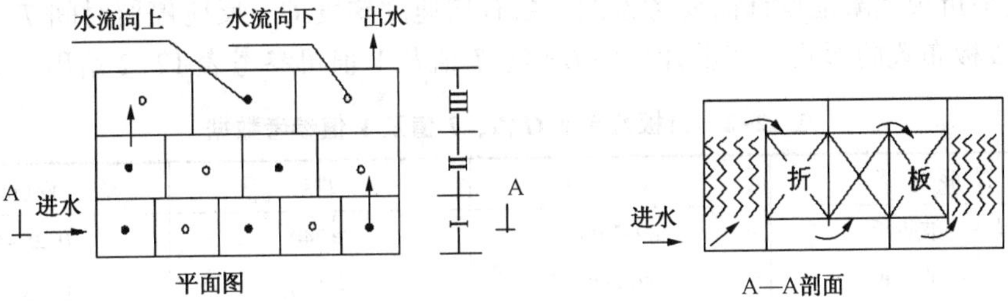

图 12-3　多通道絮凝池结构示意图

1）组成

折板絮凝池一般分为三段，由异波折板、同波折板、平板组成。图 12-4 为折板絮凝池三段构成示意图。

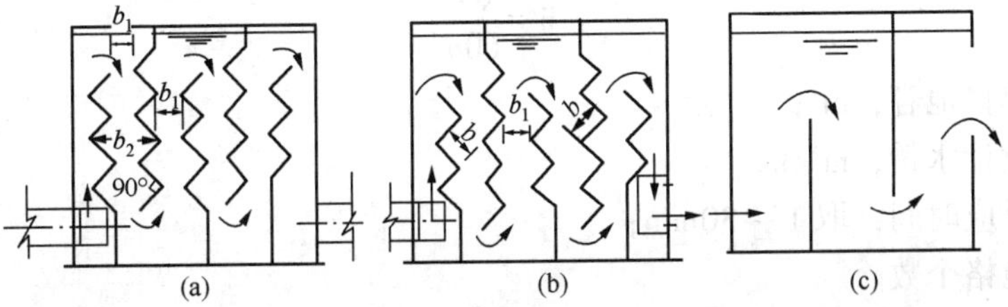

图 12-4　平折板絮凝池三段构成示意图

2）折板

（1）折板夹角

折板夹角一般有 90°和 120°两种。折板夹角不宜过大，折板夹角过大会减少波折数，影响紊流强度；也不宜过小，夹角过小则泥不易滑动。实践表明折板夹角为120°时运行效果较好。

(2) 折板长度

折板长度与流程布置有关，但过大会增加结构厚度，折板长度可采用0.8~1.5m；

(3) 折板宽度(b)

在有效水深一定的情况下，折板的波折数取决于折板夹角和折板宽度，并影响液流的紊流强度。折板宽度小则波折数多，液流紊流强度大，折板块数也增多。折板宽度应随着絮凝体成长情况而沿程递减，宜采用30cm、40cm、50cm三种宽度，一般宽度b采用0.5m。

(4) 折板间距

当折板间距增大至一定距离时(约为0.8m)，折板边界效应将减弱甚至到可忽略，影响了絮凝效果，故折板间距不宜过大，因而折板絮凝池单池设计流量也不可过大；而间距过小会造成清洗絮凝池不便。

根据已有经验数据，异波折板间距b_1可控制在0.3m左右；同波折板间距b_1可控制在0.4m左右；平板直板间距可控制在0.8m左右。

(5) 折板材质与安装

折板的材质有不锈钢板、塑料、钢丝网水泥板、铝板和轻质填料等，一般采用铝板、钢丝网水泥板。折板的安装有：嵌入池壁预留的凹槽、装入固定在池壁上的角钢槽、整箱安装等方式。

3) 设计参数

竖流式平折板絮凝池设计需要考虑的参数有均速度梯度G、反应停留时间T、水流速度V，根据各段板布置的形式，其设计采用G值、T值及V值可参考表12-2给出的数据。

表12-2 折板絮凝池G值、T值及V值参考数据

布置形式	G/s^{-1}	T/s	$V/(m/s)$
第一段 异波折板	80~100	≥240	0.25~0.35
第二段 同波折板	50~60	≥240	0.15~0.25
第三段 平行直板	20~25	≥240	0.10~0.15

4) 单格池容

单格池容可按式(12-11)计算。

$$W=\frac{QT}{60n} \tag{12-11}$$

式中 W——单格池容，m^3；

Q——设计水量，m^3/h；

T——反应时间，取15~30min；

n——池格个数。

5) 折板反应池水头损失

(1) 异波段水头损失

① 渐放段总水头损失

渐放段总水头损失按式(12-12)计算。

$$h_1 = n_1\xi_1 \frac{v_1^2 - v_2^2}{2g} \tag{12-12}$$

式中 h_1——渐放段水头损失，m；

n_1——渐放组合的个数；

ξ_1——渐放段阻力系数，取 0.5；

v_1——峰速，0.25~0.35m/s；

v_2——谷速，0.1~0.15m/s；

g——重力加速度，9.8m/s^2。

② 渐缩段总水头损失

渐缩段总水头损失按按式(12-13)计算。

$$h_2 = n_1\left[1 + \xi_2 - \left(\frac{F_1}{F_2}\right)^2\right]\frac{v_1^2}{2g} \tag{12-13}$$

式中 h_2——渐缩段总水头损失，m；

n_1——缩放组合的个数；

ξ_2——渐缩段阻力系数，取 0.1；

F_1——相对峰的断面积，m^2；

F_2——相对谷的断面积，m^2；

v_1——峰速，0.25~0.35m/s；

g——重力加速度，9.8m/s^2。

③ 转弯或孔洞的水头损失

转弯或孔洞的水头损失按式(12-14)计算。

$$h_3 = n_2\xi_3 \frac{v_0^2}{2g} \tag{12-14}$$

式中 h_3——转弯或孔洞的水头损失，m；

n_2——转弯个数；

ξ_3——转弯或孔洞处的阻力系数，上转弯 ξ_3取 1.8，下转弯或孔洞 ξ_3取 3.0；

v_0——转弯或孔洞处流速，m/s；

g——重力加速度，9.8m/s^2。

则异波段总水头损失可按式(12-15)计算。

$$H_1 = h_1 + h_2 + h_3 \tag{12-15}$$

式中 H_1——异波段总水头损失，m。

(2) 同波折板水头损失

① 板间水头损失

板间水头损失可按式(12-16)计算。

$$h_1 = n_1\xi \frac{v^3}{2g} \tag{12-16}$$

式中 h_1——板间水头损失，m；

n_1——板块组合个数；

ξ——板间阻力系数，取 0.5；

v——板间流速，取 0.15~0.25m/s；

g——重力加速度，9. 8m/s^2。

② 上下转弯水头损失

上下转弯水头损失可按式(12-17)计算。

$$h_2 = n_2 \xi_3 \frac{v_0^2}{2g} \tag{12-17}$$

式中 h_2——转弯或孔洞的水头损失，m；

n_2——转弯个数；

ξ_3——转弯处的阻力系数，上转弯 ξ_3取 1. 8，下转弯 ξ_3取 3. 0；

v_0——转弯处流速，m/s；

g——重力加速度，9. 8m/s^2。

则同波段总水头损失可按式(12-18)计算。

$$H_2 = h_1 + h_2 \tag{12-18}$$

式中 H_2——同波段总水头损失，m。

(3) 平行直板水头损失

单一平行直板水头损失可按式(12-19)计算。

$$h = \xi \frac{v^2}{2g} \tag{12-19}$$

式中 h——板间水头损失，m；

ξ——转弯处阻力系数，ξ 取 3. 0；

v——平均流速，取 0. 1~0. 15m/s；

g——重力加速度，9. 8m/s^2。

$$H_3 = nh \tag{12-20}$$

式中 H_3——总水头损失，m；

n——180°转弯个数；

h——同式(12-19)。

(4) 折板反应池水头总损失

$$H = H_1 + H_2 + H_3 \tag{12-21}$$

式中 H——反应池的总水头损失，m；

H_1——异波段总水头损失，m；

H_2——同波段总水头损失，m；

H_3——平行直板段总水头损失，m。

6) 实例

某工程设絮凝池 2 组，每组 2 格，每格设计规模 6. 25×10^{4}m^3/d，平行对称布置，钢筋混凝土结构，采用 90°水平式折板，单格絮凝池尺寸为 $L×B×H$ = 16m×11. 25m×5. 30m，水深 4. 6~5m，有效容积 728m^3。絮凝池被分成相对折板、平行折板、平行直板 3 个絮凝阶段，絮凝流速分别为 0. 289m/s、0. 23m/s、0. 11m/s。

某水厂处理规模为 25×10^{4}m^3/d，采用机械快速混合、竖流式相对折板絮凝池，絮凝剂为液体硫酸铝。混合池、絮凝池与平流沉淀池合建。其折板絮凝池布置如图 12-5 所示。

其运行参数如表 12-3 所示。

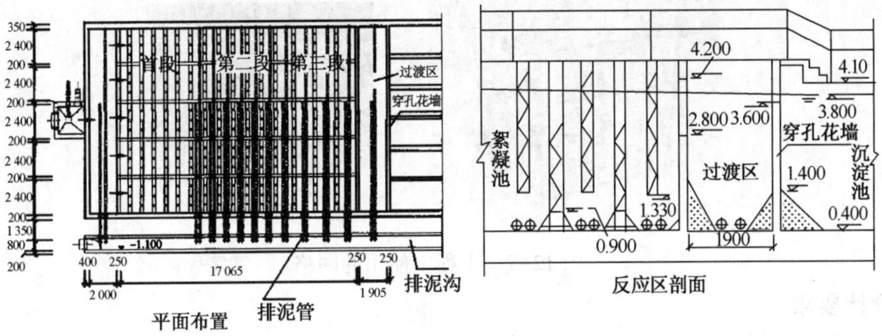

图 12-5　折板絮凝池布置

表 12-3　折板絮凝池运行参数

项　目	格　数	水流峰速/(m/s)	长度/m	停留时间/min	水头损失/kPa	G/s^{-1}	GT 值
首段	11	0.342	4.785	4.3	2.51	97.15	2.51×10^4
二段	14	0.224	7.14	6.4	1.54	62.43	2.4×10^4
三段	7	0.122	5.14	4.6	0.15	22.78	0.63×10^4
合计	32		17.065	15.3	4.2		

2. 波形折板反应池

反应池内水流在垂直下落和垂直上升过程中，速度在波峰和波谷之间急剧变速，形成无数个涡流区，这些扰流单元增强了絮凝时紊流状态，使水体中矾花颗粒充分有效地碰撞，形成的矾花密度大颗粒均匀，其效果与传统折板相比具有较高的容积利用率和较小的扩散系数。波形折板见图 12-6。

图 12-6　波形折板

1）波形折板反应池按竖流设计；波形折板规格及主要技术参数如下：

（1）单板：波长 500mm，波高 100mm；

（2）安装间距：波峰 30～60mm，波谷 230～260mm。

2）波形折板反应池反应池设计成 3 个连续反应室，形成三级絮凝。三级的容积设计为逐级成倍递增：$W_1:W_2:W_3=1:2:4$；平均流速成倍递减：$V_1:V_2:V_3=4:2:1$；设计板间距分别为 100mm、200mm、400mm；

3）每个反应室波形板流程为 8～10m，波形板部分总流程为 24～30m；

4）波形折板竖流反应器每格流速由 0.25m/s 逐步递减至 0.05m/s；

5）反应室单位沿程水头损失相应由 $30mmH_2O/m$ 递减至 $5mmH_2O/m$。反应室的总水头损失约为 30～35cm。

（二）网格（栅条）反应池

网格反应池是在多格回流竖井设多层网格，网格数自进水端至出水端依次减少，网格布置之间的隔墙上下交错，当水流流经过网格时，相继收缩、扩大，形成涡旋，提高颗粒碰撞机会。网格（栅条）反应池具有结构简单、节省材料、水头损失小（0.1～0.15m）及絮凝效果良好等特点，应用广泛。工程中使用的网格见图 12-7。

图 12-7 工程中使用的网格

1. **设计要求**

（1）网格反应池适用于小水量污水絮凝处理，可与沉淀池合建；

（2）反应池分格数分成 8~16 格；可大致按分格数均分成 3 段，即前段、中段、末段；前段、中段、末段网格或栅条层数可分别为 16 层、10 层、4 层；上下两层间距为 60~70cm，每格的竖向流速前段至末段由 0.20~0.10m/s 逐步递减；

（3）网孔或栅孔流速，前段 0.25~0.30m/s，中段 0.22~0.25m/s，后段 0.10~0.22m/s；

（4）絮凝反应时间：前段、中段、末段的絮凝反应时间分别为 3~5min、3~5min、4~5min。

（5）格栅反应池需设排泥管，一般采用 *DN*150~*DN*200 的穿孔管，并安装快开排泥阀。

2. **网格反应池的设计**

1）池体积

网格反应池池体积可按式(12-22)计算。

$$V=\frac{QT}{60} \tag{12-22}$$

式中 V——池体积，m^3；

Q——流量，m^3/h；

T——反应时间，一般为 15~20min。

2）池面积

池面积按式(12-23)计算。

$$A=\frac{V}{H'} \tag{12-23}$$

式中 A——池面积，m^2；

H'——有效水深，一般为 2~3m。

3）分格面积

按式(12-24)计算。

$$f=\frac{Q}{v_0} \tag{12-24}$$

式中 f——分格面积，m^2；

Q——流量，m^3/h；

v_0——竖井流速，m/s。

4）总水头损失

按式(12-25)计算。

$$H=\sum \xi_1 \frac{v_1^2}{2g}+\sum \xi_2 \frac{v_2^2}{2g} \qquad (12-25)$$

式中 H——总水头损失，m；

ξ_1——网格阻力系数，前、中、后段分别取 1.0、0.9、0.6；

v_1——各段过网流速，m/s；

g——重力加速度，9.8m/s^2；

ξ_2——孔洞阻力系数，取 3.0；

v_2——各段孔洞流速，m/s。

（三）机械反应池

机械搅拌絮凝池是通过叶片搅拌完成絮凝过程。叶片可以作旋转运动，也可以作上、下往复运动，目前我国多采用旋转方式。机械搅拌絮凝式分为水平轴式及立轴式两种。叶片多采用条形浆板，也有网浆形式。一般可采用多级串联方式，大型水厂则采用分级搅拌方式。絮凝时间一般采用 15~20min，内设 3~4 档搅拌机。机械搅拌絮凝由上海市政工程设计院研制成功，在 1974 年用于上海石油化工总厂水厂设计中，以后不断改进；1985 年，在引黄济青工程水厂中，将叶片从平板型改为 S 型，提高了絮凝效果。絮凝板并联于一个动力减速器，直接与减速装置联接。机械絮凝池的优点是：絮凝效果良好，不受水量变化的影响，适用于各种型式的沉淀池。机械反应池结构与示意图见图 12-8。

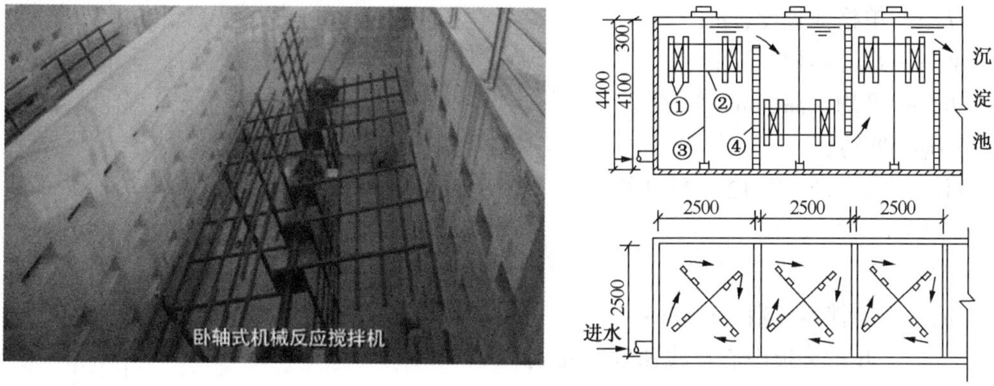

图 12-8　机械反应池图

机械搅拌一般认为效率高，不因水量变化而影响效果而受到欢迎。也有资料认为，在反应池中，水流具有返混的现象，在返混的条件下，处于不同反应阶段的药剂混合在一起，打乱了反应的自然过程，使得返混反应器成为一种效率最差的混合设备；另外由于存在短路水流和水体的整体运动现象，使某一部分水中的药剂浓度高，另一部分低，而没有达到药剂充分混合的目的。

1. 机械反应池设计基本要求

（1）反应池数一般应在三格以上。池内设相应挡数的搅拌器，搅拌器多用垂直轴；

（2）桨叶可为平板型、叶轮式，桨叶中心线速度 0.5~0.2m/s，各格线速度应逐渐减小；

（3）垂直轴式的上桨板顶端应设于池子水面下 0.3m 处，下桨板底端设于距池底 0.3~0.5m 处，桨板外缘与池侧壁间距不大于 0.25m；

（4）每根搅拌轴上桨板总面积宜为水流截面积的 10%~20%，不宜超过 25%，每块桨板的宽度为桨板长的 1/15~1/10；

(5) 为防止水流短路，垂直轴式的应设置固定挡板；

(6) 为了适应水量、水质和药剂品种的变化，宜采用无级变速的传动装置；

(7) 单格宜建成方型，单边尺寸宜>800mm，池深一般为 2.5~4m，池边应设平台检修；

(8) 全部搅拌轴及叶轮等机械设备，均应考虑防腐。

2. 设计计算

1) 单格池容积

单格池容积按照式(12-26)计算。

$$W=\frac{QT}{60n} \tag{12-26}$$

式中 W——每池容积，m^3；

Q——设计水量，m^3/h；

T——反应时间，一般为 15~30min；

n——池数，个。

2) 单格池长度

单格池长度按照式(12-27)计算。

$$L=\sqrt{\frac{W}{H}} \tag{12-27}$$

式中 L——单格池长度，m；

W——每池容积，m^3；

H——平均水深，m。

3) 搅拌器转数

搅拌器转数按照式(12-28)计算。

$$n_0=\frac{60v}{\pi D_0} \tag{12-28}$$

式中 n_0——搅拌器转数，r/min；

v——叶轮桨板中心点线速度，m/s；

D_0——叶轮桨板中心点旋转直径，m。

4) 搅拌器所需功率

搅拌器所需功率按照式(12-29)计算。

$$N_0=\sum_{1}^{n}\frac{\rho klw^3}{8}(r_2^4-r_1^4) \tag{12-29}$$

式中 N_0——搅拌器消耗的功率，kW；

n——每个叶轮上的桨板个数；

ρ——污水的密度，kg/m^3；

k——系数，当 $l/(r_2-r_1)>1$ 时，$k=1.1$；

l——桨板长度，m；

ω——叶轮旋转的角速度，rad/s；

r_2——叶轮外缘半径，m；

r_1——叶轮内缘半径，m。

第三节　沉　淀　池

沉淀就是利用重力沉降将比水重的悬浮颗粒从水中去除的操作，是废水处理用途最广泛的单元操作之一。

一、沉淀池的分类

沉淀池按在废水处理流程中的位置，主要分为初次沉淀池和二次沉淀池。初次沉淀池和二次沉淀池的比较见表 12-4。

表 12-4　初次沉淀池和二次沉淀池的比较

池　型	适用条件	设计要点
初沉池	对污水中密度大的固体悬浮物进行沉淀分离	（1）考虑沉淀污泥发生腐败，设置刮、排泥设备，迅速排除污泥； （2）考虑固体悬浮物及污泥上浮，设置浮渣去除设备； （3）表面负荷以 $25\sim50m^3/(m^2\cdot d)$ 为标准； （4）进水端考虑整流措施，采用阻流板、有孔整流壁、圆筒形整流板； （5）采用溢流堰，堰上负荷≤$250m^3/(m\cdot d)$； （6）长方形池，最大水平流速为 7mm/s； （7）污泥区容积：静水压排泥时，≤2d 污泥量；机械排泥时，考虑 4h 排泥量； （8）排泥静压≥1.5m
二沉池	对污水中以微生物为主体的、密度小的、因水流作用易发生上浮的固体悬浮物进行沉淀分离	（1）考虑沉淀污泥发生腐败，设置刮、排泥设备，迅速排除污泥； （2）考虑污泥上浮，设置浮渣去除设备； （3）对表面负荷以 $25\sim30m^3/(m^2\cdot d)$ 为标准； （4）进水端考虑整流措施，采用阻流板、有孔整流壁、圆筒形整流板； （5）采用溢流堰，堰上负荷≤$150m^3/(m\cdot d)$； （6）长方形池，最大水平流速为 5mm/s； （7）主要溢流设备的布置，防止污泥上浮出流而使处理水恶化； （8）考虑 SVI 值增高引起的问题； （9）排泥静水压：生物膜法后≥1.20m，曝气池后≥0.9m

（一）初次沉淀池

城市污水中既含有分散颗粒又含有絮凝性颗粒。设计初次沉淀池的容量时，有效容积是表面负荷（过流率）和沉淀时间的函数。由于大多数沉淀池的池深为 3m 左右，虽然停留时间通常作为设计时的指标，但表面负荷也是一个有用的指标。

用于生物处理前的沉淀池常采用 2h 的沉淀时间。当只采用初次沉淀处理时，常选用 3h。我国对于前者常采用 1~1.5h，对于后一种情况则为 1.5~5h。

（二）二次沉淀池

从生物滤池和曝气池带至二次沉淀池中的悬浮固体通常具有良好的凝聚性，因此竖流式沉淀池特别适宜。但它因有容量小、造价高、施工较困难等缺点，故国外使用也不广泛。近年来，应用较多的是辐流式沉淀池。沉淀池的有效水深（H）、沉淀时间（t）、表面负荷 q 的关系见表 12-5。一般水深采用 2~4m，沉淀时间 2~4h。根据处理方法和污水流量，可按此表选择特定的过流率和停留时间。

表 12-5　沉淀池有效水深(H)、沉淀时间(t)、表面负荷 q 的关系

q/[m^3/(m^2·d)]	沉淀时间/h				
	H=2.0m	H=2.5m	H=3.0m	H=3.5m	H=4.0m
72			1	1.17	1.33
60		1	1.2	1.4	1.6
48	1	1.25	1.5	1.75	2
36	1.44	1.67	2	2.33	2.67
24	2	2.5	3	3.5	4

二、沉淀池的类型和结构

按水流方向划分沉淀池，有平流式、辐流式、竖流式三种形式。每种沉淀池均包括五个区，即进水区、沉淀区、缓冲区、污泥区和出水区。沉淀池各种池型的优缺点和适用条件见表 12-6。

表 12-6　沉淀池各种池型的优缺点和适用条件

池　型	优　点	缺　点	适 用 条 件
平流式	(1) 沉淀效果好； (2) 对冲击负荷和温度变化的适用能力较强； (3) 施工简易，造价较低	(1) 池子配水不易均匀； (2) 采用多斗排泥时，每个泥斗需要单独设排泥管各自排泥，操作量大； (3) 采用链带式刮泥机排泥时，链带的支撑件和驱动件都浸于水中，易锈蚀	(1) 适用于地下水位高及地质较差地区； (2) 适用于大、中、小型污水处理厂
竖流式	(1) 排泥方便，管理简单； (2) 占地面积小	(1) 池子深度大，施工困难； (2) 对冲击负荷和温度变化的适用能力较差； (3) 造价较高； (4) 池径不宜过大，否则布水不匀	适用于处理水量不大的小型污水处理厂
辐流式	(1) 多为机械排泥，运行较好，管理较简单； (2) 排泥设备已趋定型	机械排泥设备复杂，对施工质量要求高	(1) 适用于地下水位较高地区； (2) 适用于大、中型污水处理

(一) 平流沉淀池

利用悬浮颗粒的重力作用来分离废水中的固体颗粒的设备称为沉淀池。平流式沉淀池是使用最早的一种沉淀设备，由于它结构简单、运行可靠，对水质适应性强，故目前仍在采用。平流沉淀池的形式见图 12-9。

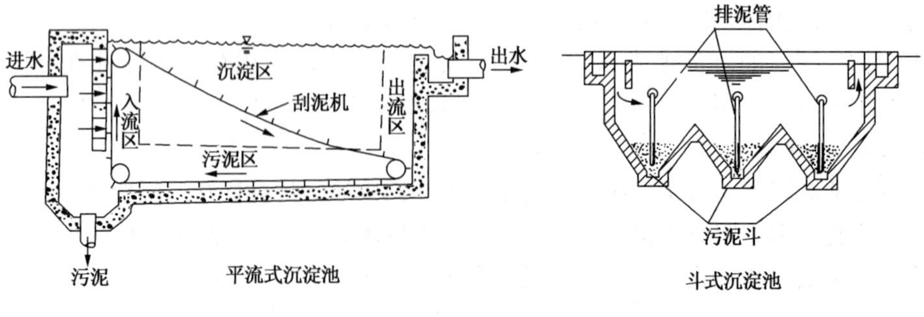

图 12-9　平流沉淀池的形式

1. **平流沉淀池的基本结构与要求**

平流式沉淀池分为进水区、沉淀区、存泥区、出水区四部分。

1）进水区

进水区的作用是使流量均匀分布在进水截面上，尽量减少扰动，采取的措施是整流。进水区入口整流措施见图 12-10，包括溢流式入流方式，设置有孔整流墙，见图 12-10(a)；低孔式入流方式，底部设挡流板见图 12-10(b)；淹没孔与挡流板的组合，见图 12-10(c)；淹没孔与有孔整流墙的组合，见图 12-10(d)。

在设计时，一般采用穿孔，为使矾花不易破碎，进水流速在 0.15~0.2m/s，洞口总面积也不宜过大，开孔面积为过水断面的 6%~20%，可有效地分散水流。但必须注意穿孔墙与反应池出口距离不宜太小，以不小于 1.5~2.0m 为佳。如有条件，穿孔墙孔口最好做成锥形，即孔口前小后大，水流将能更好地扩展，见图 12-11。

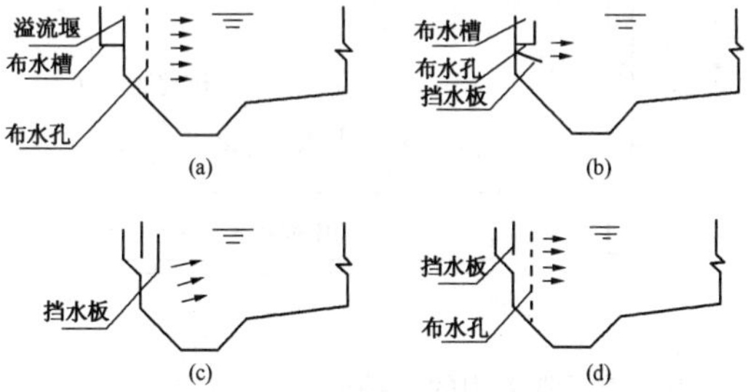

图 12-10　进水区入口整流措施

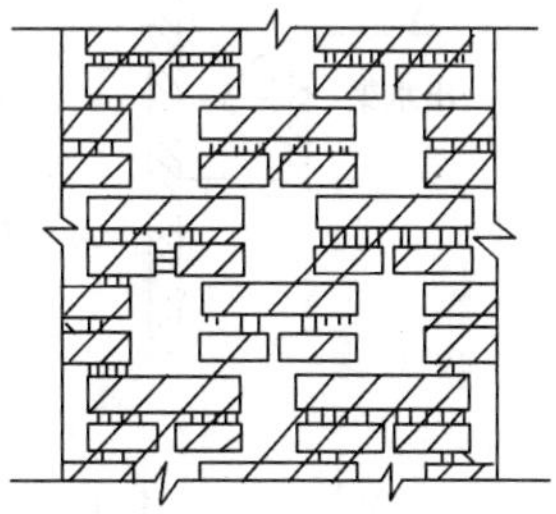

图 12-11　穿孔花墙示意图

如一絮凝池处理水量为 0.64m³/s，与沉淀池之间采用钢筋混凝土穿孔布水花墙，墙长 14m，墙高 3.8m，有效水深 3.5m，超高 0.3m。穿孔墙上的孔口流速采用 0.15m/s，则孔口总面积为 0.64/0.15=4.27m²，每个孔口尺寸取 15cm×8cm，则孔口数为 4.27/(0.15×0.08)=356 个。孔口布置成 9 排，每排孔口数为 356/9=40，每排孔口间距为 0.18m，孔口与侧壁间距为 0.49m。上下各排孔口间距为 0.18m，底排孔口与底板距离为 0.5m，上排孔口与水面距离为 0.59m。

2）沉淀区

沉淀区的作用是使形成的颗粒在较好的水力条件下，在自身重力的作用下，沉淀并分离。沉淀区的高度一般约 3~4m，平流式沉淀池应减少紊动性，提高稳定性。其中紊动性指标为雷诺数，如式(12-29)所示。

$$Re=\frac{V\rho R}{\mu} \tag{12-30}$$

式中　V——沉淀池中的水平流动速度，m/s；

R——沉淀池的水力半径，m；

μ——水的动力黏度，Pa·s；

ρ——流体的密度，kg/m³。

稳定性指标为弗劳德数，可按式(12-30)计算。

$$F_r=\frac{V^2}{Rg} \tag{12-31}$$

式中　V——沉淀池中的水平流动速度，m/s；

R——沉淀池的水力半径，m；

g——重力加速度，9.8m/s²。

根据以上两式，能同时降低雷诺数和提高弗劳德数的方法只能是降低水力半径 R，措施是加隔板，使平流式沉淀池 L/B 大于 4，L/H 大于 10，每格宽度应在 3~8m。

一般认为，水流在平流沉淀池属于明渠流，水流应处于层流状态，即雷诺数控制在小于 500，可以用减小水平流动速度和沉淀池的水力半径来达到目的。然而即使采取以上措施，对大多数平流沉淀池而言，水流的雷诺数为 4000~20000，实际上都处于紊流状态，过分强调控制雷诺数对平流沉淀池没有大的意义。

3）出水区

在出水区，沉淀池应做到沿整个出流堰的单位长度溢流量相等，对于初沉池，单位长度溢流量一般为 $250m^3/(m \cdot d)$，对于二沉池一般为 $130 \sim 250m^3/(m \cdot d)$。出水区通常采用的溢流形式有溢流堰、三角堰、淹没孔口，见图 12-12。

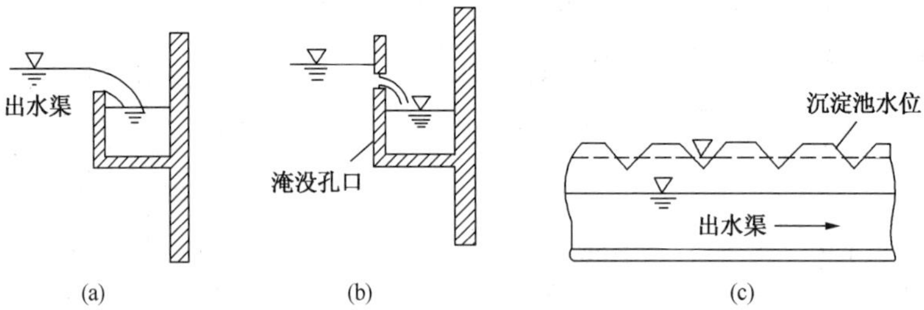

图 12-12　出水区集水槽通常采用的三种形式

（a）溢流堰；（b）淹没孔口式；（c）三角堰式

采用溢流堰作为出水溢流的形式在施工中有一定的难度，由于存在构筑物的不均匀沉降问题，实际使用效果也不是很好。采用淹没孔口，其孔口流速宜为 0.6~0.7m/s，孔径 20~30mm，孔口在水面下 15cm，水流应自由跌落到出水渠。锯齿形三角堰应用最普遍，三角堰不仅可控制沉淀池内的水面高度，而且对沉淀池内水流的均匀分布有直接影响。采用三角堰，池中水面宜位于齿高的 1/2 处，为适应水流的变化或构筑物的不均匀沉降，在堰口处需要设置能使堰板上下移动的调节装置，使出口堰口尽可能水平；堰前可设置挡板，以阻拦漂浮物，或设置浮渣收集和排除装置，如设挡板，挡板应当高出水面 0.1~0.15m，浸没在水面下 0.3~0.4m，距出水口处 0.25~0.5m。

为了不使流线过于集中，应尽量增加出水堰的长度，降低流量负荷。目前我国增加堰长的办法如图 12-13、图 12-14 所示。其中图 12-13（a）为沿沉淀池宽度设置的集水槽、图 12-13（b）为设置有平行集水支槽的集水槽、图 12-13（c）为沿沉淀池长度设置的集水槽。

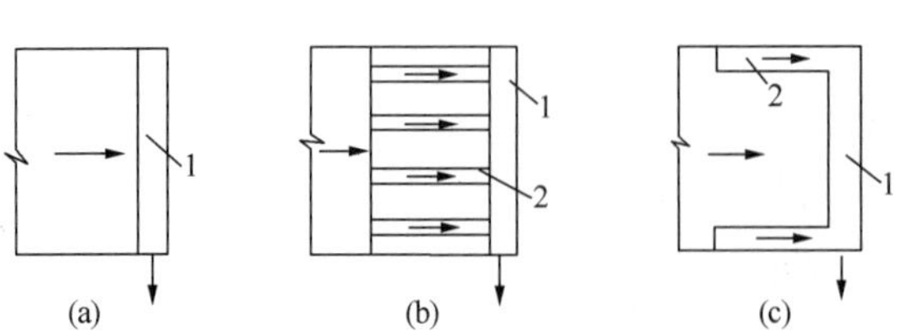

图 12-13　设置集水支槽增加堰长示意图

1—集水总槽；2—集水支槽

图 12-14　平流沉淀池集水支槽

目前基本上采用(b)型即指形槽，指形槽增加了出水堰的长度，降低了堰的负荷率，从而减小了无效沉淀区的体积。由于指形槽在一定的沉淀距离后即开始集水，此时一方面取得了池面已澄清的水，同时又使其后池内水体水平流速降低，相应延长了部分水体的停留时间。指形槽的溢流率是主要控制参数，目前溢流率有的给水厂采用 $500m^3/(m^2 \cdot d)$，有些给水厂设计数据采用的是 $300m^3/(m^2 \cdot d)$，但效果也不会有明显的提高。所以在污水处理厂，平流沉淀池出水堰负荷可以控制在 $300m^3/(m^2 \cdot d)$左右。

4）存泥区排泥措施

为保证出水水质，需要及时排出沉于池底的污泥是使沉淀池工作正常。

（1）泥斗排泥

当采用污泥斗排泥时，每个污泥斗均应设单独的闸阀和排泥管，方形污泥斗的斜壁与水平面的倾角宜为60°、圆形污泥斗的倾角宜为55°。

当采用静水压力排泥时，初次沉淀池的静水头不应小于1.5m；二次沉淀池的静水压头在生物膜法处理后不应小于1.2m，在活性污泥法处理池后不应小于0.9m。

（2）机械排泥

当采用机械排泥时，一般可以采用多种方式结合，采用泵虹吸式机械排泥和穿孔管排泥相结合的形式，排泥管内也可增设冲洗管，解决排泥管易堵塞的问题。浮渣的收集与排除可一并结合考虑。图12-15为设有链带式刮泥机的平流式沉淀池结构示意图。图12-16为设有行车式刮泥机的平流式沉淀池示意图。

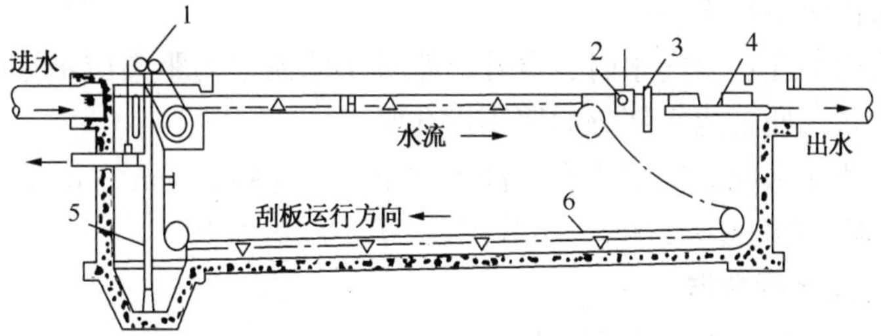

图12-15　设有链带式刮泥机的平流式沉淀池结构示意图

1—驱动器；2—浮渣槽；3—挡板；4—可调节出水堰；5—排泥管；6—刮板

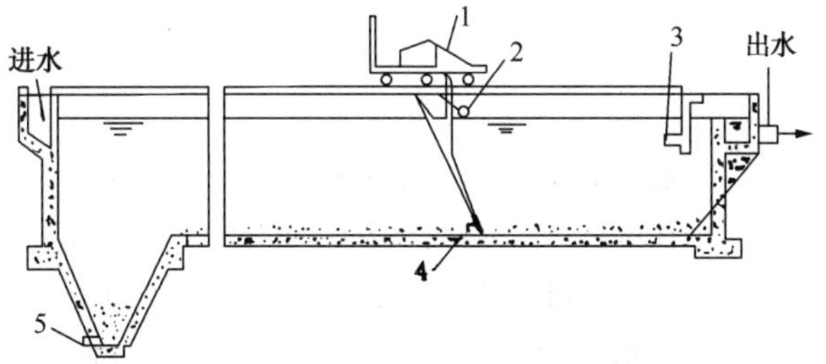

图12-16　设有行车式刮泥机的平流式沉淀池结构示意图

1—驱动装置；2—刮渣板；3—浮渣槽；4—刮泥板；5—排泥管

2. 平流式沉淀池优缺点

1）优点

处理水量大小不限，沉淀效果好；对水量和温度变化的适应能力强；平面布置紧凑，施工方便，造价低。

2）缺点

进、出水配水不易均匀；多斗排泥时，每个斗均需设置排泥管(阀)，手动操作，工作繁杂，采用机械刮泥时容易锈蚀。

3. 平流式沉淀池适用范围

适用于地下水位高、地质条件较差的地区，大、中、小型污水处理工程均可采用。

4. 平流式沉淀池设计方法与设计要点

1）设计方法

我国现有平流沉淀池设计方法有三种：按水平流速和沉淀时间设计；按悬浮物去除的百分率设计；按表面负荷率设计。一般按照按表面负荷率设计与沉淀时间计算。

2）设计要点

（1）池数或分隔数一般不少于2；

（2）沉淀时间一般为1~3h，当处理低温低浊水或高浊度水时可适当延长；沉淀时间国外一般为2~4h，我国停留时间多为1~2h。

（3）沉淀池内平均水平流速一般为10~25mm/s；

（4）有效水深一般为3~3.5m，超高为0.3~0.5m；

（5）池的长宽比应不小于4，每格宽度或导流墙间距一般采用3~8m，最大为15m，当采用虹吸式或泵吸式行车机械排泥时，池子分格宽度还应结合桁架的宽度(8，10，12，14，16，18，20m)；

（6）池的长深比应不小于10；

（7）进水区采用穿孔花墙配水时，穿孔墙距进水墙池壁的距离应不小于1~2m，同时在沉淀面以上0.3~0.5m处至池底部分的墙不设孔眼；

（8）采用穿孔墙配水或溢流堰集水，溢流率不大于500m³/(m²·d)；

（9）雷诺数一般为4000~15000，弗劳德数一般为10^{-4}~10^{-5}。

5. 平流式沉淀池运行数据

平流式沉淀池的运行数据见表12-7。

表12-7　平流式沉淀池的运行数据

项　　目	运转指标			规范规定指标
	最大	最小	平均	
停留时间/h	2.0~4.0	0.69~0.88	1.96	1~3
水平流速/(mm/s)	35.2~45.1	4.05~8.55	15.3	5~20
沉淀池深度/m	3.9~5.1	2.75	3.26	3~4
沉淀速度 u/(mm/s)	0.87~1.10	0.126~0.36	0.54	
表面负荷/[m³/(d·m²)]	101.5	18~38	49	
雷诺数(Re)/10^4	5.44~13.5	0.48~2.08	3.6	
弗劳德数(Fr)/10^{-5}	4.25~8.55	0.086~0.39	1.63	

6. 影响平流式沉淀池沉淀效果的因素

1）水流状况的影响

主要为短流的影响，产生的原因有：

（1）进水的惯性作用；

(2) 出水堰产生的水流抽吸；

(3) 较冷或密度较大的进水产生的异重流；

(4) 风浪引起的短流；

(5) 池内存在的导流板和刮泥设施等。

2) 凝聚作用的影响

由于实际沉淀池的沉淀时间和水深所产生的絮凝过程均影响了沉淀效果，实际沉淀池也就偏离了理想沉淀池的假定条件。

(二) 竖流式沉淀池

1. 结构

竖流式沉淀池又称立式沉淀池，是池中废水竖向流动的沉淀池。池体平面图形为圆形或方形，水由设在池中心的进水管自上而下进入池内(管中流速应小于 30mm/s)，管下设伞形挡板使废水在池中均匀分布后沿整个过水断面缓慢上升，悬浮物沉降进入池底锥形沉泥斗中，澄清水从池四周沿周边溢流堰流出。堰前设挡板及浮渣槽以截留浮渣保证出水水质。池的一边靠池壁设排泥管(直径大于 200mm)靠静水压将泥定期排出。竖流式沉淀池有圆形、正方形等形式。为使池内水流分布均匀，圆形池的池径一般采用 4~7m，不大于 10m。图 12-17 竖流式沉淀池结构示意图。

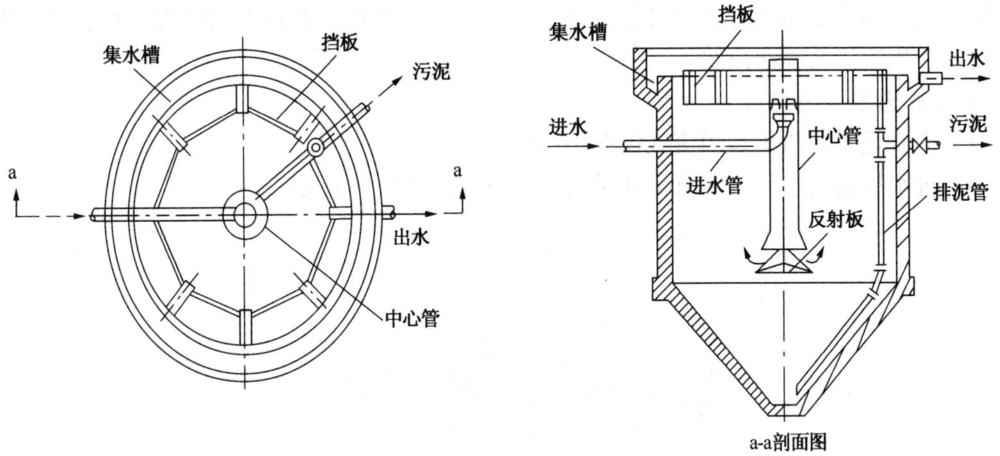

图 12-17　竖流式沉淀池结构示意图

2. 竖流式沉淀池的特点

1) 优点

占地面积小、排泥方便。

2) 缺点

池深度大、施工比较困难、造价高；对水量冲击负荷和水温变化适应能力不强；池径不宜过大，只用于小水量污水处理厂。

3. 设计数据

1) 池直径或正方形边长与有效水深的比值不大于 3，池直径一般采用 4~7m；

2) 当池直径或正方形边长小于 7m 时，澄清水沿周边流出。当直径不小于 7m 时，应设辐射式集水支渠；

3) 水在中心管内的流速不大于 30mm/s；

4) 中心管下口的喇叭口和反射板要求：

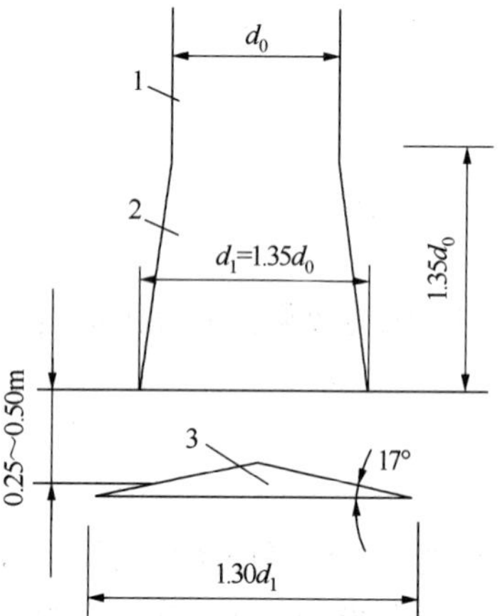

图 12-18　中心管下口的喇叭口和反射板要求

（1）反射板板底距泥面不小于 0. 3mm；

（2）反射板直径及高度为中心管直径的 1. 35 倍；

（3）反射板直径为喇叭口直径的 1. 3 倍；

（4）反射板表面对水平面的倾角为 17；

（5）中心管下端至反射板表面之间的缝隙高为 0. 25～0. 5m，缝隙中心污水流速在初次沉淀池中不大于 30mm/s，在二次沉淀池中不大于 20mm/s；

中心管下口的喇叭口和反射板要求如图 12-18 所示。

（6）排泥管下端距池底不大于 0. 2m，管上端超出水面不小于 0. 4m；

（7）浮渣挡板距集水槽 0. 25～0. 5m，高出水面 0. 1～0. 15m，淹没深度 0. 3～0. 4m；

（8）水力停留时间 $t=1.5\sim2h$。

（三）辐流式沉淀池

1. 辐流式沉淀池主要形式

辐流式沉淀池是活性污泥法处理污水工艺过程中的理想沉淀设施，适用于一沉池或二沉池。根据进、出水的布置方式，可分为以下三种主要的形式：中心进水周边出水、周边进水中心出水、周边进水周边出水。

1）中心进水周边出水

（1）中心进水周边出水辐流式沉淀池结构

中心进水周边出水辐流式沉淀池结构示意图如图 12-19 所示。

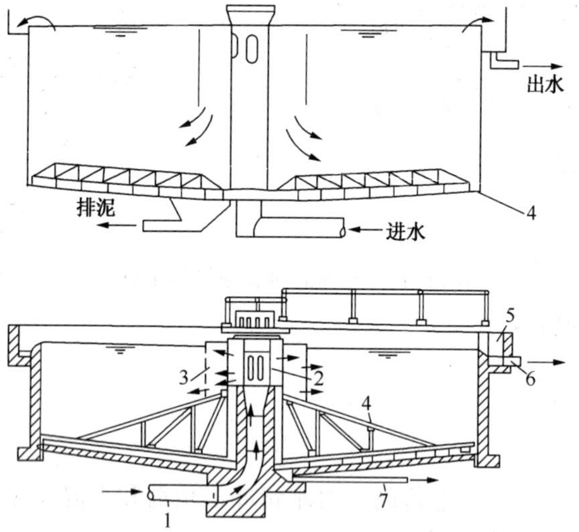

图 12-19　中心进水周边出水辐流沉淀池

1—进水管；2—中心管；3—穿孔挡板；4—刮泥机；5—出水槽；6—出水管；7—排泥管

（2）应用

① 基本情况。乌鲁木齐市河东污水处理厂中沉池采用的是中心进水周边出水辐流式沉淀池，直径 47m，中心转动排泥。为使布水均匀，进水管设穿孔挡板，穿孔率为 10%～20%，出水堰采用三角堰，堰前设挡板，拦截浮渣，单池设计流量 $1896m^3/h$，表面负荷 $0.97m^3/(m^2\cdot h)$，沉淀时间 2h，有效水深 2m，池边水深 4m，边高 0. 5m。北京市高碑店污

水处理厂二沉池为水深4m、直径50m辐流式中心进水周边出水形式，共24座，采用刮吸结合虹吸静压排泥的方式，排泥连续运行。配套的回流污泥泵房4座，采用进口螺旋桨式潜水泵共16台，剩余污泥泵采用潜污泵共12台。

② 存在的问题。中心进水方式存在污泥难絮凝、易受水力负荷冲击而扰动池底、配水条件差、机械维修困难的缺点。

2) 周边进水中心出水

周边进水中心出水结构示意图如图12-20所示。

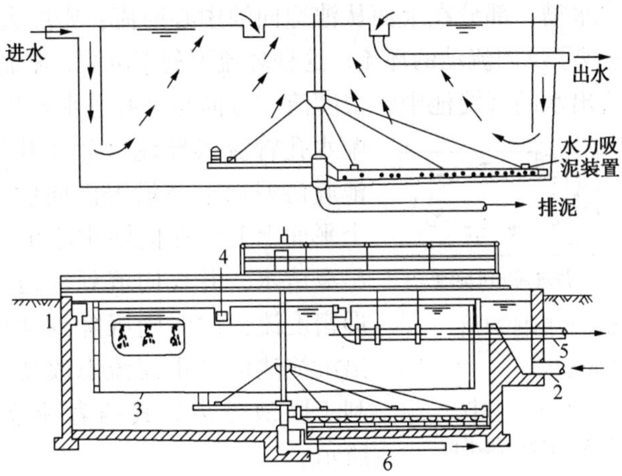

图12-20 周边进水中心出水辐流沉淀池

1—进水槽；2—进水管；3—挡板；4—出水槽；5—出水管；6—排泥管

对于大直径辐流式沉淀池，中间设置出水堰，可能会存在清除浮渣困难、中间出水堰的清理维护不便的问题。

3) 周边进水周边出水

(1) 结构

周边进水周边出水结构示意图如图12-21所示。

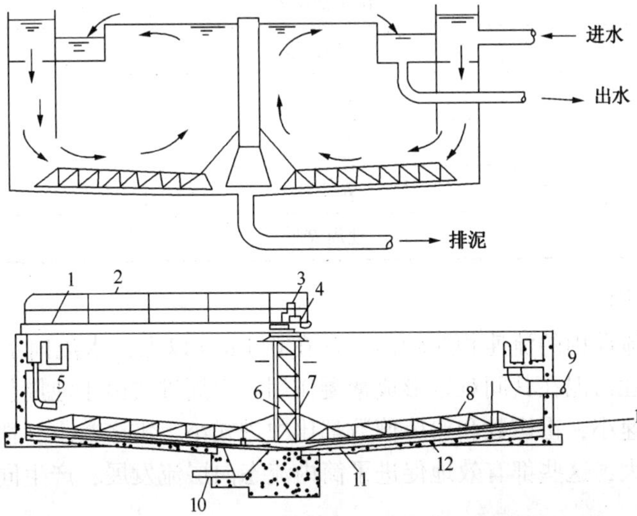

图12-21 周边进水周边出水辐流沉淀池

1—过桥；2—挡栏杆；3—驱动器；4—转盘；5—进水布水管；6—中心支架；7—桁架；8—耙架；9—出水管；10—排泥管；11—刮板；12—可调节的橡皮刮板

(2) 周进周出与中进周出沉淀池的比较

① 沉淀区的流态

二次沉淀池进水为活性污泥混合液，悬浮物固体 MLSS 的质量浓度在 3000~4000mg/L 之间，高于池内的澄清水。由于二者间的密度差、温度差而存在二次流和异重流现象，中进周出和周进周出两种不同池型内的混合液流态各不相同。

在中进式沉淀池中，活性污泥混合液从池中心进水管以相对较高的流速进入池内，形成涡流，经布水筒逐渐下降到污泥层上，再沿沉淀区中部向池壁方向流动并壅起环流。分离出的澄清水部分溢流入出水槽，部分在上面从池边向池中心回流；密度大的混合液则在下面从池边向池中心流动，形成了反向流动的环流。这种环流不利于沉淀，限制了池子的水力负荷。

而在周边进水周边出水的沉淀池中，密度流的方向与中心进水式相反。混合液经进水槽配水孔管流入导流区后经孔管挡板折流，下降到池底污泥面上并沿泥面向中心流动，汇集后呈一个平面上升，在向池中心汇流和上升过程中分离出澄清水，并反向流到池边的出水槽，形成大环形密度流，污泥则沉降到池底部。因此，周进周出沉淀池的异重流流态改变了沉淀区的流态，有利于固液分离。其两者流态示意图如图 12-22 所示。

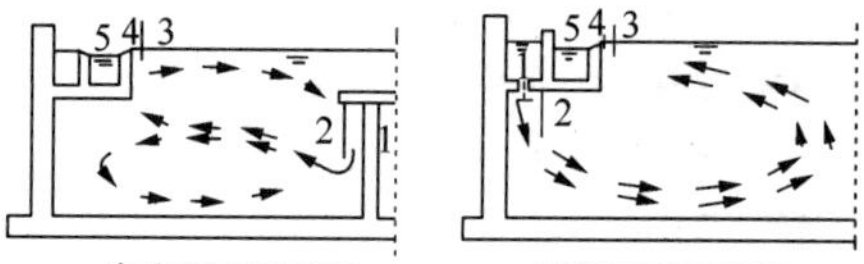

中进周出沉淀池　　周进周出沉淀池

图 12-22　中进周出与周进周出沉淀池流态示意图

1—配水孔(配水孔管)；2—挡水裙板；3—浮渣挡板；4—出水堰板；5—集水槽

② 容积利用率

异重流现象在中进式沉淀池中会形成短流，部分容积没有得到有效利用，池子的实际负荷比设计负荷大得多。而周进式由于大环形密度流的形成，容积利用率要高得多。

对应进、出水槽位置的不同，中心进水与周边进水沉淀池的容积利用率不相同，见表 12-8。

表 12-8　辐流式沉淀池容积利用率

进水槽位置	出水槽位置	容积利用率/%
中心进水	周边出水	48
周边进水	*R*/4 处	85.7
	R/3 处	87.5
	R/2 处	79.7
	池周 *R* 处	93.6

③ 导流筒的作用

中进式中心导流筒内的流速相对较高，常在 0.1m/s 以上，水流向下流动的动能大，易冲击底部污泥，活性污泥在其间难以形成絮凝作用。而周进式由于池周长，过水断面大，进水流速小得多。流速小，雷诺数和弗劳德数都比中进式小，雷诺数小，惯性作用小；弗劳德数小，黏滞力作用大，这些都有效地促进了筒内流态向层流发展，产生同向流，促使活性污泥下沉。

④ 二沉池其他部件的设置

a. 单向环流配水。理论上采用双向环槽配水可减少渠道断面，但工程中难保证双向对称分流，一旦发生偏流，误差会更大，因此采用单向环流配水更可靠。另外，配水槽内的刮渣板随吸泥机单向旋转，双向配水不利于配水槽内撇渣。

b. 配水槽与集水槽。配水槽和集水槽沿池周布置，两槽合建，共底共壁，配水孔管中心，挡水裙板，出水堰环与池周同心，保证进出水均匀。

c. 进水区挡水裙板。挡水裙板延伸至水面下 1.5m 处，以保证良好的澄清效果。

d. 除渣。浮渣集中在配水渠道的小块面积上，通过安装在撇渣设备竖臂上的叶片刮集，驱动配水渠末端的浮渣堰门排除。

e. 排泥。排泥设备选用中心传动单管吸泥机。吸泥机转动方向与进水形成的水流方向一致，搅动池底污泥和带走轻的活性污泥絮体的可能性较小。吸泥管断面由池边到池中心逐渐放大，可保证污泥在吸泥管内流速均匀，以防止孔口堵塞及污泥在管内沉积。

周进周出辐流式沉淀池与传统的中心进水式相比，具有较大的有效容积、高溢流率、较佳水力稳定性、较大范围进水面、进水渠道表面撇渣等优点，在保证配水均匀稳定性的前提下，可以得到良好的处理效果。

（3）应用

无锡市城北污水处理厂三期工程泥水分离系统采用周边进水周边出水辐流式沉淀池，设计池径为50m，池边水深4.87m，表面负荷 $q_{max}=1.38m^3/(m^2 \cdot h)$，沉淀时间3h。池内安装全桥式中心传动吸泥机1台。为确保配水均匀，防止固体物质在进出水渠内的沉积，保持水流在渠内的等速流动，采用变断面的进出水渠及变化的配水孔口尺寸和间距。进水渠宽1067mm减缩至427mm，相应的出水渠宽由427mm渐扩至1067mm，配水孔口尺寸为165mm，间距为700~1800mm不等。

2. 辐流式沉淀池设计要点

设计要点如下：

（1）池直径与有效水深之比6~12；

（2）坡向泥斗的底坡≥0.05；

（3）池径≥16m；

（4）液面负荷≤$2.5m^3/(m^2 \cdot h)$；

（5）沉淀时间一般为1.5~3h；

（6）池径小于20m，一般采用中心转动的刮泥机，其驱动装置设在池子中心走道上。池径大于20m时，一般采用周边传动的刮泥机，其驱动装置设在外缘。如图12-23、图12-24所示。

（7）刮泥机的旋转速度一般为1~3r/h，外周刮泥板的线速不超过3m/min一般采用1.5m/min。

（8）在进水口的周围应设置整流板，整流板的开口面积为过水断面积的6%~20%。

（9）浮渣用浮渣刮板收集，刮渣板装在刮泥机桁架的一侧，在出水堰前应设置浮渣挡板，如图12-25所示。

（10）非机械刮泥时，缓冲层高0.5m。机械刮泥时，缓冲层上缘宜高出刮泥板0.3m；

（四）斜管与斜板沉淀池

斜管与斜板沉淀池的结构也包括进水与配水区、沉淀区、出水区、污泥区四个部分，包括异向流、同向流、横向流三种，目前在实际工程中应用的是异向流斜板（管）沉淀池，其结构示意图见图12-26。

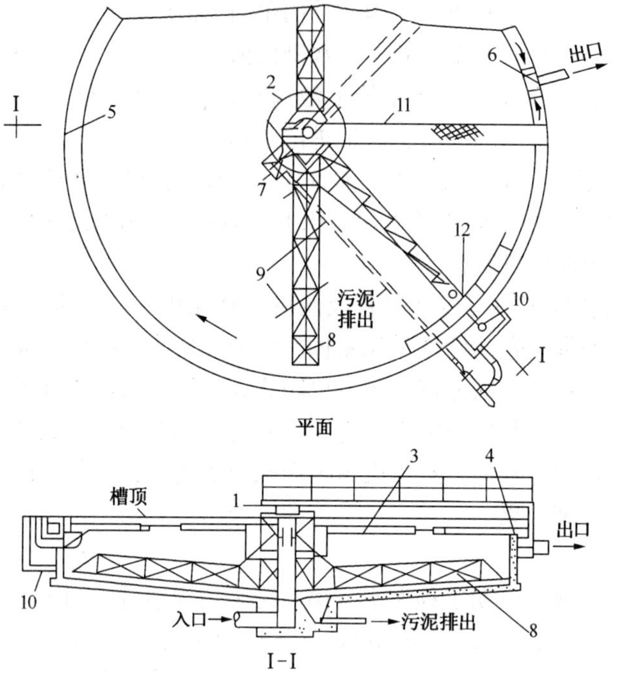

图 12-23　中心传动式辐流沉淀池

1—驱动器；2—整流器；3—挡板；4—偃板；5—周边出水槽；6—出水口；
7—污泥斗；8—刮泥板桁架；9—刮板；10—污泥口；11—固定桥；12—撇渣机构

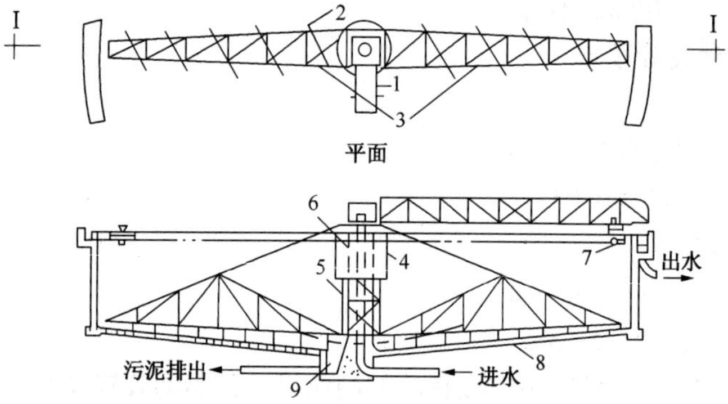

图 12-24　周边传动式辐流沉淀池

1—步道；2—刮板；3—刮板悬臂；4—整流筒；5—中心架；
6—支撑台；7—驱动器；8—池底；9—泥斗

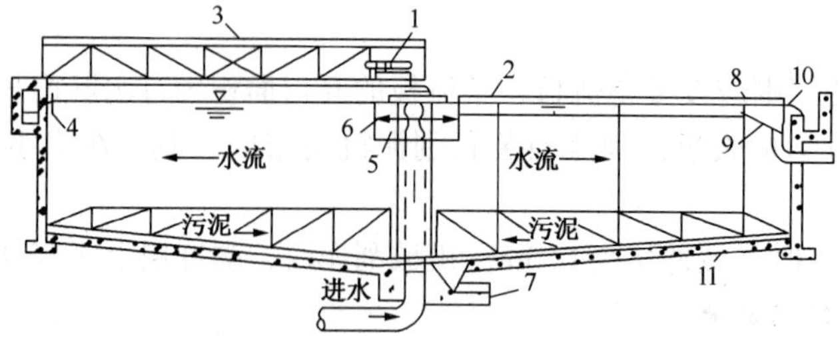

图 12-25　辐流式沉淀池(刮渣板装在刮泥机桁架的一侧)

1—驱动器；2—刮板；3—桥；4—浮渣挡板；5—转动挡板；6—转筒；
7—排泥管；8—浮渣刮板；9—浮渣箱；10—出水堰；11—刮泥板

1. **异向流斜板(管)沉淀池的设计要求**

(1) 斜板净距为80~100mm，斜管孔径 d 为50~80mm；

(2) 斜板(管)斜长为1m；

(3) 斜板(管)倾角为60°；

(4) 斜板(管)区上部水深为0.7~1.0m；

(5) 斜板(管)区底部缓冲层高度为1.0m。

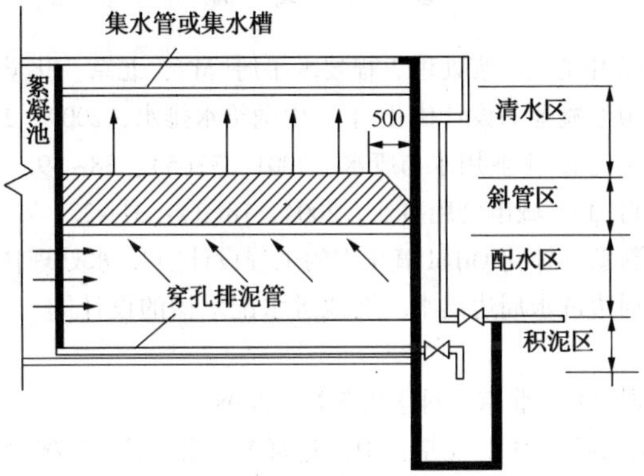

图 12-26　斜管与斜板沉淀池结构图

2. **采用的填料**

为了充分利用沉淀池的有限容积，填料(斜板、斜管)设计成密集型几何图形，其中有正方形、长方形、正六边形和波形等，见图12-27。实际应用中，采用斜管较多，斜管一般采用正六边形和波形。

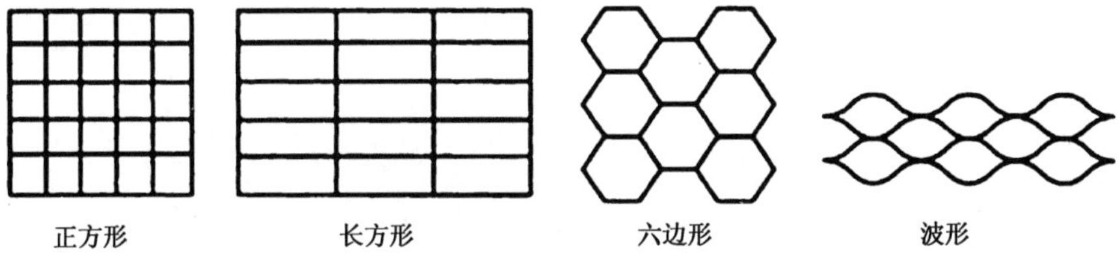

图 12-27　斜板、斜管几何图形

3. **设计参数**

(1) 表面负荷：初沉池、沉淀池2~3m^3/(m^2·h)；活性污泥法后的二次沉淀池2~3m^3/(m^2·h)；生物膜法后的沉淀池2~4m^3/(m^2·h)；

(2) 水力停留时间一般为1.5~2.5h；

(3) 斜板净距为80~100mm；

(4) 斜管孔径一般为50~80mm，用于污水处理时，一般选大值；

(5) 单个的斜板、斜管的斜长应在1~1.2m；

(6) 斜板、斜管的倾角为60°；

(7) 斜板、斜管区底部配水区高度为0.5~1m；

(8) 斜板、斜管区上部清水区高度为0.7~1m；

(9) 在池壁与斜板的间隙应有挡流板，以防止水流短路；

(10) 进水方式一般采用穿孔墙，出水一般采用多槽出水；

（11）斜板、斜管沉淀池应设置斜管、斜板冲洗设施。

4. 斜流沉淀池在废水处理中的应用

斜流沉淀池具有沉淀效率高、停留时间短、占地少等优点，在给水处理中得到比较广泛的应用；对于废水处理中，在选矿水尾矿浆的浓缩、炼油厂的含油废水的隔油等已有较成功的经验，在印染废水处理和城市污水处理中也有应用。

参 考 文 献

1 北京市环境技术与设备研究中心. 三废处理工程技术手册[M]，北京：化学工业出版社，2000.

2 朱昱. 吴江水厂竖流式折板絮凝池的设计优化[J]. 中国给水排水，2009，25(8)：38~41.

3 丁超. 平流沉淀池设计体会[J]. 工业用水与废水，2001，32(5)：38~39.

4 芮芳. 平流沉淀池设计心得[J]. 城市公用事业，2004，18(3)：31~32.

5 蒋岚岚，陈宇，耿震等. 新型一体化 Orbal 氧化沟的工程设计[J]. 水处理技术，2008，34(4)：80~82.

6 邸刚，刘亚良，吴海云. 周边进水周边出水沉淀池进水配水槽的设计[J]. 工业水处理，2003，23(8)：63~65.

7 陈洁瑢. 环境工程设计手册[M]. 北京：科学出版社，2008.

8 张自杰. 排水工程下册(第四版)[M]. 北京：中国建筑工业出版社，2000.

第十三章　气　　浮

第一节　气浮工艺的应用

气浮法是向废水中通入空气或其他气体产生气泡，使水中的一些细小悬浮物或固体颗粒附着在气泡上，随气泡上浮至水面被刮除，从而完成固、液分离的一种净水工艺。气浮需要借助混凝、絮凝、破乳等预处理措施来完成。自20世纪80年代以来，气浮净水技术在国内得到了迅速发展，该技术已广泛地应用在下述方面并取得了良好的环境效益。

(1) 石油、化工及机械制造业中的含油(包括乳化油)污水的油水分离；

(2) 污水中有用物质的回收，如造纸厂废水中纸浆纤维及填料的回收；

(3) 取代二次沉淀池，适用于易于产生活性污泥膨胀的情况；

(4) 剩余活性污泥的浓缩，便于压滤处理；

(5) 处理电镀废水和含重金属离子废水；

(6) 处理纺织印染废水，如用在生物处理工艺之前作为预处理工艺；或者用在生物处理工艺之后深度处理工艺；

(7) 处理制革废水；

(8) 富营养化前驱物，如藻类。

近年来，很多地区由于水体富营养化导致藻类繁殖严重，出现水华和赤潮现象。高藻水处理成为一个亟待解决的问题。采用气浮工艺处理高藻水、低温低浊水，其优势在水处理界已经达成共识，并且作为一种经济有效的水处理工艺，在给水厂逐渐得到推广和应用。

(9) 用于水厂改造，主要有三种形式：

① 简单地将沉淀池改为气浮池；

② 将沉淀池改为可切换交替运行的沉浮池；

③ 将滤池改为气浮滤池。

第一种方式虽可有效改善低温、低浊、高藻、高色度和受有机物污染原水的处理效果，但不适应高浊度水质；第二种方式可根据原水水质，随时将沉淀池切换气浮池使用，对原水水质有较强的适应性；第三种方式通过将滤池改造为气浮滤池，形成混凝→沉淀→气浮→过滤处理流程，进一步增强了对水质变化的适应性，可有效地改善处理效果。气浮工艺已成功用于低温、低浊、高藻水的处理，但与之有关的设计及运行参数基本上都是靠试验的方法获取的，如选择不合理，则会引起诸如资源浪费、运行效果较差等问题。

第二节　气浮工艺

气浮分离方法有很多种，根据微细气泡产生的方式可分为：分散空气气浮法、电解气浮法、溶解空气气浮。

一、分散空气气浮法

分散空气气浮法是靠高速旋转叶轮的离心力所造成的真空负压状态将空气吸入，成为微细的空气泡而扩散于水中。气泡由池底向水面上升并黏附水中的悬浮物一起带至水面，达到固-液分离的目的，形成的浮渣不断地被缓慢旋转的刮渣板刮出池外。分散空气气浮设备机械剪切力产生的气泡较大，直径达1mm左右，不易与细小颗粒和絮凝体相吸附，反而易将絮体打碎，因此，散气气浮不适用于处理含细小颗粒与絮体的废水。散气气浮设备气浮时间一般约为30min，溶气量达0.51m^3/m^3(气/水)。散气气浮按粉碎气泡方法分为射流气浮、扩散板曝气浮以及叶轮气浮等。

(一) 射流气浮

射流气浮实际上是加压溶气气浮形式的一种，采用射流器(以水带气)向废水中混入空气进行气浮的方法。射流气浮有射流布气、射流溶气两种主要的方式。

1) 射流布气

射流布气气浮装置见图13-1，由液气射流器、工作泵、释放器、气浮池组成。污水从喷嘴高速喷出时，在喷嘴的吸入室形成负压，气体被吸入；在混合段，污水携带的气体被剪切成微细气泡；在气浮池中，油珠和固体悬浮物等附着在气泡上上浮。

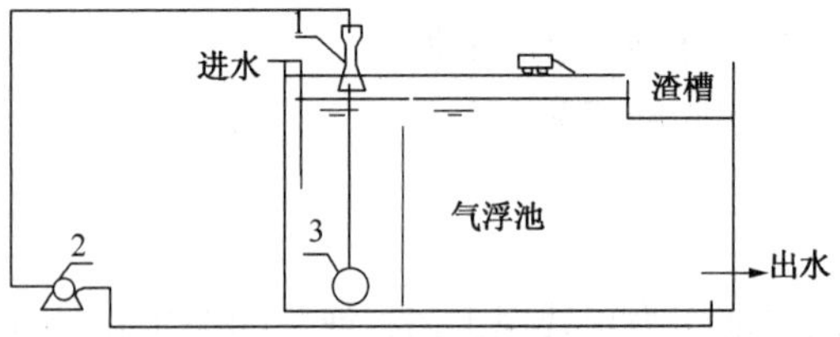

图13-1　射流布气气浮装置示意图

1—射流器；2—泵；3—释放器

射流布气气浮具有结构简单、工作可靠、设备投资及运行费低、噪声低等优点，SS去除率可达70%。可用于屠宰、造纸、制革等工业废水处理，炼油厂、油田废水的油水分离。利用射流器进行溶气的优点是不需另设空压机，没有空压机带来的油污染和噪声。缺点是射流器本身的能量损失，一般为泵能耗的30%~40%，当所需溶气水压力为0.3MPa时，则水泵出口出压力约需0.5MPa。

有关生产企业提供的射流布气气浮装置技术参数如表13-1所示，供参考。

表13-1　射流布气气浮装置技术参数

型　号	处理污水量/(m^3/d)	吸气量/(m^3/h)	出口压力/MPa	工作水压力/MPa	工作水量/(m^3/h)	配套功率/kW
SLA-15	720~1080	3~6	0.2~0.3	0.6~0.7	15	11
SLA-25	1200~1800	4~8	0.2~0.3	0.7~0.8	25	15
SLA-50	2400~3600	10~15	0.2~0.3	0.7~0.8	50	22

2) 射流溶气

(1) 结构与组成

为克服射流布气工艺能耗高的缺点，开发出内循环式射流加压溶气方式，溶气系统结构与组成示意图见图13-2。射流气浮装置通过高效液气射流器喷射吸入空气，在高速射流的紊动作用下，空气与水充分混合，并进行能量交换，形成有压水气混合流体，通过压力溶气罐，部分空气溶解在水中，经污水池底部的释放器放出，形成微气泡缓慢上升，吸附污水中的悬浮物，到达水面后再经机械刮除。

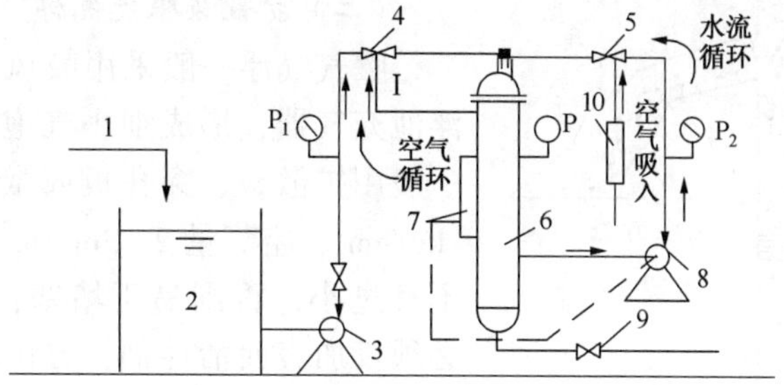

图 13-2 射流溶气系统结构与组成示意图

1—回流水；2—清水池；3—加压泵；4—射流器Ⅰ；5—射流器Ⅱ；6—溶气罐；
7—水位自控设备；8—循环泵；9—减压释放设备；10—真空进气阀

内循环式射流加压溶气方式除保留射流溶气方式的特点，即不需要空压机外，还采用了空气内循环和水内循环，由于采用内循环方式，能耗可能得到降低。溶气系统为射流气浮装置的核心，溶气系统由离心泵组、溶气罐、真空进气阀(自动加气装置)组成，用来形成溶气水。

① 离心泵组。离心泵组有溶气水加压泵、循环加气泵，一般情况工作溶气水加压泵工作压力 0.30~0.50MPa，工作泵连续工作；循环加气泵工作压力 0.27~0.28MPa，而循环泵为间断工作。

② 溶气罐。在溶气罐内装有两组射流器，一组是用来制造溶气水的工作射流器，另一组是用来向溶气罐内加气的循环射流器。在工作泵从清水池抽来的压力水的作用下，射流器将溶气罐上部的空气吸入并将其切割成细微气泡溶入水中，形成溶气水；随着溶气罐上部的空气不断减少，水位则不断上升，水位到一定位置，水位自控装置则控制循环泵开启，在循环射流器的作用下，通过真空进气阀将外界空气吸入溶气罐内，随着空气进入，水位则不断下降，到一定水位，循环泵自动停止。

(2) 射流溶气气浮技术参数

有关生产企业提供的射流溶气气浮装置技术参数如表 13-2 所示。

表 13-2 射流溶气气浮装置技术参数

处理量/(m^3/d)	配套水泵	型号	规格		数量	水泵配套电机/kW	
			Q/(m^3/h)				
500	溶气泵	IS50-32-200A	11.7	44	2	Y112M-2	4
	加压泵	IS65-50-125	25	20	1	Y100L-2	3
1000	溶气泵	IS65-40-200A	23.4	44	2	Y132S2-2	7.5
	加压泵	IS100-65-200A	46.8	11	1	Y100L2-4	5.5
1500~2000	溶气泵	IS80-50-200A	46.8	44	2	Y160M2-2	11
	加压泵	IS125-100-200A	93.5	11	1	Y132S-4	5.5
3000	溶气泵	IS80-50-200	50	50	2	Y160M2-2	15
	加压泵	IS150-125-250A	187	11	1	Y160L-4	15
5000	溶气泵	IS100-65-200A	93.5	44	2	Y160L-2	18.5
	加压泵	IS150-125-250	220	20	1	Y180M-4	18.5

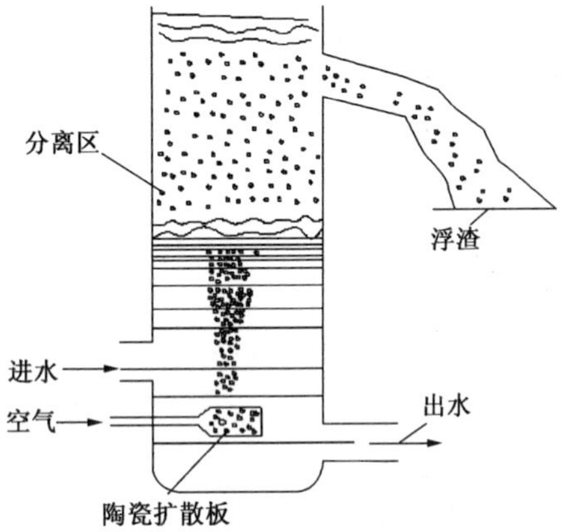

图 13-3　扩散板曝气气浮示意图

（二）扩散板曝气气浮

曝气气浮一般采用鼓风机将空气直接送至气浮池充气器，形成细小气泡进入废水中。充气器一般用扩散板、穿孔板或微孔管等，曝气压力在 $1kg/cm^2$，空气量 $2 \sim 3m^3/m^3$ 水。扩散装置的微孔不宜过小，否则易于堵塞；而微孔板孔径过大，必须投加表面活性剂，方可形成可利用的微小气泡，从而导致该种方法使用受到限制。近年研制、开发的弹性膜微孔曝气器，克服了扩散装置微孔易堵或孔径大等缺点。扩散板曝气气浮示意图见图 13-3。

（三）叶轮气浮

1. 叶轮气浮的基本原理与应用

叶轮在电机的驱动下高速旋转，在盖板下形成负压吸入空气，废水由盖板上的小孔进入叶轮区域，在叶轮的搅动下，空气被粉碎成细小的气泡，并与水充分混合成水气混合体，水气混合体经整流板稳流后，在池体内平稳地垂直上升，进行气浮，形成的浮渣不断地被缓慢转动的刮板刮出槽外。

气浮中使用的叶轮直径一般多为 200～400mm，最大不超过 600～700mm。叶轮的转速多采用 900～1500r/min，圆周线速度则为 10～15m/s。气浮池水深与吸气量有关，一般为 1.5～2m，不超过 3m。叶轮与导向叶片间的间距也能够影响吸气量的大小，实践证明，间距超过 8mm 将使进气量降低。叶轮气浮设备构造示意图见图 13-4。

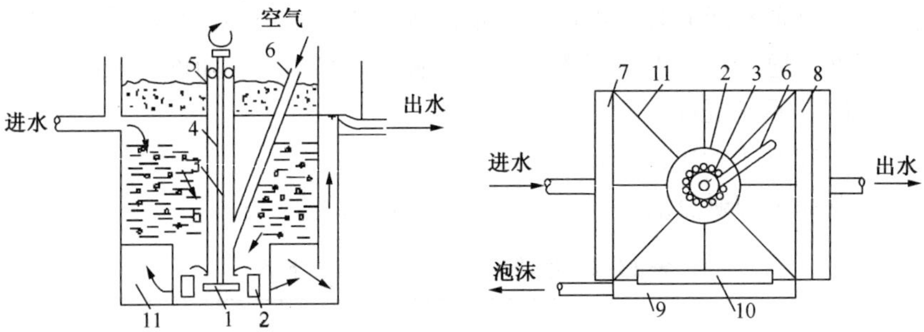

图 13-4　叶轮气浮设备构造示意图

1—叶轮；2—盖板；3—转轴；4—轴套；5—轴承；6—进气管；
7—进水槽；8—出水槽；9—泡沫槽；10—刮沫板；11—整流板

叶轮气浮式污水处理装置在油田污水处理中应用最广泛，它具有以下优点：

（1）溶气量大。叶轮气浮式污水处理装置的溶气率多数都在 600%以上，为全流加压式溶气气浮溶气率的 50 倍。

（2）停留时间短、处理速度高。叶轮气浮装置的总停留时间仅为 4～5min，而溶气气浮的停留时间则为 20～30min。

（3）除油效率高，造价低。四级叶轮气浮式污水处理装置的除油效率相当于或高于单级溶气气浮装置，而造价仅为后者的 60%。

（4）适应于处理油田污水，适应油田来水含油量的变化。如美国 Wemco 公司生产的叶轮气浮式污水处理装置，当来水含油 71000mg/L 时，可保证出水含油小于 10mg/L。

目前国外在含油污水处理中广泛应用了叶轮浮选技术，苏联给水排水设计院的油田含油污水处理定型设计中采用了叶轮浮选技术；美国油田含油污水处理中大部分都采用叶轮浮选法；我国中原油田、河南油田、胜利油田等含油污水处理站引进的全套处理设施，也都采用了叶轮浮选机，其在炼油厂污水处理装置中的应用也有不断推广的趋势。该技术关键设备为高效涡凹气浮机，主要用于去除废水中的悬浮物、油类物质、COD、BOD 等。

布气气浮的优点是设备简单，易于实现，但其主要的缺点是形成的气泡粒度较大，一般都不小于 0.1mm，在供气量一定的条件下，气泡的表面积小；而且由于气泡直径大，运动速度快，气泡与被去除污染物质的接触时间短。这些因素都使叶轮气浮达不到高效的去除效果。

2. 叶轮气浮的改进与发展

1）涡凹气浮

涡凹气浮又被称为旋切气浮，涡凹气浮机是一种主要用于去除工业或城市污水中的油脂、胶状物及固体悬浮物而设计的污水处理设备。系统主要由曝气装置、刮渣装置和排渣装置组成，其中曝气装置主要是涡凹曝气机，刮渣装置主要由刮渣机和牵引链条组成，排渣装置主要为螺旋推进器，如图 13-5 所示。工作时，溶气设备由电机带动高速旋转（旋转速度一般控制在 1000~3000r/min），利用底部扩散叶轮（该叶轮的叶片为空心状）的高速转动在水中形成一个负压区，使液面上的空气沿着“涡凹头”的中空管进入扩散叶轮释放到水中，并经过叶片的高速剪切而变成小气泡，小气泡在上浮的过程中黏附在絮凝体上，而形成新的低密度絮凝体，靠水的浮力将水中的悬浮物带到水面，然后靠刮渣装置除去浮渣。开放式的回流管道从曝气段沿气浮槽的底部伸展，涡凹曝气机在产生微气泡的同时，也会在有回流管的池底形成一个负压区，这种负压作用会使废水从池底回流至曝气段，然后返回气浮段。这个过程确保了 30%~50%的污水回流，即整套系统在没有进水的情况下仍可工作。

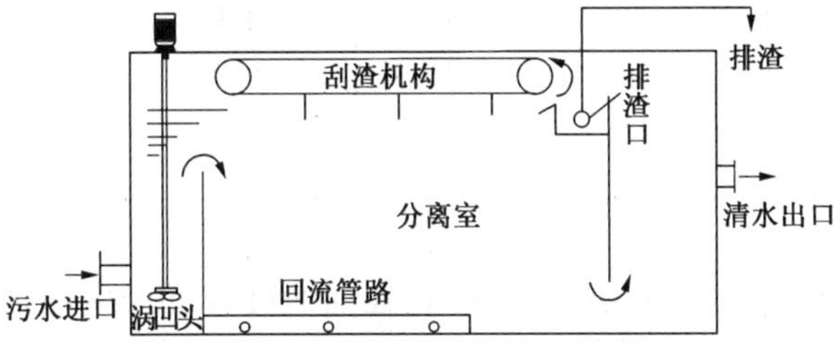

图 13-5　涡凹曝气系统结构与工作原理示意图

与溶气气浮（DAF）相比，涡凹气浮（CAF）具有以下优点：

（1）节省投资

涡凹气浮系统通过专利曝气机来产生微气泡，不需要压力容气罐、空压机、循环泵等设备，因而设备投资少，占地面积小，处理量 200m^3/h 的 CAF 系统占地面积仅为 36.15m^2。

（2）运行费用低

涡凹气浮系统的耗电量仅相当于溶气气浮的 1/10~1/8，节约运行成本约 40%~90%。处理量 200m^3/h 的涡凹气浮系统仅耗电 5.435kW，而 DAF 系统耗电高达 65kW。涡凹气浮系统没有复杂设备，自动化程度高，人工操作及维修工作量极少。

（3）处理效果明显

涡凹气浮系统产生的微气泡是溶气气浮的 4 倍，SS 去除率可超过 90%；通过投加合适的化学药剂，对 COD 和 BOD 的去除率可达 60%；而 DAF 系统对 COD 及 BOD 的去除率只能达 35%左右。

尽管该法设备具有很多的优点，但也有很多的缺点：

（1）需要严格控制进气量

产生的气泡较大，且水中易产生大气泡。大气泡在水中具有较快的上升速度，巨大的惯性力不仅不能使气泡很好地黏附于絮凝体上，相反会造成水体的严重紊流而撞碎絮凝体。所以涡凹气浮要严格控制进气量。

（2）动力消耗大

尽管涡凹气浮工艺取消了溶气罐等附属设备，但是气泡的产生依赖于叶轮的高速切割，以及在无压体系中的自然释放，气泡直径大、动力消耗高，尤其对于高水温污水的气浮处理，涡凹气浮工艺处理效果难如人意。

目前的市场上，不同的企业有不同的规格型号，选择时应加以考量。表 13-3 为国内企业给出的涡凹气浮设备的规格型号，供参考。

表 13-3　CAF 涡凹气浮设备的规格型号

型　　号	处理能力/（m^3/h）	功率/kW	长/m	宽/m	高/m
JTAF-5	5	2.5	1	1.25	1.8
JTAF-10	10	3.5	1.3	1.25	1.8
JTAF-20	20	4.6	1.3	1.25	1.82
JTAF-35	35	5	1.6	1.85	2.94
JTAF-50	50	5.5	1.8	1.85	2.94
JTAF-75	75	6.6	2.5	1.85	2.94
JTAF-100	100	8	2.5	1.85	5.5
JTAF-150	150	11.5	2.5	1.85	5.5
JTAF-200	200	15.5	2.5	1.85	7.7
JTAF-320	320	15.7	3.05	1.85	7.7
JTAF-400	400	17	3.5	1.85	12.25
JTAF-500	500	21	4.4	1.85	15.7

2）MAF 旋切气浮

MAF-A 型旋切式浮选机是利用旋切式叶轮在高速旋转下产生抽真空作用，吸入空气及回流水并完成有效的气水混合及混合相的切割，从而产生大量的细微气泡。微气泡最小直径可达 0.5μm，大部分气泡直径在 10~300μm 之间，因而浮选效果明显。

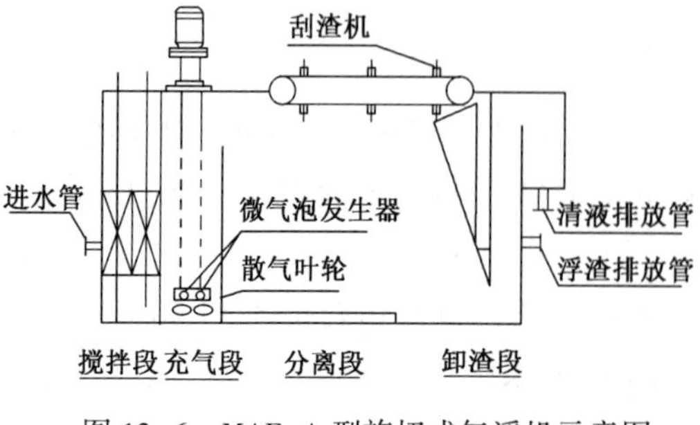

图 13-6　MAF-A 型旋切式气浮机示意图

旋切式气浮属于引气扩散气浮，它与溶气气浮、喷射引气气浮、多级扩散气浮及电解气浮机理相同，因而同样具有广泛的应用前景。其最大的优点是形成的气泡直径与溶气气泡直径相近，但其能耗却小得多，而且不需要空压机、溶气罐、减压释放器等设施，占地面积小，基建投资也不大。MAF-A 型旋切式气浮机如图 13-6 所示。

3. 叶轮气浮池工艺设计

1）叶轮气浮设计主要参数

① 叶轮直径 $D=200\sim400$mm，最大直径不宜超过 600mm；

② 叶轮转速 $\omega=900\sim1500$r/min，圆周线速度 $u=10\sim15$m/s；

③ 叶轮与导向叶片的间距应调整至小于 7~8mm；

④ 气浮池水深一般为 $H=2\sim2.5$m，不宜超过 3m；

⑤ 气浮池应为方形，单边尺寸不宜大于叶轮直径 D 的 6 倍。

2）叶轮气浮池工艺设计

叶轮气浮池工艺设计见表 13-4。

表 13-4　叶轮气浮池工艺设计

设计项目	计算公式	参数说明
气浮池总容积	$W=\alpha Qt$	W——气浮池总容积，m^3； α——系数，一般取 1.1~1.2； Q——处理废水量，m^3/min； t——气浮分离时间，一般为 20~25min
气浮池总面积	$F=\frac{W}{h}$ 其中 h 按公式 $h=\frac{H}{\rho}$计算； H 按 $H=\varphi\frac{u^2}{2g}$计算	F——气浮池总面积，m^2； W——气浮池总容积，m^3； h——气浮池的工作水深，m； H——气浮池中的静水压力，kPa； ρ——气水混合体的密度，一般为 0.7kg/L； φ——压力系数，其值等于 0.2~0.3； u——叶轮的圆周线速度，m/s； g——重力加速度，取 9.8m/s^2
气浮池数	$n=\frac{F}{f}$	n——池数(或叶轮数)，个； F——气浮池总面积，m^2； f——单台气浮池面积，m^2
叶轮气浮池长	$l=\sqrt{f}=6D$	l——叶轮气浮池边长，m； f——单台气浮池面积，m^2； D——叶轮直径，m
叶轮吸入的水气混合体量	$q=\frac{Q\times100}{60n(1-\beta)}$	q——叶轮吸入的水气混合量，L/s； Q——处理废水量，m^3/min； n——池数，个； β——曝气系数，根据试验确定，一般可取 0.30
叶轮转速	$\omega=\frac{60u}{\pi D}$	ω——叶轮转速，r/min； u——叶轮的圆周线速度，m/s； D——叶轮直径，m
叶轮所需功率	$N=\frac{\rho Hq}{102\eta}$	N——叶轮所需功率，kW； ρ——气水混合体的密度，一般为 0.7kg/L； H——气浮池中的静水压力，kPa； q——叶轮吸入的水气混合量，L/s； η——叶轮效率，等于 0.2~0.3

二、电解气浮法

电解气浮法装置的示意图见图 13-7。

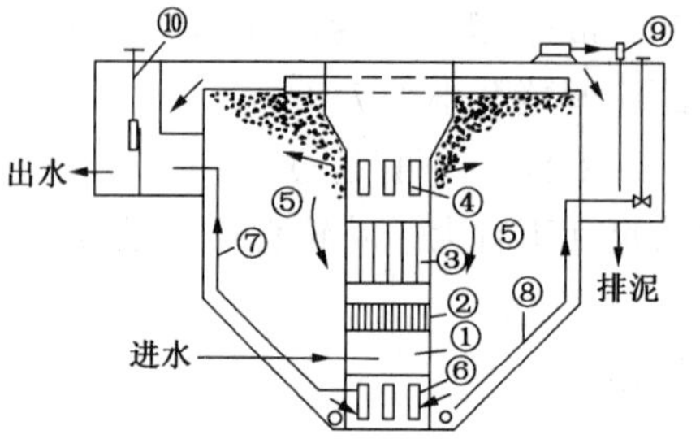

图 13-7　电解气浮法装置的示意图

1—入流室；2—整流栅；3—电极组；4—出流孔；5—分离室；

6—集水孔；7—出水管；8—排沉淀管；9—刮渣机；10—水位调节器

（一）原理

电解气浮法处理废水的原理是，电解槽中发生电凝聚，阴极产生大量氢气气泡，废水中的微小油滴和悬浮颗粒黏附在氢气气泡上，随其上浮而净化废水。废水电解产生的气泡很小，具有很高的比表面积，而且密度也小。因此，废水电解产生的气泡截获微小油滴和悬浮颗粒的能力比溶气气浮、叶轮机械搅拌气浮要高，而且浮载能力也大，很容易将油滴和悬浮物与水分离。电解时还发生一系列电极反应，有电化学氧化及电化学还原等作用，具有降低 BOD 及 COD、脱色、脱臭、消毒的功能，阴极还具有沉积重金属离子的能力。

（二）设备

目前市场上有成套的电解气浮设备供选用，见表 13-5。

表 13-5　电解气浮机选型表

型号规格	处理量/m^3	停留时间/min	电源配制	功率/kW	外形尺寸 $(L\times B\times H)$/m	材质	
						箱体	电极
DF-JX-A-02/T	2	60	380V/DC12V 750A	4~6	2.6×0.9×3.2	碳钢、亚克力	钛合金
DF-JX-B-02/T	2~4	120	380V/DC12+16V 650A+750A	9~13	4.9×0.9×3.2	碳钢、亚克力	钛合金
DF-JX-A-03/T	3	60	380V/DC12V 1000A	6~9	3×0.9×3.5	碳钢、亚克力	钛合金
DF-JX-B-03/T	3~6	120	380V/DC12+16V 900A+1000A	12~18	6.5×0.9×3.5	碳钢、亚克力	钛合金
DF-JX-A-04/T	5	60	380V/DC12V 1500A	9~13	4×0.9×3.5	碳钢、亚克力	钛合金
DF-JX-B-04/T	5~10	120	380V/DC12+16V 1350A+1500A	20~30	7.6×0.9×3.5	碳钢、亚克力	钛合金
DF-JX-A-05/T	8	60	380V/DC18V 2100A	18~25	5.3×0.9×3.5	碳钢、亚克力	钛合金
DF-JX-B-05/T	8~16	120	380V/DC16+20V 1800A+2000A	32~46	10×0.9×3.5	碳钢、亚克力	钛合金

续表

型号规格	处理量/m^3	停留时间/min	电源配制	功率/kW	外形尺寸 ($L×B×H$)/m	材质	
						箱体	电极
DF-JX-A-06/T	12	60	380V/DC18V 3000A	25~35	5.7×1.1×3.5	碳钢、亚克力	钛合金
DF-JX-B-06/T	12~24	120	380V/DC16+20V 2800A+3000A	32~46	11×1.1×3.5	碳钢、亚克力	钛合金
DF-JX-A-07/T	16	60	380V/DC18V 4000A	32~50	6.5×1.1×3.5	碳钢、亚克力	钛合金
DF-JX-B-07/T	16~32	120	380V/DC16+20V 3800A+4000A	63~95	12.3×1.1×4.5	碳钢、亚克力	钛合金
DF-JX-A-08/T	20	60	380V/DC20V 5000A	45~65	8.2×1.1×4.5	碳钢、亚克力	钛合金
DF-JX-B-08/T	20~40	120	380V/DC16+20V 4800A+5000A	79~115	16×1.1×4.5	碳钢、亚克力	钛合金
DF-JX-A-09/T	25	60	380V/DC20V 6000A	55~80	9.3×1.2×4.5	碳钢、亚克力	钛合金
DF-JX-B-09/T	25~50	120	380V/DC16+20V 5800A+6000A	95~140	18×1.2×4.5	碳钢、亚克力	钛合金

注：A 系列适用 COD 为 2000~5000mg/L，B 系列适用 COD 为 5000~10000mg/L。

（三）用途

高难度污水处理；多环、杂环物质的处理；生化工艺前作为预处理，提高 B/C 的比值。

（四）设备的改进

目前，有关的改进研究主要集中在降低电耗、防止电极钝化方面。高良进等人介绍了利用高压脉冲电凝聚气浮法处理丝绸印染废水，其色度去除率高达 90%~95%，与常规电凝聚法比较，电耗、铁耗大大降低。尚国墙利用高压脉冲电源对电解槽(气浮池)进行改造后处理印染废水，色度去除率达到 94%，COD 去除率达 81%。陈繁忠等人提出在电解过程中电极周期换向，由于两极均可溶，更有利于金属离子与胶体间的絮凝作用，对防止电极钝化也有利。

（五）电解气浮装置工艺设计

1）电解气浮设计参数

（1）极板厚度 6~10mm(可溶性阳极根据需要可加厚)，极板间净距 15~20mm。

（2）电流密度一般应小于 150~200A/m^2。

（3）澄清区高度 1~1.2m，分离区停留时间 20~30min。

（4）渣层厚度 0.1~0.2m。

（5）单池宽度不应大于 3m。

2）电解气浮装置工艺设计

电解气浮装置工艺设计见表 13-6。

表 13-6　电解气浮装置工艺设计

设计项目	计算公式	参数说明
电极作用表面积	$S=\frac{EQ}{i}$	S——电极作用表面积，m^2； E——比电流，$A \cdot h/m^3$； Q——污水设计流量，m^3/h； i——电极电流密度，A/m^2； 电极作用表面积计算公式中 E、i 参数应通过试验确定，也可按表13-7取值
电极板块数	$n=\frac{B-2l+1}{\delta+e}$	n——电极板块数，个； B——电解池的宽度，m，当处理水量 $Q=50\sim100m^3/h$，B 取 1.5~2m； l——极板面与池壁的净距，取 50~100mm； δ——极板厚度，取 6~10mm； e——极板净距，取 15~20mm
单块极板面积	$A=\frac{S}{n-1}$	A——单块极板面积，m^2； S——电极作用表面积，m^2； n——电极板块数，个
极板长度	$L_1=\frac{A}{h_1}$	L_1——极板长度，m； A——单块极板面积，m^2； h_1——极板高度，取 1.0~1.5m
电极室长度	$L=L_1+2l$	L——电极室长度，m； L_1——极板长度，m； l——极板面与池壁的净距，取 50~100mm
电极室总高度	$H=h_1+h_2+h_3$	H——电极室总高度，m； h_1——极板高度，取 1.0~1.5m； h_2——浮渣层高度，取 0.2~0.3m； h_3——保护高度，取 0.3~0.5m
电极室容积	$V_1=BHL$	V_1——电极室容积，m^3； B——电解池的宽度，m，当处理水量 $Q=50\sim100m^3/h$，B 取 1.5~2m； H——电极室总高度，m； L——电极室长度，m
分离室容积	$V_2=Qt$	V_2——分离室容积，m^3； Q——污水设计流量，m^3/h； t——气浮分离时间，取 20~30min
电解气浮池容积	$V=V_1+V_2$	V——电解气浮池容积，m^3； V_1——电极室容积，m^3； V_2——分离室容积，m^3

表 13-7　不同废水的 E、i 值

废水种类	$E/(A \cdot h/m^3)$	$i/(A/m^2)$
皮革、毛皮废水	300~600	50~100
化工废水	100~400	150~200
肉类加工废水	100~270	100~200
人造革废水	15~20	40~80
印染废水	15~20	100~150
含 Cr^{6+} 废水	200~250	50~100
含酚废水	300~500	150~300

三、加压溶气气浮法

压力溶气气浮(DAF)是国内气浮技术中应用比较早的一种技术，适用于处理低浊度、高色度、高有机物含量、低含油量、低表面活性物质含量或富含藻类的水，广泛用于造纸、印染、电镀、化工、食品、炼油等工业废水处理。相对于其他的气浮方式，它具有水力负荷高、池体紧凑等优点，但是它的工艺复杂、电能消耗较大、空压机的噪声大等因素，限制着它的应用。

（一）加压溶气气浮溶气的方式

根据废水中所含悬浮物的种类、性质、处理水净化程度和加压方式的不同，基本方法有全流程溶气气浮法、部分溶气气浮法、部分回流溶气气浮法三种。

1. 全流程溶气气浮法

全流程溶气气浮法是将全部废水用水泵加压，在泵前或泵后注入空气。在溶气罐内，空气溶解于废水中，然后通过减压阀将废水送人气浮池。废水中形成许多小气泡黏附废水中的乳化油或悬浮物而逸出水面，在水面上形成浮渣。用刮板将浮渣连排入浮渣槽，经浮渣管排出池外，处理后的废水通过溢流堰和出水管排出。图 13-8 为全流程溶气气浮法工艺流程图。

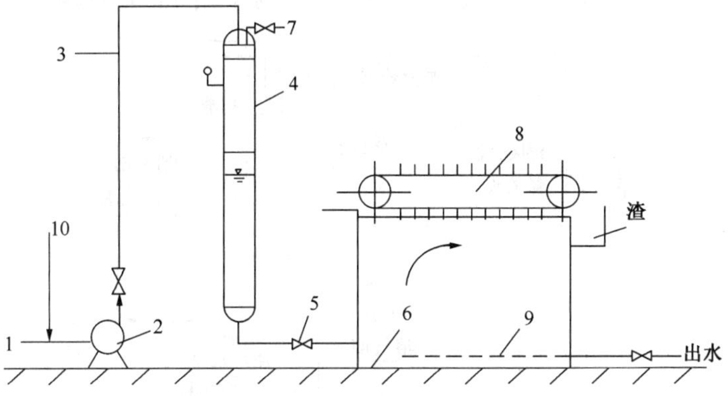

图 13-8　全流程溶气气浮法工艺流程图

1—原水进入；2—加压泵；3—空气加入；4—压力溶气罐(含填料层)；5—减压阀；6—气浮池；7—放气阀；8—刮渣机；9—集水系统；10—化学药剂

全流程溶气气浮法的优点：溶气量大，增加了油粒或悬浮颗粒与气泡的接触机会；在处理水量相同的条件下，它较部分回流溶气气浮法所需的气浮池小，从而减少了基建投资。但由于全部废水经过压力泵，增加了含油废水的乳化程度，而且所需的压力泵和溶气罐均较其他两种流程大，因此投资和运转动力消耗较大。

2. 部分溶气气浮法

部分溶气气浮法是取部分废水加压和溶气，其余废水直接进入气浮池并在气浮池中与溶气废水混合。其特点为：较全流程溶气气浮法所需的压力泵小，故动力消耗低。图 13-9 为部分溶气气浮法工艺流程图。

3. 部分回流溶气气浮法

部分回流溶气气浮法是取一部分除油后出水回流进行加压和溶气，减压后直接进入气浮池，与来自絮凝池的废水混合和气浮。回流量一般为废水的 25%～100%。其特点为：加压的水量少，动力消耗省；气浮过程中不促进乳化；矾花形成好，出水中絮凝物也少；气浮池的容积较前两种流程大。为了提高气浮的处理效果，往往向废水中加入混凝剂或气浮剂，投加量因水质不同而异，一般由试验确定。图 13-10 为部分回流溶气气浮法工艺流程图。

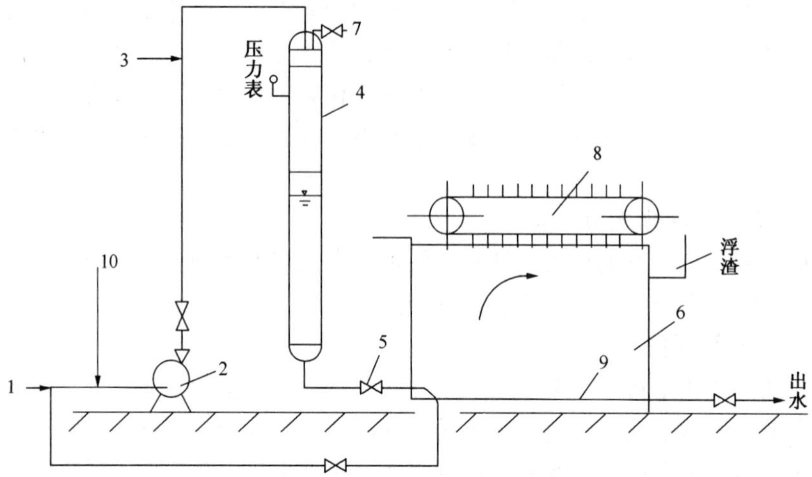

图 13-9　部分溶气气浮法工艺流程图

1—原水进入；2—加压泵；3—空气加入；4—压力溶气罐（含填料层）；5—减压阀；6—气浮池；7—放气阀；8—刮渣机；9—集水系统；10—化学药剂

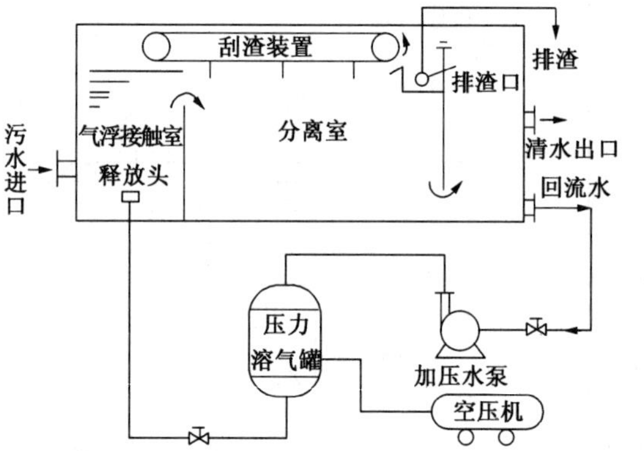

图 13-10　部分回流溶气气浮法工艺流程图

现代气浮理论认为部分回流加压溶气气浮节约能源，能充分利用浮选剂，处理效果优于全加压溶气气浮流程。而回流比为 50%时处理效果最佳，所以部分回流加压溶气气浮工艺是目前国内外最常采用的气浮法。

（二）加压溶气气浮的组成

主要由溶气系统、溶气释放器、气浮池等三个部分组成。

1. 溶气系统

1）溶气系统的组成

对于气浮设备来说，溶气系统气浮设备是最主要的组成部分。用空压机供气方式的溶气系统是目前应用最广泛的压力溶气系统，加压溶气气浮系统一般包括了加压溶气泵、空压机、溶气罐及其他附属设备等。

(1) 加压溶气泵

一般建议采用立式多级离心泵。

(2) 空压机

① 空压机风量。

回流溶气气浮工艺要求溶入的空气量为回水量的 6%～10%，风量不宜过小，否则絮体附着空气量少，絮体上浮速度慢，渣水分离效果差。

② 空压机风压。

回流溶气气浮风压在 0.25～0.35MPa、水压在 0.2～0.3MPa、风压、水压差在 0.05MPa 上下时效果较佳，否则不是压力水串入风线，就是释放器冒大气泡，导致气浮失败。

③ 空压机选择。

往复式空压机耗油过多，每小时均需加油，使气浮中气路带油过多，并且气量气压脉动。而螺杆空压机由于正常运行时不消耗润滑油，气路中不带油，且气量气压恒定，噪音小，因而更适用于作为压力溶气气浮的风源，但如果维护不当，造成机器故障，仍然会影响气浮。

(3) 溶气罐

① 溶气罐结构。

压力溶气罐的作用是使水与空气充分接触，促进空气的溶解，压力溶液气罐是影响溶气效率的关键设备。其外部结构由进水口、进气口、排气安全阀接口、视镜、压力表接嘴、排气口、液位计、出水口、人孔等组成，如图 13-11 所示。

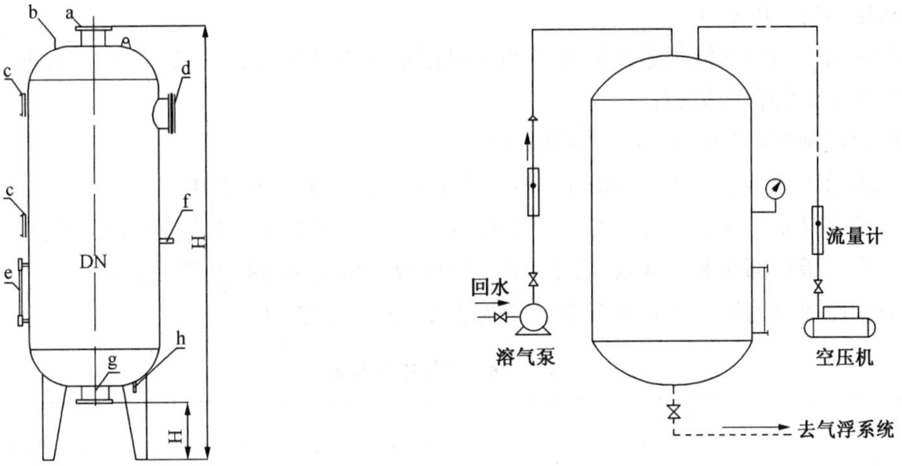

图 13-11 溶气罐结构示意图

a—进水管；b—进气管；c、d—人孔；e—液位计；f—放空管；g—出水管；h—放空管

② 溶气罐形式。

溶气罐的形式有很多种，可以采用隔板式、花板式、填充式、涡轮式等填充式溶气罐，如图 13-12 所示。

罐内填充填料，可使溶气罐效率提高。因其装有填料可加剧紊动程度，提高液相的分散程度，不断更新液相与气相的界面，从而提高了溶气效率。填料有各种形式，研究表明，阶梯环的溶气效率最高，可达 90%以上，拉西环次之，波纹片卷最低，这是由于填料的几何特征不同造成的。

③ 影响溶气罐因素与设计参数。

影响填料溶气罐效率的主要因素为：填料特性、填料层高度、罐内液位高、布水方式和

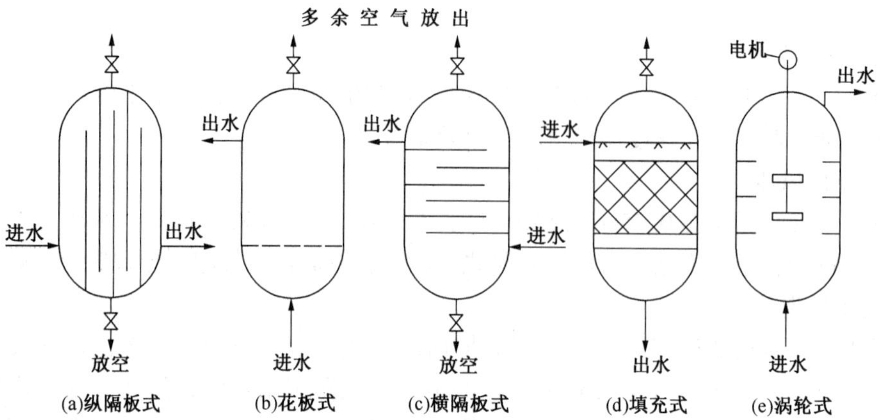

图 13-12　填充式溶气罐

温度等。

④ 工艺参数。

填料溶气罐的主要工艺参数为：

用气量：一般按 40~60L/m^3污水量设计；

过流密度：2500~5000m^3/(m^2·d)；

填料层高度：0.8~1.3m；

停留时间：污水在溶气罐内停留时间应根据罐的型式确定，一般宜为 1~4min，罐内应有促进气水充分混合的措施；

液位的控制高：0.6~1.0m(从罐底计)；

溶气罐承压能力：大于 0.6MPa；溶气罐工作压力：0.3~0.4MPa；

溶气罐应设安全阀，顶部最高点应装排气阀。溶气水泵进入溶气罐的入口管道应设除污过滤器；溶气罐底部应装快速排污阀；溶气罐应设水位压力自控装置及仪表。

有关企业提供的溶气罐技术参数分别见表 13-8、表 13-9。

表 13-8　罐体主要参数

型号	流量/(m^3/h)	罐直径/mm	罐总高(H)/mm	压力范围/MPa	进水管	出水管	进气口	放气口	液位计	压力表	安全阀	人孔
TR-2	3~6	φ200	2550	0.2~0.5	DN40	DN50	M15	M15	DN15	M15	DN20	—
TR-3	7~12	φ300	2580	0.2~0.5	DN65	DN80	M15	M15	DN15	M15	DN20	—
TR-4	13~19	φ400	2680	0.2~0.5	DN80	DN100	M15	M15	DN15	M15	DN20	—
TR-5	20~30	φ500	3000	0.2~0.5	DN100	DN125	M15	M15	DN20	M15	DN20	—
TR-6	31~42	φ600	3000	0.2~0.5	DN125	DN150	M15	M15	DN20	M15	DN20	DN450
TR-7	43~58	φ700	3180	0.2~0.5	DN125	DN150	M15	M15	DN20	M15	DN20	DN450
TR-8	59~75	φ800	3280	0.2~0.5	DN150	DN200	M15	M20	DN20	M15	DN20	DN450
TR-9	76~95	φ900	3330	0.2~0.5	DN200	DN250	M15	M25	DN20	M15	DN20	DN450
TR-10	96~118	φ1000	3380	0.2~0.5	DN200	DN250	M15	M25	DN20	M15	DN20	DN450
TR-12	119~150	φ1200	3510	0.2~0.5	DN250	DN300	M15	M25	DN20	M15	DN20	DN450
TR-14	151~200	φ1400	3610	0.2~0.5	DN250	DN300	M15	M25	DN20	M15	DN20	DN450
TR-16	201~300	φ1600	3780	0.2~0.5	DN300	DN350	M15	M25	DN20	M15	DN20	DN450

表 13-9　压力溶气罐配套设施参数

阶梯环填料			空压机					回流泵		
规格	填料高度/mm	填料体积/m^3	型号	气量/(m^3/min)	最大压力/MPa	功率/kW	数量	型号	流量/(m^3/h)	扬程/m
Φ25	1000	约 0.03	Z-0.036/7	0.036	0.7	0.37	1 台	CDL4-7	4	56
Φ25	1000	约 0.07	Z-0.036/7	0.036	0.7	0.37	1 台	CDL12-5	12	50
Φ25	1100	约 0.14	Z-0.036/7	0.036	0.7	0.37	1 台	CDL20-4	20	47
Φ25	1400	约 0.27	Z-0.08/7	0.08	0.7	0.75	1 台	CDL32-40-2	32	46
Φ50	1400	约 0.40	Z-0.08/7	0.08	0.7	0.75	1 台	CDL42-30-2	42	52
Φ50	1500	约 0.58	Z-0.12/7	0.12	0.7	1.1	1 台	CDL65-30-2	65	46
Φ50	1600	约 0.80	Z-0.12/7	0.12	0.7	1.1	1 台	CDL65-30-1	65	53
Φ50	1600	约 1.02	Z-0.14/7	0.14	0.7	1.5	1 台	CDL85-30-2	85	52
Φ76	1700	约 1.33	Z-0.21/7	0.21	0.7	2.2	1 台	CDL120-20	120	40
Φ76	1800	约 2.03	Z-0.21/7	0.21	0.7	2.2	1 台	CDL150-30-2	150	49
Φ76	1900	约 2.92	V-0.36/7	0.36	0.7	1.1	1 台	CDL85-30-2	85	52
Φ76	2100	约 4.22	W-0.52/7	0.52	0.7	4	1 台	CDL150-30-2	150	49

⑤ 设计参数与计算。

溶气罐设计参数与设计计算见表 13-10。

表 13-10　溶气罐设计参数与设计计算

设计项目	计算公式	参数说明
压力溶气罐直径	$D_d=\sqrt{\frac{4\times Q_r}{\pi I}}$	D_d——压力溶气罐直径，m； Q_r——溶气水量，m^3/h； I——单位罐截面积的水力负荷，对填料罐一般选用 100~200m^3/(m^2·h)
溶气罐高度	$H=2h_1+h_2+h_3+h_4$	H——溶气罐高度，m； h_1——罐顶、底封头高度，m(根据罐直径而定)； h_2——布水区高度，一般取 0.2~0.3m； h_3——贮水区高度，一般取 1.0m； h_4——填料层高度，当采用阶梯环时取 1.0~1.3m
溶气罐体积与复核	$V_d=\frac{\pi D_d^2}{4}\times H$ $V_d=Q_r\times t_d$	V_d——溶气罐体积，m^3； D_d——压力溶气罐直径，m； H——溶气罐高度，m； Q_r——溶气水量，m^3/h； t_d——溶气水在溶气罐内停留时间，当无填料时 $t_d=3\sim4$min；当有填料时 $t_d=2$min。溶气罐 D_d、H 应同时满足以上公式的要求

2）溶气系统的设计

溶气系统的回流比和需气量是关系到溶气系统合理性和气浮装置正常运行的关键参数。

(1) 气固比的确定

确定回流比和需气量，首先要确定气固比。气固比就是溶气水中经减压释放的溶解空气总量与原水带入的悬浮固体总量的比值。气固比的选用涉及设备、动力及出水水质等诸多因素。合适的气固比应该达到释气量足以浮起原水中的全部悬浮物的要求，气固比 α 与悬浮颗粒的疏水性有关，α 约为 0.005~0.06，通常由试验确定。当无资料时，由此公式计算。

具体计算过程见式(13-1)。

$$\alpha=\frac{Q_g}{QS_a}=\frac{\gamma C_s(fp-1)R}{1000S_a} \tag{13-1}$$

式中 α——气固比；

Q_g——气浮池所需空气量，kg/h；

Q——气浮池处理水量，m^3/h；

S_a——污水中悬浮物浓度，kg/m^3；

γ——空气容重，g/L；

C_s——在一定温度下，一个大气压时的空气溶解度，mL/(L·atm)；

f——加压溶气系统的溶气效率，f=0.8~0.9；

p——溶气压力，绝对压力，atm；

R——回流比或溶气水回流比,%。

(2) 回流量 Q_r 的确定

当气固比 α 确定后，由式(13-1)可得出：

$$R=\frac{Q_r}{Q}=\frac{1000\alpha S_a}{\gamma C_s(fp-1)} \tag{13-2}$$

(3) 空压机需气量 V 的确定

根据享利定律，推导出需气量 V 的公式为：

$$V=\frac{10^{-3}S_1K(fp-p_0)Q_r}{\gamma V} \tag{13-3}$$

式中 V——需气量，m^3/h；

S_1——空气余量系数；

K——标准状体下的空气溶解度，29.3mg/L。

3) 溶气系统设计实例

(1) 设计参数

设计温度 50℃，设计流量 $Q=900m^3/h$，悬浮物含量 $SS=1000mg/L$，40℃时空气密度 $\gamma=1.092g/L$，40℃空气溶解度 $C_s=14.2mL/L$，空气余量系数 S_1 取 1.5，溶气罐效率 f 取 =0.8，溶气罐压力 $P=4atm$(绝对压强)，悬浮物排放要求 $SS<100mg/L$。

(2) 确定气固比

根据经验值，α 取 =0.016

(3) 确定回流比

$$R=\frac{Q_r}{Q}=\frac{1000\alpha S_a}{\gamma C_s(fp-1)}=0.47$$

则回流量 $Q_r=423m^3/h$。

(4) 确定需气量 V

$$V=\frac{10^{-3}S_1K(fp-1)Q_r}{\gamma}=37m^3/h$$

气量确定后，根据 V 选定空压机。

(5) 设备性能技术参数

主要设备性能技术参数见表 13-11。

表 13-11 主要性能技术参数

项 目	参 数	数 量
处理量	$900m^3/h$	1
空压机	3W-1.6/10B	1
溶气水泵	IS200-150-400(90kW)	2
溶气罐	填料性，有效停留时间 2min，直径 2m	
絮凝搅拌电机	XLD4-3-1/11(3kW)	1
助凝搅拌电机	XLD5-7.5-1/17	1
PAC 加药泵	单螺杆泵 G25-1	1
PAM 加药泵	单螺杆泵 G35-1	1

2. 溶气水减压释放设备

释放系统是由溶气释放装置和溶气水管路组成。溶气水的减压释放设备一般要求微气泡的直径 20~100μm，溶气释放装置的功能是将压力溶气水减压，使溶气水中的气体以微气泡的形式释放出来，并能迅速、均匀地与水中的颗粒物质黏附。常用的溶气释放装置有减压阀、释放器。

1) 减压阀(截止阀)

实际运行中可能出现每个阀门流量不同，气泡合并现象，阀芯、阀杆、螺栓易松动。

2) 释放器

① 释气完全，在 0.15MPa 以上能释放溶气量的 99%左右；

② 能在较低压力下工作，在 0.2MPa 以上时能取得良好的净水效果，节约电耗；

③ 释出的气泡微细，气泡平均直径为 20~40μm，气泡密集，附着性能良好。

国内溶气释放器有 TS 型、TJ 型和 TV 型等，如图 13-13。

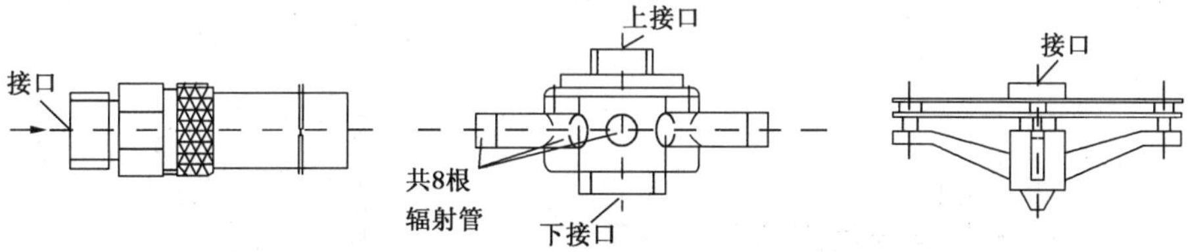

(a) TS型　　(b) TJ型　　(c) TV型

图 13-13 溶气释放器

TS 型溶气释放器：释放压力大于 0.15MPa，释放溶气量的 99%；TJ 型溶气释放器：在 0.2MPa 以上低压下工作，净水效果良好；TV 型溶气释放器：气泡微细 20~40μm；上述溶气释放器性能参数见表 13-12。

表 13-12　溶气释放器性能参数

型　号	孔径/mm	流量/(m^3/h)								工作直径/mm
		0.15MPa	0.2MPa	0.25MPa	0.3MPa	0.35MPa	0.4MPa	0.45MPa	0.5MPa	
TJ-1	25	0.98	1.08	1.18	1.28	1.38	1.47	1.57	1.67	500
TJ-2.5	25	2.10	2.37	2.59	2.81	2.97	3.14	3.29	3.45	700
TJ-5	50	4.03	4.61	5.15	5.60	5.98	6.31	6.74	7.01	900
TJ-8	65	5.67	6.27	6.88	7.50	8.09	8.69	9.29	9.89	1000
TJ-10	65	7.41	8.70	9.47	10.55	11.11	11.75			1100
TV-1	25	0.95	1.04	1.13	1.22	1.31	1.4	1.48	1.51	400
TV-2	25	2.00	2.16	2.32	2.48	2.64	2.8	2.96	3.18	600
TV-3	40	4.08	4.45	4.81	5.18	5.54	5.91	6.18	6.64	800

3）溶气释放器的设计

溶气释放器可选择 TS 型、TJ 型及 TV 型。溶气释放器个数按照式(13-4)计算。

$$n=\frac{Q_r}{q} \tag{13-4}$$

式中　n——溶气释放器个数；

Q_r——溶气水量，m^3/h；

q——选定溶气压力下单个释放器的出流量，m^3/h。

溶气水由溶气罐至释放器的管道上不应设截止阀，释放器应考虑快速拆卸装置。

3. **气浮池**

气浮池有平流式和竖流式两种形式，如图 13-14 所示。

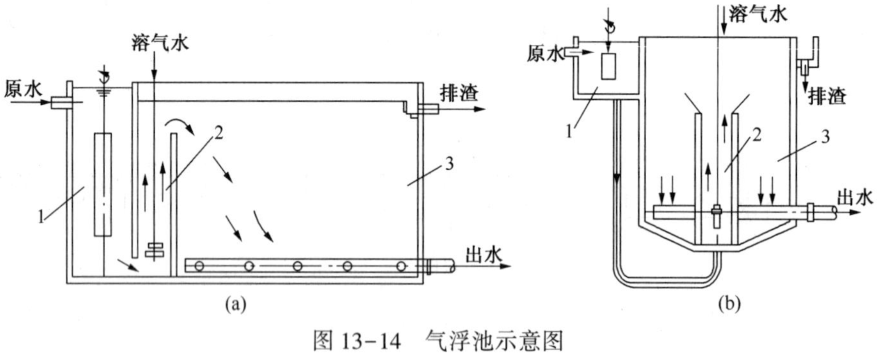

图 13-14　气浮池示意图

1—反应池；2—接触室；3—分离室

1）平流式气浮池

平流式气浮池如图 13-14(a)所示。废水从池下部进入气浮接触区，保证气泡与废水有一定的接触时间，废水经隔板进入气浮分离区进行分离后，从池底集水管排出。浮在水面上的浮渣用刮渣设备刮入集渣槽后排出。优点是池身浅，造价低廉，构造简单，管理方便。缺点是分离区容积利用率不高。其基本参数如下：

(1) 平流式气浮池的有效水深通常为 2~2.5m，一般以单格宽度不超过 10m，长度不超过 15m 为宜。

(2) 废水在反应池中的停留时间与混凝剂种类、投加量、反应形式等因素有关，一般为5~15min。为避免打碎絮体，废水经挡板底部进入气浮接触室时的流速应小于0.11m/s。废水在接触室中的上升流速一般为10~20mm/s，停留时间应大于60s。

(3) 废水在气浮分离室的停留时间一般为10~20min，其表面负荷率约为6~8$m^3/(m^2 \cdot h)$，最大不超过10$m^3/(m^2 \cdot h)$。

平流式气浮池优点是池身浅、造价低、构造简单、运行方便。缺点是分离部分的容积利用率不高等。

2) 竖流式气浮池

竖流式气浮池如图13-14(b)所示。这种形式的气浮池的优点是接触区在池中央，水流向四周扩散，水力条件比平流式好；缺点是与反应池较难衔接，容积利用率较低。竖流式气浮池基本工艺参数与平流式气浮池相同。有经验表明，当处理水量大于150~200m^3/h，废水中的可沉物质较多时，宜采用竖流式气浮池。

竖流式气浮池池高可取4~5m，长宽或直径一般在9~10m以内，中央进水室、刮渣板和刮泥耙都安装在中心转轴上，依靠电机驱动匀速旋转。

四、加压溶气气浮池工艺设计

(一) 设计要求

根据《室外排水设计规范》，气浮池可采用矩形或圆形。矩形气浮池的设计应符合下列要求：

(1) 气浮池应设置反应段，反应时间为10~15min；

(2) 每格池宽不大于4.5m，长宽比为3~4；

(3) 有效水深宜为2~2.5m，超高不小于0.4m；

(4) 污水在气浮池分离段停留时间不大于1.0h；

(5) 污水在池内的水平流速不大于10mm/s；

(6) 气浮池端部应设置集渣槽；

(7) 池内应设刮渣机，刮渣机的移动速度宜为1~5m/min。

(二) 工艺设计

加压溶气气浮池工艺设计见表13-13。

表13-13 加压溶气气浮池工艺设计

设计项目	计算公式	参数说明
浮池所需空气量	$Q_g=\frac{\gamma QRa_e\psi}{1000}$	当有实验资料时，采用此公式计算； Q_g——气浮池所需空气量，kg/h； γ——空气容重，g/L，见表13-14； Q——气浮池处理水量，m^3/h； R——试验条件下回流比或溶气水回流比,%； a_e——试验条件下释气量，L/m^3； ψ——水温校正系数，1.1~1.3
	$Q_g=\frac{\gamma C_s(fp-1)RQ}{1000}$	C_s——在一定温度下，一个大气压时的空气溶解度，mL/L，见表13-14； f——加压溶气系统的溶气效率，$f=0.8\sim0.9$，装阶梯环填料的溶气罐可取0.9； P——溶气压力，绝对压力，atm

续表

设计项目	计算公式	参数说明
气固比	$a=\frac{Q_g}{QS_a}=\frac{\gamma C_s(fp-1)R}{1000S_a}$	α——气固比，气固比 α 与悬浮颗粒的疏水性有关，α 约为 0.005~0.06，通常由试验确定。当无资料时，由此公式计算； S_a——污水中悬浮物浓度，kg/m^3
回流比	$R=\frac{Q_r}{Q}=\frac{1000\alpha S_a}{\gamma C_s(fp-1)}$	R——回流比； Q_r——溶气水量，m^3/h
所需额定气量	$v=\frac{10^{-3}S_1K(fp-1)Q_r}{\gamma}$	v——所需空压机额定气量，m^3/min； S_1——安全系数，1.2~1.5； K——标况下空气的溶解度，29.3mg/L
溶气水量	$Q_r=\frac{Q_g}{736fPK_T}$	Q_r——溶气水量，m^3/h； K_T——溶解度系数，可根据水温查表 13-15

表 13-14　空气在水中的溶解度

温度/℃	空气容重 γ/(g/L)	空气溶解度 C_s/[mL/(L·atm)]
0	1.252	29.2
10	1.206	22.8
20	1.164	18.7
30	1.127	15.7
40	1.092	14.2

表 13-15　不同温度下的 K_T 值

温度/℃	0	10	20	30	40	50
K_T 值	0.038	0.029	0.024	0.021	0.018	0.016

（三）气浮池本体设计

一个典型的气浮池本体设计包括：气浮池接触室、气浮分离室、水位控制室、溶气罐、气浮池集水管、集渣槽以及刮渣机。

1. 气浮池接触室

气浮池接触室设计参数与设计计算见表 13-16。

表 13-16　气浮池接触室设计参数与设计计算

设计项目	计算公式	参数说明
接触室表面积	$A_c=\frac{Q+Q_r}{3600v_c}$	A_c——接触室表面积，m^2； Q——气浮池处理水量，m^3/h； Q_r——溶气水量，m^3/h； V_c——水流平均速度，通常取 10~20mm/s
接触室长度	$L=\frac{A_c}{B_c}$	L——接触室长度，m； B_c——接触室宽度，m
接触室堰上水深	$H_2=B_c$	
接触室气水接触时间	$t_c=\frac{H_1-H_2}{v_c}$	t_c——接触室气水接触时间，t_c>60s； H_1——气浮池分离室水深，通常为 1.8~2.2m

2. **气浮分离室**

气浮分离室设计参数与设计计算见表 13-17。

表 13-17 气浮分离室设计参数与设计计算

设计项目	计算公式	参数说明
分离室表面积	$A_s=\dfrac{Q+Q_r}{3600v_s}$	A_s——分离室表面积，m^2； Q——气浮池处理水量，m^3/h； Q_r——溶气水量，m^3/h； V_s——即表面负荷率 q，通常为 1~1.5mm/s
分离室长度	$L_s=\dfrac{A_s}{B_s}$	L_s——分离室长度，m； A_s——分离室表面积，m^2； B_s——分离室宽度，m； 对矩形池，分离室的长宽比一般取 1~1.5∶1
气浮池水深	$H=V_st$	V_s——表面负荷率 q，通常为 1~1.5mm/s； t——气浮池分离室水力停留时间，一般取 10~20min
气浮池容积	$W=(A_c+A_s)H$	A_c——接触室表面积，m^2； A_s——分离室表面积，m^2； H——气浮池水深，m
总停留时间与校核	$T=\dfrac{60\times W}{Q+Q_r}$	T——总停留时间，min； W——气浮池容积，m^3； Q——气浮池处理水量，m^3/h； Q_r——溶气水量，m^3/h

3. **水位控制室**

水位控制室宽度不小于 900mm，以便安装水位调节器，并利于检修。水位控制室可设于分离室一端，其长度等于分离室宽度；水位控制室也可设于气浮分离室侧面，其长度等于分离室长度。水位控制室深度不小于 1.0m。

4. **气浮池集水管、 集渣槽**

1）气浮池集水管

采用穿孔管时，按式(13-5)计算出孔口流速 V_0。

$$V_0=\mu\sqrt{2gh} \tag{13-5}$$

式中 V_0——孔眼流速，m/s；

μ——孔眼流速系数；

g——重力加速度，9.8m/s^2；

h——孔眼水头损失，h=0.3mm。

2）集渣槽

集渣槽断面设计无特殊要求，可按单位时间的排泥量(包括抬高水位所带出的水量)进行选择。一般集渣槽断面尺寸不小于 200mm，当浮渣浓度较高时，集渣槽需有足够的坡度倾向排泥口，一般采用 0.03~0.05。当集渣槽长度超过 5m 时，最好两端向中间排泥，必要时可辅以冲洗水管。

5. **刮渣机**

对于矩形气浮池均采用桥式刮渣机刮渣，此类型的刮渣机适用范围一般在跨度 10m 以下，集渣槽的位置可在池的一端或两端；对圆形气浮池大多采用行星式刮渣机，其适用范围在直径 2~10m，集渣槽位置可在圆池径向的任何部位。

第三节 其他气浮装置

一、溶气泵气浮

溶气泵气浮技术是近几年发展起来的新型气浮技术，有很广阔的市场前景。该技术克服了 DAF 技术附属设备多、能耗大和 CAF 气浮技术产生的气泡大的缺点，又具有能耗低的特点。溶气泵采用涡流泵或气液多相泵，其原理是在泵的入口处空气与水一起进入泵壳内，高速转动的叶轮将吸入的空气多次切割成小气泡，小气泡在泵内的高压环境下迅速溶解于水中，形成溶气水然后进入气浮池完成气浮过程。溶气泵产生的气泡直径般在 20~40μm，吸入空气最大溶解度达到 100%，溶气水中最大含气量达到 30%，泵的性能在流量变化和气量波动时能保持稳定，为泵的调节和气浮工艺控制提供了良好的操作条件，见图 13-15。

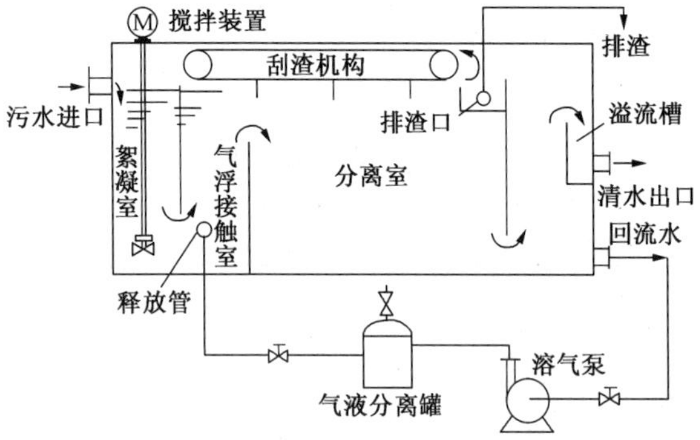

图 13-15 溶气泵气浮工艺原理

溶气泵气浮设备由絮凝室、接触室、分离室、刮渣装置、溶气泵、释放管等几部分组成。基本原理是：首先由溶气泵抽取出水作为回流水，产生溶气水(此时的溶气水中饱含大量的微细气泡)，溶气水通过释放管释放进入接触室的水中，小气泡缓慢上升并黏附于杂质颗粒上，形成密度小于水的浮体，上浮水面，形成浮渣，并随水流缓慢向前移动进入分离室，然后由刮渣装置将浮渣去除。清水经溢流调节排放，从而完成气浮的工作过程。

溶气泵气浮设备技术成熟应用较多的有 EDUR 型高效气浮装置。EDUR 型高效气浮装置吸收了 CAF 切割气泡和溶气气浮(DAF)稳定溶气的优点，整套系统主要由溶气系统、气浮设备、刮渣机、控制系统和配套设备等组成。

1. 基本原理

溶气系统采用德国 EDUR 泵业有限公司的气液多相流泵作为回流泵，气液多相流泵有不同于一般泵的特殊叶轮结构，在流量变化和气量波动时比较稳定，为泵的调节和气浮工艺的控制提供了良好的操作条件。气液多相流泵能将空气和回流水一起从泵进口管道直接吸入，高速旋转的多级叶轮将吸入的空气多次切割成小气泡，并将切割后的小气泡在泵内的高压环境中瞬间溶解于回流水中，再经过减压阀释放成溶气水，使絮凝颗粒上浮，从而达到净化废水的目的。

空气在水中的溶解度主要取决于压力、水温和水质，压力越高、水温越低，则空气在水中的饱和溶解度越大。对气浮而言，希望得到尽可能多的溶解空气，即达到饱和状态，但要避免过饱和。在气浮装置中采用 EDUR 气液多相泵作为溶气泵，气体在泵进口管道利用自身的真空直接吸入，EDUR 气液多相泵特殊的叶轮结构使得泵在建立压力的过程中产生气液两相充分的溶解并达到饱和，EDUR 气液多相泵的最大含气量可以达到 30%。在减压释放时，溶解的气体以微气泡的形式逸出并弥散在气浮装置，通过这种方式产生的气泡直径可以小于 30μm。

传统气浮装置通过溶气罐静压溶气，必须配有一系列相关设备，如空压机、溶气罐、水泵、控制系统、释放器、阀等。由于不能做到气体在水中的饱和溶解，减压释放后容易产生大气泡，影响气浮处理效果。采用气液多相泵溶气，不但可省去其中的多数设备，降低投资和运行费用，而且由于气泡细微、弥散均匀，气浮处理效果得到大幅度改善。与射流泵溶气系统管道溶气相比，EDUR多相流泵的溶气是在泵的多级升压过程中完成的，气体溶解度容易控制，溶解效果更理想。采用EDUR多相流泵的气浮处理效率远远优于射流泵溶气系统。

2. 溶气系统结构及作用

图13-16为EDUR加压溶气气浮系统结构示意图。

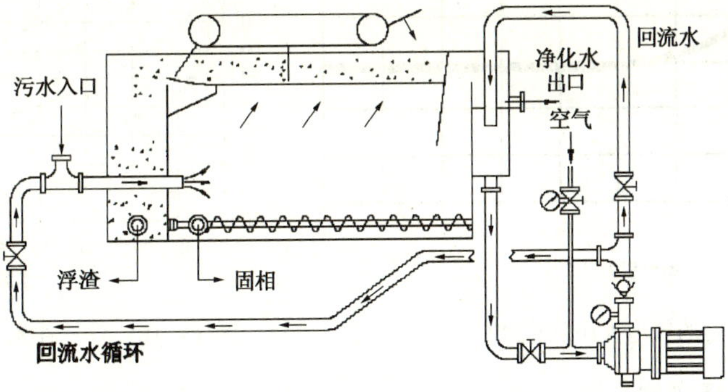

图13-16　EDUR加压溶气气浮系统结构示意图

部分经气浮装置处理后的清水回流至多相流泵产生溶气水。溶气泵产生的溶气水的流量和压力可以通过截止阀来进行调节。溶气水的压力一般调节到≥4.5×10^5Pa，以保证溶气水中的气泡直径≤30μm。运行时，通过调节截止阀，使真空表显示溶气泵进口真空度为-0.02MPa。由于泵入口真空的存在使空气自动吸入泵前管道，与水一起进入泵内。调节截止阀，可控制泵的空气吸入量。在常规气浮装置中(水温20℃，溶气水压力4.5×10^5Pa条件下，空气饱和溶解度为10%)控制气液比为10%(气液比为=吸入空气量/泵吸入的回水水量)。吸气管的高度可略高于气浮池液面，这样当溶气泵停车时，气浮池内的污水不会从空气管反流溢出。

气液多相流泵水平安装，泵和电机同轴，采用机械密封。开式叶轮结构使得在长时间停机或处于临界运行状况时，没有轴向力；导流器的使用则保证了运行条件下的良好动力学性能和高效率。

3. EDUR泵的性能参数

1）流量

可根据工艺要求确定溶气水流量，一般可按气浮处理水量的25%~35%考虑。

2）压力

介质减压后的气泡大小和饱和压力的关系图见图13-17。为保证释放气泡直径≤30μm，一般所选压力≥4.0×10^5Pa(表压)，具体视工艺设计而定。

3）气液比

气(空气)在水中的饱和溶解度取决于水的温度和压力，在不同温度和压力条件下的气(空气)在水中的饱和溶解度可以从介质的物性参数图表中得出。图13-18为空气在水中的饱和溶解度。在得出水的饱和溶解度后，取泵的气液比与水的饱和溶解度相同或相近。一般情况下(溶气水压力5×10^5Pa，水温20℃)取气液比为11%。

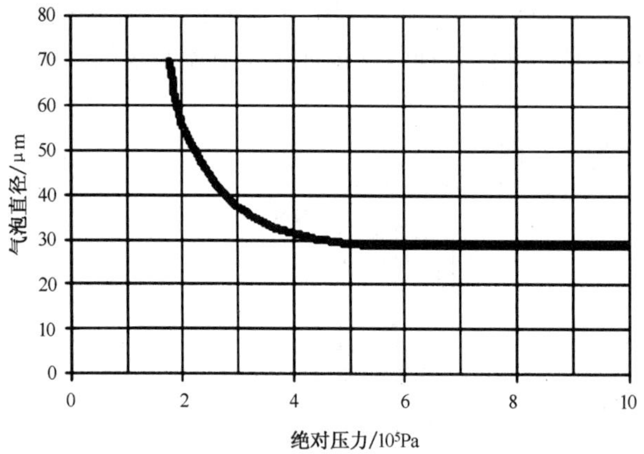

图 13-17　介质减压后的气泡大小和饱和压力的关系图

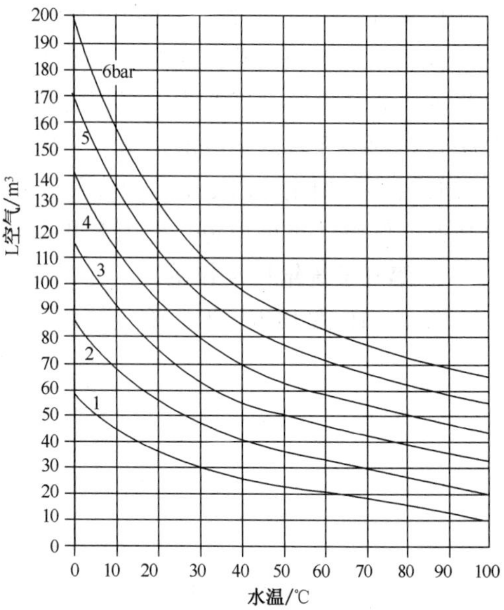

图 13-18　空气在水中的饱和溶解度

4. **多相流泵选择实例**

图 13-19 为型号为 LBU603E162L 的 EDUR 多相流泵的特性曲线。图中各曲线为不同气液比下泵的性能。

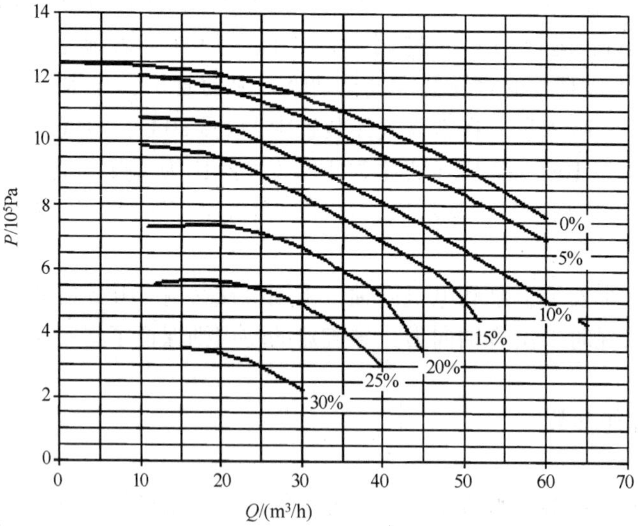

图 13-19　LBU603E162L 的 EDUR 多相流泵的特性曲线

气浮装置需要处理水量 200m³/h，水温 20℃。设计确定工艺所需回流溶气水的水量为处理水量的 27%，为 54m³/h。多相流泵的参数确定如下：

（1）为确保释放的气泡直径小于 30μm，泵的出口压力应大于 4×10^5Pa(表压)，选设计点 5×10^5Pa(表压)。

（2）查水温 20℃、压力 5bar 条件下，空气饱和溶解度为 11%。选设计点气液比 11%。

（3）考虑泵操作点的可调节性，应在如下范围满足气浮运行要求：流量调节范围 50~

$60m^3/h$、压力 P 为 $4\sim7\times10^5Pa$、气液比为 7.5%~13%。

根据以上设计要求，确定泵的型号为 LBU603E162L。

5. 常用 EDUR 多相流泵型号

常用 EDUR 多相流泵型号见表 13-18。

表 13-18 常用 EDUR 多相流泵型号

泵型号	溶气水量/(m^3/h)	气浮装置处理水量/(m^3/h)	轴功率/kW	电机功率/kW	进口/出口法兰
EB3u	0.5~1.0	2~3	1.0~1.01	1.5	*DN*32
EB4u	0.8~2	3~5	1.14~1.2	1.5	*DN*32
EB14u	1.5~3	5~10	1.4~1.45	2.2	*DN*40
EB16u	2.5~5	10~16	2.0~2.2	3.0	*DN*40
LBU403C120L	4.5~15	16~50	2.20~3.0	4.0	*DN*65/*DN*40
LBU404C120L	10~22	50~70	3.0~4.0	5.5	*DN*65/*DN*40
LBU603D150L	20~36	70~120	6.0~9.0	11.0	*DN*80/*DN*65
LBU603E162L	30~60	120~200	14.0~16.0	18.5	*DN*80/*DN*65

当处理水量较大时，可以采用多泵并联或多个气浮池并联。如两台 LBU603E162L 泵并联使用，可以处理 $300\sim500m^3/h$ 规模的污水量。

6. EDUR 泵气浮工艺的应用

1）处理油田废水

辽河油田杜 84 区块超稠油污水处理站处理规模为 $5000m^3/d$，采用部分回流加压溶气气浮。进水水温 75℃，气浮进水含油≤200mg/L，悬浮物≤1000mg/L，原设计溶气水量（回流比）30%，气液比 15%，溶气罐操作压力为 0.5MPa，气浮表面负荷 $5\sim10m^3/(m^2\cdot h)$，气浮池为钢筋混凝土结构，单格尺寸为 15m×4m×4.5m（$L\times B\times H$），共三格。由于水温高溶气效果不好，投产运行后处理效果较差，释放器和溶气罐中的填料经常被悬浮物和稠油堵塞。气浮改造时选用一台 EDUR 多相泵，型号：LUB603E150L，水量 $30m^3/h$，压力 0.5MPa，电机功率 15kW。保留原有气浮池一格作为溶气气浮，另两格改造成 EDUR 多相泵气浮，处理水量为 $4000m^3/d$。

改造后的 EDUR 多相泵气浮工艺取消了原有加压回流溶气气浮工艺的溶气罐、释放器、空压机、稳压罐、溶气罐液位控制系统，利用 EDUR 多相泵代替原有的回流泵，实际运行操作过程中，控制回流量 $25m^3/h$（回流比 15%、气液比 10%），泵出口压力为 0.6MPa，压力释放通过支管的截止阀。运行过程中发现 EDUR 泵产生的微气泡密实、2/3 池表面可见白色微气泡，黏附微气泡后的油和悬浮物上浮速度快，浮渣密实，不易下沉。在进水含油 200mg/L、悬浮物含量为 1000mg/L 左右的进水水质条件下，气液多相泵气浮的出水水质明显优于加压溶气气浮的出水水质，油和悬浮物的去除率达 95%以上；而且 EDUR 多相泵没有释放器、溶气罐等易堵塞部件，通过调节进气和进水阀门即可方便地调节气液比，操作管理方便。节省了溶气罐（Φ600mm，H3.5m，P0.5MPa，2 个），空压机（Z0.1/0.7，N1.5kW，2 台），回流泵（IS65-40-200，N7.5kW，2 台），释放器（TV-Ⅱ，20 个），储气罐（Φ1000mm，H2m，P1.0MPa，1 个）以及阀门和管路等配套设施，采用 EDUR 泵代替溶气气浮，可节约工程投资 40%. 运行费用节约 30%。

2）处理造纸废水

某纸厂污水处理站处理水量为 $800m^3/d$，原工艺采用射流加压溶气气浮技术。气浮进水悬浮物≤800mg/L，原设计溶气水量(回流比)30%，溶气罐操作压力为3×10^5Pa(表压)，气浮表面负荷5~10$m^3/(m^2 \cdot h)$，气浮池为A3钢结构。由于溶气效果差，投产运行以来处理效果较差，浮渣量少，出水悬浮物多。

气浮改造时选用一台EDUR多相泵，型号：LUB403C120I，控制回流量5m^3/h(回流比15%)，压力0.6MPa。保留原有气浮池的溶气装置，处理水量为800m^3/d。改造后的EDUR多相泵气浮工艺取消了原有加压回流溶气气浮工艺的溶气罐、释放器、空压机、稳压罐、溶气罐液位控制系统，利用EDUR多相泵代替原有的回流泵，实际运行操作过程中，泵出口压力为6bar压力释放通过有支管的截止阀。

二、超效浅层气浮(Krofta气浮设备)

该技术由Milos Krofta于20世纪70年代发明，随之被广泛应用于水处理行业，简称为Krofta工艺。

(一)结构

典型的Krofta气浮工艺系统整套装置由圆形浅池静止部分、中央旋转部分及溶气水制备系统等组成。中央旋转部分包括进水口、配水器、加压水入口、加压水配水器、出水口和螺旋污泥斗，这些组件都安放在旋转支架上；在支架外缘装有可调减速机，通过主动轮驱动，使支架绕中心沿池体外缘的圆形轨道以与进水流速一致的速度转动。行走部分和泥斗的转动由调速电机驱动，中心滑环供电。

图13-20所示为Krofta气浮装置的池体结构示意图。原水从池中心的旋转接头进入，通过橡胶联接管-原水配水器出水管布水；加压水从加压水进口进入，通过加压水管路到加压水配水器布水。清水由固联在旋转清水容器壁上的澄清水排出管排出，隔板将刚布下的原水和已分离的清水完全隔开。专利技术的螺旋泥斗(Spiralscoop)对水体扰动极小，在某一时刻

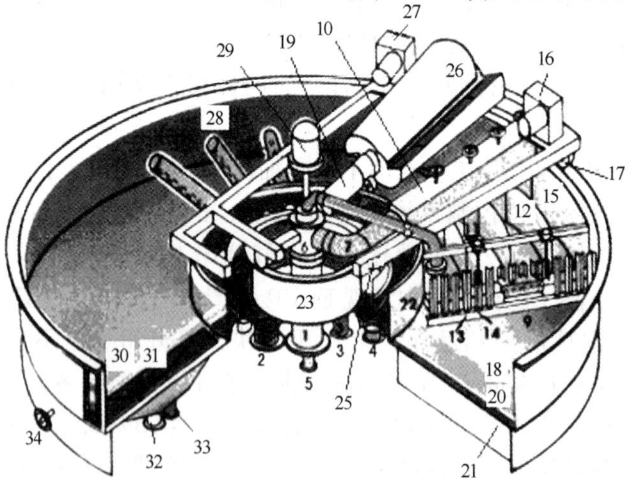

图13-20 Krofta气浮池本体结构示意图

1—原水进口；2—清水出口；3—悬浮污泥出口；4—循环清水出口；5—加压水进口；6—旋转接头；7—橡胶联接管；8—加压水管路；9—加压水配水器；10—原水配水器；11—配水器出水管；12—流量控制渠；13—减涡挡板；14—调高挡板；15—流量控制渠外壁；16—旋转支架驱动电机；17—支架驱动轮；18—轮子支撑圈；19—螺旋泥斗轴；20—池壁；21—池底支撑结构；22—清水容器壁；23—污泥井；24—溢流堰；25—旋转支架结构；26—旋转螺旋泥斗；27—螺旋泥斗驱动电机；28—澄清水排出管；29—电滑环；30—观察窗；31—沉淀物去除池；32—排空口；33—沉淀物排出口；34—水位控制调节手轮

刮起的总是池内浮起时间最长的浮渣，浮渣靠重力作用排放到静止的中央污泥井中；螺旋泥斗亦可分别选用一斗、二斗或三斗的结构形式。螺旋泥斗自转周期 t、斗个数、螺旋泥斗公转周期 T、浮渣厚薄之间有严格的匹配关系，可以通过调速电机灵活、机动地进行调节。

（二）Krofta 气浮工艺流程

Krofta 气浮工艺流程如图 13-21 所示。

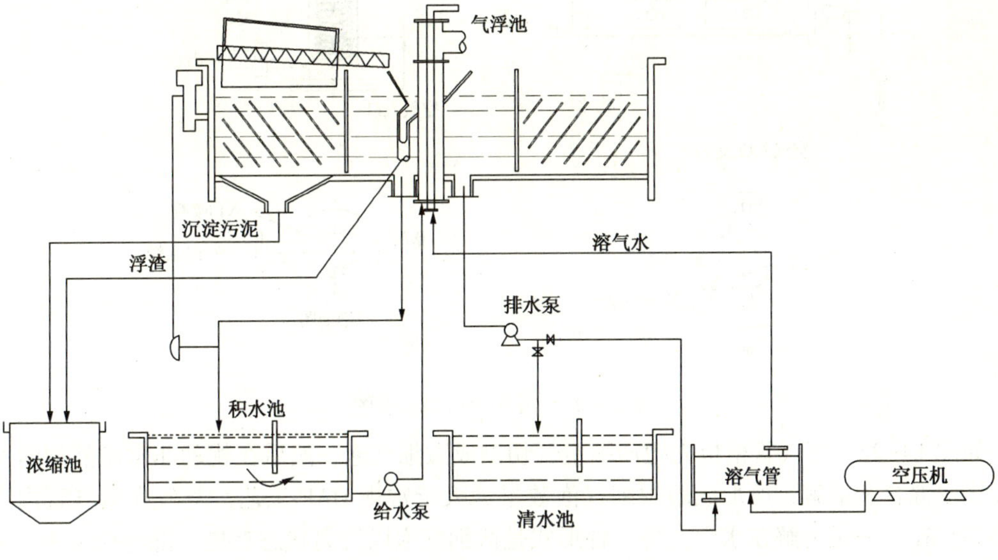

图 13-21 Krofta 气浮工艺流程示意图

（三）Krofta 气浮工艺在气浮理论上的三大突破

1. 零速原理

在 Krofta 气浮装置中，除池体、溢流圈、中央污泥井外，其他各部分都以与进水流速相同的速度沿池体旋转。原水配水器转动时，在池体中腾出的空间由原水进水来补充；同时清水出水侧应挤走的水体空间，由澄清水排出管同步排出。池内的其他水体不会因进水和出水而引起扰动，而是保持零速，即所谓零速原理，该理论的应用是 Krofta 气浮装置的关键。

静态进水、静态出水而使得颗粒的悬浮和沉降在静态下进行。浮选体在相对静止的环境中垂直上浮，不仅能使浮选体的上浮速度达到或接近理论最大值，且出水流速在理论上可不受限制，它意味着气浮效率可以接近理论上的极限。

此外，随着布水装置的旋转，事先与污水充分混合的气泡能均匀地充满整个气浮池，微细气泡与絮粒的黏附发生在整个气浮分离过程中，没有气浮死区。

2. 浅池理论

传统气浮池分离区的有效水深通常为 2.1～2.4m，而 Krofta 气浮装置的有效水深只有 0.42m，这一浅池结构的应用，称为“浅池理论”。该理论的应用大幅度减少了设备制造费用，缩小了设备占用空间。以同样处理量 $7000m^3/d$ 的造纸废水为例，传统气浮池的占用面积约为 $155m^2$，Krofta 气浮池的占用面积约为 $51m^2$。

因为零速原理的应用和进出水的彻底分开，所以当出水管开始出水时，气浮的过程已完成，对应常规气浮池的高度分布来看，即安全段、悬浮物低密区两段不需要设置。若按絮粒的上升速度为 6mm/s，0.42m 有效水深所需上升时间仅为 70s。Krofta 气浮装置的停留时间定为 2～3min。

3. **新溶气机理**

在 Krofta 工艺中，通过溶气管来提高溶气效率。溶气管结构示意图见图 13-22。

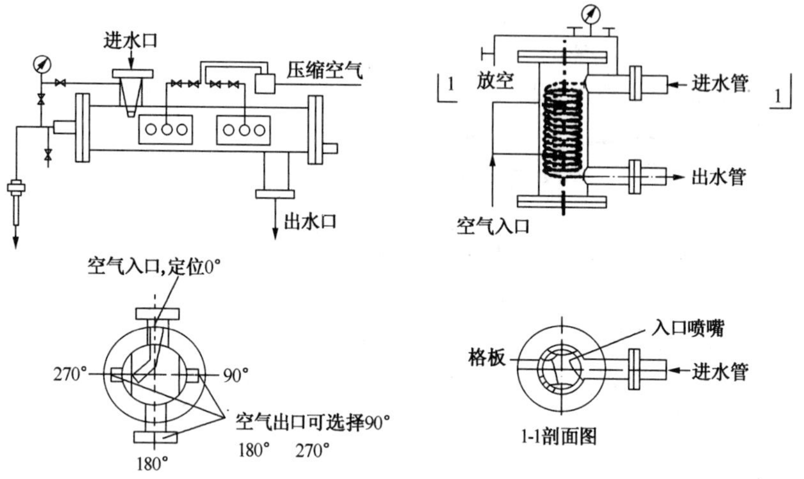

图 13-22 溶气管结构示意图

如图 13-22，溶气管格板先把压缩空气切割成微细气泡，然后在扰动非常剧烈的情况下与加压水混合和溶解，所形成的微细气泡数量远大于常规 DAF 工艺。空气在溶气管内以两种形式存在，一是溶解在水中，另一种形式是微细气泡以游离状态夹裹、混合在水中。溶气管的特殊结构使其没有填料堵塞的问题，也没有控制溶气罐内水位高低的问题。

原水、溶气水和药剂在加入气浮池本体前，已在一段管道内充分混合，气泡及时均匀地弥散在悬浮颗粒中，避免了常规 DAF 工艺中因多个阀门或溶气释放器开启度不一而造成的气泡不均匀现象，也避免了因设置反应室而带来的浮渣腐烂问题。

（四）浅层气浮与传统气浮装置的比较

（1）传统气浮装置中，池深一般为 2～2.5m，这是因为设备是静止的，水体是运动的。水体从反应室进入接触区时会产生流向的改变和流速的重新分布，即把水流转变成均匀向上的流动，这就需要有一定的时间和高度来完成这一变化，其高度一般不低于 1.5m。而浅层气浮由于“零速度”原理的应用，实现了设备是运动的、水体是静止的，消除了由于水体的扰动对悬浮颗粒与水分离的影响，降低了对高度的要求；另外在传统气浮装置中，难免有泥砂或絮粒沉于池底，为防止带出池底的泥砂，出水管一般悬高 300mm，而在浅层气浮装置中，由于池底设置了刮泥装置，因此不需设置悬高段，浅层气浮装置的有效水深一般为 400～500mm。

（2）传统气浮装置中，水体的停留时间一般控制在 10～20min；而浅层气浮装置中，停留时间只需 2～3min。

（3）传统气浮装置中，溶气系统配备的是溶气罐，若按溶气罐的实际容积来计算，其水力停留时间为 2～4min；而浅层气浮装置中，溶气系统采用的是溶气管，取消了填料，使溶气管的容积利用率达 100%，其水力停留时间只有 10～15s。

（4）在传统气浮装置中，刮渣器定期对浮渣层进行清除，无法根据浮渣的浮起时间进行有选择性的清理；刮渣设备刮渣时对水体有扰动，刮走的浮渣含水率也较大；在浅层气浮装置中，螺旋撇渣器安装在配水系统的前部，清除的浮渣总是气浮池内浮起时间最长(2~3min)的浮渣，即固液分离最彻底、含水率最小的浮渣。

第四节　气浮工艺的影响因素

一、混凝预处理对气浮净水效果的影响

良好的混凝效果对气浮工艺极为重要，混凝预处理对气浮工艺的作用主要体现在：①原水中的胶体颗粒通常带负电荷(表面ζ电位一般在负几十毫伏左右)，而水中微气泡表面的ζ电位通常在-100mV左右，二者之间较强的静电排斥力对它们的碰撞、黏附起阻碍作用。而混凝预处理则可显著降低胶体颗粒表面的ζ值，故能大大减弱由静电排斥作用产生的不利影响。②混凝过程中，絮体颗粒从周围水体吸附了大量有机污染物质而使其表面的憎水性能增强，有利于它与微气泡的黏附结合。③混凝过程形成的絮体颗粒尺寸较原胶体状污染物质大得多，有利于它与微气泡发生碰撞。因此，应先通过混凝预处理使水中胶体粒子脱稳(形成较大的絮体颗粒)，然后再通过气浮池进行固液分离。混凝预处理的效果可通过絮体颗粒大小、搅拌强度、反应时间等进行控制。

1. 气浮对絮体颗粒大小的要求

和沉淀工艺一样，气浮工艺需要数百微米或更大的絮体颗粒，有人认为絮体颗粒粒径为400~1000μm时气浮效果最佳，也有人认为絮体粒径控制在10~1000μm范围内为好。但也有研究认为，气浮工艺不需要如此大的絮体颗粒也能取得满意的出水效果。根据Han等人的研究结果，当絮体颗粒尺寸与微气泡尺寸接近时二者的黏附效率最大。考虑到气浮工艺中微气泡直径一般在10~100μm范围内(平均为40μm)，故絮体颗粒只需数十微米至100μm就足够了。由于气浮法的固液分离过程与沉淀法的存在着很大的不同，故它们对絮体颗粒大小的要求也有所不同：沉淀工艺要求絮体颗粒越大越好，考虑到产生大絮体需要延长反应时间并适当加大投药量，相应地增大了土建投资及运行费用，故生产中絮体颗粒尺寸多控制在数百微米至几毫米之间；而在气浮工艺中絮体颗粒的尺寸只需略大于微气泡尺寸即可。

2. 气浮对反应搅拌强度的要求

由于气浮工艺不需要大尺寸絮体颗粒，因此可适当提高反应搅拌强度(提高G值)，这一观点已得到许多学者的试验证实。研究发现，气浮工艺的最佳G值依赖混凝剂类型：铝盐为70~80s^{-1}，$FeCl_3$为70s^{-1}，PAC的G值大于30s^{-1}。当G值在10~50s^{-1}时，气浮工艺对颗粒的去除效果也很好，高能量的输入可以降低小颗粒(<50μm)的数目，因而更能保证气浮的净水效果。

3. 气浮对反应时间的要求

北欧和英国在早期的给水处理中对气浮工艺和沉淀工艺采用相同的絮凝时间(一般为45min)。也有人认为，对气浮工艺而言有15~20min的絮凝时间就足够了，因此大部分水厂采用两级絮凝且絮凝时间为20min。

二、化学药剂的投加对气浮效果的影响

疏水性很强的物质(如植物纤维、油珠及炭粉末等)，不投加化学药剂即可获得满意的固(液)-液分离效果。一般的疏水性或亲水性的物质，均需投加化学药剂，以改变颗粒的表

面性质，增加气泡与颗粒的吸附。

1. **混凝剂**

混凝剂包括各种无机或有机高分子混凝剂，它不仅可以改变污水中悬浮颗粒的亲水性能，而且还能使污水中的细小颗粒絮凝成较大的絮状体以吸附、截留气泡，加速颗粒上浮。

2. **浮选剂**

浮选剂的种类很多，如松香油、石油、表面活性剂、硬脂酸盐等。浮选剂大多数由极性-非极性分子所组成。投加浮选剂之后能否使亲水性物质转化为疏水性物质，主要取决于浮选剂的极性基能否附着在亲水性悬浮颗粒的表面，而与气泡相黏附的强弱则决定于非极性基中碳链的长短。当浮选剂的极性基被吸附在亲水性悬浮颗粒的表面后，非极性基则朝向水中，这样就可以使亲水性物质转化为疏水性物质，从而能使其与微细气泡相黏附。图 13-23 为亲水性悬浮颗粒在加入极性-非极性物质转化为疏水性物质后，与微小气泡黏附的情形。

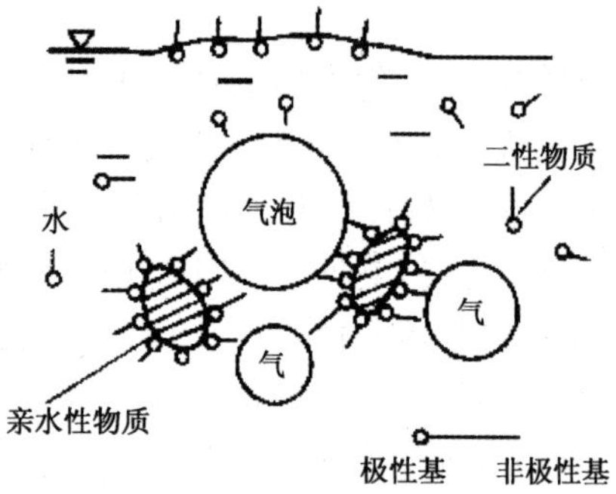

图 13-23　亲水性物质被转化为疏水性物质后与微小气泡黏附的情形

3. **助凝剂**

作用是提高悬浮颗粒表面的水密性，以提高颗粒的可浮性，如聚丙烯酰胺。

4. **抑制剂**

作用是暂时或永久性地抑止某些物质的上浮性能，而又不妨碍需要去除的悬浮颗粒的上浮，如石灰、硫化钠等。

5. **调节剂**

调节剂主要是调节污水的 pH 值，改进和提高气泡在水中的分散度以及提高悬浮颗粒与气泡的黏附能力，如各种酸、碱等。

三、微气泡特性对气浮净水效果的影响

大量微气泡的稳定形成是气浮净水技术的关键所在，其特性对气浮净水效果有重要影响。

1. **微气泡大小**

以往，人们都认为微气泡越小则气浮效果越好。但近来的研究表明，这种看法存在一定的片面性，即微气泡并不是越小越好，其原因主要有：

（1）微气泡越小则絮体颗粒上浮所需黏附的微气泡个数就越多，显然黏附更多的微气泡比较困难；

（2）微气泡在产生过程中需要克服其表面水分子层的表面张力而做功（即增加体系表面自由能），这是一个能量消耗过程。显然，微气泡越小则能耗就越大；

（3）微气泡越小则所受浮力就越小，越容易因水流携带作用而通过底部集水系统进入后续滤池（造成气阻等）；

（4）微气泡大小还受分离区表面负荷制约。当气浮池表面负荷增大时，泡絮结合体在水中的停留时间缩短，这时只有增大其上浮速率才能浮至水面。显然，黏附一定数量的小气泡比黏附同样数量的较大气泡具有更大的表观相对密度和更小的上浮速率，因此不利于增大气

浮池表面负荷。基于以上原因，气浮工艺中的微气泡大小应适当，过大或过小都会影响气浮效果。生产实践表明，当表面负荷约$10m^2/(m \cdot h)$时，控制微气泡直径在10~100mm范围内(平均为40mm左右)，就能够取得满意的净水效果。根据Leppinen等人的研究结果，当气浮池表面负荷增加到$25m^2/(m \cdot h)$或更大时，微气泡的平均直径在100mm左右更合适。

2. 微气泡表面特性

一般来说，水中微气泡优先吸附某些负离子而带负电，相应其表面电位为较高负值。测量结果表明，气浮工艺中微气泡表面电位一般在-100mV左右，而絮体颗粒表面电位通常也为负值，因此它们在相互靠近时会存在静电排斥作用而对其碰撞黏附过程产生负面影响。原水水质及吸附的离子种类、数量不同则微气泡强度、表面憎水性能及电性等也有所不同。向水中添加电解质能改变微气泡的上述特性而影响气浮效果，有人利用显微电泳仪测量了经有机高分子物质改性后微气泡的EPM(电泳迁移率)值后发现：阳离子有机高分子物质可以覆盖微气泡表面而使其表面电荷由负变正。

四、气浮池水力学特征对净水效果的影响

气浮池(包括接触区和分离区)的水力学特征是影响气浮净水效果的一个重要因素。Lundh等人分别测量了水与含气水两种情况下矩形气浮池分离区内的流场特征，发现含气水在分离区上部出现分层流动，而不含气水则没有发生这一现象。Lundh等人又进一步分析了矩形气浮池分离区流场特征与水体中气相浓度的关系，认为气浮池中的微气泡不仅仅是用以和絮体颗粒形成表观相对密度小于1的泡絮结合体，而且还可以促使产生有利于提高气浮效果的分层流动。

五、工艺技术经济的影响

溶气气浮法对于轻飘易浮的杂质更适宜，与沉淀法相比，气浮法占地面积小(仅为沉淀法的1/8~1/2)，池容积也小(仅为沉淀法的1/8~1/4)，处理后出水水质好，不仅浊度及SS低而且溶解氧高，排出的浮渣含水率低于沉淀法排出的污泥，这给污泥的进一步处理和处置带来了较大方便，节约了费用。生产实践表明，气浮池不仅在除色、去浊上优于沉淀池，而且在降低污染水的COD、木质素以及提取氧等方面都显出极其独特的优点，其造价也比平流沉淀池、斜管沉淀池、水力或机械加速澄清池低，其运行费用也略低。

有些废水同时含可沉、可浮的杂质，单独使用气浮或沉淀效果都不理想。此时可将沉淀与气浮结合，发挥各自优点，不仅会提高处理效果，而且也节省投资和运行费用。

尽管气浮法净水因其独特优点而应用较广，但要充分发挥其特点，目前还应重点在以下应三个方面进行研究开发。

(1) 直接切割气体制造微气泡

压力溶气气浮法净水存在两个问题：一是压力溶气相对能耗较大；二是溶气水量的加入增大了气浮池内的水力负荷，给分离带来困难。解决这两个问题的理想办法是研制直接产生微气泡的布气装置，通过该装置将气体切割成稳定、微细、密集的微气泡群，从而极大限度地降低能耗，而且不会增加气浮池容积。尽管直接布气法难度很大，但它是最有吸引力的研究方向。

(2) 固、液分离技术

为了提高固、液分离技术，充分发挥气浮净水的优势，除上述气泡进一步微细化以及采

用直接布气法外，改善固、液分离效果也是一个重要方面。因为气浮净水的最终目的体现在提高分离效果上，如果设法将电凝聚气浮的泡、絮同时形成并凝聚的这个概念引入压力溶气气浮法中，则有可能大大提高其分离效果。为了适应共凝聚气浮，应研制一种新型的溶气释放器，它应能延时释出高度密集的超微气泡，在与投药混合后的初级反应水充分混合时，两者同时成长，进而共同成长为带气絮粒。这样形成的带气絮粒在上浮过程中，不但不会受剪力影响而使气泡脱落，以致下沉，而且上浮快，浮渣稳定，耗用的气量最少。因此共凝聚气浮工艺是一种有前途的研究方向。

(3) 新絮凝剂和助凝剂的研究与应用

气浮法作为物化法的一种工艺，不仅要提高气泡质量(如细微度、密集度、稳定性等)，而且还要重视改善絮粒的性能。如果能得到憎水性、吸附性强的絮粒，则将有助于提高气浮净水的效果。为此，研究供气浮用的絮凝剂和助凝剂也是改善气浮工艺的一个方向。

参 考 文 献

1 刘芳，马军，马维超. 沉淀-气浮联用技术在高藻水处理中的工程应用[J]. 给水排水，2009，35(6)：17~19.

2 魏在山，徐晓军，宁平，徐金球. 气浮法处理废水的研究及其进展[J]. 安全与环境学报，2001，1(4)：14~18.

3 王树志，肖安. 用于污水处理的气浮技术[J]. 中国环保产业，2004(11)：32~33.

4 汪国刚. 气浮净水装置的研究与进展[J]. 工业安全与环保，2006，32(1)：22~23.

5 王静超，马军，韩宏大. 探讨气浮工艺的若干技术参数[J]. 中国给水排水，2004：20(6)：22~24.

6 佟瑞宏，邓威. JAF-40型射流气浮装置在热轧水处[J]. 辽东学院学报(自然科学版)，2009，16(2)：115~117.

7 姜率维. 射流溶气浮选系统的应用与改进[J]. 工业水处理，2005，25(3)：74~76.

8 刘军. 高效加压溶气气浮工艺[J]. 建材技术与应用，2001(3)：25~26.

9 陈长顺. 气浮技术在炼油废水处理中的应用进展[J]. 石油化工安全环保技术，2007，23(5)：58~60.

10 于振民. 叶轮气浮机在含油废水污水处理中的应用[J]. 工业水处理，2007(9)：87~89.

11 张统，侯瑞琴，曹健舞等. CAF涡凹气浮系统——CASS工艺处理造纸中段废水[J]. 云南环境科学，2000，19(增刊)：136~139.

12 何峰. 涡凹气浮机在炼油厂污水处理中的应用[J]. 中国设备工程，2006(4)：47.

13 朱东辉，郑召宏. MAF旋切气浮技术在炼油厂污水处理中的应用[J]. 石油环境保护，2002：25(3)：16~18.

14 高相升. 浅析KROFTA气浮设备[J]. 中国造纸，1998(1)：67~71.

15 韦君杭. 气液多相流泵及其在气浮装置中的应用[J]. 石油化工环境保护，2002，25(1)：20~22.

16 陈泉源，张泾生，朱凌云. 新型气浮设备的原理及其特点[J]. 矿山冶金，2005，25(2)：20~22.

17 雷乐成. EDUR泵气浮技术在油田稠油污水处理中的应用[J]. 水处理技术，2003：29(2)：115~116.

18 陈泉源，张泾生，王淀佐. 气泡与颗粒作用研究新进展[J]. 国外金属矿选矿，2001(2)：17-19.

第十四章 过 滤

原水经过沉淀后，水中还残留着一些细微的悬浮杂质，需用断开过滤去除。过滤通过具有孔隙的粒状滤料层(如石英砂)截留水中杂质，从而使水获得澄清的工艺过程。

第一节 滤池工艺组成及主要设计参数

一、滤池设计的一般规定

(1) 滤池的单格面积应根据滤池形式、生产规模、操作运行、滤后水收集及冲洗水分配的均匀性，通过技术经济比较确定。

(2) 滤池的分格数：除无阀滤池和虹吸滤池外，一般不得少于4格。

(3) 滤料：应有足够的机械强度和抗腐蚀性能、能就地取材、价廉、外形接近于球状，表面比较粗糙而有棱角，可采用石英砂、无烟煤和重质矿石等。滤料层厚度(L)与有效粒径(d_{10})之比：细砂及双层滤料过滤应大于1000，粗砂及三层滤料应大于1250。

(4) 滤速：滤池应按正常情况下的滤速设计，并以检修情况下的强制滤速校核。

二、滤料

1) 滤料的特性

滤料的作用是截留悬浮物，滤料截留悬浮物依靠的是颗粒间的范德华力、库仑力和表面张力，这些力使过滤水中的悬浮物迁移并被吸附。同时，过滤水流在滤层中的流动及在滤料颗粒间的水流剪力则具会使被截留在滤料颗粒表面的悬浮物剥落的可能，并由此产生水头损失。滤料粒度增大，空隙尺度加大，空隙空间增加，过水通道尺度大，过滤水流阻力减弱，水头损失增量将得以延缓，其结果是：达到特定终止水头损失时的过滤周期得以延长，产水量得到增加。日本一学者给出的公式表明了滤料粒度、空隙度和水头损失之间的关系，如式(14-1)所示。

$$H=K(LV\mu/\rho g\psi^2 d^2)(1-\varepsilon)^2/\varepsilon^3 \tag{14-1}$$

式中 H——过滤水头损失，m；

K——系数；

L——滤料层厚度，m；

V——滤速，m/s；

ρ——水的密度，t/m^3；

g——重力加速度，9.8m^2/s；

ψ——滤料球形度；

d——滤料粒径，mm；

ε——滤层空隙度,%；

μ——水的动力黏度，Pa·s。

式(14-1)定性地表示了滤料粒径大小、空隙度大小对过滤过程的影响，即滤料粒径增加、水头损失减小、过滤周期势必延长、产水量增加。随着滤料粒径的加大，虽然能更多地发挥下层滤料的截留作用，但同时也对穿透深度带来影响，即在其他条件等同时，粒径越粗，穿透深度也越大，导致冲洗会越困难。

2）滤料层形式

根据滤池进水水质以及对出水水质的要求，滤料的滤层可采用单层均质的形式，也可采用多层形式。

（1）单层均质滤料

从20世纪60年代起，法国和苏联开展了粗滤料过滤技术研究。法国开发的V型滤池，通常石英砂滤料粒径范围 $d_{min}\sim d_{max}$ 为0.9~1.35mm，也可扩至0.7~2.0mm、层厚在0.95~1.50m之间。美国在20世纪80年代有人采用无烟煤滤料作为水厂滤料，有效粒径 d_{10} 达1.5mm，均匀系数 k_{60} 为1.5、层厚1.8m；采用石英砂作为水厂滤料，有效粒径 d_{10} 为1.7mm、均匀系数 k_{60} 为1.5、层厚1.8m。和国外的情况相比，国内给水工程中所用的滤池滤层较薄、粒度较细。我国设计规范有关单层滤料过滤只规定了石英砂，粒径范围 $d_{min}\sim d_{max}$ 为0.5~1.2mm、层厚0.7m。

（2）多层滤料

国外采用的双层滤料组成比较见表14-1。

表14-1　国外采用的双层滤料组成比较

国　家	滤　料	粒径/mm		有效粒径/mm		k	滤层厚/mm
		$d_{小}$	$d_{大}$	d_{10}	d_{80}		
美国	煤	0.8	3.0	0.9		$k_{60}=1.3$	450
	砂	0.4	0.8	0.45		$k_{60}=1.5$	200
苏联	煤	0.8	1.8	0.55	1.1	$k_{80}=2$	400~500
	砂	0.5	1.25	0.4	0.8	$k_{80}=2$	600~700
法国	煤			0.8~2.5			400
	砂			0.4~0.8			400

国内有关的设计规范给出的多层滤料的设计参数如表14-2所示。

表14-2　国内多层滤料设计参数

滤料种类	滤料组成				正常滤速/(m/h)	强制滤速/(m/h)
	粒径/mm		不均系数 K_{80}	厚度/mm		
双层滤料	无烟煤	$d_{min}=0.8$ $d_{max}=1.8$	<2.0	300~400	10~14	14~18
	石英砂	$d_{min}=0.5$ $d_{max}=1.2$	<2.0	400		
三层滤料	无烟煤	$d_{min}=0.8$ $d_{max}=1.6$	<1.4	450	8~12	20~25
	石英砂	$d_{min}=0.5$ $d_{max}=0.8$		230		
	重质矿石	$d_{min}=0.25$ $d_{max}=0.5$		70		

三、承托层

承托层的作用是防止过滤时滤料从配水系统中流失，而冲洗时起一定的均匀布水作用。承托层可用天然卵石或碎石，按颗粒大小分层铺成，当滤池采用大阻力配水系统时，其承托层宜按采用表14-3的数据。

表14-3　大阻力配水系统承托层材料、粒径与厚度

层次(自上而下)	材　料	粒径/mm	厚度/mm
1	砾石	2~4	100
2	砾石	4~8	100
3	砾石	8~16	100
4	砾石	16~32	本层顶面应高出配水系统孔眼100

四、配水系统

配水系统的作用是使冲洗水在整个滤池平面上均匀分布，过滤时，也能均匀收集滤后水。常用配水系统有大阻力系统和小阻力系统两种。

（一）大阻力配水

1. 大阻力配水系统布置

大阻力配水系统一般采用管式配水系统，由铸铁管或钢管构成，由于铸铁管和钢管易锈蚀，有用陶瓷管代替的。大阻力配水系统示意图如图14-1所示。

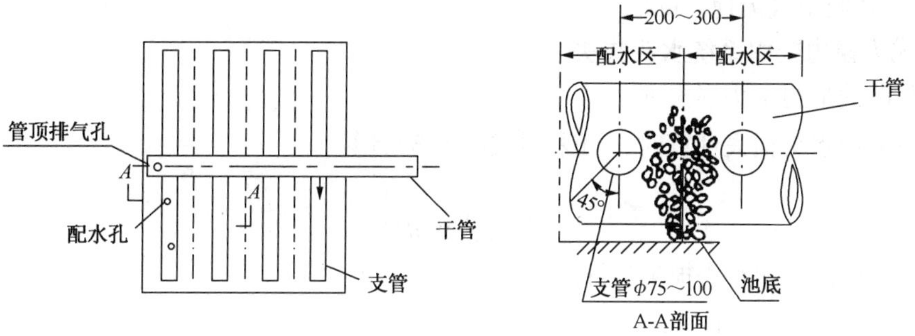

图14-1　管式大阻力配水系统示意图

当滤池面积较大，也就是干管直径过大时，就会出现两个缺点：①支管在池底上过高，所以池子必须加深，承托层也必须加厚，引起造价的增加；②干管所占的池子的部分过宽，而这部分池子的面积不能按支管布置配水孔的要求采配水。为了解决这一问题，有的设计在干管顶适当加装一些配水滤头，如图14-2(a)所示；中等及大面积的滤池采用如图14-2(b)布置方案。

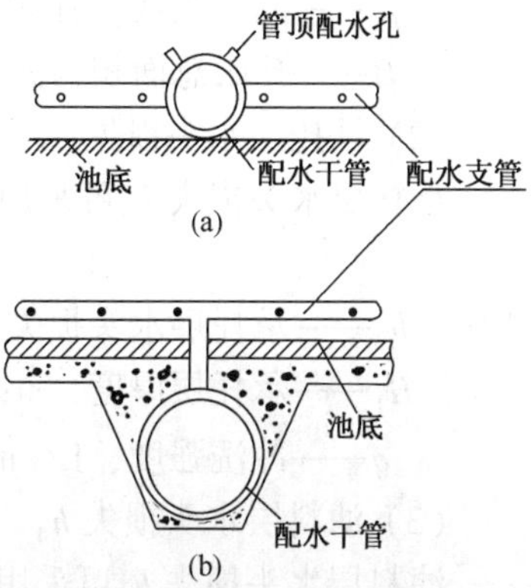

图14-2　管式大阻力配水系统干管与支管的布置方式

2. 大阻力配水系统的特点

(1) 配水均匀性好；

(2) 结构复杂，管道容易结垢；

(3) 孔口水头损失大，因而要求反冲洗水压高。

3. **阻力配水系统设计要点**

(1) 干管截面积与支管总截面积比为1.75~2.0;

(2) 配水干管进口处的流速为1~1.5m/s;

(3) 干管顶上宜设排气管，排出口需设在滤池水面以上，排气管直径为40~100mm;

(4) 干管大于300mm时应设滤头、管嘴布水;

(5) 支管长度与直径比小于60;

(6) 支管中心距为0.2~0.3m布置;

(7) 配水支管进口处的流速为1.5~2.0m/s;

(8) 孔眼总面积与滤池面积之比宜为0.2%~0.28%; 配水支管孔眼出口流速为5~6m/s;

(9) 水头损失一般为3~4m;

(10) 反冲洗强度为12~15L/(m^2·s)。

4. **大阻力配气系统的设计**

大阻力配气系统的设计计算宜采用下列参数:

(1) 干管和支管进口处的空气流速采用10m/s左右;

(2) 孔眼空气流速采用30~35m/s，孔眼间距70~100mm; 孔眼布置呈45°向下交错排列;

(3) 大阻力配气系统的压力损失可按式(14-2)计算:

$$h=1.5V^2 \tag{14-2}$$

式中 h——空气通过大阻力配气系统的压力损失，Pa;

V——孔眼空气流速，m/s。

5. **管式大阻力配水系统水头损失**

(1) 孔口的平均水头损失 h_2

孔口的平均水头损失计算时，可采用式(14-3)计算。

$$h_1=\frac{1}{2g}\left(\frac{q}{10\mu\beta}\right)^2 \tag{14-3}$$

式中 h_1——孔口平均水头损失，m;

q——冲洗强度，L/(m^2·s);

g——重力加速度，m/s^2;

μ——流量系数，宜取0.65;

β——孔眼总面积与滤池面积之比，采用0.20%~0.28%。

(2) 承托层水头损失 h_3

承托层水头损失 h_3 可采用式(14-4)计算。

$$h_2=0.022H_1q \tag{14-4}$$

式中 h_3——承托层水头损失，m;

H_1——承托层厚度，m;

q——冲洗强度，L/(m^2·s)。

(3) 滤料层水头损失 h_4

滤料层水头损失 h_4 可采用式(14-5)计算。

$$h_3=\left(\frac{\gamma_1}{\gamma}-1\right)(1-m_0)H_2 \tag{14-5}$$

式中　h_4——滤料层水头损失，m；

γ_1——滤料的相对密度；

γ——水的相对密度；

m_0——滤料膨胀前的孔隙率(石英砂为 0.41)；

H_2——滤层膨胀前厚度，m。

则管式大阻力配水系统水头损失 $H=h_1+h_2+h_3$。

(二) 小阻力配水系统

1. 小阻力配水系统的几种形式

大阻力配水系统的优点是配水均匀性较好。但结构较复杂，孔眼水头损失较大，冲洗时动力消耗较大，管道容易结垢，增加检修的困难。小阻力系统可避免上述缺点，反冲洗水头只需 1m 左右，但配水均匀性较差，宜用于小型处理厂。小阻力配水系统常见的形式有：钢筋混凝土穿孔(或缝隙)板、长(短)柄滤头、钢格栅、木格栅。钢筋混凝土与滤头小阻力配水系统分别见图 14-3、图 14-4。

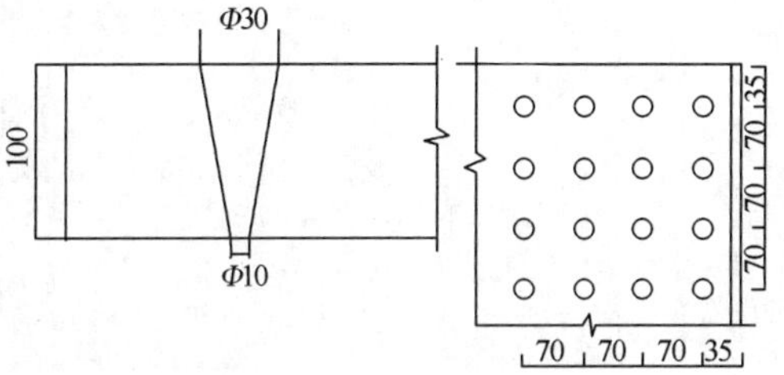

图 14-3　钢筋混凝土小阻力配水系统示意图

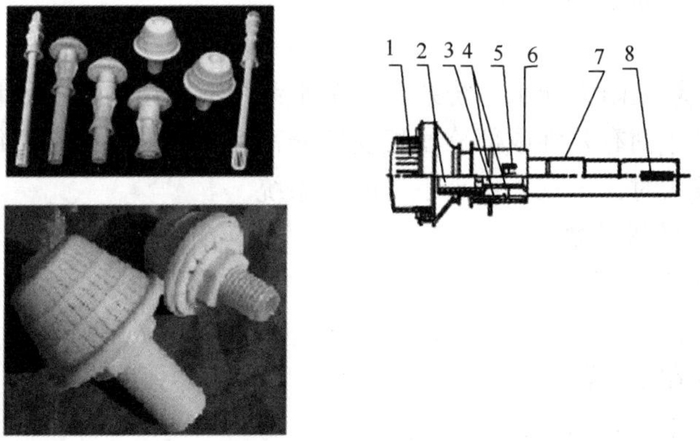

图 14-4　长(短)柄滤头

1—滤帽；2—螺纹；3—进气孔；4—调节瓣与防脱条；

5—卡销；6—预埋件；7—滤杆；8—进水缝

对于钢筋混凝土穿孔板，开孔比一般为 2%～3%。板上铺两层尼龙网，上层为 30～40 目，下层为 16～20 目，滤料直接放在其上，也可在孔板上直接铺卵石层后铺滤料层。

滤头是目前在气水反冲洗滤池中应用最普遍的配水、配气系统，有长、短柄之分，根据结构又可分为固定式和可调式。一般滤头由上部滤帽、滤杆和预埋套管组成。每只滤帽上开有多条缝隙，缝隙在 0.5～0.25mm 之间，可根据滤料粒径选择。滤杆上部设有小孔，下部有一条缝隙。冲洗时空气从滤柄上部的气孔进入，水则在滤柄下部的缝隙和底部进入。安装滤头时，固定底板的接缝之间必须严密、可靠，不得漏气漏水。滤头固定板的上表面应平整，每块板的水平误差不得大于 2mm，整个池内板面的误差不得大于 5mm。安装前，先把套管预先埋入滤板内。滤板开孔比约 1.5%左右，滤头布置数一般为 48～60 个/m^2。其安装示意图见图 14-5，安装滤头后，固定底板接缝之间的处理见图 14-6。

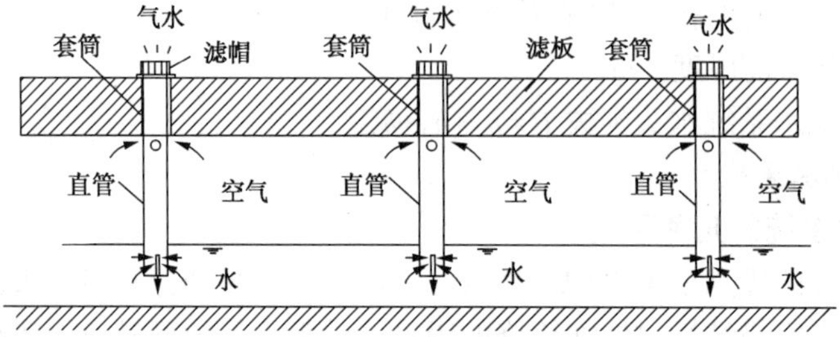

图 14-5　滤头安装示意图

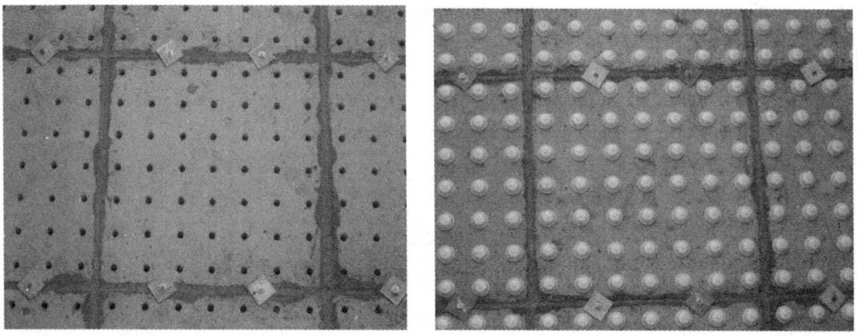

图 14-6　固定底板接缝的处理

2. 小阻力配水系统的特点

（1）反冲洗水头小；

（2）配水均匀性较大阻力配水系统差，当配水系统室内压力稍有不均匀，滤层阻力稍不均匀，滤板上孔口尺寸稍有差别或部分滤板受堵塞，配水均匀程度都会敏感地反映出来；

（3）滤池面积较大时，不宜采用小阻力配水系统。

3. 小阻力配水系统设计要点

1）钢筋混凝土孔板构造

（1）钢筋混凝土板尺寸由滤池大小确定，但应小于 800mm×800mm；

（2）孔眼开孔率在 1%左右；

（3）孔眼流速为 1.0～1.5m/s；

（4）孔板厚一般为 100mm；

（5）孔板上铺 1～2 层目数为 30～40 的尼龙网；

（6）配水室高度大于 0.4m；

（7）承托层厚 200～300mm；承托层粒径为 2～16mm。

2）钢格栅构造

（1）每块钢格栅尺寸一般为 980mm×980mm；

（2）框架高 70mm；

（3）栅条钢筋直径为 12mm，净距 12mm。

3）木格栅构造

格栅高为 80～100mm；栅条厚为 15～20mm；栅条宽可为 20mm；缝隙宽为 3～5mm。

4）长柄滤头配气配水系统

应按冲洗气量、水量，并根据下列数据通过计算确定：

（1）配气干管进口处的流速为10~15m/s；

（2）配水（气）渠配气孔出口流速为10m/s左右；

（3）配水干管进口端流速为1.5m/s。

（4）配水（气）渠配水孔出口流速为1~1.5m/s。

另外，要求配水（气）渠顶上宜设排气管，排出口需设在滤池水面以上。配水系统要求能均匀地收集滤后水和分配反冲洗水，并要求安装维修方便，不易堵塞，经久耐用。

4. 小阻力配水系统水头损失

1）孔眼水头损失

水通过配水系统的孔眼时，水头损失按公式（14-6）计算。

$$h=\frac{1}{2g}(q/\alpha\beta)^2\times10^{-6} \tag{14-6}$$

式中 h——水流通过配水系统的水头损失，m；

g——重力加速度，m/s^2；

q——冲洗强度，$L/(m^2\cdot s)$；

α——流量系数；流量系数α应试验确定，无试验数据时，可参考表14-4选用；

β——开孔比，$\beta=\frac{配水孔眼总面积}{过滤面积}$。

表14-4 流量系数α值

形式	α	形式	α
滤头	0.8	钢筋混凝土栅条	0.6
缝式圆形栅条	0.85	孔板	0.75
木栅条	0.6	滤球	0.78

一般情况下，小阻力配水系统的开孔比宜保持在1%左右，例如快滤池采用单层孔板，开孔比=1.03%，反冲洗强度$q=15L/(m^2\cdot s)$，$\alpha=0.75$，由式（14-6）得$h=0.189m$。

2）长柄滤头水头损失

冲洗水通过长柄滤头的水头损失和冲洗空气通过长柄滤头的压力损失可按产品实测资料确定。

五、冲洗系统

冲洗的目的是使滤层在短时间内恢复工作能力，冲洗方法一般采用水流自下而上的反冲洗，有时也辅以表面冲洗。

（一）滤池冲洗方式的选择

应根据滤料层组成、配水配气系统型式，通过试验或参照相似条件下已有滤池的经验确定，或按表14-5选用。

表14-5 冲洗方式和程序

滤料组成	冲洗方式、程序
单层粗砂级配滤料	水冲或气冲+水冲
单层粗砂均匀级配滤料	气冲+气水同时冲+水冲
双层煤、砂级配滤料	水冲或气冲+水冲

（二）冲洗参数要求

冲洗参数包括冲洗周期、冲洗强度、冲洗历时和滤层膨胀率等。

1. 冲洗周期

冲洗周期采用24~36h。

2. 单水冲洗强度与历时

单位面积滤层上所通过的冲洗水量成为冲洗强度。对于单层砂滤池，单水冲洗滤池的冲洗强度及冲洗时间宜按表14-6采用。

表14-6　水冲洗强度及冲洗时间(水温20℃时)

滤 料 组 成	冲洗强度/[L/(m^2·s)]	膨胀率/%	冲洗时间/min
单层粗砂级配滤料	12~15	45	5~7
双层煤、砂级配滤料	13~16	50	6~8

3. 气水冲洗强度及冲洗时间

气水冲洗强度及冲洗时间可采用表14-7提供的数据。

表14-7　气水冲洗强度及冲洗时间

滤料种类	先气冲洗		气水同时冲洗			后水冲洗		表面扫洗	
	气强度/[L/(m^2·s)]	时间/min	气强度/[L/(m^2·s)]	水强度/[L/(m^2·s)]	时间/min	水强度/[L/(m^2·s)]	时间/min	水强度/[L/(m^2·s)]	时间/min
单层细砂、级配滤料	15~20	3~2				8~10	5~4		
双层煤、砂级配滤料	15~20	3~2				6.5~10	5~4		
单层粗砂、均匀级配滤料	13~17	2~1	13~17	3~4	4~3	4~8	3~2		
	13~17	2~1	13~17	2.5~3	5~4	4~6	3~2	1.4~2.3	全程

4. 滤层膨胀率

在强大的自下而上的水流冲击下，滤层会逐渐膨胀起来。滤层膨胀后所增加的厚度与膨胀前的厚度之比称滤层膨胀率。滤层膨胀率对冲洗效果影响很大。在一定的膨胀率下，悬浮于上升水流中的滤料颗粒通过相互碰撞和摩擦洗去砂粒表面的污泥。当膨胀率小，则滤料颗粒间的碰撞摩擦概率减少，而导致清洗不彻底；膨胀率过大，严重时会造成滤料随水流失。生产实践表明，单层砂滤料的膨胀率以45%为宜。

（三）冲洗系统设计

冲洗的方式一般有以下形式：单独用水反冲洗，固定式表面冲洗的水反冲洗，气水反冲洗等。

1. 单独用水反冲洗

单独用水反冲洗必须设冲洗水泵或冲洗水塔(箱)。

1）水泵冲洗

采用水泵冲洗时，需考虑有备用措施。冲洗水泵的流量及扬程分别由式(14-7)、式(14-8)计算。

$$Q=qf \qquad (14-7)$$

$$H=H_0+h_1+h_2+h_3+h_4+h_5 \qquad (14-8)$$

式中　Q——水泵出水量，L/s；

q——冲洗强度，L/(m^2·s)；

f——单个滤池面积，m^2；

H——水泵所需扬程，m；

H_0——洗砂排水槽顶与吸水池最低水位高差，m；

h_1——吸水池与滤池间冲洗管的沿程水头损失与局部水头损失之和，m；

h_2——孔口平均水头损失，m；

h_3——承托层水头损失，m；

h_4——滤料层水头损失，m；

h_5——富余水头，一般取1m。

2）水箱(水塔、水柜)冲洗

采用水箱(水塔、水柜)冲洗时，水箱中水深不宜超过3m，水箱应在滤池冲洗间歇时间内充满，并应有防止空气进入滤池的措施。水箱的容积可采用一次冲洗水量1.5倍，水箱底部高于洗砂排水槽顶的高度，可按式(14-9)计算。

$$H_0=h_1+h_2+h_3+h_4+h_5 \tag{14-9}$$

式中　H_0——排水槽顶与水箱最低水位高差，m；

h_1——冲洗水箱至滤池大阻力配水系统间的水头损失，m；

h_2——孔口平均水头损失，m；

h_3——承托层水头损失，m；

h_4——滤料层水头损失，m；

h_5——富余水头，一般取1m。

2. 气水反冲洗

冲洗用空气宜采用鼓风机直接供给，经技术经济分析后认为合理时，也可采用空气压缩机-贮气罐组合供气方式。

1）鼓风机直接供气

(1) 先气后水冲洗时，鼓风机出口处的静压力应为输配气系统的压力损失和富余压力之和，即：

$$H_A=h_1+h_2+9810Kh_3+h_4 \tag{14-10}$$

式中　H_A——鼓风机出口处的静压，Pa；

h_1——输气管道的压力总损失，Pa；

h_2——配气系统的压力损失，Pa；

K——系数，1.05~1.10；

h_3——配气系统出口至空气溢出面的水深，m；

h_4——富余压力，取4900Pa。

(2) 采用长柄滤头气水同时冲洗时，按式(14-11)计算。

$$H_A=h_1+h_2+h_4+h_5 \tag{14-11}$$

式中　H_A——鼓风机出口处的静压，Pa；

h_1——输气管道的压力总损失，Pa；

h_2——配气系统的压力损失，Pa；

h_4——富余压力，取4900Pa；

h_5—气水室中的冲洗水水压，Pa。

2）空压机串联储气罐供气

空压机串联储气罐供气时，空压机容量可按式(14-12)计算求得。

$$W=\frac{(0.06qFt-VP)K}{t} \tag{14-12}$$

式中 W——空压机容量，m^3/min；

q——空气冲洗强度，$L/(m^2 \cdot s)$；

F——单个滤池面积，m^2；

t——单个滤池设计气冲时间，min；

V——中间储气罐容积，m^3；

P——储气罐可调节的压力倍数；

K——漏损系数，取1.05~1.10。

按式(14-11)计算时，还应复核。

V型滤池利用部分滤前水在滤池冲洗时对滤池砂面进行横向扫洗，横向水流将悬浮在水面和砂面间的杂质推向洗砂槽排出。

3. 固定式表面水反冲洗

有的滤池还配备有固定式表面水反冲洗设施，固定式表面水反冲洗的设计计算如下：

（1）冲洗水头一般取0.2MPa；

（2）穿孔管孔眼流速可按需要决定，也可参考式(14-13)计算确定。

$$v_2=\frac{q\times10^3}{\varphi} \tag{14-13}$$

式中 v_2——穿孔管孔眼流速，一般为6~8m/s；

q——表面冲洗强度，一般为2~3L/($m^2 \cdot s$)；

φ——穿孔管孔眼总面积与滤池面积之比，宜采用0.03%~0.05%，当q采用低值时，φ必须采用低值；当q采用高值时，φ也须采用高值。

（四）冲洗废水的排出

冲洗废水的排出采用冲洗排水槽或者排水渠，冲洗排水槽的设计要求如下：

（1）冲洗排水槽平面总面积一般不大于单个滤池面积的25%，否则，会影响上升水流的均匀性；

（2）相邻两槽的中心间距一般为1.5~2.0m，间距过大，难以排水均匀；

（3）槽内水面以上一般要有7cm左右的保护高，以保证冲洗废水自由跌水进入排水槽；

（4）排水槽的废水应自由跌水进入排水渠，以免引起壅水现象；

（5）每单位槽长的溢入流量应相等，故施工时冲洗排水槽口应力求水平，误差限制在2mm内。

第二节　滤池与滤池的设计

一、普通快滤池

普通快滤池滤料一般为单层细砂级配滤料或煤、砂双层滤料，冲洗采用单水冲洗，冲洗水由水塔(箱)或水泵供给。普通快滤池结构示意图见图 14-7。

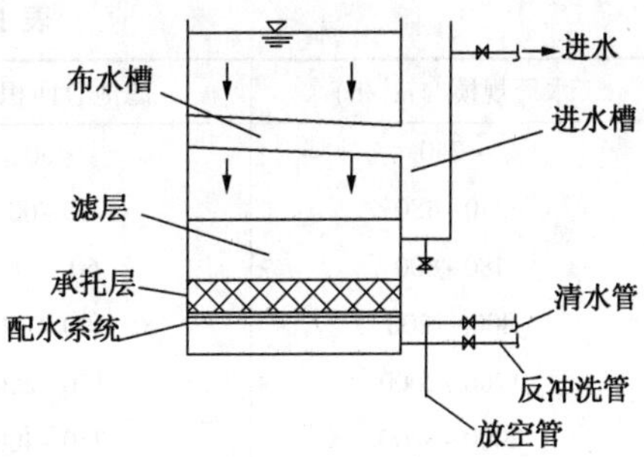

图 14-7 普通快滤池结构示意图

（一）适用条件

(1) 一般适用于大、中型水厂，为避免冲洗不均匀，单池面积不宜超过 $50m^2$；

(2) 可与平流沉淀池或斜管沉淀池组合使用；

(3) 普通快滤池高度包括承托层、滤料层、砂面上水深以及超高，一般总高度在 3.2~3.6m。

（二）滤池的一些要求

(1) 滤料粒径可根据需要做出调整，粗粒滤料可达 1.2~2.0mm，冲洗强度亦应作相应调整，有条件时可改造为气水联合冲洗；

(2) 根据污水性质需选择耐腐蚀滤料，如多孔陶粒、瓷砂等；

(3) 处理含金属离子或荷 ζ 电位较高粒子的废水，可设活性炭滤层来提高处理效果；

(4) 反冲洗水力分级大，砂粒不均匀系数(k_{80})应尽可能小，以免滤池水头损失增大。

(5) 宜采用大阻力配水系统；

(6) 滤层表面以上的水深宜采用 1.5~2m；

(7) 普通快滤池设计过滤周期为 12~24h；

(8) 滤池底部宜设有排空管，其入口处设栅罩，池底坡度约 0.005；

(9) 配水系统干管末端一般装排气管，管径为 32~40mm，排气管伸出滤池顶处应加截止阀；

(10) $DN \geqslant 300$ 的阀门及冲洗阀门一般采用电动阀或气动阀；

(11) 每格滤池应设水头损失计及取样管；

(12) 密封渠道应设检修人孔。

（三）快滤池设计要求与参数

1. 滤料与滤速

滤料与滤速的设计参见表 14-1、表 14-2。

2. 滤池

1) 滤池总面积 F

滤池总面积 F 按式(14-14)确定：

$$F=\frac{Q}{v(T_0-t_0)} \tag{14-14}$$

式中 F——滤池总过滤面积，m^2；

Q——设计水量，m^3/d；

v——设计滤速，m/h；

T_0——滤池每日工作时间，h；

t_0——滤池每日冲洗过程的操作时间，h。

2) 滤池个数

滤池个数一般不少于两个。滤池个数多，单池面积小，配水均匀，冲洗效果好，滤池总面积和格数可参见表 14-8 采用。

表 14-8　滤池总面积和格数

水厂规模/(m^3/h)	滤池总面积/m^2	格数	单格面积/m^2
<240	<30	2	10~15
240~480	30~60	2~3	15~20
480~800	60~100	3~4	20~25
800~1200	100~150	4~5	25~30
1200~2000	150~250	5~6	30~40
2000~3200	250~400	6~8	40~50
3200~4800	400~600	8~10	50~60

3）单池尺寸

单个滤池面积按式(14-15)计算：

$$f=\frac{F}{N} \tag{14-15}$$

式中　f——单个滤池面积，m^2；

F——滤池总面积，m^2；

N——滤池个数。

4）滤池的形状

可为正方形或矩形，滤池长宽比见表 14-9。

表 14-9　滤池长宽比

单个滤池面积/m^2	长：宽
≤30	(1：1.5)~(1：2)
>30，一般不大于 100	(1：2)~(1：4)
当采用旋转式表面冲洗时	(3：1)~(4：1)

5）滤池布置

（1）当滤池个数大于 6 个小时，宜用双行排列；

（2）单个滤池面积大于 50m^2时，可考虑设置中央集水渠。

6）管(槽)流速

进水管流速 0.8~1.2m/s；出水管流速 1.0~1.5m/s；冲洗水管流速 2~2.5m/s；排水管流速 1~1.5m/s。滤池管道直径的选择可参考表 14-10。

表 14-10　滤池管道直径的选择

单池面积/m^2	10	15	20	25	30	40	50
过滤水量/(m^3/h)	80	120	160	200	240	320	400
进水管/mm	150	200	250	250	300	300	400
冲洗水管/mm	150	150	200	200	200	250	250
清水管/mm	150	200	250	250	300	300	400
排水管/mm	150	200	200	250	250	300	400

二、双层滤料滤池

双层滤料滤池一般采用普通快滤池布置方式。

（一）双层滤料及滤速

双层滤料及滤速选择见表 14-1、表 14-2。含短纤维及黏性污染物的废水，不宜用双层滤料滤池，以免反冲洗不易清洗干净。

（二）最大粒径的选择

根据反冲洗后两层滤料交界面控制混杂程度的要求，最大无烟煤粒径与最小砂层的粒径比：

$$\frac{d'_{max}}{d_1}=K\frac{\gamma_1-1}{\gamma_2-1} \tag{14-16}$$

式中 d'_{max}——最大无烟煤粒径，mm；

d_1——最小砂层粒径，mm；

K——不均匀系数，一般采用 1.25~1.5；

γ_1——砂的相对密度，无资料时可取 2.65；

γ_2——无烟煤的相对密度，无资料时可取 1.82。

（三）洗砂排水槽顶距滤层表面高度

洗砂排水槽顶距滤层表面高度可按式(14-17)计算。

$$H=e_1H_1+e_2H_2+2.5x+\delta+0.075 \tag{14-17}$$

式中 H——洗砂排水槽顶距滤层表面高度，m；

e_1——砂层膨胀率，取 40%~50%；

H_1——砂层厚度，m；

e_2——无烟煤膨胀率，一般取 50%~60%；

H_2——无烟煤厚度，m；

x——洗砂排水槽槽宽的一半，m；

δ——洗砂排水槽槽底厚度，m。

三、翻板滤池

翻板阀滤池源于瑞士苏尔寿公司，因其反冲洗排水阀板在工作过程中可以在 0°~90°间翻转而得名。翻板滤池具有截污量大、过滤效果好，反冲洗后滤料洁净度高等诸多优点，并且滤池结构简单、投资省，因此近年来在国内逐渐得以推广应用。翻板滤池与工作状态示意图分别见图 14-8、图 14-9。

图 14-8 翻板滤池

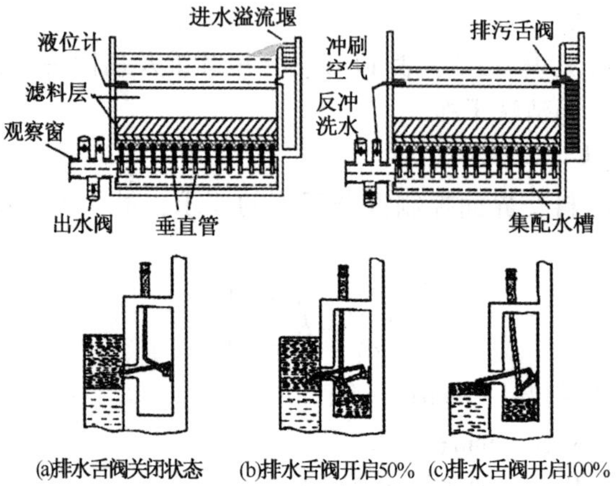

图 14-9　翻板滤池工作状态示意图

翻板阀滤池的配水系统属于小阻力配水系统，采用独特的上下双层配气配水层形式，由横向配水管、竖向配水管和竖向配气管组成。这种独特的结构特点使得翻板阀滤池获得较其他类型滤池更均匀的配水配气性能。翻板阀滤池的反冲洗方式也与其他类型气水反冲洗滤池不同，翻板阀滤池采用闭阀冲洗方式，冲洗过程分为：气冲+气水联冲+单独水冲，无论气水冲还是水冲，都不向外排水，整个反冲洗阶段结束后，静止数十秒后再排水，因此翻板阀滤池基本不会出现滤料流失现象。

（一）翻板滤池的主要特点

1）滤料、滤层可多样化选择

根据滤池进水水质与对出水水质要求的不同，可选择单层均质滤料或双层、多层滤料，亦可更改滤层中的滤料。一般单层均质滤料采用石英砂(或陶粒)；双层滤料为无烟煤与石英砂(或陶粒与石英砂)；当滤池进水水质差，如原水受到微污染，含有机物较高时，可用颗粒活性炭置换无烟煤等滤料。

2）滤料流失率比其他滤池低

对于翻板滤池来说，由于它具有以下设计特点，因此滤料流失率比其他滤池低。

（1）排水舌阀的内侧高于滤料层 0.15~0.20m；

（2）排水舌阀是在反冲洗结束，滤料沉降 20s 后再逐步开启，从而保证轻质滤料不至于通过排水舌阀(板)流失。

3）滤料反冲洗净度高、周期长与容污能力强

翻板滤池反冲洗的水冲段(第三阶段)强度达 15~16L/(m^2·s)，使滤料膨胀成浮动状态，从而冲刷和带走前两阶段(气冲段、气水冲段)洗擦下来的截留污物和附在滤料上的小气泡。一般经两次反冲洗过程，滤料中截污物遗留量少于 0.1kg/m^3，从而使翻板滤池的运行周期延长。通常情况下，翻板阀滤池的过滤周期为 36~72h(滤前水浊度按 5NTU 计)。

4）出水水质好

有关资料表明：当进入滤池的浊度小于 5NTU 时，双层滤料滤池的出水水质可达 0.2NTU 的概率为 95%，出水水质小于 0.5NTU 的概率为 100%。

5）反冲洗水耗低、水头损失小

翻板滤池的水冲强度[15~16L/(m^2·s)]、滤料膨胀率(可高达 40%)与普通快滤池相近；但它的水冲时间短(共 2 次，每次 2.2min)，反冲洗周期长(进水浊度 5NTU 时，反冲洗

周期 36~72h)，故反冲洗水耗量少，一般约为 $3\sim4.5m^3/m^2$，相应的反冲泵耗电量也较小。据运行表明，滤层厚 1.5m、滤速为 9m/h 时，滤料层产生的水头损失约为 0.35~0.40m。

6) 双层气垫层，保证布水、布气均匀

滤池在底板上、下形成两个均匀的气垫层，从而保证布水、布气均匀，避免气水分配出现脉冲现象，影响反冲洗的效果。

7) 气水反冲系统结构简单，施工进度快

翻板滤池气水反冲系统主要有：拱形穿孔管布水布气系统和滤板滤头布水布气系统两种形式。

(1) 拱形穿孔管布水布气系统

采用底板上部横向 PE 拱形穿孔管和下部纵向不锈钢布水布气管组成，见图 14-10、图 14-11，此布水布气系统施工简单，但投资较高。

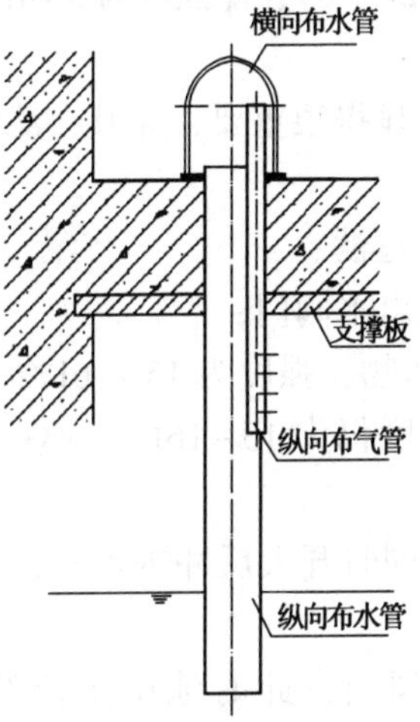

图 14-10　横向布水管与纵向布水布气管

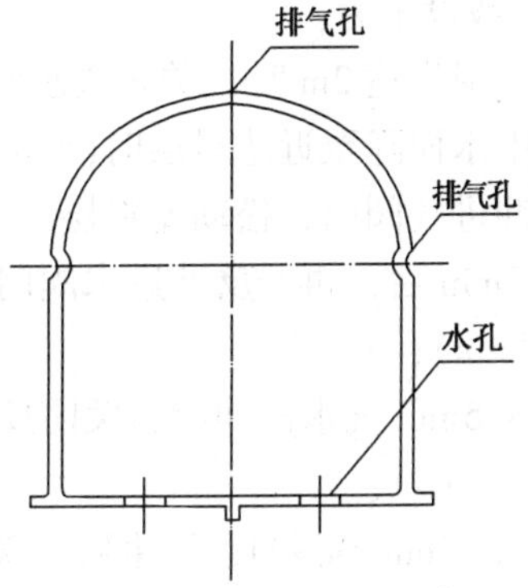

图 14-11　横向布水管示意图

(2) 滤板滤头布水布气系统

采用长柄滤头滤板，该系统施工精度相对要求高，但投资低。笔架山水厂翻板滤池布水布气系统采用长柄滤头滤板，为保证布水布气均匀，设计在滤板下面设置配水配气渠，在配水配气渠下部布置布水孔，在配水配气渠上部设置竖向不锈钢布气管，竖向不锈钢管顶部和下部开孔，以形成双气垫层，从而保证反冲洗均匀，分别见图 14-12、图 14-13。

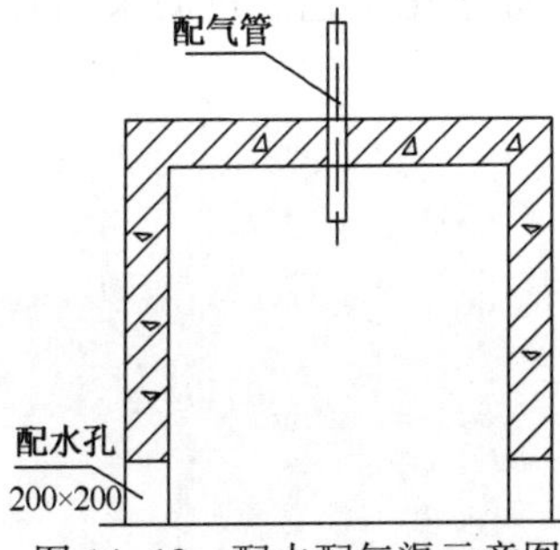

图 14-12　配水配气渠示意图

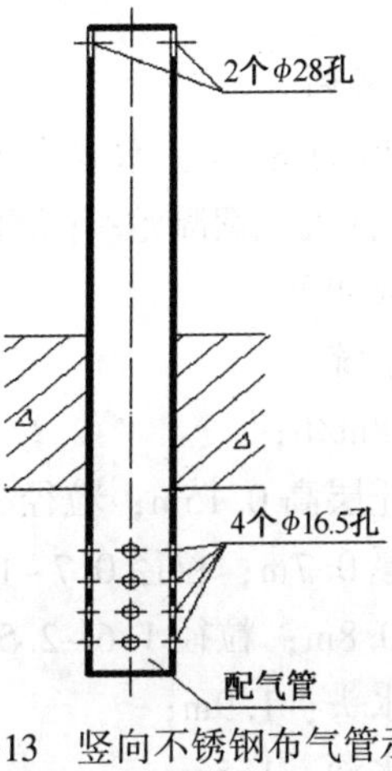

图 14-13　竖向不锈钢布气管示意图

（二）翻板滤池设计参数

计算与普通快滤池相似，主要设计参数取用如下：

（1）过滤速度：当进水浊度≤5NTU，滤速取 6~10m/h；

（2）滤层厚度：一般用 1.5m 厚。当采用双层滤料时，陶粒：厚 800mm，粒径 1.6~2.5mm；石英砂：厚 700mm，粒径 0.7~1.2mm。

（3）过滤水头损失：一般取 2m，相应的双层滤料滤池的纳污率为 2.5kg/m^3。

（4）反冲强度：气冲强度约为 17L/(m^2·s)，相应冲洗速度最小为 60m/h；水冲强度为 15~16L/(m^2·s)，相应冲洗速度 54~57.6m/h。

（5）反冲时间与单位耗水量、耗气量。

① 单气冲：历时 2min，冲洗强度 15~16L/(m^2·s)；

② 气水联合冲：历时 4~5min，冲洗强度 15~16L/(m^2·s)、冲强度为 3~4L/(m^2·s)；

③ 水冲：历时 2.5min，单耗水 15~16L/(m^2·s)。

（6）自控系统设计对于翻板滤池运行自控程度设计显得很重要，尤其在滤池反冲洗时段尤为重要，一般设定为：

① 当水头损失达 2m 时，关闭进水阀门，滤池继续过滤；

② 待池中水面降至近滤料层时(约高 15cm)，关闭出水阀门；

③ 开反冲进气阀门，松动滤料层，摩擦滤料的截污物，强度为 15~16L/(m^2·s)；

④ 历时 2min 后，再开反冲进水阀门，此时气冲强度仍为 15~16L/(m^2·s)，水冲强度为 3~4L/(m^2·s)；

⑤ 历时 4.5min 气水混冲后，关闭反冲进气阀门，同时开大反冲进水阀，使水冲强度达到 15~16L/(m^2·s)；

⑥ 经 2~2.5min 高强度水冲后，关闭反冲进水阀门，此时池中水位约达最高运行水位；

⑦ 静止 20s 后开启反冲水排水舌阀(板)，先开 50%开启度，然后开 100%开启度进行排水；

⑧ 一般在 60~80s 内排完滤池中的反冲洗水，关闭排水舌闭(板)，重复程序，再反冲洗一次。一般通过两次反冲洗后，滤料中含污率低于 0.1kg/m^3，并且附着在滤料上的小气泡也基本上被冲掉。然后开启进水阀门，待池中水位达一定高度时，开出水阀门，进入新一轮过滤周期。

（三）工程实例

工程规模 40 万 m^3/d；水源为水库水，原水最高浊度小于 30NTU，一般在 20NTU 以下。采用机械混合池+机械絮凝池+平流沉淀池+过滤+消毒净化工艺。过滤采用翻板型滤池。翻板滤池设计参数如下：

（1）过滤系统

滤速：8.38m/h；

滤料：承托层高 0.15m；粒径 3~12mm；

石英砂：厚 0.7m；粒径 0.7~1.2mm；

陶粒：厚 0.8m；粒径 1.6~2.5mm；

过滤容污水头：1.9m；

滤料层上水深：1.5m。

(2) 布水布气系统

采用独立纵向布水、布气管和横向排水管的布水布气系统。

四、V 型滤池

(一) 原理

V 型滤池是法国德格雷蒙(DEGREMONT)公司设计的一种快滤池，V 型滤池因两侧(或一侧也可)进水槽设计成 V 字形而得名，目前在我国普遍应用，适用于大、中型水厂。

V 型滤池一般采用较粗、较厚的均匀颗粒的石英砂滤层，V 型滤池提升了过滤及反冲洗的自动化控制，另外由于采用了不使滤层膨胀的气、水同时反冲洗兼有待滤水的表面扫洗，明显提升了滤池的反冲洗效果，改善 V 型滤池过滤能力的再生状况，从而增大滤池的截污能力，降低了滤池的反冲洗频率，具有出水水质好、滤速高、运行周期长、反冲洗效果好、节能和便于自动化管理等特点。

20 世纪 80 年代后期，南京、西安、重庆等地开始引进使用。20 世纪 90 年代以来，我国新建的大、中型给水差不多都采用了 V 型滤池这种滤水工艺。近几年来，V 型滤池作为工艺处理核心单元出现在我国很多钢铁企业总排口的废水处理及回用工程中。

滤池的主要工艺结构由一般由 4 部分组成：进水系统、过滤系统、反冲洗系统、反冲洗扫洗系统和排水系统。V 型滤池结构示意图见图 14-14，V 型滤池图见图 14-15。

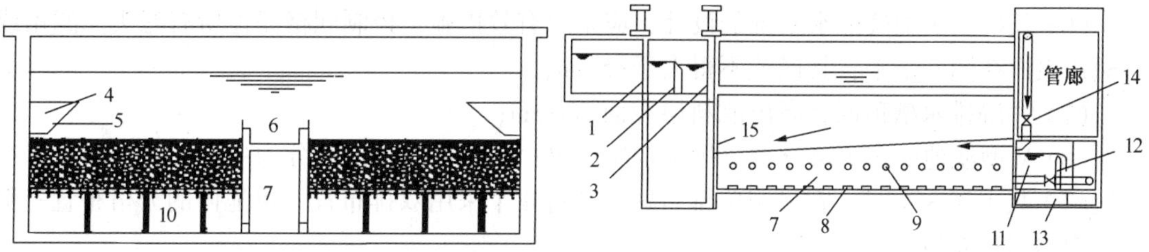

图 14-14　V 型滤池结构示意图

1—进水气动隔膜阀；2—堰口；3—侧孔；4—V 型槽；5—布水小孔；
6—排水渠；7—气水分配渠；8—配水方孔；9—配气孔；10—底部空间；
11—水封井；12—出水堰；13—清水渠；14—进气阀；15—排水阀

V型滤池采用的滤板　　没有安装滤板之前的V型滤池

图 14-15　V 型滤池图

(二) 工艺特点

V 型滤池是一种气水反冲洗快滤池，它的主要特点是：

(1) 采用均质滤料，滤层的纳污能力得到增强；

（2）在水冲洗过程中引入了气洗和横向表面扫洗，可以快速地将杂质排入污水槽中，从而减少冲洗时间，冲洗水量大大减少；

（3）反冲洗时，滤料处于微膨胀状态，可减少滤池深度；

（4）采用V型槽进水，布水均匀。

（三）适应范围

（1）大中水量污水处理；

（2）城市污水处理厂除氮脱磷深度处理；

（3）工业废水处理回用工艺；

（4）进水 SS<10~15mg/L。

（四）设计要求

（1）滤层表面以上水深不应小于1.2m；

（2）两侧进水槽的槽底配水孔口至中央排水槽边缘的水平距离宜在3.5m以内，最大不得超过5m，表面扫洗配水孔的预埋管纵向轴线应保持水平；

（3）水槽断面应按非均匀流满足配水均匀性要求计算确定，其斜面与池壁的倾斜度宜采用45°~50°；

（4）进水系统应设置进水总渠，每格滤池进水应设可调整高度的堰板；

（5）反冲洗空气总管的管底应高于滤池的最高水位；

（6）长柄滤头配气配水系统的设计，应采取有效措施，控制同格滤池所有滤头、滤帽或滤柄顶表面在同一水平，其误差不得大于±5mm；

（7）冲洗排水槽顶面宜高出滤料层表面500mm；

（8）V型滤池的布置可分为单排及双排布置；就单池而言，可分为单格及双格布置。当滤池的个数少于3个时，宜采用单排布置，超过4个采用双排布置。单池内的分格布置一般采用双格对称布置。

（五）设计数据及要点

1）滤速与滤料的选择

V型滤池的滤速可达7~20m/h，一般为12.5~15.0m/h，滤速的选择也可参考见表14-1；滤料采用单层加厚均粒滤料，粒径一般为0.95~1.35mm，允许扩大到0.7~2.0mm，不均匀系数1.2~1.6或1.8之间。

2）过滤周期

一般采用24~48h。

3）滤池个数及单池尺寸

（1）滤池个数

滤池个数的确定应作技术经济比较。无资料时，可参考表14-11选用。

表14-11 滤池总过滤面积的滤池个数参考

滤池总过滤面积/m^2	滤池个数/个	滤池总过滤面积/m^2	滤池个数/个
<80	2	250~350	4~5
80~150	2~3	350~500	5~6
150~250	4	500~800	5~8

（2）单池尺寸

单格滤池的宽度一般在3.5m以内，最大不超过5m。无资料时，可参考表14-12。

表 14-12 滤池尺寸及面积

宽度/m	长度/m	单格面积/m^2	双格面积/m^2
3.5	8.6~14.3	30.0~50.0	60.0~100.0
4.0	12.5~16.3	50.0~55.0	100.0~130.0
4.5	12.2~17.8	55.0~80.0	110.0~160.0
5.0	14.0~20.0	70.0~100.0	140.0~200.0

4）进水及布水系统

（1）溢流堰设置于进水总渠，堰顶高度根据设计允许的超负荷要求确定。

（2）进水孔一般应有两个，即主进水孔及扫洗进水孔。主进水孔一般设气动或电动闸板阀，表面扫洗孔也可设手动闸板。

（3）进水堰的堰板宜设计为可调式，以便调节单池进水量，使各池进水量相同。

（4）进水槽的底面应与 V 型槽底平，不得高出。

（5）V 型槽在滤池过滤时处于淹没状态。槽内设计始端流速不大于 0.6m/s。V 型槽底部的水平布水孔内径一般为 20~30mm，过孔流速 2m/s 左右，孔中心一般低于用水单独冲洗时池内水面 50~150mm。

5）冲洗水排水系统设计

（1）排水槽底板以≥0.02 的坡度坡向出口；底板底面最低处应高出滤板底约 0.1m，最高处高出 0.4~0.5m；排水槽内的最高水面宜低于排水槽顶面 50~100mm。排水槽底层为配气配水渠，两者的宽度宜一致。

（2）滤池冲洗时，排水槽顶的水深（堰顶水深）按式（14-18）计算：

$$h_1=\left[\frac{(q_1+q_3)B}{0.42\sqrt{2g}}\right]^{\frac{2}{3}} \tag{14-18}$$

式中 h_1——排水槽顶的水深，m；

q_1——表面扫洗水强度，$L/(m^2\cdot s)$；

q_3——水冲洗强度，$L/(m^2\cdot s)$；

B——单边滤床宽度，m；

g——重力加速度，9.8m/s^2。

6）排水渠

排水渠设在与管廊相对的一侧，槽出口设置电动或气动闸阀。

7）配气配水系统设计

（1）V 型滤池宜采用长柄滤头

配气配水渠进气干管管顶宜平渠顶，冲洗水干管管底宜平渠底。配气配水渠断面尺寸的确定应满足以下条件：进口处冲洗水流速一般≤1.5m/s；进口处冲洗空气流速一般≤5m/s。断面尺寸应和排水槽及气水室相配合，并能满足施工要求。

（2）气水室

配气孔顶宜与滤板板底相平，有困难时，可低于板底，但高差不宜超过 30mm。过孔气体流速为 15m/s 左右，通常预埋 UPVC 管，配气孔平面配置时应注意避开滤板梁。配水孔底应平池底，孔口流速为 1.0~1.5m/s 左右。支承滤板的滤板梁应垂直于配气配水渠，且梁顶应留空气平衡缝，缝高 20~50mm，长为滤板长的一半，布置在每块滤板长度的中间部位。气水室宜设检查孔，检查孔可设在管廊侧池壁上。

（3）滤头

① 开孔比β。

开孔比β应在1.2%~2.4%之间。

② 滤头个数。

一般布置滤头数为30~50个/m^2。

③ 滤头水头损失。

冲洗水、冲洗空气通过长柄滤头的水头损失，按产品的实测资料确定。通过长柄滤头的压力损失，按产品的实测资料确定。冲洗水和空气同时通过长柄滤头时的水头损失，按产品实测资料确定，无资料时可按式(14-19)计算其损失量。

$$\Delta H = 9810n(0.01 - 0.01V_1 + 0.12V_1^2) \tag{14-19}$$

式中 ΔH——气水同时通过长柄滤头比单一水通过长柄滤头时的水头损失增量，Pa；

n——气水比；

V_1——滤柄中的水流速度，m/s。

8）V型滤池冲洗水的供应

V型滤池冲洗水的供应宜用水泵，水泵的能力应按单格滤池冲洗水量设计，并设计备用机组。

9）V型滤池冲洗气源的供应

V型滤池冲洗气源的供应宜用鼓风机，并设置备用机组。

10）管(渠)流速

管(渠)设计流速宜参照表14-13。

表14-13 管(渠)参照流速

名　称	进水总渠	出水总管渠	冲洗水输水管	冲洗空气管	排水总渠
流速/(m/s)	0.7~1.0	0.6~1.2	2.0~3.0	10~15	0.7~1.5

（六）计算

1）过滤面积

过滤面积计算见公式14-15。

2）滤头个数

滤头个数可按式(14-20)、式(14-21)计算；

$$n = \beta \frac{f}{f_1} \tag{14-20}$$

$$n_1 = \frac{n}{f} = \frac{\beta}{f_1} \tag{14-21}$$

式中 n——单池滤头个数；

β——开孔比，宜取1.2%~2.4%；

f——单池过滤面积，m^2；

f_1——每个滤头缝隙面积，宜取0.00025~0.00065m^2；

n_1——每平方米滤板滤头个数，宜取30~55个/m^2。

3）滤池高度

滤池高度按式(14-22)计算。

$$H=H_1+H_2+H_3+H_4+H_5+H_6+H_7 \tag{14-22}$$

式中 H——滤池高度，m；

H_1——气水室高度，宜取0.7~0.9m；

H_2——滤板厚度，宜取0.1m；

H_3——承托层厚度，宜取0.01~0.10m；

H_4——滤料层厚度，宜取1.1~1.2m；

H_5——滤层上面水深，宜取1.2~1.5m；

H_6——进水系统跌差，(包括进水槽、孔洞水头损失及过水堰跌差)，宜取0.3~0.5m；

H_7——进水总渠超高，宜取0.3m。

4）冲洗水泵扬程

冲洗水泵扬程按式(14-23)计算。

$$H_p=9810H_0+(h_1+h_2+h_3+h_4+h_5) \tag{14-23}$$

式中 H_p——所需水泵扬程，Pa；

H_0——洗砂排水槽顶与吸水池最低水位高差，m；

h_1——水泵吸水口至滤池输水管道的总水头损失，Pa；

h_2——配水系统水头损失，主要是滤头的水头损失；

h_3——承托层水头损失，取200Pa；

h_4——滤层水头损失，取14700Pa；

h_5——富余水头，取9810~18620Pa。

5）冲洗用鼓风机出口压力

(1) 采用大阻力或长柄滤头先气后水冲洗

采用大阻力或长柄滤头先气后水冲洗时的鼓风机出口压力按式(14-24)计算。

$$P=P_1+P_2+kP_3+P_4 \tag{14-24}$$

式中 P——鼓风机出口压力，Pa；

P_1——送气管道的压力损失，Pa；

P_2——配气系统的压力损失，Pa；

K——系数，取10300~10790；

P_3——配气系统出口至空气溢出面水深，m；

P_4——富余压力，取4900Pa。

(2) 采用长柄滤头气水同时冲洗

采用长柄滤头气水同时冲洗时，鼓风机出口压力按式(14-25)计算。

$$P=P_1+P_2+P_4+P_5 \tag{14-25}$$

式中 P——鼓风机出口压力，Pa；

P_1——送气管道的压力损失，Pa；

P_2——配气系统的压力损失，Pa；

P_4——富余压力，取4900Pa；

P_5——气水室中的冲洗水水压，Pa。

(七) 工程实例

某水厂设计规模为20万m^3/a，采用的气水反冲洗V型滤池，分设十组滤格，滤池的设计参数如表14-14。

表 14-14　V 型滤池设计参数

设 计 项 目	设 计 参 数
设计滤速(V)/(m/h)	8
滤池有效面积/m^2	10×[2×(3.5×15)]=1050
石英砂滤料	粒径 d=0.95~1.35mm，厚 H=1.10m
承托层	粒径 d=4~8mm，厚 H=5mm
小阻力配水系统	滤板+长柄滤头，滤头个数 n=56 个/m^2
反冲洗时间和强度	(1) 气冲 3min，气冲强度 14L/(m^2·s)； (2) 气水冲 5min，气冲 7L/(m^2·s)；水冲 2.1L/(m^2·s)； (3) 气冲 5min，气冲强度 4.2L/(m^2·s)
扫洗强度(Q)/[L/(m^2·s)]	1.1
过滤周期(T)/h	36~48

运行期间，滤池运行稳定，在滤前水小于 5NTU 时，出水浊度基本保持在 0.2NTU 以下；滤料流失率不高，滤层厚度比设计值下降仅 5.4cm，占原来滤层厚度的 5%左右(估计主要是滤料粒径变细，滤层孔隙率下降所致)；此外，滤池四角及周边也均未出现泥团，滤层也未出现板结现象。它具有出水水质好，运行周期长，反冲洗效果好和便于自动化管理的特点。

我国在 20 世纪 80 年代末就引进了 V 型滤池技术，V 型滤池在我国实际使用十几年来，运行效果良好。该滤池具有优质过滤和有效冲洗所必需的全部特征，对其进行总结，在消化吸收其技术的基础上不断改进是非常有益的。在这方面我国做了有益的尝试，取得了一定的实践经验。在结合生产运行实际，我国在滤速控制设备的研制、气水反冲洗的进一步优化等方面努力探索，积累了许多宝贵的经验，目前阶段的 V 型滤池能够发挥其效能。

参　考　文　献

1　吴济华，马刚. 翻板型滤池[J]. 给水排水，1999，25(12)：21~24.
2　张伟，陈海松. 翻板型滤池的特点及设计探讨[J]. 中国给水排水，2005，21(4)：68~71.
3　周俊杰，江庆立，杨春尧等. 翻板滤池在昆明给水处理中的应用[J]. 给水排水，2006，32(3)：37~40.
4　张成. 翻板阀排水底板滤池技术要点[J]. 水电站设计，2004，20(3)：47~49.
5　李瑞成，戴雄奇，陈鹰. 翻板型滤池在实际工程中的设计探讨. 中国给水排水，2006，22(18)：48~51.
6　龚纯英. 虹吸滤池改为无排水槽气水反冲翻板滤池[J]. 中国给水排水. 2003，19(11)：73~74.
7　昆明市自来水总公司. 苏尔寿滤池的应用[EB/OL] http://www.ynwater.com/http_technology/tech/kskj/kjxm/4/suershou.htm，2009.
8　彭伟. 翻板阀滤池工艺设计[J]. 海峡科学，2007(10)：73~75.
9　冯霞，鲁彬，黄年龙. 深圳笔架山水厂翻板活性炭滤池工艺设计探讨[J]. 给水排水，2006，32(10)：1~3.
10　唐树仁. V 型滤池和气水反冲洗[J]. 中国给水排水，1992，8(5)：24~27.
11　陈宏景. V 型滤池新工艺的应用[J]. 福建建设科技，2006(5)：89~91.
12　王争元，徐强，胡宝娣. V 型滤池反冲洗排水系统的设计探讨[J]. 中国给水排水，2001，17(2)：50~52.

13　何家明. V 型滤池的设计与施工[J]. 中国给水排水，2005，21(1)：96~97.
14　张锐锋. V 型滤池特点的滤池设计与实践[J]. 化工科技. 1998，6(1)：48~52.
15　陈冬毅，施志强. 气水反冲洗滤池的优化运行[J]. 中国给水排水. 2001，17(4)：55~58.
16　杨国强. 浅谈 V 型滤池的机理和应用[J]. 安装，2005，10(36)：47~48.
17　张海斌，童胜. 浅谈 V 型滤池的工艺设计[J]. 工业安全与环保，2009，35(1)：24~26.

第十五章　厌氧消化器

第一节　厌氧生物处理工艺的发展概况及特征

一、厌氧生物处理工艺的发展历程

厌氧生物过程广泛地存在于自然界中，人类第一次有意识地利用厌氧生物过程来处理废弃物是在1881年，由法国的LouisMouras所发明的"自动净化器"开始。随后人类开始较大规模地应用厌氧消化过程来处理城市污水(如化粪池、双层沉淀池等)和剩余污泥(如各种厌氧消化池等)，这些厌氧反应器现在通称为"第一代厌氧生物反应器"，这些反应器共同特点有：

① 水力停留时间(HRT)很长，有时在污泥处理时，污泥消化池的HRT会长达90d，即使是目前在很多现代化城市污水处理厂内所采用的污泥消化池的HRT也还长达20~30d；

② 处理效率低，处理效果不好；

③ 有浓臭的气味。

以上这些特点使得人们对于进一步开发和利用厌氧生物过程的兴趣大大降低，而且此时利用活性污泥法或生物膜法处理城市污水已经十分成功。

进入20世纪50~60年代，特别是70年代的中后期，随着世界范围的能源危机的加剧，人们对利用厌氧消化过程处理有机废水的研究得以强化，相继出现了一批被称为现代高速厌氧消化反应器的处理工艺，厌氧消化工艺开始大规模地应用于废水处理，真正成为一种可以与好氧生物处理工艺相提并论的废水生物处理工艺。这些被称为现代高速厌氧消化反应器的厌氧生物处理工艺又被统一称为"第二代厌氧生物反应器"，主要包括：厌氧接触法、厌氧滤池(AF)、上流式厌氧污泥床(UASB)反应器、厌氧流化床(AFB)、厌氧生物转盘(ARBC)和挡板式厌氧反应器等。它们的主要特点有：

① HRT有所缩短，有机负荷大大提高，处理效率大大提高；

② HRT与SRT分离，SRT相对很长，HRT则可以较短，反应器内生物量很高。

以上这些特点改变了原来人们对厌氧生物过程的认识，因此其实际应用也越来越广泛。

进入20世纪90年代以后，随着以颗粒污泥为主要特点的UASB反应器的广泛应用，在其基础上又发展起来了同样以颗粒污泥为根本的颗粒污泥膨胀床(EGSB)反应器和厌氧内循环(IC)反应器。其中EGSB反应器利用外加的出水循环可以使反应器内部形成很高的上升流速，提高反应器内的基质与微生物之间的接触和反应，可以在较低温度下处理较低浓度的有机废水，如城市废水等；而IC反应器则主要应用于处理高浓度有机废水，依靠厌氧生物过程本身所产生的大量沼气形成内部混合液的充分循环与混合，可以达到更高的有机负荷，这些反应器又被统一称为"第三代厌氧生物反应器"。

二、厌氧生物处理的主要特征

(一) 优点

厌氧工艺的综合效益表现在环境、能源、生态三个方面，与废水的好氧生物处理工艺相比，废水的厌氧生物处理工艺具有以下主要优点：

（1）能耗大大降低，而且还可以回收沼气。

厌氧生物处理工艺无须为微生物提供氧气，所以不需要鼓风曝气，减少了能耗，而且厌氧生物处理工艺在大量降低废水中的有机物的同时，还会产生大量的沼气，具有一定的利用价值，可以直接用于燃烧或发电。

（2）污泥产量很低。

这是由于在厌氧生物处理过程中，废水中的大部分有机污染物都被用来产生沼气，而用于细胞合成的有机物相对来说要少得多；同时，厌氧微生物的增殖速率比好氧微生物低得多，产酸菌的产率为 0.15～0.34kgMLVSS/kgCOD，产甲烷菌的产率为 0.03kgMLVSS/kgCOD 左右，而好氧微生物的产率约为 0.25～0.6kgMLVSS/kgCOD。

（3）厌氧微生物有可能对好氧微生物不能降解的一些有机物进行降解或部分降解；因此，对于某些含有难降解有机物的废水，利用厌氧工艺进行处理可以获得更好的处理效果，或者可以利用厌氧工艺作为预处理工艺，可以提高废水的可生化性，提高后续好氧处理工艺的处理效果。

（4）有机负荷高，占地面积少。

（二）缺点

与废水的好氧生物处理工艺相比，废水厌氧生物处理工艺也存在着以下明显缺点：

（1）厌氧生物处理过程中所涉及的生化反应过程较为复杂。因为厌氧消化过程是由多种不同性质、不同功能的厌氧微生物协同工作的一个连续生化过程，不同种属间细菌的相互配合或平衡较难控制，因此在运行厌氧反应器的过程中需要很高的技术要求。

（2）厌氧微生物特别是其中的产甲烷细菌对温度、pH 等环境因素非常敏感，也使得厌氧反应器的运行和应用受到很多限制。

废水厌氧生物技术由于其巨大的处理能力和潜在的应用前景，一直是水处理技术研究的热点。从传统的厌氧接触工艺发展到现今广泛流行的 UASB 工艺，废水厌氧处理技术已日趋成熟。随着生产发展与资源、能耗、占地等因素间矛盾的进一步突出，现有的厌氧工艺又面临着严峻的挑战，尤其是如何处理生产发展带来的大量高浓度有机废水，使得研发技术经济更优化的厌氧工艺显得非常有必要。厌氧过程的实质是一系列复杂的生化反应，其中的底物、各类中间产物、最终产物以及各种群的微生物之间相互作用，形成一个复杂的微生态系统，各类微生物间通过营养底物和代谢产物形成共生关系。因此，反应器作为提供微生物生长繁殖的微型生态系统，各类微生物的平稳生长、物质和能量流动的高效顺畅是保持该系统持续稳定的必要条件，如何培养和保持相关类微生物的平衡生长已经成为新型反应器的设计思路。

第二节　高速厌氧生物反应器

实践表明，一个成功的厌氧生物反应器必须是：①具备良好的截留污泥性能，以保证拥有足够的生物量；②生物污泥能够与进水基质充分混合接触，以保证微生物能够充分利用其活性降解水中的基质。同时，研究人员基于对各类化合物厌氧降解机理研究的进展，从厌氧底物降解途径和动力学两方面入手，有提高和保持反应器内微生物活性的可靠措施，并与反应器的设计相结合，全面提高反应器的性能。

在我国已建成的沼气工程中，所采用的厌氧消化工艺主要有五类，即折流式反应器、完全混合式厌氧消化器、升流式固体反应器、升流式厌氧污泥床和升流式厌氧复合床，另外，还有内循环厌氧消化器(IC)也有应用介绍。

一、折流式厌氧反应器(ABR，Anaerobic baffledreactor)

(一) ABR反应器基本原理

折流式厌氧反应器是McCarty等人于1982年前后提出的一种新型高效厌氧反应器。该工艺使用一系列折流板使反应器分隔成一定数目且串联的隔室，水流由导流板引导上下折流前进，逐个通过反应器内的污泥床层，进水中的底物与微生物充分接触而得以降解去除。每一个隔室内培养出与该室环境条件相适应的微生物群落，与不同阶段的进水相接触，从而确保相应的微生物相拥有最佳的工作活性，在一定程度上实现了生物相的分离，从而可稳定和提高设施的处理效果；ABR还具有良好的生物固体的截留能力，延长水流在反应器内的流径，从而促进废水与污泥的接触。相对于其他厌氧反应器，ABR具有构造设计简单、启动容易、不需气固液三相分离器的缺点，在不同条件、在不同隔室中形成性能不同的颗粒污泥，为了进一步提高ABR的性能，可在反应器内增设填料。

(二) ABR反应器类型

图15-1(a)是Fannin等设计的最初的ABR结构示意图，随后，ABR在设计上做了很多改进，其一是为了延长污泥停留时间，其二的是用于处理难降解或高浓度废水。Bachmann等人将降流室缩窄并加入挡流板[图15-1(b)]，提高了甲烷产率和处理效率，但结果仍不够理想；图15-1(c)用于处理高浓度废水，隔室加大且放置了填料，在最后一个隔室增加了沉淀区；根据处理的废水类型，ABR器形还有其他改进型[图15-1(d)、图15-1(e)]，图15-1(d)和图15-1(e)是装入不同类型填料的HABR(Hybrid anaerobic baffled reactor)，使得微生物的生长以三种形式进行：一是微生物自身固定方式，即厌氧颗粒污泥；二是悬浮生长的污泥；三是附着在填料上生长的生物膜。这种反应器成为复合折流板式厌氧反应器HABR，与其他形式的ABR相比，它可以截流更多的生物量，能提高反应器的容积负荷和处理效率，该反应器对流体流速要求不是很高，但HABR反应器的效果目前还没有大的工程实例。

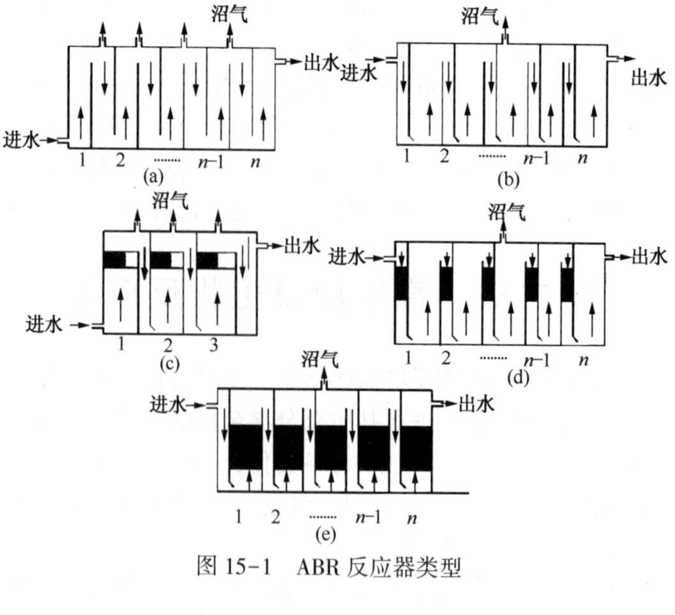

图15-1 ABR反应器类型

（三）ABR 反应器存在的问题

（1）为了保证一定的水流和产气上升速度，反应器不能太深；

（2）进水如何均匀分布；

（3）反应器的第一格不得不承受远大于平均负荷，因此可能会导致处理效率的下降。

（四）ABR 工艺设计

1. 水力条件设计

1）水力流态

反应器的水力流态及其优劣可用容积有效利用率或反应器的死区容积百分数来描述，ABR 反应器的死区容积应控制在 7%~20%。

2）水力停留时间

水力停留时间是厌氧反应器的重要控制指标，对浓度一定的废水，HRT 决定着反应器的处理能力，因此，应综合考虑 HRT 和 COD 去除率两个方面的因素来选择合适的 HRT。实验表明，当有机负荷一定时，反应器的 COD 去除率随着水力停留时间的下降呈现先上升后下降的趋势。对于 ABR 反应器来说，若水力停留时间过长，则升流区上升流速过低，微生物不能很好地接触到基质，因此去除率不高；停留时间太短，废水与微生物不能充分地接触，从而使得 COD 的去除率降低。

3）水力负荷与流速

一般情况下，ABR 反应器的工作方式是上部进水，在降流区向下折流，再在升流区向上流动，完成一个工作单元。在升流区，水力搅动使污泥悬浮形成污泥悬浮层，污水中的底物与悬浮层中的厌氧生物菌群接触而被其净化。降流室水流速度很快，有利于厌氧污泥和废水的混合，增强传质效果；但若流速过大则会将污泥带出，故配水系统设计显得尤为重要。在沉淀器的设计中，一般经验是要求表面水力负荷小于 $1m^3/(m^2 \cdot h)$，即颗粒的沉淀速度小于 0.3mm/s，若高于此值则沉淀效果不好。因此在 ABR 设计中，为了既保证污泥充分悬浮又保证其不被带出反应器，则理论上须确保升流速度大于 0.3mm/s。但在实际运行中，由于生成厌氧颗粒污泥，水流速度必须大于 0.3mm/s 才可将污泥床浮起，但若升流速度超过 0.55mm/s，则有可能造成污泥流失。在 ABR 反应器工程的设计中，在底部设 45°倾角的斜板，使得平稳下流的水流速在斜板断面流速骤然加大，对底部的污泥床形成冲击，使污泥床浮动，达到使水流均匀通过污泥层的目的。

2. 反应器的尺寸

1）隔室数量

在 ABR 中，置竖向导流板将反应器分隔成几个串联的反应室，每个反应室都是一个相对独立的上流式污泥床 UASB 系统，其中污泥可以以颗粒化形式或以絮状形式存在。由于导流板的阻挡和污泥自身的沉降性能，污泥在水平方向流速极其缓慢，从而大量污泥被截留在反应室中，避免污泥的损失。

ABR 反应器内的水力流态局部为完全混合型流态，整体为推流式流态，故反应分隔数越多，越接近推流式流态。前面反应室具有很高的有机负荷，起粗处理作用，后面反应室负荷较低，起精处理作用。一般来说，多级处理工艺比单级处理的稳定性好，出水稳定。但过多的隔室会增加占地面积和投资，通常设计为 5~7 个隔室。一般地，每格的升流室和降流室长度比值为 4∶1，这样上流室中水流上升流速缓慢，可以将大量微生物固体截留在各上流室内，根据所处理的污水水质，隔室长度也可以随水推流方向渐次增大，在最后的隔室里增加水力停留时间以提高出水水质。

2）反应器效容积计算

在计算反应器尺寸时，主要参数为容积负荷 N_v[kgCOD/(m^3·d)]，可根据经验或实验值选取，以此计算 ABR 有效容积。考虑填料、短流等问题，实际容积一般取有效设计值的 1.1~1.2 倍，计算的结果应进行水力停留时间和水力负荷的校核。

3. 填料的选择

对于 HABR 反应器，其特点是生物相被固定在填料载体上形成生物膜，增加了生物量，有利于有机物的降解。该反应器对流体流速要求不是很高，可选择的填料有立体弹性填料和球形填料等。一般来说立体弹性填料处理效果比球形填料要好，立体弹性填料的立体空间比球形填料的大，附着于填料上的老化生物膜容易脱落至反应器底部，而球形填料内部的老化生物膜，尤其是位于球中心的生物膜，即使老化后，也不易脱落下来，这样使生物覆盖载体面积减小，也会影响反应器的活性。

立体弹性填料可采用半软性组合填料(厌氧转性填料)。这种填料由变性聚乙烯塑料制成，具有特殊的结构性质和水力性质，既具有一定的刚性又具有一定的柔性，无论在有无流体作用下，都能保持一定形状，并有一定的变形能力。这种填料具有较强的重新布水、布气能力，传质效果好，对有机物去除效率高，耐腐蚀、不易堵塞，安装方便灵活，还具有节能、降低运行费用的优点。

（五）工程实例

1. 处理生活污水

反应器在实际工程中的应用还比较少见，美国哥伦比亚城的 Tenjo 有一套常温下处理生活污水的装置。该装置由两个 ABR 反应器并联组成，每个体积是 197m^3，实际运行时的工作情况如下：进水 BOD_5 为 314mg/L，COD 容积负荷 0.85kg/(m^3·d)，水力停留时间为 10.3h，COD 去除率 80%；实际运行时发现，当 COD 容积负荷在 0.4~2kg/(m^3·d)范围内变动时，去除率基本上保持不变，但是在雨季，水力冲击负荷加剧了污泥的流失，导致处理效率下降。这套装置的投资比 UASB 节省了 20%，仅相当于一座同等规模城市二级污水处理厂投资的 1/16。

2. 处理制药废水

国内一家产品主要为维生素类及抗生素类药物的制药厂污水排放量 900m^3/d，其 COD 为 3000mg/L，BOD_5为 1220mg/L，SS 为 950mg/L。ABR 反应器的设计采取了以下的设计参数：

（1）水力停留时间(HRT)为 13h，容积负荷为 5.65kgCOD/(m^3·d)，反应温度为常温。

（2）折流区上升流速 0.55mm/s，水力负荷 2m^3/(m^2·h)，降流室导流板倒角为 45°，底部距池底 1650mm。折流口降流流速 2mm/s，设计为 5 格室，第一隔室长度相对较小，第二第三隔室长度相等，第四和第五隔室长度相等，较第二第三隔室长度大一倍。

（3）ABR 采用圆形结构，最中心为沉淀池，反应器深度为 6.5m，每隔室间开有 300mm×300mm 预留孔，在第三隔室顶部安装一沼气收集罐。

（4）填料采用厌氧专用半软性填料，填料层高度为 3000mm，填料间距为 200mm，底部距池底 2000mm。

工程运行的结果表明该 ABR 反应器 COD 去除率平均为 80%。

3. **处理化工废水**

某精细化工颜料厂排出的污水中含有苯、肼、镍盐等大量有毒或抑制性物质，其中盐含量高达20%，处理难度极大。工艺上主要采用的是ABR厌氧+好氧工艺。对ABR反应器的设计采取了以下的设计参数：

（1）折流区上升流速0.55mm/s，水力负荷$2m^3/(m^2 \cdot h)$；

（2）折流口冲击流速2.4mm/s；折流段0.7m，分为5个折流区；

（3）COD容积负荷$2.7kgCOD/(m^3 \cdot d)$；水力停留时间24h。

（4）ABR反应器采用全钢结构，深度为7.5m，外形尺寸为5.2m×3.6m×7.5m。

（5）底部的污泥悬浮层要求达到液体深度的2/3，使污水与高效复合微生物菌群充分接触。

当进水量未达到设计值时，接种的污泥层悬浮不起来，需要强制搅拌，在调整ABR装置时，需要在底部加设穿孔曝气管，采用间歇曝气来推动污泥，解决进水量不能满负荷运转问题。

二、完全混合式厌氧消化器(CSTR)

（一）工艺原理

在常规的厌氧反应器内安装有搅拌器，使发酵原料和活性污泥处于完全混合状态。与常规的厌氧反应器相比，完全混合混合式消化器活性区增大，因此处理效率有明显的提高。在消化器内，新进入的原料由于搅拌作用，很快与发酵器内的全部发酵液混合，使发酵底物浓度始终保持相等，并且在出料时，微生物也一起被排出，所以，出料浓度一般较高。该消化器具有完全混合的流态，其水力停留时间、污泥停留时间、微生物停留时间完全相等，即HRT=SRT=MRT。为了使生长缓慢的产甲烷菌的增殖和冲出速度保持平衡，要求HRT较长，一般要15d或更长的时间。

完全混合式厌氧消化器常采用恒温连续投料或半连续投料运行，适用于高浓度及含有大量悬浮固体原料的处理，如污水处理厂好氧活性污泥的厌氧消化过去多采用该工艺。德国的农业沼气工程所处理的有机废弃物比较广泛，如畜禽粪便、青贮饲料、过期的残粮、厨余残渣、生活有机垃圾、动物屠宰的废弃物、农副产品加工的废弃物等，或由上述几种有机废物混合构成。当发酵料液TS浓度为8%~10%，采用完全混合式厌氧消化工艺(CSTR)居多。

（二）优缺点

1. **优点**

（1）可以进入高悬浮固体含量的原料；

（2）消化器内物料均匀分布，能避免分层状态，增加了底物和微生物接触的机会；

（3）消化器内温度分布均匀；

（4）进入消化器的抑制物质，能够被迅速分散，保持较低浓度水平；

（5）能避免浮渣、结垢、堵塞、气体逸出不畅和短流现象。

2. **缺点**

（1）由于该消化器无法做到使SRT和MRT在大于HRT的状况下运行，所以需要消化器体积较大；

（2）要有足够的搅拌，所以能量消耗较高；

（3）生产用大型消化器难以做到完全混合；

（4）底物流出该系统时，可能存在未完全消化的现象，部分微生物随出料而流失。

（三）池型

好的消化池池形应具有结构条件好、防止沉淀、没有死区、混合良好、易去除浮渣及泡沫等优点。各个国家采用的消化池池形样式较多，但常用的基本形状有四种，见图 15-2。

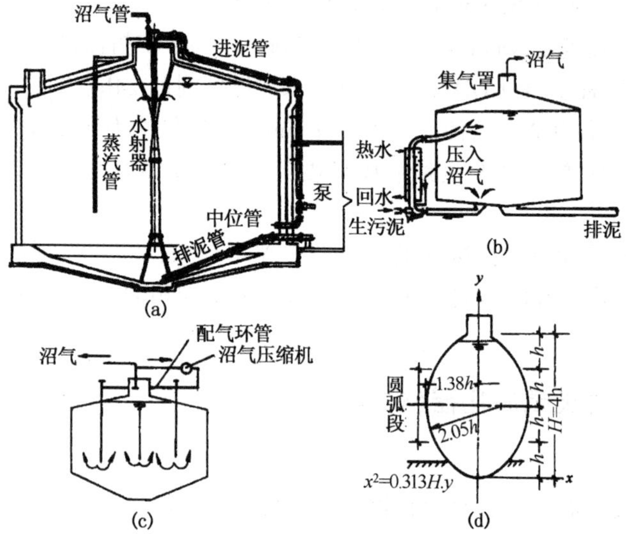

图 15-2　完全混合式厌氧消化器工艺的 4 种形式

（a）、（b）、（c）圆柱形；（d）卵形

1. **龟甲形**

龟甲形[图 15-2(a)]消化池在英、美国家采用的较多，此种池形的优点是土建造价低、结构设计简单。但要求搅拌系统具有较好地防止和消除沉积物效果，因此相配套的设备投资和运行费用较高。

2. **平底圆柱形**

平底圆形池[图 15-2(b)]是一种土建成本较低的池形。圆柱部分的高度与直径比大于 1。这种池形在欧洲已成功地用在不同规模的污水厂，它要求池形与装备和功能之间要有很好的相互协调，配套使用的搅拌设备大都采用可在池内多点安装的悬挂喷入式沼气搅拌设备。

3. **传统圆形**

在中欧及中国，常用的消化池的形状是圆柱状中部，圆锥形底部和顶部的消化池池形[图 15-2(c)]。这种池形的优点是热量损失比龟甲形小，易选择搅拌系统。但底部面积大，易造成粗砂的堆积，因此需要定期停止运行进行清理；更大的弊端是在形状变化的部分存在尖角，应力很容易聚集在这些区域，使结构处理较困难；底部和顶部的圆锥部分，在土建施工浇铸时混凝土难密实，易产生渗漏。

4. **卵形**

卵形消化池[图 15-2(d)]在德国从 1956 年就开始采用，并作为一种主要的形式推广到全国，应用较普遍。其外形图见图 15-3。

1）特点

卵形消化池最显著的特点是运行效率高，经济实用。其优缺点如下：

(1) 其池形能促进混合搅拌的均匀，单位面积内可获得较多的微生物，用较小的能量既可达到良好的混合效果。

(2) 卵形消化池的形状有效地消除了粗砂和浮渣的堆积，池内一般不产生死角，可保证生产的稳定性和连续性。根据有关文献介绍，德国有的卵形消化池已经成功地运转了 50 年而没有进行过清理。

(3) 卵形消化池表面积小，耗热量较低，很容易保持系统温度。

图 15-3　卵形消化池

(4) 生化效果好，分解率高。

(5) 上部面积少，不易产生浮渣，即使生成也易去除。

(6) 卵形消化池的壳体形状使池体结构受力分布均匀，结构设计具有很大优势，可以做到消化池单池池容的大型化。

(7) 池形美观。

(8) 卵形消化池的缺点是土建施工费用比传统消化池高。然而卵形消化池运行上的优点直接提高了处理过程的效率，因此节约了运行成本。如果需要设置 2 个以上的卵形消化池，运行费用比较下来则更具有优势。节省下的运行费用，很容易弥补造价的差额，用户从高效的运行中受益更多，对大体积消化池采用卵形池更能体现其优点。

我国先后设计并施工了多座卵形消化池，改变了国内消化池池形单一状况。济南污水处理厂首次于 1993 年底建成了单池容积为 10535m^{3}的三座卵形消化池，池的结构为双向预应力浇注钢筋混凝土，内壁防腐采用氯磺化聚乙烯防腐涂料，外壁保温采用现场喷涂聚氨酯泡沫塑料，外装饰板采用菱镁挂板。但由于各方面的原因，该消化池一直没有得到很好地运行。杭州四堡污水处理厂也正建设同样体积的三座卵形消化池，上部和下部为圆台体，中间部分由半径为 24m、弧度为 85°的圆弧旋转而成，双向无粘结钢绞线预应力钢筋混凝土结构，池高 29.3m，埋深 13.6m，池壁外侧挂 100mm 厚聚氨酯泡沫保温材料和装饰面板，池壁内侧涂刷无毒环氧防腐涂料。济宁污水处理厂($20\times10^4 m^3/d$)也正设计建设两座单池体积 13000m^{3}的卵形消化池；漳州污水处理厂 2 座容积 11000m^{3}的卵形池。卵形消化池与柱形消化池对比见表 15-1。

表 15-1　卵形消化池与柱形消化池对比

项　　目	柱形消化池	卵形消化池
外表	柱形，有环梁突出	平滑过渡，较美观
容积	适合建造 10000m^3 以下	可以达 15000m^3 及以上
内池壁	池内壁有死角	池内壁平滑，没有死角
保温	表面积较大，耗费较多的保温材料，保温效果差	表面积相对较小，保温材料耗费少，保温效果好，更能满足工艺要求
占地面积	较大	较小
预应力体系	环向采用预应力	采用环向、竖向双向预应力体系
工程造价	较大	建造 12000m^3 以上池体较柱形要节省

从 20 世纪 60 年代初期起，德国就开始在大中型城市污水处理厂使用卵形消化池，单池体积多在 5500~10000m^3之间。奥坡（Bottrop）污水处理厂 4 个卵形消化池的单池体积为 15000m^3，并且正在设计建造单池体积为 17000m^3的卵形池。

在日本，从 70 年代末开始设计建造卵形消化池，到 1995 年底大约有 55 座预应力钢筋混凝土结构的卵形消化池，单池体积为 1600~12800m^3，总体积约 $30\times10^4 m^3$以上；美国也是在 70 年代末开始设计和建造卵形消化池，到 1995 年大约有 61 座卵形消化池，最大单池体积约 11350m^3。

卵形消化池的大小与建造费用存在着一定的关系，随着卵形消化池单池体积的增大，建造的单位费用也随之降低。根据有关文献，如果一个单池体积 12000m^3的卵形消化池的建造费用为 1，那么建造 2 个同样形状单池体积 6000m^3消化池的费用在 1.03 左右；建 3 个单池体积 4000m^3的费用在 1.09 左右；建 4 个单池体积 3000m^3的费用为 1.12 左右。

2）卵形消化池的搅拌系统

消化池设计和运行中另一重要因素是搅拌系统的选择，良好的搅拌必须满足下列要求：

（1）维持进料污泥和池内活性生物菌落之间的均匀分配；

（2）稀释池内产酸生物反应的最终产物，防止对微生物生长不利因素的出现；

（3）有效稀释污泥基质中的有毒和抑制生物反应的有害物质；

（4）消化池的体积能够得到有效利用。

为了达到这些目标，人们多年来对搅拌系统和消化池的形状结构进行了广泛的开发和研究。虽然有时不同的搅拌方式可产生同样的搅拌效果，但是能耗和维修费用有较大的差异。

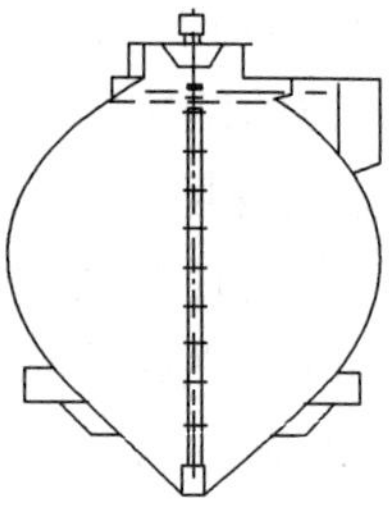

图 15-4　导流管式机械搅拌器

污泥消化池常用的三种搅拌方式是沼气搅拌、机械搅拌（包括常规的单纯螺旋浆式搅拌和池中间带一垂直导流管的机械搅拌）和污泥循环搅拌。根据国内污水处理厂使用沼气搅拌的经验来看，沼气搅拌设备多，具有工艺复杂、能耗高、接口密封困难等缺点。卵形消化池独特的形状使其易于选择简单的机械搅拌系统，因此国内外大部分卵形消化池都使用机械搅拌，导流管式机械搅拌见图 15-4，因其污泥流线形与卵形池结构接近一致，更适合于卵形池的搅拌。

3）实例

（1）洛杉矶终点岛污水处理厂概况

美国洛杉矶终点岛污水处理厂设计规模为 114000m^3/d，商业、生活污水和工业废水各占 50%左右。此污水处理厂水处理部分包括粗格栅、曝气沉砂池、初沉池、生物曝气池、二沉池和过滤设备（1997 年新增加）。从二沉池出来的活性污泥首先在气浮池内气浮浓缩，然后再与初沉池污泥混合进入卵形中温厌氧消化池，消化后的污泥经离心脱水后最终处置。

（2）消化池与搅拌系统

厂内建有 4 座预应力混凝土结构的卵形消化池，每一消化池体积为 5200m^3，总高为 31m，最大内径 20m。运行时通过变换进泥阀门的位置可以实现单级消化或两级消化，一般情况下，仅两座消化池运行，另外两座备用。

消化池采取了二级混合的方式。其中消化池的初级混合是通过周边沼气喷嘴喷射来实现的，来自消化池的沼气经压缩后，通过 28 个位于距消化池底 7m 的射流喷嘴喷入消化池的污泥中，气体混合系统运行和停止的时间约各一半；二级混合由一污泥循环泵来连续完成，它将污泥从池底打到池顶。

此卵形消化池的进排泥控制采用溢流方式，消化池内的污泥液面可通过排泥阀的开启保持恒定。一旦消化池内的污泥液面达到排污的高度，消化池内的加料量将与消化污泥从池底排到污泥槽的污泥量相同，排出消化污泥被输送到污泥脱水离心机。但是，消化池运行液面比实际设计的低，产生的原因主要有两个：

① 消化池和脱水离心机之间缺少一中间污泥贮存池，这迫使污水处理厂的操作人员通过改变污泥液面来弥补消化池进泥量的波动；

② 在消化池中偶尔出现泡沫，沼气管线与泡沫收集器和喷射器之间安装位置不合适，泡沫和气体系统经常使在线气体处理设备(如流量计和火焰扑灭器)产生问题，所以，必须降低消化池污泥液面以阻止泡沫流出气体管线。

由于卵形消化池没采用内导流循环管机械搅拌系统而采用了常规的气体搅拌系统，因此池内易于产生浮渣和泡沫。卵形消化池顶部形成的浮渣是由浮渣破碎装置和沼气搅拌来清除的，气体搅拌不能有效去除浮渣；另外，由于以下几个原因使排渣口也不能使用：

① 打开此口时，空气和沼气的混合可能导致爆炸；

② 沼气和浮渣的气味污染运行环境；

③ 排渣口的橡胶密封不一定很严密，容易发生沼气的泄露。从设备运行时起，就没有使用消化池上的排渣口，而使用 U 形管排出浮渣，给运行带来很大不便。

(3) 运行情况

卵形消化池总体上运行情况良好，每天消化约 480m^3的初级和预浓缩污泥，水力停留时间 18d，可挥发性固体减少量在 50%以上，沼气产量大约为 1.0m^3/kg 挥发性固体，消化污泥中挥发酸中和率在 0.15 以下。

运行几年以后将其中一个消化池排空维修时，消化池没有发现砂粒在池内堆积，不需维修工像进入常规柱形消化池内那样到池里面维修。由于污泥中存在机械处理段没有除去的砂粒，污泥泵和脱水机内存在一定程度的磨损，所以机械处理段对沉砂的有效去除是很重要的。

由于浮渣不能通过浮渣口排出，气体搅拌和浮渣破碎装置也不能防止浮渣和泡沫的形成，使卵形消化池的浮渣达 15cm 高，所以操作工人不得不通过位于消化池边上的人工浮渣排放口来移出浮渣。虽然如此，此浮渣层厚度比柱形消化池也要小得多(一般平底消化池内浮渣厚度可达 1m 以上)。

(四) 消化池搅拌方式

在污泥消化池的过程中，进行污泥混合搅拌，对于提高分解速度和分解率，即增加产气量很重要。

1. 消化池中污泥搅拌的作用

(1) 通过对消化池中污泥的充分搅拌，使生污泥与消化污泥充分的接触，提高接种效果；

(2) 通过搅拌，调整污泥固体与水分的相互关系，使中间产物与代谢产物在消化池内均匀分布；

(3) 通过搅拌及搅拌时产生的振动能更有效地进行气体分离，使气体溢出液面；

(4) 消化菌对温度和 pH 值的变化非常敏感，通过搅拌使池内温度和 pH 值保持均匀；

(5) 对池内污泥不断地进行搅拌还可防止池内产生浮渣。

2. **消化池搅拌方式分类**

消化池搅拌的方式大致可分为如下几类：

(1) 气体搅拌法；

(2) 机械搅拌法；

(3) 泵循环法；

(4) 综合搅拌法。

根据设计经验，消化池搅拌设备的选择应根据消化池的池形、池容积的大小、设备投资、运行管理等综合因素确定。现国内外常用的搅拌方法较多采用的是沼气搅拌和机械搅拌法。泵循环法因耗电量较大且搅拌效果不太好，已不再使用。西安污水厂采用过泵循环加水射器的综合搅拌法，虽搅拌效果尚可，但耗电量大。

3. **常用的几种搅拌器**

污泥搅拌有沼气搅拌、机械搅拌、射流器搅拌三种方式，有资料表明，搅拌方式与池型有关。

1) 沼气搅拌

(1) 悬挂喷嘴式沼气搅拌器

悬挂喷嘴式沼气搅拌器主要由悬挂在池顶部的沼气输送竖管和喷嘴组成。搅拌器可以按需要在池内多点布置，并可分组运行，优点有：结构简单，设置和操作灵活；由于可分组搅拌，具有搅拌强度较小、对池的适应性强、不受液面控制。此类形的搅拌器适合于各种消化池，用在平底或底部锥形较缓的消化池中更能显出其优点。

(2) 多根束管式沼气搅拌器

多根束管式沼气搅拌器主要由多根沼气输送管(束管)和沼气释放口组成。束管由消化池顶部的中间位置进入池中，延伸至池底部的释放口。此搅拌器的特点是构造简单，易操作，但容易堵塞，需在池顶各束管端头增设观察球及高压水冲洗装置。因沼气释放口的设置聚集在池底中部，适合于小直径且带陡峭锥底的池形。搅拌器的选型根据整池的容积选择。

(3) 底部多根吹管式沼气搅拌器

底部多根吹管式沼气搅拌器与多根束管式沼气搅拌器类似，主要由多根沼气输送管和沼气释放口组成，沼气输送管可从池顶部侧壁或池侧面进入，沿池底伸入到池中部与沼气释放口连接。

过去有的工程设计也采用沼气搅拌，但其沼气压缩机的进气来源于储气柜，缺点是冬季气柜的气体温度较低(4~5℃)，用低温沼气进行搅拌显然会产生不利影响；另外，一台沼气压缩机向多座消化池供气也不利于系统的控制。天津东郊污水处理厂消化池沼气搅拌采用一台压缩机，且只为一座消化池服务，与产气管路完全分开，不通过储气罐。这样设计的优点是管路短、损失小、故障少，与产气管路及储气罐互不干扰，可避免影响储气罐的工作。一般每座消化池设 1 台沼气压缩机，其中 1 台为二级消化池所用的压缩机，因开机时间少，可作备用。为了保障沼气压缩机组的工作安全，在其进口应设置过滤器，以截住沼气中的杂质，减少机械磨损；在进口上要安装压力计，对机组进口负压值进行检测保护；在机组出口上要安装气体温控阀和气体压力阀，并纳入计算机中显示和控制，可以保护设备本身和用气设备；出口上还应安装 1 个冷凝罐，当压缩沼气冷却时将冷凝水排除，沼气搅拌系统结构示意图见图 15-5。

天津东郊污水厂所用沼气搅拌器为法国 Degremont 公司的定型产品，每台搅拌器配 24

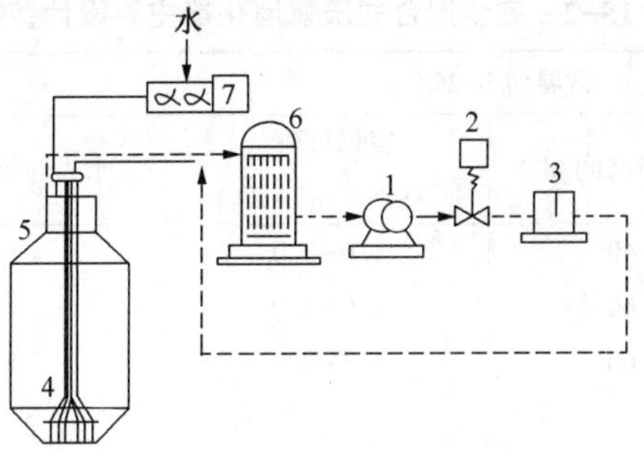

图 15-5　沼气搅拌系统结构示意图

1—沼气压缩机；2—压力阀；3—凝水器；4—沼气搅拌器；5—消化池；6—过滤器；7—高压冲洗泵

根不锈钢管，由消化池顶进入池底部，组成直径 3.65m 的搅拌圆环，这种搅拌器吃水深度大，气体压力大，能形成较强的上升速度，搅拌效果显著。在消化池顶以上部分均安装了通气工作指标浮球，一旦发生阻塞等事故，浮球就会落下，提醒检修，搅拌器的检修可不中断运行；在控制室中安装了 1 台多级离心泵 D6-25，水泵流量为 $2m^3/h$，扬程为 3MPa，通过管道将高压水送到各消化池池顶，对各搅拌管进行高压清洗，排除阻塞故障。

上述设备及安全设施的安装和完善，对保证搅拌效果、提高消化池污泥消化速率和消化程度、多产沼气有着十分重要的作用。搅拌设施是否安装、调试成功，应在安装后进行清水试验。试验时在任意点投加示踪剂，用空气进行搅拌 30min，然后在任何点取样，其浓度应均匀。

2）机械搅拌

（1）旋桨式搅拌器

由 2~3 片推进式螺旋桨叶构成，工作转速较高，叶片外缘的圆周速度一般为 5~15m/s。旋桨式搅拌器主要造成轴向液流，产生较大的循环量，适用于搅拌低黏度(<2Pa·s)液体、乳浊液及固体微粒含量低于 10%的悬浮液。搅拌器的转轴也可水平或斜向插入槽内，此时液流的循环回路不对称，可增加湍动，防止液面凹陷。

（2）涡轮式搅拌器

由在水平圆盘上安装 2~4 片平直的或弯曲的叶片所构成，桨叶的外径、宽度与高度的比例，一般为 20∶5∶4，圆周速度一般为 3~8m/s。涡轮在旋转时造成高度湍动的径向流动，适用于气体及不互溶液体的分散和液液相反应过程。被搅拌液体的黏度一般不超过 25Pa·s。

（3）桨式搅拌器

有平桨式和斜桨式两种。平桨式搅拌器由两片平直桨叶构成；桨叶直径与高度之比为 4~10，圆周速度为 1.5~3m/s，所产生的径向液流速度较小；斜桨式搅拌器的两叶相反折转 45°或 60°，因而产生轴向液流。桨式搅拌器结构简单，常用于低黏度液体的混合以及固体微粒的溶解和悬浮。

（五）设计

（1）完全混合式厌氧消化器可采用一级消化或两级消化，在发酵原料温度足够的条件下，宜采用两级消化。

（2）厌氧消化器的有效容积应根据水力滞留时间或容积负荷确定，完全混合式厌氧消化器常见的几种发酵原料的设计参数详见表 15-2。

表 15-2　完全混合式厌氧消化器主要设计参数

原料	常温(15~25℃)		中温(33~35℃)	
	水力停留时间/d	容积负荷/[kgTS/(m³·d)]	水力停留时间/d	容积负荷/[kgTS/(m³·d)]
猪粪水	20~40	1.0~2.0	15	3.0~4.0
鸡粪水	20~60	1.0~2.0	15	3.0~4.0
牛粪水	20~60	1.3~2.0	15	3.0~4.0
酒精废水			6~15	3.0~5.0kgCOD/m³
污泥	20~30		10~15	

一般认为固体负荷率 L_v 值与污泥的含固率、消化池内的反应温度等有关，表 15-3 中的数据可供参考。

表 15-3　固体负荷率 L_v 值与污泥的含固率、消化池内的反应温度关系

污泥含固率/%	固体负荷率/[kgMLVSS/(m³·d)]			
	24℃	29℃	33℃	35℃
4	1.53	2.04	2.55	3.06
5	1.91	2.55	3.19	3.83
6	2.30	3.06	3.83	4.59
7	2.68	3.57	4.46	5.36

(3) 消化池的结构尺寸。在确定了所需的消化池的有效容积后，就可计算消化池各部的结构尺寸，其一般要求如下：

① 圆柱形池体的直径一般为 6~35m；

② 柱体高径之比为 1∶2；

③ 池总高与直径之比为 0.8~1.0；

④ 池底坡度一般为 0.08；

⑤ 池顶部的集气罩，高度和直径相同，一般为 2m；

⑥ 池顶至少设两个直径为 0.7m 的人孔。

三、厌氧接触法(AC)

(一) 工艺流程与特点

通过厌氧消化的研究，在发酵器内保留大量的活性污泥，是提高发酵速度的有效方法。厌氧接触工艺由完全混合式厌氧消化器和消化液固液分离、污泥回流设施所组合的处理系统，即在高速消化器出料处增加上一个沉淀槽以收集活性污泥，反送回发酵器内，其工艺流程如图 15-6。厌氧接触工艺适合处理悬浮物和 COD 高的废水，SS 可达到 50000mg/L，COD 不低于 3000mg/L。其挥发性悬浮物(VSS)一般为 5~10g/L，容积负荷比完全混合式厌氧反应器高，耐冲击能力也较强。其 COD 容积负荷一般为 1~5kgCOD/(m³·d)，HRT 约在 10~20d，

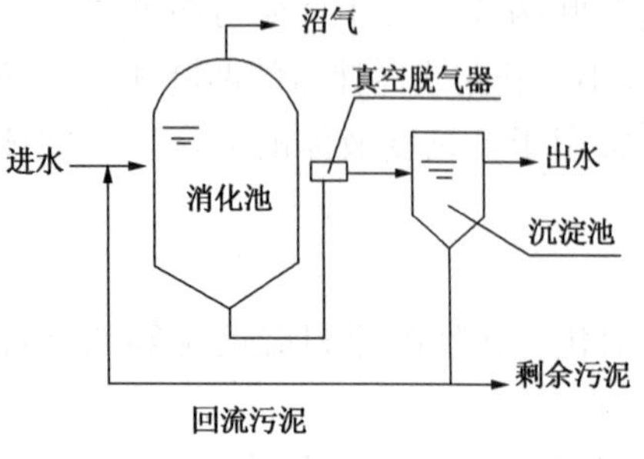

图 15-6　厌氧接触工艺流程示意图

COD 去除率 70%～80%；BOD_5容积负荷一般为 0.5～2.5kgBOD_5/(m^3·d)，BOD_5去除率 80%～90%。

从其工艺流程图中可看出，厌氧接触法工艺的最大的特点是污泥回流，由于增加了污泥回流，就使得消化池的 HRT 与 SRT 得以分离，即整个系统的污泥龄可以用式(15-1)进行计算：

$$\theta_c = \frac{VX}{(Q-Q_w)X_e + Q_w X_w} \tag{15-1}$$

式中 θ_c——污泥龄，d；

V——反应器容积，m^3；

X——反应器中污泥浓度，mg/L；

Q——反应器日处理量，m^3/d；

Q_w——剩余污泥排放体积，m^3；

X_e——出水污泥浓度，mg/L。

在厌氧生物处理工艺中，由于厌氧细菌生长缓慢，基本可以不从系统中排放剩余污泥，则 Q_w近似为 0，则有：

$$\theta_c = \frac{VX}{QX_e} = HRT \cdot \frac{X}{X_e} \tag{15-2}$$

对于普通厌氧消化池，由于其 $X_e = X$，所以其 $\theta_c = HRT$，因此在中温条件下，为了满足产甲烷菌的生长繁殖，*SRT* 要求 20～30d，因此普通厌氧消化池的 *HRT* 为 20～30d。

对于厌氧接触法，由于 $X \gg X_e$，所以 $HRT \ll SRT$；而且 X 越大，X_e越小，则 *HRT* 可以越短。

与普通厌氧消化池相比，厌氧接触法的特点有：

① 通过污泥回流，保持消化池内污泥浓度较高，一般为 10～15gMLVSS/L，耐冲击能力强；

② 有机容积负荷高，中温时，COD 负荷 1～6kgCOD/(m^3·d)，去除率为 70%～80%；BOD 负荷 0.5～2.5kgBOD_5/(m^3·d)，去除率 80%～90%；消化池的容积负荷较普通消化池高，水力停留时间比普通消化池大大缩短，如常温下，普通消化池为 15～30d，而接触法小于 10d；

③ 可以直接处理悬浮固体含量较高或颗粒较大的料液，不存在堵塞问题；混合液经沉降后，出水水质较好；

④ 增加了沉淀池、污泥回流系统、真空脱气设备，流程较复杂；

⑤ 适合于处理悬浮物和有机物浓度均很高的废水。

在厌氧接触法工艺中，最大的问题是污泥的沉淀，厌氧污泥上一般总是附着有小的气泡，且由于污泥在二沉池中还具有活性，还会继续产生沼气，有可能导致已下沉的污泥上浮，因此，必须采用有效的改进措施，改进的措施主要有以下两种：

① 增加真空脱气设备(真空度为 500mmH_2O)；

② 增加热交换器，使污泥骤冷，暂时抑制厌氧污泥的活性，如图 15-7 所示。

(二) 工艺设计

1. 设计要求

(1) 厌氧接触工艺适合处理悬浮物浓度和有机物浓度均高的的有机废水；

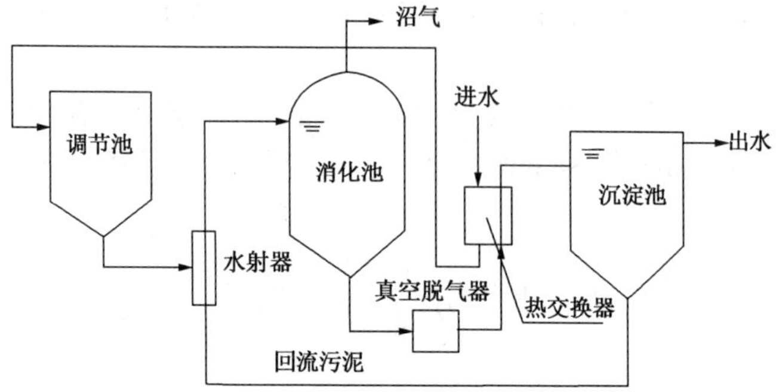

图 15-7　改进后的厌氧接触工艺流程

（2）厌氧接触工艺中的消化器容积按有机容积负荷或水力滞留时间计算。中温或近中温条件下，容积负荷宜为 2～5kgCOD/(m^3·d)，或根据发酵原料种类、特性及要求处理的程度，由试验及参照类似原料的厌氧消化器实际运行资料确定；

（3）厌氧接触工艺中的固液分离装置的设计参照沉淀池规定；

（4）回流污泥量根据消化器内污泥量、进料 pH 以及温度等确定，以 50%～200%为宜。

（5）可采取真空脱气、冷冲击等，加速厌氧消化液的固液分离；

（6）厌氧接触工艺中的消化器的罐体几何尺寸、料液的加热、搅拌分别参照完全混合式厌氧消化器的规定。

2. 消化池容积的计算

消化池容积的计算采用有机容积负荷法，如式（15-3）。

$$V=\frac{Q\cdot S_i}{L_{v\mathrm{COD}}} \tag{15-3}$$

式中　$L_{v\mathrm{COD}}$——有机容积负荷，kgCOD/(m^3·d)。

（三）应用实例

（1）美国：HRT=12～13h，X=7～12g/L，SRT=3.6～6d，L_v=2.5kgCOD/(m^3·d)；

（2）日本：T=52℃，$\mathrm{COD}_{进水}$=11～12g/L，$\mathrm{COD}_{出水}$=2100～2700mg/L，V=3000m^3；

（3）国内：南阳酒精厂，L_v=9～12kgCOD/(m^3·d)；COD 去除率为 83%；BOD 去除率为 87%；HRT=4～4.5d。

四、厌氧生物滤池（AF）

（一）工艺特征与主要型式

厌氧生物滤池设置有供厌氧微生物附着生长的载体（填料）的厌氧消化装置。填料是 AF 的主体，AF 所采用的填料以硬性填料为主：如砂石、陶粒、波尔环、玻璃珠、塑料球、塑料纹板等。过滤器内生物膜的厚度、密度、强度的均一性决定了反应器的稳定运行，其运行影响因素有温度、pH、填料、堵塞等，其工艺示意图如图 15-8 所示。

与好氧生物滤池相似，厌氧生物滤池是装填有滤料的厌氧生物反应器，在滤料的表面形成了以生物膜形态生长的微生物群体，在滤料的空隙中则截留了大量悬浮生长的厌氧微生物，废水通过滤料层向上流动或向下流动时，废水中的有机物被截留、吸附及分解转化为甲烷和二氧化碳等。

根据废水在厌氧生物滤池中流向的不同，可分为升流式厌氧生物滤池、降流式厌氧生物滤池和升流式混合型厌氧生物滤池三种形式，如图 15-9 所示。一般采用降流式布水有助于克服堵塞。

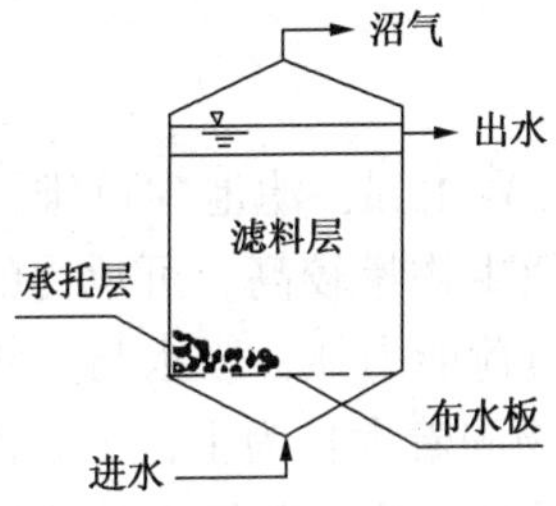

图 15-8 厌氧生物滤池工艺示意图

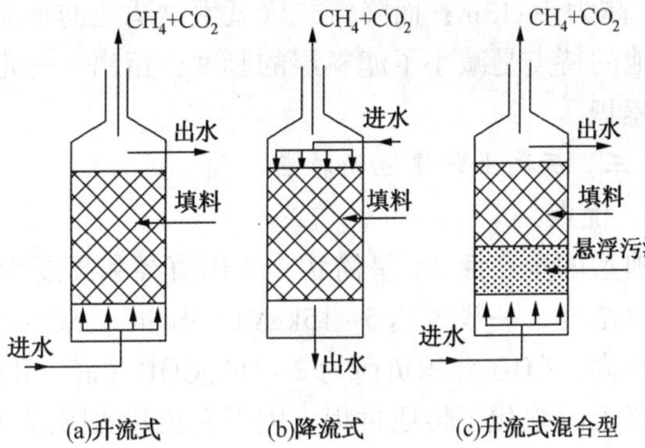

图 15-9 厌氧生物滤池的三种形式示意图

（二）厌氧生物滤池的组成

厌氧生物滤池主要由三个重要部分组成的，即滤料、布水系统、沼气收集系统。厌氧生物滤池的沼气收集系统基本与厌氧消化池的类似，现将滤料、布水系统叙述如下。

1）滤料

滤料是厌氧生物滤池的主体，其主要作用是提供微生物附着生长的表面及悬浮生长的空间，因此，应具备下列条件：

① 比表面积大，以利于增加厌氧生物滤池中的生物量；

② 孔隙率高，以截留并保持大量悬浮微生物，同时可防止堵塞；

③ 表面粗糙度较大，以利于厌氧细菌附着生长；

④ 机械强度高，化学和生物学稳定性好，质量轻，价格低廉等。

很多研究者对多种不同的滤料进行过研究，但所得出的结论也不尽相同，如有人认为滤料的孔隙率更重要，即他们认为厌氧生物滤池中是悬浮细菌所起的作用更大；也有人认为滤料最重要的特性是粗糙度、孔隙率以及孔隙大小。

在厌氧滤池中经常使用的滤料有多种，可以简单分为如下几种：

实心块状滤料：30~45mm 的碎块；比表面积和孔隙率都较小，分别为 40~50m^2/m^3 和 50%~60%；这样的厌氧生物滤池中的生物浓度较低，有机容积负荷也低，仅为 3~6kgCOD/(m^3·d)；易发生局部堵塞，产生短流；

空心块状滤料：多用塑料制成，呈圆柱形或球形，内部有不同形状和大小的孔隙，比表面积和孔隙率都较大；

管流型滤料：包括塑料波纹板和蜂窝填料等；比表面积为 100~200m^2/m^3，孔隙率可达 80%~90%；有机负荷可达 5~15kgCOD/(m^3·d)；

交叉流型滤料；

纤维滤料：包括软性尼龙纤维滤料、半软性聚乙烯、聚丙烯滤料、弹性聚苯乙烯填料等。比表面积和孔隙率都较大，偶有纤维结团现象，价格较低，应用普遍。

2）布水系统

在厌氧生物滤池中布水系统的作用是将进水均匀分配于全池，因此在设计时，应注意孔口的大小和流速。与好氧生物滤池不同的是，因为需要收集所产生的沼气，厌氧生物滤池多是封闭式的，即其内部的水位应高于滤料层，将滤料层完全淹没。其中升流式厌氧生物滤池的布水系统应设置在滤池底部，这种形式在实际应用中较为广泛，一般滤池的直径为6~26m，高为3~13m；而降流式厌氧生物滤池的水流方向正好与之相反；升流式混合型厌氧生物滤池的特点是减小了滤料层的厚度，留出了一定空间，以便悬浮状态的颗粒污泥在其中生长和累积。

（三）厌氧生物滤池的特点

1. 优点

典型的生产性AF呈筒状，常用直径和高度为6~26m和3~13m，滤池中可维持相当高的生物浓度，一般可达5~15kgMLVSS/m^3，故AF滤池中的微生物量较高，可承受的有机容积负荷高，COD容积负荷为2~16kgCOD/(m^3·d)，耐冲击负荷能力强；废水与生物膜两相接触面大，强化了传质过程，因而有机物去除速度快；微生物固着生长为主，不易流失，因此不需污泥回流和搅拌设备；AF的另一特点是反应器内污泥产率低，运行启动或停止运行后再启动时间短。

2. 缺点

滤料容易堵塞，尤其是下部。堵塞后，没有简单有效的清洗方法，因此，悬浮物高的废水不适用。

3. 改进堵塞的措施

（1）出水回流；

（2）部分充填载体；

（3）采用软性填料。

（四）厌氧生物滤池的工艺计算与设计

厌氧生物滤池的工艺计算与设计的主要内容包括：

（1）滤料的选择；

（2）滤料体积的计算；

（3）布水系统的设计；

（4）沼气系统的设计等。

以上这些目前尚无定型的设计、计算程序，主要介绍滤料体积的计算方法和某些关键设计参数的选取。

1. 滤料体积的计算

滤料体积的计算方法仍以有机负荷法为主，即：

$$V=\frac{Q(S_i-S_e)}{L_{v\mathrm{COD}}} \tag{15-4}$$

式中 V——反应器容积，m^3；

$L_{v\mathrm{COD}}$——有机容积负荷，需要根据具体的废水水质以及经验数据或直接的小试试验结果最终决定，一般取0.5~12kgCOD/(m^3·d)；

Q——设计处理规模，m^3/d；

S_i——设计进水COD浓度，mg/L；

S_e——设计出水COD浓度，mg/L。

2. 常用设计参数

一般来说，厌氧生物滤池的有机容积去除负荷可达0.5~12kgCOD/(m^3·d)；有机物去除率可达 60%~95%；一般采用的滤料层的高度为 2~5m；相邻进水孔口距离 1~2m(不大于 2m)；污泥排放口距离不大于 3m。

3. **具体设计要求**

(1) 厌氧滤器适合处理溶解性、浓度较低的有机废水；

(2) 厌氧滤器的容积宜根据容积负荷确定。容积负荷应根据废水种类、特性、要求处理程度、填料性状以及消化温度，或由试验及参照类似废水工程的实际运行等资料确定。在中温消化条件下，容积负荷宜为 2~12kgCOD/(m^3·d)；

(3) 当进水 COD 浓度高于 8000mg/L 时，应设置出水回流设施；

(4) 厌氧滤器应布水均匀，可在底部设穿孔进料管或数个进水口，相邻孔口间距宜为 1~2m，不得大于 2m；

(5) 厌氧滤器污泥排放口的间距应小于 3m；

(6) 厌氧滤器滤料层高度宜为 1.2~1.5m；

(7) 厌氧滤器宜设水力反冲洗设施；

(8) 厌氧滤器填料选择应综合考虑填料的比表面、孔隙率、表面粗糙度、机械强度、重量、价格等因素，宜采用多孔板或支架支撑填料；

(9) 厌氧滤器可采用穿孔管或溢流堰出水。

(五) 厌氧过滤器的应用实例

厌氧过滤器在美、加已被广泛应用；处理对象包括多种不同类型的废水，如生活污水及 COD 为 3000~24000mg/L 的各种工业废水；处理规模也大小不等，最大的厌氧生物滤池为 12500m^3；COD 的去除率在 61%~94%之间；有机负荷为 0.1~15kgCOD/(m^3·d)。厌氧过滤器目前已经成为厌氧处理的一种重要工艺，表 15-4 列出了厌氧过滤器处理废水的应用。

表 15-4 厌氧过滤器处理废水的应用

废水类型	COD/(g/L)	滤池类型	反应器容积/m^3	容积负荷/[kgCOD/(m^3·d)]	水力停留时间/d	温度/℃	COD 去除率/%
淀粉生产	16~20	升流式	1000	6~10		36	80
制糖	20~40	升流式	3000	5~17	0.5~1.5	35	55
土豆加工	7.6	升流式	205	11.6	0.68	36	60
化工废水	16	升流式	1300	16	1	35	65
化工废水	9.14	升流式	1300	7.25	1.2	37	60.3

五、升流式厌氧固体反应器

(一) 基本原理与构造

升流式厌氧固体反应器(USR)是 fannion 等人参照 UASB 反应器的原理开发的，用于以海藻为原料进行厌氧消化制取沼气，因为被处理的对象是固体，所以称升流式厌氧固体反应器。该消化器不需要污泥回流和三相分离器，靠固体悬浮物(SS)的自然沉淀作用使 SRT 比 HRT 延长，从而提高了 SS 的消化率。USR 的最大特点是可处理含固体量很高的废水(液)，含固量可达 5%左右，甚至可处理含固量达 10%的废液，特别是经过分离后的城市有机垃圾。

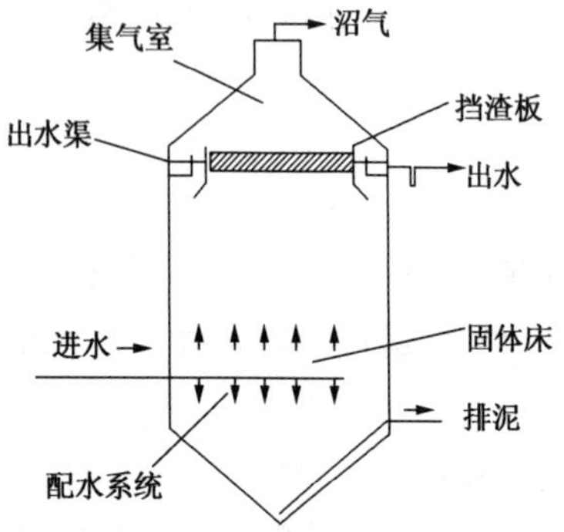

图 15-10　USR 反应器以及基本构造示意图

USR 反应器的基本构造如图 15-10 所示。

其工艺流程如下：含高有机固体(含量>5%)废液由池底配水系统进入，均匀地分布在反应器的底部，然后向上升流通过含有高浓度厌氧微生物的固体床，使废液中的有机固体与厌氧生物充分接触反应，有机固体被液化发酵和厌氧分解，被转化成沼气。而产生的沼气随水流上升具有搅拌混合作用，促进了固体与微生物的接触。由于重力作用，在固体床区有自然沉淀作用，密度较大固体物被积累在固体床下部，使反应器内保持较高的固体量和生物量，可使反应器有较长的 *SRT* 和 *MRT*(微生物滞留时间)。通过固体床的水流从池顶的出水渠溢出池外。在出水渠前设置挡渣板，可减少 *SS* 的流失，并在反应器液面会形成一层浮渣层，在长期稳定运行过程中，浮渣层的厚度达到一定厚度后趋于动态平衡，不断有固体被反应器带出，同时也有经脱气的固体返回到固体床区。

(二) 设计要求

(1) 升流式厌氧固体反应器适合处理高固体含量($TS \geqslant 5\%$)的有机废液；

(2) 容积应根据容积负荷确定，容积负荷应根据原料种类、特性、预处理程度以及消化温度等因素确定。在中温或接近中温消化条件下，处理畜禽粪便的容积负荷宜为 3～6kgCOD/(m^3·d)；

(3) 升流式厌氧固体反应器罐体宜为立式圆柱形，有效高度、顶盖、底部的几何尺寸参照完全混合式厌氧消化器的规定；

(4) 进料由底部配水系统进入，宜采用多点均匀布料；

(5) 出料宜通过液面的出水堰溢流出池外。出水堰前应设置挡渣板；

(6) 反应器每周排泥一次，每次排泥量为有效池容量的 0.5%～1%。

六、升流式厌氧污泥床(UASB)反应器

升流式厌氧污泥床反应器是由荷兰 Wageningen 农业大学的 GatzeLettinga 教授于 20 世纪 70 年代初开发出来的。由底部的污泥区和中上部的气、液、固三相分离区组合为一体的厌氧消化装置。

(一) UASB 反应器的型式

上流式厌氧污泥床的池形有圆形、方形、矩形。小型装置常为圆柱形，底部呈锥形或圆弧形；大型装置为便于设置气、液、固三相分离器，则一般为矩形，高度一般为 3～8m，其中污泥床 1～2m，污泥悬浮层 2～4m；在实际工程中，UASB 的断面形状一般可以做成圆形或矩形，一般来说矩形断面便于三相分离器的设计和施工，多用钢结构或钢筋混凝土结构，其工艺构造如图 15-11。

UASB 反应器一般不在反应器内部直接加热，而是将进入反应器的废水预先加热，且 UASB 反应器本身多采用保温措施。因为在厌氧反应过程中肯定会有较多的硫化氢或其他具有强腐蚀性的物质产生，反应器内壁必须采取防腐措施。

UASB 反应器主要有两种型式，即开敞式 UASB 反应器和封闭式 UASB 反应器，如图15-12 所示。

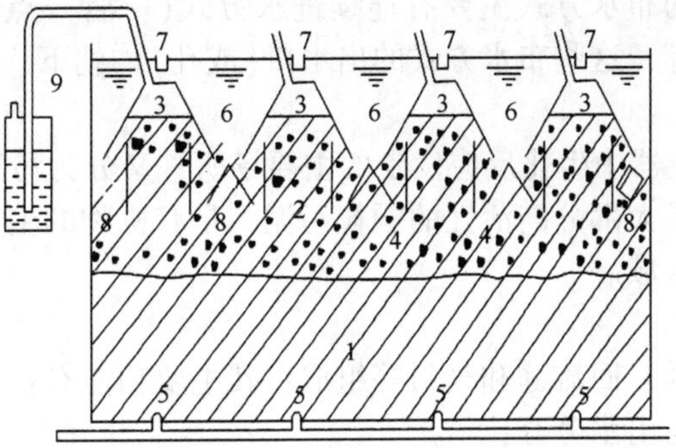

图 15-11　UASB 工艺结构示意图

1—污泥床；2—悬浮污泥层；3—气室；4—气体挡板；5—配水系统；
6—沉降区；7—出水槽；8—集气罩；9—水封

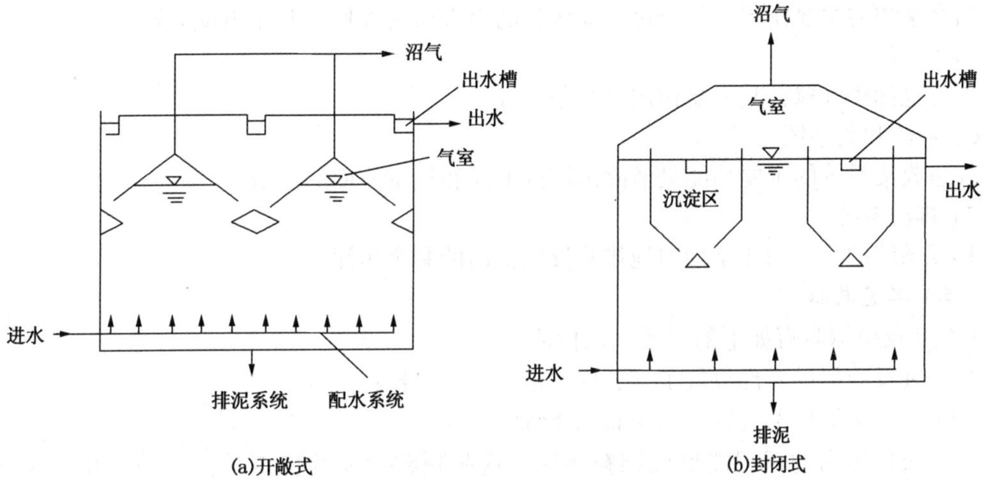

图 15-12　UASB 反应器的两种主要型式

1）开敞式 UASB 反应器

开敞式 UASB 反应器的顶部不加密封，或仅加一层不太密封的盖板；多用于处理中低浓度的有机废水，其构造较简单，易于施工安装和维修。

2）封闭式 UASB 反应器

封闭式 UASB 反应器的顶部加盖密封，这样在 UASB 反应器内的液面与池顶之间形成气室，主要适用于高浓度有机废水的处理，这种形式实际上与传统的厌氧消化池有一定的类似，其池顶也可以做成浮动盖式。

（二）UASB 反应器的组成

UASB 反应器的主要组成部分包括进水配水系统、反应区、三相分离器、出水系统、气室、浮渣收集系统、排泥系统等。

1）进水配水系统

进水配水系统兼有配水和水力搅拌的功能，一个有效的进水配水系统是保证 UASB 反应器高效运行的关键之一。因此设计时，进水配水系统应满足以下要求：

① 将废水均匀地分配到整个反应器的底部；

② 具有水力搅拌的功能，在底部实现与污泥充分混合；

③ 不易堵塞，发生堵塞后处理容易。

实际使用的布水器的布水方式主要有连续进水方式(一管一点)、脉冲式布水、一管多点配水方式、分支布水等，这些布水方式的出水口(或孔)均朝下，离池底约 0.15m。

2）反应区

反应区是 UASB 反应器中生化反应发生的主要场所，又分为污泥床区和污泥悬浮区，其中的污泥床区主要集中了大部分高活性的颗粒污泥，是有机物的主要降解场所，而污泥悬浮区则是絮状污泥集中的区域。

3）三相分离器

三相分离器由沉淀区、回流缝和气封等组成；其主要功能有：

(1) 将沼气、污泥与出水分开；

(2) 保证出水水质；

(3) 保证反应器内污泥量。

4）出水系统

出水系统的主要作用是将经过沉淀区后的出水均匀收集，并排出反应器。

5）气室

气室也称集气罩，其主要作用是收集沼气。

6）浮渣收集系统

浮渣收集系统的主要功能是清除沉淀区液面和气室液面的浮渣。

7）排泥系统

排泥系统的主要功能是均匀地排除反应器内的剩余污泥。

(三) 工艺特征

UASB 反应器具有如下的主要工艺特征：

(1) 在反应器的上部设置了气、固、液三相分离器；

(2) 在反应器底部设置了均匀布水系统；

(3) 反应器内的污泥能形成颗粒污泥。这些颗粒污泥的特点是：直径为 0.1~0.5cm，湿密度为 1.04~1.08g/cm^3，具有良好的沉降性能和很高的产甲烷活性。

上述工艺特征使得 UASB 反应器与前面述及的厌氧工艺厌氧接触法、厌氧生物滤池相比，具有如下的主要特点：

① 反应器内污泥浓度高，一般平均污泥浓度为 30~40g/L，污泥床中的污泥中，活性生物量占总污泥量 70%~80%，污泥龄一般为 30d 以上；

② 反应器具有较高的容积负荷。中温消化条件下，COD 容积负荷一般为 10~20kgCOD/(m^3·d)；因为有机负荷高，反应器的水力停留时间相应较短；

③ 不仅适合于处理高、中浓度的有机工业废水，也适合于处理低浓度的城市污水；

④ UASB 反应器集生物反应和沉淀分离于一体，结构紧凑；反应器内设三相分离器，被沉淀区分离的污泥能自动回流到反应区，一般无污泥回流设备；

⑤ 无须设置填料，节省了造价及避免了堵塞，提高了容积利用率；

⑥ 一般无须设置搅拌设备，靠上升水流和沼气产生的上升气流起到搅拌的作用。

同时，UASB 反应器也存在以下缺点：反应器内有短流现象，影响处理能力；运行启动时间长，对水质和负荷突然变化比较敏感。

(四) UASB 反应器的设计

目前升流式厌氧污泥床已经有成熟的工艺与设备，广泛地用于各种高浓废水的预处理。表 15-5 为国外部分 UASB 反应器的设计资料。

表 15-5　国外部分 UASB 反应器的设计资料

废水类型	使用国家	反应器容积/m^3	容积负荷/[kgCOD/(m^3·d)]	温度/℃
制糖	荷兰	200~1700	12.5~17	30~35
	奥地利	3040	8	30~35
土豆加工	荷兰	240~1700	5~11	30~35
	美国	2200	6	30~35
	瑞士	600	8.5	30~35
玉米淀粉	荷兰	900	10~12	30~35
小麦淀粉	荷兰	500	6.5	30~35
	爱尔兰	2200	9	30~35
	澳大利亚	4200	9.3	30~35
大麦淀粉	芬兰	420	8	30~35
酒精	荷兰	700	16	30~35
	德国	2300	9	30~35
	美国	2100	7	30~35
酵母废水	美国	5000	10.8	30~35
	沙特	950	10.5	30~35
啤酒	荷兰	1400	5~10	23
	美国	4600	14	30~35
		1500	6.3	20
屠宰	荷兰	600	3~5	24
牛奶	加拿大	450	6~8	24
造纸废水	荷兰	1000	8~10	24
		740	4	20
		2200	5~6	25
城市废水	哥伦比亚	6600	3	常温

国内 UASB 反应器设计数据可参考表 15-6。

表 15-6　国内部分 UASB 反应器的设计数据

废水类型	COD/(g/L)	反应器容积/m^3	容积负荷/[kgCOD/(m^3·d)]	COD 去除率/%	温度/℃
生猪养殖废水	2~3.42	608	1.5	80	常温
制糖	34.06	130	13.6	81	常温
酿造废水	2~6	64.8	4.2	82.4	常温
黄酒废水	5.35	1440	4	80.2	常温
油脂废水	1.8	420	5	76	常温
糠醛废水	1.5~2	295/150(二级串联)	6.5/3	88/69	常温
赤霉素废水	0.5~0.65(硫酸根)	500	0.45(硫酸根)	0.1~0.15	常温
	5.5		3~5	1.8~2.2	35~37
木薯酒糟废液		1000	5	87	35~37
酒精糟液	20	712	7	90	35~37
屠宰废水	1	250	2.5	77	常温
制药废水	15	6000	2.5	80	35
化工废水	—	12000	3	80	常温
柠檬酸废水	10	380	10	80	常温
啤酒	2	380	4.5	78	常温
	2.3	2000	14	78	常温

UASB 反应器设计计算的主要内容有：①池型选择、有效容积以及各主要部位尺寸的确定；②进水配水系统、出水系统、三相分离器等主要设备的设计计算；③其他设备和管道如排泥和排渣系统等的设计计算。

1）有效容积及主要构造尺寸的确定

（1）UASB 反应器的有效容积

一般将沉淀区和反应区的总容积作为反应器的有效容积进行考虑，采用有机负荷(q)或水力停留时间(HRT)设计 UASB 反应器是目前最为主要的方法，多采用进水容积负荷法确定，即：

$$V = Q \times S_i / L_v \tag{15-5}$$

式中 Q——废水流量，m^3/d；

S_i——进水有机物浓度，mgCOD/L；

L_v——COD 容积负荷，kgCOD/($m^3 \cdot d$)。

表 15-7 给出不同类型废水国内外采用 UASB 反应器处理的负荷数据，供设计时参考，选用前必须进行必要的实验和进一步查询有关的技术资料。

表 15-7 国内外生产性 UASB 装置的设计负荷统计

序号	废水类型	负荷/[kgCOD/($m^3 \cdot d$)]（国外资料）			厂家数	负荷/[kgCOD/($m^3 \cdot d$)]（国内资料）			厂家数
		平均	最高	最低		平均	最高	最低	
1	酒精生产	11.6	15.7	7.1	7	6.5	20.0	2.0	15
2	啤酒厂	9.8	18.8	5.6	80	5.3	8.0	5.0	10
3	造酒厂	13.9	18.5	9.9	36	6.4	10.0	4.0	8
4	葡萄酒厂	10.2	12.0	8.0	4				
5	清凉饮料	6.8	12.0	1.8	8	5.0	5.0	5.0	12
6	小麦淀粉	8.6	10.7	6.6	6				
7	淀粉	9.2	11.4	6.4	6	5.4	8.0	2.7	2
8	土豆加工等	9.5	16.8	4.0	24				
9	酵母业	9.8	12.4	6.0	16	6.0	6.0	6.0	1
10	柠檬酸生产	8.4	14.3	1.0	3	14.8	20.0	6.5	3
11	味精					3.2	4.0	2.3	2
12	再生纸、纸浆	12.3	20.0	7.9	15				
13	造纸	12.7	38.9	6.0	39				
14	食品加工	9.1	13.3	0.8	10	3.5	4.0	3.0	2
15	屠宰废水	6.2	6.2	6.2	1	3.1	4.0	2.3	4
16	制糖	15.2	22.5	8.2	12				
17	制药厂	10.9	33.2	6.3	11	5.0	8.0	0.8	5
18	家畜饲料厂	10.5	10.5	10.5	1				
19	垃圾滤液	9.9	12.0	7.9	7				

UASB 反应器的容积负荷与反应温度、废水性质和浓度以及是否能够在反应器内形成颗粒污泥等多种因素有关。如果对于食品工业废水或与之性质相近的废水，一般认为是可以在反应器内形成颗粒污泥的。在不同的反应温度下进水容积负荷的选择可参考表 15-8 中的数据。

表 15-8 反应温度下的进水容积负荷

温度/℃	设计容积负荷/[kgCOD/(m^3·d)]	温度/℃	设计容积负荷/[kgCOD/(m^3·d)]
高温(55~65)	20~30	常温(20~25)	5~10
中温(35~38)	10~20	低温(15 以下)	2~5

(2) UASB 反应器有效高度

从设计、运行方面考虑：高度会影响上升流速，高流速增加系统扰动和污泥与进水之间的接触。但流速过高会引起污泥流失，为保持足够多的污泥，上升流速不能超过一定的限值，而使反应器的高度受到限制。根据报道，最经济的反应器高度(深度)一般是在 4~6m 之间，目前也有采用碳钢做成的 UASB 反应器，高度达到 10m 以上。

(3) 反应器的截面积和反应器的长、宽(或直径)

在确定反应器的容积和高度(H)之后，可确定反应器的截面积(A)，从而确定反应器的长和宽。在同样的面积下，正方形池的周长比矩形池要小，矩形 UASB 需要更多的建筑材料。以表面积为 600m^2的反应器为例，30m×20m 的反应器与 15m×40m 的反应器周长相差 10%，这意味着建筑费用要增加 10%。但从布水均匀性考虑，矩形在长宽比较大时较为合适。从布水均匀性和经济性考虑，矩形池在长宽比在 2∶1 以下较为合适，长宽比在 4∶1 时费用增加十分显著。

圆形反应器在同样的面积下，其周长比正方形的少 12%。但这一优点仅在采用单个池子时才成立。当建立两个或两个以上反应器时，矩形反应器可以采用共用壁。对于采用公共壁的矩形反应器，池型的长宽比对造价也有较大的影响。如果不考虑其他因素，这是一个在设计中需要优化的参数。

(4) 反应器的升流速度

反应器内的上升流速一般为 0.5~1.5m/h，一般控制在 0.6~0.9m/h 之间。

(5) 单元反应器最大体积和分格化的反应器

在 UASB 反应器的设计中，普遍采用分格化操作。分格化的单元尺寸不会过大，以避免体积过大带来的布水均匀性问题等。同时多个反应器对系统的启动也是有益的，如首先启动一个反应器，再用这个反应器的污泥去接种其他反应器；另外，有利于维护和检修，可放空一个反应器进行检修，而不影响系统的运行。从目前实践看，最大的单体 UASB 反应器为 1000~2000m^3。

(6) 单元反应器的系列化

单元的标准化根据三相分离器尺寸进行，三相分离器的型式趋向于多层箱体的设备化结构。以 2m×5m 的三相分离器为例，原则上讲有多种配合形式，但从标准化和系列化考虑，要求具有通用性和简单性。所以，池子宽度是以 5m 为模数，长度方向是以 2m 为模数。

2) 进水配水系统的设计

(1) 配水孔口负荷

有人建议每个进水点负担 2~4m^2 的布水面积能获得满意的去除效率。而在温度低于 20℃或低负荷的情况，产气率较低并且进水与污泥的混合不充分时，需要较高密度的布水点。对于城市污水，DeMan 和 VanderLast(1990)建议布水面积为 1~2m^2/孔。表 15-9 是 Lettinga 等人根据 UASB 反应器的大量实践推荐的进水管负荷与容积负荷(处理溶解性废水时)。

表 15-9 处理溶解性废水时推荐的进水管负荷与容积负荷

污泥典型	每个进水口布水面积/m^2	负荷/[$kgCOD/(m^3 \cdot d)$]
颗粒污泥	0.5~1	2.0
	1~2	2~4
	>2	>4
凝絮状污泥>40kgDS/m^3	6.5~1	<1.0
	1~2	1~2
	2~3	>2
中等浓度絮状污泥 120~40kg/m^3	1~2	<1~2
	2~5	>2

(2) 进水分配系统

在生产装置中采用的进水方式大致可分为间歇式(脉冲式)、连续流、连续与间歇相结合等方式；布水管的形式有一管多点、一管一点和分枝状等多种形式。

图 15-13 一管一点连续进水配水器

① 连续进水方式(一管一点)。

为了确保进水均匀分布，每个进水管线仅与一个进水点相连接。可以采用如图 15-13 的配水器，为防止堵塞，其配水管径在 50~80mm 之间选择，一般选择较大的管径。

② 脉冲进水方式。

脉冲方式进水能使底层污泥交替进行收缩和膨胀，有助于底层污泥的混合，实际使用效果表明有良好的效果。脉冲主要设计要点有：

a. 脉冲周期与充排比。

脉冲周期是指完成脉冲全过程所需的时间，充排比指充水时间与排水时间的比值。考虑 UASB 高效反应区高度在 4m 以上，兼顾 UASB 活性污泥的沉降速度，脉冲周期取 4~6min，充排比取(4~5)：1。

b. 脉冲水头。

脉冲水头是指脉冲发生器最高水位与 UASB 出水槽水位之差。脉冲水头与放水时间相关，并影响脉冲流量和喷嘴出口流速。为控制喷嘴出口流速大于 3m/s，一般脉冲水头取 3~4m。

c. 配水系统。

为保证 UASB 底部布水均匀性，配水系统采用大阻力配水系统。开孔比 α 取值大小与反应器污泥形态有关，若以絮状污泥为主的 UASB 反应器，α 取 0.05%~0.10%，这有利于保证均匀布水，防止沟流现象产生。对于反应器高度较大，以颗粒污泥为主的 UASB 反应器，α 取 0.1%~0.2%，这对于提高生化污泥膨胀率有利。出口喷嘴采用短管，控制最大喷流流速大于 3.0m/s。配水系统管材选用 PVC-U 或 ABS 管，有利于防止管道腐蚀与堵塞。

d. 破坏供气系统。

基于 UASB 反应器的厌氧要求，脉冲破坏供气气源宜选用沼气。破坏供气系统由贮气柜、连接气管和虹吸破坏管组成。贮气柜内沼气作为破坏虹吸的气源，贮气柜的气压对脉冲工况(主要是充排比)有一定影响。一方面，贮气压力对充水时间有影响，贮气压力越大，虹吸发生前抽吸密封空间内气体的时间越长，充水时间变长，反之亦然。另一方面，贮气压力越高，虹吸破坏速度越快，排水时间变短。两方面影响相比，前者是主要的。因此，贮气压力越大，充排比越大，但对脉冲周期影响较小。一般贮气水封水深取 0.2～0.4m，实际运行的充排比比设计的充排比提高 10%～20%。

③ 一管多点配水方式。

采用在反应器池底配水横管上开孔的方式布水，为了配水均匀，要求出水流速不小于 2m/s。这种配水方式可用于脉冲进水系统。一管多孔式配水方式容易发生堵塞，因此，应该尽可能避免在一个管上有过多的孔口。如图15-14 所示。

图 15-14　一管多点配水图

④ 分枝式配水方式

这种配水系统的特点采用较长的配水支管增加沿程阻力，以达到布水均匀的目的。有关专家给出的最大分枝布水系统的负荷面积为 $54m^2$。大阻力系统配水均匀度好，但水头损失大；小阻力系统水头损失小，如果不影响处理效率，可减少系统的复杂程度。

3）三相分离器的设计

三相分离器的基本原理与构造如图 15-15 所示。

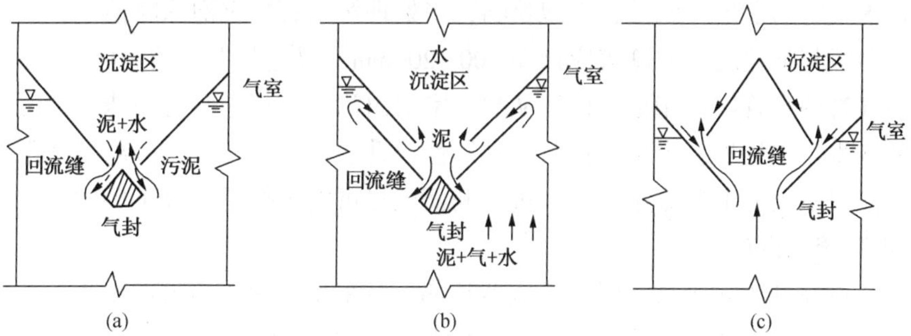

图 15-15　三相分离器的基本原理与构造

工程应用的三相分离设施如图 15-16 所示。

图 15-16　三相分离设施

一般来说，在 UASB 反应器中三相分离器可以有几种布置形式，如图 15-17 所示。

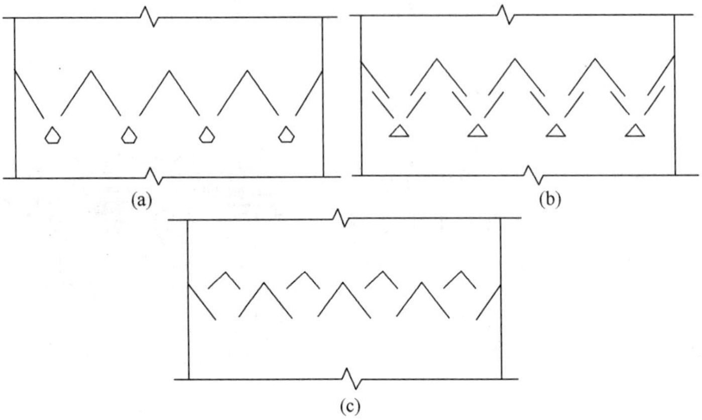

图 15-17　三相分离器布置形式

三相分离器设计要点汇总如下：

(1) 沉淀器的斜角应在 45°~60°，集气室缝隙部分的面积应该占反应器全部面积的 15%~20%；

(2) 在反应器高度为 5~7m 时，集气室的高度取 1.5~2m；

(3) 在集气室内应保持气液界面以释放和收集气体，防止浮渣或泡沫层的形成；

(4) 在集气室的上部应该设置消泡喷嘴，当处理污水有严重泡沫时消泡；

(5) 反射板与隙缝之间的遮盖应该在 100~200mm，以避免上升的气体进入沉淀室；

(6) 出气管的直管应该充足以保证从集气室引出沼气，特别是有泡沫的情况。

对于低浓度污水处理，当水力负荷是限制性设计参数时，在三相分离器缝隙处保持大的过流面积，使得最大的上升流速在这一过水断面上尽可能的低是十分重要的。

4) 出水系统的设计

出水系统设在升流式厌氧污泥床反应器顶部，宜采用多槽式出水堰出水，在出水堰之间应设置浮渣挡板。出水堰最大表面负荷不宜大于 1.7L/(m·s)，出水堰上水头应大于 25mm。

5) 排泥系统设计

配水管可兼作排泥管。也可在反应器底部以及中部(反应器高 1/2 处)另设排泥管，用于排泥。

6) 其他设计中应考虑的因素有加热和保温、沼气的收集、贮存和利用、防腐等。

对于防腐，厌氧反应器应该尽可能地避免采用金属材料，混凝土结构也需要采用环氧树脂防腐，对一些特殊部件可采用非腐蚀性材料，如 PVC 用做进出水管道，三相分离器的一部分或浮渣挡板采用玻璃钢或不锈钢。

7) UASB 反应器结构和材料的开发

(1) Lipp 技术

Lipp 罐制作时，薄钢板在成型机上薄钢板上部被折成 h 形而下部被折成 n 形，在咬合机上薄钢板上部与上一层薄钢板的下部被咬合在一起。Lipp 制罐技术是一种具有世界先进水平的制罐工艺与技术，但是需要特殊机械，此技术目前已应用于污水处理。

(2) 拼装制罐技术

拼装技术采用高新技术制成的罐体材料，以快速低耗的现场拼装方式最终成型，组成成套化的单元反应器设备，使污水处理设备的全套装置达到技术先进、配置合理、性能优良、耐腐性好、维修便利、外表美观的效果。罐体材料将根据不同反应器采用软性搪瓷或其他防腐形式，如预制钢板，预制钢板采用栓接方式拼装，栓接处加特制密封材料防漏，预制钢板形成的保护层不仅能阻止罐体腐蚀，而且具有抗酸碱的功能。

七、其他厌氧生物处理工艺

(一) 厌氧膨胀床

1. 基本原理

在厌氧反应器内添加固体颗粒载体，常用的有石英砂、无烟煤、活性炭、陶粒和沸石等，粒径一般为0.2~1mm。一般需要采用出水回流的方法使载体颗粒在反应器内膨胀或形成流化状态；一般将床体内载体略有松动，载体间空隙增加但仍保持互相接触的反应器称为膨胀床反应器；将上升流速增大到可以使载体在床体内自由运动而互不接触的反应器称为流化床反应器。厌氧膨胀床结构示意图见图15-18。

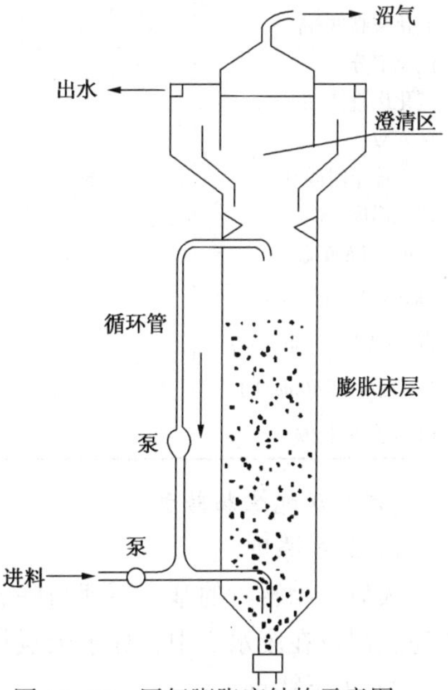

图 15-18 厌氧膨胀床结构示意图

2. 主要特点

细颗粒的载体为微生物的附着生长提供了较大的比表面积，使床内的微生物浓度很高(一般可达30gMLVSS/L)；具有较高的有机容积负荷[10~40kgCOD/(m^3·d)]，水力停留时间较短；具有较好的耐冲击负荷的能力，运行较稳定；载体处于膨胀或流化状态，可防止载体堵塞；床内生物固体停留时间较长，运行稳定，剩余污泥量较少；既可应用于高浓度有机废水的处理，也应用于低浓度城市废水的处理。膨胀床或流化床的主要缺点是：载体的流化耗能较大；系统设计运行的要求也较高。

3. 应用实例

1) 城市废水

进水COD平均为186mg/L，SS平均为88mg/L；厌氧消化池污泥作为接种污泥，反应温度为20℃；启动期为50d，之后连续运行100d，COD容积负荷为0.65~35kgCOD/(m^3·d)；当水力停留时间在1h以上时，出水SS在10mg/L以下，COD为40~45mg/L。

2) 工业废水

厌氧膨胀床的使用情况如表15-10所示。

表 15-10 厌氧膨胀床的使用情况

序号	1	2	3	4	5
公司名称	Ecolotrol	Dorr-Oliver	Gist-Brocades	Gist-Brocades	Enso-Gutyeit
流化床所在地	Birmingham(英国)	Muscatine(美国)	Delft(荷兰)	Drouvy(法国)	Kaukapaa-Will(芬兰)
投产时间		1984.4	1984.8	1985.10	1984
废水种类	清凉饮料	大豆加工	酵母发酵	酵母发酵	KP纸浆漂白
废水量/(m^3/d)	380	770	4320	1200	

续表

序号	1	2	3	4	5
COD 浓度/(mg/L)	6900	12000	3200	3600	700
pH 值		6.7~7.1	6.8	7.4	3~6
厌氧消化相数	单相	两相	两相	两相	单相
流化床容积/m^3	120	360	380	125	
有效容积		300	225	80	
流化床高度/m		12.5	21	17	
流化部分			13	12	
流化床直径/m		6.1	4.7	3.0	
系列数		2	2	2	
水力停留时间/h	6	16	2.4	3.2	3~12
消化温度/°C		35	37	37	35±2
COD 去除负荷/[kgCOD/(m^3·d)]	9.6	12	22	20	
微生物浓度/(kg/m^3)		12	20	20	
残余脂肪酸/(mg/L)		600	<100	100	
COD 去除率/%	77	76	70	75	50~60

（二）厌氧生物转盘

1）基本原理

厌氧生物转盘的基本原理与好氧生物转盘类似，只是在厌氧生物转盘中，所有转盘盘片均完全浸没在废水之中，处于厌氧状态。

2）主要特点

微生物浓度高，有机负荷高，水力停留时间短；废水沿水平方向流动，反应槽高度小，节省了提升高度；一般不需回流；不会发生堵塞，可处理含较高悬浮固体的有机废水；多采用多级串联，厌氧微生物在各级中分级，处理效果更好；运行管理方便；但盘片的造价较高。

3）应用情况

厌氧生物转盘目前还多处于小试阶段。在国外有研究者针对多种废水，如：牛奶废水、奶牛粪、生活污水等，在进水 TOC 为 110~6000mg/L 的范围内，进行了研究。结果表明，厌氧生物转盘对远废水中 TOC 的去除率可达 60%~80%，有机负荷可达 20gTOC/(m^3·d)；在国内也有研究者对于玉米淀粉废水和酵母废水进行了研究，结果表明，COD 去除率可达 70%~90%，有机容积负荷可高达 30~70gCOD/(m^3·d)。

第五节　厌氧生物处理工艺的新进展

一、厌氧内循环(IC)反应器

1985 年，内循环厌氧消化器(IC)由荷兰 PAQEUSE 公司研究并用于中试生产，1989 年，在荷兰的 DenBdsch 建造了第一座 IC 反应器，其容积达 970m^3，处理啤酒废水，进水容积负荷率达 20.4kgCOD/(m^3·d)，反应器高 22m。

IC 处理技术从问世以来已成功应用于土豆加工、菊苣加工、啤酒、柠檬酸和造纸等废水处理。1985 年荷兰首次应用 IC 反应器处理土豆加工废水，容积负荷高达 35~50kgCOD/(m^3·d)，停留时间 4~6h；而处理同类废水的 UASB 反应器容积负荷仅有 10~15kg/(m^3·d)，停留时间长达十几到几十个小时。

在啤酒废水处理工艺中，IC 技术应用得较多，目前我国已有 3 家啤酒厂引进了此工艺。从运行结果看，IC 工艺 COD 容积负荷可达 15~30kgCOD/(m^3·d)，停留时间 2~4.2h，COD 去除率大于 75%；而 UASB 反应器 COD 容积负荷仅有 4~7kgCOD/(m^3·d)，停留时间近 10h。

对于处理高浓度和高盐度的有机废水，IC 反应器也有成功的经验。位于荷兰 Roosendaal 的一家菊苣加工厂的废水，COD 约 7900mg/L，SO_4^{2-} 为 250mg/L，Cl^- 为 4200mg/L。采用 22m 高、1100m^3 容积的 IC 反应器，容积负荷达 31kgCOD/(m^3·d)，COD 去除率大于 80%，平均停留时间 6.1h。

无锡罗氏中亚柠檬有限公司的 IC 厌氧处理系统自 1998 年 12 月运行以来一直都很稳定，进水 COD 一般在 8000mg/L 以上，pH 为 5.0 左右，COD 容积负荷可达 30kgCOD/(m^3·d)，出水 COD 基本在 2000mg/L 以下，每 kgCOD 产沼气 0.42m^3。

（一）IC 反应器的原理

IC 反应器由 5 个基本部分组成，分别为混合区、污泥膨胀床区、内循环系统，精处理区和沉淀区。污泥膨胀床区和精处理区分别为第一厌氧反应室和第二厌氧反应室，其顶部各设一个气、固、液三相分离器。在第一反应室的集气罩顶设沼气提升管直通 IC 反应器顶的气液分离器。分离器底部设一泥水下降管即回流管直通至 IC 反应器的底部。一级三相分离器、沼气提升管、气液分离器和泥水下降管构成了 IC 反应器的内循环系统，见图 15-19。该消化器集中了 UASB 和流化床消化器的优点，利用消化器内所产生的沼气提升力实现发酵料液的内循环。

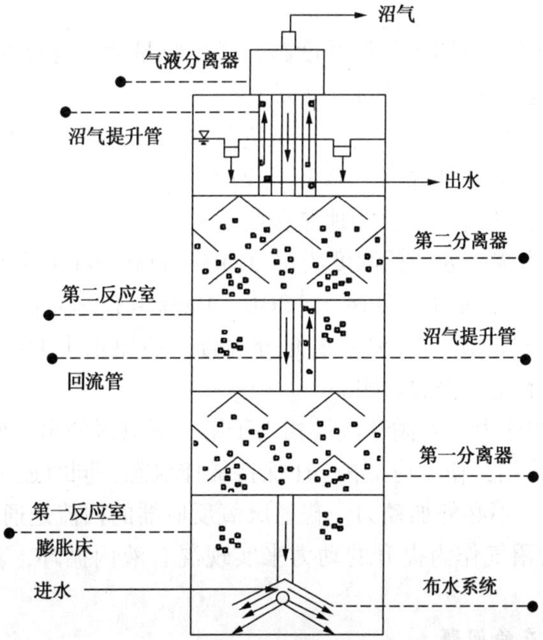

图 15-19　IC 反应器构造原理图

1. **混合区**

反应器底部进水、颗粒污泥和气液分离区回流的泥水混合物有效地在此区混合。

1）第一厌氧区

混合区形成的泥水混合物进入该区，在高浓度污泥作用下，大部分有机物转化为沼气。混合液上升流和沼气的剧烈扰动使该反应区内污泥呈膨胀和流化状态，加强了泥水表面接触，污泥由此而保持着高的活性。随着沼气产量的增多，一部分泥水混合物被沼气提升至顶部的气液分离区。

2）气液分离区

被提升的混合物中的沼气在此与泥水分离并导出处理系统，泥水混合物则沿着回流管返回到最下端的混合区，与反应器底部的污泥和进水充分混合，实现了混合液的内部循环。

3）第二厌氧区

经第一厌氧区处理后的废水，除一部分被沼气提升外，其余的都通过三相分离器进入第二厌氧区。该区污泥浓度较低，且废水中大部分有机物已在第一厌氧区被降解，因此沼气产生量较少。沼气通过沼气管导入气液分离区，对第二厌氧区的扰动很小，这为污泥的停留提供了有利条件。

2. **沉淀区**

第二厌氧区的泥水混合物在沉淀区进行固液分离，上清液由出水管排走，沉淀的颗粒污泥返回第二厌氧区污泥床。

从 IC 反应器工作原理中可见，反应器通过两层三相分离器来实现 SRT>HRT，获得高污泥浓度；通过大量沼气和内循环的剧烈扰动，使泥水充分接触，获得良好的传质效果。

（二）IC 工艺技术优点

IC 反应器的构造及其工作原理决定了其在控制厌氧处理影响因素方面比其他反应器更具有优势。

（1）容积负荷高。IC 反应器内污泥浓度高，微生物量大，且存在内循环，传质效果好，进水有机负荷可超过普通厌氧反应器的 3 倍以上。

（2）节省投资和占地面积。IC 反应器容积负荷率高出普通 UASB 反应器 3 倍左右，其体积相当于普通反应器的 1/4~1/3 左右，降低了反应器的基建投资；而且 IC 反应器高径比很大(一般为 4~8)，占地面积省，适合用地紧张的工矿企业。

（3）抗冲击负荷能力强。处理低浓度废水(COD=2000~3000mg/L)时，反应器内循环流量可达进水量的 2~3 倍；处理高浓度废水(COD=10000~15000mg/L)时，内循环流量可达进水量的 10~20 倍。大量的循环水和进水充分混合，使原水中的有害物质得到充分稀释，大大降低了毒物对厌氧消化过程的影响。

（4）具有缓冲 pH 的能力。内循环流量相当于第一厌氧区的出水回流，可利用 COD 转化的碱度，对 pH 起缓冲作用，使反应器内 pH 保持最佳状态，同时还可减少进水的投碱量。

（5）内部自动循环，不必外加动力。普通厌氧反应器的回流是通过外部加压实现的，而 IC 反应器以自身产生的沼气作为提升的动力来实现混合液内循环，不必设泵强制循环，节省了动力消耗。

（三）IC 反应器存在的问题

COD 容积负荷大幅度提高，使 IC 反应器具备很高的处理容量，同时也带来了不少新的问题：

（1）从构造上看，IC 反应器内部结构比普通厌氧反应器复杂，设计施工要求高。反应器高径比大，增加了进水泵的动力消耗，提高了运行费用；加快了水流上升速度，使出水中细微颗粒物比 UASB 多，加重了后续处理的负担；另外内循环中泥水混合液的上升还易产生堵塞现象，使内循环瘫痪，处理效果变差。

(2) IC 反应器较短的水力停留时间势必影响不溶性有机物的去除效果。

(3) 在厌氧反应中，有机负荷、产气量和处理程度三者之间存在着密切的联系和平衡关系。一般较高的有机负荷可获得较大的产气量，但处理程度会降低。因此，IC 反应器的总体去除效率相比 UASB 反应器来讲要低些。

(4) 缺乏在 IC 反应器水力条件下培养活性和沉降性能良好的颗粒污泥关键技术。目前国内引进的 IC 反应器均采用荷兰进口的颗粒污泥接种，增加了工程造价。

上述问题有待在对 IC 厌氧处理技术内部规律进行更深入探讨的基础上，结合工程实践加以克服，使这一新技术更加完善。

(四) IC 处理技术发展前景

表 15-11 列出了 IC 反应器和 UASB 反应器处理典型废水的对照结果，从表中数据可以看出，IC 反应器在很大程度上解决了 UASB 的不足，大大提高了反应器单位容积的处理容量。在处理同类废水时，IC 反应器的高度一般为 UASB 反应器的 3~4 倍，IC 反应器的容积负荷一般为 UASB 反应器的 4 倍左右。

表 15-11　IC 反应器与 UASB 反应器处理相同废水的对比结果

对比指标	反应器类型			
	IC 反应器		UASB	
	啤酒废水	土豆加工废水	啤酒废水	土豆加工废水
反应器体积/m^3	6×162	100	1400	2×1700
反应器高度/m	20	15	6.4	5.5
水力停留时间/h	2.1	4.0	6	5.5
容积负荷/[kgCOD/(m^3·d)]	24	48	6.8	10
进水/COD(mg/L)	2000	6000~8000	1700	12000
COD 去除率/%	80	85	80	95

由表 15-11 可知，随着生产的发展，经济高效、节能省地的厌氧反应器越来越受到水处理工作者的青睐。IC 反应器的一系列技术优点及其工程成功实践，是现代厌氧反应器的一个突破，值得进一步研究开发；由于反应器容积小，生产、运输、安装和维修都十分方便，产业化前景也很乐观。

二、厌氧膨胀颗粒污泥床(EGSB)反应器

(一) EGSB 反应器工作原理

EGSB 反应器作为一种改进型的 UASB 反应器，它是固体流态化技术在有机废水生物处理领域的具体应用。固体流态化技术是一种改善固体颗粒与流体间接触，并使其呈现流体性状的技术，这种技术已经广泛应用于石油、化工、冶金工艺废水的处理。

根据载体流态化原理，EGSB 反应器中装有一定量的颗粒污泥载体，当有机废水及其所产生的沼气自下而上地流过颗粒污泥床层时，载体与液体间会出现不同的相对运动，导致床层呈现不同的工作状态。在废水液体表面上升流速较低时，反应器中的颗粒污泥保持相对静止，废水从颗粒间隙内穿过，床层的空隙率保持稳定，但其压降随着液体表面上升流速的提

高而增大。当流速达到一定数值时，压降与单位床层的载体重量相等，继续增加流速，床层空隙便开始增加，床层也相应膨胀，但载体间依然保持相互接触；当液体表面上升流速超过临界流化速度后，污泥颗粒即呈悬浮状态，颗粒床被流态化，继续增加进水流速，床层的空隙率也随之增加，但床层的压降相对稳定；再进一步提高进水流速到最大流化速度时，载体颗粒将产生大量的流失。

从载体流态化的工作状况可以看出，EGSB 反应器的工作区为流态化的初期，即膨胀阶段(容积膨胀率约为 10%~30%)，在此条件下，进水流速较低，一方面可保证进水基质与污泥颗粒的充分接触和混合，加速生化反应进程，另一方面有利于减轻或消除静态床(如 UASB)中常见的底部负荷过重的状况，增加反应器对有机负荷，特别是对毒性物质的承受能力。

（二）EGSB 反应器特点

（1）颗粒污泥床层处于膨胀状态，使进水能与颗粒污泥能充分接触，提高了传质效率，有利于基质和代谢产物在颗粒污泥内外的扩散、传送，保证了反应器在较高的容积负荷条件下正常运行；

（2）高 COD 负荷[8~15kgCOD/(m^3·d)]；

（3）液体上升流速在 2.5~6m/h(最高可达 10m/h)，COD 去除负荷高；

（4）厌氧颗粒污泥活性高，沉降性能好，粒径和强度较大，抗冲击负荷能力强；

（5）适用范围广，可用于 *SS* 含量高和对微生物有抑制性的废水处理；

（6）反应器为塔式结构，高径比(H/D)较大，占地面积小；

（7）在低温和处理低浓度有机废水时有明显优势。

（三）EGSB 反应器的结构

1）进水配水系统

进水配水系统主要是将废水尽可能均匀地分配到整个反应器，并具有一定的水力搅拌功能。它是反应器高效运行的关键之一。

2）反应区

其中包括污泥床区和污泥悬浮层区，有机物主要在这里被厌氧菌所分解，是反应器的主要部位。

3）三相分离器

由沉淀区、回流缝和气封组成，其功能是把沼气、污泥和液体分开。污泥经沉淀区沉淀后由回流缝回流到反应区，沼气分离后进入气室。三相分离器的分离效果将直接影响反应器的处理效果。EGSB 反应器内的液体上升流速要大得多，因此必须对三相分离器进行特殊改进，方法如下：

（1）增加一个可以旋转的叶片，在三相分离器底部产生一股向下水流，有利于污泥的回流；

（2）采用筛鼓或细格栅，可以截留细小颗粒污泥；

（3）在反应器内设置搅拌器，使气泡与颗粒污泥分离；在出水堰处设置挡板，以截留颗粒污泥。

4）出水循环系统和排水系统

出水循环部分是 EGSB 反应器不同于 UASB 反应器之处，其主要目的是提高反应器内的液体上升流速，使颗粒污泥床层充分膨胀，污水与微生物之间充分接触，加强传质效果，还可以避免反应器内死角和短流的产生。

排水系统的作用是把沉淀区表层处理过的水均匀地加以收集，排出反应器。

5）气室

也称集气罩，其作用是收集沼气。

6）浮渣清除系统

其功能是清除沉淀区液面和气室表面的浮渣，如浮渣不多可省略。

7）排泥系统

其功能是均匀地排除反应区的剩余污泥。EGSB 反应器处理废水一般不加热，利用废水本身的水温。如果需要加热提高反应的温度，则采用与消化池加热相同的方法，反应器一般都采用保温措施，方法同消化池。反应器必须采取防腐蚀措施。

（四）发展趋势

随着国民经济的快速发展，城市生活污水和工业废水的总量也迅速增加，为了达到可持续性发展的要求，必须不断地开发和利用新型高效的反应器。在过去的 20 年里，UASB 反应器已经发挥了重要的作用，而作为对 UASB 反应器改进的 EGSB 反应器，在处理低温低浓度的污水以及高浓度或有毒性工业废水方面具有其他厌氧反应器不可比拟的优势，但由于目前国内对 EGSB 在这方面的应用研究不多，尚未有生产规模的 EGSB 出现。国外在 EGSB 反应器处理中、高浓度污水方面的研究较多，国内学者也在这方面做了一些研究，并已投入应用，取得了较好的效果，发展前景较好。EGSB 利用回流系统将硫酸盐或有毒、难降解物质的浓度稀释，在处理含硫酸盐废水和有毒性、难降解废水方面具有一定的优势，将是今后高浓度难降解有机废水高效处理工艺的发展趋势。

三、二段厌氧处理法

将水解酸化过程和甲烷化过程分开在两个反应器内进行，以使两类微生物都能在各自的最适条件下生长繁殖。第一段的功能是：水解和液化固态有机物为有机酸；缓冲和稀释负荷冲击与有害物质，并将截留难降解的固态物质。第二段的功能是：保持严格的厌氧条件和 pH 值，以利于甲烷菌的生长；降解、稳定有机物，产生含甲烷较多的消化气，并截留悬浮固体，以改善出水水质。

二段式厌氧处理法的流程尚无定式，可以采用不同构筑物予以组合。对悬浮物高的工业废水，采用厌氧接触法与上流式厌氧污泥床反应器串联的组合已经有成功的经验，如接触消化池-上流式污泥床两步消化工艺，见图 15-20；也可以采用纤维填料厌氧滤池和上流式厌氧污泥床复合法工艺见图 15-21。

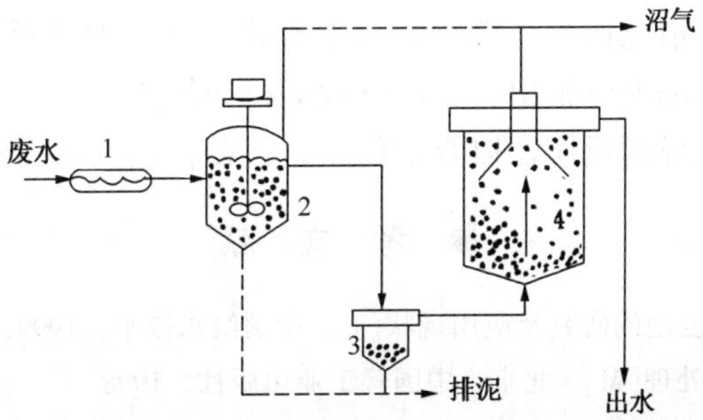

图 15-20　接触消化池-上流式污泥床两步消化工艺示意图

1—热交换器；2—水解产酸罐；3—产点分离；4—产甲烷罐

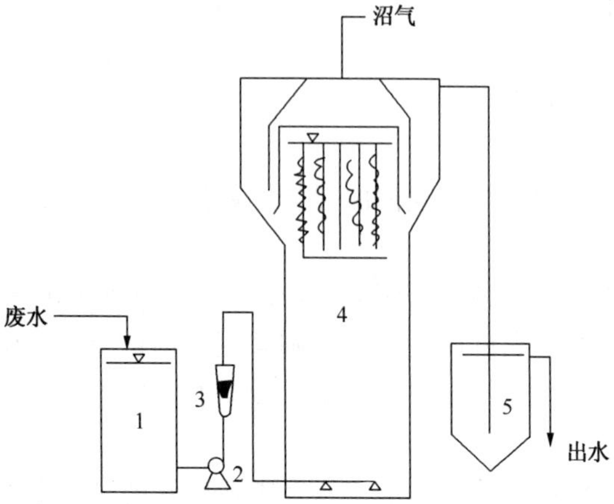

图 15-21 纤维填料厌氧滤池和上流式厌氧污泥床复合法工艺示意图

1—纤维填料厌氧滤池；2—提升泵；3—流量控制阀；4—上流式厌氧污泥床；5—沉淀池

两步厌氧法具有如下特点：

(1) 耐冲击负荷能力强，运行稳定，避免了一步法不耐高有机酸浓度的缺陷；

(2) 两阶段反应不在同一反应器中进行，互相影响小，可更好地控制工艺条件；

(3) 消化效率高，尤其适于处理含悬浮固体多、难消化降解的高浓度有机废水；

(4) 两步法设备较多，流程和操作复杂。

二段式厌氧处理法具有运行稳定可靠，能承受 pH 值、毒物等的冲击，有机负荷率高，消化气中甲烷含量高等特点；但这种方法也有设备较多，流程和操作复杂等缺陷。研究表明，二段式并不是对各种废水都能提高负荷率。例如，对于固态有机物低的废水，不论用一段法或二段法，负荷率和效果都差不多。

联邦德国汉诺威大学给水排水研究所在中试规模上采用二段厌氧处理法处理小麦淀粉废水。他们采用混合接触池(无污泥回流)和厌氧滤池分别作为酸化池，又采用厌氧滤池、厌氧接触法和上流式厌氧污泥床反应器分别作为甲烷化阶段反应器进行了比较试验，酸化阶段的温度为 30℃，甲烷化阶段的温度为 35~37℃，接种用的污泥是城市污水厂消化污泥。采用混合接触池或厌氧滤池作为酸化反应器，效果无明显差别，得到最佳酸化产物的条件是：停留时间 0.8~1.5d，此时，pH 值为 3.6~4.0，COD 负荷率为 25~50kgCOD/(m^3 · d)。酸化出水可不经中和直接进入甲烷化阶段。作为甲烷化反应器的厌氧滤池有两个，一个用塑料填料填充 75%，填料的比表面积为 150m^2/m^3；另一个仅用塑料填料填充上部 25%。经过 4 个月的运行，厌氧滤池的运行情况比混合接触池和上流式厌氧污泥床反应器好。后两个反应器，由于产气量过高，大量污泥上浮带出，无法继续运行而停止。

因此，究竟采用什么样的反应器以及如何组合，要根据具体的水质等情况而定。

参 考 文 献

1 方芳，龙腾锐. 厌氧生物滤池的研究及应用现状[J]. 中国给水排水，1999，15(4)：24~27.

2 贺廷龄. 废水的厌氧生物处理[M]. 北京：中国轻工业出版社，1998.

3 马志毅. 工业废水的厌氧生物技术[M]. 北京：中国建筑工业出版社，2001

4 马珑玲，唐艳葵，张寒冰. 折流式厌氧反应器的设计[J]. 广西大学学报(自然科学版)，2008，33(增刊)：377~379.

5 童健，陈晓华. ABR反应器的设计[J]. 江苏环境科技，2004，17(4)：26~27.
6 李清雪，华玉芝. 厌氧折流板反应器处理高浓度有机废水[J]. 河北建筑科技学院学报，2003，20(3)：13~14.
7 王建龙，韩英健，钱易. 折流式厌氧反应器(ABR)的研究进展[J]. 应用与环境生物学报，2000，6(5)：490~498.
8 黄永恒，王建龙，文湘华等. 折流式厌氧反应器的工艺特性及其运用[J]. 中国给水排水，1999，15(7)：18~20
9 NY/T1220. 1-2006，沼气工程技术规范. [S]. 中华人民共和国农业部，2007.
10 牛学义. 卵形污泥消化池及其搅拌系统的选择[J]. 中国给水排水，1999，15(11)：59~61.
11 董巨威，赵立冬，张丽丽. 升流式厌氧固体反应器的研究进展[J]. 河南科技，2007(3)：38.
12 袁秋笙. UASB反应器的结构与设计方法[J]. 江苏环境科技，1992(2)：17~20.
13 颜智勇，吴根义，刘宇赜等. UASB/SBR/化学混凝工艺处理养猪废水[J]. 中国给水排水，2007，23(14)：24~27.
14 孙建国，邵巍. UASB-AB工艺处理黄酒废水[J]. 给水排水，2006，32(12)：60~63.
15 王凯军. UASB工艺系统设计方法探讨[J]. 中国沼气，2002，20(2)：18~23.
16 葛玫，王红磊，杨平. IC厌氧反应器的研究与应用进展[J]. 环境与可持续发展，2008，(6)：13~16.
17 张忠波，陈吕军，胡纪萃. IC反应器技术的发展[J]. 环境污染与防治，2000，22(3)：39~41.
18 胡纪萃. 试论内循环厌氧反应器[J]. 中国沼气，1999，17(2)：3~6.
19 吴静，陆正禹，胡纪萃，顾夏声. 新型高效内循环IC厌氧反应器[J]. 中国给水排水，2001，17(1)：26~29.
20 常海荣，张振家，王欣泽. 厌氧膨胀颗粒污泥床(EGSB)在高浓度工业废水处理中[J]. 环境工程，2004，22(3)：14~16.
21 北京水环境技术与设备中心. 三废处理技术手册[M]. 北京：化学工业出版社，2000.

第十六章　生物脱氮除磷

一般的活性污泥法以去除污水中可降解有机物和悬浮物为主要目的，对污水中氮、磷的去除有限。随着对水体环境质量要求的提高，对污水处理厂出水的氮、磷有控制也越来越严格，因此有必要采取脱氮除磷的措施。一般来说，对污水中氮、磷的处理有物化法和生物法，而生物法脱氮除磷具有高效低成本的优势，目前出现了许多采用生物脱氮除磷的新工艺。

第一节　生物脱氮与除磷工艺

一、生物脱氮除磷工艺的选择

按生物脱氮除磷的要求不同，生物脱氮除磷分为以下五个层次：

（1）去除有机氮和氨氮；

（2）去除总氮；

（3）去除磷；

（4）去除氨氮和磷；

（5）去除总氮和磷。

对于不同的脱氮除磷要求，需要不同的处理工艺来完成，表 16-1 列出了生物脱氮除磷的 5 个层次对工艺的选择。

表 16-1　生物脱氮除磷 5 个层次对工艺的选择

处理目标	处理工艺
去除有机氮和氨氮	采用合并硝化或单独硝化
去除总氮	硝化与反硝化，对于不同的 TN 要求，需要选择不同的脱氮工艺
去除磷	A/O、弗斯特利普(Phostrip)除磷工艺
去除氨氮和磷	A^2/O、改良 A^2/O、多级生物脱氮除磷工艺
去除总氮和磷	

对于不同的 TN 出水水质要求，需要选择不同的脱氮工艺，不同的 TN 出水水质要求与脱氮工艺的选择见表 16-2。

表 16-2　不同 TN 出水水质要求对脱氮工艺的选择

出水对 TN 的要求/(mg/L)	脱氮工艺
8~12	所有单级活性污泥系统、氧化沟、SBR
6~8	A^2/O、改良 A^2/O、氧化沟、SBR
≤6	多级生物脱氮系统

生物除磷工艺所需 BOD_5 或 COD 与 TP 之间有一定的比例要求，生物除磷工艺所需 BOD_5 或 COD 与 T 比例 P 的要求见表 16-3。

表 16-3 生物除磷工艺所需 BOD_5 或 COD 与 TP 的比例要求

生物除磷工艺		BOD_5/TP（$mgBOD_5$/mgTP）	COD/TP（mgCOD/mgTP）
高效除磷工艺	无硝化 A/O、UTC	15~20	26~34
中效除磷工艺	硝化 A/O、A^2/O	20~25	34~43
低效除磷工艺	氧化沟	大于 25	大于 43

二、A/O 工艺生物脱氮工艺

（一）工艺流程

A/O 工艺以除氮为主时，基本工艺流程如图 16-1。

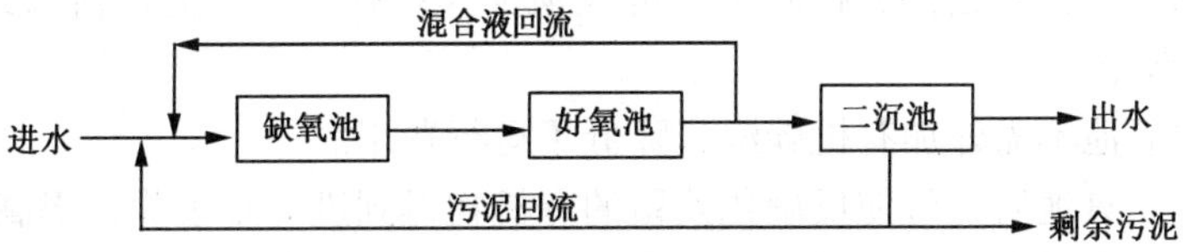

图 16-1 缺氧/好氧工艺流程

A/O 工艺有分建式和合建式工艺两种，分别见图 16-2、图 16-3。分建式即硝化、反硝化与 BOD 的去除分别在两座不同的反应器内进行；合建式则在同一座反应器内进行。

合建式反应器节省了基建和运行费用以及容易满足处理工程对碳源和碱度等条件的要求，但受以下因素影响：溶解氧（0.5~1.5mg/L）、污泥负荷［0.1~0.15$kgBOD_5$/（kgMLVSS·d）］、C/N 比（6~7）、pH 值（7.5~8.0），而不易控制。

对于 pH 值，分建式 A/O 工艺中，硝化液一部分回流至反硝化池，池内的反硝化脱氮菌以原污水中的有机物作碳源，以硝化液中 NO_x-N 中的氧作为电子受体，将 NO_x-N 还原成 N_2，不需外加碳源。反硝化池还原 1gNO_x-N 产生 3.57g 碱度，可补偿硝化池中氧化 1gNH_3-N 所需碱度（7.14g）的一半，所以对含 N 浓度不高的废水，不必另行投碱调 pH 值，反硝化池残留的有机物可在好氧硝化池中进一步去除。

一般来说分建式反应器（A/O 工艺）硝化、反硝化的影响因素控制范围可以相应增大，更为有效地发挥和提高活性污泥中某些微生物（如硝化菌、反硝化菌等）所特有的处理能力，从而达到脱、处理难降解有机物的目的，减少了生化池的容积，提高了生化处理效率，同时也节省了环保投资及运行费用；而合建式 A/O 工艺便于对现有推流式曝气池进行改造。

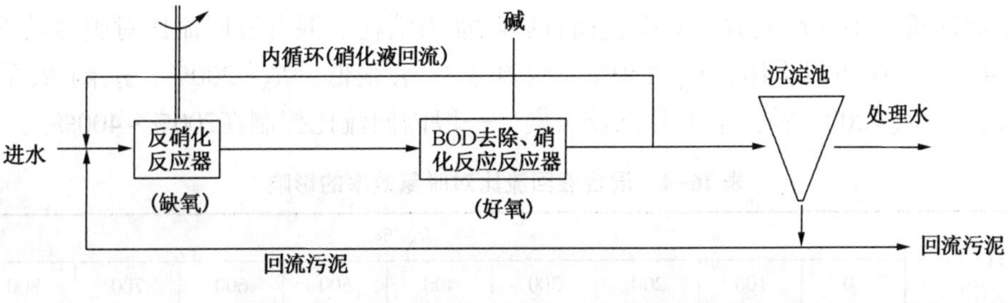

图 16-2 分建式缺氧—好氧活性污泥脱氮系统

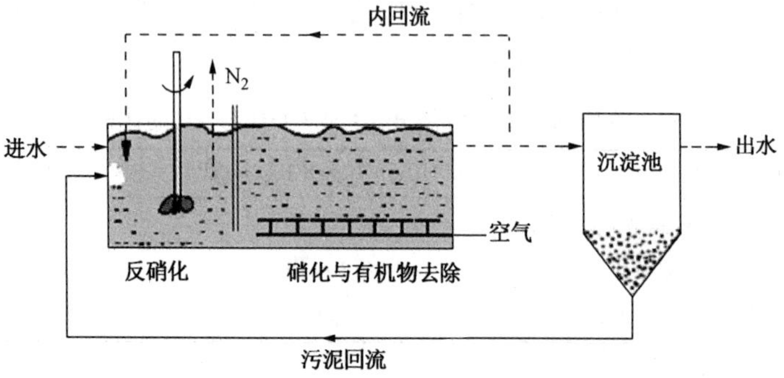

图 16-3　合建式缺氧—好氧活性污泥脱氮系统

（二）特点

1. 优点

① 同时去除有机物和氮，流程简单，构筑物少，只有一个污泥回流系统和混合液回流系统，节省基建费用。

② 反硝化缺氧池不需外加有机碳源，降低了运行费用。

③ 好氧池在缺氧池后，可使反硝化残留的有机物得到进一步去除，提高了出水水质。

④ 缺氧池中污水的有机物被反硝化菌所利用，减轻了好氧池的有机物负荷，同时缺氧池中反硝化产生的碱度可弥补好氧池中硝化需要碱度的一半。

2. 缺点

① 脱氮效率不高，一般去除率为 70%~80%。

② 好氧池出水含有一定浓度的硝酸盐，如二沉池运行不当，则会发生反硝化反应，造成污泥上浮，使处理水水质恶化。

（三）影响工艺的因素

① 水力停留时间 t

反硝化 $t \leqslant 2h$，硝化 $t \geqslant 6h$，当硝化水力停留时间与反硝化水力停留时间为 3∶1 时，氨氮去除率达到 70%~80%，否则去除率下降。

② 有机物浓度与 DO

进入硝化好氧池中 $BOD_5 \leqslant 80mg/L$；硝化好氧池中 DO 大于 2mg/L。

③ BOD_5/NO_x-N 比值

反硝化缺氧池污水中溶解氧性的 BOD_5/NO_x-N 比值应大于 4，以保证反硝化过程中有充足的有机碳源。

④ 混合液回流比

混合液回流比不仅影响脱氮效率，而且影响动力消耗。混合液回流比对脱氮效率的影响见表 16-4。从表中可以看出，$R_N \leqslant 50\%$，脱氮效率 η_N 很低；$R_N < 200\%$，η_N 随 R_N 的上升而显著上升；当 $R_N > 200\%$ 后，η_N 上升比较缓慢，一般内回流比控制在200%~400%。

表 16-4　混合液回流比对脱氮效率的影响

项目	R_N/%									
	50	100	200	300	400	500	600	700	800	900
脱氮效率 η_N/%	33.3	50	66.7	75	80	83.3	85	87.5	88.8	90

⑤ 污泥浓度(MLSS)

污泥浓度一般要求大于 3000mg/L，否则脱氮效率下降。

⑥ 污泥龄(θ_C)

污泥龄应达到 15d 以上。

⑦ 硝化段的污泥有机负荷率

硝化段的污泥有机负荷率要小于 0.18kgBOD$_5$/(kgMLVSS · d)；硝化段的 TKN/MLVSS 负荷率小于 0.05kgTKN/(kgMLVSS · d)。

⑧ 温度与 pH 值

硝化最适宜的温度 20~30℃、反硝化最适宜的温度 20~40℃；硝化最佳 pH 值为 8~8.4，反硝化最佳 pH 值为 6.5~7.5。

⑨ 原污水总氮浓度 *TN*

原污水总氮浓度 TN<30mg/L。

（四）A/O 工艺设计参数

A/O 工艺设计参数见表 16-5。

表 16-5　A/O 工艺设计参数

参数名称	数值	参数名称	数值
水力停留时间/h	$t_{缺氧}$：$t_{好氧}$=1：(3~4) 一般 $t_{好氧}\geqslant$6h，$t_{缺氧}\leqslant$2h	污泥浓度 MLVSS/(mg/L)	3000~5000
溶解氧/(mg/L)	O 段大于 1；A 段小于 0.5	总氮负荷/[kgKN/(kgMLVSS · d)]	≤0.05
pH	A 段 8.0~8.4； O 段 6.5~8.0	混合液回流比/%	300~400
温度/℃	20~30	污泥回流比/%	50~100
污泥泥龄/d	大于 15(15~23)	BOD$_5$/TN	≥4
污泥负荷 Ns/[kgBOD$_5$/(kgMLVSS · d)]	≤0.18	反硝化池 S-BOD$_5$/NO$_x$-N	反硝化池进水溶解性 BOD$_5$ 浓度与 NO$_x$-N 浓度之比值， 即 S-BOD$_5$/NO$_x$-N≥4

（五）A/O 工艺设计计算

包括缺氧池(区)容积计算、好氧区容积、混合液回流量、需氧量的计算。

1. 缺氧池（区）容积计算、好氧区容积、混合液回流量计算

其计算公式见表 16-6。

表 16-6　缺氧池(区)容积、好氧区容积、混合液回流量的计算公式

计算项目	计算公式	参数说明
缺氧池(区)有效容积	$V_n=\dfrac{0.001Q(N_k-N_{te})-0.12\Delta X_v}{K_{de(T)}X}$	V_n——缺氧池(区)容积，m^3； Q——生物反应池的设计流量，m^3/d； X——生物反应池内混合液悬浮固体平均浓度，gMLSS/L； N_k——生物反应池进水总凯氏氮浓度，mg/L； N_{te}——生物反应池出水总氮浓度，mg/L； ΔX_v——排出生物反应池系统的微生物量，kgMLVSS； $K_{de(T)}$——T℃时的脱氮速率，kgNO$_x$-N/(kgMLVSS · d)，宜根据试验资料确定； $K_{de(20)}$——20℃时的脱氮速率，宜取 0.03~0.06kgNO$_x$-N/(kgMLVSS · d)；

续表

计算项目	计算公式	参数说明
缺氧池(区)有效容积	$K_{de}=K_{de(20)}1.08^{(T-20)}$ $\Delta X_v=yY_t=\frac{Q(S_0-S_e)}{1000}$	T——设计温度,℃ Y_t——污泥总产率系数，宜根据试验资料确定，无试验资料时，系统有初沉池时取 0.3kgMLVSS/$kgBOD_5$，无初沉池时取 0.2~0.6kgMLVSS/$kgBOD_5$； y——单位容积混合液中，活性污泥固体物质总量(MLSS)中挥发性悬浮固体物质总量(MLVSS)所占比例； S_0——生物反应池进水五日生化需氧量浓度，mg/L； S_e——生物反应池出水五日生化需氧量浓度，mg/L
好氧池(区)容积	$V_0=\frac{Q(S_0-S_e)\theta_c Y_1}{1000X}$ $\theta_{CO}=F\frac{1}{\mu}$ $\mu=0.47\frac{N_a}{K_N+N_a}e^{0.098(T-15)}$	V_0——好氧池(区)容积，m^3； Q——生物反应池的设计流量，m^3/d； S_0——生物反应池进水五日生化需氧量浓度，mg/L； S_e——生物反应池出水五日生化需氧量浓度，mg/L； θ_{CO}——好氧池(区)设计污泥泥龄值，d； Y_1——污泥总产率系数，宜根据试验资料确定，无试验资料时，系统有初沉池时取 0.3kgMLVSS/$kgBOD_5$，无初沉池时取 0.2~0.6kgMLVSS/$kgBOD_5$； X——生物反应池内混合液悬浮固体平均浓度，gMLSS/L； F——安全系数，取 1.5~3.0； μ——硝化菌生长速率，d^{-1}； N_a——生物反应池中氨氮浓度，mg/L； K_N——硝化作用中氮的半速率常数，mg/L； T——设计温度,℃； 0.47——15℃时硝化菌最大生长速率，d^{-1}
混合液回流量	$Q_{Ri}=\frac{1000V_nK_{de(T)}X}{N_1-N_{ke}}-Q_R$	Q_{Ri}——混合液回流量，m^3/d，混合液回流比不宜大于 400%； V_n——缺氧池(区)容积，m^3； $K_{de(T)}$——T℃时的脱氮速率，$kgNO_x$-N/(kgMLVSS·d)，宜根据试验资料确定； X——生物反应池内混合液悬浮固体平均浓度，gMLSS/L； Q_R——回流污泥量，m^3/d； N_{ke}——生物反应池出水总凯氏氮浓度，mg/L； N_1——生物反应池进水总氮浓度，mg/L

2. 需氧量的计算

氧化 1gNH_3-N 需氧 4.57g，并消耗 7.14g 碱度；而反硝化 1gNO_x-N 生成 3.57g 碱度，并消耗 1.72gBOD_5，同时还提供 2.6gO_2，需氧量可按式(16-1)计算。需氧量详细计算公式见式(16-6)。

$$O_2=aS_r+bN_r-bN_D-cX_W \tag{16-1}$$

$$S_r=KQ(S_0-S_e) \tag{16-2}$$

$$N_r=[KQ(NK_0-NK_e)-0.22X_W] \tag{16-3}$$

$$cX_W=1.42X_W \tag{16-4}$$

$$N_D=KQ(NK_0-NK_e-NO_e)-0.12X_W \tag{16-5}$$

$$O_2=aKQ(S_o-S_e)+b[KQ(NK_o-NK_e)-0.12X_W]-cW_X-b[KQ(NK_o-NK_e-NO_e)-0.12X_W]\cdot 0.56 \qquad (16-6)$$

式中 aS_r——降解有机物的需氧量；

a——BOD_5的氧当量，1.0，即降解 1kgBOD_5需氧 1kgO_2；

S_r——BOD_5去除量；

K——污水日变化系数；

Q——污水平均日流量，m^3/d；

S_0，S_e——污水流入、流出的 BOD_5浓度，g/m^3；

bN_r——氨氮硝化需氧量；

b——氨氮的氧当量，4.57，即硝化 1g 氨氮需氧 4.57g；

N_r——氨氮被硝化去除量，kg/d；

NK_0，NK_e——进出水 TKN 浓度，g/m^3；

X_W——每日净增活性污泥量，即每日排放剩余活性污泥量，kg/d；

0.12——生成 1kg 生物体需 0.12kg 氮量（$C_5H_7NO_2$中 N 约占 12%）；

cX_W——排放剩余污泥氧当量的总量；

c——活性污泥的氧当量，为 1.42；

X_W——每日净增活性污泥量，即每日排放剩余活性污泥；

bN_D——反硝化脱氮所放出的氧量；

N_D——NO_x-N 的耗氧量，kg/d；

NO_e——出水中 NO_x-N 的浓度，g/m^3。

三、生物除磷

（一）缺氧–好氧活性污泥法（A/O 工艺）

当以除磷为主时，可采用无内循环的厌氧/好氧工艺，基本工艺流程如 16-4 所示。

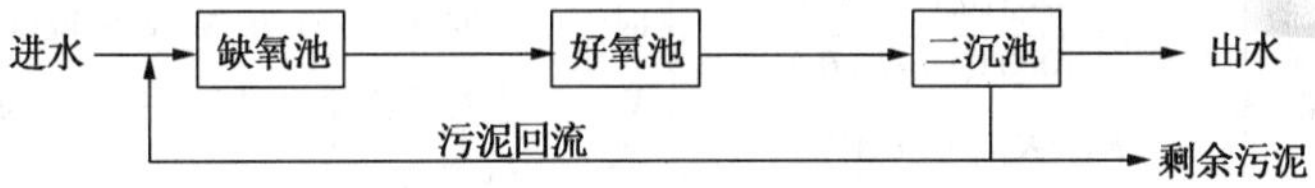

图 16-4 厌氧/好氧工艺流程

1. 设计参数

A/O 工艺生物除磷设计参数见表 16-7。

表 16-7 A/O 工艺生物除磷设计参数

参数名称	数 值	参数名称	数 值
水力停留时间/h	$t_{缺氧}$：$t_{好氧}$=1：(2~3) 一般 $t_{好氧}$为 2~4，$t_{缺氧}$为 1~2	污泥浓度 MLSS/(mg/L)	2000~4000
溶解氧/(mg/L)	缺氧段小于 0.5，好氧段 2	污泥回流比/%	50~100
pH	6~8	BOD_5/TP	≥17
温度/℃	5~30	COD/TP	26~34
污泥泥龄/d	5~10	进水中易降解有机物浓度/(mg/L)	≥60
污泥负荷 Ns/[kgBOD_5/(kgMLVSS·d)]	0.2~0.7		

2. **工艺计算**

缺氧-好氧活性污泥法生物除磷的工艺计算包括厌氧池(区)容积、好氧池(区)容积。具体计算公式见表 16-8。

表 16-8　A/O 工艺生物除磷容积计算公式

计算项目	计算公式		参数说明
厌氧池(区)容积	$V_p=\frac{t_pQ}{24}$		V_p——厌氧池(区)容积，m^3； t_p——厌氧池(区)停留时间，宜取 1~2h； Q——设计污水流量，m^3/d
好氧池(区)容积	按污泥负荷计算	$V=\frac{24Q(S_0-S_e)}{1000L_sX}$ $X=f\cdot X_v$	Q——生物反应池的设计流量，m^3/h； V——生物反应池的容积，m^3； S_0——生物反应池进水五日生化需氧量，mg/L； S_e——生物反应池出水五日生化需氧量，mg/L，当去除率大于 90%时可不计；; L_s——生物反应池的五日生化需氧量污泥负荷，$kgBOD_5/kgMLVSS$； X——生物反应池内混合液悬浮固体平均浓度，gMLSS/L； f——系数，对于城镇污水一般取 0.7~0.8，对于工业废水应通过试验或参照类似工程确定； X_v——生物反应池内混合液挥发性悬浮固体平均浓度，gMLVSS/L
	按污泥泥龄计算	$V=\frac{24QY\theta_c(S_0-S_e)}{1000X_v(1+K_{dt}\theta_t)}$ $K_{dt}=K_{d20}\cdot(\theta_t)^{t-20}$	V——生物反应池的容积，m^3； S_0——生物反应池进水五日生化需氧量，mg/L； S_e——生物反应池出水五日生化需氧量，mg/L，当去除率大于 90%时可不计； Q——生物反应池的设计流量，m^3/h； Y——污泥产率系数，宜根据试验资料确定，无试验资料时，一般取 0.25~0.7$kgMLVSS/kgBOD_5$； X_v——生物反应池内混合液挥发性悬浮固体平均浓度，gMLVSS/L； θ_c——设计污泥泥龄，宜取 4~8d； K_{dt}——T℃时的衰减系数，d^{-1}； K_{d20}——20℃时的衰减系数，宜取 0.04~0.075d^{-1}； T——设计温度，℃； θ_t——温度系数，宜取 1.02~1.06

（二）弗斯特利普（Phostrip）除磷工艺

Phostrip 工艺是由 Levin 在 1965 年首先提出的，该工艺是在回流污泥的分流管线上增设一个脱磷池和化学沉淀池而构成的，其工艺流程见图 16-5。

该工艺将在常规的好氧活性污泥法工艺中增设厌氧释磷池和化学沉淀池。工艺流程为：部分回流污泥(约为进水量的 10%~20%)通过旁流进入厌氧池，在厌氧池中的停留时间为 8~12h，使磷由固相中释放，并转移到水中；脱磷后的污泥回流到好氧池中继续吸磷，厌氧池上清液含有高浓度磷(可高达 100mg/L 以上)，将此上清液排入石灰混凝沉淀池进行化学处理生成磷酸钙沉淀，该含磷污泥可作为农业肥料，而混凝沉淀池出水应流入初沉池再进行

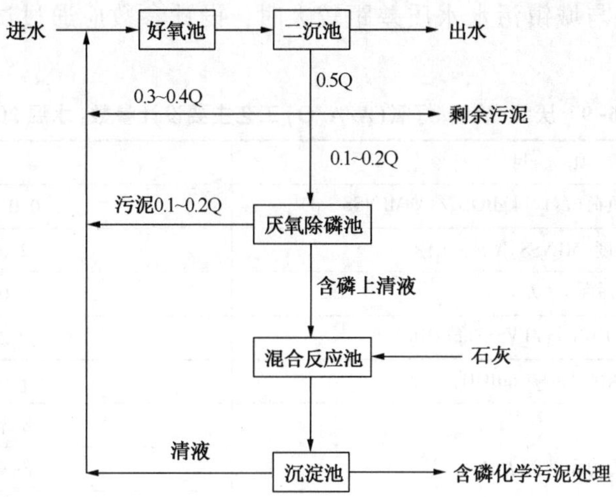

图 16-5 弗斯特利普(Phostrip)除磷工艺流程

处理。Phostrip 工艺不仅通过高磷剩余污泥除磷，而且还通过化学沉淀除磷。该工艺具有生物除磷和化学除磷双重作用，所以 Phostrip 工艺具有高效脱氮除磷功能。

Phostrip 工艺比较适合于对现有工艺的改造，只需在污泥回流管线上增设少量小规模的处理单元即可，且在改造过程中不必中断处理系统的正常运行。总之，Phostrip 工艺受外界条件影响小，工艺操作灵活，脱氮除磷效果好且稳定。但该工艺存在流程复杂、运行管理麻烦、处理成本较高等缺点。

四、厌氧/缺氧/好氧活性污泥法脱氮除磷工艺

需要同时脱氮除磷时，可采用厌氧/缺氧/好氧(A^2/O)工艺，基本工艺流程如图 16-6。

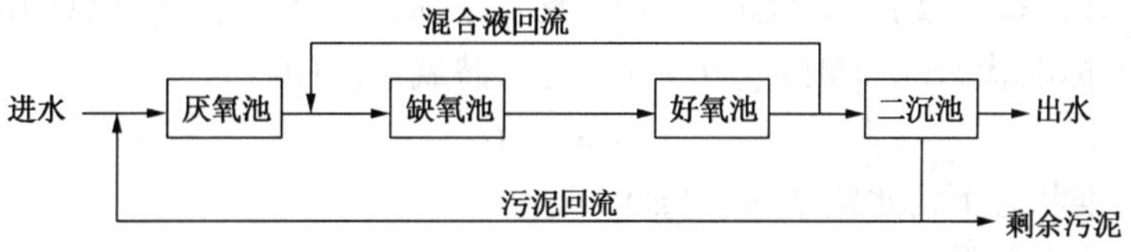

图 16-6 A^2/O 工艺脱氮除磷流程

（一） 一般规定

进入系统的污水应符合下列要求：

(1) 脱氮时，污水中的五日生化需氧量(BOD_5)与总凯氏氮(TKN)之比宜大于 4；

(2) 除磷时，污水中的 BOD_5与总磷(TP)之比宜大于 17；

(3) 同时脱氮、除磷时，宜同时满足前两款的要求；

(4) 好氧池(区)剩余碱度宜大于 70mg/L(以碳酸钙 $CaCO_3$计)；

(5) 当工业废水进水 COD 超过 1000mg/L 时，前处理可采用升流式厌氧污泥床反应器(UASB)等厌氧处理措施；

(6) 当工业废水进水的 BOD_5/COD 小于 0.3 时，前处理需采用水解酸化等预处理措施。

（二） 工艺设计

1. 设计参数

处理城镇污水或水质类似城镇污水的工业废水时主要设计参数，可按表 16-9 的规定取

值。工业废水的水质与城镇污水水质差距较大时，设计参数应通过试验或参照类似工程确定。

表 16-9　厌氧/缺氧/好氧(A/A/O)工艺主要设计参数(水温 20℃)

项　　目	参　数　值
五日生化需氧量污泥负荷(L_s)/[$kgBOD_5$/($kgMLVSS \cdot d$)]	0.05~0.20
污泥浓度(MLVSS)X/(g/L)	2.0~4.0
污泥龄(θ_C)/d	10~20
污泥产率(Y)/($kgMLVSS/kgBOD_5$)	0.2~0.7
需氧量/($kgO_2/kgBOD_5$)	1.0~1.8
水力停留时间 HRT/h	厌氧 1~2
	缺氧 1~3
	好氧 6~14
污泥回流比(R)/%	40~100
混合液回流比(R_i)/%	200~400
总处理效率(η)/%	85~95(BOD_5)
	50~80(TP)
	55~80(TN)
需氧量	可按式(16-6)计算确定

2. **曝气设备**

1）供气量

选用曝气设备时，应根据不同设备的特征、位于水面下的深度、水温、污水的氧总转移特性，当地的海拔高度以及预期生物反应池中溶解氧浓度等因素，将计算的污水需氧量按公式(16-6)换算为标准状态(0.1MPa、20℃)下污水需氧量(SOR)。

$$O_S = K_0 \cdot O_2 \tag{16-7}$$

式中　O_S——标准状态下污水需氧量，kgO_2/d；

O_2——污水需氧量，kgO_2/d；

K_0——需氧量修正系数，采用鼓风曝气装置时按式(16-8)、式(16-9)、式(16-10)计算。

$$k_0 = \frac{C_s}{\alpha(\beta C_{sm} - C_0) \times 1.024^{(T-20)}} \tag{16-8}$$

$$C_{sm} = C_{sw}\left(\frac{O_t}{42} + \frac{10+P_b}{2.068}\right) \tag{16-9}$$

$$O_t = \frac{21(1-E_A)}{79+21(1-E_A)} \times 100 \tag{16-10}$$

式中　α——混合液中 KLa 值与清水中 KLa 值之比，一般取 0.8~0.85；

β——混合液的饱和溶解氧值与清水中的饱和溶解氧值之比，取 0.9~0.97；

C_s——标准条件下清水中饱和溶解氧浓度，取 9.17mg/L；

C_{sw}——T 温度、实际计算压力时，清水饱和溶解氧，mg/L；

C_0——混合液剩余溶解氧，一般取 2mg/L；

T——混合液温度，一般取 5~30℃；

C_{sm}——T 温度、实际计算压力时，曝气池中氧的平均饱和浓度；mg/L；

O_t——曝气池逸出气体中含氧,%；

P_b——曝气装置所处绝对压力，MPa；

E_A——曝气设备氧的利用率,%。

采用鼓风曝气装置时，可按式(16-11)将标准状态下污水需氧量，换算为标准状态下的供气量。

$$G_S = \frac{O_S}{0.28E_A} \tag{16-11}$$

式中 G_S——标准状态下的供气量，m^3/h；

O_S——标准状态下污水需氧量，kgO_2/h；

0.28——标准状态下的每 m^3空气中含氧量，kgO_2/m^3；

E_A——曝气设备氧的利用率,%。

2）曝气方式的选择

（1）曝气方式应结合供氧效率、能耗和维护检修等因素进行综合比选后确定；

（2）大、中型污水处理厂宜选择鼓风式中、微孔曝气系统等水下曝气系统；

（3）鼓风式中微孔曝气系统宜选择共用鼓风机的供气方式。

3）鼓风机与鼓风机房

（1）应根据风量和风压选择鼓风机。大、中型污水处理厂宜选择单级高速离心鼓风机或多级低速离心鼓风机，小型污水处理厂和工业废水处理站可选择罗茨鼓风机；

（2）鼓风机房设置的常用鼓风机的供气总量应符合设计供气量(Gs)的要求，并保持10%的富余供气能力。

4）曝气器的数量与布置

（1）曝气器的数量应根据曝气池的供气量和所选曝气器的参数要求确定；

（2）曝气器一般布置均匀，不留有死角和空缺区域。

5）推流器

（1）缺氧池(区)和厌氧池(区)应采用推流器，推流器功率宜采用 5~8W/m^3，应选用安装角度可调的推流器；

（2）推流器器布置的间距、位置应根据试验确定或由供货厂方提供；

（3）推流器应对称布置，搅拌器的轴向有效推动距离应大于反应池的池长；

（4）每个反应池内应设置 2 台以上的推流器，反应池若分割成若干廊道，每条廊道至少应设置 1 台推流器。

3. 加药系统

1）外加碳源

当进入反应池废水的 BOD_5/TKN 小于 4 时，应在缺氧池中投加碳源。投加碳源量可按公式(16-12)确定。

$$BOD_5 = 2.86 \times \Delta N \times Q \tag{16-12}$$

式中 BOD_5——投加的碳源相当于 BOD_5量，mg/L；

ΔN——硝态氮的脱除量，mg/L；

Q——设计污水流量，m^3/d。

2）化学除磷

（1）当出水总磷不能达到排放标准要求时，宜采用化学除磷作为辅助手段；

（2）最佳药剂种类、投加量和投加点宜通过试验或参照类似工程确定。化学药剂储存罐容量应为理论加药量的4~7d投加量，加药系统应不少于2套，应采用计量泵投加。

（3）化学除磷时应考虑产生的污泥量，污泥增量可参照表16-10设计。

表16-10　化学除磷污泥增量

絮凝剂	投加位置	污泥增量
铝盐或铁盐作絮凝剂	前置投加	40%~75%
铝盐或铁盐作絮凝剂	后置投加	20%~35%
铝盐或铁盐作絮凝剂	同步投加	15%~50%

（4）接触铝盐和铁盐等腐蚀性物质的设备和管道应采取防腐措施。

4. 硝化液回流系统

（1）污泥回流设施应采用不易产生复氧的离心泵、混流泵、潜水泵等设备；

（2）回流设施宜分别按生物处理工艺系统中的最大污泥回流比和最大混合液回流比计算确定；

（3）回流设备不应少于2台，并设备用，回流设备宜有调节流量的措施。

5. 剩余污泥量

1）按式(16-13)计算污泥泥龄。

$$\Delta X=\frac{V \cdot X}{\theta_c} \tag{16-13}$$

式中　ΔX——剩余污泥量，kgSS/d；

V——生物反应池的容积，m^3；

X——生物反应池内混合液悬浮固体平均浓度，gMLSS/L；

θ_c——污泥泥龄，d。

2）按污泥产率系数、衰减系数及不可生物降解和惰性悬浮物计算剩余污泥量。

$$\Delta X=YQ(S_0-S_e)-K_d VX_v+fQ(SS_0-SS_e) \tag{16-14}$$

式中：ΔX——剩余污泥量，kgSS/d；

V——生物反应池的容积，m^3；

Y——污泥产率系数，20℃时取0.4~0.8kgMLVSS/kgBOD$_5$；

Q——设计平均日污水量，m^3/d；

S_0——生物反应池进水五日生化需氧量，kg/m^3；

S_e——生物反应池出水BOD$_5$，kg/m^3；

K_d——衰减系数，d^{-1}；

X_v——生物反应池内混合液挥发性悬浮固体平均浓度，gMLVSS/L；

f——SS的污泥转换率，宜根据试验资料确定，无试验资料时可取0.5~0.7gMLVSS/gSS；

SS_0——生物反应池进水悬浮物浓度，kg/m^3；

SS_e——生物反应池出水悬浮物浓度，kg/m^3。

3）剩余污泥宜设置计量装置可采用湿污泥计量和干污泥计量两种方式。

（三）A^2/O 工艺的影响因素

1. 污水中可生物降解有机物的影响

厌氧段：如果污水中可生物降解有机物很少，则聚磷菌无法正常进行磷的释放，导致好氧段也不能大量地吸收污水中的磷，从而影响除磷的效果。试验证明：进水中溶解性磷与溶解性 BOD_5 之比应小于 0.06 才会有较好的除磷效果。

缺氧段：C/N 较高时，NO_x-N 反销化速率大，则 $HRT=0.5\sim1.0h$；C/N 较低时，NO_x-N 反硝化速率小，则 $HRT=2.0\sim3.0h$。

对于低 BOD_5 浓度的城市污水，C/N 比较低，脱氮率不高。一般来说，污水中 COD/TKN>8，N 的总去除率可达 80%。

2. 污泥龄（θ_c）的影响

污泥龄 θ_c 受硝化和除磷两个方面的影响：一方面硝化反应要求污泥龄 θ_c 比普通活性污泥工艺时间长；另一方面由于除磷的要求，使污泥龄不能过长，A^2/O 工艺中的 θ_c 一般为 15~20d。

3. DO 的影响

好氧段 DO 过高，DO 会随污泥回流和混合液回流带至厌氧段与缺氧段，造成厌氧段的厌氧不完全而影响聚磷菌释放磷。而缺氧段 DO 升高则影响 NO_x-N 的反硝化。相反，好氧段 DO 下降，则氨氮的硝化速度下降，即氧化速度下降。因此在好氧段 DO 以 2mg/L 左右为好，缺氧段 DO≤0.5mg/L，厌氧段 DO<0.5mg/L。

4. 有机物负荷率（N_S）的影响

好氧段：$N_S\leq0.18$kgBOD_5/(kgMLVSS·d)，否则异氧菌会大大超过硝化菌，使硝化反应受到抑制；

厌氧段：$N_S>0.1$kgBOD_5/(kggMLVSS·d)，否则除磷效果会下降。

5. TKN/MLSS 负荷率的影响

过高浓度的氨氮对硝化菌会产生抑制作用，影响其硝化，一般控制 TKN/MLSS<0.05kgTKN/(kgMLSS·d)。

6. 污泥回流比（R）与混合液回流比（R_N）的影响

R 为 25%~100%为宜。R 太高，污泥将 DO 和 NO_x-N 带入厌氧段太多，影响其厌氧状态，使释磷不利；如果 R 太低，可能维持不了反应池内污泥正常浓度 2500~3500mg/L，影响生化反应速率。缺氧段的脱氮效果与混合液回流比 R_N 有较大的影响，一般采用 $R_N\geq200\%$。

第二节 其他脱氮除磷工艺与应用

一、改良厌氧/缺氧/好氧活性污泥法（UCT）

（一）工艺介绍

在 A^2/O 工艺中，回流污泥中的 NO_x-N 回流至厌氧段，干扰了聚磷菌细胞体内磷的厌氧释放，降低磷的去除率。为了避免 A^2/O 工艺工艺中这个缺点，南非开普敦大学开发出类似于 A^2/O 工艺的一种脱氮除磷工艺，被称为 UCT 工艺，其工艺流程见图 16-7。

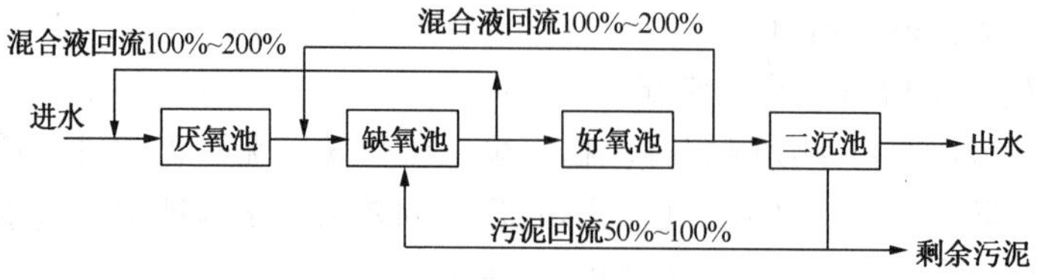

图 16-7　UCT 工艺流程

具体工艺流程为：回流污泥首先回流至缺氧段，污泥带回的 NO_x-N 在缺氧段被反硝化脱氮，然后将缺氧段出流混合液一部分再回流至厌氧段，就可以避免了 NO_x-N 对厌氧段聚磷菌释磷的干扰，提高了磷的去除率，也对脱氮没有影响。该工艺对氮和磷的去除率都大于70%。对于需要处理污水，如果 BOD_5/TKN 或 BOD_5/TP 较低时，为了防止 NO_x-N 回流至厌氧段产生反硝化脱氮，发生反硝化细菌与聚磷菌争夺溶解性 BOD_5 而降低除磷效果，此时就应采用 UCT 工艺。

UCT 工艺与 A^2/O 工艺不同之处在于沉淀池污泥回流到缺氧池而不是回流到厌氧池，这样可以防止由于硝酸盐氮进入厌氧池，破坏厌氧池的厌氧状态而影响系统的除磷率；同时增加了从缺氧池到厌氧池的混合液回流，由缺氧池向厌氧池回流的混合液中含有较多的溶解性 BOD，而硝酸盐很少，为厌氧段内所进行的有机物水解反应提供了最优的条件。在实际运行过程中，当进水中 TKN 与 COD 的比值高时，需要降低混合液的回流比以防止 NO_x-N 进入厌氧池。但是如果回流比太小，会增加缺氧反应池的实际停留时间。有实验证明，如果缺氧反应池的实际停留时间超过 1h，污泥的沉降性能会恶化。

C/N 与 C/P 是影响生物脱氮除磷的重要因素，一般来讲，C/N 值>4 时反硝化反应才能正常运行；而生物除磷要取得理想的效果，要求 C/P 值≥20。

（二）工艺参数

（1）污泥负荷：0.05~0.15kgBOD_5/kgMLVSS；

（2）污泥浓度：2000~4000mg/L；

（3）污泥龄：10~18d；

（4）污泥回流：40%~100%，好氧池(区)混合液回流：100%~400%，缺氧池(区)混合液回流：100%~200%；

（5）厌氧池(区)水力停留时间：1~2h，缺氧池(区)水力停留时间：2~3h，好氧池(区)水力停留时间：6~14h。

（三）工程实例

1. 案例 1

山东省东明县污水处理厂一期设计规模为 $6\times10^4 m^3/d$，采用 UCT 工艺，主要处理城市生活污水(约占 40%)和工业废水(约占 60%)。其水质情况如表 16-11 所示。

表 16-11　UCT 工艺处理污水的水质情况

污染物	COD	BOD_5	SS	氨氮	TP
进水浓度/(mg/L)	616	262	374	43	9
排放标准/(mg/L)	≤60	≤20	≤20	≤15	≤1

其工艺流程为：原水→粗格栅→细格栅→旋流沉砂池→进入并联的 2 组生化处理系统。生化处理系统情况如下：

(1) 生化处理系统为2组，系统并联使用，每组处理规模为$3\times10^4m^3/d$；

(2) 反应池前段为厌氧区和缺氧区，池内设置水下推流搅拌器，依靠推流作用防止污泥沉淀，并使回流污泥与进水充分混合；

(3) 厌氧/缺氧区为4级串联式，前3级每池设置1台水下搅拌器，后一级除设置1台水下搅拌器外，并设微孔曝气系统；

(4) 曝气区设微孔曝气系统，污泥回流比为50%。

其构筑物设计参数见表16-12。

表16-12　UCT工艺构筑物设计参数(处理规模$30000m^3/d$)

构筑物名称	水力停留时间/h		池体尺寸
初沉池	0.9		ϕ20m×4m
生化池	厌氧段	1.5	110m×40m×6m
	缺氧段	4.3	
	好氧段	12.3	
二沉池	4.5		ϕ45m×4m

该污水处理厂在水量、水质波动大、进水营养源不足、低温运行等不利条件下，仍具备高效的污水处理能力。出水指标达到了《城镇污水处理厂污染物排放标准》(GB 18918—2002)的一级B标准。

2. UCT工艺案例2

马头岗污水处理厂采用了多功能UCT工艺，设计处理能力为30万m^3/d，设计进、出水水质见表16-13。

表16-13　设计进出水指标　　mg/L

项目	COD	BOD_5	SS	NH_3-N	TP
进水	480	220	350	55	7
出水	≤80	≤20	≤30	≤20	≤3

具体工艺流程与参数如下：进水→粗格栅→提升泵→细格栅→旋流沉淀池→初沉池→UCT生化池→二沉池→消毒→排放。进水首先经粗格栅去除大颗粒悬浮固体，然后由进水泵房提升流经细格栅、旋流沉砂池进一步去除悬浮固体和细小的砂粒，之后进入UCT反应池，最后经二沉池沉淀后排外。

1) 粗格栅

在进水前池设置了钢丝绳式粗格栅6台，安装角度为75°，栅条长度为5m，栅条间距为25mm，安装深度为17m。

2) 细格栅

设7台(5用2备)螺旋式细格栅，功率为1.5kW，格栅直径为1.8m，栅条间距为6mm，安装角度为35°，要求过栅流速≤0.8m/s，单台格栅最大流量为$3060m^3/h$。每台细格栅前后各设一闸门，细格栅前后液位差≤10cm。

3) 旋流沉砂池及巴式计量槽

沉砂池直径为6m，深为3.2m，共有4座，单池设计高峰处理量为$4063m^3/h$。每座沉砂池设进、出水闸门各一个；池内设有的轴流搅拌器4套，功率为1.5kW/台；配套罗茨鼓风机4台，每台功率为7.5kW，流量为180m^3/h，出口压力为170kPa。沉砂池出水经4条喉宽为1m、单条设计流量为3125m^3/h的巴氏计量槽后进入初沉池。

4）初沉池

设4座辐流式中进周出沉淀池，单池直径为40m，池边水深为4.3m，池底坡度为8.33%；池容为5400m^3，设计表面负荷为1.96$m^3/(m^2 \cdot h)$，停留时间为1.24h；每座初沉池均设有直径为40m的刮泥机1台，刮泥机每小时运行一周。初沉池可以去除约50%的悬浮物与25%的BOD_5。

5）UCT生化反应池

生化反应池4座。单座池长×宽×深=160m×62m×6m，有效池容为57370m^3，由厌氧段、缺氧段和好氧段组成，好氧段预留一机动区。其中厌氧段池容为9120m^3，缺氧段池容为9900m^3，好氧段池容为38350m^3。全池总停留时间为15h，泥龄为12d，气水比为7.6：1，污泥负荷为0.104$kgBOD_5/(kgMLVSS \cdot d)$；每座反应池安装刚玉曝气器约500个；设搅拌器8台，叶轮直径为650mm、功率为5kW的推进器16台；叶轮直径为2200mm、功率为4kW内回流泵6台。反应池池型采用完全混合式和推流式相结合的流态布置，其中厌氧段和缺氧段采用完全混合循环流方式，机动区和好氧段采用推流式。

生化池可根据需要通过改变进水及内外回流的位置，将工艺调整为常规UCT、改良UCT、A^2/O、倒置A^2/O等四种运行工艺。

6）二沉池

设8座辐流式周进周出沉淀池，单池直径为45m，池边水深为4.5m，单池池容约为7150m^3。停留时间为3.6h，表面水力负荷为1.28$m^3/(m^2 \cdot h)$。二沉池底部设有直径为45m的单管穿孔刮吸泥机1台，刮泥机每小时运行一周，中心驱动。

7）污泥处理系统

污泥处理系统由回流及剩余污泥泵房、污泥浓缩脱水机房和污泥干化车间组成。主要设备有：流量为940m^3/h、扬程为60kPa的回流污泥轴流泵4台；流量为97m^3/h、扬程为140kPa的剩余污泥泵1台；功率为5kW的搅拌器1台。采用全封闭的浓缩脱水机和封闭式的污泥输送及干化设备，使污泥含水率降到75%~80%。

该污水处理厂自运行以来，已根据水质、水量的变化以及季节的不同将系统灵活调整为常规UCT、改良UCT、A^2/O和倒置A^2/O等四种不同的处理工艺，从而保证了在不同的环境条件下均能达到最佳的运行工况。

二、厌氧/缺氧/缺氧/好氧活性污泥法(MUCT)

（一）工艺流程

MUCT工艺是UCT工艺的改良工艺，为了克服UCT工艺二套混合液因内回流交叉，导致缺氧段的水力停留时间不易控制的缺点，同时避免好氧段出流的一部分混合液中的DO经缺氧段进入厌氧段而干扰磷的释放，MUCT工艺将UCT工艺的缺氧段一分为二，使之形成二套独立的混合液内回流系统，从而有效地克服了UCT工艺的缺点。其工艺流程如图16-8所示。

改造后的UCT工艺，缺氧池分为两部分，第一缺氧反应池接纳回流污泥，然后由该反应池将混合液回流至厌氧池；硝化混合液回流到第二个缺氧池，使大部分NO_x^-回流至第二缺氧池进行反硝化。改造后的UCT工艺基本解决了UCT工艺原来存在的问题，最大限度地消除了向厌氧段回流液中的硝酸盐量对聚磷菌所产生的不利影响。由于增加了回流系统，使运行费和工程投资提高。

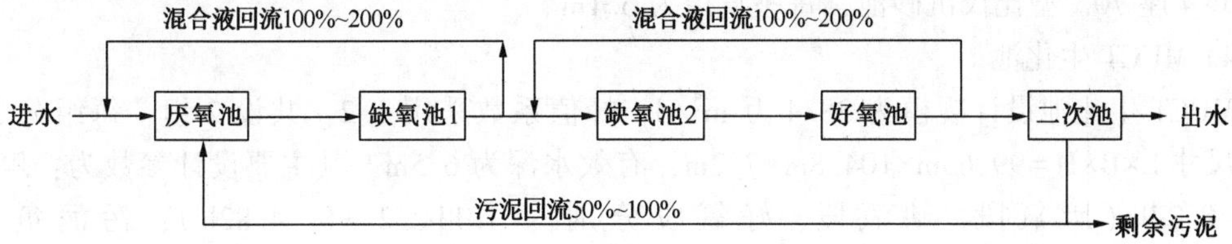

图 16-8 MUCT 工艺流程

（二） 工艺参数

（1）污泥负荷：0.05~0.2kgBOD_5/kgMLVSS；

（2）污泥浓度：2000~4500mg/L；

（3）污泥龄：10~16d；

（4）污泥回流：40%~100%，好氧池(区)混合液回流：200%~400%，缺氧池(区)混合液回流：100%~200%；

（5）厌氧池(区)水力停留时间：1~2h，缺氧池(区)1 水力停留时间：0.5~1.0h，缺氧池(区)2 水力停留时间：1.0~2.0h，好氧池(区)水力停留时间：6~14h。

（三） 工程实例

1. 工程基本情况

深圳市南山污水厂除磷脱氮工程总规模为 73.6 万 m^3/d。进水 BOD_5为 150mg/L，COD 为 300mg/L，SS 为 150mg/L，NH_3-N 为 40mg/L，活性磷酸盐为 3.5mg/L。污水处理厂处理的重点为无机氮(以 NH_3-N 为主)和磷酸盐，其去除要求见表 16-14。

表 16-14 无机氮、磷酸盐去除效果

污染物种类	进水浓度/(mg/L)	出水浓度/(mg/L)	去除率/%
无机氮(以 NH_3-N 计)	40.0	10.0	75.0
活性磷酸盐	3.5	1.5	57.1

整个污水及污泥的处理流程如下：进水→粗格栅→提升泵→细格栅→比氏沉砂池→MUCT 生化池→二沉池→UV 消毒池→排海。

2. 主要构筑物设计

规模为 38.4 万 m^3/d。其系统主要构筑物的设计如下：

1）提升泵房

提升泵房设计规模为 38.4 万 m^3/d，峰值系数为 1.3。泵房为圆形(粗格栅间与提升泵房合建)钢筋混凝土结构，直径为 18m，地下部分深为 9.3m，地上部分高为 9m。粗格栅采用 2 台钢绳牵引式格栅除污机，栅槽宽度为 2.5m，栅条间隙为 20mm，由格栅前后液位差或时间控制粗格栅的启停。提升泵采用潜污泵(5 用 1 备)，单台最大流量为 1.156m^3/s，扬程为 122kPa，配套电机功率为 170kW，由液位自动控制水泵的运行。

2）细格栅井

细格栅设计规模为 38.4 万 m^3/d，峰值系数为 1.3。格栅井每格槽宽为 2.65m，槽深为 2.10m，内设回转式格栅除污机 2 台，格栅间隙为 6mm；螺旋格栅机 2 台，格栅机直径

2.60m，格栅间隙为9mm。

3）比氏沉砂池

共4座70A型比氏沉砂池，每座直径为6.1m。

4）MUCT生化池

MUCT生化池设计规模为38.4万m^3/d，峰值系数采用1.2，共设2组，每组分2座。单组尺寸L×B×H=99.65m×104.8m×7.2m，有效水深为6.5m。其主要设计参数为：停留时间为8.27h（厌氧段、缺氧段、好氧段分别为1.11、2.34、4.82h）；污泥负荷为0.135$kgBOD_5/(kgMLVSS \cdot d)$；混合液浓度为3～3.5gMLVSS/L；夏、冬季的污泥泥龄分别为10、15d；一级污泥回流比为77%，二级污泥回流比为105%，曝气池混合液回流比为250%；最大需气总量为2070m^3/min，最大气水比为7.8∶1。

5）二沉池

（1）二沉池设计参数

二沉池设计规模为38.4万m^3/d，峰值系数为1.3，设计表面负荷为$1m^3/(m^2 \cdot h)$，采用Trans-Flo式平流矩形二沉池。该池进水和出水均在沿池长方向的同一侧布置，其原理类似于周进周出圆形沉淀池，能够较好地解决矩形沉淀池的出水堰负荷较大的问题，并且可以采用较大的表面负荷。

设计二沉池共2组，每组9格，单格宽度为11m，沉淀区长度为81m，有效水深为3.6m，总深为4m，单组沉淀池平面尺寸为88.05m×102.26m，采用链式刮泥机刮泥、穿孔管排泥，运行中，污泥回流比为0.77，排泥浓度为0.6%～0.8%。

（2）Trans-Flo沉淀池介绍

在Trans-Flo沉淀池的设计中，流入的水被引入一个沿沉淀池的长边缘而设的锥形水槽，锥形水槽与二沉池的排水平行。沿长边缘引入水流可以比常规的矩形沉淀池提供多达5倍的面积来分布水流，因此大大降低了进水的水流速度。锥形水槽保证了沿水槽的水流具有同等的速度，从而阻止活性污泥的沉积。

沉淀池的进水口嵌在槽底，进出口处的水槽下边缘设折流板，引导水流往下流入水池底部，沿水池底部池宽的方向横向穿过，入流水的速度经折流板后可进一步减缓。当碰到对面的池壁时，再反流到出水槽。漂浮物被浮渣挡板拦截在池面上，并由撇渣装置撇出池外。分离的上清液经过堰板流入出水槽。Trans-Flo沉淀池低速度水流进水，加上有效地使用水池横向部分的面积，有利于混合液实现固液分离。

沉淀的污泥由一个非金属的链条刮泥机收集，集中起来并推向吸泥管。与常规沉淀池相比，Trans-Flo沉淀池的一个优势在于，链条刮泥机系统将沉淀后的污泥推到沿沉淀池短距离方向的一个嵌在池底的吸泥管。这样沉淀物只需移动约6～10m水池长度的距离，而不是整个的池长。收集在这一吸泥管的污泥通过一个套筒排泥阀排出，并收集到一个污泥槽中。

Trans-Flo二沉池既可以用在新建工程中，也可以用于现有二沉池的改造。Trans-Flo二沉池对运行性能不良或需要处理更大流量的现有沉淀设施都可以实现很好的升级。

6）紫外线消毒系统

消毒系统设计进水水质按二级生物处理出水考虑，设计最不利悬浮物浓度为20mg/L，紫外线设计穿透率为60%，消毒后出水指标按照《污水海洋处置工程污染控制标准》（GWKB4—2000）中规定的粪类大肠菌群的排放浓度限值（20个/mL）进行设计。紫外线消毒设备采用带灯管外套自动清洗系统。

7）鼓风机房

鼓风机房设计风量为30.5~34.5m^3/s，内设5台(4用1备)鼓风机，单台风量为13986~31080m^3/h，风压为0.178MPa(绝对压力)，配套电机功率为800kW。送风量可依据MUCT生化池中DO值通过调节鼓风机进口导叶片角度自行调节。

8）污泥浓缩脱水间

浓缩脱水间内设卧螺式离心浓缩脱水机4台，污泥经浓缩脱水后出泥含固率≥22%。

3. MUCT工艺在建设和运转管理的优点

通过运行，MUCT工艺在建设和运转管理方面具有以下灵活性：

（1）MUCT可调节分配至厌氧段和缺氧段的进水比例，以便为同时生物除磷脱氮提供最优的碳源；

（2）MUCT可根据进水碳氮比将一个或两个缺氧单元转换为好氧单元，在冬季也能得到好的脱氮效果；

（3）污泥回流采用二级回流，回流污泥在第一个缺氧单元内就消耗掉了溶解氧和硝态氮，这使得回流至厌氧段的污泥中硝态氧为零，保证了厌氧池的厌氧状态，从而减小厌氧池的容积、提高生物除磷效果；

（4）根据实际水质情况也可直接将活性污泥回流至厌氧段使MUCT按A/A/O方式运行，此时可以省掉第一级回流、节省能耗；

（5）不需根据进水TKN/COD值对回流硝酸盐量进行实时控制。

三、缺氧/厌氧/缺氧/好氧活性污泥法(JHB)

（一）工艺流程

JHB工艺是在A^2/O工艺到厌氧区污泥回流线路中增加了一个缺氧池，来自二沉池的污泥可利用33%左右进水中的有机物作为反硝化碳源去除硝态氮，以消除硝酸盐对厌氧池厌氧环境的不利影响。缺氧/厌氧/缺氧/好氧活性污泥法工艺流程见16-9。

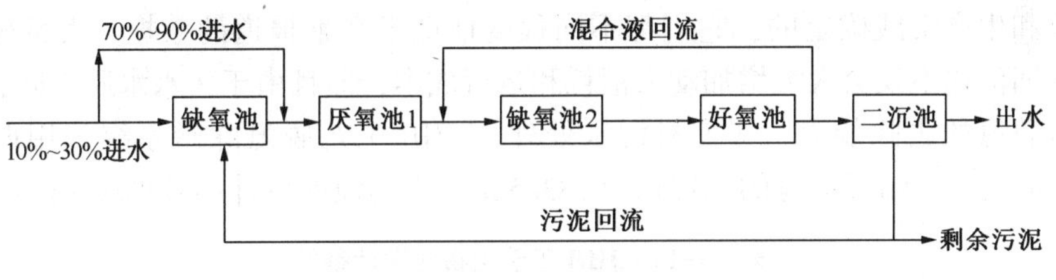

图16-9　JHB工艺流程

（二）工艺参数

（1）污泥负荷：0.05~0.2$kgBOD_5/kgMLVSS$；

（2）污泥浓度：2000~4500mg/L；

（3）污泥龄：10~16d；

（4）污泥回流：40%~110%，好氧池(区)混合液回流：200%~400%；

（5）进水分配比例：进缺氧池(区)10%~30%，进厌氧池(区)70%~90%；

（6）缺氧池(区)1水力停留时间：0.5~1.0h，厌氧池(区)水力停留时间：1~2h，缺氧池(区)2水力停留时间：2~4h，好氧池(区)水力停留时间：6~14h。

（三）工程实例

1. 处理规模与水质

处理规模为 6 万 m^3/d（生活污水占 30%，工业废水占 70%），出水水质标准如表 16-15 所示。

表 16-15　污水处理厂各处理工艺出水水质　　mg/L

指标	COD	BOD_5	TP	TN	NH_3-N	SS
进水	450	220	8.5	40	26	300
排水	60	20	1.5	15	8	20

2. 工艺流程

处理工艺流程如图 16-10 所示。

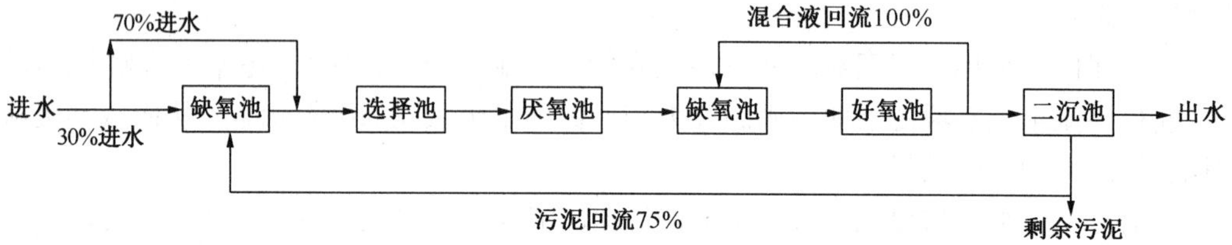

图 16-10　JHB 处理工艺流程

首先 30%的进水与回流污泥（污泥回流比为 75%）混合后进入预缺氧池，反硝化菌利用进水中的碳源去除回流污泥中的 NO_x-N；然后与剩余的 70%进水一起进入选择池和厌氧池，聚磷菌利用易降解有机物合成胞内聚合物，并释放磷；经过厌氧池后再与好氧池泥水混合物（污泥内回流比为 100%）混合进入缺氧池，聚磷菌以胞内聚合物为碳源和能源、硝酸盐为电子受体吸磷，同时也有反硝化菌降解硝酸盐；最后进入好氧池进行硝化，并进一步降解剩余的碳源和吸收磷酸盐。

邓家村污水处理厂 JHB 工艺中所选用的原水分配比、污泥回流比及内回流比数据是根据污水水质和生产实践确定的，它们都不同程度地低于文献报道的数据。大量生产实践证明，较高的回流比不仅会大大增加动力消耗和运行成本，而且由于污水水质不同，并不一定能够提高对总氮的去除能力。邓家村污水处理厂 JHB 工艺脱氮除磷系统采用两组平行的 JHB 工艺反应池，每组反应池的总容积为 13365m^3，生物池的设计参数见表 16-16。

表 16-16　JHB 工艺生物池设计参数

项　目	数　据	项　目	数　据
预缺氧池容积/m^3	3500	污泥负荷/[kgBOD_5/(kgMLVSS · d)]	0.09
厌氧池容积/m^3	3710	水力停留时间/h	10.7
缺氧池容积/m^3	1500	曝气池中的 MLSS/(mg/L)	4300
好氧池容积/m^3	17500	污泥龄/d	15.3（好氧污泥为 10.5）

单组 JHB 工艺反应池的平面布置见图 16-11，供参考。

约翰内斯堡工艺在邓家村污水处理厂得到运行，实践表明，在较低污泥回流比和内回流比的条件下，JHB 工艺运行稳定，出水水质达标，对氨氮和磷的去除率均在 80%以上；与传统工艺相比，运行费用较低。

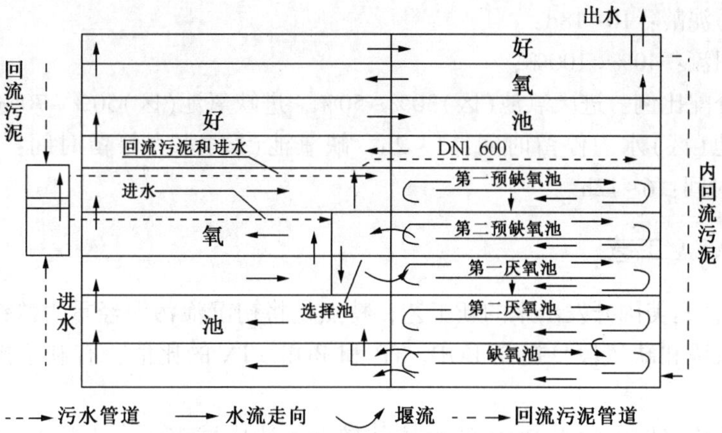

图 16-11　JHB 工艺反应池的平面布置

四、缺氧/厌氧/好氧活性污泥法(RA/A/O)

（一）工艺流程

缺氧/厌氧/好氧活性污泥法工艺流程见图 16-12。

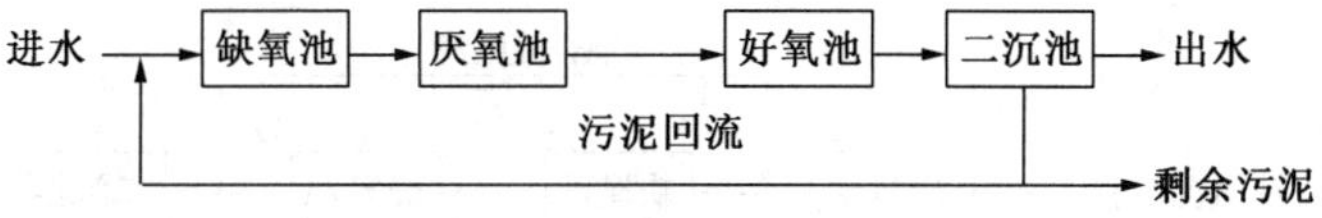

图 16-12　RA/A/O 工艺流程

（二）工艺参数

（1）污泥负荷：0. 05~0. 15kgBOD_5/kgMLVSS；

（2）污泥浓度：2000~5000mg/L；

（3）好氧污泥龄：10~18d；

（4）污泥回流：40%~120%；

（5）缺氧池(区)水力停留时间：2~4h，厌氧池(区)水力停留时间：1~2h，好氧池(区)水力停留时间：6~12h。

五、多级缺氧/好氧活性污泥法(MA/O)

（一）工艺流程

多级缺氧/好氧活性污泥法工艺流程见图 16-13。

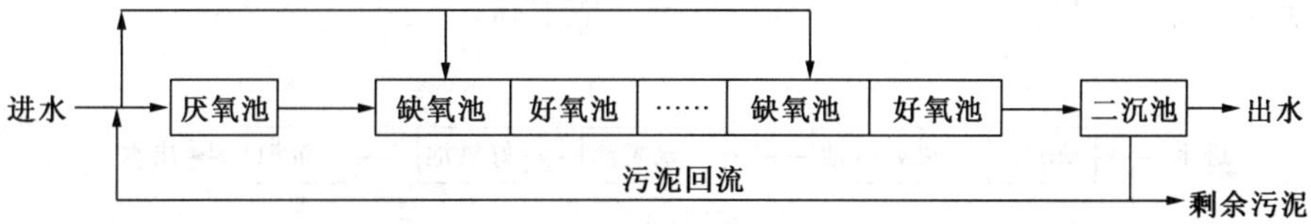

图 16-13　MA/O 工艺流程

（二）工艺参数

（1）污泥负荷：0. 05~0. 15kgBOD_5/kgMLVSS；

（2）污泥浓度：2000~5000mg/L；

(3) 好氧污泥龄：10~18d；

(4) 污泥回流：40%~100%；

(5) 进水分配比例：进厌氧池(区)30%~50%，进缺氧池(区)50%~70%；

(6) 厌氧池(区)水力停留时间：1~2h，缺氧池(区)水力停留时间：2~4h，好氧池(区)水力停留时间：6~12h。

六、OWASA 工艺

OWASA 工艺是美国开发出来的新工艺，特点是将初沉池污泥经重力浓缩发酵之后，其上清液进入厌氧段和缺氧段，提高 BOD_5/TP 和 BOD_5/TN 的比值，有利于提高脱氮除磷的效果。

南方城市的许多城市污水 BOD_5浓度往往较低，造成城市污水中的 BOD_5/TP 和 BOD_5/TN 太低，使 A^2/O 工艺脱氮除磷效果下降。为改进 A^2/O 工艺这一缺点，OWASA 工艺将 A^2/O 工艺中初沉池的污泥排至污泥发酵池，初沉污泥经发酵后的上清液含大量挥发性脂肪酸，将此上清液投加至缺氧段和厌氧段，使入流污水中的可溶解性 BOD_5 增加，提高了 BOD_5/TP 和 BOD_5/TN 的比值，促进磷的释放与 NO_x^--N 反硝化，从而使脱氮除磷效果得到提高。其工艺流程见图 16-14。

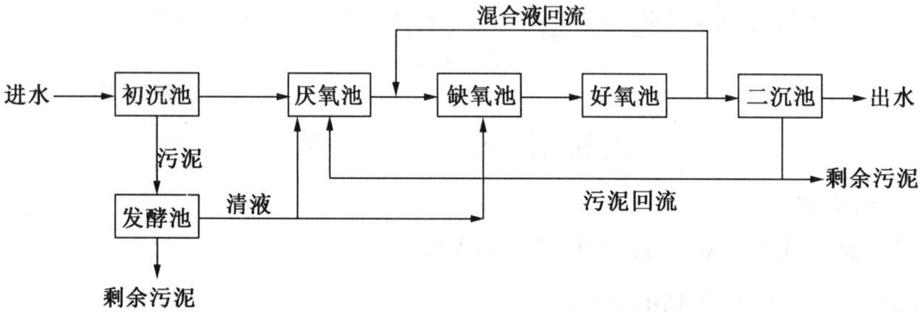

图 16-14　OWASA 工艺流程

七、Bardenpho 工艺

Bardenpho 工艺由两级 A/O 工艺共四段组成，各项反应都能在系统内反复进行了两次以上，在进行硝化、反硝化的同时，具有良好的除磷效果，工艺流程见图 16-15。与其他工艺相比，工艺具有停留时间长，剩余污泥的含磷量高的特点，含磷量可达 4%~6%。有资料报道，在处理工艺的四个反应段，水力停留时间分别为 3h、7h、4h、1h 的条件下，对进水 COD 为 350mg/L、TKN 为 81mg/L 的废水处理时，出水 COD 为 35mg/L、TKN 为 1.6mg/L。该工艺的缺点是工艺流程长、构筑物多、运行繁琐、成本高。

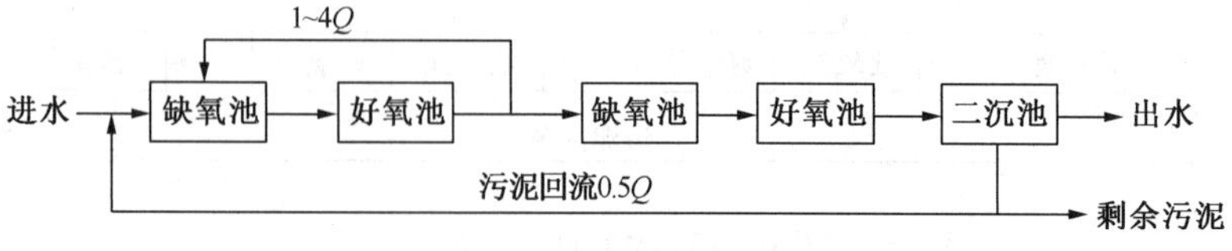

图 16-15　Bardenpho 工艺流程(Q 为进水流量，m^3/h)

浙江蜜蜂集团对废水治理设施进行了一系列改造，在充分利用现有设施的原则下，将生化主处理单元改造成改进型巴顿甫(Bardenpho)两段 A/O 脱氮工艺，用来处理中、低浓度味精废水，取得了良好的效果。出水 COD 平均为 36.7mg/L，氨氮平均为 10.6mg/L，优于《味精工业污染物排放标准》(GB 19431—2004)，其工艺措施如下：

(1) 增加了2个缺氧池(A1池：长×宽×深=8m×8m×9.7m，分2格；A2池：长×宽×深=10m×10m×8.8m，分2格)，内设搅拌，并在A2池进行碳源补充，形成改进型巴顿甫两段A/O脱氮工艺中的反硝化A单元。

(2) 将原来的A/O池(长×宽×深=39m×28.0m×4.8m)和接触氧化池(长×宽×深=34m×15.5m×4.3m)改造为新工艺的好氧池，取消填料，增设了硝化液回流泵，形成改进型巴顿甫两段A/O脱氮工艺中的硝化单元。

新西兰罗托鲁阿污水处理厂的处理工艺采用改进型Bardenpho工艺处理生活污水，该污水处理工艺包括：预处理、一级处理、二级处理和森林灌溉(土地处理)等几道工序，工艺流程见图16-16。

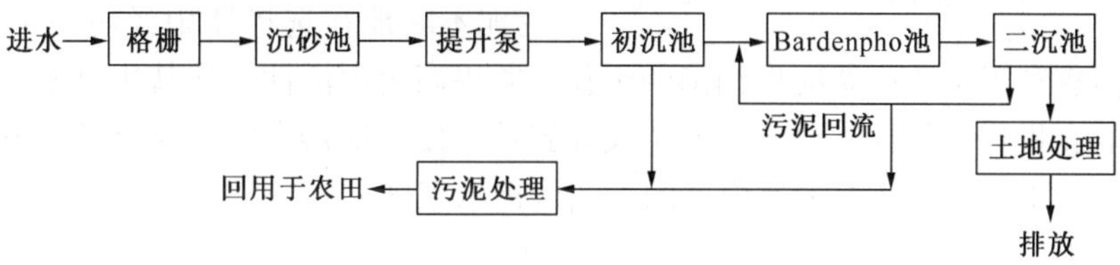

图16-16 改进型Bardenpho工艺处理生活污水工艺流程

八、Phoredox工艺

Phoredox工艺(五段)是Bardenpho工艺的改进，其与Bardenpho工艺差别为在第一个缺氧池前增加了一个厌氧池，工艺流程见图16-17。

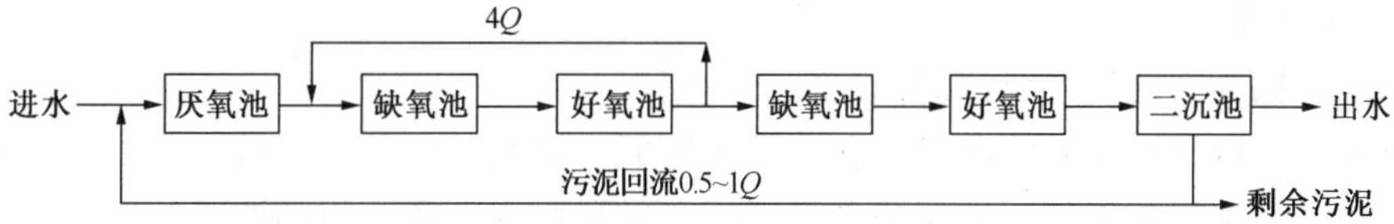

图16-17 Phoredox工艺流程(Q为进水流量，m^3/h)

Phoredox工艺在缺氧池前增设了一个厌氧池，保证了磷的释放效果，从而使好氧段有更高的摄磷能力，提高了除磷效果，最终的好氧池为混合液提供了短暂的曝气时间，降低了二沉池出现的厌氧状态和释放磷的可能性。其泥龄长，一般在10~20d，为达到污泥稳定的目的，泥龄值还可以取更长(10~40d)，以增加碳的氧化能力。该工艺的缺点是污泥回流可能携带硝酸盐回到厌氧池对除磷不利。可能受水质的影响较大，对于不同的污水除磷效果不稳定。

九、SBR工艺

(一) SBR工艺特点

SBR是活性污泥法的一个变形，它的反应机理以及污染物质的去除机制与传统活性污泥基本相同，仅运行操作不同，操作模式有进水→反应→沉淀→排水→排泥5个程序，在一个周期均在一个设有曝气和搅拌装置的反应器(池)中进行，这种操作周而复始进行，省掉二沉池和污水、污泥回流系统。传统SBR工艺在工程应用中存在一定的局限性，首先是在进水流量较大的情况下，需对反应系统进行调节，如果处理出水要求同时除磷脱氮，则更需对工艺流程进行必要的改造，因而在实际应用中SBR逐渐发展了各种新形式。

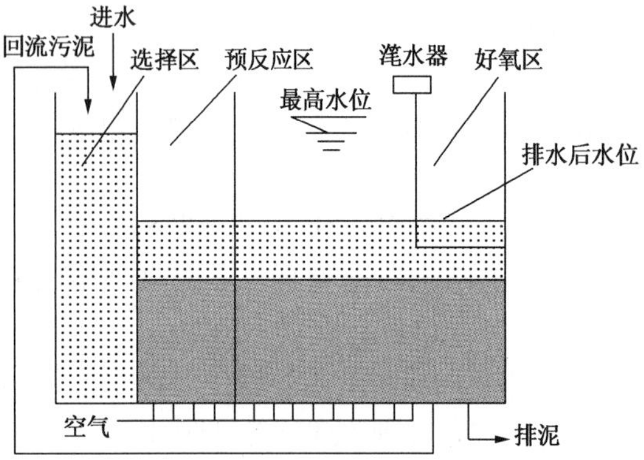

图 16-18　CAST 反应器的工艺构造示意图

（二）新工艺具体形式

1. CAST 工艺

CAST 称为循环式活性污泥工艺。CAST 工艺采用的反应池一般分为生物选择区、预反应区和主反应区三个部分，各区容积之比一般采用 1 : 5 : 30。沉淀期和排水期不进水，间歇排水，沉淀阶段不进水，可以保证污泥沉降无水力干扰，使系统运行不受进水水力因素影响并将主反应区部分污泥回流至预反应区。CAST 预反应区的设置保证了活性污泥不断地在选择器中经历一个高絮体负荷的阶段，从而有利于系统中絮凝性细菌的生长，并提高污泥活性，使其快速地去除废水中溶解性易降解的有机物，能抑制丝状菌的生长和繁殖，使反应器在完全混合条件下运行而不产生污泥膨胀，图 16-18 为 CAST 反应器的工艺构造示意图。

1）CAST 工艺优点

（1）工艺流程简单，土建和设备投资低；

（2）耐水力冲击，运行灵活；

（3）在进行生物除磷脱氮操作时，整个工艺的运行得到良好控制，处理效果优于传统活性污泥法；

（4）运行简单，无须进行大量的污泥回流。

2）设计要点

（1）生物选择区的设置及污泥回流比的确定

生物选择区可根据实际情况设置在好氧或厌氧—缺氧的条件下运行，若以去除水中营养物质为目的，可选择在厌氧—缺氧条件下运行；如果原水中含有较高浓度的硫化物，则应在好氧—缺氧条件下运行，并合理控制氧化还原电位，以防止在非曝气阶段硫化细菌引起的污泥膨胀。有人认为在生物选择区内加上若干折流板使进水呈现活塞流状态，且将预反应区内的水以 50%的比例回流至生物选择区内，与进水和来自主反应区的回流污泥相混合，这样会取得更好的脱氮除磷效果。在处理城市污水时生物选择区、预反应区和主反应区的适宜比例为 1 : 2 : 17，如果不设预反应区，则生物选择区宜占总反应体积的 10%～15%。生物选择区的水力停留时间应允许能够生成非膨胀污泥以及通过快速吸附作用将水中溶解性底物转移至活性污泥中，通常生物选择区的停留时间为 0.5～1h，以不超过总水力停留时间的 5%～10%为宜。主反应区向生物选择区的回流污泥一般是以每天将主反应区中的污泥全部循环一次为依据来确定回流比。

（2）操作循环时间的分配

CAST 的操作由进水、曝气、沉淀(进水)、滗水、闲置 4 个基本过程组成，每个基本过程的时间对处理效果的影响都是很重要的，通常总循环时间可设置为 4～12h，合理的时间分配为：曝气时间占总循环时间的 50%～60%，沉淀时间占 30%，滗水和闲置时间分别不超过 10%和 5%。但在实际应用中应根据进水水质由实验来确定最佳值。

（3）DO 的控制

曝气时，DO 浓度控制在 2～3mg/L 以下，出水总磷可稳定保持在 1mg/L 以下。

另外，在实际应用中还可根据需要进行碱度、值的调节，投加营养物质或化学沉淀剂等的操作以选择出最佳的操作条件。

3）应用

（1）处理规模与水质指标

处理规模为60000m^3/d，以CAST工艺为主，污水指标如表16-17所示。

表16-17　CAST工艺污水指标　　mg/L

指标	COD	BOD_5	TP	TN	NH_3-N	SS
进水	280	145	5	35	20	200
排水	60	20	1	20	8	20

（2）CAST池主要工艺参数与设备

CAST生物处理池平均设计流量1250m^3/h，分2组，每组2座池，单座池尺寸44m×22m×6.8m，生物选择池尺寸9m×3.75m×5.6m；厌氧池（包含生物选择池）尺寸22m×8.95m×5.8m，好氧池尺寸33m×22m×5.8m；

设计污泥有机负荷为0.087kgBOD_5/（kgMLVSS·d）；平均污泥浓度4000mg/L；泥龄为20d；设计日循环4个周期，每周期运行6h，单周期时间分配为：进水1.5h，曝气3.0h，静沉1.0h，撇水及闲置1h；生化池最高水深5.8m，最低水深3.7m，排水比0.36；微孔曝气头单座2110个；单座池设滗水器1台，滗水能力2000m^3/h；

单座池设搅拌机6台，生物选择池1台，厌氧区3台，好氧区2台，其中好氧区2台搅拌机功率均为11kW，其余4台3.5kW。单座池设回流污泥泵1台，单台流量378m^3/h，扬程18m；设剩余污泥泵1台，单台流量80m^3/h，扬程8.7m。

2. CASS工艺

CASS工艺是近年来国际公认的处理生活污水及工业废水的先进工艺。其基本结构是：在序批式活性污泥法（SBR）的基础上，反应池沿池长方向设计为两部分，前部为生物选择区也称预反应区，后部为主反应区，整个工艺的曝气、沉淀、排水等过程在同一池子内周期循环运行，省去了常规活性污泥法的二沉池和污泥回流。CASS反应器工艺构造示意图见图16-19。

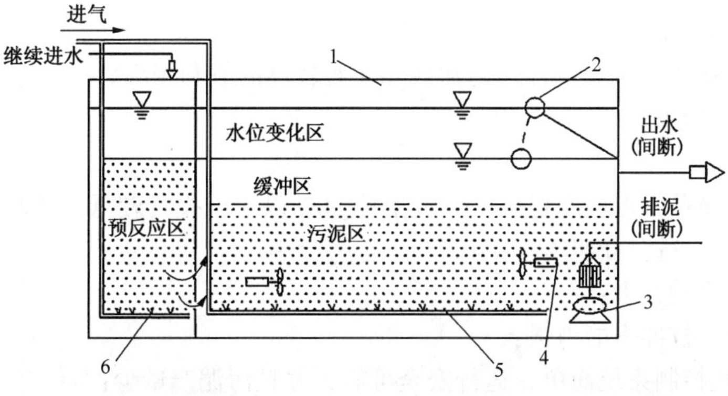

图16-19　CASS反应器的工艺构造示意图

1—主反应区；2—滗水器；3—污泥泵；4—水下搅拌器；5—微孔曝气器；6—大气泡扩散器

1）CASS 工艺的主要技术特征

（1）连续进水、间断排水

传统 SBR 工艺为间断进水，间断排水，而实际污水排放大都是连续或半连续的，CASS 工艺可连续进水，克服了 SBR 工艺的不足，比较适合实际排水的特点，拓宽了 SBR 工艺的应用领域。虽然 CASS 工艺设计时均考虑为连续进水，在实际运行中即使有间断进水，也不影响处理系统的运行。

（2）运行上的时序性

CASS 反应池通常按曝气、沉淀、排水和闲置四个阶段根据时间依次进行。CASS 工艺的循环操作过程见图 16-20。

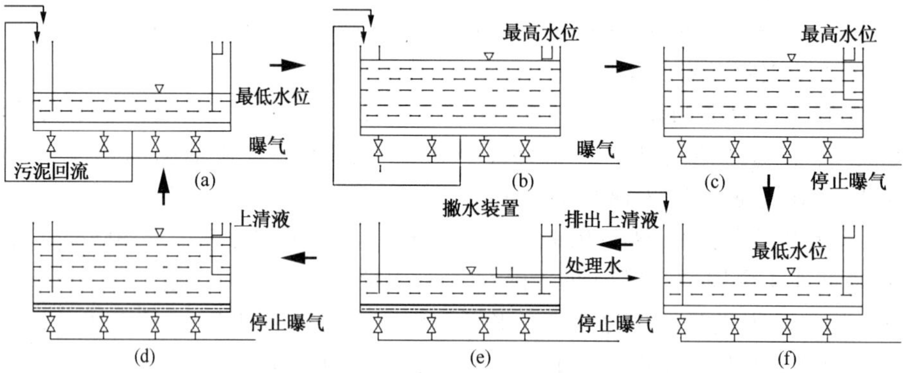

图 16-20　CASS 工艺的循环操作过程

(a)进水，曝气阶段开始；(b)曝气阶段结束；(c)沉淀阶段开始；
(d)沉淀阶段结束；(e)撇水阶段及排泥结束；(f)进水、闲置阶段

（3）运行过程的非稳态性

每个工作周期内排水开始时 CASS 池内液位最高，排水结束时，液位最低，液位的变化幅度取决于排水比，而排水比与处理废水的浓度、排放标准及生物降解的难易程度等有关。反应池内混合液体积和基质浓度均是变化的，基质降解是非稳态的。

（4）溶解氧周期性变化，浓度梯度高

CASS 在反应阶段是曝气的，微生物处于好氧状态，在沉淀和排水阶段不曝气，微生物处于缺氧甚至厌氧状态。因此，反应池中溶解氧是周期性变化的，氧浓度梯度大、转移效率高，这对于提高脱氮除磷效率、防止污泥膨胀及节约能耗都是有利的。实践证实对同样的曝气设备而言，CASS 工艺与传统活性污泥法相比有较高的氧利用率。

2）CASS 工艺特点

（1）优点

① 工艺流程简单，占地面积小，节省土地 30% 以上。投资较低，比传统活性污泥法节省投资 20%~30%，适合分期建设；

② 生化反应推动力大；

③ 运行灵活，抗冲击能力强；

④ CASS 工艺控制系统简单，运行安全可靠，并且污泥产量少；

⑤ 连续进水，不用进水阀门之间切换，控制简单，可应用于较大型的污水处理厂。

（2）缺点与改进措施

① 沉淀特性不同。CASS 工艺的沉淀会受到进水扰动，破坏了其成为理想沉淀的条件。

为了减少进水带来的扰动，一般将池子设计成长方形，使出水近似于平流沉淀池。

② 丧失了理想推流性能和污泥膨胀的控制。由于连续进水工艺丧失了经典 SBR 的理想推流和对难降解物质去除率高的优点，而且不能控制污泥膨胀的发生，所以需要设置选择区。

3）设计参数

CASS 工艺用于处理城市污水处理工程的设计参数可参考表 16-18。

表 16-18　CASS 工艺用于处理城市污水处理工程的设计参数

项　目	参　数	项　目	参　数
水力停留时间/h	12	污泥龄/d	15~30
运行周期/h	4	污泥产率/[kgMLVSS/($kgBOD_5$·d)]	0.2~0.36
周期内曝气、沉淀、排水、闲置时间/min	120、40~60、40、20	DO/(mg/L)	2~5
污泥浓度/(g/L)	2.5~3.5	充水比(进水量占有效池容得比)/%	15~20
污泥负荷/[kgCOD/(kgMLVSS·d)]	0.22~0.32	最大设计水深/h	5~6

4）应用

CASS 工艺应用广泛，美国、澳大利亚、加拿大有多家污水处理厂应用该工艺。我国起步较晚，但上海、昆明、北京等地也开始应用该工艺处理生活污水及工业污水。其中昆明市第三污水处理厂是我国目前最大的使用改进型 CASS 工艺(ICEAS 工艺)的污水处理厂，设计污水处理量 16 万 t/d。瓦房店市污水厂设计规模为 6 万 m^3/d，设计采用 CASS 改进工艺(ICEAS 工艺)。具体工程设计与工程工艺如下：

（1）设计进水和出水水

污水厂的设计进水和出水水质见表 16-19。

表 16-19　ICEAS 工艺设计进水和出水水质　　mg/L

项　目	进水水质	出水水质
SS	250	20
COD	350	60
BOD_5	180	20
TN	40	15
TP	5	1

（2）参数

ICEAS 工艺的计算参数如下：

① 设计去除的 BOD_5 量 $F=9600$kg/d；

② 污泥负荷 $F/M=0.07$kgBOD_5/(kgMLVSS·d)；

③ 混合液中挥发性悬浮固体 $M=F/0.07=137143$kg；

④ MLVSS/MLSS 比值采用 0.65；

⑤ 设计常规周期为 5 个/24h，每个周期为 4.8h；

⑥ 污泥指数 SVI=110；

⑦ 水力停留时间：T=0.78d，即 18.8h；

⑧ 剩余污泥量：设 a=0.5kgMLVSS/kgBOD$_5$，MLSS(干重)为 7385kg/d，流量为 821m^3/d；

⑨ 池数 12 座。

(3) 各工艺单元的设计参数

① 粗格栅间。

粗格栅间按远期规模设计，渠道宽 1.45m，高 2.4m，栅条间隙 50mm，栅条宽 10mm，安装角度 90°，过栅流速 0.6m/s。污水提升泵房：污水提升泵房按远期规模设计，污水提升泵 5 台，4 用 1 备，单泵流量 1670m^3/h，扬程 12m，配用电机功率 75kW。

② 细格栅间。

细格栅间设阶梯式格栅除污机 2 台，格栅宽 1.4m，栅条间隙 3mm，安装角度 53°，最大过栅流速 1m/s。

③ 旋流沉砂池。

沉砂池按远期规模设计，设旋流式沉砂池 2 座。每座沉砂池的沉砂室直径为 5m，深 3.45m；采用砂泵排砂。

④ 间歇循环式生物反应池(ICEAS 反应池)。

生物应池设计规模 6 万 m^3/d，共设 2 组生物反应池，每组 6 格。每格的平面尺寸为 48.8m×18m，池深 5.1m，有效水深 4.6m，超高为 0.5m。

⑤ 污泥浓缩池。

生物反应池剩余污泥产量 892.6m^3/d，含水率为 99.09%，浓缩后的污泥含水率为 98%。设 2 座圆形污泥浓缩池，单池直径为 13.4m，池壁高度 4.5m，有效水深 4m。

⑥ 污泥脱水间。

污泥浓缩池剩余污泥产量为 406m^3/d，含水率为 98%，脱水后污泥含水率不大于 80%，污泥脱水间内设 2 台离心脱水机，1 用 1 备，单机处理能力为 20~25m^3/h。

3. DAT-IAT 工艺

1) 概述

DAT-IAT 工艺是连续进水、连续-间歇曝气工艺，它是利用单一 SBR 反应池实现连续运行的新型 SBR 工艺。工艺由 DAT 和 IAT 双池串联组成，DAT 池连续进水、连续曝气(也可间歇曝气)；IAT 池连续进水、间歇曝气，排水和排泥均从 IAT 排出，其工艺布置见图 16-21。

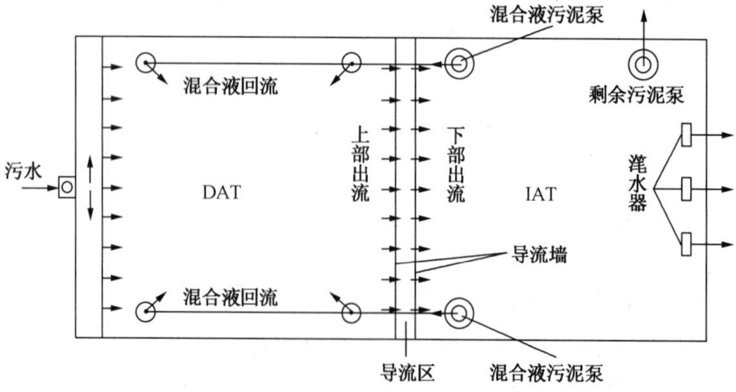

图 16-21　DAT-IAT 反应池工艺布置

2）特点

DAT-IAT 系统继承了 SBR 工艺的优点，同时在进水形式和运行方式设计上作了改进，使系统操作、管理和维护更加简化。整个系统具有以下特点：

（1）系统为一组集调节、曝气、沉淀功能于一体反应池，整体结构紧凑简单，无须复杂的管线传输，系统操作简单且更具有灵活性。

（2）易产生污泥膨胀的丝状细菌在 SBR 反应池中因反应条件的不断的循环变化，而得到有效的抑制。

（3）工艺处理的稳定性增加。DAT 池起到了水力均衡的作用，并防止连续进水对出水水质的影响；DAT 连续曝气加强了系统对难降解有机物的降解，相对缩短了运行周期；DAT 池连续曝气也使整个系统更接近了完全混合式，更有利于消除高浓度工业废水中毒性物质或 COD 浓度过高积累而带来的不良影响。

（4）提高了池容的利用率。对于曝气池和二沉池合建的污水处理构筑物来说，在保留沉淀分离效果前提下，应尽可能提高曝气容积比。与传统 SBR 法及其他变形方法来比，DAT 池连续曝气，使该工艺的曝气容积比更高。

（5）提高了设备的利用率。由于 DAT 池连续进水，因此不需要顺序进水的闸阀及自控装置。DAT 池连续曝气，减少整个系统的曝气强度，提高了曝气装置的利用率，所需鼓风机的额定风量和功率也相应减少。

（6）增加了系统的灵活性。DAT-IAT 系统可以根据进、出水水量、水质变化来调节 DAT 池的工作状态和 IAT 池的运转周期，使之处于最佳工况；同时也可根据脱氮除磷要求，调整曝气时间，创造缺氧或厌氧环境。

3）缺点

（1）回流污泥量大，能耗高。为了保持 DAT 池内较长的污泥龄和较高的微生物浓度，得在 IAT 池内安装污泥泵，将 IAT 池内的部分污泥用污泥泵连续抽回 DAT 池。

（2）除磷效果差。由于 DAT-IAT 工艺的厌氧只发生在滗水阶段末期，持续时间短，磷的释放不充分；此外，泥龄越短，除磷效果越好，而 DAT-IAT 工艺属于长泥龄工艺，除磷效果差。同时，滗水阶段末期可生物降解的有机物浓度很低，使聚磷菌没有合适的基质可利用。

目前，针对 DAT-IAT 工艺研究在不断深入，并开发了 BD/DAT-IAT 工艺 A/DAT-IAT 工艺。

4）设计参数

（1）池子个数 3 座以上。小规模时，取 3~6 座；大规模时取若干组，每组 3 池；

（2）有效水深 3~7m；

（3）污泥回流比 50%~200%；

（4）一般采用低负荷运行，污泥负荷 0.05~0.1kgBOD_5/kgMLVSS · d；

（5）混合液污泥深度 3~5g/L；

（6）泥龄 20~30d；

（7）耗氧量 1.3~2.0kgO_2/kgBOD_5；

（8）排出比 1/6~1/3。

其具体的 DAT-IAT 主要设计与运行参数如表 16-20 所示。

表 16-20　DAT-IAT 主要设计与运行参数

处理要求	有机物污泥负荷/[kgBOD$_5$/(kgMLVSS·d)]	混合液悬浮固体浓度		回流比/%	泥龄/d	DAT/IAT 容积比
		DAT	IAT			
去除含碳有机物	0.1	2500~4500	3500~5500	100~400	6~8	<1
有硝化	0.07~0.09				>10	>1
有硝化与反硝化	0.07				>12	1

（三）SBR 工艺影响因素

1. 有机物浓度

在厌氧状态下，聚磷菌释磷越多，则聚磷菌在好氧段摄取磷量越大，因此如何提高厌氧状态下聚磷菌的释磷是达到高效除磷的重要条件。而在厌氧条件下，有机物 BOD 需要从兼性异养菌转化为低分子脂肪酸(如甲、乙、丙酸及乳酸等)之后，才能被聚磷菌所利用，而这种转化对聚磷菌的释磷起着诱导作用，如果这种转化速率高，则聚磷菌的释磷速率就越大，从而有利于磷的去除。所以污水易被生物降解的有机物浓度越大，则除磷越高，通常以 BOD$_5$/总 P 的比值作为评价指标，一般认为 BOD$_5$/TP>20，则磷的去除效果较稳定，实验得出 BOD$_5$/TP 的一般关系见表 16-21。

表 16-21　BOD$_5$/TP 的比例与磷的去除率关系

BOD$_5$/TP	28.8∶8	13.8∶1	5∶1
BOD$_5$去除率/%	92.11	89.08	91.64
TP 的去除率/%	97.22	70	57.36

2. NO_x^--N 对脱氮除磷的影响

当进水处于厌氧状态时，进水带来了极少量的 NO_x^--N，但主要是好氧停止曝气后至沉淀及排水工序的缺氧段的反硝化作用不完全而留下的 NO^x-N。由于 NO_x^--N 的存在会发生反硝化反应，反硝化消耗生物降解的有机物(BOD$_5$)，因为反硝化速率比聚磷菌的磷释放速率快，所以反硝化菌与聚磷菌争夺有机碳源，当厌氧池混合液中 NO_x-N 浓度大于 1.5mg/L 时，会使聚磷菌释放时间滞后，释磷速率减缓，释磷量少，最终导致好氧状态下聚磷菌摄磷能力下降，影响除磷效果，所以应尽量降低曝气池内进水前留于池内的 NO_x^--N 浓度，主要靠好氧池曝气停止后沉淀及排水段的缺氧运行。如反硝化彻底，残留的 NO_x^--N 浓度小，同时也提高了氮的去除率。对此应对曝气好氧反应阶段以灵活的运行控制，如采取曝气(去除 BOD、硝化、摄磷)→停止曝气缺氧(投加少量碳源，进行反硝化脱氧)→再曝气(去除剩余有机物)的运行方式，提高脱氮效率，减少下一周期进水工序厌氧状态时 NO_x^--N 浓度。

3. 运行时间和溶解氧（DO）的影响

运行时间和 DO 是 SBR 取得良好脱氮除磷效果的两个重要参数。进水工序的厌氧状态 DO 应控制在 0.3~0.5mg/L，以满足释磷要求，有机物 BOD 浓度高则释磷速率快，当释磷速率为 9~10mg/(gMLVSS·h)，水力停留时间大于 1h，则聚磷菌体内的磷已充分释放。所以一般城市污水经 2h 厌氧状态释磷，可基本达到释磷效果。

好氧曝气工序 DO 应控制在 2.5mg/L 以上，曝气时间 4h 为宜。主要满足 BOD 降解和硝化需氧以及聚磷菌摄磷过程的高氧环境。由于聚磷菌的好氧摄磷速率低于硝化速率，因此，应以摄磷来考虑曝气时间较合适，但曝气时间也不要过长，以免使聚磷菌进入内源呼吸，导致菌体衰亡和磷的释放。

好氧曝气之后，沉淀、排放工序均为缺氧状态，DO 不高于 0.7mg/L，时间为 2h 左右为宜。在此条件下，反硝化菌将好氧曝气工序时贮存体内的碳源释放，进行 SBR 所特有的贮存性反硝化阶段，使 NO_x^--N 转化为分子态氮而达到脱氮之目的，见表 16-22。

表 16-22　各工序运行时间分配对处理效果影响

进水		曝气/h	沉淀/h	排水待机/h	总时间/h	BOD_5 去除率/%	TP 去除率/%	N 去除率/%
搅拌(缺氧)/h	停止搅拌(厌氧)/h							
1.5	0.5	4	1.5	0.5	8	80.3	93.2	
1	0.5	3	1	0.5	6	71.5	96.8	
1	1	4	1	1	8	93	96.8	82
1	1	3	1	1	8	80	77.8	92.5

另外，进水慢速搅拌，可提前进入厌氧状态，利于磷的释放，并缩短厌氧反应时间。

十、MSBR 工艺

MSBR(Modified Sequencing Batch Reactor)工艺是 20 世纪 80 年代初期发展起来的改良式 SBR 工艺，目前主要在北美和南美应用，国内深圳盐田污水处理厂也采用该工艺。

MSBR 工艺被认为是目前最新的一体化工艺流程，它是由 A^2/O 系统与常规 SBR 系统串联组成，具有二者的全部优点。因而它具有同时高效去除有机物与氮、磷污染物的功能，出水水质稳定。特别是回流污泥进入厌氧池前增加了一个污泥浓缩区，浓缩后污泥经缺氧区再进入厌氧区，这样就大大减少了回流污泥中硝酸盐进入厌氧区的量，也减少了 VFA 因回流而造成稀释，增加了厌氧区的实际停留时间，所以大大提高了除磷效率。

（一）MSBR 工艺组成

MSBR 工艺系统由三个主要部分组成，其三个主要工艺布置如图 16-22 所示。

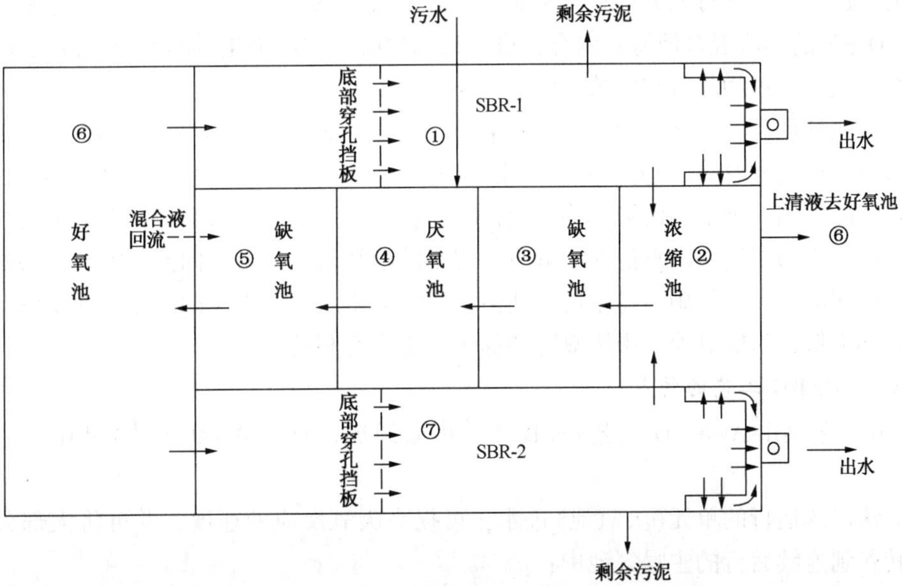

图 16-22　MSBR 工艺布置示意

(1) A^2/O：由厌氧区④—缺氧区⑤—好氧区⑥组成；

(2) 污泥回流浓缩：由浓缩池②—缺氧区③组成；

(3) 两个交替进行搅拌、曝气、沉淀的 SBR 池。在 SBR 池前段设置底部穿孔挡板，使得 SBR 池后段的水流状态由下而上，而不是平流状态，这样 SBR 池后段对水流起到了悬浮污泥床的过滤作用，而非一般的沉淀作用。

（二）MSBR 工艺原理

MSBR 工艺原理如图 16-23 所示。

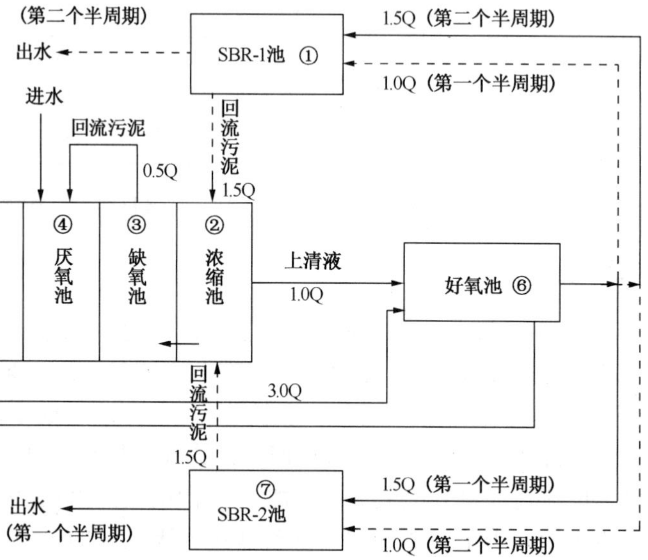

图 16-23 MSBR 工艺原理图

原污水和回流污泥同时进入厌氧池④后进行搅拌混合，回流污泥中的聚磷菌利用原污水中降解的有机物在此进行充分释磷。然后混合液由厌氧池④进入缺氧池⑤，与好氧池⑥来的含大量 NO_x-N 的回流混合液搅拌混合，进行反硝化脱氮，反硝化后的混合液流入好氧池⑥，在此进行硝化、有机物降解和聚磷菌的吸磷。

经好氧池处理后，一部分混合液至缺氧池⑤，另一部分混合液进入 SBR-2 池⑦，经沉淀后上清液排放。此时另一边的 SBR-1 池①进行搅拌、曝气、预沉，起着反硝化、硝化、有机物降解的作用，沉下的污泥作为回流污泥，首先进入浓缩池浓缩，其上清液直接进入好氧池⑥，而浓缩污泥进入缺氧池③，减少污泥中的溶解氧，同时对回流污泥中硝酸盐进行反硝化，降低回流污泥中的硝酸盐浓度，使由缺氧池③进入厌氧池④的回流污泥中溶解氧和硝酸盐浓度都很低，为厌氧池④中厌氧释磷提供了更为有利的条件。

（三）MSBR 工艺的特点

MSBR 工艺是由 A+A^2/O 工艺+SBR 工艺串联组成，具有 A^2/O 工艺+SBR 工艺的全部优点。

(1) 从连续运行的单元(厌氧池)进水，可提高厌氧反应的速度，并可将大部分好氧从 SBR 池转移到连续运行的主曝气池中；

(2) 采用低水头、低能耗回流设施，可极大地改善系统中各单元内 MLSS 的均匀性；

(3) SBR 池中间设置底部挡板，可避免水力射流的影响，从而改善水力条件，且污水经过沉淀后的悬浮污泥时还可起过滤的作用；

(4) 在回流混合液进入厌氧池前设污泥浓缩池，可减少硝酸盐进入厌氧池，从而提高除磷效率；

(5) 采用空气堰控制出水，可控制出水中的悬浮物。

由于目前其运行管理经验不是很丰富，而且运行流程长，工艺控制相对复杂，因此，主要适用于经济水平较发达的地区。

（四） MSBR 工艺主要设计参数

(1) 污泥龄 t_s=7~20d；以生物除磷为主时，t_s 取较小值，以生物脱氮为主则 t_s 取大值；

(2) 平均混合液污泥浓度 MLSS=2200~3000mg/L；

(3) 水力停留时间 t=12~14h；

(4) 池深 3.5~6m，对缺氧池和厌氧池可达 8m；

(5) 混合液回流比 1.3~1.5，浓缩污泥回流比 0.3~0.5，活性污泥回流比 1.3~1.5。

（五） MSBR 系统的应用

目前 MSBR 在国内应用的工程实例尚不多见，据报道，国内最早的是深圳市盐田污水处理厂。近年来，国内陆续建成了一些 MSBR 污水处理厂，如浙江临安青山污水处理工程(一期处理规模为 $2\times10^4m^3/d$)，无锡新区污水处理厂、上海松江东部污水处理厂等。深圳市盐田污水处理厂处理工艺流程示意图见图 16-24。

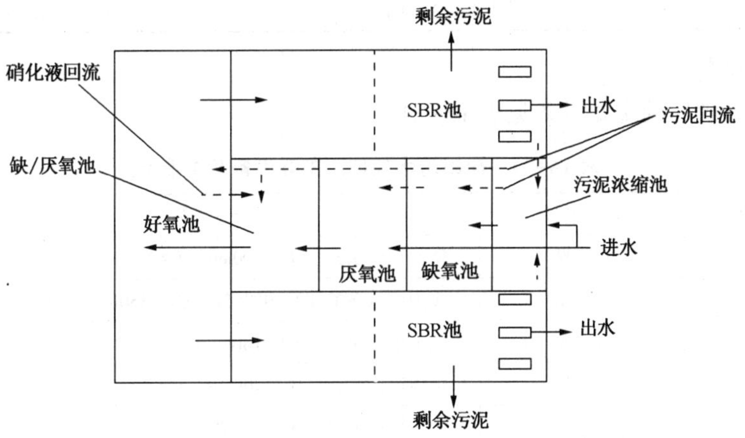

图 16-24　MSBR 工艺流程示意图

(1) 盐田污水厂 MSBR 池工艺参数

其工艺参数如下：

MLSS：2200~4000mg/L；

污泥负荷：0.11~0.13kgBOD_5/(kgMLVSS·d)；

污泥龄：6.6~10.7d；

气水比：6.8：1；

活性污泥回流比：1.5；

混合液回流比：1.5。

(2) 盐田污水处理厂的主要构筑物见表 16-23。

表 16-23　盐田污水处理厂主要构筑物基本情况

序号	构筑物	尺　寸	数量	主要设计参数
1	提升泵房和粗格栅间	提升泵房和粗格栅间合建在一起，提升泵房平面 13.6m×20.4m，提升泵房地下部分 7.4m； 总进水闸门井：2.4m×2.4m×5.97m； 格栅间：7.2m×10.8m×5.97m； 泵坑：13.6m×6.3m×7.72m	1	$K_Z=1.3$
2	细格栅和沉沙池	细格栅及沉沙池组合成为一个构筑物，沉沙池采用 360°比氏沉沙池，共 2 座； 细格栅：13.5m×7.7m×2.23m； 沉沙池：直径 6.1m，2 座； 沉沙池进水渠：1.35m×1.35m×6.55m(高)	1	
3	加氯加药间	加药、加氯间为合建式建筑物； 加氯间：30m×12m×6.1m； 加药间：18m×9m×6.8m	1	水中液氯最大浓度 10mg/L
4	接触池	接触池 2 座，单座：29.2m×21.50m×5.1m	2	接触时间 32min
5	MSBR 池	MSBR 池：66.9m×57.8m×6.9(8.9)m； 单池有效容积：22040m^3	3	每组 $Q=4$ 万 m^3/d，$K_Z=1.2$
6	鼓风机房	鼓风机房：32.9m×12m×10.7m	1	总装机风量为 750m^3/min
7	脱水机房	脱水间污泥堆棚：36m×27m×9.5m； 储泥池：8.35m×4.3m×3.80m	1	进泥含水率 99.1%，脱水后含水率<78%

（3）主要设备

盐田污水处理厂的主要设备见表 16-24。

表 16-24　盐田污水处理厂主要设备基本情况

序号	构筑物	设备名称	型号及参数	数量(台)
1	1 提升泵房和粗格栅间	粗格栅	钢丝绳牵引式；$B=1500$mm，$b=20$mm	2
		提升泵	飞力潜水泵 C2P3300LT620，$Q=1350$m^3/h，$H=9$m	4
		提升泵	飞力潜水泵 CP3300LT804，$Q=684$m^3/h，$H=9.5$m	2
2	细格栅和沉沙池	细格栅	耙齿链回转式；B=1200mm，b=5mm，α=75°	4
		沉沙池设备	旋流沉沙池设备主要包括砂泵、真空泵、水力旋流分砂器、螺旋砂水分离器等	2 套
3	MSBR（单个）	升降式微孔曝气器	流量 $Q=6.4\sim7.8$m^3/min	38 套
		浮筒式搅拌器	其中 7 个带除渣装置	9
4	回流与污泥处理	污泥回流泵	飞力泵 PP4680，$Q=2500$m^3/h，$H=0.95$m	2
		混合液回流泵	飞力泵 PP4680，$Q=2500$m^3/h，$H=0.95$m	2
		浓缩污泥回流泵	飞力泵 PP4660，$Q=840$m^3/h，$H=0.91$m	2
		剩余污泥提升泵	飞力泵 CP3102MT，$Q=115$m^3/h，$H=7.6$m	2
5	鼓风机房	鼓风机	丹麦 TURBOKA5SV-GL210；进口流量 $Q=73.13\sim162.5$m^3/min；最大出口压力 1.785×10^5Pa	5
6	脱水机房	脱水机	德国 FLOTTWEGZ53-4/454 多级行星齿轮变频驱动沉降式卧螺离心机；转筒最大速度 3250r/min，最大污泥流量 40m^3/h	3

十一、UNITANK 工艺

（一）概述

UNITANK 工艺是比利时史格斯清水公司于 20 世纪 90 年代初开发的专利，取名为 UNITANK，已广泛采用。

原污水经格栅与沉沙池预处理后连续进入 UNITANK 反应池，该反应池由三个矩形池相连组成，三个池水流相连通，每个池中均设有曝气供氧设备，可采用鼓风曝气或表面机械曝气。在外边两侧矩形池，设有固定出水堰与剩余污泥排放口。外边的两侧矩形池交替作为曝气池和沉淀池，而中间一只矩形池只作曝气池。连续进入该系统的污水，通过控制进水闸可分时序分别进入三个矩形池中任意一只，采用连续进水、出水，周期交替运行。UNITANK 工艺的结构示意如图 16-25。

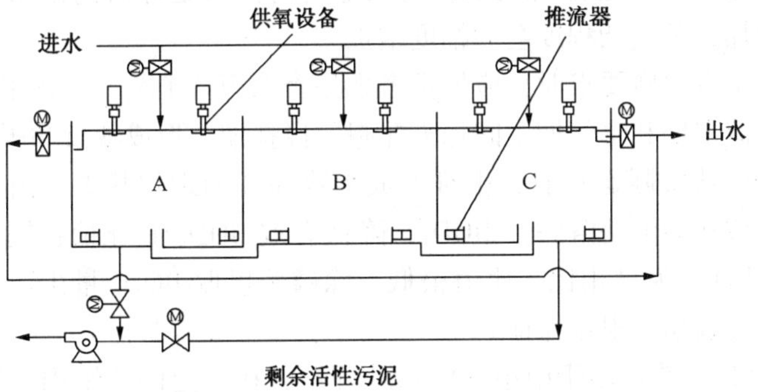

图 16-25　UNITANK 工艺结构示意图

（二）UNITANK 工艺的运行操作过程

去除有机物与脱氮除磷的 UNITANK 工艺运行过程见图 16-26。

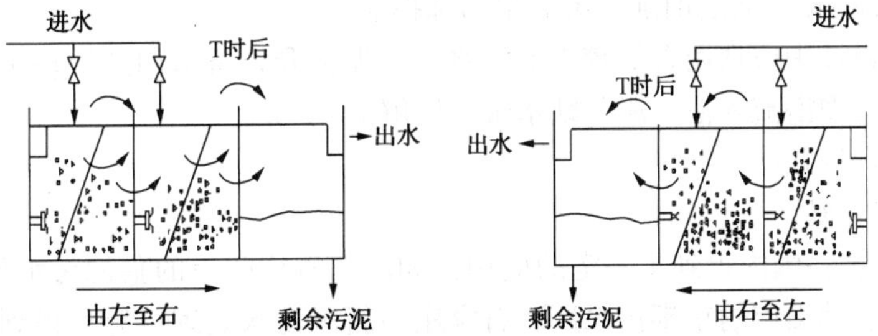

图 16-26　UNITANK 工艺的运行过程

该运行过程通过时间与空间的控制，并适当增加水力停留时间，就可具有去除污水中的有机物和脱氮除磷的功能。

在第一个运行阶段，污水交替进入左侧池和中间池，左侧池作为缺氧搅拌反应器，反硝化菌以污水中的有机物为电子供体，对前一个运行阶段产生的硝态氮进行反硝化脱氮；然后释放前一个运行阶段沉淀的含磷污泥中的磷。

当中间池曝气运行时，去除有机物和进行硝化与吸收磷；当中间池进水并搅拌时，则进行反硝化脱氮，同时污泥也由左向右推进，右侧池进行沉淀。泥水分离，上清液作为处理水溢出，含磷污泥的一部分作为剩余污泥排放。

在进入第二个运行阶段前，污水只进入中间池，使左侧池中尽可能完成硝化反应。其后左侧池停止曝气，作为沉淀池。

进入第二个运行阶段，污水交替进入右侧池和中间池，污水由右向左流动，处理过程与第一个运行阶段相同。

（三）工艺适用性

（1）进水 BOD 浓度较高时，应考虑采用两级 UNITANK 工艺。若进水 BOD 高于 500mg/L 时，可采用两级 UNITANK 工艺，即用两级单元池处理高浓度污水，第一级生物池按高负荷条件下厌氧或好氧方式运行，第二级按低负荷条件下好氧方式运行。

（2）处理水量过大时，应充分考虑该工艺的复杂性。由于工艺运行、结构等原因的限制，处理池每格的尺寸应控制在 40m×40m 范围内，因此处理水量加倍时，处理单元数也会成倍增加。每个单元的三个池都需配水，两侧池均需排放处理后的出水、冲洗水和剩余污泥。随着单元数增加，其复杂程度会大幅度增加。

（3）对处理出水有除磷要求时，应慎重考虑是否选用该工艺。因该工艺除磷脱氮过程的原理是：通过在沉淀末期和曝气期中间加入非曝气搅拌期，形成缺氧和厌氧状态，完成脱氮和生物除磷功能。但从实际运行看，很难形成生物除磷的理想状态。因为，在非曝气搅拌期，水中大量的硝酸盐会消耗溶解性 BOD_5，降低有效 BOD_5/P 比值；同时，进水的溶解性 BOD_5 被稀释，与活性污泥量相比，比值很低，除磷菌摄取 BOD_5 量少，在厌氧阶段释放磷不彻底，因此生物除磷功能很难保证。

因此，UNITANK 工艺适用于中小型污水处理厂，在一定的范围内，可以替代其他活性污泥法。

UNITANK 工艺对磷的去除不够理想。若应用于有除磷的情况，可采取以下措施强化：

（1）外碳源补给或主体阶段采用多点进水的方式。

（2）优化反应器设计。通过增加单池个数的办法增加缺氧反硝化的处理级数，强化反硝化；或者在 UNITANK 工艺之前加设厌氧生物选择器。

（3）污水厂设计中应选用含氧较少的污水、污泥提升设备采用如潜污泵而不用螺旋泵，并使进水和回流污泥潜流入池，避免跌水带入溶解氧。

（4）物化法深度除磷。

（四）工程实例

UNITANK 工艺在国内得到了一定的应用，如广东省广州市的猎德污水处理厂、澳门的凼仔污水处理厂、佛山市的东鄱污水厂、石家庄高新区污水处理厂等均得到了一定的应用。运行表明，在不同气候环境中，UNITANK 工艺有一定的适用性。

新疆盐湖制盐有限公司 UNITANK 污水处理厂设计规模为 $1500m^3/d$，UNITANK 池采用全封闭地埋式，钢砼结构，数量：1 座；基本尺寸：$L \times B \times H = 22m \times 5m \times 4m$，有效水深 3.5m，有效容积 $347m^3$。

澳门氹仔污水处理厂采用 UNITANK 工艺，设计规模 $70000m^3/d$。污泥负荷 $N_S = 0.135kgBOD_5/(kgMLVSS \cdot d)$；污泥浓度 MLSS＝4000mg/L；水力停留时间 HRT＝16h。由三个池组成一个单元，共三个单元。每池尺寸为 $L \times B \times H = 25m \times 26m \times 8m$，采用鼓风曝气，微气泡扩散器供氧。处理效果见表 16-25。

表 16-25 澳门氹仔污水厂处理效果

项目	进水/(mg/L)		出水/(mg/L)		处理效率/%	
	设计值	实测值	设计值	实测值	设计值	实测值
BOD	250	500	≦ 30	<15	≥88	>97
COD	440	860	≦ 100	<60	≥77	>93
SS		240	≦ 30	<15		>94

十二、百乐卡(BIOLAK)处理技术

百乐卡(BIOLAK)工艺是由芬兰开发的专利技术，由芬兰 Raisio 工程公司代理。它是由不带曝气设施、采用自然池塘处理的废水系统发展而来的。目前，世界上已有 350 多套 BIOLAK 系统在运行。BIOLAK 工艺其实质上采用一池或人工湖，在其内处理废水，该池可采用钢筋混凝土，也可因地制宜，采用土池或人工湖，但底部应有防渗措施。在池(人工湖)内，安装着一种特殊的悬挂链式曝气系统，以延时曝气方式按照所需预期达到的目的进行运行操作(如厌氧、缺氧、好氧方式)，故运行简便易控，在适宜的条件下具有较大的吸引力。

(一) 工艺特点

(1) 该工艺是一种负荷低，水力停留时间长，污泥龄长的延时曝气工艺。

(2) 该工艺具有流程简捷，处理构筑物少、工程投资省等特点。可不设沉砂池和初沉池，二沉池与曝气池合建，可以不需污泥处理部分构筑物，节省占地面积，而且流速很小的混合液进入沉淀池时由于过水断面大而均匀，不会造成扰动，沉淀效果很好。

(3) 可以采用土池结构，建设投资更低。

(4) 采用 HDPE 防渗膜隔绝污水和地下水，施工简单，投资低廉，使用寿命长，而且在某些特殊地质条件下，如地震多发地区、土质疏松地区，其优点更能充分体现;

(5)曝气系统采用浮在水面的移动式曝气链，高效微孔曝气头则悬挂在浮链上，停留在水深 4~5m 处。气泡在向上运动过程中，不断受到水流流动和浮链摆动等的扰动，不仅可以达到很好的混合效果，节约能耗，还提高了氧的转移率。曝气链在运动过程中，曝气头跟着摆动，能够造成曝气池中缺氧和好氧状态交替出现，为硝化和反硝化创造了条件，形成多级的硝化和反硝化，保证脱氮效果。

(6) 在二沉池后，建有稳定池。稳定池中还有一根曝气链在进行曝气，以提高出水的溶解氧浓度，使得聚磷菌不至因为溶解氧减少而释放磷，除磷效果好。

BIOLAK 工艺是在 20 世纪末期引入我国的，具有基建费用及运行费用低、剩余污泥基本得到稳定、废水净化程度高、净化效果稳定、系统构造非常简单、故障发生率低、容易维护等特点，因此在短短时间内得到发展和应用，如山东招远污水处理厂、深圳龙田污水处理厂、江苏省高邮市污水处理厂等。山东招远污水处理厂运行效果的分析表明，BIOLAK 工艺具有良好的处理效果：其 BOD 去除率达到 95%，对总氮的去除率达到 59%，对总磷的去处率达到 91%。但目前国内对 BIOLAK 工艺的试验研究还鲜见报道，设计时所选用的参数也是仅仅凭经验确定，今后还应该注重对此工艺的运行特性、工艺机理以及设计参数的研究。

(二) 工艺适用性

(1) 根据 BIOLAK 工艺的特点，建议单组构筑物处理量 $<2\times10^4 m^3/d$ 的污水处理厂采用该工艺的不同组合形式和土池防渗结构；单组构筑物处理量在 $2\times10^4\sim5\times10^4 m^3/d$ 的污水处

理厂可采用经过改良的 BIOLAK 工艺(如沉淀池采用分建辐流形式，污泥采用浓缩池加机械脱水方式等)，结构则可根据当地地质条件选用土池防渗结构或钢筋混凝土结构；单组构筑物处理量>$5\times10^4 m^3/d$ 的污水处理厂不宜采用 BIOLAK 工艺。

(2) BIOLAK 工艺适用范围广，具有良好的缓冲能力，可以较好地适应水力及污染物的波动，一体化设计可降低其经济投入和减少占地面积；BIOLAK 采用地盆式建造可使整个流程不高于地面，与周围环境和谐统一。

(三) 主要技术参数参考值

有机物污泥负荷：0.05~0.2kgBOD_5/(kgMLVSS · d)；

污泥回流比：50%~150%；

活性污泥浓度：2000~4000mg/L；

回流污泥浓度：8000~12000mg/L；

水力停留时间：30h 左右；

污泥龄：30~180d；

有机物容积负荷：0.2~0.4kgBOD_5/(m^3 · d)。

(四) 工程实例

1. 工程概况

龙田污水处理厂工程总投资为 2850 万元，日处理污水量为 3 万 m^3/d，占地 2400m^2。工程采用 BIOLAK 工艺，龙田污水厂处理的是河内的污水，河水经自流进入污水厂，进水 BOD_5 仅为 70~90mg/L，有机负荷偏低。由于工艺具有脱氮效果，为缓解碳源不足的弊端，采用投加养猪场的粪便或养鸡场的粪便来补充碳源，然后污水经粗格栅和旋转格栅后进入主体反应池后排出，BIOLAK 生化池、沉淀池和消毒池为一体式的构造，并且不建钢筋混凝土池。

2. 工艺参数

MLSS：1800~2000mg/L；

污泥负荷：1.8~2.0kgBOD_5/(kgMLVSS · d)；

水力停留时间 HRT：18h；

好氧段 DO：0.5~1.0mg/L；

缺氧段 DO：0.3mg/L；

混合液回流比：100%；

BIOLAK 综合池尺寸：$L\times B\times H$=117m×60m×5m。

3. 设备及其选型

深圳市龙田污水处理厂关键设备及其选型见表 16-26。

表 16-26 关键设备及其选型

设备名称	规　　格	数　　量
潜污泵	300QW720-6-22Q=720m^3/h，H=6m	3
旋转格栅	NOVE 格栅	4 组
曝气链	FRiox10	10 条
HDPE 防渗板	厚度 1.5mm	8235m^2
污泥泵	Q=935m^3/h	2 台
排泥泵		1 台
罗茨鼓风机	GM35S，风量 35m^3/min	4 台(三用一备)

参 考 文 献

1 张忠祥，钱易．废水生物处理技术[M]．北京：清华大学出版社，2004.

2 沈连峰，刘文霞，胡宗泰等．马头岗污水处理厂 UCT 工艺的设计与运行[J]．中国给水排水，2009，25(4)：44~48.

3 吴宗义，邱宏俊．横岭污水处理厂一期工程的设计与运行[J]．中国给水排水，2009，25(14)：43~47.

4 潘碌亭，屠晓青，罗华飞等．改良厌氧/缺氧/好氧脱氮除磷工艺处理城镇污水[J]．中国给水排水，2007，23(22)：61~63。

5 Trans-Flo 矩形二沉池工艺-国美(天津)水务设备工程有限公司 http：//www. usfilter-tj. com/chn/gy. asp?id=240，2009.

6 叶爱萍，黄一南，林晓东等．应用改进型巴顿甫工艺处理中低浓度味精废水[J]．环境污染与防治，2008，30(4)：100~102.

7 刘小英，王社平，彭党聪．约翰内斯堡工艺在邓家村污水处理厂的运行效果分析[J]．中国给水排水，2009，25(20)：90~93.

8 郭克新，段瑞文，崔文亮等．复合式改良 A2/O 工艺的除磷效果[J]．中国给水排水，2004，20(12)：76~78.

9 宋安宁，娄性义，韩芹．新西兰罗托鲁阿污水处理厂的处理工艺[J]．中国环保产业，2005(2)：42~43.

10 孟德良，李明延，张萍．生物除磷的几种常见工艺流程[J]．给水排水，2000：26(3)：17~19.

11 李宁，赵修华，王华等．改良型序批式活性污泥反应器系统及其应用，环境科学与技术，2005，(28)2，110~113.

12 孙剑辉，闫怡新，徐文刚．循环式活性污泥法(CAST)的设计要点[J]．中国给水排水，2003，19(1)：89~90.

13 张信武，刘惠成，王晓丹．惠阳城区污水处理厂 CAST 工艺调试及试运行[J]．三峡环境与生态，2008，1(2)：89~90.

14 周爱玲，牛永杰．CAST 污水处理工艺[J]．河北化工，2010，33(1)：52~53.

15 刘艳东，李洪静，刘如峰．ICEAS 工艺污水处理厂设计与运行[J]．给水排水，2005，31(6)：31~34.

16 刘波，刘云红．ICEAS 工艺在昆明市第四污水处理厂的应用[J]．给水排水，2006，32(3)：17~19.

17 赵忠富，付忠志．污水 MSBR 系统工艺设计[J]．给水排水，2000，26(11)：6~9.

18 石明岩，曾苏，吕锡武．UNITANK 法除磷工艺特性研究[J]．中国市政工程，2003(3)：61~64.

19 冯凯，杭世裙．UNITANK 工艺处理城市污水工程实践[J]．给水排水，2002，28(3)：1~4.

20 金隆旭，陈红．一种新的活性污泥法水处理工艺——百乐卡(Biolak)工艺在深圳市成功应用[J]．工程设计与建设，2005，37(3)：53~57.

21 刘汉湖，李桂杰，裴宗平等．中小城镇生活污水处理新技术-BIOLAK 技术及实例[J]．江苏环境科技，2004，17(4)：19~21.

22 曹向东，穆瑞林，胡国光．德国百乐卡(BIOLAK)工艺的设计和运行[J]，给水排水，2000，26(9)：7~9.

第十七章　生物膜法

生物膜法是土壤自净原理的工程化，其历史较活性污泥法要早 20 年(1893 年)，生物膜是附着生长系统处理有机物的主要承担者。它利用附着生长的微生物新陈代谢作用，从而达到对废水中有机物的去除目的。其在废水处理方面具有以下优势：

(1) 对水质和水量有较强适应性；

(2) 沉降性能好，容易固液分离；

(3) 一般用于处理低浓度废水；

(4) 容易维护运行，成本低。

生物膜法包括浸没式生物膜法(生物接触氧化池、曝气生物滤池)、半浸没式生物膜法(生物转盘)和非浸没式生物膜法(高负荷生物滤池、低负荷生物滤池、塔式生物滤池)等。其中浸没式生物膜法具有占地面积小，BOD 容积负荷高，运行成本低，处理效率高等特点。半浸没式、非浸没式生物膜法最大特点是运行费用低，约为活性污泥法的 1/3～1/2，但卫生条件较差及处理程度较低，占地较大，所以阻碍了其发展，可因地制宜采用。生物膜法目前国内均用于中小规模的污水处理。

第一节　生物接触氧化池

一、概述

生物接触氧化处理技术的实质之一是在池内充填填料，已充氧的污水将填料浸没全部，并以一定的流速流经填料。而填料上布满生物膜，污水与生物膜通过接触，在生物膜上微生物的新陈代谢功能的作用下，污水中有机污染物得到去除，污水得到净化，因此，生物接触氧化处理技术又称为淹没式曝气生物滤池。

二、生物接触氧化池的构造

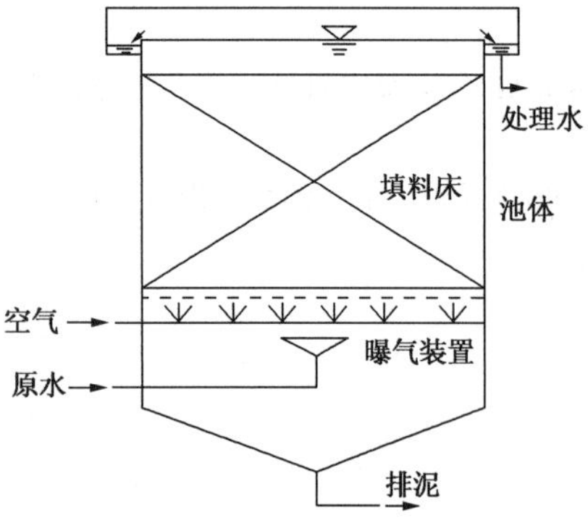

图 17-1　生物接触氧化池的构造示意图

接触氧化池是由池体、填料及支架、曝气装置、进出水装置以及排泥管道等部件所组成。生物接触氧化池的构造示意图见图 17-1。

(一) 池体

池体的作用除了进行净化污水外，还要考虑填料，布水、布气等设施的安装。当池体容积较小时可采用圆形钢结构，池体容积较大时可采用矩形钢筋混凝土结构。池体的平面尺寸以满足布水、布气均匀，填料安装、维护管理方便为准。池体的底壁需有支承填料的框架和进水进气管的支座。池体厚度根据池的结构强度要求来计算。高度则由填料、布水布气层、稳定水层以及超高的高度来计算。同时，还必须考虑到充氧设备的供气压力或提升高度。各部位的尺寸一般为：池内填料高度为3.0~3.5m；底部布气层高为0.6~0.7m；顶部稳定水层0.5~0.6m，总高度约为4.5~5.0m。

（二）填料

1. 填料的要求

填料是生物膜的载体，所以也称之为载体。填料是接触氧化处理工艺的关键部位，它直接影响处理效果，同时，它的费用在接触氧化系统的建设费用中占的比重较大，约占55%~60%；同时载体填料直接关系到接触氧化法的经济效果，所以选定适宜的填料是具有经济和技术意义的。接触氧化处理工艺对填料的要求如下：

(1) 在水力特性方面，比表面积大、空隙率高、水流通畅、阻力小、流速均一；

(2) 要求形状规则、尺寸均一，表面粗糙度较大；填料表面电位高，附着性强；

(3) 化学与生物稳定性较强，经久耐用，不溶出有害物质，不导致产生二次污染；

(4) 在经济方面要考虑货源、价格，也要考虑便于运输与安装等。

2. 填料类型

填料可分为悬挂式填料、悬浮式填料和固形块状填料三种类型。

(1) 悬挂式填料

悬挂式填料有四个品种，分别为半软性填料、组合填料、软性填料和弹性立体填料；

(2) 悬浮式填料

常用的有空心柱状、空心球状、外形呈笼架、内装丝形或条形编织物以及海绵块状的软性悬浮式填料；

(3) 固形块状填料

固形块状填料主要有蜂窝直管形块状填料和立体波纹块状填料两种。

目前常采用的填料是聚氯乙烯塑料、聚丙烯塑料、环氧玻璃钢等做成的蜂窝状和波纹板状填料。近年来国内外都进行纤维状填料的研究，纤维状填料是用尼龙、维纶、腈纶、涤纶等化学纤维编结成束，呈绳状连接。为安装检修方便，填料常以料框组装，带框放入池中。当需要清洗检修时，可逐框轮替取出，池子无须停止工作。用于接触氧化工艺的填料形式见图17-2。

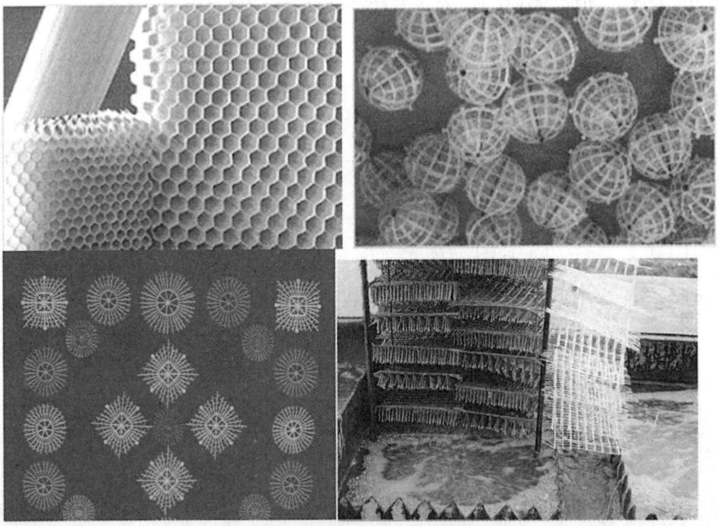

图17-2 接触氧化工艺的填料形式

3. **填料的性能**

目前国内常用的填料有：整体型、悬浮型和悬挂型，其技术性能见表 17-1。

表 17-1　填料技术性能参数

项　目		整体型填料		悬浮型填料		悬挂型填料	
		立体网状	蜂窝直管	ϕ50mm×50mm	内置式	半软性填料	弹性立体填料
比表面积/(m^2/m^3)		50~110	74~110	278	650~700	80~120	116~133
空隙率/%		95~99	98~99	90~97	12束/个，大于40个/束；纤维束重量 1.6~2g/个	大于 96	
成品重量		20kg/m^3	38~45kg/m^3	7.6kg/m^3		3.6~6.7kg/m	2.7~4.99kg/m
填充率/%		30~40	50~70	60~80		4.8~5.2	—
填料容积负荷/[kgCOD/(m^3·d)]	正常负荷	4.4		3~4.5	1.5~2	2~3	2~2.5
	超负荷	5.7		4~6	3	5	
安装条件		整体	整体	悬浮	悬浮	吊装	吊装
支架形式		平格栅	平格栅	绳网	绳网	上下框架固定	上下框架固定

（三）供气装置

接触氧化池均匀地布气很重要，它对于发挥填料作用，提高氧化池工作效率有很大关系。供气的作用有三个方面：

(1) 供氧。对于生物接触氧化池，溶解氧一般控制在 4~5mg/L 左右。

(2) 充分搅拌形成紊流，有利于均匀布水。紊流愈甚，被处理水与生物膜的接触效率愈高，传质效率良好，从而处理效果也愈佳。

(3) 防止填料堵塞，促进生物膜更新。

生物接触氧化池的供气装置有三种，包括鼓风供气，表曝机、水力喷射供气装置。

1. **鼓风供气**

鼓风供气装置由鼓风机、输气管道和曝气器等部件组成。布气管可布置在池子中心，中心曝气见图 17-3。可布置在侧面，侧面曝气见图 17-4。也可布置在全池，全面曝气，即整个池底安装穿孔布气管，布气相互正交，形成如 0.3m×0.3m 的方格。

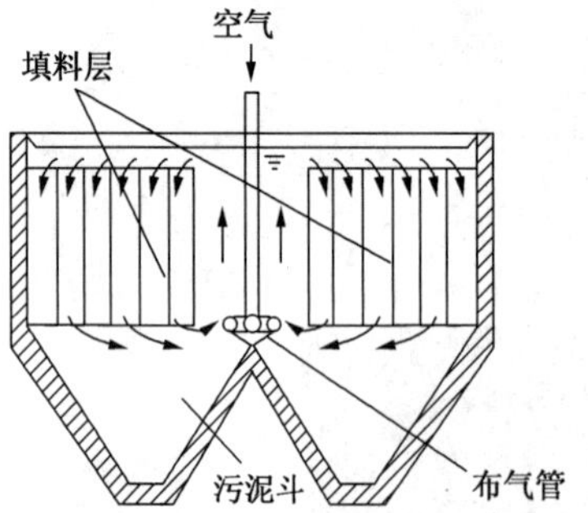

图 17-3　池中心供气方式

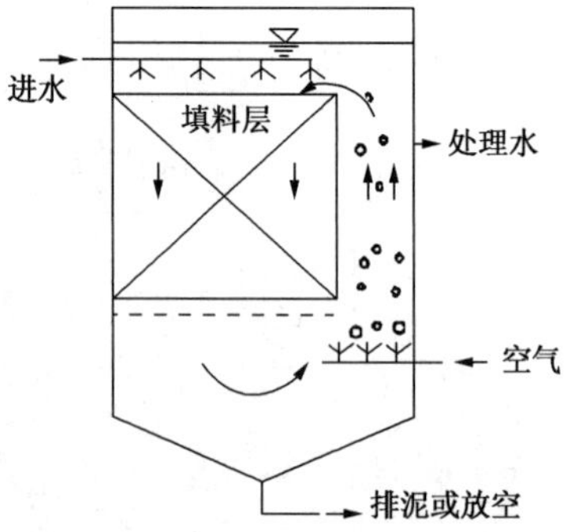

图 17-4　池侧面供气方式

2. **表曝**

表面机械曝气装置一般采用安装在的中心曝气型接触氧化池中，表面机械曝气供气形式见图 17-5。

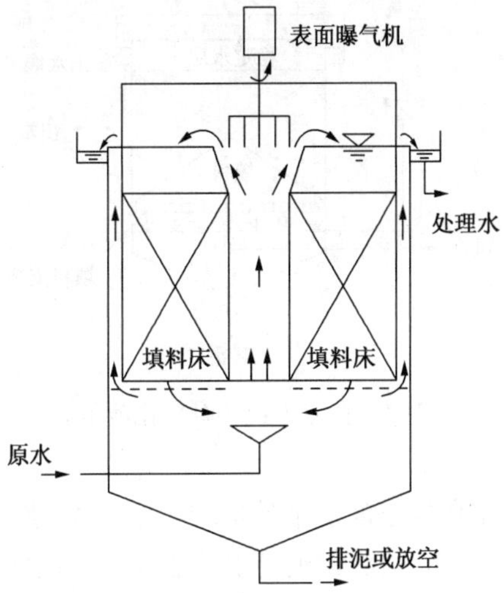

图 17-5　表面机械曝气供气形式

3. **水力喷射供气**

装置由循环泵、管道、导流筒和射流曝气器等部件组成。氧化池内污水由循环泵实施强制循环，当有压污水经过射流曝气器时，在射流曝气器内形成负压，从环境中吸入空气，并在射流曝气器内产生气水混合，气水混合液在氧化池底释放，气泡上浮时实施充氧。水力喷射供气装置对氧的利用率为15%左右，一般适用于低有机负荷的中小型污水处理站或对环境噪声有较高要求场所。水力喷射供气设施见图 17-6。

图 17-6　水力喷射供气设施

三、生物接触氧化池的形式

接触氧化池按曝气装置的位置，分为直流式与分流式。

1. **直流式**

直流式接触氧化池的特点是直接在填料底部曝气，在填料上产生上向流，生物膜受到气流的冲击、搅动，加速其脱落、更新，使生物膜经常保持较高的活性，而且能够避免堵塞现象的产生。此外，上升气流不断与填料撞击，使气泡反复切割，粒径减小，增加了气泡与污水的接触面积，提高了氧的转移率。国内多采用直流式的接触氧化池，图 17-7 为直流式生物接触氧化池示意图。

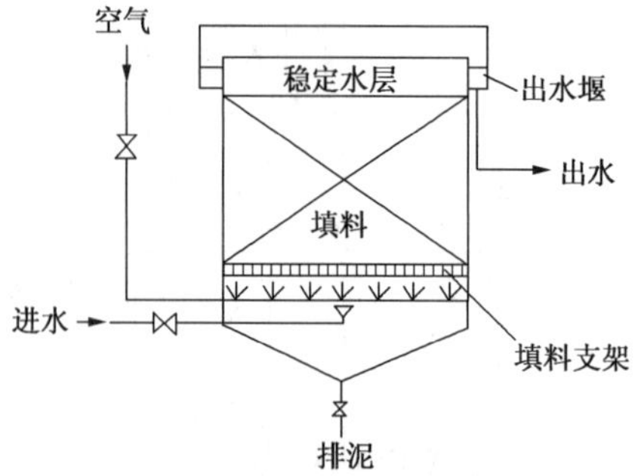

图 17-7　直流生物接触氧化池示意图

2. **分流式**

分流式接触氧化池充氧与填料分置于单独的区间，使污水在充氧间与填料间循环流动，这种形式在国外多采用。分流式接触氧化池有利于微生物的生长繁殖，供氧状况良好。但水流对生物膜冲刷力小，膜更新慢，易堵塞，图 17-8 所示的是分流式接触氧化池示意图。

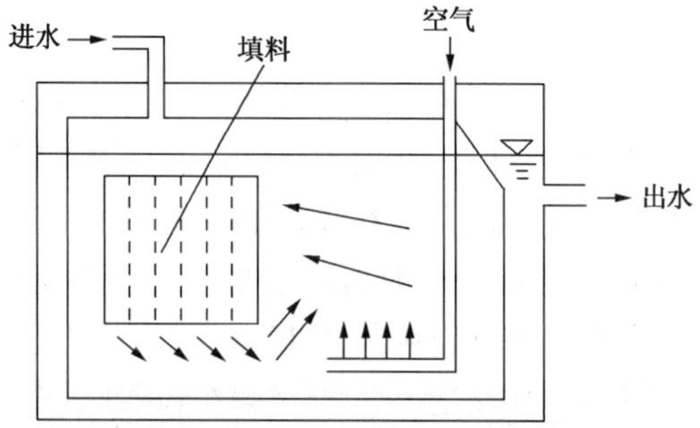

图 17-8　分流式接触氧化池示意图

四、生物接触氧化法的工艺流程

生物接触氧化处理技术的工艺流程，一般可分为：一段处理流程、二段处理流程、多段处理流程。

1）一段处理流程

也称一氧一沉法。原水先经调节池，再进入生物接触氧化池，然后流入二次沉淀池进行泥水分离。处理后的上层水排放或作进一步处理，污泥从二次沉淀池定期排走。这种流程虽然在氧化池中有时会引起短路，但全池填料上的生物膜厚度几乎相等，BOD 负荷大体相同，具有完全混合型的特点，营养物（F）与活性微生物的重量（M）之比较低，微生物的生长处于下降阶段。此时微生物的增殖不再受自身生理机能的限制，而是由污水中营养物质的量起主导作用。

2）二段处理流程

也称二氧二沉法。采用二段法的目的，是为了增加生物氧化时间，提高生化处理效率，同时更适应原水水质的变化，使处理水质稳定。原水经调节池调节后，进入第一生物接触氧化池，然后流入中间沉淀池进行泥水分离，上层水继续进入第二接触氧化池，最后流入二次沉淀池，再次泥水分离，出水排放，沉淀池的污泥定期排出。

在二段法流程中，需控制第一段氧化池内微生物处于较高的 F/M 条件，当 $F/M>2.1$ 时，微生物生长率可处于上升阶段，此时营养物远远超过微生物生长所需，微生物生长不受营养因素的影响，只受自身生理机能的限制，因而微生物繁殖很快，活力很强，吸附氧化有机物的能力较强，可以提高处理效率。为了维持微生物能处于较高的 F/M 条件下，BOD 负荷随之提高，处理水中有机物浓度也就必然要高一些，这样在第二阶段氧化池内，须根据需要控制适当的 F/M 条件，一般在 0.5 左右，此时的微生物处于生长率下降阶段后的内源性呼吸阶段。由此可见，二段法流程的微生物工作情况与推流式活性污泥法或活性污泥 AB 法相似。

一段法流程简单易行，操作方便，投资较省，但对 BOD 的降解能力不如二段法。二段法流程处理效果好，可以缩短生物氧化所需的总时间，但增加了处理装置和维护管理工作，投资也比一段法高。一般来说，当有机负荷较低，水力负荷较大时，采用一段法为好。当有机负荷较高时采用二段法或推流式更为恰当。试验表明，二段法中的第一接触氧化池，与第二接触氧化池容积比宜选用 7∶3 为好。在推流式流程中，既可按 BOD 变化的条件分格(第一格最大，以后逐渐减小)；也可按水力负荷分格(每格为相等大小)，一段、二段接触氧化工艺处理流程示意图见图 17-9。

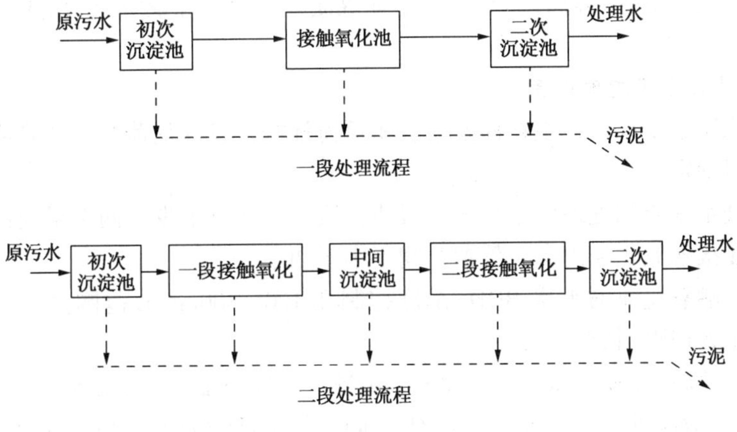

图 17-9　一段、二段接触氧化工艺处理流程示意图

3) 多段处理流程

上面所述一段、二段为两种基本流程，随着实践的变化，这两种流程可以随之变化。例如，有将接触氧化池分格，不设中间沉淀池，按推流型运行，形成多段处理流程。氧化池分格后，可使每格的微生物与负荷条件更相适应，利用微生物专性培养驯化，提高整的处理效率，其工艺流程如图 17-10 所示。

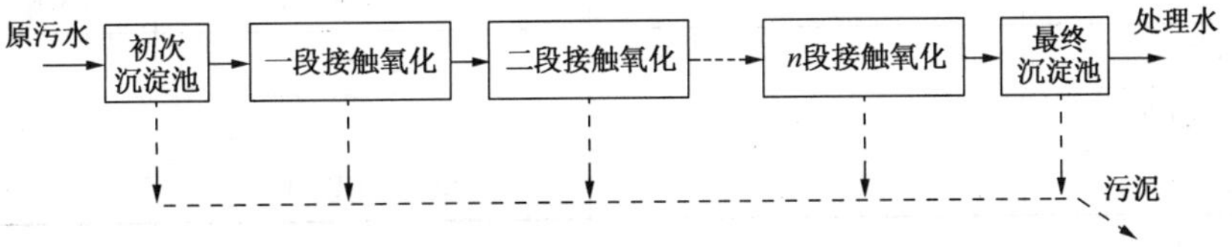

图 17-10　多段接触氧化工艺处理流程示意图

五、生物接触氧化法的主要特点

生物接触氧化法与活性污泥法相比，两者的综合造价基本相同，但生物接触氧化法比活性污泥法有以下几个优点：

（1）适用范围广；

（2）处理系统的可靠性和稳定性较高；

（3）动力消耗低；

（4）可间歇运行。

尽管生物接触氧化法具有许多优点，是一种高效的生化处理工艺，但也存在着一些缺点：

（1）生物膜的厚度随负荷的增高而增大，负荷过高则生物膜过厚，引起填料堵塞，故负荷不易过高，同时要有防堵塞的冲洗措施；

（2）填料及支架等往往导致建设费用增加，更换填料时工作量大。

六、生物接触氧化池的设计

生物接触氧化法是具有活性污泥法和生物膜法特点的一种新型生物处理技术。生物接触氧化装置与其他形式的生物处理装置一样，需要配置前处理工序（如粗、细格栅、隔油沉渣、调节中和及初沉池等）和后续处理工序（如沉淀、消毒、计量等），组成一个完整的污水处理系统。

（一）设计时应考虑的因素

（1）按平均废水量设计，填料体积按容积负荷计算。设计负荷应由试验或参照相似污水的实际运行资料确定；

（2）根据进水水质和处理要求采用一段或二段式，并且不少于两个系列；

（3）污水在接触氧化池内有效停留时间不小于2h；

（4）进入接触氧化池的废水 BOD_5 浓度控制在100~300mg/L范围内，当大于300mg/L时，可考虑采用处理水回流稀释；

（5）填料层总高一般取3m，分层设置，由填料品种确定，一般单层不宜超过1.5m；

（6）DO量一般应维持在2.5~3.5mg/L之间，气水比约为15~20：1；

（7）为保证布水、布气均匀，每格生物接触化池面积应在25m² 以内；

（8）容积负荷

生物接触氧化池典型负荷率可参考表17-2，此表摘自英国标准。

表17-2　生物接触氧化池的典型负荷

处理要求	工艺要求	容积负荷	
		$kgBOD_5/(m^3 \cdot d)$	$kgNH_3\text{-}N/(m^3 \cdot d)$
碳降解	高负荷	2~5	
碳降解/硝化		0.2~2	0.1~0.4
三级硝化		<20mgBOD_5/L	0.2~1

（二）计算

1）生物接触氧化池容积

生物接触氧化池容积计算采用公式17-1。

$$V=\frac{Q(S_0-S_e)}{F_V} \tag{17-1}$$

式中　V——氧化池容积，m^3；

Q——设计处理量，m^3/d；

S_0——进水 BOD_5 浓度，mg/L；

S_e——出水 BOD_5 浓度，mg/L；

F_v——设计采用的填料容积负荷率，$kgBOD_5/(m^3 \cdot d)$。

2）总面积

$$A = \frac{V}{H_V} \tag{17-2}$$

式中 H——填料高度，一般取 3m。

3）氧化池格数

$$n = A/f \tag{17-3}$$

式中 f——分格面积，当 $n \geqslant 2$，每格面积 $f \leqslant 25m^2$。

（三）工程实例

一啤酒厂废水处理工程设计水量 $400m^3/d$，设计水质为 COD1500mg/L，$BOD_5$900mg/L，SS500mg/L。设计出水水质要求达到《污水综合排放标准》GB 8978—1996 的二级标准：COD ≤150mg/L，BOD_5 ≤60mg/L，SS≤150mg/L。

生物接触氧化池采用二段生物接触氧化，设计填料容积负荷率为 $2kgBOD_5/(m^3 \cdot d)$。池内设组合软性填料，一、二氧化池填料容积分别为 $468m^3$ 和 $234m^3$，高度为 3m。一、二氧化池停留时间分别为 4.68h 和 2.34h，池总高度均为 4.8m。位于一、二氧化池间设中间沉淀池为矩形平流式沉淀池，设计表面负荷为 $7m^3/(m^2 \cdot h)$，平面面积为 $1.5m \times 10m = 15m^2$，池总高度为 4.8m，在 1.5m 高度上设一个污泥斗，断面性状为梯形，污泥斗内设穿孔排泥管。该工艺运行结果表明能达到设计要求。

第二节 曝气生物滤池

曝气生物滤池是集生物降解、固液分离于一体的污水处理工艺，是生物接触氧化工艺与过滤工艺的有机结合，即将生物接触氧化与过滤结合在一起，不设沉淀池，通过反冲洗再生实现滤池的周期运行，可以保持接触氧化的高效性，同时又可以获得良好的出水水质。

一、曝气生物滤池的构造

曝气生物滤池是在生物接触氧化工艺的基础上引入饮用水处理中过滤的思想而产生的一种好氧废水处理工艺，兼有活性污泥法和生物膜法两者优点，并将生化反应与吸附过滤两种处理过程合并在同一构筑物中完成。根据处理目标的需要，曝气生物滤池可以是一种单独碳氧化(二级处理、下向流)处理反应池，亦可以是碳氧化/硝化(三级处理、上向流)合并处理的反应器，目前全世界建成运行的曝气生物滤池已达几百座。曝气生物滤池具有流程简单，水力负荷及容积负荷大，占地小，投资省，运行成本较低，出水水质好等优点，既适用于大中小型的城市生活污水及某些工业废水处理(如啤酒、印染、食品加工废水)，也可用于给水预处理。但是，它的池体结构较复杂，设备较多，自动化程度较高，要求较高的建造质量及运行管理水平。其构造示意图见图 17-11。

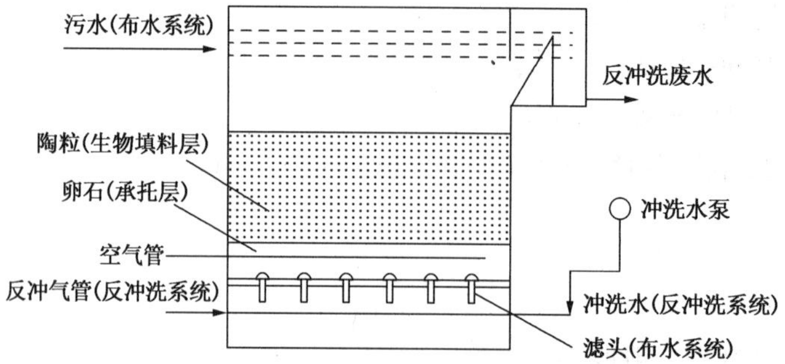

图 17-11　曝气生物滤池构造示意图

（一）布水系统

指位于曝气生物滤池上部的进水配水设施。由于曝气生物滤池一直曝气，曝气造成的扰动足以使进水快速、均匀地分布在整个反应器中，因此，曝气生物滤池的进水配水设施没有一般滤池那么讲究

（二）布气系统

曝气生物滤池的布气系统包括曝气充氧系统和进行气水联合反冲洗时的供气系统。曝气充氧量由计算得出，一般比活性污泥法低 30%～40%。

曝气生物滤池内设置布气系统主要有两个目的：一是正常运行时进行曝气；二是反冲洗时满足气-水反冲洗的布气需要。曝气生物滤池采用气-水联合反冲洗时，气冲洗强度可取 $10\sim14L/(m^2\cdot s)$。反冲洗布气系统的形式与布水系统相似，但气体密度小且具有可压缩性，因此布气管管径及开孔大小均比布水管要小，孔间距也小一些，并且布气管与进水布水管一样，均安装在承托层之下。曝气生物滤池一般采用鼓风曝气的形式，要求具有较高的氧传递速率，从而保证较高的氧吸收率。

曝气生物滤池采用的最简单的曝气装置为穿孔曝气管。穿孔管产生的是大、中型气泡，氧利用率低，仅为 3%～4%，其优点是不易堵塞，造价低。

实际应用中有充氧曝气同反冲洗供气共用同一套布气管的形式，因为充氧曝气用气量比反冲洗时用气量小，因此配气不易均匀。共用同一套布气管虽能减少投资，但运行时难以同时满足两者的需要，势必影响曝气生物滤池的稳定运行。实践中发现此法利少弊多，因此最好将两者分开，设立一套单独的曝气用穿孔管，以保持滤池的稳定运行，并且曝气管的位置往往在承托层之上 30～50cm 的填料层之中，这样做的优点是在曝气管之下的滤池填料层可以起到截留污水中悬浮物的作用，在有滤头的情况下可以起预过滤的作用；在没有滤头的情况下，可以避免曝气对于填料截留层的干扰。

（三）承托层

承托层主要起支撑生物填料、防止生物填料流失、保持反冲洗稳定进行的作用。承托层接触布水与布气系统的部分应选粒径较大的卵石，其粒径至少应比孔径大 4 倍以上。承托层填料粒径由下而上逐渐减小，接触填料部分的粒径比填料大一倍。承托层高度一般为 400～600mm。承托层的填料级配可以参考滤池承托层的填料级配。曝气生物滤池承托层采用的材质应具有良好的机械强度和化学稳定性，一般选用卵石作承托层。用卵石作承托层其级配自上而下：卵石直径 2～4mm、4～8mm、8～16mm，对应的卵石层高度 50mm、100mm、100mm。

（四）滤料

滤料是生物膜的载体，同时兼有截留悬浮物质的作用。因此，载体填料是曝气生物滤池的关键，直接影响着曝气生物滤池的效能。同时，载体填料的费用在曝气生物滤池处理系统的基建费用中又占较大比重，所以填料的选择关系到系统的合理性。曝气生物滤池对滤料的要求是兼有较大的比表面积和孔隙率，同时要有一定的机械强度与化学稳定性。页岩陶粒、活性炭、焦炭、炉渣和沸石均可作为曝气生物滤池的滤料。目前应用较为广泛的是陶粒填料。

滤料级配对曝气生物滤池的运行有较大的影响，不但影响出水 BOD_5 浓度与 TSS，还对运行周期有影响。因此，合理选择滤料级配对保证曝气生物滤池的正常运行有相当大的作用。生物滤池的滤料应选择比表面积大、空隙率高、吸附性强、密度合适、质轻且有足够机械强度的材料。根据资料和工程运行经验，宜选用粒径 5mm 左右的均质陶粒及塑料球形颗粒，常用滤料的物理特性见表 17-3。

表 17-3　常用滤料的物理特性

名　称	比表面积/(m^3/g)	总孔体积/(cm^3/g)	松散容重/(g/L)	磨损率/%	堆积密度/(g/cm^3)	堆积空隙率/%	粒内孔隙率/%	粒径/mm
粘土陶粒	4.89	0.39	875	≤3	0.7~1	>42	>30	3~5
页岩	3.99	0.103	976					
沸石	0.46	0.0269	830					
膨胀球形黏土	3.98		1550	1.5				3.5~6.2

（五）反冲洗系统

曝气生物滤池在运行时，生物填料层截留部分悬浮颗粒、生物絮体吸附的部分胶体颗粒和老化的生物膜，这些杂质的存在增加了曝气生物滤池的过滤阻力，当阻力增加到一定程度时，滤池的处理能力将下降。反冲洗的目的就是通过反冲洗使这些杂质随冲洗水排掉，恢复滤池的正常过滤能力。曝气生物滤池的反冲洗系统与气-水联合反冲洗的快滤池相似，对运行过程中截留的这些悬浮物质，可通过反冲洗加以去除。

反冲洗系统包括反冲配水与布气系统，应保证反冲洗水在整个滤池面积上均匀分布。曝气生物滤池的反冲洗一般采用管式大阻力配水系统，该系统由一根干管及若干支管组成，反冲洗水由干管均匀分配进入各支管，支管上开有间距不等的布水孔。曝气生物滤池反冲洗通过滤板和固定其上的长柄滤头来实现，由单独气冲洗、气水联合反冲洗、单独水洗三个过程组成。反冲洗周期根据水质参数和滤料层阻力加以控制，一般 24h 为一周期，反冲洗水量为进水水量的 8%左右，反冲洗出水平均悬浮固体可达 600mg/L。

（六）出水收集系统

曝气生物滤池的出水收集系统有多种，较常见的是采用给水工程中的砂滤池出水方式，过滤装置既可采用滤头，也可利用承托层。采用滤头方式可以保证出水水质，处理效果稳定，出水容易均匀，可放大到较大规模的装置，但其缺点是滤头成本较高，安装精度要求较高，施工复杂。利用承托层出水是一种简易的出水过滤系统，价格便宜、施工简单，但易产生短路，不适于在大型装置中采用。

二、滤池容积负荷

表 17-4 为曝气生物滤池的有关负荷，供参考。

表 17-4　曝气生物滤池的有关负荷

负荷类别	碳降解	硝化	反硝化
水力负荷/[m^3/(m^2·h)]	2~10	2~10	
最大容积负荷/[kgX/(m^3·d)]	3~6 3~6	<1.5(10℃) <2.0(20℃)	<2(10℃) <5(20℃)

注：碳降解、硝化、反硝化时，X 分别代表 BOD_5、氨氮、硝态氮。

三、曝气生物滤池的特点

曝气生物滤池有它的最佳适用范围，曝气生物滤池的主要优点有以下几个方面：

(1) 占地较小；

(2) 处理效果好；

(3) 处理效果稳定。

其主要缺点是：预处理要求较高，产泥量相对于活性污泥法稍大，污泥稳定性差。

四、应用

曝气生物滤池主要由生物反应过滤区、曝气装置、反冲洗装置等三部分组成。其工作原理、计算方法、设计参数(有机负荷、过滤滤速、水力停留时间、滤料性能、生物氧化需氧量、气水反冲强度等)、池容大小等因素的确定，是工艺设计中要解决的主要问题。

(一) 主要参数的选取

1. 容积负荷 (L_v)

容积负荷(L_v)包括 BOD_5、COD 容积负荷与硝化负荷，BOD_5 容积负荷一般取 2~6kgBOD_5/(m^3·d)；COD 容积负荷一般取 4~12kgCOD/(m^3·d)。容积负荷取值与进水、出水水质密切相关，有机物容积负荷越高，出水中有机物剩余浓度也越大。当污水要求出水 BOD_5 为 10~20mg/L，L_v 可取 3.5~5kgBOD_5/(m^3·d)；当要求出水 BOD_5 为 5~10mg/L 时，L_v 则应为 2.5~3.2kgBOD_5/(m^3·d)。当 $L_v>3$ 时，NH_3-N 的去除受抑制；$L_v>4$ 时，NH_3-N 的去除受明显抑制。有硝化脱氮要求时，还应考虑硝化负荷，一般为 0.3~0.8kgNH_3-N/(m^3·d)。故应根据原水性质及处理要求选取合适的容积负荷。

2. 水力负荷

水力负荷一般在 3~6m^3/(m^2·h)之间，可以用来作为设计的核定与验算参数。

3. 生物反应过滤区

生物反应过滤区由生物过滤层和承托层两部分组成。生物过滤层由颗粒状滤料(轻质陶粒、无烟煤、石英砂、轻质塑料粒等)组成。滤料选择除粒度、密度、空隙率、机械强度、化学稳定性、不含毒、害物质等方面的要求外，最重要的是比表面积。比表面积越大，单位滤料中生长的微生物量越多，生化处理效率越高。材质可用轻质陶粒、无烟煤、石英砂、塑料等。从目前对各种滤料的试验、使用情况看，轻质陶粒与其他滤粒相比，由于其表面粗糙，微孔发达，比表面积大(100~400m^2/m^3)，吸附能力强等特点，适合于用作污水处理，因此，曝气生物滤池多选用轻质陶粒作为滤料。滤料粒径宜采用直径 3~5mm，滤层高度一般为 1.5~2.5m，滤速 0.8~3m/h。在生物过滤层底部铺有卵石承托层，其作用是防止过滤层的滤料进入底部配水系统造成流失，并保证反冲洗配水均匀。卵石的粒径自上而下逐渐增大，气水反冲洗系统都设在承托层中，其厚度大小由气水反冲洗所需干管管径和布水布气支管的设置情况计算确定。砾石承托层建议分为2~4mm、4~8mm、8~16mm三层布置，每层厚50~100mm。

4. **反冲洗**

在运行周期内，随着时间的延续，滤层中的空隙逐渐被新生长的生物固体和悬浮固体堵塞，滤层水头损失增加，当达到一定程度(过滤水位升高0.3~0.5m)时，需进行反冲洗。为保证有效冲洗，必须有合理的配水、配气系统，并保证其均匀性。因此，反冲洗装置采用大阻力配水系统，均匀的配气系统，在承托层中均匀地布置多排穿孔配水管和配气管。反冲洗空气量可由式(17-4)计算。

$$Q_{气}=S\times q_1 \tag{17-4}$$

式中 $Q_{气}$——反冲洗用气量；

S——需要冲洗的滤池面积，m^2；

q_1——反冲洗空气强度，一般取10~20L/(s·m^2)。

反冲洗用水量可由式(17-5)计算：

$$Q_{水}=S\times q_2 \tag{17-5}$$

式中 $Q_{水}$——反冲洗用水量；

q_2——反冲洗水强度，一般取5.0~10L/(s·m^2)。

反冲洗水使用曝气生物滤池正常工作时出水，由水泵加压供给，反冲洗水头由式17-6计算。

$$H=h_0+h_1+h_2+h_3+h_4+h_5 \tag{17-6}$$

式中 H——反冲洗需要的水头，m；

h_0——冲洗排水槽顶与反冲洗水池最低水位的高程差，m；

h_1——反冲洗水池与滤池间冲洗管道的沿程与局部水头损失之和，m；

h_2——管式大阻力配水系统水头损失，m，$h_2=(q_2/10a\mu)^2/2g$(a为配水系统开孔比，$a=0.25\%$；μ为孔口流量系数，$\mu=0.68$)；

h_3——承托层水头损失，m，$h_3=0.022H_a q_2$(H_a为承托层厚度，m)；

h_4——过滤层在冲洗时的水头损失，m，$h_4=[(\rho_1/\rho)-1](1-m_0)H_b$($\rho_1$为滤料的密度，陶粒滤料$\rho_1=1.2t/m^3$；$\rho$为水的密度，$\rho=1t/m^3$；$m_0$为滤料膨胀前的空隙率，陶粒$m_0=0.55$；$H_b$为滤料层膨胀前的厚度，m)；

h_5——备用水头，一般取1.5~2m。

曝气生物滤池可分为若干个可以单独操作运行和轮流反冲洗的单元，分格的数量至少不应低于两格。处理的水量越大，分格的数量相应增多，当一格因反冲洗而停止工作时，其他各格的负荷增加不多，仍能保持正常工作。反冲洗排水经收集后，进入冲洗排水池，由潜水泵输送到预处理构筑物处理。

5. **曝气系统**

为保证曝气生物滤池正常运行，需供给足够的空气量，以满足生化反应所需的氧量。污水中有机物、悬浮物的去除，氨氮的硝化都是在生物过滤层中进行的，所需要的氧量主要包括有机物的降解和氨氮的硝化。因此，生化反应需供给的空气量可由式(17-7)计算：

$$Q=A\times\Delta S_{BOD}+B\times\Delta P_{BOD}+4.57X_N/(0.3\times0.6\times24\times E_A) \tag{17-7}$$

式中 Q——生化反应需供给的空气量，m^3/h；

ΔS_{BOD}——溶解性 BOD 去除量，kg/h；

ΔP_{BOD}——颗粒性 BOD 去除量，kg/h；

A，B——分别为去除每 kg 溶解性 BOD、颗粒性 BOD 需要的空气量，m^3/kg；

X_N——污水中氨氮去除量，kg/d；

E_A——氧利用率，一般取 20%；

0.3——空气中氧气含量的近似值；

0.6——空气的转化系数。

曝气生物滤池需要的空气量由鼓风机供给，通过布设在池内的穿孔曝气管均匀地进入反应层，穿孔曝气管管径大小依据需要空气量和流速要求计算确定。

6. 滤头开孔率与滤头防堵

曝气生物滤池通常采用小阻力配水系统(长柄滤头)。滤池进水虽然已经预处理，其中的悬浮物质仍然较多，且较粗大，特别是生活污水黏稠物质多，水中混有许多塑料薄膜碎片，对滤头危害很大。为了避免堵塞，滤头缝隙应比给水滤头宽(2~2.5mm)，每个滤头缝隙总面积约 250~350mm^2。开孔比可比给水滤池大，约 0.011~0.015，开孔比过大除了影响反冲洗均匀性外，还导致配水配气稳定性下降。配气孔直径 2~2.5mm，位置应在滤杆丝扣之下或与滤板底面平，它与滤杆下端的配水条形孔的距离应保持 150~200mm 以上。上向流曝气生物滤池从滤板下进水，水中含较多悬浮物(特别是塑料薄膜碎片)，长期运行滤头堵塞难以避免，一旦出现很难清洗，因此设计时除考虑在池壁滤板底高度下设检修人孔外，必要时，还应考虑利用滤池水位迅速从上而下逆向冲洗滤头把堵塞物排走的相应措施。

(二) 工程设计

1) 基本情况

某扩建工程规模为 $14\times10^4 m^3/d$。通过对现场水质进行测定，确定了设计进水质，见表 17-5。出水指标除表 17-5 所列之外，其他均按照《城镇污水处理厂污染物排放标准》(GB 18918—2002)的一级 B 标准执行。

表 17-5 进水与出水水质 mg/L

指标	COD	BOD_5	SS	NH_3-N	TP
进水	400	250	250	42	10
出水	60	20	20	15	15

2) 滤池的设计参数

滤池系统由进水渠道、滤池单元、鼓风机房、出水渠道、出水回流池、反冲洗废水收集池组成。

(1) 滤料

滤池内填充 BIOSTYRENE 轻质滤料，平均粒径为 6mm，密度<1g/cm^3，滤料层厚度为 3.5m，滤料体积为 7200m^3。生物滤池的有效面积为 1848m^2，最小水力停留时间为 1.05h。

(2) BIOSTYR 生物滤池

共设有 8 座滤池，单池有效尺寸为 13.81m×16.7m×8.12m，有效面积为 231m^2；最大滤速为 7.7m/h；最大进水量为 12483m^3/h(其中初沉池来水量为 7633m^3/h、反冲洗沉淀池来水量为 1348m^3/h、回流污水量为 3502m^3/h)；回流比为 40%；COD 负荷为 3.66kgCOD/(m^3 滤料·d)，BOD_5 负荷为 2kgBOD_5/(m^3 滤料·d)，NH_3-N 负荷为 1.17kgNH_3-N/(m^3

滤料·d)。可以截留水中78%的SS，去除水中74%的COD、85%的BOD_5及65%的总磷。

(3) B1OSTYR反冲洗系统

在BIOSTYR滤池的管廊中没有一套排污系统，生物滤池的反冲洗水和放空水、曝气系统清洗水、管廊清洗水都排入反冲洗集水池，收集到反冲洗沉淀池进行进一步处理。

每个BIOSTYR滤池单元的出水通过4个出水口进入总出水渠道，每个出水口都装有叠梁阀插槽，以便在对滤池进行维修时能将滤池与出水渠道隔离。在出水渠道尺寸和水位的设计中考虑了对BIOSTYR滤池进行反冲洗时对水量和水头的要求，出水通过出水渠道上的溢流堰排出，堰的高度能够保证渠道中的水量满足2个滤池的反冲洗用水量，可随时进行反冲洗。

当BIOSTYR滤池的悬浮物和氨氮负荷在正常值以下时，每天只需对每个滤池单元进行一次反冲洗；当滤池的堵塞程度达到极限(即滤床的压力差达到设定值)时也需要进行反冲洗。采用气水联合反冲洗方式，约持续20min。每次反冲洗水量为$2021m^3$，最小反冲洗水池容积为$3108m^3$，水冲强度为$60m^3/(m^2\cdot h)$，由于采用了轻质滤料，设计气冲强度为$12m^3/(m^2\cdot h)$，实际运行中只需要$5m^3/(m^2\cdot h)$。每次只能反冲洗1个滤池单元，反冲洗水回流周期为90min。反冲洗水采用过滤出水，水流方向与过滤方向相反。反冲洗水为重力流，故不需设置反冲洗水泵。反冲洗步骤如下：

① 关闭滤池的进水阀门和曝气管阀门。

② 气水交替冲洗，并重复几次。

a. 水冲洗。每组滤池的反冲洗水由2个安装在管廊中的反冲洗排水气动阀控制，这两个阀门的开启度在污水厂调试时已设定好，出水渠中的滤池出水可以通过4个出水孔倒流入滤池。反冲洗出水管连接到出水总渠，反冲洗废水通过安全阀和堰板进入反冲洗集水池。水冲完毕后，反冲洗出水阀门关闭。

b. 气冲洗。打开曝气管阀门，反冲洗空气进入滤池，冲洗完毕后曝气管阀门关闭。

③ 漂洗。漂洗控制参数与水冲洗类似，但时间较长。

④ 关闭反冲洗排水阀门，打开滤池进水阀门和曝气管阀门，滤池恢复正常运行。

(4) 供气系统

鼓风机房设置3台(2用1备)离心鼓风机($Q=17400m^3/h$，$H=120kPa$，$N=630kW$)，为曝气工艺及反冲洗供气。根据BIOSTYR滤池的出水氨氮和溶解氧浓度来确定最佳曝气量。每个滤池单元都装有气量调节阀门以控制曝气量。反冲洗时供气是周期性的，风量是固定的，单池反冲洗气量为$2772m^3/h$，总需气量(8个单元)为$34800m^3/h$，最大气压为120kPa。

(5) 反冲洗废水的收集与处理

① 集水池。

所有BIOSTYR滤池的反冲洗废水都被收集到反冲洗集水池。集水池的每根进水管上都装有一个液压安全阀，它可以在集水池水位过高时停止进水，也可以保证在停电时滤池不会被放空。滤池管廊内的排污管和浮渣槽也接入反冲洗集水池，集水池中安装2台(1用1备)潜水泵，将废水提升至MULTIFLO沉淀池处理后，返回生物滤池。正常操作时，集水池内的反冲洗水提升泵1天工作12h；同时安装有2台潜水叶轮式搅拌器以防止污泥沉淀，搅拌器采用间歇工作方式。

每次反冲洗水量为$2022m^3$，集水池容积为$3108m^3$，1天反冲洗8次，反冲洗水量为$16170m^3/d$，每次反冲洗回流时间为90min，MULTIFLO沉淀池出水量为$1348m^3/h$。

② MULTIFLO 斜板沉淀池。

反冲洗废水经过 MULTIFLO 斜板沉淀池处理后将返回 BIOSTYR 生物滤池，污泥则送至污泥处理段。MULTIFLO 沉淀池分为混凝池、絮凝池、沉淀池三部分。

a. 混凝池。

投加浓度为 41%的三氯化铁溶液，水温为 12～26℃时，投量为 60～90mg/L。废水最小停留时间为 1.34min，沉淀池有效容积为 30.08m^3，尺寸为 2.1m×2.1m×6.82m。

b. 絮凝池。

投加浓度为 0.5%的阴离子高分子絮凝剂溶液，水温为 12～26℃时投量为 1～1.5mL/L。废水最小停留时间为 14.5min，絮凝池有效容积为 325m^3，尺寸为 12m×4m×6.766m。

c. 沉淀池。

沉淀池设计流量为 1348m^3/h，峰值流速为 1.79m/h，单池斜管有效面积为 89.5m^2，斜管倾斜角度为 60°，长度为 1.5m、间距为 80mm，沉淀池直径为 12m，总水深为 6.67m。

第三节　生物流化床

生物流化床是 20 世纪 70 年代开发的一种新型生物膜法。所谓生物流化床，就是以砂、活性炭、焦炭等颗粒为载体充填于生物反应器内，因载体表面附着生长着生物膜而使其密度减小，当污水以一定流速从下向上流动时，载体便处于流化状态，附着在载体上的生物膜与污水充分接触而使污水中的有机物得以降解。由于流化床内生物固体浓度很高(10～14g/L)，氧和有机物的传质效率也高，故生物流化床是一种高效的生物处理技术。

按照使载体流化的动力来源不同，生物流化床可分为以液流为动力的两相流化床、以气流为动力的三相流化床和机械搅动流化床等三种类型。而其中的两相流化床和机械搅动流化床又可分为有氧参与的好氧流化床和没有氧参与的厌氧流化床。

一、两相流化床

两相流化床的基本工艺流程如图 17-12 所示。两相流化床是以液流(污水)为动力使载体流化，在流化床内只有污水(液相)与载体(固相)相接触，而在单独的充氧设备内对污水进行充氧，因此称为两相流化床。两相流化床工艺由流化床、充氧设备、固液分离设备等组成。

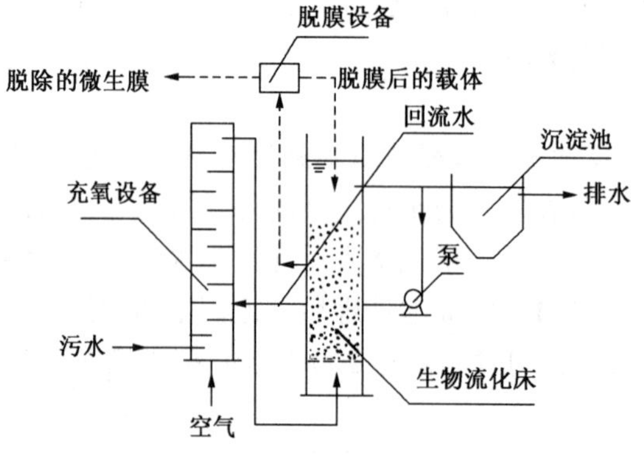

图 17-12　两相流化床的基本工艺流程

1. **流化床**

流化床主要由床体、载体、布水装置、脱膜装置等组成。床体平面多呈圆形，一般由钢板焊制，有时也可以采用钢筋混凝土浇砌。常用的载体有：石英砂、无烟煤、焦炭、颗粒活性炭、聚苯乙烯球。载体在床内的装填高度为 0.7m 左右。布水装置位于滤床底部，它起布水和承托载体颗粒作用。脱膜对于生物流化床工艺也至关重要，有时单靠滤床内载体之间的相互摩擦还不能使老化生物膜脱落，因此应考虑设专门的脱膜装置。目前应用的主要有叶轮搅拌器、振动筛和刷型脱膜机等。

2. **充氧设备**

在好氧两相流化床中，充氧设备是必不可少的。原污水必须先经过充氧使溶解氧达到一定程度后方可进入流化床。污水中溶解氧的含量因使用的氧源和充氧设备的不同而异。

3. **固液分离设备**

通常采用沉淀池，其主要作用是澄清出水。

二、三相生物流化床

1. **工艺原理**

以气体为动力使载体流化，在反应器内存在有液相、气相和固相三相相互接触，即污水(液)、载体(固)及空气(气)三相同步进入床体，见图 17-13。流化床由三部分组成，在床体中心设输送混合管，其外侧为载体下降区，其上部则为载体分离区。空气由输送混合管的底部进入，在管内形成气、液、固混合体，空气起到提升的作用，混合液上升，气、液、固三相间产生强烈的混合与搅拌作用，载体之间也产生强烈的摩擦作用，外层生物膜脱落。

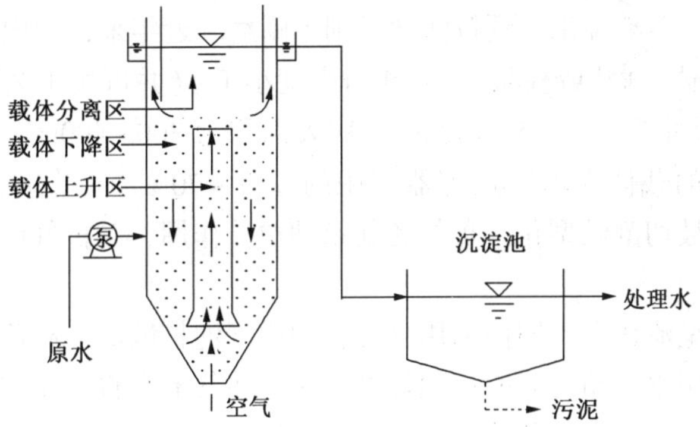

图 17-13　三相生物流化床工艺示意图

工艺一般不采用处理水回流措施，但当原污水浓度较高时，可考虑处理水回流，稀释原污水。本工艺的技术关键之一，是防止气泡在床内并合，形成大气泡，影响充氧效果，对此，可采用减压释放充氧，采用射流曝气充氧也有一定效果。

实际运行经验表明，三相生物流化床可高速去除有机污染物，COD 容积负荷率可高达 5kgCOD/m^3·d，处理水 BOD_5 可保证在 20mg/L 以下；占地较少，在同一进水水量和水质条件下，达到同一处理水质要求时设备占地面积仅为活性污泥法的 20% 以下。与好氧的两相流化床相比，由于空气直接从床体底部引入流化床，故不需另外的充氧设备，进水构造也没有两相流化床复杂；又由于反应器内空气的搅动，载体之间的摩擦较强烈，不需另设专门的脱膜装置。

2. **生物流化床的特点**

生物流化床的主要优点如下：

1）容积负荷高，抗冲击负荷能力强

由于生物流化床是采用小粒径固体颗粒作为载体，且载体在床内呈流化状态，因此其每单位体积表面积比其他生物膜法大很多。这就使其单位床体的生物量很高（10～14g/L），加上传质速度快，废水一进入床内，很快地被混合和稀释，因此生物流化床的抗冲击负荷能力较强，容积负荷也较其他生物处理法高。

2）微生物活性强

由于生物颗粒在床体内不断相互碰撞和摩擦，其生物膜厚度较薄，一般在0.2μm以下，且较均匀。据研究，对于同类废水，在相同处理条件下，其生物膜的呼吸率约为活性污泥的两倍，可见其反应速率快，微生物的活性较强。这也是生物流化床负荷较高的原因之一。

3）传质效果好

由于载体颗粒在床体内处于剧烈运动状态，气-固-液界面不断更新，因此传质效果好，这有利于微生物对污染物的吸附和降解，加快了生化反应速率。

生物流化床的缺点是设备的磨损较固定床严重，载体颗粒在湍动过程中会被磨损变小。此外，设计时还存在着生产放大方面的问题，如防堵塞、曝气方法、进水配水系统的选用和生物颗粒流失等。因此，目前我国废水处理还少有工业性应用，上述问题的解决，有可能使生物流化床获得较广泛的工业性应用。

3. **生物流化床的载体的研究**

研究认为，生物流化床工作性能的提高，关键在于载体的革新。砂质载体虽耐磨但密度大（2.65g/cm^{3}左右），不易流化；颗粒活性炭则不耐磨。近年来，国内开发了一种空心塑料（聚乙烯、聚丙烯等）体（球状或柱状），其相对密度小于1（并可按工艺要求，在加工制造时调节密度）。目前的尺寸为直径25～100mm，比表面积为300～400m^2/m^3。投入水中时，浮于水面。试验中采用的载体充填度达容器容积的60%～70%。工作时，载体在池内均匀流化，紊动剧烈，气泡被切割微型化。曝气还起紊动搅拌作用，对扩气设备要求不高，穿孔管即可。

由于载体在床内呈流化态，即使采用穿孔管的中气泡扩散器，载体不断切割气泡，也可使气泡曝气的空气利用率，动力效率得到提高，而且使气泡在整个床体内均匀分布。

试验研究表明，这种工艺尤其适用于高浓度有机污水的预处理以及低BOD_5值污水的处理，有较好的发展前景。

4. **工程实例**

北京佳顺油脂公司污水处理厂建设规模480m^3/d。设计污水水质：COD1000mg/L，$BOD_5$500mg/L，SS750mg/L，油类750mg/L，pH6～8。要求处理后出水水质：COD≤60mg/L，BOD_5≤20mg/L，SS≤20mg/L，油类≤4mg/L。其工艺流程如下：

污水→pH调节→隔油池→调节池→气浮池→生物流化床→接触氧化池→二沉池→生物碳滤池→氧化塘→出水。

该工艺采用生物流化床为三相气提生物流化床，床体直径1.8m，高6m，2座。生物载体是0.2～0.4mm陶粒，水力停留时间HRT=1h，气水比为（10～18）：1。该生物流化床对COD、BOD_5、SS、油的去除率分别为63%、70%、45%、34%。

第四节　生物转盘

生物转盘又称浸没式生物滤池，是20世纪60年代原联邦德国开创的一种污水生物处理技术。早期的生物转盘用于生活污水处理，后推广到城市污水处理和有机性工业废水的处理。处理规模也从几百人口当量发展到数万人口当量，转盘构造和设备也日益完善。

我国从70年代初开始引进生物转盘技术，对其开展了广泛的科学研究工作。它有很多优势，在印染、造纸、皮革和石油化工等行业的工业废水处理中得到应用，效果较好。在城市污水和工业废水处理中也有应用。

一、生物转盘的组成

生物转盘主要由转动轴、转盘、废水处理槽和驱动装置等部分组成。其构造示意图见图17-14。

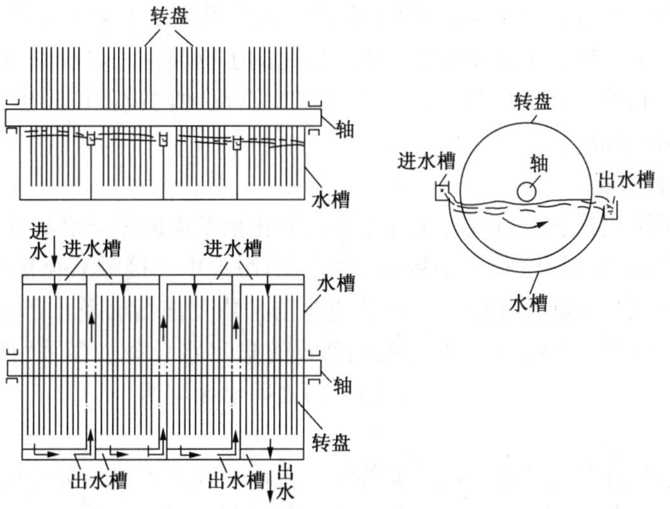

图17-14　生物转盘构造示意图

生物转盘的主体是垂直固定在水平轴上的一组圆形盘片和一个同它配合的半圆形水槽。微生物生长并形成一层生物膜附着在盘片表面，约40%~45%的盘面(转轴以下的部分)浸没在废水中，转轴高出槽内水面15~25cm，上半部敞露在大气中。工作时，废水流过水槽，电动机转动转盘，生物膜和大气与废水轮替接触，浸没时吸附废水中的有机物，敞露时吸收大气中的氧气。转盘的转动，带进空气，并引起水槽内废水紊动，使槽内废水的溶解氧均匀分布。生物膜的厚度约为0.5~2.0mm，随着膜的增厚，内层的微生物呈厌氧状态，当其失去活性时则使生物膜自盘面脱落，并随同出水流至二次沉淀池。

（一）盘片

盘片是生物转盘的主要部件，应具有轻质高强、耐腐蚀、耐老化、易于挂膜、不变形，比表面积大，易于取材、便于加工安装等性质。长期以来，盘片采用圆形或正多边形平板。近年来为了提高单位体积盘片的表面积，开始采用正多角形和表面呈同心圆状波纹或放射状波纹的盘片。盘片的材料要求质轻、耐腐蚀、坚硬和不变形，目前多采用聚乙烯硬质塑料或玻璃钢制作盘片。转盘可以是平板或由平板与波纹板交替组成。盘片直径一般是2~3m，最大为 5m，轴长通常小于 7.6m，盘片净间距为 20~30mm。当系统要求的盘片总面积较大时，可分组安装，一组称一级，串联运行。转盘分级布置使其运行较灵活，可以提高处理效率。

在一套生物转盘装置内，盘片有多达 100~200 片的。它们平行地安装在转轴上，需要支撑加固以防止挠曲变形从而使盘片相互碰上。为了保证通风良好和不为生物膜增厚所堵塞，盘片间距主要取决于盘片直径及生物膜的最大厚度。生物膜的厚度与进水 BOD 值有关，BOD 浓度越高，生物膜也将越厚，而硝化过程的生物膜则较薄。盘片间距的标准值为 30mm，如采用多级转盘，则前数级的间距为 25~35mm，后数级为 10~20mm。当采用生物转盘脱氮时，宜采取较大的盘片间距。

当转盘转动离开污水与空气接触时，生物膜上的固着水层从空气中吸收氧，固着水层中的氧是过饱和的，当这部分盘片回到污水中时，固着水层中的氧在浓度梯度推动下传递到生物膜和污水中，使槽内污水的溶解氧含量达到一定的浓度。在转盘上附着的生物膜与污水以及空气之间，除有机物（BOD）与 O_2 外，还进行着其他物质，如 CO_2、NH_3 等的传递。

随着处理过程的进行，微生物利用有机物和氧得以生长，生物膜逐渐增厚。随着膜的厚度增加，其内部逐渐厌氧，生物膜开始老化。老化的生物膜在污水水流与转动的盘片之间产生的剪切力作用下剥落，剥落的破碎生物膜在二次沉淀池内被截留。生物膜脱落形成的污泥，密度较高、易于沉淀。

（二）接触氧化槽

接触氧化槽可用钢板、毛石混凝土等制作。氧化槽断面应呈与盘材外形基本吻合的半圆形，不小于盘片直径 35%深度浸没于接触氧化槽的污水中。接触氧化槽的各部位尺寸和长度，应根据盘片直径和转轴长度决定。盘片边缘与槽内壁应留有不小于 100mm 的间距。槽内水面应控制在转轴以下 150mm。槽的两侧面设有进出水设备，多采用锯齿形溢流堰。对多级生物转盘，接触反应槽分为若干格，格与格之间设导流槽。

（三）转轴

转轴是支撑盘片并带动其旋转的重要部件。转轴一般采用实心钢轴或无缝钢管制作，两端安装固定在接触氧化槽两端的支座上。转轴直径一般介于 30~50mm，大型转盘转轴的直径可达 80mm。

（四）驱动装置

驱动装置包括电机、减速装置以及传动链条等。转盘的转速一般以 0.8~3r/min、线速度以 10~20m/min 为宜。据国外资料介绍，对城市污水而言，生物转盘的耗电量约 0.1~0.3kW·h/kgBOD_5。

二、生物转盘系统的特征

生物转盘与生物滤池及活性污泥法相比，具有许多特有的优越性：

（1）生物转盘的生物膜能够周期性地交替运动于空气与废水之间，因此微生物能够直接从大气中吸收需要的氧气，使生化过程更为有利地进行；

（2）转盘中生物膜生长的表面积大，一般不会发生如生物滤池中滤料堵塞的现象，即使堵塞也很容易清洗。生物转盘没有污泥膨胀的可能，因此允许进水有机物浓度较高，适宜于处理较高浓度的有机废水；

（3）污泥龄长，在转盘上能够增殖世代期很长的微生物，如硝化菌等，因此，生物转盘具有硝化、反硝化的功能；

(4) 微生物浓度高，特别是最初几级的生物转盘；废水在生物转盘中的停留时间比活性污泥法及生物滤池长，生物转盘能够承受冲击负荷的能力比活性污泥法和生物滤池都高，即使在长时间超负荷工作引起工作效率降低后，恢复转盘的正常工作也很快；

(5) 生物转盘一般不需要曝气，污泥也不需回流，因此，与活性污泥法相比，动力消耗低；

(6) 从一个生物转盘单元来看，其流态是完全混合型的，在转盘不断转动的条件下，槽内的污水又成推流式，因此，生物转盘的流态应按完全混合—推流来考虑。

生物转盘也有其缺点：

(1) 制作盘片的材料价格较高，使生物转盘的建造费用高；

(2) 由于盘片材料的限制，使转盘的直径还不宜做得太大；当水量较大时，将需要很多盘片，并且转盘水深较浅占地面积相对较大；

因此，生物转盘适宜处理水量较小的有机废水。

三、生物转盘设计

（一）生物转盘盘体

(1) 盘体材料应轻质、高强度、比表面积大、易于挂膜、使用寿命长和便于安装运输；

(2) 盘体宜由高密度聚乙烯、聚氯乙烯或聚酯玻璃钢等制成；

(3) 盘体外缘与槽壁净距的要求是为了保证盘体外缘的通风，盘片外缘与槽壁的净距不宜小于150mm；盘片净距：进水端宜为25~35mm，出水端宜为10~20mm。盘片在槽内的浸没深度不应小于盘片直径的35%，转轴中心高度应高出水位150mm以上；

(4) 盘片净距取决于盘片直径和生物膜厚度，一般为10~35mm，污水浓度高，取上限值，以免生物膜造成堵塞。如采用多级转盘，则前数级的盘片间距为25~35mm，后数级为10~20mm；

(5) 生物转盘转速宜为2~4r/min，转速过高有损于设备的机械强度，同时在盘片上易产生较大的剪切力，易使生物膜过早剥离。一般对于小直径转盘的线速度采用15m/min；中大直径转盘采用19m/min；

(6) 生物转盘的转轴强度和挠度必须满足盘体自重和运行过程中附加荷重的要求。

（二）反应槽

断面形状应呈半圆形，可与盘体外形基本吻合。

（三）设计参数

国内生物转盘大都应用于处理工业废水，国外生物转盘用于处理城镇污水已有成熟的经验。生物转盘的五日生化需氧量表面有机负荷宜根据试验资料确定，一般处理城镇污水五日生化需氧量表面有机负荷为0.005~0.020kgBOD_5/(m^3·d)。国外资料表明：要求出水BOD_5≤60mg/L时，表面有机负荷为0.020~0.040kgBOD_5/(m^2·d)；要求出水BOD_5≤30mg/L时，表面有机负荷为0.01~0.02kgBOD_5/(m^2·d)。水力负荷一般为0.04~0.2m^3/(m^2·d)。生物转盘的典型负荷可参考表17-6，此表摘自英国标准。

表 17-6　生物转盘的典型负荷

处理要求	工艺类型	第一级表面有机负荷/[$kgBOD_5$/(m^2·d)]	平均表面有机负荷/[$kgBOD_5$/(m^2·d)]
部分处理	高负荷	≤0.04	≤0.01
碳降解		≤0.03	≤0.005
碳降解/硝化		≤0.03	≤0.002

四、生物转盘工程实例

济南市南郊宾馆污水处理站采用生物转盘处理生活污水，污水进水水质：COD 为 133.2~178mg/L，BOD_5 为 67~89.2mg/L，SS 为 45~92mg/L。出水水质：COD≤50mg/L，BOD_5≤10mg/L，SS≤10mg/L，浊度≤10 度，总大肠杆菌≤3 个/L。其工艺流程如下：

污水→格栅→调节池→生物转盘→沉淀池→过滤池→消毒池→出水。

工程安装两组直径 3m 的转盘，其中一组为三级转盘，另一组为四级转盘。两组转盘并联运行处理流量 $42m^3/h$($1000m^3/d$)。当污水量小于 $21m^3/h$，只用一组转盘。处理后出水达到 CJ25.1-89《生活杂用水水质标准》，作为宾馆人工湖补给水和浇灌果树、绿地及洗车等用途。其盘体设计如下：

(1) 采用厚度为 0.8mm 的聚乙烯板压制成具有一定间距的波纹板(一、二级间距为 25mm，三、四级为 20mm)粘合成蜂窝状块体，由角钢组装成一个盘体。

(2) 氧化槽为矩形钢筋混凝土池，以能装下盘体并能正常运行的构造尺寸设计。盘体边缘距池壁 300mm，为减小转轴长度，每级池间的输水渠采用涂有防腐层的钢板制成。

(3) 采用直径 247mm，壁厚 16mm 的无缝钢管，轴底高出第一组氧化槽设计水面 50mm。

(4) 传动装置由电机和减速机组成，分高、中、低速三档，转盘边缘线速度分别为 22m/min、16m/min、12m/min。

五、生物转盘的进展和应用

近年来，由于降低了动力消耗、节省工程投资和提高了处理设施的效率，生物转盘法有了一些新发展。主要有空气驱动的生物转盘、与沉淀池合建的生物转盘、与曝气池组合的生物转盘等。

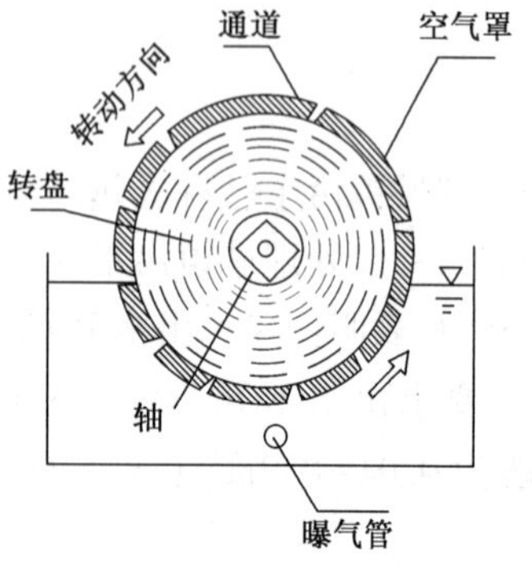

图 17-15　空气驱动的生物转盘结构示意图

(一) 气动生物转盘

1. 气动转盘的组成

气动生物转盘由接触反应槽、转盘、转轴、空气罩等组成。一般转盘为蜂窝状塑料，由钢结构支撑，中心贯以转轴。转盘四周的空气罩由环氧玻璃钢构成，一般情况下，3~4 只转盘串联成一个系列，多个系列转盘之间并联布置，转盘的 40%~50%浸没在槽内污水中。转轴两端安放在半圆形接触反应槽(即氧化槽)的支座上。转轴高出水面 10~25cm。盘片外缘周围设空气罩，在转盘下侧设曝气管，管上装有扩散器，空气从扩散器吹向空气罩，产生浮力，使转盘转动。气动转盘主要应用于城市污水的二级处理和硝化处理。图 17-15 为空气驱动的生物转盘结构示意图。

2. 气动生物转盘工艺的特征

1）微生物相方面特征

① 参与净化反应的微生物多样化。

气动生物转盘有适于微生物生长栖息、繁殖的稳定环境。生物膜固定在填料上，其污泥龄较长，在生物转盘上能够保持较长的世代时间。

② 每级都有优势微生物。

气动生物转盘法分级处理，在每级都有生长繁育与进入本级污水水质相适应的微生物，并自然地成为优势种属，这种现象对有机污染物的降解是有利的。

③ 微生物浓度高。

特别是最初几级的生物转盘，据统计，转盘上生物膜如折算成曝气池的 MLVSS，可达 40000~60000mg/L，*F/M* 比为 0.05~0.1kgBOD_5/kgMLVSS。

2）处理工艺方面特征

① 适合于处理低浓度污水，对水质、水量变动具有较强的适应性。气动生物转盘处理工艺对入流水量、水质的变化具有较强的适应性，即使中间停止一段时间进水，对生物膜的净化功能也不会带来明显的障碍，能够很快地得到恢复。

② 易于固液分离，即使产生大量的丝状菌，在二沉池中也无污泥上浮现象发生。

③ 动力费用低，气动生物转盘法去除单位质量 BOD_5 的耗电量较传统活性泥法少。

3. 气动生物转盘的主要设计及运行参数

1）转盘

转盘级数一般 3~4 级，转盘浸没率介于 40%~50%之间，转盘旋转速度 0.8~3r/min，转盘边缘线速度以 20m/min 左右。

2）容积面积比

容积面积比介于 5~9L/m^2 之间；生物转盘容积面积比又称液量面积比，是接触氧化槽的实际容积 *V* 与转盘盘片全部表面积 *A* 之比。一般当容积面积比值低于 5 时，BOD 去除率即将有较大幅度的下降。

3）负荷

BOD 面积负荷≤20g/(m^2·d)；水力负荷<200L/(m^2·d)。

4. 工程实例

以某市居住小区污水处理厂采用气动生物转盘工艺，全部生物盘设在室内，日处理能力 4000t。

其设计参数为：容积面积比 8L/m^2，水力负荷 86L/(m^2·d)，BOD_5 面积负荷 9g/(m^2·d)，接触氧化槽内溶解氧浓度大于 2mg/L。其设备情况如下：气动生物转盘采用直径 3m 的转盘，共 32 台，每台转盘填料折算成表面积为 1500m^2。每 4 台转盘为一组设置在钢筋混凝土接触反应槽中，槽的直径 3.5m；供气由鼓风机送出，设有 3 台 LG300×400-1 罗茨鼓风机，每台风机配用电机功率 15kW，设计二用一备。

（二）与沉淀池合建的生物转盘

与沉淀池合建的生物转盘是把平流沉淀池做成二层，上层设置生物转盘，下层是沉淀区。生物转盘用于初沉池可起生物处理作用，用于二沉池可进一步改善出水水质。

（三）与曝气池组合的生物转盘

与曝气池组合的生物转盘是在活性污泥法曝气池中设生物转盘，以提高原有设备的处理效果和处理能力，见图 17-16。

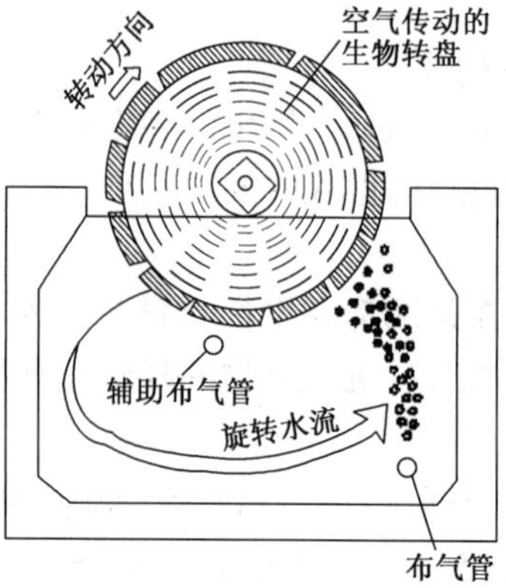

图 17-16　与曝气池组合的生物转盘示意图

第五节　生物滤池

一、生物滤池的分类

生物滤池的一个主要优点是运行简单，适用于作为小城镇和边远地区的污水处理工艺。一般认为，生物滤池对入流水质水量变化的承受能力较强，脱落的生物膜密实，较容易在二沉池中被分离。生物滤池处理效率比活性污泥法略低，变化范围略大些。50%的活性污泥法处理厂 BOD_5 去除率高于 91%，而 50%的生物滤池处理厂的 BOD_5 去除率仅 83%以上，相应的出水 BOD_5 为 14mg/L 和 28mg/L。

生物滤池根据设备型式不同分为普通生物滤池和塔式生物滤池。根据承受废水的符合大小分为普通生物滤池(低负荷)和高负荷滤池。不同类型的生物塔式滤池设计参数与池有关的情况见表 17-7。

表 17-7　生物塔式滤池设计参数与池有关的情况

项　　目	普通生物滤池	高负荷生物滤池	塔式生物滤池
表面负荷/[m^3/(m^2·d)]	0.9~3.7	9~36(包括回流)	16~97(不包括回流)
BOD_5 负荷/[kg/(m^3·d)]	0.11~0.37	0.37~1.084	高达 4.8
深度/m	1.8~3.0	0.9~2.4	8~12 或更高
回流比	无	1~4	回流比较大
滤料	多用碎石等	多用塑料滤料	塑料滤料
比表面积/(m^2/m^3)	43~65	43~65	82~115
孔隙率/%	45~60	45~60	93~95
蝇	多	很少	很少
生物膜脱落情况	间歇	连续	连续

续表

项　目	普通生物滤池	高负荷生物滤池	塔式生物滤池
运行要求	简单	需要一定技术	需要一定技术
投配时间的间歇	不超过 5min	一般连续投配	连续投配
剩余污泥	黑色、高度氧化	棕色、未充分氧化	棕色、未充分氧化
处理出水	高度硝化，$BOD_5<20mg/L$	未充分硝化，$BOD_5<30mg/L$	未充分硝化，$BOD_5<30mg/L$
BOD_5 去除率/%	85~95	75~85	65~85

二、生物滤池的机理

（一）生物滤池的工作情况

污水通过布水设备连续地、均匀地喷洒到滤床表面上，在重力作用下，污水以水滴的形式向下渗沥，或以波状薄膜的形式向下渗流。最后，污水到达排水系统，流出滤池。

污水流过滤床时，有一部分污水、污染物和细菌附着在滤料表面上，微生物便在滤料表面大量繁殖，不久，形成一层充满微生物的黏膜，称为生物膜。这个起始阶段通常叫“挂膜”，是生物滤池的成熟期。

生物膜是由细菌(好氧、厌氧、兼性)、真菌、藻类、原生动物、后生动物以及一些肉眼可见的蠕虫、昆虫的幼虫等组成。

污水流过成熟滤床时，污水中的有机污染物被生物膜中的微生物吸附、降解，从而得到净化。生物膜表层生长的是好氧和兼性微生物，其厚度约 2mm，在生物膜表层，有机污染物经微生物好氧代谢而降解，终点产物是 H_2O、CO_2、NH_3 等，由于氧在生物膜表层已耗尽，生物膜内层的微生物处于厌氧状态。在生物膜内层，进行的是有机物的厌氧代谢，终点产物为有机酸、乙醇、醛和 H_2S 等。由于微生物的不断繁殖，生物膜逐渐增厚，超过一定厚度后，吸附的有机物在传递到生物膜内层的微生物以前，有可能已被代谢完，此时，内层微生物因得不到充分的营养而进入内源代谢，失去其黏附在滤料上的性能，脱落下来随水流出滤池，滤料表面再重新长出新的生物膜。生物膜脱落的速度与有机负荷、水力负荷有关。

在低负荷生物滤池中，造成生物膜脱落的原因可能更复杂些，昆虫及其幼虫的活动可能促进生物膜脱落。在高负荷滤池中，因滤率高，靠水力冲刷使生物膜不断脱落和被冲走，生物膜的厚度与滤率的大小有关。

有机物的转化深度随滤池的性能而异，对于低负荷滤池，有机物被深度转化，出水中硝酸盐含量较高，残膜呈深棕色，有些类似腐殖质，沉淀性能较好；对高负荷滤池，只有在负荷率较低时，出水才含有较低的硝酸盐，残膜易腐化。

（二）影响生物滤池性能的主要因素

生物滤池中有机物的降解过程复杂，同时发生着有机物在污水和生物膜中的传质过程；有机物的好氧和厌氧代谢；氧在污水和生物膜中的传质过程和生物膜的生长和脱落等过程。这些过程的发生和发展决定了生物滤池净化污水的性能，而影响这些过程的主要因素如下；

1. 滤池高度

滤床的上层和下层相比，生物膜量、微生物种类和去除有机物的速率均不相同。滤床上层，污水中有机物浓度较高，微生物繁殖速率高，种属较低级以细菌为主，生物膜量较多，有机物去除速率较高。随着滤床深度增加，微生物从低级趋向高级，种类逐渐增多，生物膜量从多到少。这是因为微生物的生长和繁殖同环境因素息息相关，所以当滤床各层的进水水质互不相同时，各层生物膜的微生物就不相同，处理污水(特别是含多种性质相异的有害物质的工业废水)的功能也随着不同。

由于生化反应速率与有机物浓度有关，而滤床不同深度处的有机物浓度不同，自上而下递减。因此，各层滤床有机物去除率不同，有机物的去除率沿池深方向呈指数形式下降。生物滤池的处理效率，在一定条件下是随着滤床高度的增加而增加，在滤床高度超过某一数值(随具体条件而定)后，处理效率的提高是微不足道，不经济的。滤床不同深度处的微生物种群不同，反映了滤床高度对处理效率的影响同污水水质有关。表滤床高度与处理效率之间的关系和滤床不同深度处的生物膜量见表 17-8。对水质比较复杂的工业废水来讲，这一点是值得注意的。

表 17-8　滤床高度与处理效率之间的关系和滤床不同深度处的生物膜量

离滤床表面的深度/m	污染物去除率/%				生物膜量/(kg/m^3)
	丙烯腈(156mg/L)	异丙醇(35.4mg/L)	SCN^-(18mg/L)	COD(955mg/L)	
2	82.6	31	6	60	3.0
5	99.2	60	10	66	1.1
8.5	99.3	70	24	73	0.8
12	99.4	91	46	79	0.7

2. 负荷率

1）负荷率的分类

生物滤池的负荷率是一个集中反映生物滤池工作性能的参数，它直接影响生物滤池的工作性能。生物滤池的负荷以污水流量表示时，负荷率的单位是 $m^3/(m^3 \cdot d)$ 或 $m^3/(m^2 \cdot d)$，$m^3/(m^2 \cdot d)$ 相当于 m/d，又称平均滤率或者水力负荷。由于生物滤池的作用是去除污水中有机物或特定污染物，因此，它的负荷率应以有机物或特定污染物质为准较合理，对于一般污水则常以 BOD_5 为准，负荷率的单位以 kg(BOD_5 或特定物质)/($m^3 \cdot d$)表示。这样，生物滤池的负荷率有三种表达方式。以流量为准的负荷率常称水力负荷率，水力负荷率采用滤率为单位时，又称为表面水力负荷率。以 BOD_5 为准的负荷率常称有机负荷率。

2）水力负荷

以往城市污水厂采用普通生物滤池，滤率一般在 1~2m/d 左右，不超过 4m/d。在此低负荷率的条件下，随着滤率的提高，污水中有机物的传质速率加快，生物膜量增多，滤床特别是它的表层很容易堵塞；因此，生物滤池的负荷率曾长期停留在较低的水平(当污水浓度和滤床高度为定值时，滤率与负荷率的比值是常数)，但是，当滤率提高到 8m/d 以上时，下渗污水对生物膜的水力冲刷作用，使生物滤池堵塞现象又获改善。在高负荷条件下，随着滤率的提高，污水在生物滤池中的停留时间缩短，出水水质将相应下降。为此，可以利用污水出水回流或提高滤床高度来改善进水水质，从而提高滤率和保证出水水质。

滤率对处理效率有影响，但对不同的污染物质影响不同。如对氰的影响较小，对挥发酚和 COD 的影响颇为明显。城市污水中低负荷滤池出水硝化程度较高，而高负荷滤池，仅在负荷较低时才可能出现硝化，这也说明滤率对处理效率有影响。

3）有机负荷率

有机负荷率的选取应与处理效率相对应。例如，采用生物滤池处理城市污水，要求处理效率在80%～90%左右（城市污水的BOD_5一般在200～300mg/L左右，用生物滤池处理后，出水BOD_5一般在25mg/L左右），这时，低负荷生物滤池的负荷率常在0.2kg/(m^3·d)，高负荷生物滤池的负荷率在1.1kg/(m^3·d)左右，若提高负荷率，出水水质将相应有所下降。

3. **回流**

回流水量与进水量之比叫回流比。回流对生物滤池性能有下述影响：

① 可提高生物滤池的滤率，使生物滤池由低负荷率演变为高负荷率（增大滤床高度也可提高负荷率）；

② 提高滤率有利于防止产生灰蝇和减少恶臭；

③ 当进水缺氧、腐化、缺少营养元素或含有害物质时，回流可改善进水的腐化状况、提供营养元素和降低毒物浓度；

④ 进水的质和量有波动时，回流有调节和稳定进水的作用。

回流将降低入流污水的有机物浓度，减少流动水与附着水中有机物的浓度差，因而降低传质和有机物去除速率。另一方面，回流增大流动水的紊流程度，增快传质和有机物去除速率，当后者的影响大于前者时，回流可以改善滤池的工作。

一些研究表明，用生物滤池出水回流，增加滤床的生物量，可以改善滤池的工作。但是，悬浮微生物的增加，又可能影响氧向生物膜的转移，影响生物滤池的效率。可见，回流对生物滤池性能的影响是多方面的，不可以一概而论。回流滤池的回流比与污水浓度有关，高负荷滤池的回流比建议值见表17-9。

表17-9　高负荷滤池的回流比建议值

污水BOD_5/(mg/L)	回流比	
	单级滤池	二级滤池（各级）
<150	0.75～1	0.5
150～300	1.5～2	1
300～450	2.25～3	1.5
450～600	3～4	2
600～750	3.75～5	2.5
750～900	4.5～8	3

4. **供氧**

降解有机物需氧量、硝化需氧量、生物膜自身氧化需氧量

生物滤池中，微生物所需的氧一般直接来自大气，靠自然通风供给。影响生物滤池通风的主要因素是滤床自然拔风和风速。自然拔风的推动力是池内温度与气温之差，以及滤池的高度。温度差愈大，通风条件愈好。当水温较低，滤池内温度低于气温时（夏季），池内气流向下流动；当水温较高，池内温度高于气温时（冬季），气流向上流动。若池内外温差为2℃时，空气停止流动。池内外温差与空气流动的关系见式17-11，氧的利用率一般按5%～8%考虑。

$$V = 0.075\Delta T - 0.15 \qquad (17-8)$$

式中　V——空气流速，m/min；

ΔT——池内外温差，一般为6℃。

正常运行的生物滤池，自然通风可以提供生物降解所需的氧量。生物滤池的需氧量与有

机负荷密切相关，生物滤池单位体积滤料的需氧量按式(17-12)计算。

$$O_2 = a'F_r + b'P \tag{17-9}$$

式中 O_2——需氧量，$kgO_2/(m^3 \cdot d)$；

α'——每 $kgBOD_5$ 完全降解所需氧量，城市污水 $\alpha'=1.46kg/kg$；

b'——生物膜自身氧化系数，0.18kg/(kg 活性生物膜·d)；

P——生物膜量，对城市污水，普通生物滤池的生物膜量为 $4.5\sim7kg/m^3$ 滤料，高负荷滤池的生物膜量为 $3.5\sim6.5kg/m^3$ 滤料；

F_r——单位体积的滤料每日去除的 BOD_5 量，$kg/(m^3 \cdot d)$。

流入的污水有机物浓度较高时，供氧条件可能成为影响生物滤池工作的主要因素。有关研究表明，进水有机物浓度低时，氧的供给是充足的，当 COD 为 400~500mg/L 时，生物滤池供氧不足，生物膜好氧层厚度变薄。为保证生物滤池正常工作，有人建议滤池进水 COD 应小于 400mg/L。当进水浓度高于此值时，可以通过回流的方法，降低滤池进水有机物浓度，以保证生物滤池供氧充足，正常运行。

三、生物滤池系统的功能设计

生物滤池处理系统包括生物滤池和二次沉淀池，有时还包括初次沉淀池和回流泵。其功能设计一般包括：

(1) 滤池类型和流程选择；

(2) 滤池个数和滤床尺寸的确定；

(3) 二次沉淀池的形式、个数和工艺尺寸的确定；

(4) 布水设备计算。

(一) 滤池类型的选择

目前，大多采用高负荷率生物滤池。低负荷率生物滤池现在基本上已不常用，仅在污水量小、地区比较偏僻、石料不贵的场合还有可能选用。高负荷生物滤池主要有两种类型：回流式和塔式(多层式)生物滤池。滤池类型的选择，只有通过方案比较，才能作出合理的结论。占地面积，基建费用和运行费用的比较，常起关键性作用。

(二) 流程的选择

在确定流程时，通常要解决的问题是：

① 是否设初次沉淀池；

② 采用几级滤池；

③ 是否采用回流，回流方式和回流比的确定。

当废水含悬浮物较多，采用拳状滤料时，需有初次沉淀池，以避免生物滤池阻塞。处理城市污水时，一般都设置初次沉淀池。

以下几种情况应考虑用二次沉淀池出水回流：

① 入流有机物浓度较高，可能引起供氧不足时。有人建议生物滤池的入流 COD 应小于 400mg/L；

② 水量很小，无法维持水力负荷率在最小经验值以下时；

③ 污水中某种污染物在高浓度时可能抑制微生物生长的情况下，应考虑回流。

四、生物滤池的运行及其经验

生物滤池投入运行之前，先要检查各项机械设备(水泵、布水器等)和管道，然后用清水替代废水进行试运行，发现问题时需作必要的整修。

生物滤池正式运行之后，有一个“挂膜”阶段，即培养生物膜的阶段。在这个始运行阶段，洁净的无膜滤床逐渐长了生物膜，处理效率和出水水质不断提高，终于进入正常运行状态。当温度适宜时，始运行阶段历时约一周。

处理含有毒物质的工业废水时，生物滤池的运行要按设计确定的方案进行。一般说来，这种有毒物质正是生物滤池的处理对象，而能分解氧化这种有毒物质的微生物常存在于一般环境中，无须从外界引入；但是，在一般环境中，它们在微生物群体中并不占优势，或对这种有毒物质还不太适应，因此，在滤池正常运行前，要有一个让它们适应新环境，繁殖壮大的始运行阶段，称为“驯化-挂膜”阶段。

工业废水生物滤池的驯化-挂膜有两种方式：

一种方式是从其他工厂废水站或城市污水厂取来活性污泥或生物膜碎屑(都取自二次沉淀池)，进行驯化，挂膜。可把取来的数量充足的污泥同工业废水、清水和养料(生活污水或培养微生物用的化学品)按适当比例混合后淋洒生物滤池，出水进入二次沉淀池，并以二沉池作为循环水池，循环运行。当滤床明显出现生物膜迹象后，以二次沉淀池出水水质为参考，在循环中逐步调整工业废水和出水的比例，直到出水正常。这时，驯化、挂膜结束，运行进入正常状态。这种方式适用于试验性装置。

另一种方式是用生活污水、城市污水，河水或回流出水替代部分工业废水(必要时投加养料)进行运行(部分工业废水暂时直接排放)，运行过程中把二次沉淀池中的污泥不断回流到滤池的进水中。在滤床明显出现生物膜迹象后，以二次沉淀池出水水质为参考，逐步降低稀释用水流量和增加工业废水量，直至正常运行。

五、高负荷生物滤池与塔式生物滤池

（一） 高负荷生物滤池

通过采用新型滤料，革新流程，人们提出了多种型式的高负荷生物滤池，使负荷率比普通生物滤池提高数倍，池子体积大大缩小。回流式生物滤池、塔式生物滤池属于这样类型的滤池，它们的运行比较灵活，可以通过调整负荷率和流程，得到不同的处理效率(65%~90%)。负荷率高时，有机物转化较不彻底，排出的生物膜容易腐化。

1. 高负荷生物滤池特点

(1) 生物膜不是自然脱落，主要靠水力冲刷，更新快，不易堵塞，污泥易腐化；

(2) 膜比较薄，活性好，氧化能力强(无硝化过程)；

(3) 通风好，保证供氧。

2. 高负荷滤池要求

(1) BOD_5 进水不大于 200mg/L；

(2) 保证 $q=10\sim30m^3/(m^2\cdot d)$，连续布水、出水，使滤料保持湿润状态；

(3) 滤料粒径可适当增大：普通 3~4cm；高负荷 5~10cm。

3. 高负荷滤池的回流及方式

1) 回流

回流是高负荷池的主要运转特征，具有以下功能和效果：

(1) 稀释，均化和稳定进水水质、水量。回流比一般为 0.5~3.0 倍进水量，也可高达 5~6倍进水量，回流比不宜过高，否则动力运行费用会增加，在温度较低的季节，采用过高的回流比会影响处理效果。

（2）提高水力负荷，冲刷生物膜，抑制厌氧层发育，保持膜活性。

（3）抑制臭味及滤水蝇的过度滋长。

2）回流方式

（1）一段滤池回流方式

将二沉池出水回流至滤池入口以提高滤池的水力负荷，同时二沉污泥回流至初沉池以提高初沉池的沉淀效率；或将滤池出水与二沉池污泥一起回流到初沉池，既可提高水力负荷，又可提高初沉效率、保证膜的接种，但增大了初沉池体积，一段滤池回流的两种方式见图 17-17。

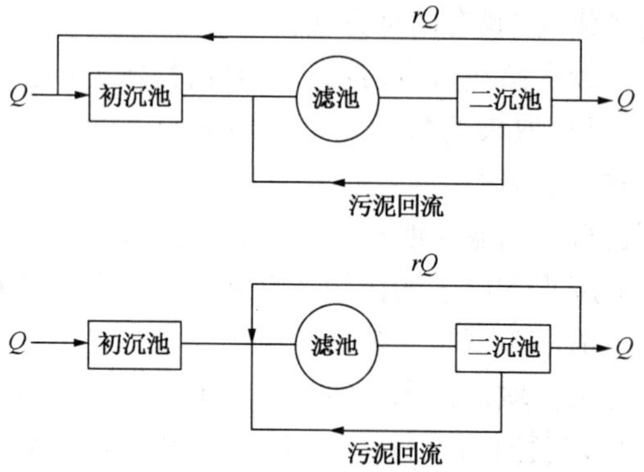

图 17-17　一段滤池回流方式示意图

（2）两段滤池直接回流方式

当进水浓度较高或对处理要求较高时，可以考虑两段（级）生物滤池处理系统。主要目的为提高出水水质，通常出水 $BOD_5<30mg/L$，有硝化作用。两段滤池有多种组合方式，图 17-18 所示为其中主要的两种方式示意图。

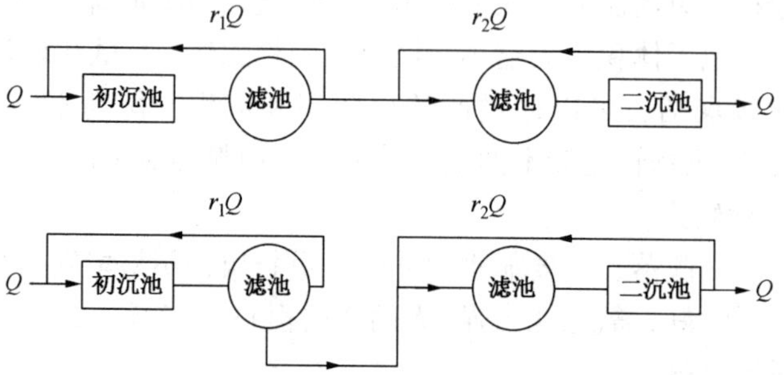

图 17-18　两段滤池直接回流方式示意图

（3）两段滤池交替回流方式

两段流程中一、二级滤池的负荷不均是主要弊端，前段负荷高，生物易积存，产生堵塞；二段则负荷过低，效率不高。为了解决这一问题，当进水浓度较高（$BOD_5>200mg/L$），出水要求较高（$BOD_5<30mg/L$）时，可考虑采用交替流系统。运行时，滤池是串联工作的，污水经初步沉淀后进入一级生物滤池，出水经相应的中间沉淀池去除残膜后用泵送入二级生物滤池，二级生物滤池的出水经过沉淀后排出污水厂。工作一段时间后，一级生物滤池因表层生物膜的累积，即将出现堵塞，改作二级生物滤池，而原来的二级生物滤池则改作一级生物滤池。运行中每个生物滤池交替作为一级和二级滤池使用。交替式二级滤池法流程比并联

流程负荷率可提高两、三倍，两段滤池交替回流方式见图 17-19。

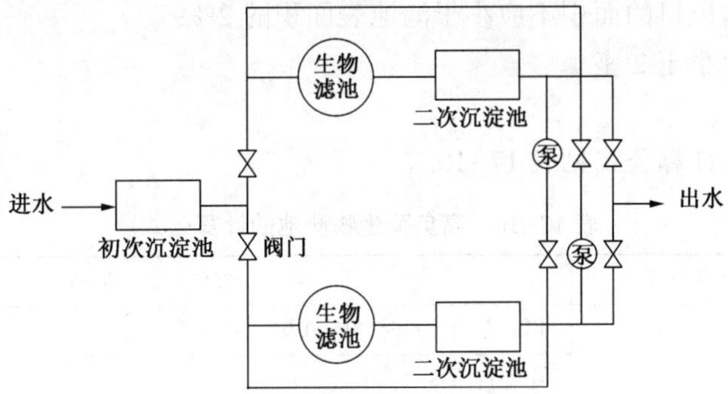

图 17-19　两段滤池交替回流方式

4. **高负荷生物滤池构造**

高负荷生物滤池与普通生物滤池在构造上基本相同，不同之处如下：

1）外形和滤料

高负荷生物滤池外形上多为圆形。滤料层高一般为 2m，滤料粒径和相应的层厚度为：

工作层：层厚 1.8m，滤料粒径 40～70mm；承托层：层厚 0.2m，粒径 70～100mm；当滤层厚度超过 2m 时应考虑人工通风。

2）布水系统

高负荷生物滤池多采用旋转式布水装置。当废水从进水竖管进入配水短管，然后分配至各布水横管后，能在一定水头的作用下（约 0.25～1m）喷出小孔并产生反作用力，推动横管向相反方向旋转。旋转布水器既做到了连续布水，同时从每一单位面积的滤料来分析，布水又是不连续的，因此这种布水器的工作情况既保证了空气进入滤池，又防止了滤料的堵塞。

5. **处理效果**

在处理城市污水时，回流式生物滤池的处理效率大致如下：

1）单级滤池法

当滤池负荷率在 1.7kgBOD_5/(m^3·d)（滤料）以下时，出水的 BOD_5 约为滤池进水的 BOD_5 的 1/3；

2）二级滤池法

二沉池出水的 BOD_5 为二级滤池进水 BOD_5 的 1/2；如果一级滤池出水不经沉淀直接流向二级滤池，则一级滤池出水的 BOD_5 为进水 BOD_5 的 1/2。

6. **设计参数与计算公式**

1）主要设计参数

（1）以碎石为滤料时，工作层滤料的粒径应为 40～70mm，厚度不大于 1.8m，承托层的粒径为 70～100mm，厚度为 0.2m；当以塑料为滤料时，滤床高度可达 4m；

（2）正常气温下处理城市废水时，表面水力负荷可取 10～30m^3/(m^2·d)，BOD_5 容积负荷不大于 1.2kgBOD_5/(m^3·d)，单级滤池的 BOD_5 的去除率一般为 75～85%，两级串联时，BOD_5 的去除率一般为 90～95%；日本指南规定水力负荷为 10～25m^3/(m^2·d)，五日生化需氧量容积负荷不应大于 1.2kgBOD_5/(m^3·d)；美国污水厂手册规定水力负荷为 10～35m^3/(m^2·d)，BOD_5 容积负荷为 0.4～4.8kgBOD_5/(m^3·d)；采用塑料制品为填料时，滤层厚度、水力负荷和容积负荷可提高，具体设计数据应根据试验资料而定；

(3) 进水 BOD_5 大于 200mg/L 时，应采取回流措施；

(4) 池壁四周通风口的面积不应小于滤池表面积的 2%；

(5) 滤池数不应小于 2 座。

2) 计算公式

高负荷生物滤池计算公式见表 17-10。

表 17-10　高负荷生物滤池的计算公式

设计内容	计算公式	参数意义及取值
滤池高度(H)		以碎石为滤料时，H=0.9~2.0m； 用塑料滤料时，H=2~4m
滤料总体积(V)	$V=\dfrac{QS}{L_{VBOD}}$	V——滤料总体积，m^3； Q——废水量，m^3/d； S——未经回流稀释时的 BOD_5 浓度，mg/L； L_{VBOD}—容积负荷，一般不大于 1.2kgBOD/(m^3·d)
滤池面积(F)与直径(D)	$F=\dfrac{V}{H}$ $D=\sqrt{\dfrac{4F}{n\pi}}$	n——滤池个数； F——滤池面积，m^2； D——滤池直径，m
回流比(R)	$R=Fq/Q-1$	R——回流比； q——表面水力负荷，通常在 10~30m^3/(m^2·d)之间

（二）塔式生物滤池

塔式生物滤池由塔身、填料、布水系统以及通风、排水装置组成。据国内资料，为达到一定的出水水质，在一定塔高限值内，塔高与进水浓度成线性关系。处理效率随着填料层总厚度的增加而增加，但当填料层总厚度超过某一数值后，处理效率提高极微，因而是不经济的。

1. 构造及特征

1) 构造

塔式生物滤池一般高达 8~24m，直径 1~4m，径高比介于(1∶6)~(1∶8)左右，呈塔状。在平面上塔式生物滤池多呈圆形或方形。构造上由塔身、滤料、布水系统以及通风及排水装置所组成，见图 17-20。

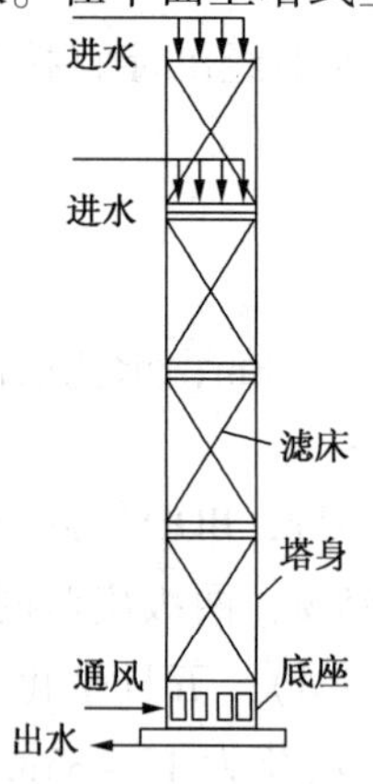

图 17-20　塔式生物滤池结构示意图

(1) 塔身

塔身主要起围挡滤料的作用，一般用砖砌筑，也可以在现场浇筑钢筋混凝土或预制板构件在现场组装；也可以采用钢框架结构，四周用塑料板或金属板围嵌，这样能够使池体重量大为减轻。塔身沿高度常分为数层，每层设置格栅，承担滤料重量。滤料荷重分层负担，每层高度以不大于 2.5m 为宜，以免滤料被压碎。

(2) 滤料

塔式生物滤池宜于采用轻质滤料。近年来，由于轻质滤料的使用，塔式生物滤池的平面尺寸有了扩大的可能，其外形已可从塔形向高层建筑的形式转化。目前国外已广泛使用塑料制的大孔径波纹板滤料和管式滤料，国内常采用环氧树脂固化的玻璃布蜂窝填料。

（3）布水装置

塔式生物滤池的布水装置与一般的生物滤池相同，对大、中型塔滤多采用电机驱动的旋转布水器，也可以用水流的反作用力驱动。对小型滤塔则多采用固定式喷嘴布水系统，也可以使用多孔管和溅水筛板布水。

（4）通风

塔式生物滤池一般采用自然通风，塔底有高度为0.4~0.6m的空间，周围留有通风孔，通风孔有效面积不得小于滤池面积的7.5%~10%。这种塔形的构造，使滤池内部形成较强的拔风状态，因此，通风良好。滤塔也可以考虑采用机械通风，特别是当处理工业废水，吹脱有害气体时。

2）工艺特征

塔式生物滤池具有以下各项主要的工艺特征：

（1）高负荷率；

（2）滤层内部的分层

塔式生物滤池填料分层，使填料荷重分层负担。每层高不宜大于2m，以免压碎填料。塔顶高出最上层填料表面0.5m左右，以免风吹影响污水的均匀分布。

3）塔式生物滤池的优缺点

与普通生物滤池和高负荷生物滤池相比，塔式生物滤池具有如下的优缺点：

（1）具有较高的负荷率，因此所需滤池体积较小；

（2）塔身高，因而占地面积小；

（3）对冲击负荷的适应性好。当受突变负荷冲击时，一般只是上层滤料的生物膜受到影响，因此可较快地恢复正常工作；

（4）塔身高，形成拔风状态，通风效果好；必要时塔顶也可加设引风机；

（5）由于塔身高，废水的提升费用高；

（6）运行管理不方便。

4）塔式生物滤池的进水与水质

塔式生物滤池采用处理水回流稀释工艺，处理水回流后，高的水力负荷使生物膜受到强烈的冲刷而不断脱落与更新，不易造成填料堵塞。进水BOD_5宜控制在500mg/L以下，否则较高的BOD_5容积负荷会使生物膜生长迅速，易造成填料堵塞；

5）塔式生物滤池的设计与运行

（1）主要设计参数

① 一般常用塑料滤料，滤池总高度为8~12m，也可更高；每层滤料的厚度不应大于2.5m，径高比为1∶（6~8）；

② 容积负荷为1~3kgBOD_5/(m^3·d)，表面水力负荷为80~200m^3/(m^2·d)，BOD_5的去除率一般为65%~85%；

③ 自然通风时，塔滤池四周通风口的面积不应小于滤池横截面积的7.5%~10%；机械通风时，风机容量一般按气水比为(100~150)∶1来设计；

④ 塔滤池数不应小于2座。

（2）主要计算公式

塔式生物滤池的计算公式见表17-11。

表 17-11　塔式生物滤池的计算公式

设计内容	计算公式	参数及取值
滤池高度(H)		H—滤料高度，常取 8~12m
滤料总体积(V)	$V=\dfrac{QS}{L_{\mathrm{VBOD}}}$	V——滤料总体积，m^3；
		Q——废水量，m^3/d；
		S——未经回流稀释时的 BOD_5 浓度，mg/L
		L_{vBOD}——容积负荷，一般不大于 1~3kg$BOD_5/(m^3\cdot d)$
塔滤面积(F)与直径(D)	$F=\dfrac{V}{H}$	n——滤池个数；
		F——滤池总面积，m^2；
	$D=\sqrt{\dfrac{4F}{n\pi}}$	D——滤池直径，m
水力负荷校核	$q=\dfrac{Q}{F}$	q——表面水力负荷，应在 86~200$m^3/(m^2\cdot d)$之间，否则应考虑回流

塔式生物滤池运行参数见表 17-12。

表 17-12　塔式生物滤池运行参数

废水性质	滤　料	水力负荷/(m/h)	有机物容积负荷/[kg$BOD_5/(m^3\cdot d)$]	毒物负荷/[$g/(m^3\cdot d)$]	进水浓度/(mg/L)	出水浓度/(mg/L)
生活污水	ϕ22mm 纸蜂窝	100	1.41		BOD_5：26~103	BOD_5：11.6~39.8
丙烯腈废水	上中层：ϕ23mm 玻璃布蜂窝，下层：ϕ50~80mm 炉渣	46.6	3.52	CN^-：185	CN^-：33.1 BOD_5：630	CN^-：7.9 BOD_5：221
腈纶废水	ϕ23mm 纸蜂窝 ϕ25mm 玻璃布蜂窝	104	1.42~3.67		BOD_5：150~378	BOD_5：13~89
含氰废水	碎砖	31.2		CN^-：160	CN^-：40	CN^-：1~4
甲醛废水	塑料波形填料	100~220			BOD_5：120~142	BOD_5：41~62

参　考　文　献

1 北京市市政工程设计研究总院．接触氧化法设计规程(CECS128：2001)[S]，2001.
2 孙芮，陈玲，陈杰华．曝气生物滤池反冲洗特性的研究[J]．环境科技，2008，24(4)：51~54.
3 黄绪达，王琳，王洪辉．麦岛污水处理厂 BIOSTYR 高效生物滤池设计[J]．中国给水排水，2008，25(4)：26~32.
4 黄宇萍．曝气生物滤池设计与施工的若干问题[J]．中国给水排水，2005，21(8)：62~65.
5 刘长荣．曝气生物滤池技术应用与设计计算[J]．给水排水，2002，22(7)：16~18.
6 蒋克彬等．农村生活污水分散式处理技术及应用[M]．北京：中国建筑工艺出版社：2009.
7 陈冬辰．宾馆污水处理与回用工程简述[J]．给水排水，1999，25(4)：26~32.
8 张彦亮．气动生物转盘工艺在城市生活污水处理中的应用．http：//www.chinaep.net/feishui_ shili/103/feishui_ shili-530.htm.2010.
9 唐受印，戴友芝．水处理工程师手册[M]，北京：化学工业出版社，2001.
10 张忠祥，钱易．废水生物处理技术[M]．北京：清华大学出版社，2004.

第十八章　氧　化　沟

氧化沟利用循环式反应池(Continuous Loop Reator，简称 CLR)作生物反应池，并使用一种带方向控制的曝气和搅动装置向反应池中的液体传递水平速度，从而使其在池中循环。氧化沟工艺是活性污泥法的一种变形，在水力流态上不同于传统的活性污泥法，它是一种首尾相连接的循环流曝气沟渠。最早的氧化沟渠是土沟渠，间歇进水、间歇曝气，从这一点上来说，氧化沟最早是以序批方式处理污水的。1954 年荷兰建成了世界上第一座氧化沟污水处理厂，为一个环状跑道、斜坡式池壁反应池，采用间歇运行方式，白天用作曝气池，晚上用作沉淀池，结构简单，处理效果好。

氧化沟污水处理的整个过程如进水、曝气、沉淀、污泥稳定和出水等全部集中在氧化沟内完成，最早的氧化沟不需设初次沉淀池、二次沉淀池和污泥回流设备，采用延时曝气，连续进出水，所产生的污泥在污水净化的同时得到稳定，处理设施大大简化。在我国，氧化沟技术的研究和工程实践始于 20 世纪 70 年代，目前氧化沟工艺以其经济简便的突出优势已成为中小型城市污水厂的首选工艺。

第一节　氧化沟工艺概述

一、氧化沟工艺的技术特点

氧化沟一般由沟体、曝气设备、进出水装置、导流和混合设备组成，沟体的平面形状一般呈椭圆形，也可以是长方形、圆形或其他形状，沟截面形状多为矩形和梯形。

氧化沟法由于具有较长的水力停留时间，较低的有机负荷和较长的污泥龄，因此相比传统活性污泥法，有的还可以省略二沉池。氧化沟能保证较好的处理效果，这主要是因为结合了 CLR 形式和曝气装置特定的定位布置，使氧化沟具有独特水力学特征和工作特性。

(1) 氧化沟结合了推流和完全混合的特点，有利于克服短路，提高缓冲能力。氧化沟内的污水在短期内(如一个循环)呈推流状态，能使入流至少经历一个循环而避免短路；在长期内(污水在池中一般会经过几十圈的循环多次循环)，污水呈混合状态，即使某个时刻有高浓度和有毒的废水进入，进入沟内的污水也会立即被大量的循环液所混合稀释，因此氧化沟系统又具有很强的耐冲击负荷能力。

(2) 氧化沟具有明显的溶解氧浓度梯度，特别适用于硝化-反硝化生物处理工艺。氧化沟从整体上说又是完全混合的，而液体流动却保持着推流前进，加上曝气装置定位，因此，混合液在曝气区内溶解氧浓度是上游高，然后沿沟长逐步下降，出现明显的浓度梯度，到下游区溶解氧浓度就很低，基本上处于缺氧状态。氧化沟设计可按要求安排好氧区和缺氧区，实现硝化-反硝化工艺。

(3) 沟内功率密度的不均匀配备，有利于充氧、液体混合及污泥絮凝。

(4) 氧化沟的整体功率密度较低，可节约能耗。氧化沟的混合液一旦被加速到沟中的平均流速，对于维持循环仅需克服沿程和弯道的水头损失，因而氧化沟可比其他系统以低得多的整体功率密度来维持混合液流动和活性污泥悬浮状态。据国外的一些报道，氧化沟比常规的活性污泥法能耗降低 20%~30%。

（5）与其他污水生物处理方法相比，氧化沟具有处理流程简单、操作管理方便、出水水质好、工艺可靠性强、基建投资省、运行费用低等优点。

二、氧化沟技术的发展

技术的提高是在两个方面同时展开的：工艺的改良和曝气设备的革新。

（一）工艺的改良

工艺的改良过程大致可分为四个阶段，见表 18-1。

表 18-1　工艺改良的四个阶段

阶　段	型　式
初期氧化沟	1954 年，Pasveer 教授建造的氧化沟在荷兰 Voorshoper 市运行，称为 Pasveer 氧化沟。Pasveer 氧化沟分进水、曝气净化、沉淀和排水四个基本工序，并把这些过程合并在一个沟中完成，采用间歇运行方式，白天进水曝气，夜间用作沉淀池，BOD_5 的去除率达到 97%左右。Pasveer 氧化沟当时用来处理村镇的污水，服务人口只有 340 人，采用卧式表曝机来曝气与推流，每隔一段时间，Pasveer 氧化沟的曝气机就需停下来，使沟内的污泥沉淀，排出处理后的出水。第一代氧化沟沟深 1~2.5m，为了达到连续运行，Pasveer 氧化沟发展了多种形式，设置了二沉池。这一阶段的氧化沟主要是延时曝气系统
规模型和用于处理工业废水	增加沉淀池，使曝气和沉淀分别在两个区域进行，可以连续进水，考虑到了硝化和反硝化。氧化沟因其简易、运行管理方便等优点，自 20 世纪 60 年代以来其数量和规模不断增长和扩大，处理能力已从 300 人口当量发展到目前的 1000 万人口当量；处理对象也从处理生活污水发展到既能处理城市污水又能处理工业废水，这期间，有相当多的工业废水也相继采用氧化沟技术进行处理的工程范例。由于采用直径 1m 的曝气刷（Mammoth Rotor 系由 Passavant 公司生产）和立式曝气器（DHV 公司），使氧化沟的沟深逐步扩大。如使用 Mammoth Rotor，沟深可达 3.5m，沟宽可达 20m，而使用立式曝气器的氧化沟称为 Carrousel 氧化沟，沟深可达 4.5m
多样性发展	随着氧化沟技术的发展，人们从不同的角度对氧化沟作了深入细致的研究，出现了许多种新型的氧化沟，如 DHV 公司的 Carrousel 2000 型、Carrousel Dlenit 型、DHV-EIMCO Carrousel 氧化沟、丹麦 Kruger 公司的双沟与三沟式氧化沟、德国 Passavant 公司使用 Mammoth Rotor 的深型氧化沟、美国 Envirex 公司的 Orbal 多环型氧化沟。这一阶段的氧化沟进一步考虑到了利用氧化沟进行脱氮除磷处理。在这一时期，氧化沟出现不只是延时曝气低负荷系统，还出现了高负荷氧化沟、要求硝化的氧化沟、要求硝化反硝化及除磷的氧化沟及要求污泥稳定的氧化沟等
曝气净化与污泥的沉淀分离一体化	80 年代初期，美国最早提出将二沉淀池直接设置在氧化沟中的一体氧化沟概念，这一概念在实际中得到迅速发展和应用，并显示出极为广阔的前景。一体化氧化沟由于其中沉淀区结构形式及运行方式不同，有多种型式，如：（1）沟内带分离器的一体化氧化沟（BMTS 式）；（2）船形一体化氧化沟；（3）侧沟或中心岛式一体化氧化沟（中国）；（4）交替曝气式氧化沟

（二）曝气设备的革新

近 20 年来，污水的除磷脱氮技术一直是污水处理领域研究开发和应用的热点，并已取得了长足进展，氧化沟处理工艺作为城市污水和工业废水处理中有较强竞争力的二级生物处理技术已被世界各国广泛采用。曝气设备作为氧化沟处理工艺中最主要的机械设备，是影响氧化沟处理效率、能耗及稳定性的关键因素之一，其不仅兼有充氧、推动、混合等功能，还决定着氧化沟的占地面积和基建投资。随着氧化沟处理工艺对曝气设备的要求越来越高以及能源的日趋紧张，新型高效低能曝气设备的研究已经成为推动氧化沟处理技术发展和节能降耗的重要因素，多年的研究结果使得曝气设备已经在技术上达到了一个很高的水平，完全可以满足污水生物处理工艺对曝气设备的要求，并且在提高能源利用效率方面也取得了较大进步。

1. **曝气转碟**

曝气转碟是用于 Orbal 氧化沟的专用曝气装置，它起着充氧、混合、推动水流循环流动和防止活性污泥沉淀等作用。在我国，曝气转盘主要是由聚乙烯或抗腐蚀性玻璃钢压铸成型，转盘表面设有规则排列的楔形凸出物，以增强推动混合和充氧效率，盘上开有许多不穿透小孔(称为曝气孔)，使空气分散到液体中以达到充氧的目的。曝气转碟的充氧能力可通过下面三种方式来调节：

(1) 通过调节出水堰的高低来改变转碟的浸没深度；

(2) 改变转碟电机的转速(通常采用两级变速)；

(3) 增加或减少转碟的碟片数。

天津国水设备工程公司与美国 Envirex 公司合作，引进美国先进的曝气转碟生产模具，在国内独家制造出材料为高强轻质塑料的新型曝气转碟，其主要技术参数为：曝气转碟直径 1400mm；转速 43~55r/min；适用浸没水深 400~530mm。单碟标准清水充氧能力及动力效率见表 18-2、表 18-3 所示。

表 18-2　浸没水深为 530mm 时曝气转碟性能指标($P=101.325$kPa，$T=20$°C)

转速/(r/min)	单碟充氧能力/(kgO_2/h)	动力效率/[kgO_2/(kW·h)]
43	0.75	2.13
46	0.85	2.04
49	0.94	1.97
52	1.04	1.91
55	1.13	1.86

表 18-3　浸没水深为 480mm 时曝气转碟性能指标($P=101.325$kPa，$T=20$°C)

转速/(r/min)	单碟充氧能力/(kgO_2/h)	动力效率/[kgO_2/(kW·h)]
43	0.68	1.94
46	0.77	1.86
49	0.86	1.79
52	0.95	1.74
55	1.03	1.69

2. **曝气转刷**

曝气转刷主要有 Kessener 转刷、笼型转刷和 Mammoth 转刷三种，其他产品均是这三种的派生型，一般用于 Pasveer 氧化沟中。曝气转刷叶片一般由镀锌钢板、不锈钢板或者玻璃钢等材料做成，形状也多种多样，有矩形、三角形、T 型、W 型、齿型、穿孔叶片等，主轴一般为热扎无缝钢管和不锈钢管。Kessener 转刷和笼型转刷这两种曝气转刷，一般用于有效水深在 1.5m 以下的氧化沟；Mammoth 转刷是为增加单位长度的推动力和充氧能力而开发的，叶片通过彼此连接直接紧箍在水平轴上，沿圆周均布成一组，每组叶片之间有间隔，叶片沿轴长呈螺旋状分布，在旋转过程中叶片按顺序进入水中，以保证运行的稳定性并可减少噪声；轴为中空钢管，转刷直径可达 1.0m，转速为 70~80r/min，浸没深度为 0.3m，目前最大有效长度可达 9m。其充氧能力可达 8kgO_2/h，动力效率一般在 1.5~2.5kgO_2/(kW·h)之间，氧化沟设计有效水深为 3~3.5m。

我国近年来引进国外技术，具备了生产制造曝气转刷的能力，其转刷叶片主要由镀锌钢板做成，形状常采用矩形，各项性能指标基本达到了国际水平，表 18-4 中摘录了文献中提供的不同国家生产的曝气转刷特性的比较。

表 18-4　不同国家生产的曝气转刷特性的比较

项　目	丹　麦	德　国	中　国
直径/mm	860	1000	1000
转速/(r/min)	78	72	72
浸深/m	0.12~0.28	0.30	0.30
充氧能力/(kgO_2/h)	3.0~7.0	8.3	7.8~8.3
动力效率/[kgO_2/(kW·h)]	1.6~1.9	1.98	
转刷有效长度/m	2.0、3.0、4.0	3.0、4.5、6.0、7.5、9.0	3.0、4.5、6.0、7.5、9.0
氧化沟设计水深/m	1.0~3.5	2.0~4.0	3.0~3.5

为了取得更高的除磷脱氮效果，需要一个较大的反应池在其中完成硝化和反硝化过程。由于土地的限制，使得反应池只得向深度方向考虑，有的池深达到了 8m。以往，在这个水深条件下常采用微孔曝气设备，但现在也可以使用曝气转刷。曝气转刷的循环性能可达到水深 3.5m，可以满足不产生沉积的操作要求；在水深大于 3.5m 时，可附加潜水搅拌器，则工作水深达到 8m。

3. **立式表面曝气机**

立式表面曝气机是专为 Carrousel 氧化沟设计的，一般每条沟安装一台，置于反应池的一端。立式表面曝气机提升能力强，允许有较大的沟深 4~5m，充氧能力随叶轮直径变化较大，动力效率一般为 1.8~2.3kgO_2/(kW·h)，适用于大流量的污水处理厂，应用较为广泛。

立式表面曝气机有浮筒式和固定式两种。其中浮筒式整机安装在浮筒上，用钢绳固定于水中，用防水电缆与之连接，它可根据需要在一定范围内移动；而固定式立式曝气机的规格品种最多，目前在我国是以泵型(E 型)及倒伞型叶轮为主。泵型叶轮曝气机是我国自行研制的高效表面曝气机，叶轮直径在 0.4~2.0m 之间，叶轮的充氧方式以水跃为主，液面更新为辅；倒伞型叶轮曝气机的叶轮直径一般在 0.5~2.5m，国内最大的倒伞型叶轮直径为 3m。由于其叶轮直径较泵型大，故其转速较慢，约为 30~60r/min，动力效率为 2.13~2.44kgO_2/(kW·h)，最佳时可达 2.51kgO_2/(kW·h)，倒伞型叶轮曝气机的充氧方式是以液面更新为主，水跃与负压吸氧为辅，目前 Carrousel 氧化沟多采用这种曝气机。

4. **抽吸式曝气机**

抽吸式曝气机采用电机和叶轮直接传动，利用叶轮旋转所产生的离心力排开周围水形成低压区吸入水流的同时，在叶轮进口处形成真空而吸入空气，在混气室中，气与水充分混合形成均匀的气水混合液，在离心力作用下快速排出。由于水流喷射强，造成有效的水流循环，使空气被剪切成大量的微小气泡充分与水融合，从而实现充氧曝气的目的。

安装抽吸式曝气机时，可按照设备服务面积的大小将若干台曝气机经过合理的布置形成循环流，使反应池中形成水流联动。将曝气机的影响区域互相连接，能使水的混合效果与氧气传递速率达至最大、使氧气得到迅速扩散。抽吸式曝气机见图 18-1。

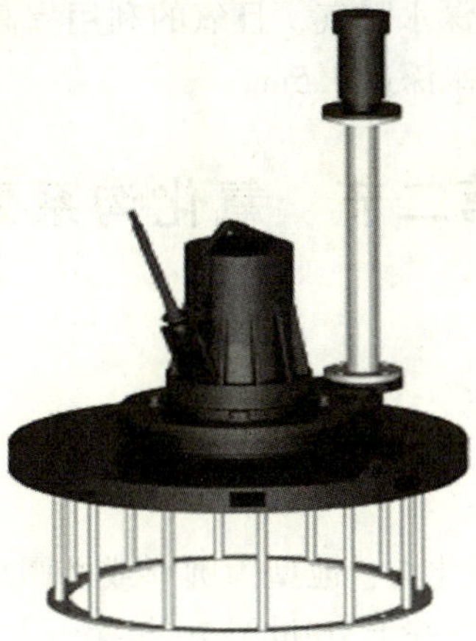

图 18-1　抽吸式曝气机

有关企业给出的如表 18-5 所示，供参考。

表 18-5　抽吸式曝气机技术参数

型　号	QLP0.75	QLP1.5	QLP2.2	QLP3	QLP4	QLP5.5	QLP7.5	QLP11	QLP15	QLP18.5	QLP22
功率/kW	0.75	1.5	2.2	3	4	5.5	7.5	11	15	18.5	22
电流/A	2.4	4	5.8	7.8	8.8	11.3	15	23.4	29.7	36.7	43.2
电压/V	380										
转速/(r/min)	1470										
最大潜入深度/m	2	3	3.5	3.5	3.5	3.5	4	5	5	5.5	6
进气量/(m^3/h)	10	22	35	50	75	85	100	160	200	260	320
服务半径/m	1.4	2.1	2.5	2.9	3.3	3.9	4.5	5.2	5.5	6.2	6.5

5. 微孔曝气板

由日本研制开发的微孔曝气板采用聚氨酯薄膜，该微孔曝气板是在 PVC 制基板上紧绷有微孔的特殊聚氨酯薄膜以保持气密性，并用不锈钢制槽钢及框架来加固，微孔曝气板的主要性能参数如表 18-6 所示。

表 18-6　微孔曝气板主要性能参数

外观尺寸	1.2m×3.6m	
有效服务面积	4.3m^2/个	
质量	105kg	
通气量范围	0~80m^3/h	
标准通气量	35~33m^3/h	
主材质	基板	PVC
	薄膜	聚氨酯
	框架	SUS304

6. **射流曝气**

1969 年 Lewrnpt 等创建了第一座试验性射流曝气氧化沟(JAC)，JAC 的优点是氧化沟的宽度和水深不受限制，可以用于深水曝气，且氧的利用率高，目前最大的 JAC 在奥地利的林茨，处理流量为 17.2 万 t/d，水深达 7.5m。

第二节　氧化沟系列

一、奥贝尔氧化沟

（一）典型 Orbal 氧化沟

1. 基本工艺

Orbal 氧化沟又称同心沟型氧化沟，池型为圆形或椭圆形，目前实际应用多为椭圆形的三环道组成。该氧化沟在南非开发并于 20 世纪 70 年代引入美国后得到迅速推广，至今已有多座污水处理厂运行。典型的奥贝尔氧化沟由三个相对独立的同心椭圆形沟道组成，污水通常由外沟道进入沟内，然后依次进入中间沟道和内沟道，最后经中心岛流出，至二次沉淀池。沟道之间采用隔墙分开，相对独立，隔墙一般使用 150～200mm 厚的现浇钢筋混凝土构造，隔墙下部设有必要面积的通水口。其中外沟道容积达 50%～70%，处于低溶解氧状态，主要的有机物氧化及 80%的脱氮均在外沟道完成；内沟道体积约为 10%～20%，维持较高的溶解氧(2mg/L)；各沟道宽度由工艺设计确定，一般不大于 9m，有效水深一般在 4.0～4.5m，沟中的流速 0.3m/s。典型构造和流程见图 18-2。

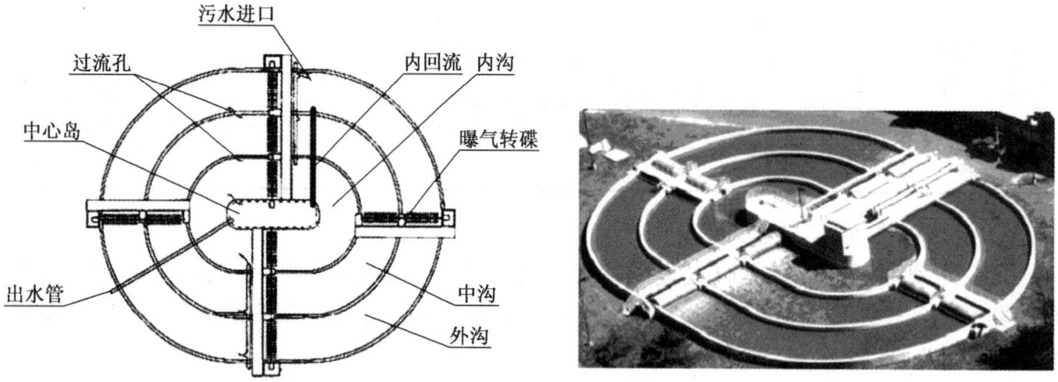

图 18-2　典型 Orbal 氧化沟流程和构造

该工艺具有投资省、处理效率高、可靠性好、管理方便和运行维护费用低等优点。当脱氮要求较高时，可以增设内回流系统(由内沟道回流到外沟道)，提高反硝化程度。奥贝尔氧化沟脱氮效果很好，但除磷效率不够高，要求除磷时还需增加厌氧池。奥贝尔氧化沟作为较优化的工艺之一，适用于中小规模的污水处理厂，在国内，现已在山东潍坊、北京黄村和合肥王小郢城市污水处理厂、北京大兴污水处理厂、山东莱西污水处理厂应用。Carrousel 氧化沟使用立式表曝机，曝气机安装在沟的一端，因此形成了靠近曝气机下游的富氧区和上游的缺氧区，有利于生物絮凝，使活性污泥易于沉降，BOD_5 的去除率可达 95%～99%，脱氮效率约为 90%，除磷效率约为 50%，如投加铁盐，除磷效率可达 95%。

2. **工艺特点**

(1) 氧化沟为圆形或椭圆形的平面形式，可利用水流惯性，节省推动水流的能耗；

(2) 采用多沟串联的形式可减少水流短路的现象；

(3) 比常规单沟式氧化沟或一般延时曝气活性污泥法节能，外沟的溶解氧平均浓度为零，氧传递系数大，可减少实际所需的供氧量。

(4) 主要缺点是能耗大，投资、运行成本相对较高。

3. **主要技术参数**

(1) 外沟、中沟、内沟体积的分配比一般为：60%~70%，20%~30%，10%；

(2) 充氧量的分配依次为65：25：10；外沟、中沟、内沟溶解氧浓度控制在0、1mg/L、2mg/L；

(3) 氧化沟深度一般为2~3m；曝气转碟浸没深度在22.8~53.3cm；

(4) 污泥浓度为3000~6000mg/L；污泥回流比不小于60%；

(5) 污泥负荷为0.07~0.4kgBOD_5/(kgMLSS·d)；

(6) 水力停留时间为4~24h；

(7) 污泥龄一般为9d。

4. **工程实例**

潍坊市污水处理厂一期处理规模流为$1\times10^5m^3/d$，最大设计流量$5417m^3/h$，平均流量$4167m^3/h$。其工艺流程为：

污水→曝气沉砂池→初沉池→厌氧生物选择池→氧化沟→沉淀池→消毒→排水
↓
污泥浓缩池→污泥消化池

具体设计如下：

1) 平流曝气沉砂池

平流曝气沉砂池2座，总停留时间4min(高峰时)，水平流速0.1m/s，有效水深2.67m，单位曝气量$0.2m^3/(m^3 \cdot h)$。

2) 初次沉淀池

初次沉淀池2座，圆形，直径42m，有效水深3.2m，表面负荷$2.1m^3/(m^2 \cdot h)$，水力停留时间为1.5h，出水堰负荷$10.8m^3/(m \cdot h)$。

3) 厌氧生物选择池

水力停留时间1h(平均时流量)，有效容积$V=4200m^3$，设计水深5m。

4) Orbal氧化沟

Orbal氧化沟两组，污泥龄9d，污泥负荷0.123kgBOD_5/kgMLSS，容积负荷0.4312kg$BOD_5/(m^3 \cdot d)$，混合液浓度3.5g/L，剩余污泥产率0.9kg/(kgBOD_5·d)，剩余污泥12150kg/d，反硝化/硝化体积比25%，反硝化率75%；总池容$31420m^3$，内、中、外三沟道的容积分配为17%、33%、50%，水力停留时间为8.02h，总标准需氧量为1408kg/h，供氧分配比例为外沟、中沟、内沟52：30：18，外沟、中沟、内沟溶解氧分配分别为0，1mg/L，2mg/L。

5) 二淀池

二淀池4座，水力负荷$0.93m^3/(m^2 \cdot h)$，有效水深4m，水力停留时间3.2h，出水堰负荷$5.1m^3/(m \cdot h)$，回流污泥浓度7g/L，污泥回流比100%。

6）浓缩池

浓缩池 2 座，固体表面负荷为 50kg/m^3，停留时间 2d，浓缩后污泥浓度 60g/L。

7）污泥消化池

污泥消化时间 20d，中温消化温度 35℃，消化池总有效容积 15600m^3，直径 22.3m，总高度 27.44m，沼气产率 0.3m^3/kgMLVSS，沼气产量 5377m^3/d，机械搅拌能力 3060m^3/h，消化池顶部设计气压值 5.39kPa。

（二）一体化 Orbal 氧化沟

1. 工艺

一体化 Orbal 氧化沟是将二沉池与氧化沟合建，将二沉池建于氧化沟中心，形成一个大的同心圆结构，这种形式既能节省占地，又能减少土建与管道的工程量，减少水头损失，节省投资与运行经费。根据沉淀池的设置，目前有以下三种形式。

1）曝气-沉淀一体化氧化沟

曝气-沉淀一体化氧化沟工艺流程示意图见图 18-3，其中的沉淀与斜管沉淀类似，沉淀用导流板也可以采用斜管或者斜板。

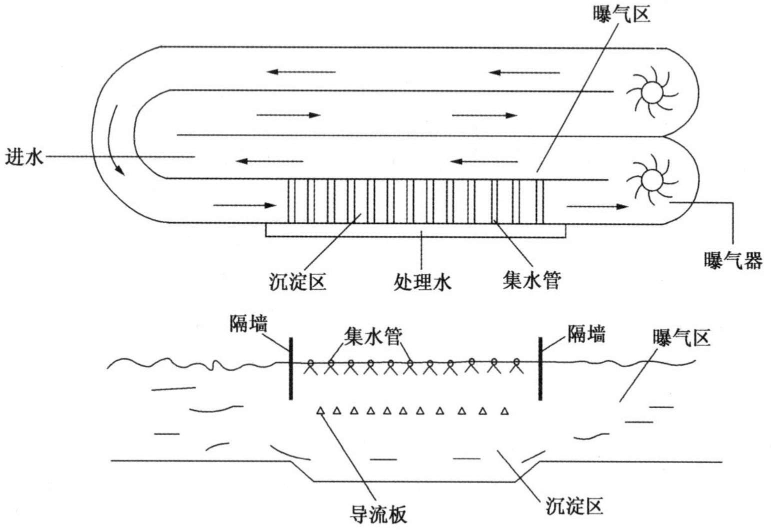

图 18-3　曝气-沉淀一体化氧化沟工艺流程示意图

其特点为：

（1）将二沉池建在氧化沟内，完成曝气、沉淀任务；

（2）沉淀区由隔墙、三角形导流板、集水管三部分组成；

（3）不需要污泥回流系统，占地省，节省基建和运行费用。

2）侧渠形一体氧化沟

侧渠形一体氧化沟侧沟与中心岛内安装固液分离器进行泥水分离，固液分离器是侧渠形一体氧化沟技术的关键，具有固液分离和污泥回流两大功能，直接决定出水水质的好坏，固液分离器的底部采用一系列均匀排列的斜倒等腰三角形横梁，保证了混合液的均匀进入和沉淀污泥的迅速回流，侧渠作为二次沉淀池，交替运行、交替回流污泥，固液分离器分离原理示意图见图 18-4。

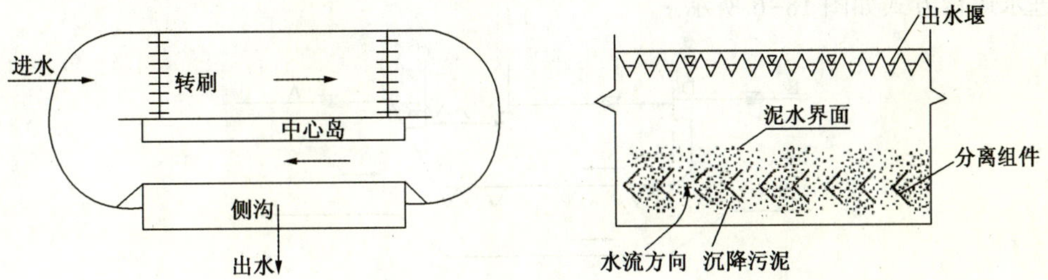

图 18-4 侧渠形一体氧化沟及固液分离器分离原理示意图

固液分离器具有与二沉池相同的功能，但沉淀机理与主要靠重力作用的二沉池又有显著的不同。在氧化沟中，当混合液由主沟进入固液分离组件后，由于组件的特殊构造，水流方向会发生较大的变化，造成较强烈的紊动，这时混合液中的污泥颗粒正处于前期絮凝阶段，紊动对絮凝的影响不大；随着絮凝不断进行，污泥颗粒越来越大，污泥的絮凝过程到了后期絮凝阶段，紊动的不利影响越来越大，与絮凝过程的要求相适应，这时混合液流过组件弯折，流速大大降低，且流动开始趋于缓和。絮凝成形的污泥颗粒在不断上升的过程中，密度越来越大，流速越来越小，慢慢开始发生沉降的污泥颗粒还会被池底不断涌入的混合液的上升水流所冲击，当重力与向上的冲击力相等时，污泥保持动态的静止，于是形成了一个活性污泥悬浮层，悬浮层中的颗粒在固液分离器里不断增大，在控制合理的水流速度下，污泥颗粒得到沉降。

一般固液分离器的平均表面负荷为 $50m^3/(m^2 \cdot d)$，是一般二沉池的 1.5~2 倍，因而可比一般的二沉池节省占地 1/3~1/2，固液分离器能实现污泥的自动回流，节省了工程造价和日常运行，管理及维护费用。

3）船形一体化氧化沟

船形一体化氧化沟系指将船形二沉池设置在氧化沟内，用于进行泥水分离，出水由上部排出，污泥则由沉淀船底部的排泥管直接排入氧化沟内，船形一体化氧化沟示意图见图 18-5。

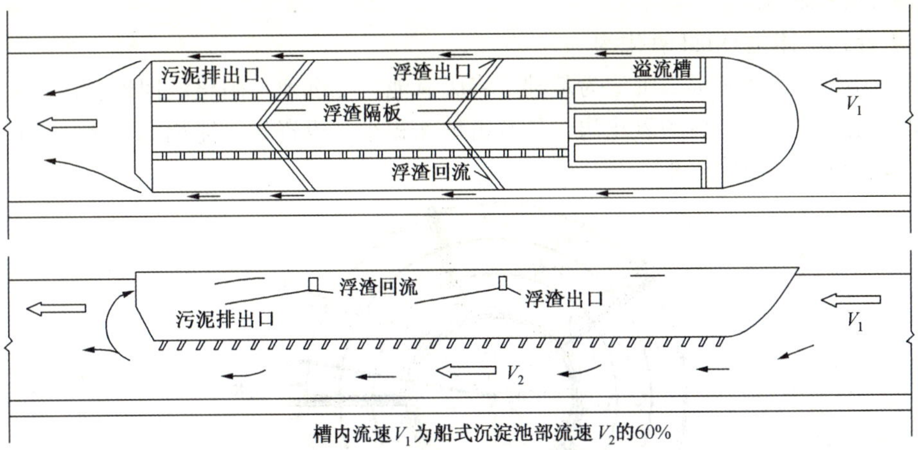

图 18-5 船形一体化氧化沟示意图

安阳市豆腐营工业区污水处理工程采用水解+接触氧化+一体化氧化沟工艺，处理工业废水，设计规模为 1.2 万 m^3/d，该一体化氧化沟沉淀船为多斗式结构，每斗有一根排泥管与氧化沟相通，船长 24m，宽 7m，有效水深 1.2m。实际有效容积 $202m^3$，设计处理水量为 $250m^3/h$，静态条件下水力停留时间 48min。实际运行中，先后采用了两种运行方式，其中反向进水运行方式如图 18-6 所示。

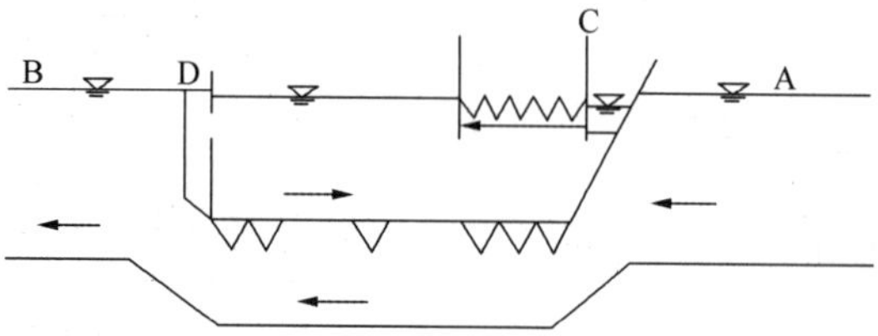

图 18-6　反向进水运行方式示意图

氧化沟内水流方向为 A→B，在沉淀船内 D 点处设置淹没式整流墙整流，水由 D 点溢流进入船内，水流方为 D→C，与氧化沟内水流方向相反。当连续运行时，沉淀船内几乎没有沉淀发生，出水中携带的污泥浓度与沟内浓度一样，沉淀船内仅在进口不远处有清水区，而在出水区则完全成为泥水混合液。在反向进水无法运行时，有关专家建议采用正向进水方式，并形成了如图 18-7 所示的运行方式。

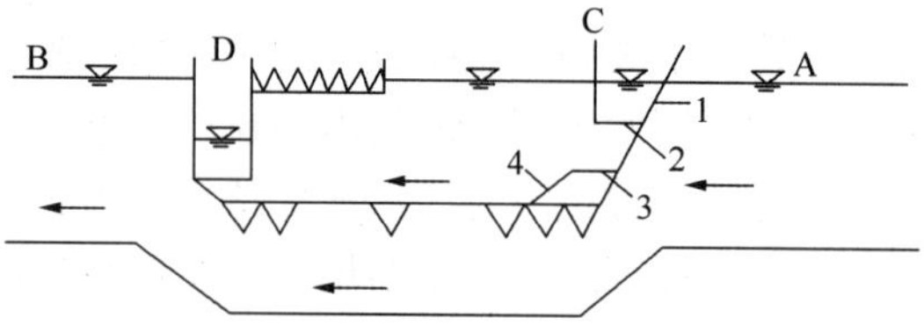

图 18-7 正向进水运行方式示意图

1—船头；2—进水孔；3—折流板；4—斜板

氧化沟内水流方向仍为 A→B，沉淀船内水流方向为 C→D，进入沉淀船的水由船头流入进水槽内，由槽底 17 个 20cm×20cm 的进水孔进入沉淀船，底部加设折流板，并在船进水区加设斜板，使进水区域内船与沟相分离。这种运行方式基本上能稳定运行且污泥也不会大量流失，但还是存在一些问题，如沉淀船上部存在 10cm 深的死水区，长时间运行，其表面易滋生绿藻并聚积腐泥。

4）组合式一体化 Orbal 氧化沟

以 Orbal 氧化沟和圆形二沉池为基础，将厌氧池、二沉池、硝化液回流、污泥回流系统与 Orbal 氧化沟组合为一体的氧化沟，具有占地面积小、投资省、能耗低、运行管理更方便等优点，其示意图见图 18-8。

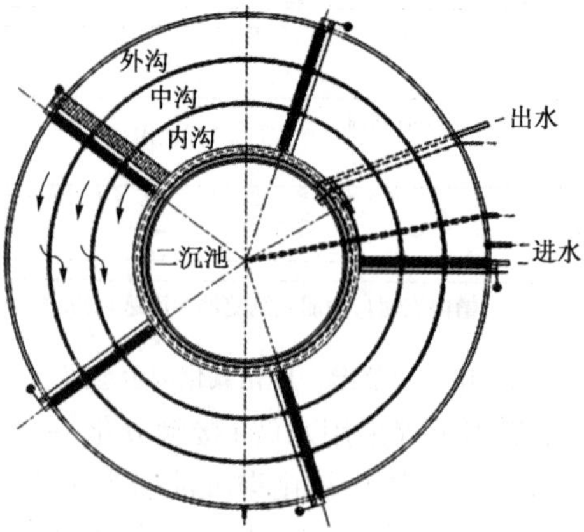

图 18-8　一体化 Orbal 氧化沟构造示意图

无锡市城北污水处理厂采用上述一体化 Orbal 氧化沟工艺，设计进、出水水质如表 18-7 所示，工程中使用的一体化 Orbal 氧化沟工艺平面布置图见图 18-9。

表 18-7　一体化 Orbal 氧化沟工艺设计进、出水水质　　mg/L

项目	BOD	COD	SS	NH_3-N	磷酸盐
进水	200	600	300	25	4
出水	20	60	20	8(15)	1

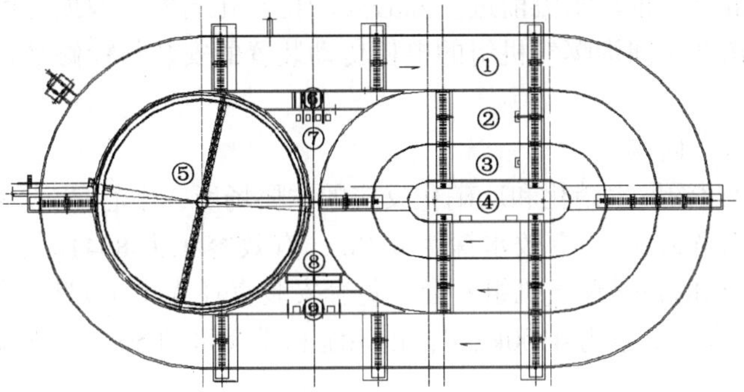

图 18-9　污水处理厂一体化 Orbal 氧化沟工艺平面布置图

1）工艺组成

设计采用组合厌氧池 Orbal 氧化沟，包括中心岛、外沟、中沟、内沟。考虑到有较高的除磷脱氮要求，利用其中心岛所占的体积作为厌氧反应器，将污水和回流污泥在其中进行厌氧混合强化释磷。中心岛沟为一条狭长形渠道，其余三沟均为环状渠道。生物处理系统包括中心岛厌氧区④、外沟①、中沟②、内沟③；周进周出辐流沉淀池⑤，位于中沟外壁与外沟内壁之间，与外沟内壁共享半圆墙体；利用中沟外壁、外沟内壁与二沉池间的空余空间分隔为 4 个区，一侧设置传统的外回流系统，分为进水、泥水混合区⑥和污泥回流区⑦；另一侧设置传统的内回流系统，分为氧化沟出水区⑧和硝化液回流区⑨。

2）工艺流程

原水先进入泥水混合区，与从污泥回流区回流的活性污泥混合后通过管道进入中心岛厌氧区，依次进入 Orbal 氧化沟的外沟、中沟、内沟，完成有机物的降解、脱氮和除磷生物处理过程。内沟的混合液通过管道分别进入出水区和硝化液回流区，进入氧化沟出水区的混合液通过调节堰门进入沉淀区进行泥水分离，在沉淀区内完成泥水分离后，出水排放。而混合液通过安装在外沟内壁的水下推进器(内回流泵)回流至外沟。沉淀区污泥在静水压力的作用下进入污泥回流区，大部分通过污泥回流泵回流至进水泥水混合区，小部分由剩余污泥泵排出至污泥处理系统。

3）设计参数

污泥负荷：0.085kgBOD_5/(kgMLSS · d)；

污泥浓度：4g/L；

设计水温：15℃；

污泥产率：0.9kgMLSS/(kgBOD_5 · d)；

外回流比：70%~100%；

内回流比：100%~300%；

水下搅拌器能耗：5W/m^3 污水。

4）设施

（1）中心岛沟

中心岛沟设计为一个推流式厌氧选择器，污水和回流污泥可在管道内及中心岛沟前端发生反硝化作用，从而消除或减弱 NO_x-N 浓度，减少对聚磷菌释磷的不利影响，中心岛为缺氧环境，聚磷菌可在此释磷。中心岛沟长为 60m，宽为 4m，岛的沟有效水深为 4.45m，水力停留时间约 67min。在沟的起始端与中部各设水下搅拌器 1 台，功率为 5.5kW，用以实现污水与回流污泥的混合、推动水流前进。除必要的检修孔洞外，沟顶均用钢筋混凝土盖板覆盖，作为氧化沟内沟和中间沟曝气机组的电机传动装置的安装与检修平台，有利于维持沟内的厌氧环境。

（2）外沟、中沟、内沟

外沟是 Orbal 氧化沟发生硝化和反硝化反应的主要场所，中心岛(厌氧选择器)的出水进入外沟。外沟设计沟宽为 9m，有效水深为 4.2m，有效容积为 8541m^3，占氧化沟总池容的 57.7%。外沟设 9m 长的转碟曝气机组 6 套，每套安装直径为 1.4m 曝气转碟 40 片，单机功率为 30kW。外沟最大供氧量为 4100kg/d，占系统总供氧量的 50%，外沟频繁地按照好氧—缺氧交替运行。

中沟宽为 5m，沟渠容积为 3729m^3，占氧化沟总池容的 25.4%，池内溶解氧控制在 1mg/L 左右，可促进有机物降解和硝化反应的进行。内沟宽为 4m，沟渠容积为 2507m^3，占氧化沟总池容的 16.9%，池内溶解氧控制在 2mg/L 左右，使剩余的 BOD_5 进一步得到降解，NH_3-N 通过硝化作用而被去除，同时保证氧化沟出水溶解氧的含量。

中沟和内沟各安装曝气转碟 6 套，每套配备直径 1.4m 的曝气转碟，数量分别为 22 片和 16 片，两沟中的每套曝气转碟共用 1 台电机及 1 套传动装置和转轴，共设 6 套，每台电机功率为 30kW。

为适应水量、水质的变化，直线段上的转碟均采用双速电机，其余采用单速电机。为获得较高的总氮去除率，消除硝酸盐对除磷的不利影响，设计中考虑了混合液回流。内沟的混合液通过敷设在氧化沟底的管道进入与外沟共壁的出水井，再经安装在池壁上的内回流泵进入外沟，共设 3 台 RCP 回流泵，流量为 1042m^3/h，扬程为 10kPa，功率为 10kW，回流比为 100%~300%。

出水井内安装 1 台出水调节堰门，堰宽 7m，通过调节堰门的堰上水头来控制氧化沟曝气转碟的淹没深度，从而达到调节充氧量的目的。

（3）二沉池

采用周进周出辐流式沉淀池，共设 2 座，每座处理规模为 25000m^3/d，内径为 40m。最大时流量时，表面负荷为 1.08m^3/(m^2·h)；平均流量时，表面负荷为 0.78m^3/(m^2·h)。最大固体表面负荷率为 208kgMLSS/(m^2·d)，沉淀时间为 3.1h，池体总高度为 5m，有效水深为 4m。进水管采用 *DN*900 钢管进入周边进水槽，再通过配水管均匀布水，进水槽从始端 1000mm 宽渐缩到末端的 350mm 宽；出水采用不锈钢环形出水槽，单侧溢流三角堰出水。每池安装中心传动单管吸泥机 1 台，排泥通过吸泥机的作用由安装在池外的套筒阀控制，通过 *DN*700 管进入污泥回流泵房。

二、卡鲁塞尔氧化沟

卡鲁塞尔(Carrousel)氧化沟是 1967 年由荷兰的 DHV 公司开发研制的。它的研制目的是为满足在较深的氧化沟沟渠中使混合液充分混合，并能维持较高的传质效率，以克服小型氧化沟沟深较浅，混合效果差等缺陷。Carrousel 氧化沟采用垂直安装的低速表面曝气器，每组沟渠安装一个，均安设在一端。靠近曝气器下游为富氧区，靠近曝气器上游为缺氧区。进水与回流污泥混合后在沟内循环流动，废水多次经富氧区和缺氧区可创造良好的生物脱氮环境。当有机负荷较低时，可以停止某曝气器的运行，在保证水流搅拌混合循环的前提下，节约能量消耗。至今世界上已有上千座 Carrousel 氧化沟系统正在运行，其应用领域涉及各行各业的废水处理，处理规模从 400m^3/d 到 113 万 m^3/d 不等，我国也已有几十座污水处理厂采用此工艺。

（一） 表曝机

与氧化沟的其他曝气设备比较，Carrousel 的 OXYRATOR 表曝机克服了转刷、碟刷曝气机机械零件多，日常维护量大的缺点，一般一组氧化沟只需布置 1~3台表曝设备，故维护量较小，运行管理方便。Carrousel 的 OXYRATOR 表曝机见图 18-10。

图 18-10 Carrousel 的 OXYRATOR 表曝机

由于 OXYRATOR 的独特设计和叶轮形状，叶轮的转动使水流受到剧烈搅拌，刚进入池中的污水很快与池中的污水混合，在曝气区附近形成完全混合的流态。由于叶轮的特殊形状，在其旋转过程中会对水流产生一个向上的提升作用，使池底的水也可翻到上方来。水流上升到上部后，又被叶轮甩向四周，从而在卡鲁塞沟道中形成一种螺旋状推进的水流形态，这使得卡鲁塞 2000 氧化沟中同时具备了完全混合和推流的水力流态。另外通过合理的沟道形状、隔墙布置，可实现向污水中充氧、搅拌和推流三个功能和最优组合，从而保证整个系统最低的能耗和最佳的处理效果。在充氧方面，可能通过以下两种方式实现充氧的调节和控制能量的变化，一是采用变频驱动装置，来调节叶轮的转速；另外通过调整氧化沟出水堰的高度或调节叶轮浸没深度，从而达到节能的目的。

（二） 池型和功能

在池型和功能方面，Carrousel 氧化沟已有 Carrousel 1000 型，Carrousel 2000 型及 Carrousel 3000 型、AB-卡鲁塞尔®、MBR-卡鲁塞尔®以及其他形式的 Carrousel。

1. Carrousel 1000

Carrousel 1000 针对小规模污水处理厂而设计，适合于小型工业废水或社区内的污水处理。Carrousel 1000 系统以去除 BOD_5 为主要目的，具有一定的脱氮除磷效果；Carrousel 氧化沟使用立式表曝机，曝气机安装在沟的一端，因此形成了靠近曝气机下游的富氧区和上游的缺氧区，有利于生物絮凝，使活性污泥易于沉降，设计有效水深 4~4.5m，沟中的流速 0.3m/s。其 BOD_5 的去除率可达 95%，脱氮效率约为 90%，除磷效率约为 50%。

2. Carrousel 2000 **氧化沟**

1）Carrousel 2000 氧化沟基本工艺

Carrousel 2000 氧化沟实体以及内部布置见图 18-11。

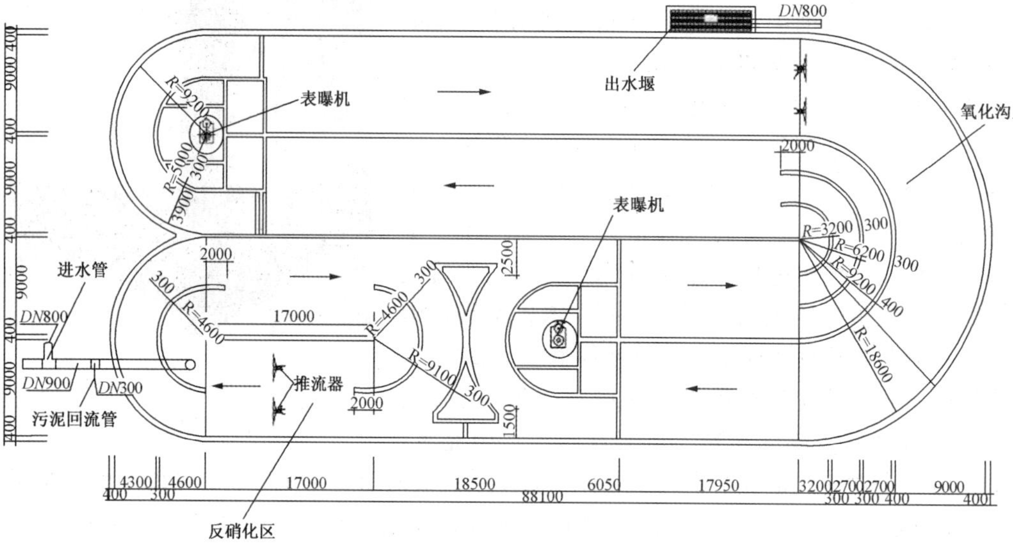

图 18-11　Carrousel 2000 氧化沟

Carrousel 2000 氧化沟是美国 EIMCO 公司专为卡鲁塞尔系统设计的一种先进的生物脱氮除磷工艺，它在构造上的主要改进是在氧化沟内设置了一个独立的缺氧区，缺氧区回流渠的端口处装有一个可调节的活门，即内回流控制门，内回流流量的具体控制方法是调节设置在位于好氧区和前反硝化区之间的混合液内回流通道上的内回流控制门的开度。内回流门顶部装有位置指示器，见图 18-12。卡控系统根据进水水量、水质以及有关工艺参数和条件，可在自控系统上给出达到适当流量的开度值。结合内回流门上的指示器，操作人员可方便地对开度进行调整，从而将内回流量调整到最优化值上。在运行中，根据出水含氮量的要求，调节内回流门张开程度，可控制进入缺氧区的流量。缺氧和好氧区合建式氧化沟的关键在于对曝气设备充氧量的控制，必须保证进入回流渠处的混合液处于缺氧状态，为反硝化创造良好环境。缺氧区内有潜水搅拌器，具有混合和维持污泥悬浮的作用。据介绍其出水水质 BOD ∶TSS∶TN＝10∶15∶(7～10)。

混合液回流通过沟型布置和水力设计自然实现，无须设置额外的回流设备和管线；并且可通过内回流控制门对内回流量进行方便地调节，简化了系统，节省了投资。

Carrousel 2000 型氧化沟由于其特殊的预反硝化区设计(容积占整个 Carrousel 氧化沟的 10%~20%，安装有 2 个推进器)，在缺氧条件下(预反硝化区)通过简单的水力控制，进水与回流污泥及一定量的混合液(该量可通过内部回流控制门调节)充分混合，进行反硝化作用；剩余部分(总容积的 80%~90%)包括有氧和缺氧区，用于硝化和内源反硝化作用同时进行，也用于磷的富集吸收。

图 18-12　内回流控制门

卡鲁塞 2000 系统设置专门厌氧区，在没有溶解氧和硝态氮存在的厌氧条件下，兼性细菌将溶解性 BOD 转化成低分子发酵产物，生物聚磷菌将优先吸附这些低分子发酵产物，并将其运送到细胞内、同化成胞内炭源存贮物，所需能量来源于聚磷的水解以及细胞内糖的水解，并导致磷酸盐的释放。经厌氧状态释放磷酸盐的聚磷菌在好氧状态下具有很强的吸磷能力，吸收、贮存超出生长需求的磷量，并合成新的聚磷菌细胞、产生富磷污泥，通过剩余污泥的排放将磷从系统中除去。

在缺氧条件下(水中溶解氧浓度很低，但是有 NO_3^-，NO_2^- 等电子受体存在)，微生物能够利用 NO_3^-、NO_2^- 这些电子受体(而不是氧)，氧化水中的有机物机质，而将 NO_3^-、NO_2^- 还原成氮气，从系统中放出，从而达到脱氮的目的，而卡鲁塞 2000 系统在进水端设置专门的前反硝化区，在富含 NO_x^--N 的回流混合液与含有大量新鲜碳源的进水在前反硝化区混合，反应条件和环境都十分有利于反硝化菌的作用，因此反硝化程度提高，改进了生物脱氮的效果。

Carrousel2000 型氧化沟的推流式模型对前置缺氧池反硝化工艺是极其重要的。反硝化工艺要求水体中没有溶解氧，此时唯一的氧源来自水中的硝态氮。通过对表曝机的设计与控制，曝气区末端的溶解氧可以减少到最低程度，有效地防止前置缺氧池氧过量的问题，由于采取这种流型，当几乎没有溶解氧的混合液回流到前置缺氧池后，可以取得最好的反硝化效果(过多的氧进入前置缺氧池会对反硝化过程产生危害，因为 BOD 将被 O_2 所氧化，而不是正常情况下被 NO_x^- 所氧化，导致出水中的 NO_x^- 浓度升高)，从而提高了总氮去除量，同时又节省了供氧所需的能耗。该工艺的另一个特点是其内回流机制，这是通过利用表曝机所提供的推动力，使水力设计达到最优而实现的。由于设计合理，混合液的内回流无须使用内回流泵，从而可以节省一定的能耗，通常 Carrousel2000 型氧化沟的内部回流所需的推流能量小于表曝机能量的 1%。

2）Carrousel 2000 型氧化沟在污水处理厂的应用

(1) 应用案例 1

采用了 Carrousel 2000 氧化沟处理工艺，处理水量为 $8\times10^4 \sim 10\times10^4 m^3/d$，氧化沟共 2 池，单池尺寸 L×B×H = 107m×57m×5.5m，设计水力停留时间 T = 12.2h，设计流量 $1.16m^3/s$，设计泥龄 15d，设计水温 15℃，污泥回流 170%，污泥负荷 $0.068kgBOD_5/(kgMLSS \cdot d)$，污泥产率 $0.985kgDS/kgBOD_5$，设计水深 5m，混合液浓度 5g/L。每池配 4 台表曝气机，单台功率 160kW，直径 3.75m，动力效率 $2.0kgO_2/(kW \cdot h)$。

(2) 应用案例 2

① 基本情况

吴忠市污水处理厂设计规模 6 万 m^3/d，主要处理生产、生活污水。出水水质要求达到 GB8978-96 中二级污水综合排放标准。

② 工艺流程

进水→粗格栅→提升泵站→细格栅→沉砂池→卡鲁塞 2000 系统→二沉池→出水。

进水经粗、细格栅和沉砂等预处理后，进入卡鲁塞 2000 系统。卡鲁塞 2000 系统对脱氮和除磷进行了整体的综合考虑，氧化沟前设置了选择池和厌氧池。

③ 处理设施

污水处理厂设卡鲁塞 2000 氧化沟 3 组，每组 4 条沟。每条沟有效容积 $12500m^3$，前反硝化区容积 $2500m^3$。卡鲁塞氧化沟水力停留时间为 15h，沟内有效水深 4.3m，渠道宽度 9m。

卡鲁塞 2000 氧化沟由于其特殊的前反硝化区设计(占氧化沟体积的 20%)，在缺氧条件下进水与一定量的混合液混合(该量可通过内部回流控制阀调节)；剩余部分(体积的 80%)包括有氧和缺氧区，用于进行同时硝化反硝化，也用于磷的富集吸收。每座卡鲁塞 2000 氧化沟中配有 2 台 OXYRATOR 表曝机，实现沟内水体的推流、混合和充氧。每座池中装有在线溶解氧(DO)测定仪 1 套，实时测定水中 DO 水平，并用于对表曝机的运行(开停、转速)进行控制，使供氧量符合实际的进水状况和运行条件。每座沟中装有 2 台潜水推进器，用于保证混合液具有一定的流速；每座沟位于有氧区与前反硝化区间混合液内流的通道上装有 1 套内回流控制门，用于内回流流量的调整，以维持前反硝化区中最佳的反硝化脱氮状态。其具体工艺构筑物情况见表 18-8。

表 18-8 吴忠污水处理厂具体工艺构筑物以及参数

名　称	结构参数	构筑物与设计参数	工艺设备	设备参数
选择池	平面尺寸：6050mm×9200mm； 间隔数：3	容积 $208m^3$； 水深 4.1m； 停留时间 12min	3 台潜水搅拌器	电机功率：3.2kW； 桨叶直径：315mm
厌氧池	平面尺寸：13550mm×11750mm； 间隔数：2	容积 $627m^3$； 水深 4.1m； 停留时间 0.5h	2 台潜水搅拌器	电极功率：3.2kW； 桨叶直径：315mm
氧化沟	平面尺寸：88100mm×38000mm； $h=4800$； 渠道数：4	容积 $15000m^3$； 水深 4.3m； 停留时间 15h	2 台 OXYRATOR-3500 表曝机； 2 台 AmapropP40-1800 潜水推进器	表曝机功率：132kW； 推进器功：4.8kW

(3) 应用案例 3

银川市第二污水处理厂一期工程工程处理规模为 $5\times10^4m^3/d$，主体工艺为卡鲁塞尔 2000 氧化沟。

运行参数：氧化沟的泥龄为 15d，负荷为 0.058~0.065$kgBOD_5/(kgMLSS\cdot d)$，MISS 为 3.6~4g/L，标准需氧量为 $1005kgO_2/h$(水温为 22℃时)，DO 为 1.0~2.0mg/L，污泥回流比 100%~135%，内回流比为 100%~350%。HRT 为 13.4h。

设备：选择池配置了 2 套可调节污泥分配槽、6 台潜水搅拌器；氧化沟配置了 4 台倒伞型表曝机(功率为 132kW、叶轮直径为 3.5m，其中 2 台为定速、2 台为变频)、8 台潜水推进器、2 座内回流控制门以及 DO 仪、ORP 仪和污泥浓度计各 2 台；污泥泵房设回流污泥泵 3 台(2 用 1 备，1 台为变频)、剩余污泥泵 3 台(2 用 1 备)。

3. Carrousel 3000 **氧化沟**

Carrousel3000 氧化沟为第三代，其特点是水深大，减少了占地面积，同时也具备脱氮除磷功能，其结构示意图见图 18-13。

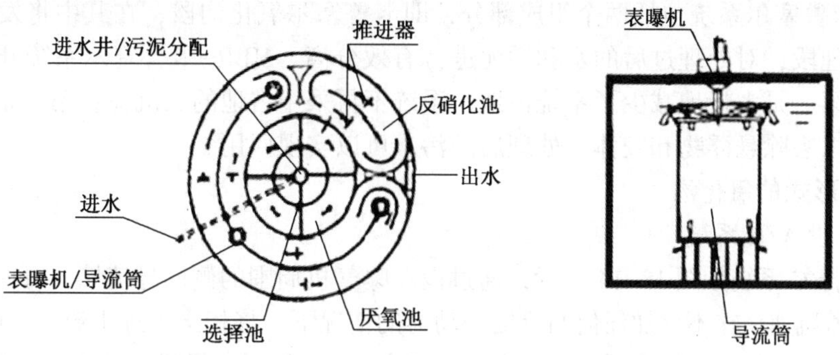

图 18-13 Carrousel 3000 氧化沟结构示意图

第三代 Carrousel 3000 氧化沟是在 Carrousel 2000 氧化沟系统前再加一个生物选择区。该生物选择区是利用高有机负荷筛选菌种，抑制丝状细菌的增长，提高各污染物的去除率。其余工艺原理与 Carrousel 2000 氧化沟系统相同。

Carrousel 3000 系统的功能的提高表现在：

(1) 池深可达 7.5~8m；同心圆式，池壁共用，减少了占地面积，降低造价同时提高了耐低温能力(可达 7℃)；

(2) 表曝机下安装导流筒，抽吸缺氧的混合液；采用水下推进器解决流速问题；

(3) 使用了先进的曝气控制器 QUTE(它采用一种多变量控制模式)；

(4) 采用一体化设计，从中心开始，包括以下环状连续工艺单元：进水井和用于回流活性污泥的分水器、选择池和厌氧池、Carrousel 2000 系统；

(5) 圆形一体化的设计使得氧化沟不需额外的管线，即可实现回流污泥在不同工艺单元间的分配。

北京市永丰再生水厂采用卡鲁塞尔 3000 氧化沟处理系统，处理规模 20000t/d，采用了 DHV 公司专有的卡鲁塞尔 3000 氧化沟技术和设备，氧化沟有效水深达到 7m，出水水质标准执行《城镇污水处理厂污染物排放标准》GB 18918—2002 中一级标准的 A 标准。

4. AB-**卡鲁塞尔**

AB-卡鲁塞尔是设计用来处理工业(制浆和造纸，石化，食品加工行业等)污水的。AB-卡鲁塞尔系统包括两个由 DHV 开发的内在紧密相关的工艺单元：防止污泥膨胀反应器(ABR)和卡鲁塞尔氧化沟。

AB-卡鲁塞尔系统中的两个单元是互相补充的，防止污泥膨胀反应器 ABR™，其水力停留时间为 4~10h。只有那些快速生长的细菌能够生存，它们消耗掉易降解的 COD 而留下了难生物降解的成分。在卡鲁塞尔氧化沟中，剩余的 COD 将被有效地去除。污泥膨胀的问题在 AB-卡鲁塞尔系统中得到解决，出水达到排放标准。除解决污泥膨胀问题之外，还有其他优点，即采用 AB-卡鲁塞尔反应器时，相比于传统的处理系统，可使系统的需氧量、占地、污泥的产量下降，因而可以节省大量的投资和运行成本。

泰格林纸集团污水处理厂采用 AB-卡鲁塞尔系统，目前已投入运行，纸浆及造纸废水处理量达 25000m^3/d。

5. MBR-卡鲁塞尔系统

MBR-卡鲁塞尔系统是卡鲁塞尔氧化沟最新的和最高级的形式，它可以广泛地应用于市政污水和各种工业污水处理方面。

MBR-卡鲁塞尔系统包括两个组成部分，即卡鲁塞尔氧化沟段，在其中将发生生物处理过程；膜处理段，对处理过后的水和污泥进行有效分离。MBR-卡鲁塞尔系统开发的动力源于两方面，第一是大量地减少了系统占地，系统不再采用占地的二沉池；第二是其出水水质好，几乎可以去除悬浮物和胶体，处理后的污水可以实现回用。

6. 其他形式的氧化沟

1）二阶段 A/C 系统

二阶段 A/C 系统如图 18-14 所示，通过设在曝气机周围的侧向导流墙，可充分利用氧化沟原有的渠道流速，在不增加任何回流提升动力的情况下，将相当于进水流量 400%以上的硝化液回流到前置缺氧池与原水混合，并进行反硝化反应。该系统保留了反硝化过程的优点，包括可恢复硝化阶段约 50%的碱度，可利用缺氧条件去除部分 BOD_5，从而节省曝气能耗以及改进活性污泥性能等。与其他反硝化工艺相比，最突出的优点是：可实现硝化液的高回流比，达到较深程度的总氮去除效果，同时无须任何回流提升动力。对于较大规模的污水厂来说，采用这种工艺，节能潜力是巨大的。该系统的出水水质：BOD_5 为 10mg/L、TN 为 7~10mg/L。

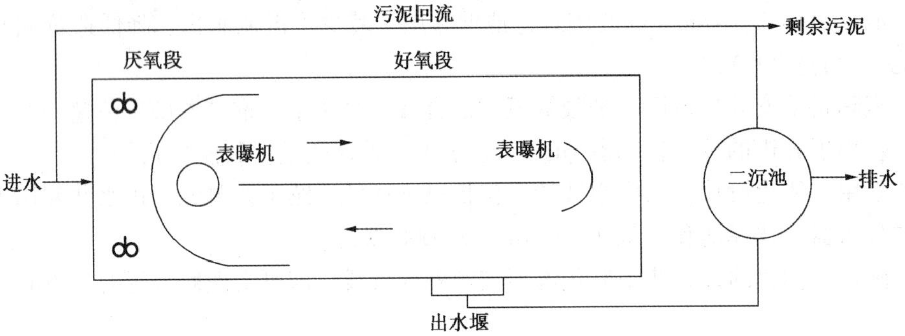

图 18-14　二阶段 A/C 系统工艺流程示意图

2）A2/C 氧化沟

A2/C 氧化沟为设置厌氧、缺氧段的 Carrousel 氧化沟。A2/C 氧化沟具有脱氮除磷功能，是目前城市生活污水处理的主流工艺之一，该系统出水水质可达 BOD_5/TSS/TN/TP = 10：15：7~10：1~2，图 18-15 为 A2/C 氧化沟工艺流程示意图。

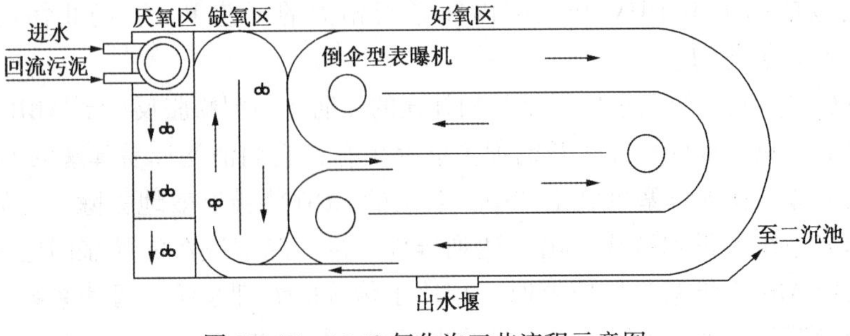

图 18-15　A2/C 氧化沟工艺流程示意图

（1）工艺组成

工艺利用了氧化沟内的水力循环、无动力内回流等特点，实现了类似于 A2/O 工艺，以达到脱氮除磷的目的。一般城市生活污水若采用 A2/C 氧化沟处理，可使出水磷浓度<1.0mg/L。

A2/C 氧化沟主要由三部分组成，即厌氧区、缺氧区、氧化沟区。该工艺是在普通 Carrousel 氧化沟前增设了一个厌氧区和缺氧区（又称前置反硝化区），以加强聚磷菌的释磷、吸磷和营养盐 NO_x^--N 的去除，在去除 BOD 的同时达到脱氮除磷的目的。

流经沉砂池的生活污水与二沉池回流污泥在 A2/C 氧化沟内设置的圆形混合井进行充分混合后进入厌氧区。厌氧区分为 3 格，每格都设有水下搅拌器，以防止污泥沉淀。经厌氧反应后的混合液进入缺氧区，并与从氧化沟来的回流液充分混合，进行反硝化脱氮和除磷反应。缺氧区的中间部位设导流隔墙，并在适当位置安装水下搅拌器，使该区具有良好的混合与循环条件。经厌氧、缺氧反应后的混合液流入氧化沟进行氧化、硝化、反硝化反应，氧化沟的充氧机械采用倒伞形曝气叶轮，可根据池内 DO 测定仪控制调节堰出水、改变曝气叶轮浸水深度以达到调节供氧的目的，处理后的水进入二沉池沉淀。最终出水中氨氮含量<15mg/L，磷含量<1.0mg/L。如果要求出水磷含量<0.5mg/L，需在工艺流程的适当位置投加混凝剂。

（2）主要设计参数

① 厌氧区容积一般按水力停留时间 1~2h 确定；

② 缺氧区容积包括脱硝和除磷两部分，除磷所需容积一般按水力停留时间 0.5~1h 确定，脱硝量可按总脱硝量的 15%~20%计算，反硝化速率计算可采用后续好氧区的数据以确定脱硝所需容积；

③ 污泥负荷为 0.05~0.08kgBOD_5/（kgMLSS·d）；

④ 氧化沟混合液的浓度一般取 3000~4000mg/L；

⑤ 污泥龄为 15~30d。

3）A2/C 氧化沟的应用

某污水处理厂设计水量 $Q=30000m^3/d$，进出水水质参数如表 18-9 所示。

表 18-9 进出水水质参数 mg/L

指标	COD	BOD_5	SS	NH_3-N	TP
进水	350	140	200	30	4
出水	≤60	≤20	≤20	≤15	≤1

（1）污水处理工艺流程确定

由进水水质可知，其 $BOD_5/COD=0.4$、$BOD_5/NH_3\text{-}N=4.67>4$、$BOD_5/TP=35>20$，可生化性较好且满足生物脱氮除磷的要求。处理工艺采用 A2/C 氧化沟，其主要工艺流程为：进水→选择池→厌氧池→前置反硝化区→氧化沟→二沉池→排水。

（2）构筑物设计

① 选择池。

由于选择池内基质浓度梯度大，菌胶团的基质利用速率要高于丝状菌，因此丝状微生物难以生存，数量逐渐减少。经过该部分的接触，可通过选择器对微生物进行选择性培养以防止污泥膨胀的发生，污泥的沉降性能得到很提高。同时，在选择池中，氧浓度为零，二沉池回流污泥中的微量硝酸盐能很快地被去除，消除了对磷去除的不利影响。工艺还设计有将二沉池回流污泥按比例分配到选择池和厌氧池的功能，可有效保证在实际运行中进水水质波动时除磷对有机物的需求。

选择池工艺尺寸 $L \times B \times H = 9\text{m} \times 5.1\text{m} \times 5\text{m}$，超高 1m。

② 厌氧池。

一般污水在厌氧段停留 1~2h 就可以使磷的释放达约 80%，此后磷的释放将会很缓慢，因此本工程设计厌氧停留时间为 1.5h。厌氧池工艺尺寸：$L \times B \times H = 21\text{m} \times 9\text{m} \times 5\text{m}$，超高 0.5m，选择池与厌氧池合建。

③ 氧化沟。

a. 污泥龄 θ_c。

根据理论同时参照经验确定。在有硝化的污水处理厂，泥龄必须大于硝化菌的世代周期，设计通常采用一个安全系数，以应付高峰流量，确保硝化作用的进行，按式(18-1)计算。

$$\theta_c = sf\left(\frac{1}{\mu_0}\right) \tag{18-1}$$

式中 sf——安全系数，取值范围 2.0~3.0，在气温较低的北方地区，取高值。

μ_0——硝化菌比生长速率，d^{-1}，μ_0 可根据式 18-2 计算。

$$\mu_0 = 0.47 \times e^{0.098(t-15)} \times \left(\frac{\rho_{(N)}}{\rho_{(Ne)} + 10^{(0.05t-1.158)}} \times \frac{\rho_{(DO)}}{K_0 + \rho_{(DO)}}\right) \tag{18-2}$$

式中 $\rho_{(Ne)}$——氨氮排放浓度，15mg/L；

$\rho_{(DO)}$——溶解氧，取 2mg/L；

K_0——氧的半速常数，取 1.3。

t——水温，10℃。

根据以上参数，得到 $\mu_0 = 0.17$，进而计算得出设计污泥龄 θ_c 为 18d。

b. 好氧区容积。

好氧区容积根据式(18-3)计算：

$$V_1 = \frac{Y \times \theta_c \times Q \times \Delta S}{(1 + K_d \times \theta_c)\rho_{(MLVSS)}} \tag{18-3}$$

式中 V_1——好氧区容积，m^3/d

Q——设计处理水量，$30000m^3/d$；

θ_c——污泥龄，18d；

ΔS——需要去除的 BOD_5 质量浓度，为 120mg/L；

K_d——污泥自身氧化速率取 0.05；

Y——污泥产率系数 = 0.6kg MLVSS/kgBOD_5；

$\rho_{(MLVSS)}$——混合液挥发性悬浮固体的质量浓度，其中 $\rho_{(MISS)} = 4000\text{mg/L}$，$\rho_{(MLVSS)}/\rho_{(MISS)} = 0.75$。

根据以上参数与计算公式，得到公式 $V_1 = 6821m^3$，水力停留时间 $t_1 = V_1/Q = 5.5h$。

c. 缺氧区容积 V_2。

缺氧区容积 V_2 可按式(18-4)计算。

$$V_2 = (VX)_{dn}/\rho_{(MLVSS)} \tag{18-4}$$

式中　$(VX)_{dn}$——参与反硝化反应的污泥量，kg/d；

反硝化污泥量由需要去除的氮量与反硝化负荷确定。确定反硝化污泥量的计算公式按式(18-5)计算。

$$(VX)_{dn}=\Delta NQ/q_{dn} \tag{18-5}$$

式中　q_{dn}——脱氮负荷，kg(NO_x-N)/(kgMLVSS·d)；$q_{dn}=0.02\times1.08^{(t-20)}$，$t=10$℃时，$q_{dn}=0.0093$kg[$NO_x$-N]/[kgMLVSS·d]。

需要去除的氮量可根据式(18-6)计算。

$$\Delta N=(\rho_{(NO)}-\rho_{(Ne)})-\Delta X\times W_N/Q \tag{18-6}$$

式中：$\rho_{(NO)}$——进氮的质量浓度，mg/L；

$\rho_{(Ne)}$——进、出水氮的质量浓度，mg/L；

ΔX——生物污泥产量，$\Delta X=Q\times\Delta S\left(\dfrac{Y}{1+K_d\times\theta_c)}\right)$，根据式(18-3)中提供的参数，计算得到 $\Delta X=1140$kg/d；

ΔW_N——生物污泥中氮的质量分数，取12.4%。

根据式(18-6)提供的参数，计算得到 $\Delta N=10.3$mg/L。

根据以上参数，从而可计算得到 $(VX)_{dn}=\Delta NQ/q_{dn}=33225$kg/d，并由此计算出缺氧区的容积 $V_2=(VX)_{dn}/\rho(\text{MLVSS})=11075\text{m}^3$，水力停留时间 $t_2=V_2/Q=8.86$h；

则氧化沟好氧区加缺氧区之和 $V_{总}=V_1+V_2=18526\text{m}^3$，水力停留时间 $t=V_{总}/Q=14.82$h。其中前置反硝化区容积占氧化沟池容的16%，水力停留时间 $t_3=2.35$h。内回流比取100%~400%。

(3) 设备、仪表选型

① 厌氧池。

为防止污泥沉降并保证沟内大于0.3m/s的流速，厌氧池设计搅拌功率密度为8.5W/m³，采用2台GQT022×480(功率4kW/台)的潜水高速推进器。设置一台MLSS在线检测仪，用于控制并保证进入氧化沟系统的污泥质量浓度在2500~4500mg/L范围内，并与二沉池回流污泥管道上的电磁流量计组成控制回路。

② 缺氧池。

采用2台DQT055×1800(功率5.5kW/台)的低速推进器，功率密度7.4W/m³；调节氧化沟好氧区混合液回流至缺氧池的内回流控制闸门采用LB4.0×1.5型，控制回流比100%~600%。同时，设置一台ORP仪与内回流控制闸门组成闭环控制，通过ORP检测数值确定内回流闸门的开启角度。设置一台DO计、一台ORP仪，对厌氧进行在线检测，分析是否有磷的释放和吸收；同时通过厌氧段的ORP(氧化还原电位)值的变化及 NO_x-N 的质量浓度来调整污泥回流比，使厌氧池处于厌氧环境。

③ 氧化沟主体反应区。

选用DS350型倒伞表面曝气机两台，功率为90kW，总供氧量=90×2.1×2=378kgO_2/h，氧富余22kgO_2/h。从节能方面考虑，其中一台采用变频调速曝气机(充氧量90~189kgO_2/h)、另一台采用恒速曝气机(充氧量189kgO_2/h)。氧化沟沟宽与倒伞曝气机直径的比例的最佳比例为2.2~2.4，沟深与倒伞曝气机直径的比例为1.1~1.2，DS350型倒伞表面曝气机直径为3500mm，确定氧化沟沟宽为8m，有效水深为4.2m。

根据工艺要求，氧化沟前置缺氧区应保证为缺氧状态才能达到预期的反硝化处理效果，因此，靠近内回流闸门的曝气机采用变频，在满足充氧要求的同时尽量避免对回流混合液溶解氧的影响。同时在附近配置一台 DO 计，组成闭环控制，通过改变曝气机的转速来改变混合液中的溶解氧值，使其达到最佳工况。氧化沟出水端为有效保证段溶解氧不小于 2mg/L，设计该处曝气机为恒速，并设置在线检测 DO 计一台。沟中还设置了一台 MLSS 计，用于在线检测污泥浓度。

4）四阶段卡鲁塞尔 Bardenpho 系统

在卡鲁塞尔 2000 型系统下游增加了第二缺氧池及再曝气池，实现更高程度的脱氮。该系统的出水水质可达到 $BOD_5$10mg/L、TN3mg/L。

5）五阶段卡鲁塞尔 Bardenpho 系统

（1）工艺流程

为在 A2/C 卡鲁塞尔系统的下游增加了第二缺氧池和在曝气池，形成了厌氧-缺氧-好氧-再缺氧-再曝气的强化污水深度处理流程，实现了更深程度的除磷和脱总氮。该系统的出水水质可达到 $BOD_5$10mg/L，TN3mg/L，TP1mg/L。五阶段卡鲁塞尔/Bardenpho 工艺流程示意图见图 18-16。

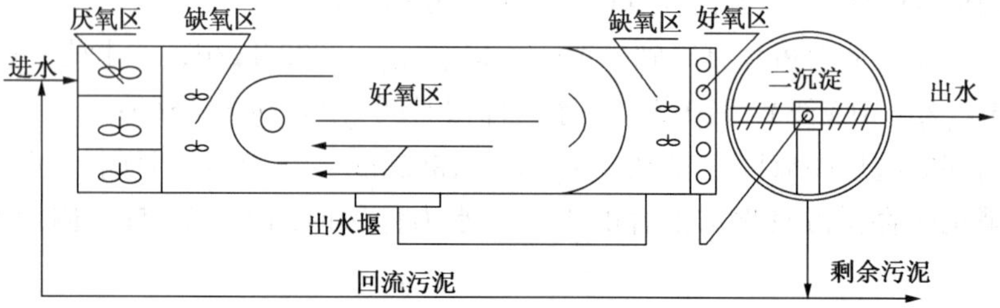

图 18-16　五段 Carrousel-Bardenpho 工艺流程图

综上所述，厌氧，缺氧与好氧合建的氧化沟系统可以分为三阶段 A2/O 系统以及四、五阶段 Bardenpho 系统，这几个系统均是 A/O 系统的强化和反复，因此这种工艺的脱氮除磷效果很好，脱氮率达 90%~95%。

（2）应用

Carrousel-Bardenpho 氧化沟昆明第一污水处理厂采用了 Carrousel-Bardenpho 氧化沟，其设计进出水水质如表 18-10 所示。

表 18-10　Carrousel-Bardenpho 工艺设计进出水水质　　mg/L

项目	COD	BOD_5	SS	TN	TP
进水	360	180	200	30	3~5
出水	30	15	10	10	0.5~1

其设计运行参数如下：

混合液浓度（MLSS）：4g/L；污泥负荷（F/M）：0.05kgBOD_5/（kgMLSS · d）；污泥产率（Y）：0.65kgMLSS/kgBOD_5；回流污泥浓度：8g/L；污泥回流比（R）：100%；污泥龄（θ_c）大于 30d；氧化沟内污水流速（u）大于 0.3m/s；曝气时间（t）大于 16h；溶解氧（DO）曝气区 2mg/L；缺氧区小于 0.52mg/L；曝气转刷功率大于 3~5W/m^3。

该厂自投产运行以来，大部分出水指标均能达到设计要求，其中磷的去除率除率 90% 左右。TN 去除率较差，而且不稳定。分析其原因有：氧化沟流速不够，导致推动力不足，使氧化沟中存在污泥沉淀；氧化沟中供氧不足，NH_3-N 硝化不好；总氮进水设计值偏小。

三、交替式氧化沟

交替式氧化沟是由丹麦 Kruger 公司创建的，有二池和三池交替工作的两种情况。包括 D 型、DE 型、T 型和 VR 型氧化沟。

（一）D 型氧化沟

D 型氧化沟由容积相同的 A、B 池组成，串联运行，轮流作为曝气池和沉淀池，一般以 8h 为一个运行周期。此种系统可获得优质的出水和稳定的污泥，同样不需设污泥回流系统，缺点是曝气转刷的利用率仅为 37.5%。D 型氧化沟示意图见图 18-17。

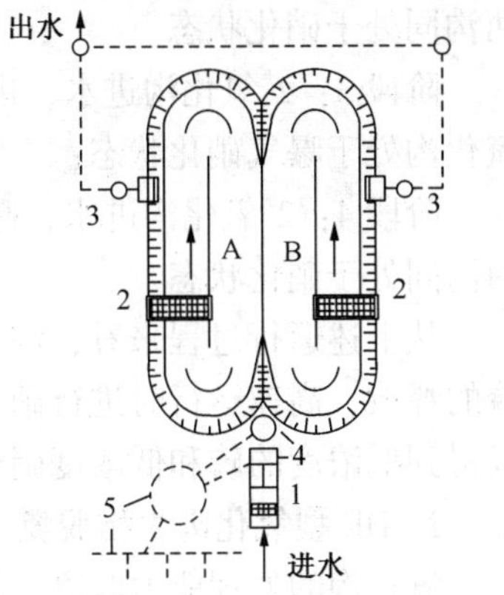

图 18-17 交替工作的氧化沟(D 型)

1—沉砂池；2—曝气转刷；3—出水堰；4—排泥管；5—污泥井；6—氧化沟

（二）DE 型氧化沟

在双沟式(D 型)氧化沟基础上考虑除磷脱氮功能，故在氧化沟前后分别增设厌氧池和沉淀池，此种类型称为 DE 型氧化沟。西安市北石桥污水处理厂处理工艺采用 DE 型氧化沟处理系统，其处理工艺流程示意图如图 18-18 所示。

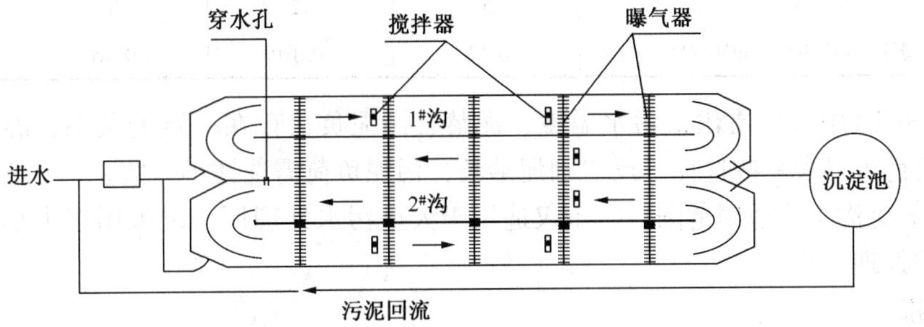

图 18-18 DE 型氧化沟处理系统工艺流程示意图

1. DE 型氧化沟生物脱氮除磷过程

西安市北石桥污水处理厂 DE 型氧化沟生物脱氮除磷运行过程分为四个阶段，如图 18-19 所示。运行一个周期为 240min，各阶段的情况如下：

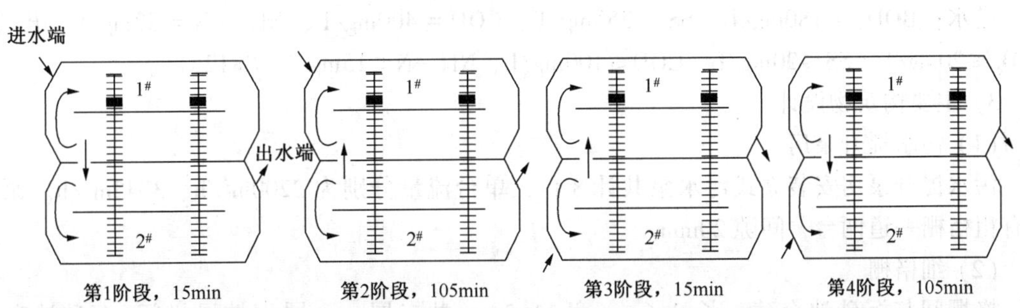

图 18-19 DE 型氧化沟生物脱氮除磷运行的四个阶段

阶段1：1#氧化沟进水，进水时间为15min，不曝气，这时1#氧化沟处于反硝化状态，而2#氧化沟处于曝气硝化状态；

阶段2：1#氧化沟进水，而曝气器曝气开启；2#氧化沟排水。同时也进行曝气，这阶段，两沟同处于硝化状态。

阶段3：2#氧化沟进水，进水时间为15min，不曝气，2#氧化沟处于反硝化状态，而1#氧化沟处于曝气硝化状态；

阶段4：2#氧化沟进水，曝气器曝气开启；1#氧化沟排水，同时也进行曝气，这阶段，两沟同处于硝化状态。

从上述运行过程来看，沟Ⅰ和沟Ⅱ交替出水，当沟中转刷低速运行时进行反硝化作用和磷的释放，高速运行时进行硝化作用和磷的吸收。通过适当调节处理过程的不同阶段，则可以得到低浓度的磷和低浓度硝酸盐、氨氮的排水，典型的生物脱氮除磷持续时间为4~8h。

2. DE型氧化沟生物脱氮、除磷工艺设计

氧化沟的处理能力取决于污水温度和沟内活性污泥的浓度。工艺设计通常是依据进水中污染物负荷、污泥龄、污泥负荷 F/M 和污水温度等。设计污泥龄、F/M 和水温三者之间有一定的关系，如表18-11所示。

表18-11　污水温度、泥龄、污泥负荷之间的关系表

温度/℃	5	10	15	20
泥龄/d	20	12	8	4
污泥负荷(F/M)/[$kgBOD_5/(kgMLVSS \cdot d)$]	0.06	0.10	0.15	0.20

从表18-10中可以看出，污水温度、泥龄、污泥负荷存在一定的关系，温度高，泥龄短，污泥负荷可以大一些选择。反之则泥龄长，污泥负荷需选择小一些。

DE型氧化沟工艺适用范围广，不仅适用于大型污水处理厂，也可用于中小型城镇或居住区污水的处理。

3. 应用

1）工程概况

西安市北石桥污水处理厂一期工程设计规模15万 m^3/d，接纳的污水为工业企业生产废水和居住区生活污水，其比例为7∶3左右。

2）水质与工艺流程

进、出厂水水质指标如下：

进水：BOD_5 = 180mg/L、SS = 255mg/L、COD = 400mg/L、NH_3-N = 32mg/L；出水：BOD_5≤20mg/L、SS≤20mg/L、COD≤100mg/L、NH_3-N≤15mg/L(T>12℃)。

3）主要构筑物设计

（1）污水提升泵房

污水提升泵房安装立式污水泵共计8台，单台流量分别为2200m^3/h、3045m^3/h。泵前设有粗格栅一道两台，间隙20mm。

（2）细格栅

格栅间与沉砂池合建，长9.6m，宽11.3m，共二层，一层为鼓风机间(沉砂池曝气用)，二层安装6台IK501型弧型格栅，每台宽度1.05m。栅条间隙10mm，自动清渣。电机功率0.55kW，二层设事故平板格栅1台，宽度1.1m，手动清渣，间隙50mm，设

U320 型无轴螺旋输送机 1 台，长度 10.5m，直径 285mm，电机功率 3kW，用于将格栅浮渣送出池外。

(3) 曝气沉砂池

曝气沉砂池 1 座 2 格，长 57.3m，每格宽 5.5m。水力停留时间 7.8min，沉砂池上设有长度 11m 桥式除砂机 1 台；桥上配有淹没式砂泵 2 台，功率 2kW，将池底沉砂抽送入集砂槽，并经砂水分离器($40m^3/h$)脱水后装入槽车运出。沉砂池表面浮渣由桥上刮渣板刮入浮渣井，井中浮渣由螺旋输送器送至池外容器。曝气沉砂池水气比 0.1~0.2，采用 RS101 型鼓风机，2 台，每台额定风量 $1200m^3/h$，功率 37kW。

(4) 选择池与氧化沟

选择池 1 座 2 格，每格长 12m，宽 12，有效水深 5m，设有 480 型混合搅器 2 套，功率 5.5kW，DC35 型出水调节堰 6 套，宽 5m，分别与氧化沟的 6 个池连通。堰板调节由控制室按运行阶段控制，电机功率 0.55kW。

氧化沟为 2 组容积相等交替运行的生物池，每组 3 共 3 座 6 池，每个池宽 22m，长 116.5m，有效水深 4.5m，设计污泥负荷为 $0.09kgBOD_5/(kgMLSS \cdot d)$，MLSS = 4.5g/L，泥龄 11d；标准状态下需氧量为 $3542kgO_2/h$，设有 Maxi9 型转刷共 60 套，直径 1000mm，长度 9m，转速 73r/min，电机功率 45kW，标准状态下充氧能力 $67kgO_2/h$；氧化沟设有 SK4430 淹没式搅拌器 18 台，功率 4.0kW，以保证氧化沟在缺氧状态下(转刷停止运转)混合液将不致发生沉淀；氧化沟出水设有 DC35 型可调节堰板 12 套，宽 5m。全部设备由中心控制室按预定程序集中控制，以保证氧化沟系统始终处于良好的工作状况。

(5) 二沉池

共 6 座，每座直径 40m，采用中心进水、周边出水辐流式沉淀池，每池设有 $\phi40$ 型刮泥机 1 台，设计水力负荷 $1.02m^3/(m^2 \cdot h)$，停留时间 4.7h，回流污泥量 $6300m^3/h$，回流比 80%。

(6) 污泥泵房

活性污泥回流与剩余污泥排放分别采用 CP3300 型和 CP3085 型淹没式潜水泵各 6 台，每座二沉池两种型号的泵各 1 台，设计污泥泵房 3 座，分别建于两座二沉池之间，宽 4m，长 13.6m，采用地下式钢筋混凝土结构。回流污泥泵 $Q = 1500m^3/h$，$H = 6m$，电机功率 37kW；剩余污泥泵 $Q = 35m^3/h$，$H = 6m$，电机功率 2.2kW。

(7) 消毒接触池与加氯间

处理水加液氯消毒，加氯量为 4~10mg/L，加氯间设有真空加氯机(美国 WT 公司生产) 2 台及其他相应附属设备。接触池设计有效容积 $2583m^3$，池长 41m，宽 21m，分为 7 格，每格 3m 有效水深 3m。

(8) 污泥浓缩池

二沉池排出的剩余污泥量为 $2800m^3/h$，含水率 99.1%。设计污泥浓缩池 2 座，每座直径 21m，池中安装栅栏式污泥搅拌和刮泥机，配备 DP3085 潜水污泥提升泵 1 台，$Q = 60m^3/h$，$H = 4.5m$，功率 2kW。剩余污泥由二沉池排出后经污泥浓缩池浓缩，使其含水率由 99.1%浓缩至 96%~97%，经均质池后至污泥脱水机房机械脱水。

(9) 均质池

浓缩污泥由提升泵送至匀质池贮存。均质池容积 $250m^3$，直径为 7m，深度 6.5m，为防止污泥沉淀配备 POP-Ⅰ型水下搅拌器 1 台，功率 5.5kW。

（10）污泥脱水机与配套设施

采用2m带宽带式压滤机2台，单台负荷16~21m^3/h(含固率2%~4%)，其他附属设备如下：偏心螺杆式污泥投配泵3台，$Q=10\sim25m^3/h$，电机功率4kW；SV型自动聚合物投加设备1套，投加量5~6kg/h；ϕ285型无轴螺旋输送机4台，长度为10m与5m各2台；高压冲洗泵3台，$Q=10m^3/h$，功率3.7kW。这些设备分别与压滤机配套。脱水后泥饼含水率78%~80%，脱水泥饼约120m^3/d左右。

（三）VR型氧化沟脱氮工艺

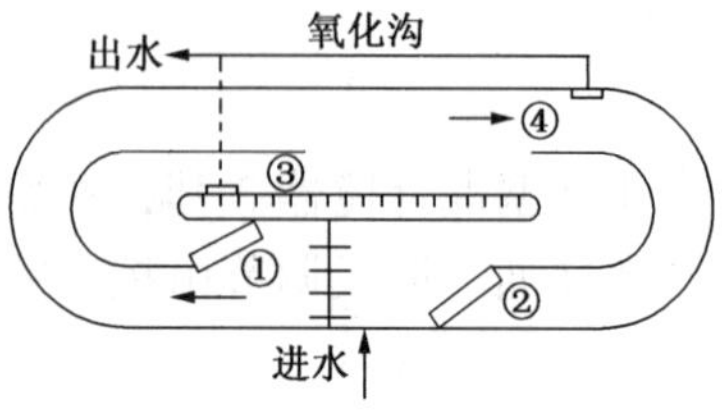

图18-20　VR型氧化沟示意图
①、②为单向活拍门；
③、④为可启闭的出水堰

VR型氧化沟是将曝气沟渠分为A、B两部分，其间有单向活拍门相连。VR型氧化沟利用定时改变曝气转刷的旋转方向，以改变沟渠中的水流方向，使A、B两部分交替地作为曝气区和沉淀区，因此不需设二沉池和污泥回流系统，其示意图如图18-20所示。

当曝气器顺时针旋转时，拍门①通过水流压力自动关闭，拍门②会被水流冲开，外侧池体作为曝气池使用，内侧池体作为沉淀池使用，出水堰③工作；当曝气器逆时针旋转时，内侧池体作为曝气池使用，外侧池体作为沉淀池使用，出水堰④工作。

交替式氧化沟在脱氮效果上良好，为了达到除磷效果，通常在氧化沟前设置相应的厌氧区或构筑物或改变其运行方式。据国内外实际运行经验，VR型氧化沟工艺如果能控制好运行，也可以取得很好的脱氮除磷效果的。

（四）T型

1. 运行方式

三沟交替的氧化沟系统（T型）是为克服D型系统的缺点而开发的，目前应用较广。在T型氧化沟运行时，两侧的A、C二池交替地用作曝气池，中间的B池则一直维持曝气，进水交替引入A池或C池，出水相应地从C池或A池引出，这样做提高了曝气转刷的利用率，达58%左右，还有利于生物脱氮。三沟交替的氧化沟系统运行方式见图18-21。

阶段Ⅰ：污水经配水井进入沟A，沟内转刷以低速运转，转速控制在仅能维持水和污泥混合，并推动水流循环流动，但不足以供给微生物降解有机物所需的氧。此时，沟Ⅰ处于缺氧状态，沟内活性污泥利用水中的有机物作为碳源，活性污泥中的反硝化菌则利用前一段产生的硝酸盐中的氧来降解有机物，释放出氮气，完成反硝化过程。同时沟Ⅰ的出水堰自动升起，污水和污泥混合液进入沟B，沟B内的转刷以高速运行，保证沟内有足够的溶解氧来降解有机物，并使氨氮转化为硝酸盐，完成硝化过程. 处理后的污水流入沟C，沟C中的转刷停止运转，起沉淀池的作用，进行泥水分离，由沟C处理后的水经自动降低的出水堰排出。

阶段Ⅱ：进水改从处于好氧状态的沟B流入，并经沟C沉淀后排出。同时沟A中的转刷开始高速运转，使其从缺氧状态变为好氧状态，并使阶段Ⅰ进入沟A的有机物和氨氮得到好氧处理，待沟内的溶解氧上升到一定值后，该阶段结束。

阶段Ⅲ：进进水仍然从沟B流入，经沟C排出，但沟A中的转刷停止运转，开始进行泥水分离，待分离完成，该阶段结束。阶段Ⅰ、Ⅱ、Ⅲ组成了上半个工作循环。

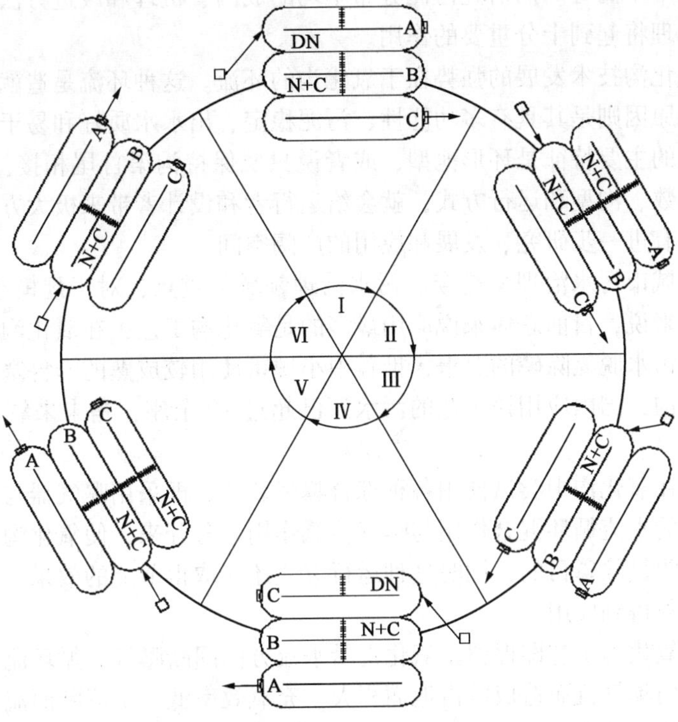

图 18-21　三沟交替的氧化沟系统运行方式(N+C：硝化与有机物；DN 反硝化)

阶段Ⅳ：进水改从沟 C 流入，沟 C 出水堰升高，沟 A 出水堰降低，并开始出水。同时，沟 C 中转刷开始低速运转，使其处于缺氧状态，沟 B 则仍然处于好氧状态，沟 A 起沉淀池作用。阶段Ⅳ与阶段Ⅰ的水淹方向恰好相反，沟 C 起反硝化作用，出水由沟 A 排出。

阶段Ⅴ：类似于阶段Ⅱ，进水又从沟 B 流入，沟 A 仍然起沉淀他作用，沟 C 中的转刷开始高速运转，并从缺氧状态变为好氧状态。

阶段Ⅵ：类似于阶段Ⅲ，沟 B 进水，沟 A 沉淀出水。沟 C 中的转刷停止运转，开始泥水分离。至此完成整个循环过程。

通常一个工作循环需 4~8h，在整个循环过程中，中间的沟始终处于好氧状态，而外侧两沟中的转刷则处于交替运行状态，当转刷低速运转时，进行反稍化过程，转刷高速运转时，进行硝化过程，而转刷停止运转时，氧化沟起沉淀池作用。因此若调整各阶段的运行时间，就可达到不同的处理效果，以适应水质、水量的变化。目前运行的这种工艺，大部分是预先将各阶段的运行时间，根据具体的水质、水量，编入运行管理的计算机程序中，从而使整个管理过程运行灵活、操作方便。

三沟式氧化沟是氧化沟的一种典型构造型式，目前采用的三沟式氧化沟工艺是丹麦在间歇式运行的氧化沟基础上改造的，实际上仍是一种连续流活性污泥法，只是将曝气、沉淀工序集于一体，并具有按时间顺序交替轮换运行的特点，其运转周期可根据处理水质的不同进行调整，从而使其运行操作更趋于灵活方便。这种工艺流程简单，无需设二次沉淀池和污泥回流装置，使氧化沟工艺的基建投资和运行费用大为降低，并在一定程度上解决了以往氧化沟占地面积大的缺点，我国邯郸市东污水处理厂采用此工艺。

2. 三沟式氧化沟存在的问题

三沟式氧化沟工艺也存在一些缺点，如：设备利用率低、三沟的污泥浓度相差大、容积利用率低、除磷效率不高等。而研究污泥分布不均的成因、机理和改进方法，对三沟式氧化沟的设计和运行管理将起到十分重要的作用。

综上所述，氧化沟技术发展的强势在于氧化沟的环流。这种环流是造就氧化沟长久不衰的内在原因，外在原因则是其具有多功能性、污泥稳定、出水水质好和易于管理。氧化沟有别于其他活性污泥的主要特征是环形池型，或者说只要保持沟渠首尾相接，水流循环流动，选用的特定设计参数、沟型和运行方式，就会给运行者和设计者带来极大方便，其灵活性和适应性也非常强，有进一步研究、发展和应用的广阔空间。

（1）提高中小城市污水治理率是今后污水治理领域的重点，对于规模小于10万t/d的中小型污水处理厂来说，目前总体来说应用最多的是氧化沟工艺，在氧化沟各种工艺中，考虑其各自的特点及污水脱氮除磷的要求，推荐中小城市使用较成熟的卡鲁塞尔氧化沟，对于合建式一体化氧化沟，国内应用该工艺的污水厂已超过10余座，是未来氧化沟工艺发展的一个主要方向。

（2）近年来，在氧化沟中尝试使用各种综合曝气装置，即采用曝气器与水下混合器独立运行，将氧化沟中的水流循环混合作用与曝气传氧作用区分开来，使氧化沟中交替出现缺氧与好氧状态，达到脱氮除磷目的，同时这种运行方式还能取得节能的效果。据报道，这种综合曝气系统已在国外得到应用。

（3）微孔曝气氧化沟工艺即保留了氧化沟沿水流方向间断曝气和循环流动的特点，克服了氧化沟因采用表面曝气机而造成的占地面积大、充氧效率低、水流断面流速不均、池底易沉淀等不足，不失为一种可推广使用的工艺。

（4）在土地十分紧张的地区，在取得较准确的设计参数的基础上，可考虑使用立体式循环氧化沟。

（5）在氧化沟工艺设计中，沟深的设计是一个很重要的问题，尽管水下推进器的使用使沟深有所提高，但也并非越大越好，因为有效水深的增加会引起能量模式的改变，从而需增加动力设备就不同，引起投资和运行费用的提高。不同地质情况，不同进水水质及处理要求，有不同的沟深要求。因此，每一个选用氧化沟工艺的污水厂，都因根据各种因素综合分析以确定最佳的沟深。

参 考 文 献

1 北京市市政工程设计研究总院．氧化沟设计规程(CECS112：2000)[G]，2000.

2 刘长荣，常建一．Carrousel 氧化沟的脱氮除磷工艺设计[J]．中国给水排水，2002，18(1)：67~70.

3 赵书华，李长坤，李保臣等。改良型 Carrousel 2000 氧化沟工艺的优化控制[J]．江苏环境科技，2004，2007，17(3)：15~16.

4 胡大锵．CARROUSEL 氧化沟脱氮除磷工艺设计探讨[J]．中国给水排水，2002，18(9)：62~64.

5 王建利，张德兵，方勇．潍坊市污水处理厂奥伯尔氧化沟工艺[J]．中国给水排水，1999，15(10)：42~43.

6 蒋岚岚，陈宇，耿震等．新型一体化 Orbal 氧化沟的工程设计[J]．水处理技术，2008，34(8)：80~82.

7 蒋岚岚，梁汀，沈晓铃．无锡市城北污水处理厂扩建工程设计[J]．中国给水排水，2007，23(4)：43~47.

8 刘家富，吕斌，曹红涛等．卡鲁塞尔 2000 氧化沟的调试及运行[J]．中国给水排水，2004，20(11)：101~103.

9 胡天媛，徐伟．北方某污水厂卡鲁塞尔氧化沟系统的设计[J]．工业用水与废水，2003，34(4)：48~51.

10 张自杰，林荣忱，金儒霖．排水工程(下册，第4版)[M]．北京：中国建筑工业出版社，2000.
11 杭世珺．城市污水处理工程设计中值得探讨的几个问题[J]．给水排水．2004，30(1)：15~21.
12 张爱华，崔青安，张传高．一体化氧化沟沉淀船运行方式[J]．中国给水排水，2000，16(1)：42~43.
13 邓荣森，肖海文，王涛等．四川省城市污水处理示范工程一体化氧化沟[J]．给水排水，2001，27(4)：1~4.
14 胡彬启，王社平．DE型双沟式氧化沟技术与应用[Z]．全国城市污水处理设施建设经验与技术研讨交流会，北京，2002.12.

第十九章　膜

第一节　膜分离法工程技术要求

一、预处理一般规定

（1）膜分离工艺须对进水中的悬浮固体、微溶盐、微生物、氧化剂、有机物等污染物进行预处理，以防止膜降解和膜堵塞；预处理的方法可以采用物理法或化学法。

（2）预处理的深度以能满足各种膜过程进水水质要求为准，取决于膜材料、膜组件的结构、原水水质、产水的质量要求及回收率。

（3）膜分离运行的 pH 值范围：微滤/超滤系统 2～10；纳滤/反渗透系统：聚酰胺复合膜为 2～11；醋酸纤维素膜为 4～8。

（4）进水温度范围：5～45℃。当 pH>10 时，最高运行温度为 35℃。

二、设计水质要求

（一）微滤、超滤系统

1. 设计进水水质

微滤、超滤系统进水，应符合表 19-1 的规定。

表 19-1　微滤、超滤系统进水规定

项目	浊度/NTU	SS/(mg/L)	COD/(mg/L)	pH	余氯/(mg/L)
限值	≤5	≤20	≤50	2～10	≤5

进水水质超过表中的规定限值时，需增加预处理工艺。

2. 微滤/超滤的预处理

1）去除悬浮固体

（1）原水悬浮物、胶体物质<50mg/L 时，可直接采用介质过滤或在管道加入絮凝剂；

（2）原水悬浮物、胶体物质>50mg/L 时，应采用混凝沉淀+过滤的预处理工艺；絮凝剂宜用碱式氯化铝（PAC），不宜用聚丙烯酰胺（PAM）、三氯化铁（$FeCl_3 \cdot 6H_2O$）；

（3）浊度小于 70NTU 的原水，适宜于采用多介质过滤除去颗粒、悬浮物和胶体；

（4）微滤/超滤之前应安装精度为 10μm 的滤芯过滤器。

2）去除微生物

在混凝沉淀之前投加氧化剂，如次氯酸钠（NaClO）。

3）去除氧化剂

采用活性炭吸附或在精密过滤器之前添加还原剂亚硫酸氢钠（$NaHSO_3$）；当原水中油脂较多时，应先破乳，除去浮油，再按常规程序处理。

（二）纳滤、反渗透系统

1. 进水水质

纳滤、反渗透系统进水水质应符合表19-2的规定。

表19-2　纳滤、反渗透系统进水水质

项　目	浊度/NTU	SDI	余氯/(mg/L)	Fe^{2+}/(mg/L)	TOC/(mg/L)
限值	≤1	≤5	≤0.1	≤4	≤3

在设计纳滤、反渗透薄膜分离系统时，应对进水水质进行分析。进水水质超过限值时，需增加预处理工艺解决。

2. 纳滤/反渗透的预处理

1）防止膜化学损伤

采用活性炭吸附或在进水中添加还原剂亚硫酸氢钠($NaHSO_3$)去除余氯或其他氧化剂，控制余氯含量≤0.1mg/L。

2）预防胶体和颗粒污堵

(1) 介质过滤。浊度小于70NTU的原水，宜采用多介质过滤，除去颗粒、悬浮物和胶体；

(2) 微滤或超滤。微滤(MF)或超滤(UF)能除去所有的悬浮物、胶体粒子及部分有机物，出水达到淤泥密度指数SDI≤3，浊度(NTU)≤1。

3）预防微生物污染

灭菌消毒分为物理灭菌和化学灭菌，物理灭菌可采用紫外光；化学灭菌为在介质过滤器之前投加消毒剂。

4）控制结垢预处理

(1) 加酸对控制碳酸盐结垢有效；

(2) 强酸阳树脂软化对控制硫酸盐结垢有效；

(3) 投加阻垢剂可有效控制膜表面结垢，投加量按阻垢剂生产商提供的产品技术参数确定。

三、膜的适宜性

1）微滤

微滤适宜于截留0.1~10μm之间的颗粒，允许大分子有机物和溶解性固体(无机盐)等通过，但能阻挡住悬浮物、细菌、部分病毒及大尺度胶体。

2）超滤

超滤适宜于截留0.002~0.1μm之间的颗粒和杂质，允许小分子物质和溶解性固体(无机盐)等通过，但能有效截留胶体、蛋白质、微生物和大分子有机物。

3）纳滤

纳滤适宜于截留多价离子、部分一价离子和分子量大约为200~1000daltons的有机物，对单价阴离子盐溶液的脱除率低于高价阴离子盐溶液。一般用于去除地表水的有机物和色度，脱除井水的硬度及放射性物质，去除部分溶解性盐，浓缩食品以及分离药品中的有用物质等。

4）反渗透

反渗透适宜于截留溶解性盐及分子量大于100daltons的有机物，仅允许水分子透过，醋酸纤维素反渗透膜脱盐率大于95%，反渗透复合膜脱盐率大于98%，广泛用于海水及苦咸水淡化，锅炉给水、工业纯水及电子级超纯水制备、废水处理及特种分离等。

四、膜分离浓缩水的处理与处置

1）浓缩水处理的技术要求

根据实际情况确定，如果企业有综合污水处理系统，膜分离浓缩水可并入综合污水处理系统处理；如果没有，也可以独立设计一套生化处理系统，与化学清洗废水、介质过滤器和活性炭过滤器反冲洗废水收集在一起处理。

2）浓缩水处理工艺流程

浓缩水处理工艺可以采用混凝沉淀+接触氧化的处理工艺，其处理流程见图19-1。

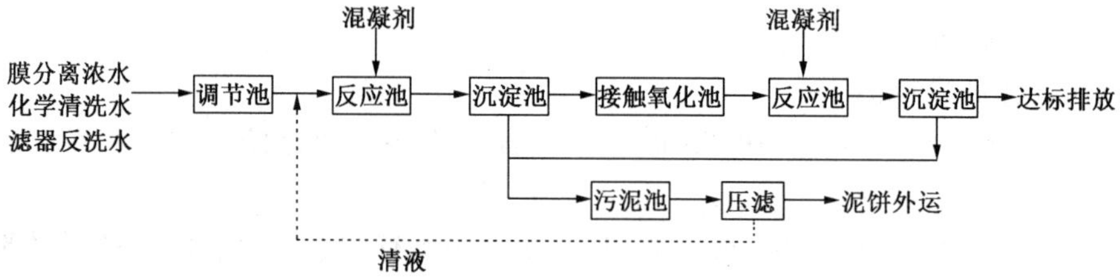

图19-1　浓缩水处理工艺流程

五、膜系统安装与调试

（一）反渗透膜系统安装与调试

1. 反渗透膜系统安装

（1）装置主机架应符合JB/T2932、GB/T985和GB/T1804的规定。

（2）管道安装应确保平直，走向合理，符合GB 50235和HG 20520的规定。

（3）泵安装应确保位置平衡，在运转中不得有明显的振动；高压泵进、出口应分别设有低压保护和高压保护，在其出水管路上宜设置慢开阀门。

（4）设备各部件连接处应结构光滑平整、严密、不渗漏。

（5）设备配备的仪器、仪表接口处不得有渗漏现象。

（6）保护系统应安全可靠，要有防止水锤冲击的保护措施；膜元件渗透水侧压力应小于浓缩水侧压力，特殊情况下渗透水侧压力可高于浓缩水侧压力，但压力差应小于0.03MPa。

（7）设备安装时，在装、卸膜元件的两侧，应留有不小于膜元件长度1.2倍距离的空间，以满足换膜、检修的要求。设备不能安置在振动、多尘、高温的地方，应于室内安装，避免阳光直射，环境温度低于4℃时，必须采取防冻措施。

（8）电控柜的安装应符合GB/T 3797的规定。

（9）膜元件的安装依据膜生产商的产品技术手册。

2. 反渗透膜系统调试

（1）原水预处理部分设备需先冲洗，冲掉杂质和其他污染物，防止进入高压泵和膜元件。

(2) 阀门启闭

① 保安过滤器进水阀门和高压泵进水阀门必须完全打开；

② 启动高压泵时，必须在高压泵与膜元件之间的进水控制阀处于接近全关的状态，以防备水流及水压对膜元件的冲击，使其启动电流控制在最小；

③ 膜系统产水排放阀、进水控制阀和浓水控制阀必须完全打开；

④ 所有取样阀和清洗阀门应关闭，所有压力显示阀可呈半开状态。

对于反渗透膜系统，膜系统的有关阀门示意图见图 19-2。

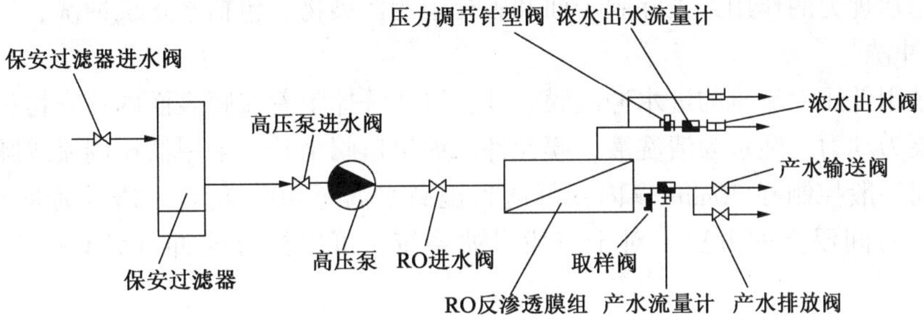

图 19-2　反渗透膜系统有关阀门示意图

(3) 缓慢打开膜进水端控制阀，用低压、低流量合格水赶走膜元件和膜壳内的空气，冲洗压力为 0.2~0.4MPa，4inch 膜壳冲洗流量控制为 0.6~3m^3/h，8inch 膜壳冲洗流量控制为 2.4~12m^3/h；在冲洗操作中，如果存在渗漏点，应紧固。

(4) 湿膜冲洗 30min 以上，干膜应连续低压冲洗 6h 以上。

(5) 缓慢关闭浓水控制阀，均匀升高浓水端压力至设计值，以维持系统设计规定的浓水排放流量，升压速率应低于每秒 0.07MPa。

(6) 检查系统压力，确保不超过设计上限，使机械和仪表的安全装置操作合适。

(7) 让系统连续运行一定时间，产水合格后，先打开合格产水输送阀，然后关闭产水排放阀，向净水箱供水。

(8) 记录所有运行参数。

(9) 上述调节在手动操作模式下进行，待系统稳定后将系统转换成自动控制运行模式。

(10) 在连续操作 24~48h 之后，所有的系统性能要有记录，包括进水压力、压差、温度、流量、回收率及电导率，作为系统性能基准。

(11) 比较系统设计性能参数和系统实际性能参数，如果不符，在投运的第一周内，应定期调整系统的性能，确保系统在投运初始阶段处于合适的性能范围内。

(二) 超滤/微滤膜系统安装与调试

1) 超滤/微滤膜系统安装

应按照膜生产商提供的产品技术手册进行安装。

2) 超滤/微滤膜系统调试

(1) 检查进水水质是否符合要求；

(2) 在低压和低流速下排掉系统中所有的空气；

(3) 检查系统是否渗漏；

(4) 调节进水和浓水的调节阀，逐渐增大压力和流速到设计值；

(5) 检查和试验所有在线传感器，设定时间延时保护和报警等；

(6) 系统达到设计要求后，运行 1~2h，以去掉残存的制膜试剂和膜元件出厂保护液；

(7) 系统稳定运行后，记录操作条件和性能参数。

六、运行管理与维护

(一) 膜污染与清洗

膜清洗方法通常可分为物理方法与化学方法两种。

1. 物理方法

指利用物理力的作用，去除膜表面和膜孔中的污染物，包括水正反冲洗、气洗。

1) 水冲洗

冲洗是用低压大流量的进水冲洗膜元件，以冲洗掉附着在膜表面的污染物和堆积物。冲洗时，以泵为动力，纯水为清洗液，膜元件浓缩出口阀全开，采用低压湍流或脉冲清洗。一次清洗时间一般控制在 30min 以内，可适当提高水温至 40℃左右。透水通量较难恢复时，可采用较长时间浸泡的方法。对于多段过滤系统，可以按分段冲洗设计，更有利于进行冲洗。

一般冲洗流速：4inch 膜元件为 $1.8 \sim 2.5m^3/h$，8inch 膜元件为 $7.2 \sim 12m^3/h$；冲洗压力：一般控制在 0.3MPa 以下；冲洗频次：一般一天大于一次。

冲洗步骤包括：

① 停止膜系统的运行；

② 调节阀门：全开浓缩水阀门，关闭低压冲洗泵进水阀门，全开产水阀门；

③ 开启低压冲洗泵；

④ 缓慢打开进水泵阀门的同时，查看浓缩水流量计的流量；

⑤ 调节进水阀门，使流量和压力达到所要求的标准值。

2) 反冲洗

以泵为动力，使水从产水端进入膜元件装置，从浓缩端流回到清洗槽。为了防止膜元件机械损伤，反洗压力一般控制在 0.1MPa，清洗时间 30min。该方法一般适用于中空纤维超滤装置，清洗效果比较明显。

3) 气洗

一般是指用高流速气流反洗，可将膜表面形成的凝胶层消除。

2. 化学清洗

在出现下列情形之一时，应进行化学清洗：

① 装置的产水量下降 10%~15%；

② 装置各段的压力差增加 15%；

③ 装置的盐透过率增加 15%。

常用的化学清洗剂有：氢氧化钠、盐酸、1%~2%的柠檬酸溶液、Na-EDTA、加酶洗涤剂、双氧水水溶液、三聚磷酸钠、次氯酸钠溶液。化学清洗剂的选用取决于污染物的类型和膜材料性质，应充分考虑膜的耐酸性、耐碱性、耐氧化性。清洗的基本原则是保持膜湿润。清洗剂的选择依据膜生产商的产品技术手册。

(1) 酸碱清洗

无机离子如 Ca^{2+}、Mg^{2+} 等在膜表面易形成沉淀层，可采取降低 pH 值以促进沉淀溶解，再加上 EDTA 钠盐等络合物去除沉淀物；用稀 NaOH 溶液清洗超滤膜，可以有效地水解蛋白质、果胶等污染物，能取得良好的清洗效果。采用调节 pH 值与加热相结合的方法，可以提高水解速度，缩短清洗时间，因而在生物、食品工业得到了广泛的应用。

(2) 表面活性剂

表面活性剂如 SDS、吐温 80、Triton、X-100(一种非离子型表面活性剂)等具有增溶作用，在许多场合有很好的清洗效果，可根据实际情况加以选择，但有些阴离子和非离子型的表面活性剂能同膜结合造成新的污染，在选用时须加以注意。使用中发现，单纯的表面活性剂效果并不理想，需要与其他清洗药剂相结合。

(3) 氧化剂

氢氧化钠或表面活性剂不起作用时，可以用氯进行清洗，其用量为 200~400mg/L 活性氯(相当于 400~800mg/LNaClO)，其最适合 pH 为 10~11。在工业酶制剂的超滤浓缩过程中，污染膜多采用次氯酸盐溶液清洗。除此之外，双氧水、高锰酸钾在部分场合也具有较好的清洗作用。

(4) 酶清洗

由醋酸纤维素等材料制成的有机膜，由于不能耐高温和极端 pH 值，在膜通量难以恢复时，可采用含酶的清洗剂清洗。但使用酶清洗剂不当会造成新的污染。国外报道采用固定化酶形式，把菌固定在载体上，效果很好，目前，常用的酶制剂有果胶酶和蛋白酶。

(二) 停机

(1) 先降压后停机，当需要停机时，慢慢开启浓缩水出口调节阀门，使系统压力下降至最低点再切断电源；

(2) 系统停运后，其他辅助系统也应停运；

(3) 停运后不能有滴漏现象。

七、膜元件的保存方法

(一) 短期存放操作

短期存放时间为 5~30d，短期存放操作如下：

(1) 定位清洗膜元件，放空内部气体；

(2) 用消毒液冲洗膜元件，出口处消毒液浓度达标；

(3) 全部充满消毒液后关阀，使溶液留在壳体内；

(4) 根据不同消毒剂，每 3~5 天重复步骤(2)、步骤(3)；

(5) 恢复使用时，先用低压进水冲洗，产水排放 1h，再高压下洗涤 5~10min，检查消毒剂是否残存。

(二) 长期存放操作

同短期存放方式一样。应注意的是 27℃以下每月重复(2)、(3)步骤一次，27℃以上时，每 5 天重复(2)、(3)步骤一次。

第二节　应　　用

一、反渗透

反渗透最早应用于海水淡化，自 20 世纪 70 年代进入海水淡化市场之后，发展十分迅速。RO 用膜和组件已相当成熟，组件脱盐率可高达 99.8%以上。近年来，功交换器和压力交换器的开发成功，使能量回收效率都高达 90%以上，从而使应用 RO 反渗透膜海水淡化的能耗在 $3kW \cdot h/m^3$ 淡水以下，成为以海水制取饮用水最廉价的方法。

除应用于海水淡化之外，RO 广泛用于苦咸水淡化以及纯水和超纯水的制备，并成为其最经济的制备工艺过程。纯水和超纯水的制备在电子、电力、化工、石化、医药、饮料、食品、冶金等各行业广泛采用；同时 RO 反渗透技术已应用于电镀、矿山、放射、垃圾渗滤液等废水的浓缩处理以及水的达标排放或回用等。

（一）反渗透膜的主要性能参数与运行工况条件

1. 膜的化学稳定性

膜的化学稳定性主要指膜的抗氧化性和抗水解性。膜材料都是高分子化合物，如果水溶液中含有次氯酸钠、溶解氧、双氧水、六价铬等氧化剂，这些氧化剂会造成膜的氧化，影响膜的性能和寿命。因此若分离含氧化剂的水溶液时，应尽量避免用含有键能很低的 O—O 键或 N—N 键的膜，以提高膜的抗氧化能力，如芳香聚酰胺膜中因有一定的 N—N 键，在氧化剂含量较高时易断裂，故其抗氧化性不如醋酸纤维膜。

膜的水解和氧化是同时发生的。当制备膜的高分子化合物中含—CONH—、—COOR—、—CN—、—CN_2O—等时，在酸或碱的作用下，易发生水解反应，使膜破坏，而聚砜、聚苯乙烯、聚碳酸酯、聚苯醚等材料的抗水解性能优越，但由于其缺少亲水基团，故透水性差，常用来制作膜表面有孔的超滤膜和微孔滤膜。

2. 膜的耐热性和机械强度

反渗透膜有时需在较高温度下使用，故需耐热；膜的机械强度是高分子材料力学性质的体现，其中包括膜的耐磨性。在压力作用下，膜的压缩和剪切蠕变以及表现出的压密现象，会导致膜的透过速度下降，如能将膜直接制作在高强度的支撑材料上，会增加膜的机械强度。

3. 膜的理化指标

包括膜材质、允许使用的压力、适用的 pH 范围、耐 O_2 和 Cl_2 等氧化性物质的能力、抗微生物与细菌的侵蚀能力、耐胶体颗粒与有机物及微生物的污染能力等。

1）运行压力

渗透压与原水中的含盐量成正比，与膜无关。提高运行压力后，膜被压密实，盐透过率会减少，水的透过率会增加，水的回收率提高。但当压力超过一定限度时会造成膜的老化，膜的变形加剧，透水能力下降。

2）进水 pH

对于醋酸纤维膜运行时，水以偏酸性为宜，pH 值一般控制在 4~7 之间，在此范围外，会加速膜的水解与老化，目前认为 pH 值在 5~6 之间最佳。膜的水解不仅会引起产水量的减少，而且会造成膜对盐去除能力的持续性降低，直至膜损坏。

3）进水温度

对产水量有一定的影响，温度增加 1℃，膜的透水能力增加约 2.5%。反渗透膜的进水温度低限为 5~8℃，此时的渗滤速率很慢。当温度从 11℃升至 25℃时，产水量提高 50%。但当温度高于 30℃时，大多数膜变得不稳定，膜的水解速度加速。一般醋酸纤维膜运行与保管的最高温度为 35℃，宜控制在 25~35℃之间。

4. **膜的分离透过特性指标**

膜的分离特性指标包括脱盐率(或盐透过率)、产水率(或回收率)、水通量及流量衰减系数(或膜通量保留系数)等。

1)脱盐率与盐透过率

脱盐率指给水中总溶解固体物(TDS)中的未透过膜部分的百分数，脱盐率=(1-产品水中总溶解固体物/给水中总溶解固体物)×100%；盐透过率=(1-脱盐率)×100%

2)产水率

指渗透水流的比率，也可表示为回收率，即产水流量与给水流量之比，产水率=(产品水流量/给水流量)×100%。

① 产水率随温度的升高而增加，随工作压力的增加成比例的上升；

② 产水率随进水盐浓度的增加而下降；

③ 产水率随水回收率的增加而下降。

3)水通量

又称透水量，指单位面积膜的产品水流量，是设计和运行都要加以控制的重要指标，它取决于膜和原水的性质、工作压力、温度。对于地表水为13~23L/(m^2·h)，经过反渗透出水为23~30L/(m^2·h)，对于海水为11.5~13L/(m^2·h)。

4)通量衰减系数

指反渗透装置在运行过程中水通量衰减的程度，即运行一年后水通量与初始运行水通量下降的比值。如Hydranautics的膜以井水为原水时，每年衰减4%~7%。

5)膜通量保留系数

指运行一定时间后水通量与初始水通量的比值。

6)最大给水流量、最大压降、最低浓水流量

设定最大给水流量用来保护容器中的第一个反渗透元件，使其给水与浓水压力降不会太大，否则，压力降高就可能使膜组件变形，损坏膜元件。

设定最小的浓水流量以保证在容器末端的膜元件有足够的横向流速，从而减少了胶体在膜表面上的沉淀，并且减少浓差极化对膜表面的影响。浓差极化指在膜表面上的盐浓度高于主体流体浓度的现象，易产生盐浓缩。因为横向流速低，膜表面的盐的反向扩散速度就低，结果难溶盐沉淀的机会增多，而且更多的盐会透过膜表面，导致产水量和脱盐率下降。

5. **反渗透膜的除盐分离特性**

(1)有机物比无机物容易分离。

(2)电解质比非电解质易分离。

对电解质来说，电荷高的分离性好，例如去除率大小顺序为：$Al^{3+}>Mg^{2+}>Ca^{2+}>Na^{+}$；$PO_4^{3-}>SO_4^{2-}>Cl^{-}$。

(3)无机离子的去除率受该离子的水合离子数及水合离子半径的影响。水合离子半径越大的离子(一般离子半径小的离子，其水合离子半径大)，则越容易被去除。例如，某些阳离子的去除率大小顺序为：$Mg^{2+}>Ca^{2+}>Li^{+}>Na^{+}>K^{+}$，而阴离子的去除率大小顺序为：$F^{-}>Cl^{-}>Br^{-}>NO^{3-}$。

(4)对非电解质来说，分子愈大的愈易去除。

(5)气体容易透过膜，例如氨、氯、碳酸气、硫化氢、氧等气体的去除率很低。氨的分离性较差，但调pH值使之成为铵离子后，分离性就变好。

（二）影响反渗透运行参数的主要因素

膜的水通量和脱盐率是反渗透过程中关键的运行参数，这两个参数将受到压力、温度、回收率、给水含盐量、给水 pH 值因素的影响。

1. 压力

给水压力升高使膜的水通量增大，压力升高并不影响盐透过量。在盐透过量不变的情况下，水通量增大时，产品水含盐量下降，脱盐率提高。

2. 温度

温度对反渗透的运行压力、脱盐率、压降影响最为明显。温度上升，渗透性能增加，在一定水通量下要求的净推动力减少，因此实际运行压力降低。同时，溶质透过速率也随温度的升高而增加，盐透过量增加，直接表现为产品水电导率升高。

温度对反渗透各段的压降也有一定的影响，温度升高，水的黏度降低，压降减少，对于膜的通道由于污堵而使湍流程度增强的装置，黏度对压降的影响更为明显。

3. 回收率

回收率对各段压降有很大的影响，在进水总流量保持一定和回收率增加的条件下，由于流经反渗透高压侧的浓水流量减少，总压降降低；而回收率减少，则总压降增大。实际运行表明，回收率即使变化很小，如 1%，也会使总压差产生 0.02MPa 左右的变化。回收率对产品水电导率的影响取决于盐透过量和产品水量，一般说来，系统回收率增大，会增加浓水中的含盐量，并相应增加产品水的电导率。

4. 进水含盐量

对同一系统来说，给水含盐量不同，其运行压力和产品水电导率也有差别，给水含盐量每增加 100μg/g，进水压力需增加约 0.007MPa，同时由于浓度的增加，产品水电导率也相应地增加。

5. pH 值

各种膜组件都有一个允许的 pH 值范围，即使在允许范围内，pH 值对产品水的电导率也有一定的影响，这是因为反渗透膜本身大都带有一些活性基团，pH 值可以影响膜表面的电场进而影响到离子的迁移；另一方面，pH 值对进水中杂质的形态有直接影响，如对可离解的有机物，其截留率随 pH 值的降低而下降。

6. 浓差极化

工作压力差越大，极化程度也越严重。超过滤出现严重极化时，膜面产生凝胶层，对溶剂流动产生附加阻力，并使渗透速率的提高受到限制。反渗透出现严重极化时，则由于溶质浓度过高，会导致沉淀析出。

（三）膜选型

设计反渗透系统时，应考虑设备投资和运行成本的平衡，既能保证产水量和产水水质，又能减少投资、降低能耗。选型时应考虑的主要因素如下：

1. 膜材质类型

目前较常用的膜类型有：

1）醋酸纤维膜(CA 膜)

CA 膜又可以分为平膜、管式膜和中空纤维膜几类。CA 膜具有反渗透膜所需的三个基本性质：高透水性、对大多数水溶性组分的渗透性相当低、具有良好的成膜性能。对于难处理的地表水或者废水系统，经常选 CA 膜。CA 膜膜的优点是：膜表面光滑、不带电荷，在使用时可减小污染物(例如带电荷的有机物)沉积，并且微生物不易在其表面黏滞。

2）聚酰胺膜(PA 膜)

聚酰胺膜又可以分为脂肪族聚酰胺膜、芳香族聚酰胺膜(成膜材料为芳香族聚酰胺、芳香族聚酰胺-酰肼以及一些含氮芳香族聚合物)。

3）复合膜

这是近些年来开发的一种新型反渗透膜，由很薄而且致密的复合层与高空隙率的基膜复合而成的，它的膜通量在相同的条件下比非对称膜高约 50%～100%。目前复合膜有以下几种：

(1) 交联芳香族聚酰胺复合膜(PA)；

(2) 丙烯-烷基聚酰胺和缩合尿素复合膜；

(3) 聚哌嗪酰胺复合膜；

(4) 氧化锆-聚丙烯酸复合膜。

目前国内外膜供货商主要供应聚酰胺复合膜和醋酸纤维膜，醋纤膜虽较便宜，但因脱盐率低(≥95%～97%)且膜易被细菌侵蚀，因此使用较少，复合膜脱盐率高(≥99%)、使用寿命长，因此被广泛采用，目前市场上用得较多的是美国海德能公司产的 CPA 和 ESPA 型，CPA 型操作压力为 15.5kg/cm^2，ESPA 型操作压力 10.5kg/cm^2，可节省能耗，但价稍贵，小系统采用 ESPA 型较多，中、大型基本上采用 CPA 型。

2. 水通量

产水通量是单位有效膜表面的产水量，水通量低，污染速度就低，要想降低水通量可选择膜面积较大的膜元件或采用更多数量的膜元件，但成本相应会增加。观察表明，一旦超过一定量的水通量，其污染速度将呈指数上升。对不同水质和不同污染物含量的水源，膜供应商均给出了建议的水通量范围，当然这些设计数据是以有足够的预处理为前提。

3. 横向流速

为了控制地表水反渗透系统中的污染速度，选择最佳膜面横流速度与选择水通量同样重要，给水和其产生的浓水在膜表面的横向流速越高，膜污染速度就越低，高横向流速可增加湍流程度，从而减少颗粒物质在膜表面上的沉淀或在隔网空隙处的堆积，也提高了膜表面上的高浓度盐分向主体溶液的扩散速度，从而减少了难溶盐沉淀在膜表面上的机会。严格按照设计规范来设计每支膜的水利用率(单支膜水利用率≤15%)，从而确定整个装置的水利用率，以确保膜的横向流速。

（四）膜的清洗和维护

反渗透系统最终是需要进行清洗的，在 RO 系统表现出污染的倾向、长时间停运之前、或按计划进行常规保养时，应清洗 RO 系统。当出现下列污染特征时，表明 RO 系统需要清洗：①标准化后产水水质下降 10%～15%；②给水与浓水间的压降增加 10%～15%。

由于 RO 系统出现污垢而需要清洗的频率随地点的不同而不同。一般清洗频率是 3～12 个月一次。如果每个月不得不清洗一次以上，就应该改善 RO 的预处理系统，调整 RO 系统的运行参数，如果每 1～3 个月需要清洗一次，则需要在提高当前设备的运行水平上做工作，也可以考虑采取改进预处理系统的措施。

膜系统常见的污染物种类有：碳酸钙垢、硫酸钙、硫酸钡、硫酸锶垢铁、锰、铝等金属氧化物，二氧化硅胶状沉积物(无机或无机、有机混合物)，自然或合成有机物生物质(生物污泥、霉菌或真菌），通常需按特定的次序使用各种不同的清洗药品清洗，以获得最佳的清洗效果。基本的清洗步骤如下：

（1）用给水或产品水进行低压冲洗，以去除设备运行时的浓水和污染物；

（2）按制造商的说明配制清洗液；

（3）将清洗液加入第一段中并保持60min（对小系统不分段，可一次性清洗），此时可能需要调节流量使之缓慢增加，防止清除出来的污染物将给水通道堵塞。在将清洗液回流到RO清洗箱之前，应排放掉从系统中顶出的水和刚开始的20%的清洗液。当pH值变化超过0.5单位时，重新调到目标值。

（4）可选择浸泡和再循环步骤。浸泡时间为1～12h，浸泡时应注意控制合适的温度与pH。

（5）用产品水进行低压冲洗，以去除在清洗系统各反渗透系统中的所有残存药品。

（6）设备的所有各段均清洗完成后，RO装置可以重新投入运行。通常RO的产水水质要用数小时甚至几天的时间才能稳定下来，尤其是经过高pH溶液清洗。

（五）反渗透装置类型

1. 优质反渗透装置的要求

（1）对膜能提供合适的支撑；

（2）处理溶液在整个膜面上必须均匀分布；在最小能耗情况下，对处理溶液提供良好的流动状态；

（3）单位体积膜的有效面积比率高；

（4）便于膜的拆卸和组装；

（5）在运行压力下，安全与可靠性高；

（6）外部泄漏能尽可能从压力的变化上发现；

2. 反渗透装置型式

1）板框式反渗透装置

板框式反渗透装置由Aerojet通用公司发展起来的，适合于小企业。膜支撑体在一种圆形平板上，这块平板称为多孔板，多孔板常见的有不锈钢和聚氯乙烯材料，产水通过多孔板汇集起来。这种装置存在以下缺点：

（1）安装和维护费用高；

（2）进料分布不均匀；

（3）流槽窄；

（4）多级膜装卸复杂；

（5）单位体积中膜的比表面积低，产水量少。

尽管有这些缺点，但由于它的结构简单可靠，体积比管式装置小，在小规模的生产场所还是有一定的优势。

2）管式反渗透装置

管式反渗透装置能够处理含悬浮颗粒和溶解性物质的液体，像沉淀一样在管式装置中把料液进行浓缩，运行期间系统处处都可以发挥良好的排水作用，适当调节水力条件，可以预防溶液的浓缩弄脏或堵塞膜。其主要优缺点如下：

优点：①能够处理含悬浮固体的溶液；②合适的流动状态就可以防止浓差极化和膜污染等，并容易调整。

缺点：①设备端部用膜较多，装置制造和安装费用较昂贵；②单位体积中膜的比表面积小；③必须把管子外部包起来；④要使用支撑材料。

3）螺旋式反渗透装置

美国通用原子公司(Gulf General Atomic Co)发展了这种装置，螺旋式反渗透装置结构示意图见图 19-3。

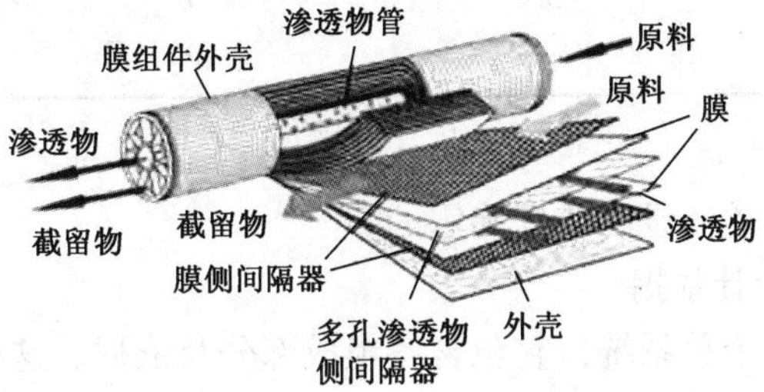

图 19-3　螺旋式反渗透装置结构示意图

螺旋式结构的中间为多孔支撑材料，两边是膜的“双层结构”，它的末端是冲孔的塑料管。双层膜的边缘与多孔支撑材料密封形成一个膜袋(收集产水)，在膜袋之间再铺上一层隔网，然后沿中心管卷绕这种多层材料(膜/多孔支撑材料/膜/料液隔网)，就形成了一个螺旋式反渗透组件。将卷好的螺旋式组件放入压力容器中，就成为完整的螺旋式反渗透装置。使用这种螺旋式反渗透装置时应注意：①中心管主要褶皱处的泄漏；②膜及支撑材料在黏结线上发生皱纹；③胶线太厚可能会产生张力或压力不均匀；④支撑材料的移动会使膜的支撑不合理，导致平衡线移动；⑤膜上的小孔洞，这是由于膜的质量不合格所致。

目前，美国制作螺旋式组件已实现机械化，采用一种 0.91m 滚压机，连续喷胶将膜与支撑材料粘密封结在一起，并滚转成螺旋式组件，牢固后不必打开即可使用。

螺旋式组件的主要优缺点是：

优点：①单位体积中膜的表面积比率大；②压力导管设计简单，安装和更换容易，结构可以紧密放在一起。

缺点：①料液含悬浮固体时不适宜使用；②料液流动路线短；③压力高；④再循环浓缩困难。

4）中空纤维式反渗透装置

美国杜邦公司和道斯化学公司提出用纯中空纤维素作为反渗透膜，制造出中空纤维式反渗透装置。这种圆柱形耐压容器装置类似于一端封死的热交换器，其中含有外径 50μm、内径 25μm 的反渗透膜，有的是将中空纤维膜弯成 U 形装入，由于这种中空纤维极细，通常可以装填几百万根。高压溶液从容器旁打进去，经过中空纤维膜的外壁，从中空纤维管束的另一端把渗透液收集起来，浓缩后的料液从另一端连续排掉。中空纤维式反渗透装置的主要优缺点如下：

优点：①单位体积中膜的表面积比率高，一般可达到 16000~30000m^2/m^3，因此组件可以小型化；②膜不需支撑材料，中空纤维本身可以受压而不破裂。

缺点：①膜表面去污困难，料液需经严格预处理；②中空纤维膜一旦损坏是无法更换的。

目前流行的这四种装置的一些主要特性比较见表 19-3。

表 19-3　四种反渗透装置的主要特性比较

种　类	膜装填密度/(m^2/m^3)	操作压力/MPa	透水量/[$m^3/(m^2 \cdot d)$]	单位体积产水量/[$m^3/(m^2 \cdot d)$]
板框式	493	5.6	0.2	98.6
管式	330	5.6	1.02	336
螺旋式	660	5.6	1.02	673
中空纤维式	9200	2.8	0.073	673

（六）反渗透流程

反渗透流程是由反渗透的设计依据确定的。

1. 反渗透的流程的设计依据

反渗透过程应视为一个总系统，它包含各组成部分及依据。这些依据可作为设计 RO 系统时的指南。每一部分与每一交接处都将有合宜的操纵开关及连接，以保证系统的长期使用性能。每一部分及每一系统均有能满足各用户需要的经济、性能的折中办法。

1）最终用途

首先的考虑是产品水的具体用途。对饮用水，通常要求满足有关卫生标准。对超纯电子工业用水，水电阻率需达 18MΩ·cm。然而产品的性能可能并不全部严格的要执行标准值，因为严于产水水质将增加产品水的运行费用，会产生负面影响。

2）后处理

在 RO 透过液使用前，通常需要对其作一些后处理。如需要脱气，以去除为控制结垢对进料水酸化而产生的 CO_2 和进行 pH 调节，防止下游系统发生腐蚀。后处理的要求取决于应用，需按具体情况加以确定。对许多工业应用，后处理包括采用树脂除盐和紫外线消毒。对城市回用水，要附加氯消毒。

3）膜

膜为系统的心脏，其性能可受与膜本身及其构型无关的一些因素的影响，例如预处理及系统的操作与维护，需根据进料水的水质及最终用途仔细考虑选择膜材料及膜构型。

4）操作与维护

操作与维护是良好系统性能的关键。为了尽早发现潜隐的问题，须收集系统性能数据并定期分析。对于发生的问题，应采用合适的技术寻找故障，并与膜制造商或系统设计者切磋寻找解除问题的措施。对不能控制的结垢、污染或堵塞，则需经常清洗膜以保持膜的性能。在膜装置中，这些物质不可逆的积累将导致流体分布不均和产生浓差极化，这将造成膜通量与盐截留率的减退，有时会使膜材料发生降解，这些都会导致昂贵的膜单元的更换。目前已开发出的用于恢复因结垢或污染造成的不良的膜性能的技术，若能及早地识别出膜需清洗，则这些技术是非常有效的。

5）高压泵

高压泵提供膜生产所需产水流量及水质的压力。常用泵的类型是单级、高速离心泵、柱塞泵、多级离心泵。通常单级离心泵效率最低，柱塞泵效率最高。对于小系统采用高速离心泵，对于大系统采用多级离心泵为佳。

6）预处理

预处理即垢的控制，方法有 pH 值的调节、缓蚀剂软化、微生物控制、脱氯以及对悬浮固体、胶体、金属氧化物、有机物等的去除。

2. 预处理过程

预处理过程是指被处理的料液在进入膜分离过程前需采用的预先处理措施。预处理一般有物理处理、化学处理和光化学处理三种。在预处理过程中可使用各种单元操作，也可以将几种方法组合使用，预处理过程的好坏是反渗透膜的分离过程成败的关键，因此必须严格认真做好预处理工作。目前流行的方法主要有以下几种：

1）物理法

物理方法包括：①沉淀或气浮法；②砂过滤、预涂层(助滤剂)过滤、滤筒过滤、精过滤等；③活性炭吸附法；④冷却或加热。

2）化学法

化学方法包括：①氧化法：利用臭氧、空气、氧、氯等氧化剂进行氧化；②还原法；③pH值调节。

3）光化学法

光化学预处理方法主要指紫外线照射。

无论采用哪一种预处理方法，不仅取决于料液的物理、化学和生物学性质，而且还要根据在膜分离过程中所用组件的类型构造作出判断。实际运行中的故障，一方面是由于膜表面上的分离所带来的直接污染，另一方面与膜组件本身的构造有关。预处理所需要达到的标准，根据所用膜件的不同也可能不一致。

（七）污水膜分离系统设计

1. 一般要求

(1)根据原水水量、原水水质及产水水质要求、回收率等资料，经技术经济比较后选用膜工艺。

(2)自控一般要考虑到实际可行，在线检测系统应确保膜组件运行时能及时做出相应反应。

(3) 采用接触过滤工艺处理低浊度污水时，絮凝剂应溶解性良好，投药点与过滤器入口应有 1m 距离。

(4) 采用活性炭吸附工艺时，活性炭过滤器的进口处需投加杀菌剂。

(5) 还原剂、阻垢剂宜投加在保安过滤器之前。

(6) 防腐要求

预处理中的加酸、加氯会造成管道、设备的腐蚀，在纳滤/反渗透系统的低压侧(高压泵进水侧)应采用 PVC 管材及管件，在高压侧(高压泵出水侧)应采用不锈钢管材及管件。

2. 纳滤/反渗透膜分离系统设计

1）工艺参数

(1) 工艺流程形式

① 一级一段法。

一级一段法有连续式和循环式两种工艺流程。其中连续式是料液进入膜组件后，浓缩液和产水被连续引出，这种方式水的回收率不高，工业应用较少；另一种形式是循环式工艺，它是将浓水一部分返回料液。一级一段法工艺的两种形式分别见示意图 19-4、图 19-5。

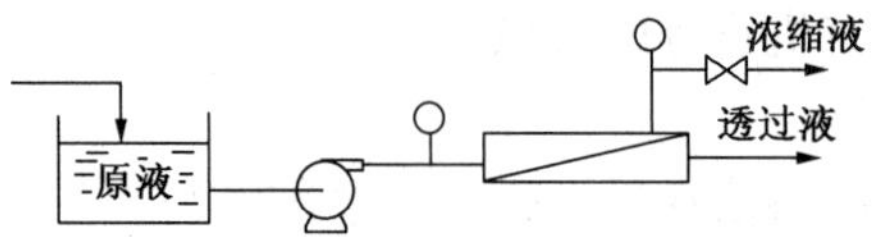

图 19-4　一级一段连续式工艺流程示意图

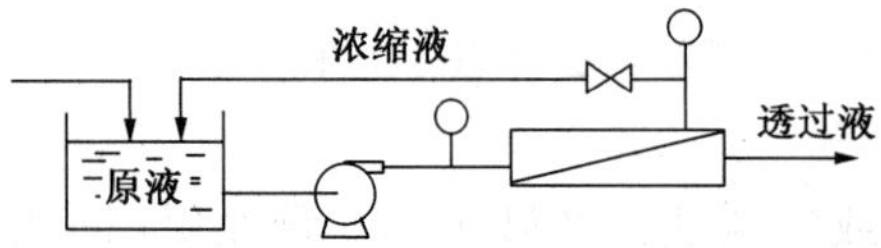

图 19-5　一级一段循环式工艺流程示意图

② 一级多段法。

当反渗透用作浓缩且一次浓缩达不到要求时，可以采用这种多段式方式，这种方式浓缩液体体积可减少而浓度提高，产水量相应加大，每段的有效横截面积递减。其工艺流程分别见示意图 19-6、图 19-7、图 19-8。

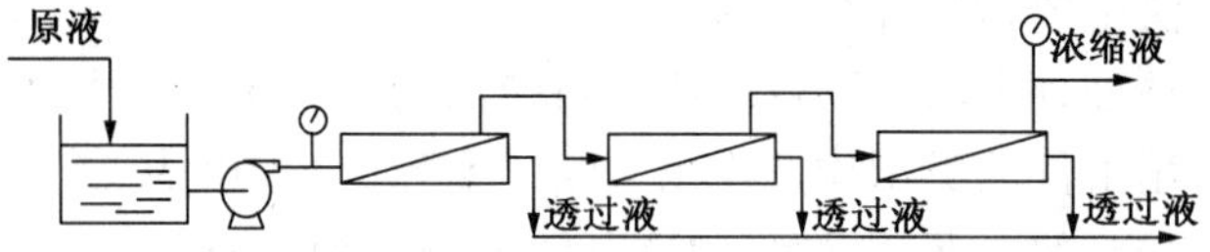

图 19-6　一级多段连续式工艺流程示意图

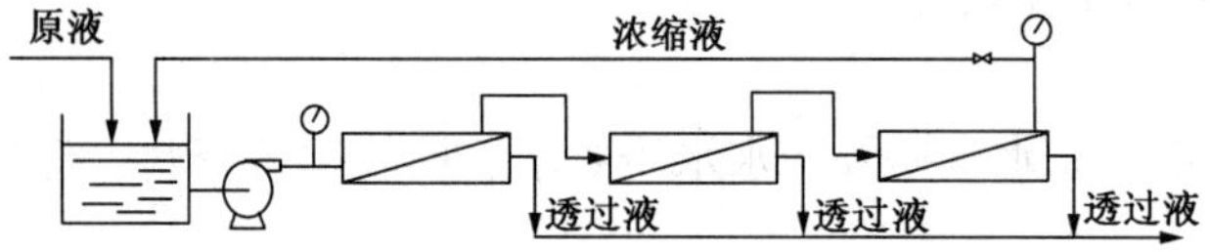

图 19-7　一级多段循环式工艺流程示意图

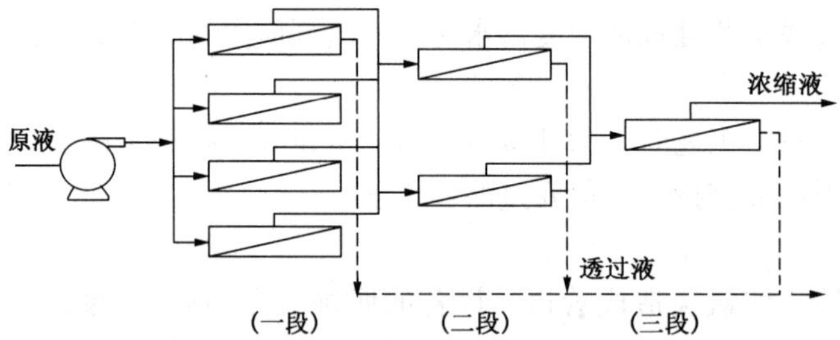

图 19-8　一级多段塔形排列工艺流程示意图

③ 两级一段法。

当海水除盐率要求把 NaCl 从 35000mg/L 降至 500mg/L 时，则要求除盐率高达 98.6%，如一级达不到时，可分为两步进行。即第一步先除去 NaCl 90%，而第二步再从第一步出水中去除 89%的 NaCl，即可达到要求。如果膜的除盐率低，而水的渗透性又高时，采用两步法比较经济，同时在低压低浓度下运行时，可提高膜的使用寿命。

④ 多级反渗透流程。

在此流程中，将第一级浓缩液作为第二级的供料液，而第二级浓缩液再作为下一级的供料液，此时由于各级透过水都向体外直接排出，所以随着级数增加水的回收率上升，浓缩液体积减少浓度上升。为了保证液体的一定流速，同时控制浓差极化，膜组件数目应逐渐减少，见示意图19-9。

在选择流程时，对装置的整体寿命、设备费、维护管理、技术可靠性也必须考虑。例如，需将高压一级流程改为两级时，那么就有可能在低压下运行，因而对膜、装置、密封、水泵等方面均有益处。

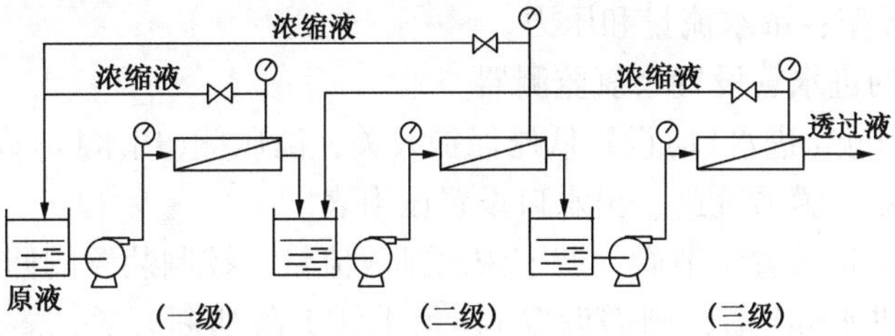

图19-9 多级工艺流程

2）基本设计计算

(1) 单支膜元件产水量

按膜生产商产品提供的25℃条件下单支膜元件产水量，并按膜生产商产品提供的温度修正系数进行修正。也可以25℃为设计温度，每升高或降低1℃，产水量增加或减少2.5%计算。

(2) 计算所需的元件数

$$N_e = \frac{Q_p}{q_{max} \times 0.8} \tag{19-1}$$

式中 N_e——元件数；

Q_p——设计产水量，m^3/d；

q_{max}——膜生产商产品提供的膜元件最大产水量，m^3/d；

0.8——设计安全系数。

(3) 压力容器(膜壳)数的确定

$$N_v = \frac{N_e}{n} \tag{19-2}$$

式中 N_v——压力容器数；

N_e——设计元件数；

n——每个容器中的元件数。

一级二段膜系统中一、二段压力容器排列比宜为2∶1或3∶2或按比例增加；一级三段膜系统一、二、三段压力容器排列比宜为4∶2∶1或按比例增加。

(4) 管道设计(配水、集水)

① 对于大型纳滤/反渗透装置(产水量≥50m^3/h)，依据均匀配水原则，合理选择进水干管的管径和壁厚，让每只压力容器进水压力相近，实现均匀配水。

② 产水支管和干管的流速宜取$V \leqslant 1.0m/s$。

③ 各段产出淡水宜用各自独立管线输送至淡水箱。

④ 如果纳滤/反渗透装置与淡水箱距离较远，或受现场等条件限制，各段淡水出口必须并联到一根总管时，则应在每段出水支管上设置止回阀。

⑤ 应将浓水排放管、产水管以及产水排放管等垂直向上引出，使其高于纳滤/反渗透

装置。

⑥ 加药系统将药剂配制成一定浓度的溶液后投加。加药系统需配置专门的药剂配置箱，配置箱应设温度计和可移动箱盖。投加方式可以采用计量泵输送，也可使用安装在供水管道上的水射器直接投加。

⑦ 自控系统、仪表。自控系统的监控项目包括：进料水的 pH 值、温度、压力、电导率；产水流量和电导率；浓水流量和压力。

a. 高压泵之前的进水管设置余氯监测器。

b. 高压泵的低压侧(进水口)设置低压保护开关，高压侧(出水口)设高压保护开关。

c. 在保安过滤器、膜系统进、出水口设置压力表。

d. 膜组件浓水出口设置调节阀，调节浓水排放流量，控制装置的回收率和进料水压力。

e. 若加酸调节进水 pH 值，则需设置 pH 值上、下限切断开关。若进水设有升温措施，则需设置高温切断开关。

（八）反渗透膜的发展趋势

最初反渗透是以脱盐为目的开发的，对膜的要求也只是为分离无机盐和水，随着反渗透用途的扩大，已处于根据用途对膜的构造进行设计的阶段。目前将传统的中压膜改为低压膜或超低压膜的动向非常活跃，其发展趋势概括如下：

在脱盐领域中，对于海水淡化由高压(5~7MPa)向超高压(8~8.5MPa)；对于咸水淡化将向脱盐(地下水、江河水)、废水处理(工业废水、城市污水)和超纯水(电子工业用水、医疗用水)等三方面发展；对处理压强将由中压(3~4MPa)向低压(1~2MPa)甚至超低压(1MPa 以下)。

在海水淡化方面，利用复合膜成功的达到了高脱盐率。在咸水淡化方面，目前将传统的中压膜改为低压膜或超低压膜，并保持脱盐率不变(或提高)，是今后的发展方向。

反渗透工程应用的另一个发展方向是反渗透膜组器与超滤、微滤、纳滤、EDI 等组器的有机地组合应用，充分发挥各种膜分离技术的特性，形成一个完整的系统工程，达到浓缩、分离、提纯的目的。鉴于 RO 技术的最近进展，在不久的将来，该领域中可望有如下的发展：

(1) 开发去除有机卤代物小分子的聚合物膜；

(2) 开发分离烃混合物的无机 RO 膜；

(3) 以动力膜为基础，开发出无机和有机混合材料膜；

(4) 采用更先进的物理方法获悉膜的结构及膜中液体的结构；

(5) 聚合物球粒的概念将被用于复合膜的设计；以控制聚合物体球粒尺寸及球粒中聚合物的密度来控制膜孔尺寸；

(6) 在膜孔尺寸和聚合物-溶液相互作用基础上，研究和发展更精确的传递理论；

(7) 由控制膜孔尺寸和膜溶质相互作用，开发能将混合溶质分级的膜；

(8) 膜污染将被膜的设计及膜组件的设计所控制；

(9) RO 和其他分离过程的混合分离系统将日益增长的渗入化学工业和有关工业，越来越多的将化学和生物反应与膜分离技术相结合。

反渗透法除在水处理方面有着广泛的用途外，在化学工业、食品工业、医药工业以及气体分离等许多学科和领域都有着极其广泛的应用，特别是随着膜技术的发展。其潜在应用领域将会不断扩大，反渗透科学将会在今后的科学技术发展中大显身手，发挥更大的作用。

（九）具体设计案例一

1. 基本数据

1）原水

（1）进水水质：生化出水；

（2）进水温度：常温；

（3）进水水量：≥50m^3/h。

2）产水

（1）产水能力：37.5m^3/h；

（2）工作时间：24h/d；

（3）产水回收率：75%；

（4）产水水质：达到生产工艺用水水质指标。

2. 工艺流程

设计处理工艺流程如下：

杀菌剂添加系统　　　　阻垢剂添加系统

　　　↓　　　　　　　　　　↓

原水→机械过滤器→活性炭过滤器→保安过滤器→高压泵→一级反渗透→RO 产水贮罐→用水点。

3. 系统部件组成

1）预处理部分

（1）原水泵

数量 1 台；单台输送水量 50m^3/h 以上，输出压力 0.4MPa，用于将原水从水井提升并作为机械过滤器的进水加压。

（2）机械过滤器反冲洗泵

数量 1 台；单台输送水量 305m^3/h 以上，输出压力 0.4MPa，用于将原水从水井提升并作为机械过滤器的反冲洗用；机械过滤器的反冲洗强度为 12L/(m^2·s)。当过滤器两端压力超过 0.15MPa 时，需将原水泵与反冲泵并联对单台过滤器进行反冲洗。

（3）杀菌剂添加系统

数量 1 套，包括美国 LMI 计量泵和杀菌剂贮箱。为避免细菌、藻类与其他微生物在机械过滤器、管路、微滤过滤器等系统内繁殖，系统设计了一套在线式杀菌剂计量添加系统，安装在机械过滤器入口前的进水管路上，该系统定期间歇启动，往运行系统内添加杀菌剂。

（4）机械过滤器及活性炭过器

数量各 1 台，机械过滤器和活性炭过滤器是反渗透系统的重要预处理装置，采用粒径为 4～32mm 的卵石作为支承层，采用粒径为 1～4mm 的石英砂、0.8～1.8mm 的无烟煤、20～40 目的活性炭作为滤料，它的作用是滤除原水带来的悬浮物、胶体、有机物等物质，保证其出水 SDI（污染指数）≤3。

根据反渗透产水量要求，设置 1 台直径 3000mm 的立式多介质过滤器和 1 台直径 3000mm 的立式活性炭过滤器，设备出力 50m^3/h，运行流速 8～9m/h，反洗强度为 12～15L/(m^2·s)。当过滤器在进出口压差达到一定值或出水 SDI 大于 3 时，则运行反洗。

机械过滤器是否反洗根据运行压差和 SDI 值来判断，在多介质过滤器出水管路上设置 SDI 专用测试管，配备有恒压阀的 SDI 测定仪。过滤器前后设有压力表，根据前后所显示压力的差值，判断是否需要反洗。机械过滤器和活性炭过滤器的运行、反冲洗为手动操作方式。

（5）反渗透主体部分

① 保安过滤器。

数量 2 台，采用 316SS 不锈钢袋式微滤过滤器，内装 5μmPEXL 滤袋。原水经过机械过滤器后进入反渗透设备之前，为避免过滤器内泄漏的滤料以及未能完全滤除的悬浮物质进入膜系统，需在进膜系统之前设置一道安全过滤器，考虑到过滤效果、运行成本和便于更换滤袋等操作，采用袋式过滤技术，此过滤器为卡箍结构，更换滤袋快而方便，更换频率一般以月计。

② RO 进水高压泵。

数量 1 台。装置配备丹麦 GRUNDFOS 公司的 304 不锈钢立式多级离心泵，流量为 $50m^3/h$，扬程为 160m，功率为 37kW。

③反渗透主体装置

数量 1 套，经过预处理后合格的预处理出水进入膜组件，水分子通过膜层，经收集管道集中后，通往产水管再注入中间水箱。不能通过的就由另一组收集管道集中后通往浓水排放管，排出系统之外。系统的进水、产水和浓水管道上都装有一系列的控制阀门、监控仪表及程控监视操作系统，保证设备能长期保质、保量的系统化运行。

反渗透膜组件均采用进口的抗污染反渗透膜，单根膜标准脱盐率达 99.7%，设备配置 48 根 8040 的膜组件，每根膜组件有效膜面积为 $400ft^2$，分别安装在 8 根玻璃钢压力容器内（耐压 300psi），每支压力容器内装 6 支膜芯。

④ CIP 清洗系统。

数量 1 套。无论预处理如何彻底，反渗透经过长期使用后，反渗透膜表面仍会受到结垢的污染。所以本系统设置一套清洗系统，当膜组件受到污染后，可进行化学清洗。它包括一台不锈钢清洗泵，一台清洗箱及一批配套仪表、阀门、管道、接头等附件。

（6）设备框架

设计采用工业标准厚壁不锈钢方管，管材外表面抛光处理。

（7）RO 产水贮罐

数量 1 只，PE 水罐，体积 $50m^3$，带高低液位控制开关，与反渗透设备和产水泵联动。

当贮罐液位高于上限液位时，RO 系统自动关闭，并在液位低于上限液位（或高液位状态解除时）自动恢复运行。当系统停机时，为防止高硬度原水在 RO 设备中沉积而污染膜，所以 RO 设备停机后，必须用贮罐中纯净的 RO 产水正冲 RO 设备，以冲走含高浓度离子的原水。RO 设备进行 CIP 清洗后，也必须用纯净的 RO 产水正冲 RO 设备中残余的清洗液。

（8）现场在线监测仪表

为监测系统的正常运行状况并辅助系统实现一定条件下的自动运行，在系统中相应的控制点设计配备了相关的现场在线检测与控制仪表。为使所有现场检测数据均能通过 PLC 集中处理，现场监测仪表部分输出 4~20mA 标准信号，包括：

① 压力开关（PW）。

数量 1 只，安装于微滤过滤器之后，用于检测 RO 系统高压泵之前的管路供水压力，通过 PLC 控制系统与 RO 系统联动，当此压力低于下限安全值时，系统报警提示原水供应不足。

② RO 进水电导率仪(CW)。

数量 1 只，用于监测经过机械过滤预处理的 RO 进水电导率指标，根据显示数值，可以提示操作人员注意原水水质变化情况。

③ 在线压力传感器(PI)。

数量 1 只，用于 RO 设备高压泵出口。

用于检测并反向控制高压泵出口(膜进口)的运行压力，压力传感器将检测压力信号送往 PLC 控制器处理，PLC 控制器根据设定的压力值与实际检测值进行对比，并通过调节高压泵电机的变频器，从而使运行压力始终与设定压力相吻合。在系统清洗或冲洗时，只要在触摸控制屏上将工况选择为清洗或冲洗，则系统的工作压力可以根据清洗或冲洗要求的压力自动调节高压泵的运行压力。

④ RO 产水电导率仪(CW)。

数量 1 只。安装于产水管上，用于检测 RO 产水指标，根据显示数值可以提示操作人员检查系统或清洗膜组件。

⑤ 浓水、产水转子流量计。

数量 2 只。用于检测 RO 设备的产水及浓水流量。

⑥ 液位开关(LW)。

用于检测 RO 产水贮罐液位，并可在 PLC 控制程序中与设定值进行比较计算，当液位低于设定的下限值时，反渗透系统可以自动开机，当液位达到设定的上限值时，反渗透系统可以自动关机。贮罐液压的上下限值可以根据生产运行的需要通过相关的权限进行调整。

⑦ 控制系统。

RO 高压变频控制器，数量 1 台，功率 37kW；配备变频控制器系统，以实现柔性启动与柔性停止，因此不会在开停机时造成水锤现象，避免对膜元件和系统的冲击。

⑧ PLC 程序控制系统。

系统自动控制选用 SIEMENSS7 系列 PLC 程序控制器实现自动与手动结合的运行控制模式，对于现场在线检测仪表采集的标准信号予以集中处理，并输出控制信号及报警信号，当系统供水不足、进膜压力超标时系统均可自动报警。

⑨ 基础电气控制系统。

电气控制系统中的基础元件均选用 SIEMENS 的元件，配合 PLC 控制模块控制系统中的高压泵及产水泵。

⑩ 现场控制柜。

在设备操作面设有现场控制柜，现场控制柜采用彩钢板喷塑制成。触摸显示屏安装于 RO 系统现场控制柜上。

4. 运行成本分析

运行成本分析见表 19-4。

表 19-4 运行成本分析

1	基础数据	进水量/(m^3/h)	50
		产水量/(m^3/h)	37.5
		产水回收率/%	75
		设计工作时间/(h/d)	24
		设计年工作天数/(d/a)	330

续表

预处理系统			
2	机械过滤器	年反冲洗成本/元	10000
反渗透系统			
3	电力消耗	年电力消耗成本/元	87912
4	换膜成本	年平均换膜成本/元	62400
5	清洗成本	年清洗消耗成本/元	324
6	预过滤滤袋更换成本	年预过滤袋更换成本/元	2400
7	合　计	设备年运行总费用/元	162653.14
		年处理水量/(m^3/a)	297000
		单位处理水量成本/(元/m^3)	0.55

5. RO **设备技术参数**

RO 设备技术参数见表 19-5。

表 19-5　RO 设备技术参数

序　号	参数	内容	备注
1	温度	25℃	原水状态参数
2	压力	0.3~0.4MPa	
3	原水流量	50m^3/h	
4	产水流量	37.5m^3/h	
5	产水回收率	75%	
6	脱盐率	≥97%(产水/进水电导率)	
7	RO 级数	1 级	
8	PH	6.5~7.5	
9	RO 膜清洗周期	≥4 个月	
10	机械过滤器反冲洗频率	约 7 天/次	具体需根据压差判断
11	机械过滤器反冲洗时间	约 10min/次	

（十）具体应用

1. **印染废水处理**

某公司印染废水采用反渗透膜处理，工程工艺流程如图 19-10 所示。工程设计处理规模为 5000t/d，回收率为 50%，处理成本为 1.51 元/t 废水。

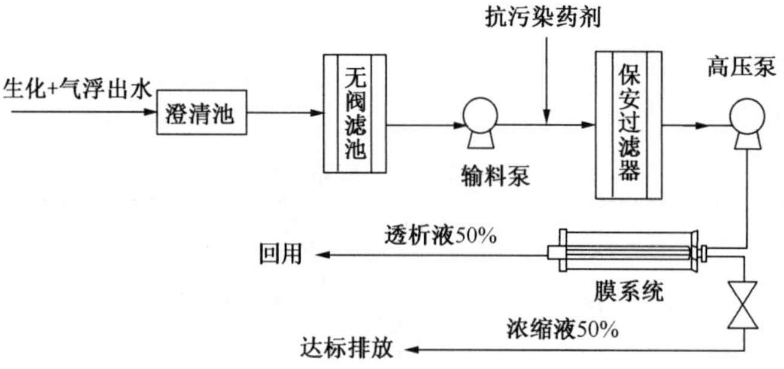

图 19-10　印染废水反渗透膜处理工程工艺流程

其膜处理进水水质、回用水水质、浓水水质如表 19-6 所示。

表 19-6　膜处理进水水质、回用水水质、浓水水质

项目	COD/(mg/L)	硬度/(mg/L)	电导率/(μS/cm)	色度/倍	浊度/NTU	pH
进水						
设计进水要求	≤50	≤80	≤3200	≤25	≤1	5.8~8
实际数值	≤30	≤65	≤2500	≤20	0.45	6.5
回用水						
设计标准	≤10	≤30	≤130	2	≤0.2	6.5~7.5
实际数值	≤10	4.3	8.6	≤2	0.07	6.8
浓水						
排放水质	49	—	30	25	—	7.1

2. 电镀废水处理

电镀镍漂洗水采用两级反渗透(RO)膜分离技术，处理规模为 24t/d，电镀废水浓缩 5 倍以上，镍得到回收，清水回用于工艺中。其处理工艺流程见图 19-11。

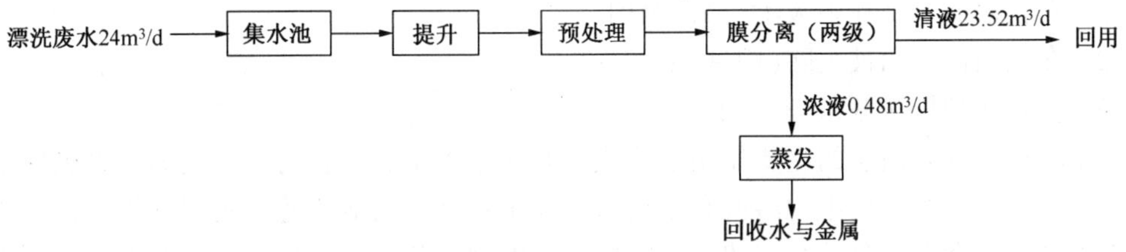

图 19-11　电镀镍漂洗水两级反渗透工艺流程

其膜处理系统参数如下：

1）一级 RO 系统

废水经过预处理后，由一级输送泵送入一级 RO 装置进行连续浓缩。一级浓缩系统的废水处理量为 $1m^3/h$，废水镍离子的浓度约为 320~350mg/L，pH5~7，还有光亮剂等少量有机物。系统设计运行压力 1.5MPa，膜组件通量 800L/h。该系统采用 8 英寸聚酰胺抗污染膜元件 4 只，单支元件的有效膜面积为 $32m^2$，脱盐率>99%。经过该系统的处理，废水中 80%的水分被分离出来，浓缩倍数达到 5，产水电导率≤150μS/cm，直接回用到电镀生产作漂洗用水。而绝大部分的金属离子被膜截留在浓缩液中，进入二级浓缩系统。

2）二级 RO 系统

一级 RO 系统的浓缩液由二级输送泵进入二级 RO 装置进行循环浓缩。二级浓缩系统的废水处理量为 $0.2m^3/h$，废水镍离子的浓度约为 1600~18000mg/L，pH 为 5~7。设计运行压力 2.5MPa，通量 200L/h。该系统采用 4 支进口的 4 英寸聚酰胺复合海水淡化膜元件，单支元件的有效膜面积为 $7m^2$，脱盐率>99.5%。经过该系统的处理，二级浓缩液再浓缩 10 倍以上，并送至蒸发系统，两极 RO 产水均进入 RO 产水箱回用到生产线上。

二、超滤膜

超滤膜分离技术作为 21 世纪六大高新技术之一，以其常温低压下操作、无相变、能耗低等显著特点已成为一种分离过程的标准，在欧美等发达国家和地区得到了广泛的使用。随着制膜技术的发展和生产规模化，使超滤膜性能更加稳定，制膜成本大为降低。超滤膜已经广泛应用在各种净化、浓缩、提纯、澄清、回收、除菌的工艺中，涵盖水处理、食品饮料、酒类、医药工业、生物工程、金属加工、表面涂装等各个领域。超滤膜正越来越多地应用到反渗透的预处理中，构成所谓的集成膜处理系统(IMS)，用超滤代替传统的砂滤、活性炭、微滤，是今后水处理工艺的一个新的发展趋势。但超滤膜的选用需结合水源地的水质情况，若源水污染严重，超滤膜设备去除溶解性有机物存在很大局限性，必须与其他技术组合才能达到超滤的预期效果。

（一）超滤膜的过滤原理

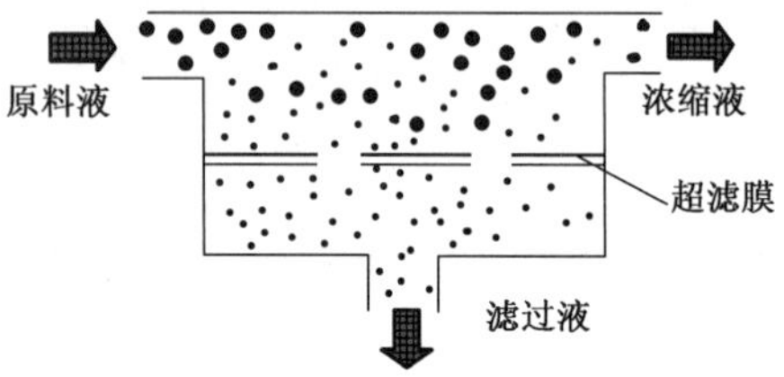

图 19-12 超滤原理示意图

一般认为，超滤是一种筛分过程，超滤过程的原理如图 19-12 所示。在一定的压力作用下，含有大、小分子溶质的溶液流过超滤膜表面时，溶剂和小分子物质(如无机盐类)透过膜，作为透过液被收集起来；而大分子溶质(如有机胶体)则被膜截留而作为浓缩液被回收。

在超滤中，超滤膜对溶质的分离过程主要有：

(1) 在膜表面及微孔内吸附(一次吸附)；

(2) 在孔内停留而被去除(阻塞)；

(3) 在膜面的机械截留(筛分)。

超滤膜选择性表面层的主要作用是形成具有一定大小和形状的孔，它的分离机理主要是靠物理筛分作用。原料液中的溶剂和小的溶质粒子从高压料液侧透过膜到低压侧，一般称滤液，而大分子及微粒组分被膜截留。实际应用中发现，膜表面的化学特性对大分子溶质的截留有着重要的影响，因此在考虑超滤膜的截留性能时，必须兼顾膜表面的化学特性。

（二）超滤膜的分类

按形态结构可分为对称膜和非对称膜，如图 19-13 所示中空纤维超滤膜的结构，对称膜内外均有致密的皮层，中间为支撑层；而非对称膜具有单皮层结构，即在中空纤维的内表面或外表面只有一层致密层。

目前，商品化的超滤膜多为非对称膜，物理结构具有不对称性。膜实际上可分为两层，一层是超薄活化层，通常厚度为 0.1~1μm，孔径为 5~20nm，对溶液的分离起主要作用；另一层是多孔层，约 75~125μm 厚，孔径约 0.4μm，具有很高的透水性，它只起支撑作用。

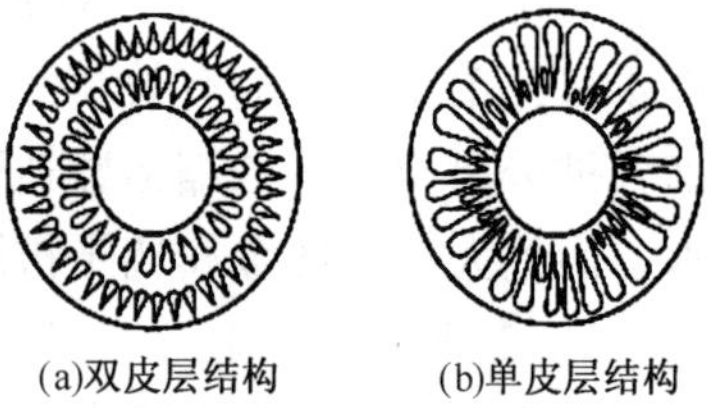

图 19-13 超滤膜的结构

超滤膜的分离特性是指膜的透过通量和截留率，它们与膜的孔结构有关。膜孔结构的测试方法和所用仪器不同，所得结果差异很大，因此在提出数据时应标明测试条件。膜透过通量的测定应包括纯水透过通量和溶液透过通量两个值，纯水透过通量应通过计算和试验求得。因为超滤膜主要用于分离大分子物质，所以切割分子量能够反映超滤膜孔径的大小和截留性能。一般用分子量差异不大的溶质在不易产生浓差极化的条件下测定截留率，将表观截留率为 90%~95% 的溶质分子量定为切割分子量。

用切割分子量方法表示超滤膜的特性，对于像球蛋白这一类分子的同系物，是一种比较理想的方法。但事实上截留率不仅与分子量有关，还受到分子形状、分子的可变性及分子与膜的相互作用等因素的影响。当分子量一定时，膜对球形分子的截留率远大于线形分子。因此，用切割分子量来表征膜的截留溶质特性并不十分准确。

临界截留率是指膜对某一最小分子量的标准物质的截留率，该物质的分子量为膜的切割分子量。综合国外资料，给出切割分子量与平均孔径的对应值，见表 19-7。

表 19-7　切割分子量与膜平均孔径的关系

切割分子量	近似平均孔径/nm	纯水透过通量/[L/(m^2·h)]
500	2.1	9
2000	2.4	15
5000	3.0	68
10000	3.8	60
30000	4.7	920
50000	6.6	305
100000	11.0	1000
300000	48.0	600

（三）超滤膜材料

目前，已经商品化的超滤膜材料有十几种，而处于实验室研究阶段的膜材料更是种类繁多，从大的方面来分，超滤膜材料可分为有机高分子材料和无机材料两大类。

1. 有机高分子材料

用于制备超滤膜的有机高分子材料主要来源于天然高分子和合成高分子材料。表 19-8 列出了用于制造超滤膜的几种常见聚合物。

表 19-8　用于制造超滤膜的聚合物

聚合物	切割分子量	pH 值	最高操作温度/℃	抗氯性能	抗有机溶剂性能	膜装置
醋酸纤维素	1000~50000	3.5~7.0	35	良好	差	平板、管式
聚砜	5000~50000	0~14	100	良好	中等	平板、管式、中空纤维
芳香聚酰胺	1000~50000	2~12	80	差	中等	平板、管式、中空纤维
聚丙烯腈、聚氯乙烯共聚物	30000~100000	2~12	50	中等	中等	平板、管式、中空纤维

1）纤维素衍生物

纤维素是资源丰富的天然高分子材料，由于材料本身分子量较大，不易加工，因此必须对其进行化学改性。其中最常用的纤维素衍生物有醋酸纤维素、三醋酸纤维素等，此类材料具有亲水性强、成孔性好、来源广泛、价格低廉等优点。醋酸纤维素超滤膜的孔径分布和孔隙率大小可通过改变铸膜液组成、凝固条件以及膜的后处理加以控制。

2）聚砜类

聚砜是在醋酸纤维素之后发展较快的一类超滤膜材料，分子主链中含有砜基结构，结构中的硫原子处于最高价态，醚键改善了聚砜的韧性，苯环结构提高了聚合物的机械强度，因此聚合物具有良好的抗氧化性、化学稳定性和机械性能，不易水解，可耐酸、碱的腐蚀。应用于超滤膜的主要有双酚 A 型聚砜(PSF)及其磺化产物(SPSF)、聚芳醚砜(PES)和聚砜酰胺(PSA)等。

3）乙烯类聚合物

乙烯类聚合物的主链上包含了 $\left[CH_2—CR_2\right]$ 结构，用于超滤膜的材料主要有聚丙烯腈、聚氯乙烯、聚丙烯等。其中，聚丙烯腈作为超滤膜材料，仅次于醋酸纤维素和聚砜。

4）含氟类聚合物

含氟材料主要是指由含有氟原子的单体经过共聚或均聚得到的有机高分子材料，用于膜材料的主要是聚偏氟乙烯(PVDF)和聚四氟乙烯(PTFE)，其中聚偏氟乙烯由于氟原子的分布不对称使其可溶于多种溶剂，有利于制备非对称多孔超滤膜。聚偏氟乙烯机械性能优良、冲击强度高、韧性好，抗紫外线和耐老化性能优异，化学稳定性好，不易被酸、碱、强氧化剂和卤素等腐蚀，是一种优良的膜材料。目前，天津工业大学膜天公司以聚偏氟乙烯为主要膜材料开发了多种品牌的中空纤维超滤膜。

2. 无机材料

无机膜材料主要分为致密材料和微孔材料两类。其中致密材料包括致密金属材料和氧化物电解质材料，其分离机理是通过溶解-扩散或离子传递机理进行，所以致密材料的特点是对某种气体具有较高的选择性；而微孔材料主要包括多孔金属、多孔陶瓷和分子筛等材料，具体情况如下：

1）多孔金属

多孔金属膜主要采用 Ag、Ni、Ti 及不锈钢等材料，其孔径范围一般为 200~500nm，厚度为 50~70μm，孔隙率达 60%。

2）多孔陶瓷

常用的多孔陶瓷材料主要有氧化铝、二氧化硅、氧化锆、二氧化钛等。它们的突出优点是耐高温、耐腐蚀。

3）分子筛

分子筛具有与分子大小相当且分布均匀的孔径、离子交换能、高温稳定性、优良的择优催化性，是理想的膜分离和膜催化材料。

（四）超滤膜分离技术的特点

超滤膜的分离过程具有以下几个显著特点：

（1）在常温和低压下进行分离，因而能耗低，从而使设备的运行费用低；

（2）设备体积小、结构简单，故投资费用低；

（3）超滤分离过程只是简单的加压输送液体，工艺流程简单，易于操作管理；

（4）超滤膜是由高分子材料制成的均匀连续体，纯物理方法过滤，物质在分离过程中不发生质的变化，并且在使用过程中不会有任何杂质脱落，保证超滤液的纯净。超滤膜具有的过滤效果见表 19-9。

表 19-9 超滤膜过滤效果

水中的成分	滤除效果	水中的成分	滤除效果
悬浮物，微粒>2μm	100%	溶解性总固体(TOC)去除	>30%
污染密度指数(SDI)	出水<1	胶体硅、胶体铁、胶体铝	>99.0%
病原体	>99.99%	微生物	99.999%
浊度	出水<0.5NTU		

（五）超滤膜进水方式与运行方式

1. 进水方式

按进水方式的不同，超滤膜又分为内压式和外压式两种。

1）内压式

即原液先进入中空丝内部，经压力差驱动，沿径向由内向外渗透过中空纤维成为透过液，浓缩液则留在中空丝的内部，由另一端流出。

2）外压式

中空纤维超滤膜则是原液经压力差沿径向由外向内渗透过中空纤维成为透过液，而截留的物质则汇集在中空丝的外部。

2. 运行方式

超滤系统的运行方式可分为循环模式和死端模式两种，根据原水的水质情况选择不同的运行方式。

1）死端过滤

原水以较低的错流流速进入膜管，浓缩水以一定比例从膜管另一侧排出，产水在膜管过滤液侧产出。死端过滤的操作成本低，但回收率和系统的出水能力可能会受到限制，水回收率通常是90%~99%，由原水中微粒的浓度来决定，当原水悬浮物和胶体含量较低时选用死端过滤方式，例如水源为井水、自来水等，工业水系统很多按死端过滤模式设计。

2）循环过滤

当原水中悬浮物含量较高时，就需要通过减少回收率来保持纤维内部的高流速，这样就会造成大量的废水。为了避免浪费，排出的浓水就会被重新加压后回到膜管内，这就称为循环模式。这会降低膜管的回收率但整个系统的回收率仍然很高。在循环模式中，进水连续的在膜表面循环，循环水的高流速阻止了微粒在膜表面的堆积，并增强了通量。当原水悬浮物和胶体含量较高时选用循环过滤方式，例如水源为地表水。

（六）膜的运行参数与使用条件

超滤膜常用的运行工艺参数与使用条件见表19-10。

表19-10　超滤膜常用的运行工艺参数与使用条件

工艺参数(25℃)	自来水(NTU<1)	地下水(NTU<5)	地表水(NTU<5)	地表水(NTU<25)	地表水(NTU>25)	深度处理工业废水(NTU<20)	中水(NTU<20)	海水(NTU<5)
设计通量/[L/(m² · h)]	70~100	60~100	60~90	50~70	50~70	50~70	50~70	60~80
回收率/%	90~98	90~98	90~95	85~95	80~90	80~90	80~90	90~95
保安过滤/μm	50~100	100						
运行模式	死端或循环过滤	死端或循环过滤	死端或循环过滤	死端或循环过滤	循环过滤			
反冲洗频率/min	40~60	40~60	30~60	30~45	30	30~40	30~40	30~60
反冲洗时间/s	20~180							
反冲洗通量	2~3倍产水量							
反冲洗压/MPa	0.1~0.2							
正向冲洗频率	每次反冲洗后							
正向冲洗时间/s	10~30							
化学清洗周期/d	6~180							
化学清洗时/min	15~120							
化学清洗药品	柠檬酸、NaOH/NaClO、H_2O_2							

（七）膜的污染与防治

1. 膜的污染主要因素

超滤膜的污染是被分离物质中某些成分吸附、留存在膜的表面和膜孔中造成的。在超滤过程中，由于浓差极化的产生，尤其是在低流速、高溶质浓度情况下，在超滤膜表面达到或超过溶质的饱和浓度时，便会形成凝胶层，导致膜的透过通量不再依赖于超滤操作压力。污染后的膜透液通量下降，超滤效果恶化，膜寿命缩短，清洗难度大，会严重影响超滤过程的工作效率。

2. 超滤膜污染的防治

超滤膜污染的主要原因是浓差极化形成凝胶层和膜孔的堵塞，因而污染的防治就应从减小浓差极化、消除凝胶层和防止膜孔堵塞开始。

(1) 改变膜结构和组件结构，可有效地将颗粒截留在膜表面，避免了颗粒进入膜孔内部，从而减少了膜孔的堵塞。天津工业大学膜天公司采用双向流工艺，在超滤膜分离过程中，通过对料液的进出方向进行周期性倒换，在分离过滤的同时，利用料液对污染较重一端进行清洗，以保持膜的良好通透效果，持续稳定地进行料液分离浓缩。

(2) 采用亲水性超滤膜可减少蛋白质颗粒在膜表面的吸附，从而减少对膜的污染；另外，由于待分离的料液多带有负电荷，采用荷负电的超滤膜可有效地减少颗粒在膜表面的沉积，有利于降低膜的污染。

(3) 采用絮凝沉淀、热处理、pH 值调节、加氯处理、活性炭吸附等手段对料液进行预处理，可降低膜的污染程度。

(4) 提高料液流速可防止浓差极化，一般湍流体系中流速为 1~3m/s，在层流体系中通常流速小于 1m/s。卷式组件体系中，常在层流区操作，可在液流通道上设湍流促进材料，或采用振动的膜支撑物，或在流道上产生压力波等方法，以改善流动状态，控制浓差极化，从而保证超滤组件的正常运行。

(5) 操作温度主要取决于所处理料液的化学、物理性质和生物稳定性，应在膜设备和处理物质允许的最高温度下进行操作，可以降低料液的黏度，从而增加传质效率，提高透过通量。例如，酶最高温度为 25℃，电涂料为 30℃，蛋白质为 55℃，制奶工业为 50~55℃，纺织工业脱浆废水回收 PVA 时为 85℃。

(6) 随着超滤过程的进行，料液的浓度在增高，边界层厚度扩大，对超滤极为不利，因此对超滤过程主体液流的浓度应有一个限制，即最高允许浓度。不同料液超滤时的最高允许浓度见表 19-11。

表 19-11　不同超滤应用中允许达到的最高浓度

应用类别	允许最高质量分数/%	应用类别	允许最高质量分数/%
颜料和分散染料	30~50	植物、动物、细胞	5~10
油水乳状液	50~70	蛋白和缩多氨酸	10~20
聚合物乳胶和分散体	30~60	多糖和低聚糖	1~10
胶体、非金属、氧化物	不定	多元酚类	5~10

（八）超滤装置

超滤装置和反渗透装置相类似，主要膜组件有：板框式、管式、螺旋卷式、毛细管式、条槽式及中空纤维式等。表 19-12 是几种超滤膜组件在膜比表面积、投资费用、运行费用、流速控制情况和就地清洗情况的比较。

表 19-12 几种超滤膜组件基本情况比较

组件型式	膜比表面积/(m^2/m^3)	投资费用	运行费用	流速控制	就地清洗情况
管式	25~50	高	高	好	好
板框式	400~600	高	低	中等	差
卷式	800~1000	最低	低	差	差
毛细管式	600~1200	低	低	好	中等
条槽式	200~300	低	低	差	中等

（九）工业废水处理中的应用

1. 工业废水处理

超滤技术在工业废水处理方面的应用十分广泛，特别是在汽车、仪表工业的涂漆废水、金属加工业的漂洗水以及食品工业废水中回收蛋白质、淀粉等方面是十分有效的，而且具有很高的经济效益，国外早已大规模用于生产实际中。超滤在工业废水处理方面的主要应用见表 19-13。

表 19-13 超滤法处理工业废水情况

工业	废 液	废液组成	浓度/%	回收物质	去除物质	工艺阶段
汽车仪表	涂漆过程漂洗水	电泳涂漆	0.5~2.0	电泳涂漆、水		规模工厂化
金属加工	加工金属漂洗水	乳化油	0.2~1.0	乳化油、水		规模工厂化
金属加工	金属清洗槽漂洗水	洗涤剂、油等	1.0	水	洗涤剂、油	规模工厂化
纺织工业	脱浆过程漂洗水	聚乙烯醇	0.2~2.0	聚乙烯醇	水	中试
牛奶	清洗水	蛋白质、乳糖等	0.5~1.0	蛋白质	水	规模工厂化
饮料	清洗水	蛋白质	0.5~1.0	蛋白质	水	中试
淀粉	加工水	淀粉	0.5~5.0	淀粉	水	中试
酵母	加工水	酵母	0.5~2.0	酵母	水	中试
羊毛加工	洗涤水	羊毛脂	0.5~1.0	羊毛脂	水、洗涤剂	中试
纸浆工业	漂白过程的洗涤水	磺化木质素	0.5~1.0	磺化木质素	水	中试

1）纺织印染废水处理

纺织印染废水具有色度高、化学耗氧量（COD）高和排放大的特点，尤其是在化纤生产、纺织、印染加工过程中，大量使用表面活性剂、助剂、油剂、浆料、树脂、染料等，使纺织废水的 COD 越来越高。且由于这些合成物质难以被微生物所降解，使通常的生化处理无能为力，成为当前纺织废水治理中的一大难题。超滤膜可有效去除废水中的有机分子，采用一套过滤面积 $10m^2/d$ 的超滤膜装置处理印染废水，一年可回收染料 3.5t 左右，约 20 万元。经回收染料后的染色废水 COD 去除率达 80%左右，色度去除率达 90%以上。

在化纤油剂废水处理方面，一般含油浓度 2~4g/L 的废水，经超滤可浓缩至 40~45g/L。浓缩后的油剂，可实行闭路循环，回用于生产或降等级使用，如作毛条厂的洗毛剂等其他用途。油剂废水经超滤处理后，油剂及 COD 去除率达 80%~90%。因此，只需进一步生化处理即可达标排放，由于免除了大量污泥的生成，为工厂废水治理带来了极大的方便。

2）造纸工业废水处理

在造纸工业中，每生产 1t 纸浆约需 100~400m^3 的水，其中 80%是用于洗净和漂白过程，由于造纸原料和工艺的不同，造纸废水的成分也相差较大，因此造纸废水的处理，至今尚属一大难题。用膜法处理造纸废水，主要是对某些成分进行浓缩并回收，而透过水又重新返回工艺中使用。主要回收的物质是磺化木质素，它可以再返回纸浆中被再利用，具有一定的环境效益和经济效益的。为了防止废水中胶体粒子、大分子量的木质纤维、悬浮物以及钙盐在膜面的附着析出，造成浓差极化，要求水在膜表面具有较高的流速，一般要求在 1m/s 以上。当膜表面被污染时，可用间歇降压运行，海绵球冲洗、酶洗涤剂及 EDTA 络合剂清洗。

3）电泳涂漆废水处理

在汽车、仪表、家具等行业的电泳涂漆过程中，涂料的胶体带正电荷，以涂件为负极，涂料以电泳方式在涂件表面移动，使电荷中和形成不溶的均匀涂漆膜。然后在清洗过程中将黏附在涂件上的漆料洗掉，形成电泳涂漆废水。这种清洗液用超滤法处理后，可将涂料回收利用，膜透过液可返回作喷淋水用。为避免清洗水中盐分或其他杂质升高，滤液必须有一部分得到更新。国外汽车制造厂商都使用超滤法处理电泳涂漆废水，所用超滤组件大都是醋酸纤维素管式组件，膜寿命可超过两年。对任何电泳涂漆废水，都必须采用 50 目的过滤器进行过滤。

4）含油废水的处理

含油废水来自钢铁、机械、石油精制、原油采集、运输及油品的使用过程中。含油废水包括三种：浮油、分散油和乳化油。前两种比较容易处理，采用机械分离、凝聚沉淀、活性炭吸附等方法处理后，油分可降至几 mg/L 以下。而乳化油含有表面活性剂、有机物，油分以微米级大小的粒子存在于水中，重力分离和粗粒化法处理起来都比较困难，采用超滤技术，可以使油分得到浓缩，使水和低分子有机物透过膜，从而实现油水分离。

2. 高纯水制备

许多工业用水都需要高纯水，例如在集成电路半导体器件的切片、研磨、外延、扩散、蒸发等工艺过程中，必须反复用高纯水清洗。要求高纯水无离子、无可溶性有机物、无菌体和大于 0.5μm 的粒子。高纯水制备流程如图 19-14 所示。从工艺流程图中可以看出，超滤工艺是作为预处理工艺使用的。

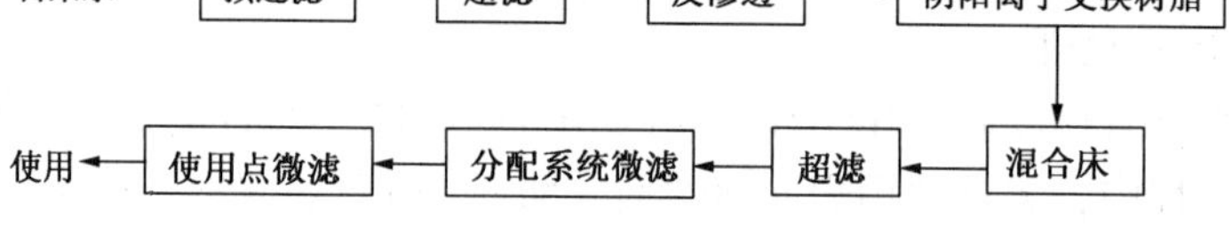

图 19-14　高纯水制备工艺流程

3. 中水回用

某再生水回用工程按照以下进水条件进行工程设计：设计进水水量 88000m^3/d，设计水温 13.1~25.4℃。核心处理单元为膜超滤膜池（ZeeWeed 1000 系列中空纤维，采用由外至内流动方式），出水可满足城市污水再生利用景观用水水质标准（GB/T 用 18921—2002）娱乐性景观环境用水的要求。

三、纳滤膜

（一）纳滤膜的定义、特点

20世纪80年代初期，美国科学家研究了一种薄层复合膜，它能使90%的NaCl透析，而99%的蔗糖被截留。显然，这种膜既不能称之为反渗透膜(因为不能截留无机盐)，也不属于超滤膜的范畴(因为不能透析低分子量的有机物)。由于这种膜在渗透过程中截留率大于95%的分子约为1nm，因而它被命名为“纳滤膜(Nanofiltration)”。NF膜早期被称为松散反渗透(LooseRO)膜，是20世纪80年代初继典型的RO复合膜之后开发出来的。NF膜适宜于分离分子量在200g/mol以上、分子大小约为1nm的溶解组分。

纳滤膜的一个特点是具有离子选择性：具有一价阴离子的盐可以大量透过膜(但并不是无阻挡的)，然而膜对具有多价阴离子的盐(例如硫酸盐和碳酸盐)的截留率则高得多，因此，盐的渗透性主要由阴离子的价态决定。其技术要求与性能指标如下：

① 对于阴离子，截留率按下列顺序递增NO_3^-，Cl^-，OH^-，SO_4^{2-}，CO_3^{2-}；

② 对于阳离子，截留率递增的顺序为H^+，Na^+，K^+，Ca^{2+}，Mg^{2+}，Cu^{2+}；

③ 一价离子渗透而多价离子有滞留；

④ 截留分子量在100~1000之间；

⑤ 脱盐率为50%~90%。

系统优点如下：

(1) 膜结构绝大多数是多层疏松结构。

(2) 与反渗透相比较，即使在高盐度和低压条件下也具有较高渗透通量。

因为无机盐能通过纳滤膜，使得纳滤的渗透压远比反渗透低，这样，在保证一定膜通量的前提下，纳滤过程所需的外加压力比反渗透低得多。而在同等压力下，纳滤的膜通量则比反渗透大得多。此外，纳滤能使浓缩与脱盐的过程同步进行，所以用纳滤代替反渗透，浓缩过程能有效快速地进行，并达到较大的浓缩倍数。由于具备以上特点，使得纳滤膜可以同时进行脱盐和浓缩并具有相当快的处理速度。用纳滤膜对抗生素、合成药进行浓缩，具有常温无破坏、低成本、收率高的特点。

纳滤分离愈来愈广泛地应用于电子、食品和医药等行业，诸如超纯水制备、果汁高度浓缩、多肽和氨基酸分离、抗生素浓缩与纯化、乳清蛋白浓缩、纳滤膜-生化反应器耦合等实际分离过程中。与超滤或反渗透相比，纳滤过程对单价离子和分子量低于200的有机物截留较差，而对二价或多价离子及分子量介于200~500之间的有机物有较高脱除率，基于这一特性，纳滤过程主要应用于水的软化、净化以及相对分子质量在百级的物质的分离、分级和浓缩(如染料、抗生素、多肽、多醣等化工和生物工程产物的分级和浓缩)、脱色和去异味等。饮用水中主要用于脱除Ca、Mg离子等硬度成分、三卤甲烷中间体、异味、色度、农药、合成洗涤剂以及可溶性有机物。

（二）纳滤膜的应用

1）软化水处理

对苦咸水进行软化、脱盐是纳滤膜应用的最大市场。在美国目前已有超过40万t/d规模的纳滤膜装置在运转，大型装置多数分布在佛罗里达半岛，其中最大的两套装置规模分别为3.8万t/d(1989年)和3.6万t/d(1992年)。在国内，纳滤膜在火电厂循环冷却水处理中已得到应用，处理规模为3万t/d，出水水质达到循环冷却水补充水的要求。

2）饮用水中有害物质的脱除

传统的饮用水处理主要通过絮凝、沉降、砂滤和加氯消毒来去除水中的悬浮物和细菌，而对各种溶解性化学物质的脱除作用很低。随着水源的环境污染加剧和各国饮水标准的提高，可脱除各种有机物和有害化学物质的饮用水深度处理工艺日益受到人们的重视。目前的深度处理方法主要有活性炭吸附、臭氧处理和膜分离。膜分离中的微滤和超滤因不能脱除各种低分子物质，故单独使用时不能称之深度处理。纳滤膜由于本身的性能特点，适用于此用途的应用。美国食品与医药局曾用大型装置证实了纳滤膜脱除有机物、合成化学物的实际效果。日本也曾于1991~1996年组织国家攻关项目"MAC21"(Membrane Aqua Century21)开发膜法水净化系统，该项目的前三年侧重于微滤/超滤膜的固液分离，后三年重点开发以纳滤膜为核心，以脱除砂滤法不能脱除的溶解性微量有机污染物为目的的饮水深度净化系统。

3）中水、废水处理

在中水领域，日本做了很多的工作，纳滤膜在各种工业废水的应用也很多实例，如造纸漂白废水处理等。生活废水中，纳滤膜与活性污泥法相结合也已进入实用阶段。

4）食品、饮料、制药行业

此领域中的纳滤膜应用十分活跃，如各种蛋白质、氨基酸、维生素、奶类、酒类、酱油、调味品等的浓缩、精制。

5）化工工艺过程水溶液的浓缩、分离，如化工、染料的水溶液脱盐处理。

（三）应用

某石化公司采用美国海德能公司的纳滤膜元件处理炼油废水并实现了对该废水的回用，该项目是目前国内规模最大的工业废水回用的纳滤膜系统，系统自2004年投产后，已稳定运行至今。

1. 纳滤膜系统

1）工艺流程

处理装置采用了以混凝气浮+生物活性炭+纳滤为核心的炼油污水深度处理组合工艺。工艺流程为：原水→浅层浮选级多介质过滤→臭氧接触氧化→生物活性炭→二级多介质过滤→纳滤脱盐→外输至循环水系统。污水深度处理装置共有两套产水量皆为$60m^3/h$的纳滤膜脱盐系统，采用96支ESNA1系统膜元件和96支ESNA1-LF系统膜元件，两套系统均按两段11：5的方式排列。

2）进水水质情况

运行期间系统进水中的COD平均达到了73.5mg/L，最高甚至达到148.2mg/L。油含量的平均值也在2.39mg/L。电导率平均值都在2298μS/cm以上，最高值达到了2860μS/cm。

2. 污染膜的因素

1）微生物

微生物包括细菌、藻类、真菌和病毒等。造成微生物污染的原因有：

（1）进水中含有较高数量的微生物；

（2）系统的停用、保护冲洗等没有严格按照技术手册要求进行；

（3）没有对进水进行杀菌或者杀菌剂投加量过小；

（4）进水水质含有容易滋生微生物的营养物质从而导致微生物的大量滋生。

纳滤膜系统预处理以臭氧+生物活性炭为核心工艺，精度虽然达到1μm。但是对于更小粒径的细菌却无能为力，因此纳滤膜会受到微生物的污染。当进水中的氨氮超标，管路和膜元件会内大量微生物滋生，如果只对膜系统进行化学清洗，而不对系统进行杀菌消毒时，当系统再次启运时，在管路中存留的大部分微生物颗粒随水流全部进入膜端，导致系统产水率严重下降，膜段间压降急剧上升。

2）有机物及矿物油

有机物及微量油污染是导致膜系统性能下降的主要原因之一，有机物造成的膜系统故障占全部系统故障的60%~80%。由于炼油厂废水成分复杂，水中有机物浓度较高，且含有微量油，超出膜厂家建议的<50mg/L的指标值。

3）絮凝剂

污水回用装置在投运之初使用的是高纯聚合氯化铝和阴离子型聚丙烯酰胺作为絮凝剂，但在系统的调试过程中发现SDI一直无法达到<5的进水要求，且一级多介质过滤器堵塞严重。原因是阴离子型聚丙烯酰胺影响了系统的预处理效果。停用阴离子型聚丙烯酰胺之后，解决了SDI不达标和一级多介质过滤器的堵塞问题。当原水的水质恶化时，为保证预处理效果，需要提高聚铝的投加质量浓度，一般由15mg/L左右提高到80mg/L，随着进水水质的好转，聚铝的投加质量浓度又可以回到原来的浓度。

4）结垢

污水电导率在夏季达到2500μS/cm以上，因此结垢污染是纳滤膜系统的主要污染原因之一。在纳滤膜系统中析出的垢主要以碳酸钙为主，除碳酸盐以外，还包括硫酸钙、硫酸钡、硫酸锶及部分氢氧化物等，为了防止纳滤膜结垢，一般在保安过滤器之前要加入适量的膜用阻垢剂，投加质量浓度一般控制在412mg/L。但投加的药剂不当会发生药剂之间相互作用，从而导致难溶物质析出，进而污染膜元件。如当聚合有机阻垢剂与多价阳离子如铝或残留的聚合阳离子絮凝剂相遇时，将会形成胶体沉淀，严重污染前端的膜元件。

5）胶体

废水中常见的胶体污染物有氢氧化铁、氢氧化铝、二氧化硅胶体等。系统的胶体污染一般是由于加药量过大、管路的腐蚀以及大分子质量的有机物进入膜系统所导致的。

3. 纳滤系统长周期运行管理

(1) 保持预处理效果的稳定

根据污水处理系统的工艺流程特点，需要定期对一级多介质过滤系统、二级多介质过滤器、生物活性炭塔进行反冲洗，并要保证冲洗效果；定期更换保安过滤器滤芯和检查保安过滤器防止过滤器内出现短流现象和滋生生物而对膜元件造成污染；严格控制进水浊度和SDI，控制进水浊度<0.5NTU，SDI<5；对预处理流程及膜系统进行间歇性杀菌和连续性杀菌处理。

(2) 选用较低的运行压力和回收率。

(3) 对膜进行物理清洗

为了尽量减少水中污染物对膜表面的污染，采取的冲洗措施为每日对系统进行两次物理冲洗，冲洗时使用纳滤产水，每次冲洗10~15min。

(4) 规范系统启停操作及停运保护措施

系统启动和停止时，流量和压力会有波动。过大、过快的流量和压力波动可能会导致系统发生极限压降现象，形成水锤作用，从而导致膜元件破裂，故在进行启停操作时需缓慢增加或者降低压力及流量。系统在开机前和停运时，应确保压力容器内没有真空，否则当再次启运膜元件的瞬间会出现水锤或者水力冲击。系统应保持较低的背压(产水侧压力)，产水侧压力高于原水侧压力 0.05MPa 以上时，膜元件会受到物理性损伤。系统启动和停止运行前，要确认阀门的开和关以及压力的变动，杜绝运行过程中背压现象的发生。膜系统长时间停运，需要向系统内通入保护液或者定期通水来保证膜元件的正常备用。

（5）定期对膜元件进行在线化学清洗

产水量下降15%左右，进水和浓水之间的系统压降升高到初始值的 1.5 倍，产水水质有明显下降时，就需要对膜元件进行化学清洗。在线化学清洗时可采用如下方法：首先进行碱洗，去除微生物污染、有机物污染和油污染。然后再进行酸洗，消除垢类污染及金属氢氧化物污染。

（6）对膜元件进行离线化学清洗

膜元件的重度污染是指污染后的单段压差大于系统投运初期单段压差值的 2 倍以上、反渗透系统产水量下降 30%以上或者单支反渗透膜元件重量超过正常数值 3kg 以上的情况。膜元件的离线化学清洗一般由专业公司完成，膜元件的离线化学清洗时，需用备用膜元件替换系统上的待清洗膜元件，以保证系统不停止运行，保证整个生产工艺的持续稳定。

四、膜生物反应器(MBR)技术

把膜技术与生化反应技术相结合起来的一门新兴污水处理技术，MBR 技术一直到最近几年才有了高速的发展，是目前最有前途的污水处理技术之一。膜生物反应器(MBR)用膜对生化反应池内的含泥污水进行过滤，实现泥水分离。一方面，截留了反应池中的微生物，使池中的污泥浓度大增加，从而使降解污水的生化反应进行得更迅速彻底。另一方面，由于膜的高过滤精度，出水清澈透明。膜生物反应器的最早商业应用是在 70 年代末的美国和 80 年代初的日本，估计现在全世界有超过 5000 套的 MBR 污水处理系统正在运行。

（一）膜的选择

现有膜可分为有机膜和无机膜两种。由于较高的投资成本限制了无机膜生物反应器的应用，因此国内 MBR 系统普遍采用有机膜。MBR 系统常用的膜材料为聚乙烯、聚丙烯等。分离式 MBR 通常采用超滤膜组件，截留分子量一般在 2 万～30 万 dalton。对于淹没式 MBR，既可用超滤膜，也可使用微滤膜。由于膜表面的凝胶层也起到了过滤作用，在处理生活污水时，微滤膜与超滤膜的出水水质没有明显差别，因此淹没式 MBR 多采用 0.1～0.4μm 微滤膜。

（二）MBR 工艺形式

工艺中使用的有外置式和内置式 MBR 形式。

1. 外置式形式

外置式 MBR 膜多采用管式膜，如 Norit 生产的 MBR 膜组器(被命名为 AirLiftMBR 系统)，AirLift MBR 系统的膜分离装置置于生物反应器之外，并与生物反应器组成一个回路。AirLift MBR 膜组器在安装时被垂直放置，图 19-15 为已在工程中使用的外置式 AirliftMBR 管式膜。图 19-16 为外置式 MBR 工艺示意图，该反应器的膜组件设置在生物反应器外，两者之间通过回流泵和管线连接，相互干扰小，运行稳定可靠，操作管理简单，有利于膜的清洗与更换，但回流泵的剪切作用会对微生物的活性产生一定影响，此外也加大了动力消耗，运行费用相应增加。

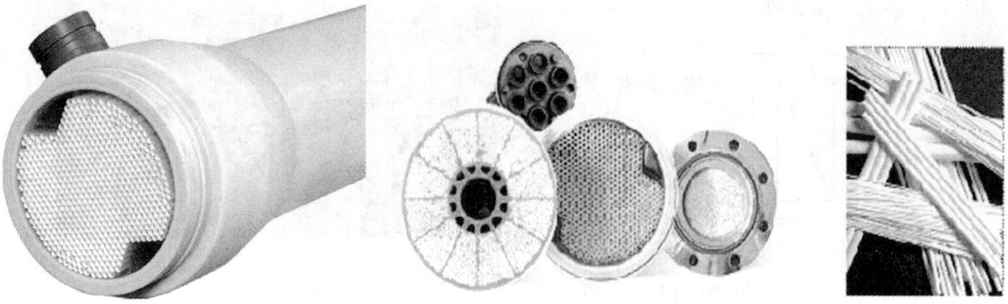

图 19-15　外置式 Airlift MBR 管式膜与组件

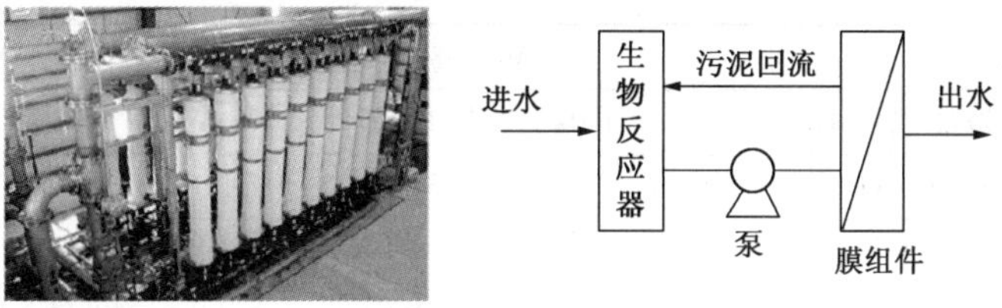

图 19-16　外置式 MBR 工艺示意图与安装图

AirLift MBR 管式膜基本情况如下：

膜材质：PVDF；

截留分子量：15 万 dalton；

毛细管内径：5.2mm；

单支膜组件面积：30m^2；

单支膜组件大小：ϕ200mm×H3000mm。

2. 内置式 MBR

反应器的膜组件设置在生物反应器内，曝气装置设置在膜组件的下方，随气流向上流动的混合液在膜表面形成剪切应力，可以去除膜表面的固体颗粒物，使膜能保持一定的水通量。淹没式 MBR 节省了占地面积，造价及其运行费用低，膜污染缓慢，但膜的化学清洗困难。与外置式 MBR 相比，内置式 MBR 最大的特点是运行能耗低，占地面积小，但是在运行稳定性、操作管理方面及膜清洗更换上不及外置式 MBR。

图 19-17 为内置式 MBR 中空纤维帘式膜件构成图，模件由中空纤维微滤膜、集水管、树脂槽及封端树脂浇铸而成。图 19-18 为内置式 MBR 工艺示意图与布置图。

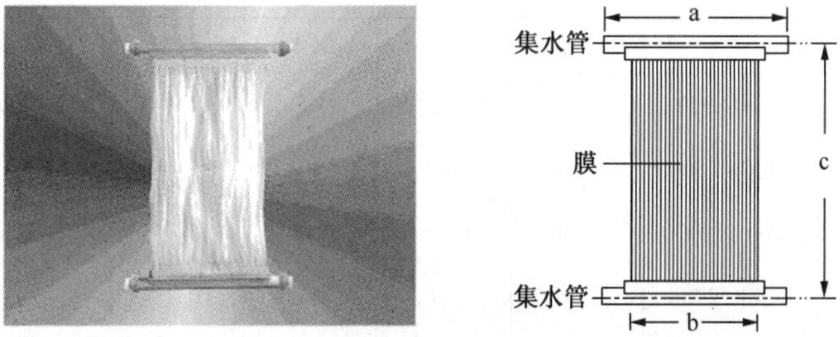

图 19-17　内置式 MBR 膜与膜组件示意图

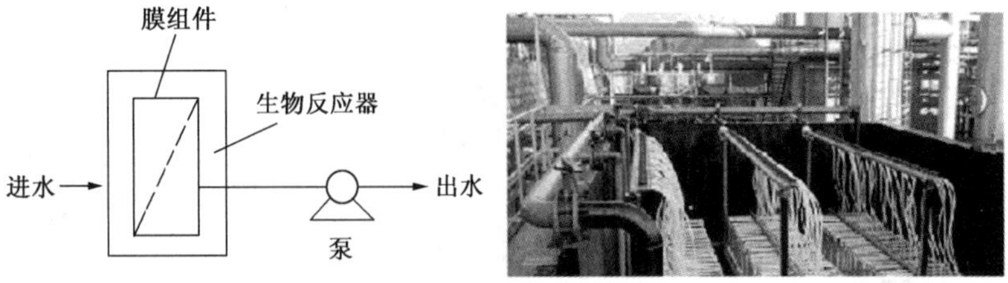

图 19-18　内置式 MBR 工艺示意图与布置图

有关生产企业给出的内置式 MBR 膜件的性能与规格见表 19-14。

表 19-14　内置式 MBR 膜件的性能与规格

项目		MBR-8 型	ESMBR-S11 型
性能	产水流量/(m^3/d)	1.0~1.2(按 1.0 设计)	1.3~1.6(按 1.3 设计)
	产水浊度/NTU	<0.20	
	类型	帘式膜	
规格	膜材质	进口 PP	X60 复合改性抗污型进口 PP
	标准有效过滤膜面积/m^2	8.39	12.37
	中空纤维膜丝量/m	11800	12800(孔隙率放大 1.38 倍)
	中空纤维丝内外径/μm	内径：300~320　壁厚：40~50	
	最高运行负压/MPa	-0.05	
	最大运行透膜压差/MPa	0.05	
	正常运行负压/MPa	-0.01~-0.05	
	瞬时余氯耐受浓度/(μg/g)	1000	
	最高使用温度/℃	45	
	pH 值耐受范围	1~14	
	运行方式	负压抽吸	

（三）MBR 在国内的应用

MBR 已经应用到各种工业废水和生活废水的处理，表 19-15 给出了 MBR 在国内的应用实例。

表 19-15　MBR 在国内的应用实例

废水种类	处理能力/(m^3/d)	COD/(mg/L)		BOD_5/(mg/L)		NH_3-N/(mg/L)		SS/(mg/L)	
		进水	出水	进水	出水	进水	出水	进水	出水
洗浴污水	10	130~322	<40	99~212	<5	0.59~1	0.2~0.4	15~50	0
印染废水	11	100~1500	180	500	40				
黄泔废水	17	900~12000	<100	6805	<10	130~180	<5	4750~5470	<10
医院污水	25	48~278	<25	20	0.4	10~24	1		
制药废水	50	1500~4900	<180	500~1633	<10	297~354	<15	430~1033	<10
食品废水	500	754	<80						

表 19-16 给出了不同 MBR 系统的工程费用的比较。

表 19-16　不同 MBR 系统的工程费用

项目	无机膜 MBR		一体式 MBR		分离式 MBR
	进口	国产	进口	国产	国产
基建费用/万元	35	35	32	32	35
膜通量/[L/(m^2·h)]	150	150	10.4	8.3	33.3
膜面积/m^2	67	67	960	1200	300
膜价格/(元/m^2)	10000	4000	450	150	300
膜投资/万元	67	27	43	18	9
总投资/万元	102	62	75	50	44
膜费用所占比例/%	65.7	43.5	57.3	36	20.5

不同 MBR 系统的运行费用见表 19-17。

表 19-17　不同 MBR 系统的运行费用比较

项目	无机膜 MBR		一体式 MBR		分离式 MBR
	进口	国产	进口	国产	国产
设备折旧成本/(元/m^3)	0.4	0.4	0.36	0.36	0.4
膜的使用寿命/a	10	10	4	2	2
膜的更换费用/(元/m^3)	0.76	0.3	1.25	1.0	0.5
电耗/(kW·h/m^3)	5	5	0.8	0.8	3
动力费用/(元/m^3)	2.5	2.5	0.4	0.4	1.5
其他费用/(元/m^3)	0.15	0.15	0.15	0.15	0.15
总费用/(元/m^3)	3.8	3.35	2.16	1.91	2.55
膜的更换费用比/%	20	9	58	52	20
动力费用比/%	39.5	44.8	21	19	59

（四）工程实例

密云县再生水厂建设规模为 45000m^3/d，处理水回用于亚澜湾小区及潮白河景观用水补水。用水补水，处理水源为密云污水处理厂二级处理后的尾水。

1）工艺流程

进水→泵→转鼓细格栅→曝气池→MBR 池→消毒池→排水。

2）设施

(1) 曝气池

膜—生物反应器包括好氧曝气池、膜池及设备药剂间，好氧池中采用微孔曝气，膜池中采用粗孔曝气。曝气池有效容积 4320m^3，水力停留时间为 2.3h，分为 2 个系列，可独立运行。每系列池由 3 个推流式廊道组成，廊道长 24m，宽 6m，有效水深 5m。

曝气池前端设置 2 台闸门和 2 台可调堰门，用于配水配泥。内设微孔曝气管曝气，微孔曝气管共 576 根，微孔曝气管每根长 1m，单根服务面积 1.5m^2，氧转移效率不小于 26%。由于出水总磷要求很严格，低于 0.5mg/L，所以采用化学除磷措施，在曝气池进水配水井处投加化学除磷药剂。

(2) MBR 池

有效容积 3240m^3，水力停留时间为 1.7h，共分 2 个系列，每系列分为 3 格，每格膜池中设 7 个膜箱，采用 Mitsubishi 公司的浸没式 PVDF 中空纤维膜及其组件，膜孔径 0.4μm。

单个膜箱产水量 1071.4m^3/d，膜通量 0.714m^3/(m^2·d)，约合 30L/(m^2·h)。其处理效果如表 19-18 所示。

表 19-18　MBR 膜工程处理效果

指　标	设计进水水质	设计出水水质
COD/(mg/L)	226.3	41.4
BOD_5/(mg/L)	82.3	2.6
氨氮/(mg/L)	61.6	1.07
TP/(mg/L)	2.64	0.41
浊度/NTU		0.282

3）膜污染控制设计

膜污染是膜技术应用中面临的关键问题，它将影响膜的稳定运行，决定膜的清洗周期和膜的更换频率，被认为是影响 MBR 工艺经济性的最主要原因。为了有效控制膜污染，工程上采取了以下相应的技术措施。

（1）正向空气扫洗

正向空气扫洗是指膜系统过滤时，系统配套的鼓风机同时开启，相应地控制阀门开启，鼓风机通过设置在膜块下的粗孔管曝气，对膜丝表面进行吹扫，以防止膜表面颗粒物质的大量沉积。

（2）间歇抽吸

间歇抽吸是指膜的抽吸出水泵连续运行一定时间(如 7min)，再停止运行一定时间(如 1min)，而此时膜丝的正向空气扫洗鼓风机还在运行，在气水二相紊流剧烈的扰动下，膜丝获得足够强度的振动，这将使过滤时沉积在膜丝表面的少量颗粒物脱离膜表面。

（3）维护性在线清洗

高强度、耐化学腐蚀的 PVDF 膜的发展，使频繁的维护性在线清洗成为可能，而工艺自动化使清洗操作变得极为简单。维护性在线清洗工艺能被工程设计为自动操作程序，而不需要人工干涉。

（4）恢复清洗

即便采用了这些维护性措施，跨膜压力也会缓慢地达到最高值或终止值。一旦达到终止值，各膜块需要从池中取出，进行化学药剂浸泡以去除结垢物质，恢复渗透性。该流程称作恢复清洗，通常根据堵塞情况 1~2 年进行一次。一旦膜块需要清洗，膜块将被拆下并浸泡在清洗槽里，并根据垢的类型，采用不同化学溶剂进行清洗，如次氯酸钠用于有机垢，弱酸用于无机垢。经过一段时间的浸泡后，膜的过滤性能得到恢复后，将膜组件重新安装回生产线。

总之，优越的处理性能使 MBR 在工程应用中取得了相当大的成绩，但要在应用中进一步提高竞争力和扩大市场份额，仍面临着诸多挑战，主要体现在以下几方面：

① 提升膜材料和膜组件。进一步开发寿命长、强度好、抗污染、价格低的膜材料，对膜组件的研究应朝着处理能力大、能耗低的方向发展。

② 膜污染及其控制策略。利用分子生物学、显微可视化方法等深入研究膜污染机理，探索更为有效、简便的方法，以控制和减缓膜污染的发生与发展。

③ MBR 的经济性。与传统工艺相比，MBR 费用仍偏高，需进一步降低其能耗以增强 MBR 的竞争力，因此需加强对 MBR 经济性的研究(如能耗、清洗费用、劳动力成本等)。

④ MBR 处理规模和应用领域。扩大 MBR 的处理规模和应用领域，尤其是对高浓度污水和难降解废水的处理，解决 MBR 用于大规模工程项目中出现的新问题。

⑤ 膜组件的更换与标准化。除新建项目外，已有 MBR 污水处理项目中膜组件的更换，将进一步拉动 MBR 市场的发展。以每年的市场增长率为 10%(新建项目)、膜组件的平均使用寿命为 5 年计，膜组件的更换最终将占到每年膜销售量的 40%。为进一步降低膜的成本费用，提高 MBR 工艺的经济性和竞争力，有必要对 MBR 的膜组件进行标准化设计。

五、连续膜过滤(CMF)技术

通常连续膜过滤所用的膜多为超滤膜或微滤膜。连续膜过滤是以中空纤维超滤膜或微滤膜为中心处理单元，在压力的作用下，处理液以一定的流速通过膜表面，小于膜孔径的物质穿过膜纤维壁，而大于膜孔径的物质则被纤维壁截流。连续膜过滤系统通过模块化的结构设计，把中空纤维膜元件和独特的气水双洗工艺技术，配以特殊设计的管路、阀门、自清洗单元、加药单元和自控单元等，形成一套闭路连续操作系统。目前用于连续膜过滤中的膜材质多为聚乙烯(PE)、聚丙烯(PP)和聚偏氟乙烯(PVDF)，尤其是聚偏氟乙烯，由于其表面不易污染，制膜工艺相对简单，对于氧化性清洗剂耐受性好，成为连续膜过滤技术中一种重要的膜材质。

（一） 应用

CMF 主要应用领域为：

(1) 自来水的净化处理，分质供水系统，直饮水系统；

(2) 地下水、地表水、井水的除浊，除菌处理；

(3) 取代混凝沉淀、砂过滤等常规处理工艺；

(4) 反渗透膜装置的前处理；

(5) 食品、生物、医药工业用水的除浊，除菌，净化；

(6) 废水的回用(废水，工程排水，油田水等)；

(7) 果汁饮料处理及葡萄酒除浊；

(8) 中药提取液除浊精制；

(9) 海水淡化工程的预处理。

（二） 膜

滤膜一般采用中空纤维膜，主要有聚砜类、纤维素类、聚烯烃类等。一般分为内压膜和外压膜两种形式。由华益环保科技有限公司企业给出膜的参数如表 19-19 所示，供参考。

表 19-19 中空纤维超滤膜参数

项 目	MK. 6C. 001 膜	UOF. 4 膜
膜特性及材质	不对称和亲水性，聚偏氟乙烯(PVDF)	
膜过滤形式	外压式	
中空纤维内径/mm	≤0.6	
中空纤维外径/mm	≤1.1	
膜面积/m^2	约 40	约 40
中空纤维膜丝数量/片	大约 8000	
孔/μm	0.2	0.03
使用温度范围/℃	5~45	
pH 范围	2~10	

（三）过滤工艺形式

1. 压力流

压力流连续过滤膜是靠水泵在膜的一侧施加一定的压力，使净水透过膜的过滤方式，比较合适于中小型处理规模的水厂，见图 19-19。

图 19-19　压力流连续过滤膜设备

压力流连续过滤分为内压式与外压式两种形式。

1）内压式

即原液先进入中空丝内部，经压力差驱动，沿径向由内向外渗透过中空纤维成为透过液，浓缩液则留在中空丝的内部，由另一端流出。

2）外压式

中空纤维超滤膜是原液经压力差沿径向由外向内渗透过中空纤维成为透过液，而截留的物质则汇集在中空丝的外部。

压力流连续过滤一般采用外压式工艺，外压式超滤膜有利于清洗，但膜丝容易断，因此一般在连续外压过滤工艺中选用的膜是 PVDF。PVDF 材料韧性比较好，不易折断，同时可以采用气水反冲洗。

压力流连续过滤主要特点有：

（1）灵活的结构设计有利于膜组件的更换和增容；

（2）利用空气对滤膜进行反冲洗提高了膜的清洗效果，膜的使用寿命长；

（3）全自动操作；

（4）设备结构紧凑，占地小，适于规模化的水处理系统，如产水量为 2400m^3/d 的单机占地仅为 8m^2；可以在现有的建筑物内安装，安装费用低。

有关生产企业提供的设备参数以及运行技术参数如表 19-20、表 19-21 所示，供参考。

表 19-20　设备参数

型　号	CMF100	CMF200	CMF300	CMF400	CMF500	CMF1000	CMF1500	CMF2000
日处理量/(m^3/d)	100	200	300	400	500	1000	1500	2000
膜组件数	1	2	3	4	5	10	15	20
外形尺寸/m	0.6×0.5×2	0.8×0.5×2	0.9×0.5×2	1.2×0.5×2	1.2×0.9×2	2×1.2×2	3×1.2×2	4×1.2×2
过滤泵功率/kW	1.25	2.5	3.75	5	6.25	12.5	18.75	25
反冲洗泵功率/kW	1.25	1.25	1.25	1.25	1.25	1.25	1.25	1.25
总装机功率/kW	2.5	3.75	5	6.25	7.5	13.75	20	26.25

表 19-21 压力流连续过滤膜设备运行技术参数

项　目		MK. 6C. 001 膜	UOF. 4 膜
最大进水压力/MPa		0.3	0.2
使用压力/MPa		0.12	0.12
最大供水流量/(m^3/h)		6	
跨膜压差(TMP)/MPa		0.15	0.2
产水量/(L/h)		2000	1500~3000
运行压力/MPa		0.05~0.08	
气流/(m^3/h)		4~6	2.3~6
反洗压力/MPa		0.05~0.08	
反洗通量/(m^3/h)	气水	0.3	
	水	2.3	
清洗时间/s		20~60	
反洗时间/s		20~60	30~60
在线清洗时间		设备运行 20~60min 后，其在线清洗时间为 50~90s	
化学反洗频率		3~5 个星期	

2. 浸没式

1）工艺

浸没式连续过滤膜为重力流进水、低压抽吸出水的过滤方式，所用的中空纤维膜组件与压力流连续过滤相同，但它没有压力膜壳，而是在膜外部包尼龙网状物。一般 4 根膜组件为一基本单元，一排最多含 9 个单元，共 36 根膜组件，最大的单池浸没式连续过滤膜装置可达 720 根膜组件。反冲洗采用气水联动工艺，从鼓风机中鼓出的气体从膜底部气体分配孔中自下而上鼓出，空气鼓出的同时带动纤维膜震动、摩擦，随后反冲水从膜内腔涌出将污物带出系统。浸没式连续过滤膜设备见图 19-20。

图 19-20　浸没式连续过滤膜的工程应用

2）特点

工艺基本涵盖了压力流连续过滤膜工艺的所有优点，对于较大规模的处理厂有其独特的优势。其特点有：低压进水，总投资相对较低，耗电费用约为压力流连续过滤的 40%，占地小，噪音低。

3）应用

浸没式连续过滤膜工艺目前主要用于给水处理厂，也可应用于污水回用深度处理领域，能够取代传统水处理工艺的混凝、沉淀、过滤等过程，无需加药，最后得到可直接回用或进入反渗透系统的出水。

（1）新加坡 CCK 自来水厂

CCK 自来水厂膜系统于 2008 年 4 月建成投产，产水规模为 182000m^3/d。整个膜系统分为 8 列膜池，每列膜池选用 5 个 ZeeWeed® 1000-60M 膜箱（预留 1 个膜箱空间），总共 2400 膜组件，设计瞬时最大膜通量为 77L/(m^2·h)（所有列运行时）和 90L/(m^2·h)（1 列离线运行时），系统回收率为 96%。同时采用虹吸和泵抽吸联合运行模式，即在系统运行初期可利用膜池和清水池的液位差（4.65m）来实现跨膜压差，而当膜污染加剧或者需要增加处理规模时才启动产水泵抽吸产生额外的跨膜压差，整个膜系统的能耗仅为 0.0178kW·h/m^3。膜系统处理效果见表 19-22 所示。

表 19-22　CCK 自来水厂典型膜出水水质

指标	膜进水	膜处理后出水
浊度/NTU	0.9±0.3	<0.1
色度/倍	4.7±1.6	<2
藻类/(个/mL)	68±76	未检出
原生生物/(个/m^3)	3921±5265	未检出

（2）加拿大 Lakeview 自来水厂

Lakeview 自来水厂是目前世界上运行中的最大超滤膜饮用水厂之一，产水规模为 363000m^3/d，水源水为微污染的湖水，平均浊度为 5NTU、TOC 为 2.7～3.7mg/L，采用臭氧+生物活性炭+浸没式超滤膜组合工艺。

整个超滤膜系统分 12 列膜池设计，膜系统占地面积 900m^2，其中膜池占地 505m^2。每列膜池选用 7 个 ZeeWeed® 1000-96M 膜箱，总共 7560 膜组件，系统回收率为 95%，超滤膜出水的浊度<0.1NTU、TOC<2mg/L。

（3）美国 Olivenhain 自来水厂

Olivenhain 自来水厂设计处理量 129000m^3/d。处理系统还包括一套 3 个膜列的 ZeeWeed® 500 二级处理系统，用来处理一级处理中的反冲洗废水排放，整个处理厂的回收率达 99.5%以上。其工艺流程为：水库水（浊度为 0.84～4.9NTU）经过细格栅和加氯消毒后进入 ZeeWeed®超滤膜池，通过产水泵使中空纤维膜中产生-6.9～-55kPa 负压，从而把水从超滤膜外过滤出来，然后进入总产水管中。超滤膜出水的浊度<0.1NTU。

膜系统通过间歇曝气和反冲洗保持超滤膜表面的清洁，还设有一个可变逻辑控制器和相应的用作数据记录的 SCADA 系统，用来监控整个膜系统，调节泵的转速和阀门的开关，从而保证系统的最优化运行。

（4）澳门大水塘（MSR）水厂

澳门大水塘（MSR）水厂水源为大水塘水库水，水质情况为：浊度 3～10NTU，COD_{Mn}≤3.5mg/L，TOC≤3.2mg/L，藻类峰值为 1.2×10^8 个/L，平均 3.5×10^7 个/L。工艺采用混凝+Aquadaf®高速气浮+ZeeWeed® 1000 浸没式超滤膜工艺。设计处理规模为 60000m^3/d，浸没式超滤膜系统共设有 5 列膜池，每列膜池选用 3 个 ZeeWeed® 1000-96M 膜箱，总共 1350 膜组件，系统水回收率设计为 95%，膜系统处理效果见表 19-23 所示。

表 19-23　澳门大水塘(MSR)水厂典型出水水质

指标	高速气浮出水(膜进水)	膜处理后出水
藻类/(个/L)	≤5000	≤12
浊度/NTU	≤5	<0.1
TOC/(mg/L)	≤3	≤3

(5) 天津市威阳路再生水厂

咸阳路再生水处理工艺为混凝沉淀+浸没式连续过滤膜+反渗透+臭氧。其中浸没式连续过滤膜处理水量为 5 万 m^3/d，共 4 组膜滤池。再生水主要用于电厂的循环冷却水和市政杂用。

(四) 运行费用

以日处理回用 10000m^3 二级生化出水为例，总投资成本为 200~400 元/(m^3 · d)、运行费用为 0.35~0.55 元/m^3、年节省费用(按水价 2.8 元/m^3)为 800 万元左右、静态投资回收期小于 1 年。对于静态投资回收期小于 1 年的提法可能有点夸张，但只要工程实在的运行，产生的环境效益可肯定是很明显的。

参 考 文 献

1　许振良．膜法水处理技术[M]．北京：化学工业出版社，2001.

2　邵刚．膜法水处理技术及工程实例[M]．北京：化学工业出版社，2003.

3　胡冬娜，田秀君，宋锦．混凝+UF 作为 RO 进水前处理的适用性研究[J]．水处理技术，2007，33(6)：53~55.

4　侯钰，桑志军，李本高．反渗透膜污染成因与防治[J]．工业用水与废水，2008，39(1)：23~26.

5　张胜昔．全膜水处理系统的运行管理[J]．江苏电机工程，2007，26(1)：81~84.

6　常向真．印染废水反渗透膜处理工程设计及效益分析[J]．针织工业，2010(2)：31~33.

7　胡齐福，吴遵义，黄德便．反渗透膜技术处理含镍废水[J]．水处理技术，2007，33(9)：71~73.

8　杜启云．中空纤维膜分离技术在水资源化中应用[J]．天津城市建设学院学报，2002，9(2)：77~79.

9　聂锦旭，肖贤明．纳滤膜在火电厂循环冷却水处理中的应用[J]．工业水处理，2005，25(5)：72~73.

10　冉祥军，杜海波，刘建军．纳滤膜污染原因分析及运行管理[J]．工业水处理，2009，(1)：86~89.

11　朱安娜，祝万鹏，张玉春．纳滤过程的污染问题及纳滤膜性能的影响因素[J]．膜科学与技术，2003，23(1)：44~45.

12　高从堦，陈益棠．纳滤膜及其应用[J]．中国有色金属学报，2004，14(F01)：310~316.

13　郑祥，刘俊新．膜生物反应器的技术经济分析[J]，给水排水，2002，28(3)：104~108.

14　李军，夏定国，赵琦，聂梅生．淹没复合式膜生物反应器技术[J]．城市环境与城市生态，2001，14(4)：5~7.

15　吕晓龙．连续膜过滤技术在污水资源化处理中的应用[J]．中国给水排水，2006，22(增刊)：124~125.

第二十章　常用高级氧化技术介绍

高级氧化技术一般针对难降解有机废水，如医药、化工、染料工业废水以及含有难处理的有毒物质等。

第一节　电化学处理技术

一、基本原理与特点

1. 原理

电化学氧化法主要用于有毒难生物降解有机废水的处理，电化学水处理技术的基本原理是使污染物在电极上发生直接电化学反应或间接电化学而得到转化，从而达到削减和去除污染物的目的。根据不同的氧化作用机理，可分为直接电解和间接电解。

1）直接电解

直接电解是指污染物在电极上直接被氧化或还原而从废水中去除。直接电解可分为阳极过程和阴极过程。阳极过程就是污染物在阳极表面氧化而转化成毒性较小的物质或易生物降解的物质，甚至发生有机物无机化，从而达到削减、去除污染物的目的。阴极过程就是污染物在阴极表面还原而得以去除，阴极过程主要用于卤代烃的还原脱卤和重金属的回收，如卤代有机物的卤素通过阴极还原发生脱卤反应，从而可以提高有机物的可生化性。

直接电解过程伴随着氧气析出，氧的生成使氧化降解有机物的电流效率降低，能耗升高，因此，阳极材料对电解的影响很大。

2）间接电解

间接电解是指利用电化学产生的氧化还原物质作为反应剂或催化剂，使污染物转化成毒性小的物质。间接电解分为可逆过程和不可逆过程。可逆过程（媒介电化学氧化）是指氧化还原物在电解过程中可电化学再生和循环使用。不可逆过程是指利用不可逆电化学反应产生的物质，如具有强氧化性的氯酸盐、次氯酸盐、H_2O_2 和 O_3 等氧化有机物的过程，还可以利用电化学反应产生强氧化性的中间体，包括溶剂化电子、$\cdot HO$、$\cdot HO_2$、O_2 等自由基。

2. 电化学水处理技术的特点

1）电化学方法既可以单独使用，又可以与其他处理方法结合使用，如作为前处理方法，可以提高废水的生物降解性；

2）一般电化学处理工艺只能针对特定的废水，处理规模小，且处理效率不高；

3）有的电化学水处理工艺需消耗电能，运行成本大。

二、电化学反应器与电极

电化学反应器按反应器的工作方式分类可分为：间歇式、置换流式和连续搅拌箱式电化学反应器。按反应器中工作电极的形状分类可分为二维电极反应器、三维电极反应器。二维电极呈平面或曲面状，电极的形状比较简单，如平板、圆柱电极。电极反应发生于电极表面上，其电极表面积有限，比表面积极小，但电势和电流在表面上分布比较均匀。三维电极的结构复杂，通常是多孔状。电极反应发生于电极内部，整个三维空间都有反应发生。特点是比表面积大，床层结构紧密，但电势和电流分布不均匀。表 20-1 列出了常见电化学反应器的电极类型。

表 20-1　常见电化学反应器的电极类型

<table>
<tr><th>电　极</th><th colspan="2">二维电极反应器</th><th colspan="2">三维电极反应器</th></tr>
<tr><td rowspan="7">固定电极</td><td rowspan="3">平行板电极</td><td>容器(板式)</td><td rowspan="3">多孔电极</td><td>网式</td></tr>
<tr><td>压滤式</td><td>布式</td></tr>
<tr><td>堆积式</td><td>泡沫式</td></tr>
<tr><td rowspan="4">同心圆筒</td><td rowspan="2">容器(柱式)</td><td rowspan="4">固定床电极</td><td>糊状/片状</td></tr>
<tr><td>纤维/金属毛</td></tr>
<tr><td rowspan="2">流通式</td><td>球状</td></tr>
<tr><td>棒状</td></tr>
<tr><td rowspan="6">移动电极</td><td rowspan="2">平行板电极</td><td>互给式</td><td rowspan="2">活性流动床电极</td><td>金属颗粒</td></tr>
<tr><td>振动式</td><td>炭颗粒</td></tr>
<tr><td rowspan="4">旋转电极</td><td>旋转圆筒式电极</td><td rowspan="4">移动床电极</td><td>浆状电极</td></tr>
<tr><td>旋转圆盘式电极</td><td>倾斜床</td></tr>
<tr><td rowspan="2">旋转棒</td><td>滚动床</td></tr>
<tr><td>旋转颗粒床</td></tr>
</table>

三、技术在废水处理中的应用

（一）微电解

1. 原理

微电解技术是目前处理高浓度有机废水的一种理想工艺，又称内电解法，它是在不通电的情况下，利用填充在废水中的微电解材料自身产生的电位差对废水进行电解处理，以达到降解有机污染物的目的。铁炭微电解设备中废铁屑填料的主要成分是铁和炭，当将铁屑和炭颗粒浸没在酸性废水中时，由于铁和炭之间的电极电位差，废水中会形成无数个微原电池。其中电位低的铁成为阳极，电位高的炭成为阴极，在酸性充氧条件下发生电化学反应，其反应过程如下：

阳极(Fe)：$Fe-2e \longrightarrow Fe^{2+}$，$E_0(Fe^{2+}/Fe) = -0.44V$；

阴极(C)：$2H^{+}+2e \longrightarrow H_2$，$E_0(H+/H_2) = 0.00V$。

原电池反应产生的新生态氢能与废水中许多组分发生氧化还原反应，使有机物断链，有机官能团发生变化，使有机废水的可生化性有一定的提高，同时 $Fe(OH)_2$ 及 $Fe(OH)_3$ 还具有絮凝和吸附作用，从而达到去除废水中污染物的目的。经过铁炭微电解预处理后废水的酸度大大降低，减少了中和剂的使用量。

2. 特点

1) 具有适用范围广、处理效果好、成本低廉、操作维护方便、不需消耗电力资源等优点；适合于处理难降解、高色度有机废水，能有效降低 COD 和色度，提高废水的可生化性。

2）微电解工艺所采用的微电解材料一般为铁屑和木炭，使用前要加酸碱活化，使用过程中很容易钝化板结，又因为铁与炭是物理接触，之间很容易形成隔离层使微电解不能继续进行而失去作用，导致频繁地更换微电解材料，造成工作量大、成本高，还影响废水的处理效果和效率。另外，微电解材料表面积太小也使得废水处理需要很长的时间，增加投资成本。

3. 适用范围

针对有机物浓度大、高毒性、高色度、难生化废水的处理，可大幅度地降低废水的色度和 COD，提高 B/C 比值。可广泛应用于印染、化工、电镀、制浆造纸、制药、洗毛、农药、酒精等各类工业废水的处理及处理水回用工程。

4. 具体应用工程

1）工程情况

某医药原料厂生产咪唑醛等医药原料，其排放的废水 COD 为 4000～8000mg/L，废水中含有抑制好氧微生物生长的有毒物质，可生化性较差，属生物难降解有机废水，主体工艺设计采用生化处理，因此需要采取预处理以提高生化性。

对于处理生物难降解的有机物质，常用的提高可生化性的方法有铁炭微电解、水解酸化、厌氧。本项目废水酸性大，而且铁炭微电解使用的主要原料是铁刨花，在某种程度上讲铁炭微电解具有以废治废的意义，因此铁炭微电解作为预处理工艺比较合适。

2）处理工艺

（1）废水水质

废水主要来自原料生产车间排放的工艺废水，废水量 $370m^3/d$；其水质情况见表 20-2。

表 20-2　处理废水进水与排水水质

项　目	pH	COD/(mg/L)	SS/(mg/L)	NH_3-N/(mg/L)
进水	1～2	4000～8000	6000	200～400
出水	6～9	≤300	150	50

（2）工艺流程

主要工艺流程如下：

车间废水→格栅→调节池→铁炭微电解→中和混凝沉淀池→氨吹脱塔→臭氧反应器→水解酸化池→接触氧化池→沉淀→A/O→沉淀→出水。

车间废水经机械格栅去除水中大颗粒悬浮物后自流进入调节池中，水质、水量经调节均衡后，由耐酸泵压送入铁炭微电解设备的底部，铁炭微电解处理后的废水从设备顶部流出进入混凝中和反应沉淀池；经混凝中和反应沉淀分离后的上清液自流进入集水池，再由泵输送至氨吹脱塔进行氨吹脱处理，出水自流进入中间水池。废水经臭氧反应器处理后流入水解酸化池，进行水解酸化处理后，自流流入生物接触氧化池，氧化池中设置有弹性填料，池下部设置曝气头。废水进入生物接触氧化池后，流经充满大部分池体容积的弹性填料层，在曝气装置供氧条件下，填料表面微生物吸附、分解去除水中的 COD 和 SS 等污染物。生物接触氧化池流出的泥水混合物流入沉淀池，进行固液分离后流至 A/O 池。在 A 池进行生物筛选和生物吸附，在 O 池中进行生物降解。曝气池流出的泥水混合物流入终沉池进行固液分离，终沉池沉降的污泥用泵回流到 A 池，多余的污泥排至污泥浓缩池，终沉池的出水达标排放。

(3) 铁炭微电解设备主要技术参数

为保证铁炭微电解设备的正常运行，防止填料床板结、铁粉钝化及板结，设计中采用了上流反冲型式及机械强制搅拌的方法，并采取添加氧化剂的措施，从而确保铁炭微电解设备的正常运行，铁炭微电解工艺主要设计技术参数如表 20-3。

表 20-3　铁炭微电解工艺主要设计技术参数

设计处理流量/(m^3/d)	370	铁粉与炭粉体积比	1∶1
最大处理流量负荷/(m^3/d)	420	搅拌机功率/kW	5.5
工作压力	一个标准大气压	气水比/[m^3(气)/m^3(水)]	3.75
工作温度/℃	25	曝气量/(m^3/min)	1.04
总容积/m^3	93	COD 去除率	10%~20%
工作介质	强酸性废水，pH 为 1~2	出水 pH 值	4~5

(4) 工艺应用效果

经过铁炭微电解预处理的原水的 pH 值由平均 1.6 提高到了平均 4.5，降低了废水的酸度，减少了中和剂的使用量，废水的可生化性显著提高。经过铁炭微电解—混凝+中和+沉淀处理后，COD 降低了 46%~55%。对生物接触氧化池和好氧池内废水及活性污泥进行镜检，可以看到大量菌胶团、固着型纤毛虫类、线虫等，废水处理系统正常运行，状态良好，出水能达到稳定达标排放。

（二） 电絮凝

近年来，电絮凝技术正在被逐渐有效地应用在废水处理上，因为它具有凝聚、吸附、氧化还原、气浮等作用，可以有效地用于脱色、杀菌、除重金属离子、去除有机物以及放射性物质和其他污染物。电絮凝设备结构紧凑，可以小型化，占地面积小，建设快，无须设置复杂的加药系统，易于实现自动化。因此，电絮凝设备在废水处理中的应用引起了研究者的广泛关注。

1. 原理

电絮凝技术去除污染物的过程较复杂，其反应机理如图 20-1 所示。包括以下几个方面的作用：

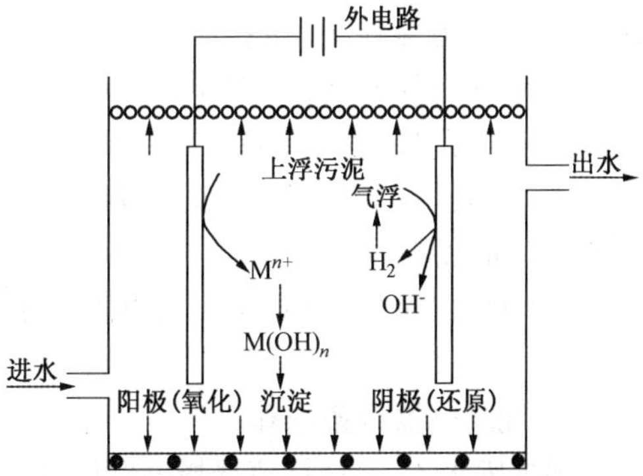

图 20-1　电絮凝反应原理示意图

1) 絮凝作用

牺牲阳极溶解产生的金属离子在水中水解、聚合，生成一系列多核水解产物，这类新生态氢氧化物活性高、吸附能力强，是很好的絮凝剂，与原水中的胶体、悬浮物、可溶性污染物、细菌、病毒等结合生成较大絮状体，经沉淀、气浮被去除。这一过程与絮凝的机理相同，包括电荷中和、吸附架桥、压缩双电层等过程。

2) 气浮作用

电解过程中生成的气体以微小气泡的形式出现，与原水中的胶体、乳状油等污染物黏附在一起浮升至水面而被去除。电絮凝产生的气泡远小于加压气浮产生的气泡，因而其气浮能力更强，对污染物的去除效果也更好。

3）氧化、还原作用

在电流作用下，原水中的部分有机物可被氧化为低分子有机物，甚至直接被氧化为 CO_2 和 H_2O。同时，阴极产生的新生态氢还原能力很强，可与废水中的污染物发生还原反应，从而使污染物得到降解。

2. 电解槽与电极

1）电解槽

（1）电解槽形式

电解槽类型对电絮凝有影响。电解法处理废水所用电解槽，按水流方向可分为翻腾式、回流式及竖流式三种。废水处理中最常采用的是翻腾式电解槽。翻腾式电解槽为用隔板将电解槽分成数段，在每段中水流顺着板面前进，并以上下翻腾方式流过各段隔板。

（2）电解槽设计

①电解槽有效容积 C，有效容积用公式(20-1)计算。

$$C = \frac{QT}{60} \tag{20-1}$$

式中 C——电解槽有效容积，m^3；

Q——设计流量，m^3/h；

T——电解历时，min。

② 阳极面积 F，阳极面积根据水板比 n 确定。

$$F = 1000Cn \tag{20-2}$$

式中 F——阳极面积，dm^2；

C——电解槽有效容积，m^3；

n——水板比，对含氰铬废水取 $2\sim3dm^2/L$。

③ 电流强度 I，按电流密度 i 与 F 计算。

$$I = iF \tag{20-3}$$

式中 I——电流强度，A；

i——电流密度，A/dm^2；

F——阳极面积，dm^2。

④ 食盐投加量，当废水的电阻率大于 1200Ω · cm 时，应投食盐使废水电阻率下降到 1200Ω · cm 以下。

⑤ 电压(V)，电压按废水的电阻 R(Ω)和 I(A)计算

$$V = RI \tag{20-4}$$

⑥ 配套电器设备选择。

根据废水 I、V 计算值选择电器设备。电器设备的额定工作电压应大于槽端电压和汇流排压损失之和，汇流排电压损失按式(20-5)计算。

$$V_1 = 2 \times 1.1 \times ILKF \tag{20-5}$$

式中 V_1——汇流排电压降，V；

1.1——汇流母线温升线引起的电导下降系数。

I——线路计算电流强度，A；

L——线路长度，m；

K——导线导电系数，铜线取 53，铝线取 32；

F——汇流母线截面积，mm^2。

⑦ 电能消耗量，电能消耗量用式(20-6)计算。

$$N = \frac{IV}{1000Q} \tag{20-6}$$

式中 N——电能消耗量，$kW \cdot h/m^3$；

I——电流强度，A；

V——工作电压，伏特；

Q——设计流量，m^3/h。

⑧ 压缩空气量 q。

$$q = q_0 T \tag{20-7}$$

式中 q——压缩空气量，m^3(气)/m^3(水)；

q_0——搅拌 $1m^3$ 废水所需的空气量，一般取 0.2～0.3m^3/min；

T——电解历时，min。

⑨ 翻腾式电解槽。其平面尺寸应满足 $L/B=4\sim6$，$H/B=1$；

式中 L——槽长，m；

B——槽宽，m；

H——有效水深，m。

⑩ 其他。

导线与极板焊接，接线电阻较小，耐腐蚀较好；螺栓联接和活动搭接易松动，接线电阻大，耐腐蚀差。布置直流电源要尽量靠近电解槽，使得母线短，线路电压降小；同时要设置转向开关。

2）电极与电极连接方式

(1) 电极材料

电极材料与电解过程有直接的关联，电解过程与相应的电极材料及布置方式见表 20-4。

表 20-4　电解过程与相应的电极材料及布置方式

电解过程	电极材料与布置方式
电凝聚	选用可溶性铝或铁作阳极。电极布置应充满整个电解槽。电流密度较小，电解以电凝聚为主导过程，同时也发生电气浮和氧化还原过程
电气浮	选用可溶性石墨为阳极。石墨电极布置在电解槽底部，不产生电凝聚过程
电凝聚与电气浮	电凝聚选用可溶性铝或铁为阳极。电极部分布置在电解槽底部，既产生电凝聚过程，电气浮过程也较为明显
电解氧化	选用不溶性石墨为阳极。电流密度要求较大，主要表现为阳极氧化过程
电解还原	选用铁板为阴极。当处理物质在阴极析出时，阴极总是发生还原过程

(2) 电极形式

电絮凝电极除传统的形式外，还有絮凝床、絮凝槽等。目前已经开发出同轴电絮凝极板在使用。电极形式如图 20-2 所示。

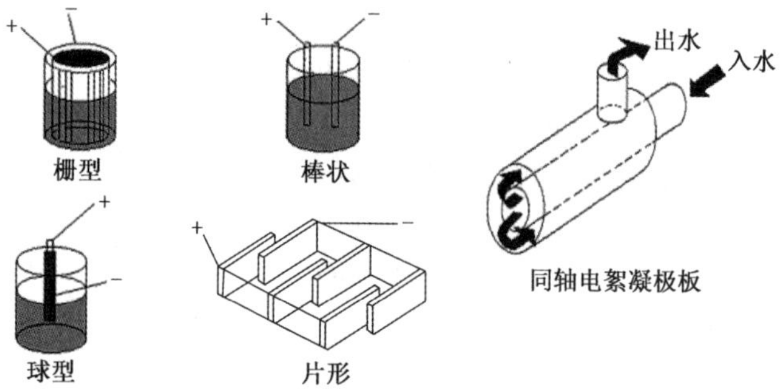

图 20-2　电絮凝极板的几何形状

（3）电极连接方式

在电絮凝器中，按照电极板两侧的电极极性分，电絮凝器可分为单极式、双极式和组合式三类，电絮凝器电极连接方式见图 20-3。对于单极式电絮凝器，电势高低交错，电流总是从某一阳极流向相邻的阴极，而不可能绕过几块极板流向其他阴极，每块极板表现出一种电性且相邻的电极表现为不同的电性，这类电絮凝器不存在电流的泄漏问题；双极式与组合式的情况则有所不同，部分电流可以绕过几块极板，从靠近电源正极的一些极板直接流向靠近电源负极的一些极板，除了与电源两极相连的极板外，每块极板表现出不同的电性，双极式和组合式都存在着电流泄漏的现象。实际应用中双极板较普遍，因为双极板电路极板腐蚀较均匀，相邻极板接触的机会少，即使接触也不会因短路而发生事故。双极板电路便于缩小极板间距，提高极板利用率，减少投资和节省运行费用。

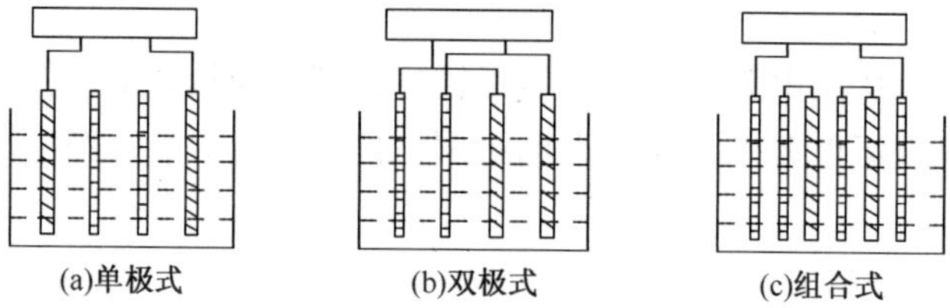

图 20-3　电絮凝器电极连接方式

3. 影响电解的因素

1）极板材料

对于印染废水，主要利用电凝聚和电气浮过程，应选择可溶性铝或铁作阳极、铁板作阴极。对含氰废水，以石墨为阳极，铁板为阴极。含铬废水以铁板作阳极和阴极。

2）极板间距

极板间距的大小直接影响电解消耗和电解历时。间距过大，电解历时、电压和电解消耗都要增大，而且处理效果也会受影响；间距愈小，电解消耗愈低，电解历时也相应缩短，但所需电极板组数太多，一次投资大，且安装与维护管理都较困难。对于含氰、含铬废水极板净距一般为 30~50mm，对印染废水极板净距应采用大些为宜。

3）阳极电流密度

即阳极工作面积上通过的电流，单位为 A/dm^2。阳极工作面是指阳极和阴极相对应之面。如两块阴极间的阳极，则工作面以二面计；电解槽二侧的阳极工作面以一面计；在双电极极组上，阳极工作面是指接阳极导线与阴极相对应的工作面数计。阳极电流密度可按式(20-8)计算。

$$IF = \frac{I}{0.8F} \tag{20-8}$$

式中 IF——电流密度，A/dm²；

I——用电电流，A；

F——阳极工作面积，dm²；

0.8——系数，即在阳极面积减少至80%时仍能继续使用。

电流密度的大小与电化学反应要求、电极接线和废水性质有关，常用为0.2~0.5A/dm²，一般来说采用低电流的电解法电耗往往比较少。

4）电压与搅拌

电压：电解时阳极与阴极间的槽电压，以伏特计，包括平衡电压、过电位、导线、极板和溶液电压降。电解时投加少量NaCl可降低电压，减少用电量，但废水中增加Cl^-和Na^+是否会影响水的重复使用应加以考虑。一般当废水电阻率大于1200Ω·cm时，就必须投加NaCl，投加量一般为1~2g/L。

搅拌：多采用压缩空气搅拌，搅拌强度一般为0.2~0.3m³(气)/[m³(水)·min]。

5）电解历时

电解历时指废水进入电解槽到废水排出电解槽停留的时间，由几分钟到几十分钟不等。极距、电流密度和电解时间三者互为影响。极板距愈小，电流密度愈大，电解历时就愈大，但很不经济。一般认为较低的电流密度和较长的电解历时是较合理的，一般控制在10~30min之间。

6）水板比

水板比是指电解槽中废水的容积与阳极板总有效面积之比，即浸泡在单位容积废水内的阳极面积，以dm²/L表示。水板比与极板间距离有关，对含氰、铬废水为2~3。

7）温度

温度在5~35℃范围内变化，对处理效果和电解历时无明显影响。

8）pH值

pH值要求控制在5~6之间，pH值过大，会使阳极发生钝化，阻止金属电极的溶解。

9）电耗

电解时要析出物质消耗电能。理论值按法拉第电解定律计算：

$$W = \frac{q\varepsilon}{F} \tag{20-9}$$

式中 W——电解析出的物质，g；

q——通过的电量，A·h；

ε——电解析出物质的克当量；

F——法拉第电解常数，26.8A·h。

由于电解过程中存在着其他副反应的情况，所以实际电耗比理论值大，电解除铬的电量一般采用3.8~4A·h/g(Cr^{6+})；电解除氰化物的电量一般采用10~15A·h/g(氰)；电解处理羊毛染整废水采用40~100A·h/m³废水的电量。

4. 特点

由于电絮凝过程中电解反应的产物只是离子，不需要投加任何氧化剂或还原剂，对环境不产生或很少产生污染，被称为是一种环境友好水处理技术。电絮凝法具有很多的优点，如：

（1）设备简单，占地面积少，设备维护简单；

（2）电絮凝过程中不需要添加任何化学药剂，产生的污泥量少，且污泥的含水率低，易于处理；

（3）操作简单，只需要改变电场的外加电压就能控制运行条件的改变，很容易实现自动化控制；

电絮凝可以一次完成氧化、还原、絮凝、气浮的过程，是污水处理的一个很好的工艺。但是一般电絮凝还存在以下几个问题：

（1）处理污水时，若要达到较好的处理效果，则需要较长的停留时间，这对于水量比较大的污水处理工程难以适用，而且水样本身的理化性质对电絮凝处理效果有明显的影响；

（2）极板易形成氧化膜而钝化，影响电絮凝的处理效率；

（3）对高浓度的有机污水进行处理时，电极消耗比较大，造成运行成本较高；

（4）该技术在很大程度上依赖水溶液的化学特性，尤其是传导性；

（5）与其相关的诸多理论还不成熟，尤其缺乏对电絮凝反应器成型设计的理论，因此对于某一特定水质，采用何种结构的反应器、工艺参数、如何优化等，仍凭经验或试验来确定，不能完全从理论上推断。上述这些局限性在一定程度上制约了电絮凝技术的广泛应用。

5. 应用情况

电絮凝水处理系统主要用于去除废水中的重金属，悬浮固体，乳化有机物等，现已被广泛用于石油石化行业、电镀业、有色金属冶炼行业、船底污水处理。工艺对污染物的处理效果如表 20-5 所示。

表 20-5　电絮凝水处理系统对污染物的处理效果

污染物种类	入水水质/(mg/L)	出水水质/(mg/L)	去除率/%
输油管污水			
石油烃	2900	31.7	99
油脂	2180	<5.0	99.78
船底水			
浊度	455	12	97.36
钢材涂料			
铬	36.63	<0.005	99.98
冷却塔循环水			
铜	1.96	<0.005	
锌	6.921	<0.005	
压铸废水			
铁	1520	1.5	90.13
镍	>25	0.12	99.52
锌	12	未检出	100
锰	200	未检出	100
电镀废水			
磷酸盐	135	25	81.48
铜	14.1	0.2	98.59
铅	377.6	0.8	99.79
浊度	2737	57	97.92

1）处理高浓度有机废水

用传统的工艺处理高浓度的可生化、不可生化的有机废水时，流程长，运行成本高，负荷高，效果不明显；电絮凝设备已成功的用于此类废水处理，如屠宰业和养殖业的高浓度有机废水、食品厂高浓度废水、石油业含烷烃废水、纺织印染废水等。安徽省安庆市某毛巾厂采用高压脉冲电絮凝装置处理印染废水，COD 和 BOD_5 的去除率均在80%以上，色度去除率高，处理每吨废水所需运行管理费为 0.7 元。

2）处理高氨氮废水

有关资料报道，在处理高氨氮废水中，电絮凝也有很好的处理效果，已经将其应用在垃圾渗漏液的处理中。日处理 150t 垃圾渗滤液处理工程处理指标见表 20-6。

表 20-6　日处理 150t 垃圾渗滤液处理工程处理指标

序号	污染物	处理前/(mg/L)	处理后/(mg/L)
1	COD	6430	<25
2	BOD	540	<18
3	SS	1980	<10
4	NH_3-N	1070	<10
5	重金属	高含量，多种	达排放要求

3）处理电镀废水

水口山有色集团第四冶炼厂锌冶炼废水电絮凝深度处理工程，工程设计处理规模为 4000t/d。

4）除氟

在一些发展中国家，如中国、埃及、印度等，氟中毒是一种比较常见的地方病。因此，饮用水的除氟问题便成为一个流行的方向，除氟的方法包括：石灰沉淀法、混凝沉降法、吸附与离子交换法及电凝聚法、电渗析法、反渗透法等，其中电凝聚法是比较有竞争力的一种方法。

6. 不同电絮凝设备的有关参数

根据有关文献，对其中的 CJH 型含铬废水处理装置以及 CURE 装置（进口）进行了有关参数的比对，为设计和应用提供参考，分别见表 20-7、表 20-8、表 20-9。

表 20-7　不同电絮凝设备处理废水参数比对

<table>
<tr><th rowspan="2">设备</th><th rowspan="2">处理污水类型</th><th rowspan="2">处理规模/[m³/(h·台)]</th><th colspan="2">污染物/(mg/L)</th><th rowspan="2">去除率/%</th><th colspan="2">pH</th><th>电解时间/s</th><th>处理成本/(元/m³)</th></tr>
<tr><th>处理前</th><th>处理后</th><th>适应值</th><th>出水值</th><th>300~600</th><th>0.404(1989年数据)</th></tr>
<tr><td rowspan="2">CJH 型含铬废水处理装置</td><td rowspan="2">含铬废水</td><td rowspan="2">小于 6</td><td>Cr^{6+}≤60</td><td rowspan="2">≤0.5</td><td>99.16</td><td rowspan="2">4~6.5</td><td rowspan="2">7~8</td><td rowspan="2">600~1200</td><td rowspan="2"></td></tr>
<tr><td>Cr^{6+}≤100</td><td>99.5</td></tr>
<tr><td rowspan="5">CURE 装置</td><td rowspan="4">含多种重金属废水处理</td><td rowspan="4">3.42</td><td>Pb<1000</td><td>≤0.1</td><td>99.99</td><td rowspan="4">1~10</td><td rowspan="4">中性</td><td rowspan="4">80</td><td rowspan="4">0.84</td></tr>
<tr><td>Cu<1000</td><td>≤1</td><td>99.9</td></tr>
<tr><td>Zn<1000</td><td>≤2</td><td>99.8</td></tr>
<tr><td>Cr^{6+}<2000</td><td>≤0.1</td><td>99.995</td></tr>
<tr><td>含铬废水</td><td>13.63</td><td>Cr^{6+}<400</td><td>≤0.5</td><td>99.87</td><td>1~10</td><td>6~9</td><td>80</td><td>0.94</td></tr>
</table>

表 20-8 不同电絮凝设备耗电参数对照表

<table>
<tr><th rowspan="2">设备</th><th rowspan="2">处理污水类型</th><th colspan="2">电源</th><th colspan="2">容量/kW</th><th rowspan="2">电解电压/V</th><th rowspan="2">电解电流/A</th><th rowspan="2">电流效率/%</th><th rowspan="2">电流换向时间</th></tr>
<tr><th>电压/V</th><th>电流/A</th><th>装机</th><th>运行</th></tr>
<tr><td rowspan="2">CJH 型含铬废水处理装置</td><td rowspan="2">含铬废水</td><td rowspan="2">380</td><td rowspan="2"></td><td rowspan="2"></td><td rowspan="2"></td><td>36</td><td>300</td><td rowspan="2">80
(整流效率)</td><td>15min</td></tr>
<tr><td>实际极板间电压 30~50</td><td>实际 0.15~0.35A/dm²</td><td>实际 30~60min</td></tr>
<tr><td rowspan="2">CURE 装置</td><td>含多种重金属废水处理</td><td>380</td><td>70</td><td>6.5</td><td>5.6</td><td>10</td><td>36</td><td>86</td><td>20ms</td></tr>
<tr><td>含铬废水</td><td>380</td><td>200</td><td>19.11</td><td>17.51</td><td>10</td><td>144</td><td>86</td><td>20ms</td></tr>
</table>

表 20-9 不同电絮凝设备极板参数对照表

<table>
<tr><th>设　备</th><th>处理污水类型</th><th>电极形式</th><th>电极材质</th><th>电极间距/mm</th><th>电极板(管)厚/mm</th><th>电极板(管)数</th><th>年消耗电极板数</th></tr>
<tr><td rowspan="2">CJH 型含铬废水处理装置</td><td rowspan="2">含铬废水</td><td rowspan="2">板型</td><td rowspan="2">碳素钢板</td><td>10(设计规范要求的极板)</td><td rowspan="2">3~5(设计规范要求的极板)</td><td rowspan="2">按计算</td><td rowspan="2">还原 1gCr^{6+} 消耗极板 4~5</td></tr>
<tr><td>实际 5~20</td></tr>
<tr><td rowspan="2">CURE 装置</td><td>含多种重金属废水处理</td><td>管型</td><td>钛、铝、镍、铁、锑、石墨</td><td>按计算</td><td></td><td>8(二组)</td><td>36</td></tr>
<tr><td>含铬废水</td><td>管型</td><td>钛、铝、镍、铁、锑、石墨</td><td>按计算</td><td></td><td>8(二组)</td><td>18</td></tr>
</table>

第二节 试剂氧化法

一、Fenton 试剂法

（一）原理与应用

Fenton 试剂氧化法由亚铁盐和过氧化氢组成，当 pH 值足够低时，在 Fe^{2+} 的催化作用下过氧化氢就会分解产生 · OH，从而引发一系列的链反应。Fenton 试剂在水处理中的作用主要包括对有机物的氧化和混凝两种作用，Fenton 试剂能不同程度地去除水体中的有机污染物。Fenton 试剂作为一种高级氧化技术，在焦化废水、垃圾渗滤液、印染废水和农药废水等高浓度、难降解和有毒有害工业有机废水的处理研究中被广泛应用，并取得了一定的成果。

Fenton 氧化法处理难降解的有机废水时，具有一般化学氧化法无法比拟的优点，至今已成功运用于多种工业废水的处理。但 H_2O_2 价格昂贵，单独使用成本会太高，因而在实际应用中，通常是与其他处理方法联用，将其用于废水的预处理或最终深度处理。用少量 Fenton 试剂对工业废水进行预处理，使废水中的难降解有机物发生部分氧化，改变它们可生化性、溶解性和混凝性能，利于后续处理。另外，一些工业废水经物化、生化处理后，水中仍残留少量的生物难降的有机物，当水质不能满足排放要求时，可采用 Fenton 法对其进行深度处理。

（二）案例

1）基本情况

秦皇岛港务集团一公司 2 万 t 级液体化工码头运营的货种主要为醇类和烃类有机物，如甲醇、乙醇、液氨、苯、浓硫酸、液萘等液体化工品，投入运行后，将会产生一定量的化学废水，洗舱废水中的主要污染物为上述化工品的残留物。因此在设计中采用 Fenton 氧化法作为预处理工艺。工程把 Fenton 氧化法作为预处理工艺，后续处理工艺选择膜分离技术与 MBR 工艺结合的废水处理技术。设计进水水质情况及处理水排水标准值见表 20-10。

表 20-10 设计进水水质情况及处理水排水标准值

项目	pH	色度/倍	COD/(·mg/L)	石油类/(mg/L)	NH_3-N/(mg/L)	SS/(mg/L)
进水	1~12	≤200	≤2500	≤20	≤30	≤450
排水	6~9	≤80	≤50	≤10	≤25	≤150

2）工艺流程

日处理能力为 30t，整个处理系统包含储水罐、中和池、Fenton 氧化池、MBR 池、活性炭吸附池 6 个部分，工艺流程如下：废水→储水罐→中和池→Fenton 氧化池→MBR 池→活性炭吸附池→出水。

3）设计参数

（1）储水罐

洗舱水经过码头的 DN200 输水管道进入储罐，储罐有效容积 100m³，设计尺寸为 Φ5.5m×5m，配套设置有 5m³/h 的化工污水泵 2 台，将污水泵入后续处理单元处，泵配套有 10m³/h 的电磁流量计一台，监控处理系统的污水处理量。

（2）中和池

中和池池容按照最大设计流量 5m³/h 设计，设备尺寸为 1m×1m×4m(长×宽×高)。配套设置有减速搅拌机 1 台，用于加速中和反应，加药系统 2 套，用于投加酸、碱药液，安装有在线 pH 计 1 套，用于反应进程的控制。

（3）混凝沉淀池

混凝反应分为三级，沉淀池采用斜管沉淀工艺，设计处理能力为 5m³/h，设备尺寸为 2.8m×2m×4m。三级混凝反应分别配套设置有减速搅拌机，搅拌机速度依次降低；另有加药系统 2 套用于投加 PAC、PAM。

（4）Fenton 氧化池

Fenton 氧化池设计选择间歇式反应器，以保证化学药剂与废水在完全混合状态下充分反应。反应池按照最大设计流量 5m³/h 设计。反应池有效容积 5m³，设备尺寸为 2.m×1.5m×4m，每个运行周期总时间为 4h，其中进水、反应沉淀和出水工序各 1h。在反应池内安装有减速搅拌机加快反应的速度，安装 pH 计对反应的 pH 值进行监控，配套有 2 套加药系统用于投加氧化剂和催化剂。

（5）MBR 池

膜生物反应池内安装中空纤维膜组件，通过不锈钢自吸泵出水。在没有化学废水时，考虑将厂区部分污水引入反应池，以维持菌种的正常生长。反应池按照最大设计流量 1.5m³/h 设计，设备有效容积为 18m³，具体尺寸为 3m×2m×3.5m。反应池内部安装有中空膜组件 1 套，处理能力为 1.5m³/h；配套有 2m³/h 的不锈钢自吸泵 2 台、1m³/min 的罗茨鼓风机 2 台。

（6）活性炭吸附罐

活性炭吸附装置采用两级压力式活性炭吸附罐，内填高效柱状活性炭颗粒，充分保证废水与活性炭的接触时间，使废水达标排放。吸附罐按照最大设计流量 1.5m³/h 设计，具体

尺寸为 ϕ1.2m×2.5m，内部填充有高 1.5m 的炭柱。配套设置有 100m^3/h 的反冲洗水泵 1 台，用于活性炭吸附罐的反冲洗。

监测结果表明，出水水质良好，抗冲击负荷能力强，完全满足设计出水的要求。

二、超临界水氧化技术

（一）原理

超临界水氧化处理污水的工艺最早是由 Modell 提出的，是近年发展起来的处理有机难溶废物的安全高效新技术。超临界水氧化技术是以水为介质，利用超临界条件(温度>374℃，P>22.1MPa)下不存在气液界面传质阻力的特点，来提高反应速率并实现完全氧化。同焚烧、湿式催化氧化相比，超临界水氧化具有污染物氧化较完全、二次污染小、设备与运行费用相对较低等优势，超临界水氧化技术目前所采用的工艺流程见图 20-4。

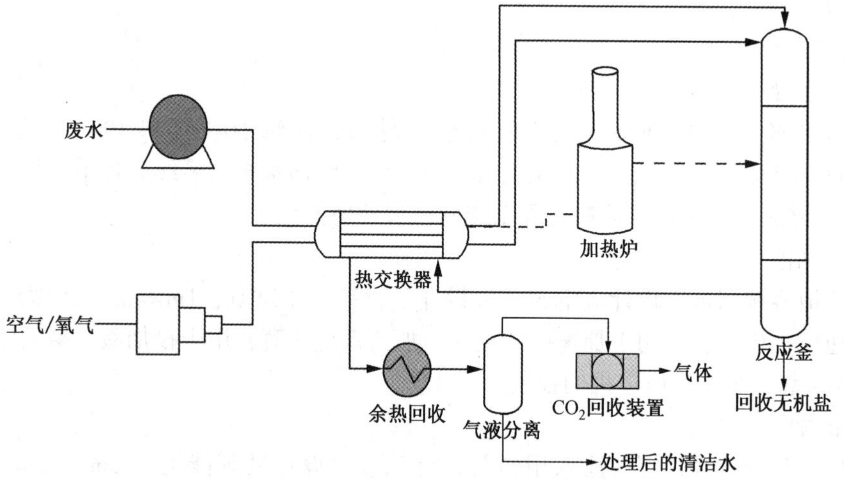

图 20-4　超临界水氧化技术工艺流程示意图

超临界水氧化反应是基于自由基反应机理，该理论认为·HO_2 是反应过程中重要的自由基，在没有引发物的情况下，由氧气攻击最弱的 C—H 而产生，有机自由基与氧气生成过氧自由基，进一步反应生成的过氧化物相当不稳定，有机物则进一步断裂生成甲酸或乙酸。在超临界水中，大分子有机污染物首先断裂为比较小的小分子，其中含有一个碳的有机物经自由基氧化过程一般生成 CO 中间产物，在超临界水中 CO 被氧化为 CO_2，其途径主要为：

$$2CO+O_2 \longrightarrow 2CO_2$$

$$CO+H_2O \longrightarrow H_2+CO_2$$

在温度小于 430℃时，反应 $CO+H_2O \longrightarrow H_2+CO_2$ 起主要作用，产生大量的氢经氧化后成为 H_2O。

（二）氧化剂来源

所有富含且较易释放氧的物质均可作为氧化剂，研究中应用较多的是纯氧和空气，近来 H_2O_2 与 $KMnO_4$ 也被用作 SCWO 过程的氧化剂，并且在研究中发现 H_2O_2 作为氧化剂比纯氧效率高且更经济。

（三）特点

超临界水氧化反应具有如下的特点：

(1) 水中几乎所有的有机物在几秒至几分钟内，与氧气或空气中的氧进行氧化、分解反应，将有机污染物转化成无害的CO_2、水、氮气等，分解率可达99.99%以上；

(2) 无机盐类溶解度很低，以固体形式被分离出来或回收利用，例如造纸黑液经处理后可回收碱，处理后的水成为达标排放的水；

(3) 当被处理的废水或废液中的有机物浓度在3%~10%时，可以依靠反应过程中释放的反应热来维持反应所需的热量平衡，不需外界加热；

(4) 处理过程在密闭环境中进行，反应彻底，不排放污染物，有利于有毒有害物的处理。

表20-11给出了超临界水氧化法和其他处理方法的各种参数对比，从中可以看出超临界水氧化技术是一种有前途的处理技术。

表20-11 超临界水氧化法和其他处理方法的对比

参数	超临界水氧化	湿法氧化	焚烧法
温度/℃	400~650	150~350	≥1000
压力/MPa	30~40	2~20	不需要
催化剂	可不添加	需要	不需要
停留时间/min	≤5	15~20	≥10
去除率/%	≥99	7~90	≥99
自热	是	是	不是
后续处理	不需要	需要	需要
排出物	无毒、无色	有毒、有色	二噁英、NO_x等
适用性	普适	有限制	普适

（四）存在的问题

1. 催化剂

近几年来，应用于超临界水氧化中的催化剂的研究逐渐成为一个热点。研究表明，催化剂的使用可以提高SCWO反应速度，减少反应时间，降低反应温度，控制反应路线及反应产物，表20-12比较了不同有机物在使用催化剂与不使用催化剂的超临界水中氧化反应速率。

表20-12 催化剂对不同有机物在超临界水中氧化反应速度的影响

催化物	化合物	反应温度/℃	反应压力/MPa	反应速度/[mg/(kg·s)]	
				无催化物	有催化物
Al_2O_3	乙酸	418	27.6	7.3	116.7
	吡啶	418	27.6	1.9	4.3
	2.4-二氯苯酚	418	27.6	3.0	449.7
Pt/Al_2O_3	乙酸	418	27.6	7.3	326
	吡啶	418	27.6	1.9	7
Cr_2O_3	苯	390	24.1	148.0	499.0
	苯酚	390	24.1	94.8	76.7
	1，3-二氯苯	390	24.1	233.5	47.3

续表

催化物	化合物	反应温度/℃	反应压力/MPa	反应速度/[mg/(kg·s)]	
				无催化物	有催化物
MnO_2/CeO_2	乙酸	418	27.6	7.3	503.5
	氨	450	27.6	0	23.2
	苯	390	24.1	148.0	600
TiO_2	乙酸	418	27.6	7.3	462.4
	吡啶	418	27.6	1.9	223.3
Pt/TiO_2	乙酸	418	27.6	7.3	98.3
	吡啶	418	27.6	1.9	326.6
ZrO_2	乙酸	418	27.6	7.3	499.0
	吡啶	418	27.6	1.9	253
V_2O_5	苯	390	24.1	148.0	26.3
	苯酚	390	24.1	94.8	263.6
	1，3-二氯苯	390	24.1	233.5	465.3

目前超临界水氧化法采用的绝大部分催化剂是湿法氧化法使用的，而研究发现，在超临界水氧化处理后的流出液中，V_2O_5/Al_2O_3 和 Cr_2O_3/Al_2O_3 的溶出离子有增多的现象，Pt/Al_2O_3 在多数实验中失活，其部分原因是 Pt 粒子晶体长大引起的；另外还发现在超临界水中，由于表面张力变化，导致催化剂 Ni/Al_2O_3 发生膨胀和变得松散。因此今后对 SCWO 技术所采用催化剂的研究，应朝优化选择催化发展，以降低反应压力和温度，并控制反应产物。

2. **腐蚀**

由于超临界水氧化需较高的温度（>374℃，实际反应温度≥500℃）和较高的压力（>22MPa，实际反应压力≥25MPa），因而在反应过程中对普通耐腐蚀金属如不锈钢及非金属碳化硅、氮化硅等有很强的腐蚀性，因此技术对反应设备材质要求高，反应器防腐问题的存在限制了 SCWO 技术的大规模工业化。

另外，对于某些化学性质较稳定的物质，反应需要时间较长，运行费用也较高。

（五）装置

目前有关企业给出的装置有间歇式超临界水氧化反应装置和连续式超临界水氧化反应装置两种。其中连续式超临界水氧化反应装置又有以下几种：

1）Transpiring-Wall SCWO Reactor；

2）管式反应器（tubularreactor）；

3）连续搅拌式反应器（CST Reactor）。

（六）超临界水氧化技术的应用

1. **环保方面**

美国1985年开始建造实验工厂，用来破坏含有害性有机废弃物，设计基准为处理能力190kg/d 的有机物；1993年建造商业化的企业处理废纸浆，其设计处理量为5t/d，比焚烧减少1/3操作成本。日本神钢的SCWO系统于1997年引进美国技术，并与瑞典合作开发，于2000年建成，最大处理量为1.1t/h。日本污水处理部门建造一座了处理量为10t/d 的实验工厂，处理含有1%的污泥，用此种方式处理活性污泥可以减少20%~30%的成本。瑞典于1998年在国内完成一套SCWO设备，处理量为0.4t/h。英国2002年开始运转SCWO设备，设计处理量3t/h，用来处理触媒、回收金属、破坏有机物，其排放水COD<20mg/L。台湾于2001年开始实验室研究，并于2005年7月投产第一套SCWO设备，最大处理量72t/d。

超临界水氧化技术在环保方面的应用主要为降解有害废弃物，可应用于造纸、石油、电子、化工、医药、制革、印染、军工等行业的各类高浓度有机废水，尤其是有机污染物浓度在3%~10%的废水处理。利用超临界水氧化技术处理工业废水，经大量实验和国外工业化运行证明效果良好，可完全消除各种有机物质。已经处理的物质有：二噁英、多氯联苯、苯、硝苯、尿素、氰化物、酚类、醋酸、醇类、氨等，超临界水氧化法对一些有机物质的去除率如表20-13所示。

表20-13 超临界水氧化法对一些有机物质的去除率

污染物	温度/℃	停留时间/min	去除率/%
二噁英	574	3.7	99.9995
氯甲苯	600	0.5	99.998
2，4-二硝基甲苯	457	0.5	99.7
三氯乙烷	495	3.6	99.99
二氯化物	495	3.6	99.99
4-氯乙烯	495	3.6	99.99
6-氯环戊二烯	488	3.5	99.99
邻氯甲苯	495	3.6	99.99
多氯代联苯	550	0.05	99.99
2-氯，2-苯-三氯乙烷	505	3.7	99.997

2. 能源环保领域的其他应用

1）生物质的水解

生物质是重要的可再生原料，主要包括纤维素、木质素、淀粉等，它们在一定条件下可转化为能源、化工原料、食品、饲料等，因此进行生物质转化的研究具有重要意义。近年来，利用高温的超临界水进行生物质转化的研究受到了人们的广泛关注，开展了许多有意义的工作，如研究了玉米秆、淀粉、木头粉末等生物质在超临界水中的分解反应，在高温的超临界水中生物质的有机成分分解为氢气、二氧化碳、一氧化碳、甲烷等气体。通过这些研究可知，在超临界水中由生物质转化产生H_2能源是一条环境友好的制氢途径。

2）聚合物的降解

在塑料回收中，以废旧塑料为原料回收得到燃料和化学物质是重要的研究领域。很多聚合物在高温水中，可以降解为液体物质甚至是它们的单体，而这种转化在超临界水中则更为有效。迄今为止，已经研究PET、尼龙、聚苯乙烯、聚乙烯等在超临界水中的降解。在一些条件下完全可以转化为有用的化学原料，因此超临界水中废旧塑料的降解为废旧塑料的回收利用提供了新方法。

3. 成本分析

SCWO应用于处理不同废弃物，成本中氧气是重要的因素之一，而用压缩空气机取代纯氧将增加10%~20%的成本。运行中收入部分主要是产生的蒸汽收入，处理成本随处理量下降而增加，表 20-14 是国外超临界水氧化工艺处理不同污染物的成本情况。

表 20-14 国外超临界水氧化技术运行成本

应用项目	处理量/(t/h)	总投入成本/(英镑/t)		收入/(英镑/t)	运行成本/(英镑/t)
		变动成本	投资成本		
污泥处理	6	12	12	4	20
胺类废水处理	3	18	17	4	31
化学废水处理	2.5	12	15	2	25
去墨污泥处理	6	10	12	16	6
工业污泥处理	1	23	33	3	53
油墨废水处理	2	15	19	4	30

第三节 湿式催化氧化技术

一、原理

湿式催化氧化技术是 20 世纪 80 年代中期国际上发展起来的一种治理高浓度废有机废水的先进技术，该技术的主要原理是在一定压力(2~10MPa)和温度(200~300℃)下，将废水通过装有高效氧化性能催化剂的反应器，在反应器中，可将其中的有机物及 N、S 等毒物催化氧化成 CO_2、H_2O 及 N_2、SO_4^{2-} 等无害物排放。湿式催化氧化技术具有净化效率高，无二次污染，流程简单，占地面积小、反应接触时间短(10min~2.0h)等优点。湿式氧化系统工艺流程见图 20-5。

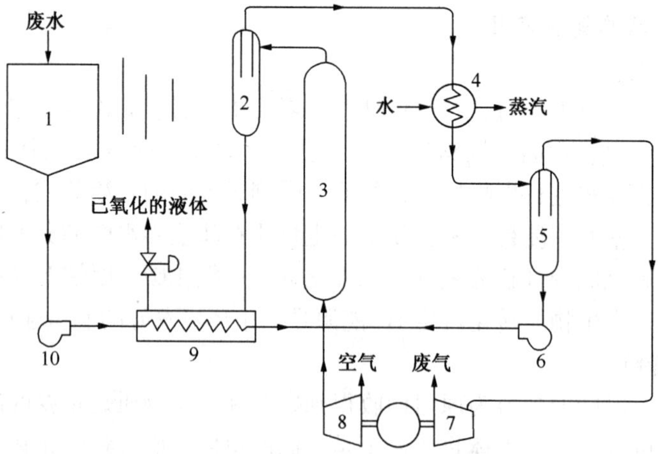

图 20-5 湿式氧化系统工艺流程

1—贮存罐；2，5—分离器；3—反应器；4—再沸器；6—循环泵；7—鼓风机；8—空压机；9—热交换器；10—高压泵

二、工艺

湿式催化氧化处理设施见图 20-6。

图 20-6　湿式氧化系统设施

湿式催化氧化工艺按设备结构来分，主要有固定床和流动床两类。固定床又分为气相固定床和液相固定床两种；而流动床要考虑解决催化剂分离和回收的问题。

（一）固定床催化氧化工艺

气相固定床催化氧化工艺系在反应器中进行气液分离。该工艺的优点是：反应压力低，可减少高压容器费用，可避免设备堵塞，增加反应物同催化剂的接触，转化率一般可达90%以上。而液相固定床催化氧化工艺是常见的反应装置，主要优点是工艺简单、操作简便。

用固定床时，废水在塔内的停留时间为15~90min，用于固定床载体上的催化剂粒径为3~50mm，最好为2~25mm。

（二）流动床催化氧化工艺

液相流动床的催化氧化工艺能使催化剂与废水均匀混合，设备利用率高，催化剂的分离回收可得到解决。对流动床而言，最好将催化剂负载到载体上，在废水中呈浆状，便于形成流动床。催化剂使用量为50~1000mg/L，质量分数为0.1%~20%。操作压力0.5~10MPa，温度50~300℃，反应时间80~120min。液相催化氧化工艺的关键是催化剂的分离回收，通常采用离子交换树脂可以较好地解决这个问题。

三、催化剂

1. 催化剂种类

催化剂是湿式催化氧化技术的核心，湿式氧化工艺常用的催化剂可分为可溶性和不溶性两类，可溶性催化剂以分子或离子形式对反应过程起催化作用；不溶性固体催化剂通过催化剂表面对有机物进行氧化分解。催化剂可采用TiO_2、LaO和Mn、Fe、Co、Ni、W、Cu、Ag、Au、Pt、Pd、Rh、Ru、Ir等金属及金属氧化物或其水溶液化合物。这些金属和金属化合物一般附载在氧化铝、二氧化硅、硅一铝分子筛等载体上，催化剂活性成分质量分数常为0.05%~25%，最好是0.5%。目前投入工业化应用的催化剂主要是贵金属类，但是贵金属的价格昂贵、耗量较大、易发生中毒，使催化剂的使用成本因太高而不易推广。

2. 催化剂的形状

催化剂的形状有球形、网状、矩形、圆柱形、蜂窝状、粉末状等。

3. 催化剂的影响因素

1）待处理物

有机物的氧化效果因催化剂的种类不同而异，也与不同的有机物密切相关。在同类催化剂的作用下，不同有机物的氧化难易程度不同，就苯酚、丙烯腈、丙烯醛、丁酮、醋酸、醋酸联苯胺、对硝基酚、吡啶等八种有机物而言，酚最易氧化，吡啶最难。

2）其他

影响催化剂催化作用的其他因素主要有 pH 值、反应周期、反应温度、进料速度和压力等，其中温度是主要影响因素，进料速度与压力次之，而进料速度与压力又受温度影响。在相同的反应周期下，每一种催化体系都存在 COD 去除率随温度上升而陡增的现象，并存在其最后接近完全去除的温度范围。因此，在利用湿式催化氧化法处理高浓度有机废水时应通过试验，选择出高活性催化剂，并确定最佳反应条件。

4. **催化剂的回收**

1）离子交换法

该工艺是把催化剂和废水均匀地混合在一起，通过泵连同空气一起送入反应器，在高温高压下进行催化氧化，反应混合物经相分离得到液相，液相经冷却后，进入离子交换塔进行催化剂的分离回收。

2）水力旋流分离法

水力旋流法是把催化剂制成颗粒状，采用液一固分离的方法回收催化剂，回收的催化剂可循环使用。

四、催化剂载体

由于催化剂使用的都是比较贵重的金属，为了减少其使用量并使其有很好的分散性，一般需要将催化剂附载于一定的载体上。可以使用的催化剂载体有陶瓷、活性炭、沸石、分子筛以及其组合等。

1）陶瓷

国内外几乎都采用陶瓷作为催化剂的载体材料，常见的有 TiO_2、CeO_2、ZrO_2、Al_2O_3、Al_2O_3 与 TiO_2 组合等。这些材料作为催化剂载体虽然具有机械强度好、能经受反应过程中温度、压力、相变等变化的影响、本身也具有一定催化作用等优点，但在制备催化剂过程中，活性金属在陶瓷载体上分散不佳。

2）活性炭

活性炭既是优良的吸附剂，也是良好的催化剂载体。由于活性炭本身具有较高的比表面、丰富的孔结构、特殊的电子性能和耐酸耐碱的性质，用来作为贵金属催化剂的载体，可使活性金属在载体上充分地分散，不仅能节省贵金属用量，还能防止金属粒子烧结。但是活性炭本身也存在机械强度低、磨耗率高、表面易掉粉末的缺点，一般很少用活性炭作催化剂载体。

3）陶瓷-活性炭材料

以多孔陶瓷为骨架，活性炭以涂层形式存在于多孔陶瓷内表面，以增强机械强度和提高活性炭分布。陶瓷-活性炭材料中活性炭质量含量为总质量的 5%~15%左右，可满足流体介质与活性炭之间的传质要求，有效发挥活性炭材料的功能。

五、应用领域

湿式催化氧化技术适用于治理焦化、染料、农药、印染、石化、皮革等工业中含高 COD（COD>5000mg/L）或含生化法难处理以及不能降解的化合物（如氨氮、多环芳烃、致癌物 Bap 等）的各种工业有机废水，对这类废水的处理结果见表 20-15。而对一些排放量较大的有机废水，可以在低温、低压、大空速下进料，先采用此工艺对废水进行预处理，然后结合生化法处理。

表 20-15　湿式催化氧化技术处理效果情况

废水种类	反应条件			处理前/(mg/L)		处理后/(mg/L)	去除率/%
	温度/℃	压力/MPa	气量/(m^3/h)				
焦化废水	280	8.0	1	COD	6305	32	99.5
				NH_3-N	3775	5	99.9
				BaP	29.4	0.7	97.6
石化废水	275	7.0	2	COD	320000	24000	92.5
炼油废水	260	6.0	2	COD	91274	8800	90.4
印染废水	280	8.0	2	COD	1293	65	95.0
农药废水	245	4.2	2	COD	14352	1245	91.3
化肥厂废水	220	3.0	2	COD	2452	262	89.3
				NH_3-N	1265	41	96.8
染料废水	250	5.0	2	COD	14735	1005	93.2
机械加工废水	250	5.0	2	CO	26082	915	96.5

湿式催化氧化法处理超高浓度难生化降解有机废水技术目前被列入国家《先进污染治理技术示范名录》(第一批)，适合于小水量的超高浓度有机废水和含氮废水的处理，可有效解决超高浓度有机废水和超高浓度氨氮废水的处理难题。

湿式催化氧化(CWO)技术已应用于城市危险废弃物处理中心和排放含高浓度氰化物废水的处理。云南高科环境保护工程有限公司采用湿式催化氧化(CWO)技术处理氰化物，氰化物去除率达 99.9%以上，具有成本低、流程短、运行稳定、处理过程中对操作车间以及周边环境无污染、安全可靠等特点。

六、条件要求

使用湿式催化氧化(CWO)法处理废水时，废水中不得含有大量的可导致污染催化剂的物质(如金属)，以及易造成设备或管道堵塞的物质(加高浓度盐类)，如果存在此类物质，在进行反应前需做相应的处理(如脱盐、蒸馏等)。

参　考　文　献

1　陈胜兵，何少华，娄金生等. Fenton 试剂的氧化作用机理及其应用[J]. 环境科学技术，2004，27(3)：105~107

2　康钧，张亚青. Fenton 氧化法在秦皇岛港化工废水处理工程中的应用[J]. 水道港口，2008，29(4)：291~293

3　张莹，龚泰石. 电絮凝技术的应用与发展[J]. 安全与环境工程，2009，16(1)：38~39

4　程青. 电絮凝技术的应用[J]. 有色冶金设计与研究，2004，25(4)：67~69

5　曹梦竺. 电絮凝在水处理中的应用[J]. 广西轻工，2007，(9)：93~94

6　张述武. 影响电解法处理印染废水的因素[J]. 新疆纺织，2004，(1)：35~37

7　关自斌. 湿式催化氧化法处理高浓度有机废水技术的研究与应用[J]. 铀矿冶，2004，23(2)：101~103